NEURALTHERAPIE

VON

Dr. JOSEF SCHMID
PRIVATDOZENT AN DER UNIVERSITÄT WIEN

MIT 95 ZUM TEIL FARBIGEN ABBILDUNGEN

WIEN
SPRINGER-VERLAG
1960

ISBN-13: 978-3-211-82012-4   e-ISBN-13: 978-3-7091-7898-0
DOI: 10.1007/978-3-7091-7898-0

ALLE RECHTE,
INSBESONDERE DAS DER ÜBERSETZUNG IN FREMDE SPRACHEN, VORBEHALTEN

OHNE AUSDRÜCKLICHE GENEHMIGUNG DES VERLAGES
IST ES AUCH NICHT GESTATTET, DIESES BUCH ODER TEILE DARAUS
AUF PHOTOMECHANISCHEM WEGE (PHOTOKOPIE, MIKROKOPIE)
ODER SONSTWIE ZU VERVIELFÄLTIGEN

© BY SPRINGER-VERLAG IN VIENNA 1960

Softcover reprint of the hardcover 1st edition 1960

Vorwort

Dem Arzt begegnen in seiner Praxis immer wieder Patienten, die an chronischen, offensichtlich durch einen Fokus bedingten Entzündungskrankheiten leiden und denen ein kleiner chirurgischer Eingriff, wie etwa eine Tonsillektomie, eine Nebenhöhlenpunktion oder eine Zahnextraktion, vollständige Heilung bringt — selbst in Fällen, in denen er auf Grund seiner Erfahrung den Krankheitsprozeß zunächst als unaufhaltsam bezeichnen mußte. Leider bilden solche Heilerfolge immer noch Einzelfälle, denn es läßt sich weder mit den heute üblichen Methoden — in erster Linie Laboratoriums- und Röntgenuntersuchungen — ein Fokus stets nachweisen, noch führt die Sanierung eines angeblich einwandfrei aufgedeckten Herdes immer zu dem gewünschten Erfolg. Unter diesen Umständen ist es durchaus verständlich, daß zahlreiche Ärzte, besonders in den angelsächsischen Ländern, von der Theorie des neurogenen Herdes immer mehr abgekommen sind.

Worin liegen nun aber die Gründe für das oftmalige Versagen der Neuraltherapie? Ist die Herdtheorie wirklich nicht mehr als eine bloße Theorie und sind deshalb alle Versuche zu ihrer Anwendung in der therapeutischen Praxis von vornherein zum Scheitern verurteilt? Oder liegen die Mißerfolge daran, daß die uns zur Verfügung stehenden Methoden zum Nachweis eines Fokus nicht ausreichen? Ich habe mich lange mit diesen Fragen beschäftigt und ein reiches Beobachtungsmaterial zusammengetragen. Nicht zuletzt kam mir dabei zugute, daß sich bei mir selbst eine chronische Tonsillitis mit allen ihren Auswirkungen entwickelte. Ich wurde so in die Lage versetzt, alle Symptome eines Fokus an mir selbst zu studieren; ich ließ den Herd erst entfernen, nachdem ich mir eine klare Meinung darüber gebildet hatte. Seither glaube ich wieder an die Fokustheorie und schreibe die Schuld am Versagen so vieler „Fokussanierungen" entweder den mangelhaften Nachweismethoden oder dem schon zu weit fortgeschrittenen Stadium der Erkrankung zu.

Es ist selbstverständlich, daß ich auf der Suche nach geeigneten Methoden zunächst von den Beobachtungen HEADS ausging. Die von HEAD ausgearbeitete Diagnostik beruht nicht nur auf den allgemein bekannten Dermatomen, wie etwa des Magens und der Gallenblase, sondern umfaßt alle Organe des Körpers, bis zu den einzelnen Zähnen; HEAD sah die Zeit nicht mehr ferne, in der jeder Arzt mit Hilfe eindeutig erfaßbarer Symptome eines bestimmten Hautabschnittes die Aktivität unzugänglicher, im Innern des Körpers gelegener Herde würde bestimmen können. Seine Theorien sind noch heute weitgehend anerkannt.

Fast zur gleichen Zeit, in der HEAD an seiner Methodik arbeitete, wurden die Röntgenstrahlen entdeckt. Damit standen der Medizin Möglichkeiten offen, an die man noch kurz vorher nicht im entferntesten gedacht hatte: alle Organe des Menschen schienen klar vor Augen zu liegen. Angesichts dieser Entwicklung gerieten HEADS Erkenntnisse gerade bei den Klinikern mehr und mehr in Vergessenheit. Lediglich der Praktiker, dem kein Röntgenapparat zur Verfügung stand, beschäftigte sich noch damit — und erzielte oft erstaunliche Erfolge. Es fehlt auch nicht an Publikationen darüber. Diese stammen aber zum größten Teil von Ärzten, die wohl — mehr oder weniger bewußt — auf dem von HEAD erstmalig eingeschlagenen Weg weiterarbeiteten, in erster Linie aber ihren eigenen praktischen Erfahrungen vertrauten und die theoretischen Voraussetzungen nicht genügend beherrschten. So gelang es nur einigen wenigen, sich einigermaßen durchzusetzen.

Heute haben wir die Grenzen erkannt, die der Röntgenuntersuchung und den Laboratoriumsmethoden gesteckt sind. Bei der Suche nach einem Fokus handelt es sich ja meist, besonders in den Anfangsstadien, um die Feststellung von Veränderungen, die röntgenologisch nicht erfaßbar sind. Wie wichtig aber gerade etwa bei zahlreichen chronischen Entzündungen die rechtzeitige Erkennung ist, brauche ich wohl nicht zu betonen; meine eigenen Erfolge bei der Behandlung des Rheumatismus zeigen, daß wir aller Wahrscheinlichkeit nach mit der HEADschen Diagnostik und den darauf fußenden Methoden schon viel größere Fortschritte auf diesem Gebiet hätten erzielen können. Es ist deshalb heute mehr denn je notwendig, auf sie zurückzugreifen, sie auf eine breite wissenschaftliche Grundlage zu stellen, immer weiter auszubauen, zu verfeinern und zu ergänzen.

Diese Überlegungen haben mich zu dem Entschluß geführt, das vorliegende Buch zu schreiben. Ich erörtere darin, gestützt auf eine umfangreiche Literatur, zunächst die anatomischen und physiologischen Grundlagen. Daran schließen sich allgemeine Richtlinien für Diagnose und Therapie von Herderkrankungen und spezielle Therapieschemata für die einzelnen Erkrankungen, nach Organen geordnet. Sie entstammen in erster Linie meinen eigenen, im Laufe der Jahre gesammelten Erfahrungen und weisen zahlreiche neue Wege zur Verfeinerung und weiteren Ausarbeitung der angegebenen Methoden. Dazu will dieses Buch anregen; vor allem aber will es den Praktikern helfen, die mit dem Beginn jeder Erkrankung zu tun haben und damit das Schicksal vieler Menschen in der Hand halten. Möge es diese Aufgabe in reichem Maße erfüllen!

Wien, im März 1960

Josef Schmid

Inhaltsverzeichnis

Seite

Einleitung 1

Das Nervensystem 3
    Allgemeines 3
    Das sympathische Nervensystem 5
    Der Parasympathicus 13
    Die Reizleitung 16
    Der Schmerzsinn 23
    Die Reflexe 27
    Die Segmente 35
    Reflektorische Zusammenhänge zwischen den Segmenten 43
    Pathophysiologie der Reizleitung 52
        Literatur 58

Die Klinik der Herderkrankungen 61
    Die Diagnose der Herderkrankungen 65
    Die Untersuchung der Dermatome 70
    Die Neuraltherapie der Herderkrankungen 83
        Literatur 111

    Organe 112
        Haut und Fettgewebe 113
            Innervation 113
            Diagnose 117
            Therapie 120

        Muskulatur und Knochen 127
            Innervation 127
            Diagnose 131
            Therapie 164

        Augen, Nase, Nebenhöhlen 187
            Innervation 187
            Diagnose 191
            Therapie 194

        Mundhöhle, Zähne, Tonsillen, Ohren 196
            Innervation 196
            Diagnose 198
            Therapie 206

        Herz und Gefäße 210
            Innervation 210
            Diagnose 213
            Therapie 216

        Atmungsorgane 219
            Innervation 219
            Diagnose 220
            Therapie 224

	Seite
Magen-Darm-Trakt	228
Innervation	228
Diagnose	231
Therapie	235
Abdominalorgane	241
Innervation	241
Diagnose	243
Therapie	245
Urogenitaltrakt	250
Innervation	250
Diagnose	255
Therapie	262
Literatur	267
Sachverzeichnis	269

Einleitung

Dieses Buch soll vor allem ein Helfer bei denjenigen ärztlichen Bestrebungen sein, die zur frühzeitigen Erfassung und Heilung sonst chronisch verlaufender Erkrankungen dienen. Erfahrungsgemäß gelingt letzteres häufig nur, wenn noch vor dem Auftreten deutlicher Stoffwechsel- und röntgenologischer Veränderungen gehandelt wird. Mit der Methode von HEAD besitzen wir wohl seit 50 Jahren einen Weg, der uns in die allerersten Anfangsstadien jeder Erkrankung, nämlich in die Reaktionen des Nervensystems auf pathologische Zustandsänderungen führt. HEAD benützte aber vor allem schmerzhafte Reaktionen als Wegweiser. In den folgenden Ausführungen wird nun nicht nur die Hyperalgesie untersucht, sondern das Augenmerk auf alle Komponenten des vegetativen Nervensystems gerichtet, auf die sensiblen, vasomotorischen, pilomotorischen, sudomotorischen, trophischen und auf fragliche coloratorische Fasern. Wir wissen, daß einmal die einen, das andere Mal die anderen Fasern zuerst oder am schwersten erkrankt sind, wodurch nicht nur verschiedene Krankheitsbilder entstehen, sondern auch die therapeutischen Eingriffe geändert werden müssen und die Diagnose oft wesentlich früher als bei bloßer Beachtung der Schmerzen gestellt werden kann. Die Ursache für die Bevorzugung einer jeweiligen Komponente des autonomen Nervensystems liegt teils im Hormonhaushalt, teils im Mineralstoffwechsel, den Lebensgewohnheiten und in den Klimabedingungen des Patienten.

Es ist selbstverständlich, daß durch diese Erkenntnis auch unsere Behandlungsmöglichkeiten wesentlich mannigfacher geworden sind. Führen wir schon die Schmerzausschaltung viel gezielter durch als früher, wo nur die hyperalgetischen Zonen mit Novocain infiltriert wurden, so stehen uns nunmehr durch die Normalisierung des Hormon- und Mineralstoffwechsels, durch die Unterdrückung von pathologischer Sudo- und Vasomotorik usw. zahlreiche weitere Wege für die jeweils beste Beeinflussung des vegetativen Nervensystems offen.

Optimale Behandlungsergebnisse erhält man aber nur bei genauer Kenntnis der Nervenversorgung des erkrankten Organs, bei einwandfreier Beherrschung exakter Untersuchungsmethoden für die Feststellung pathologischer Areale und bei einer Injektionstechnik, die sicher zur Anästhesie des gesuchten Nerven, Gefäßes, Muskels oder anderer Gewebe führt. Deshalb wurde in diesem Buch besonderes Augenmerk auf die Abschnitte über Anatomie des vegetativen Nervensystems und über Diagnostik und Therapie von Herderkrankungen gelegt. Es kostete viel Mühe, die gesamte vegetative Innervation einzelner Organe zu erfassen und ihren Verlauf zu studieren. Gerade dies ist aber wichtig, wenn in komplizierten Fällen Erfolge erzielt werden sollen, wo die pathologischen Impulse vom Herd schon primär oder nach Unterbrechung der Hauptbahn auf Nebenbahnen verlaufen. Ebenso mußte unter den zahlreichen diagnostischen Hilfsmitteln die Spreu vom Weizen gesondert werden, da der Sache nichts mehr schadet, als wenn durch schlechte Untersuchungstechnik Befunde erhoben werden, die sich nach einschneidenden Eingriffen als falsch erweisen. Nur strikte Befolgung des angeführten Untersuchungsganges und dessen kritische Auswertung können derzeit vor solchen Fehlern bewahren. Schließlich muß auch jeder therapeutische

Eingriff genau durchdacht werden, wenn er eine hohe Erfolgsquote haben soll. Am besten wird jede Erkrankung fokaler Genese nach einem Therapieschema behandelt, das zunächst die Entfernung des Fokus oder die Unterbrechung aller afferenten Bahnen von ihm vorsieht. Nur wenn dies nicht gelingt, wird die zweite Möglichkeit, nämlich die Blockade aller efferenten Bahnen, die durch diesen Fokus beeinflußbar sind, systematisch in Angriff genommen. Schließlich werden schon bestehende Dauerschäden, wie Fibrositiden, Muskelhärten und -atrophien, Knochenveränderungen usw. durch geeignete Massagen und physikalische Maßnahmen beseitigt und die medikamentöse Therapie der Stoffwechselstörungen eingeleitet.

Erst wenn das im allgemeinen Teil angeführte Wissensgut beherrscht wird, sollten die speziellen Kapitel über die einzelnen Organerkrankungen verwertet werden. Sie gliedern sich wieder in Anatomie, Diagnostik und Therapie und basieren auf den vorherigen Ausführungen. Sie umfassen Haut und Fettgewebe, Muskel und Knochen, Augen, Nase, Tonsillen, Zähne, Brustorgane, Leber, Magen, Bauchspeicheldrüse und Milz, Blinddarm und Dickdarm, Nieren und Ureter, Gebärmutter, Adnexe, Prostata, Samenblasen und Harnröhre. Die Abschnitte über die Anatomie der nervösen Versorgung können hier auch in komplizierten Fällen mit abnormalen Impulswegen weiterhelfen. Manche der angeführten Regeln für diagnostisches und therapeutisches Vorgehen wird der normal geschulte Arzt nur bei sorgfältigem Aufbau der Erkenntnisse richtig verstehen und anwenden können. Fehlschläge sollten deshalb zu verstärktem Studium des Buches und nicht zur Ablehnung der Methode führen. Unsere Schulmedizin ist noch zu wenig auf die Neuraltherapie eingestellt, so daß viele für ihr Verständnis unerläßliche Voraussetzungen — obwohl schon lange bekannt — nicht gelehrt werden, da sie keinen praktischen Wert zu besitzen scheinen. Dieses Wissensgut zu sammeln, zu gliedern und praktisch zu verwerten, stellt eine weitere Hauptaufgabe des Buches dar, das dem interessierten Arzt viel Zeit und mühsame Kleinarbeit bis zu seinen ersten fundierten neuraltherapeutischen Erfolgen ersparen soll.

Das Nervensystem

Allgemeines

Kenntnisse über die Physiologie des Nervensystems werden vom praktischen Arzt kaum benötigt; es genügt in den meisten Fällen, wenn er die Verteilung des peripheren Nervensystems kennt, so daß bei Verletzungen und Entzündungen desselben die richtige Diagnose für die Einweisung ins Spital gestellt werden kann. Gerade für die Prüfung der Dermatome und die Feststellung ihrer Organzugehörigkeit ist es aber von eminenter Bedeutung, daß nicht nur das Segmentschema beherrscht wird, sondern auch ein fundiertes Wissen über das somatische und autonome Nervensystem überhaupt vorhanden ist. Erst dann wird sich der Arzt selbst zurechtfinden können, auch wenn nicht alle Krankheitszeichen im Organismus der Beschreibung im Lehrbuch entsprechen und die eine oder andere Variation seine Diagnose zunichte zu machen scheint. Deshalb sollen im folgenden alle im Zusammenhang mit dem Fokusproblem wichtigen neurophysiologischen Erkenntnisse der Reihe nach angeführt und dabei stets die möglichen Beziehungen zum Eiterherd diskutiert werden.

Zum *somatischen* oder *animalischen System* gehören die motorischen und sensorischen Nerven der Haut, der Muskulatur, der Knochen, der Gelenke oder der Sinnesorgane mit den dazugehörigen zentralen Teilen des Nervensystems. Dieses Nervensystem vermittelt Reaktionen, die Antworten des Organismus auf Änderungen und Anforderungen der Umgebung darstellen. Der Großteil derartiger Funktionen ist dem Willen unterstellt und bewußt, weshalb die Aufdeckung und Ausschaltung eventueller schädlicher Einflüsse im Bereich dieses Nervensystems meist leicht ist, so daß es dort nicht zur Entwicklung versteckter Erkrankungen kommen kann.

Unter dem anatomischen Begriff des *visceralen* oder *vegetativen Nervensystems* [1][1] faßt man Nerven, periphere Ganglien und Zentren zusammen, die innere Organe (Viscera) versorgen. Da sich die vegetativen Funktionen im allgemeinen sowohl dem Bewußtsein als auch dem Willen entziehen, wird dieses Nervensystem auch *autonomes Nervensystem* genannt. Von ihm gehen fast alle Impulse aus, die zur Entwicklung der hier behandelten chronischen Erkrankungen führen.

Bekanntlich innerviert das autonome Nervensystem die glatte Muskulatur, den Herzmuskel und die Drüsen. Die Nervenbahnen dieses Systems unterscheiden sich dadurch von den somatischen, daß sie Verbindungen besitzen, die außerhalb des zentralen Nervensystems in peripher gelegenen Ganglien in Form eines Zwischenneuronensystems aufgebaut sind. Durch diese synaptischen Verbindungen werden präganglionäre mit postganglionären Fasern vereinigt. Das Neuron, das die Signale aus dem Zentralnervensystem bis zum peripheren Ganglion leitet, wird als präganglionäres, dasjenige, das die Nervenimpulse vom Ganglion zum Erfolgsorgan befördert, als postganglionäres Neuron bezeichnet. Eine prä-

---

[1] Die Zahlen in eckigen Klammern beziehen sich auf das Literaturverzeichnis zu diesem Abschnitt, S. 58.

ganglionäre Faser kann durch mehrere Ganglien hindurchziehen, bildet aber nur in einem eine Synapse, wie sich durch Behandlung des Ganglions mit Nikotin im Tierversuch genau nachweisen läßt [2].

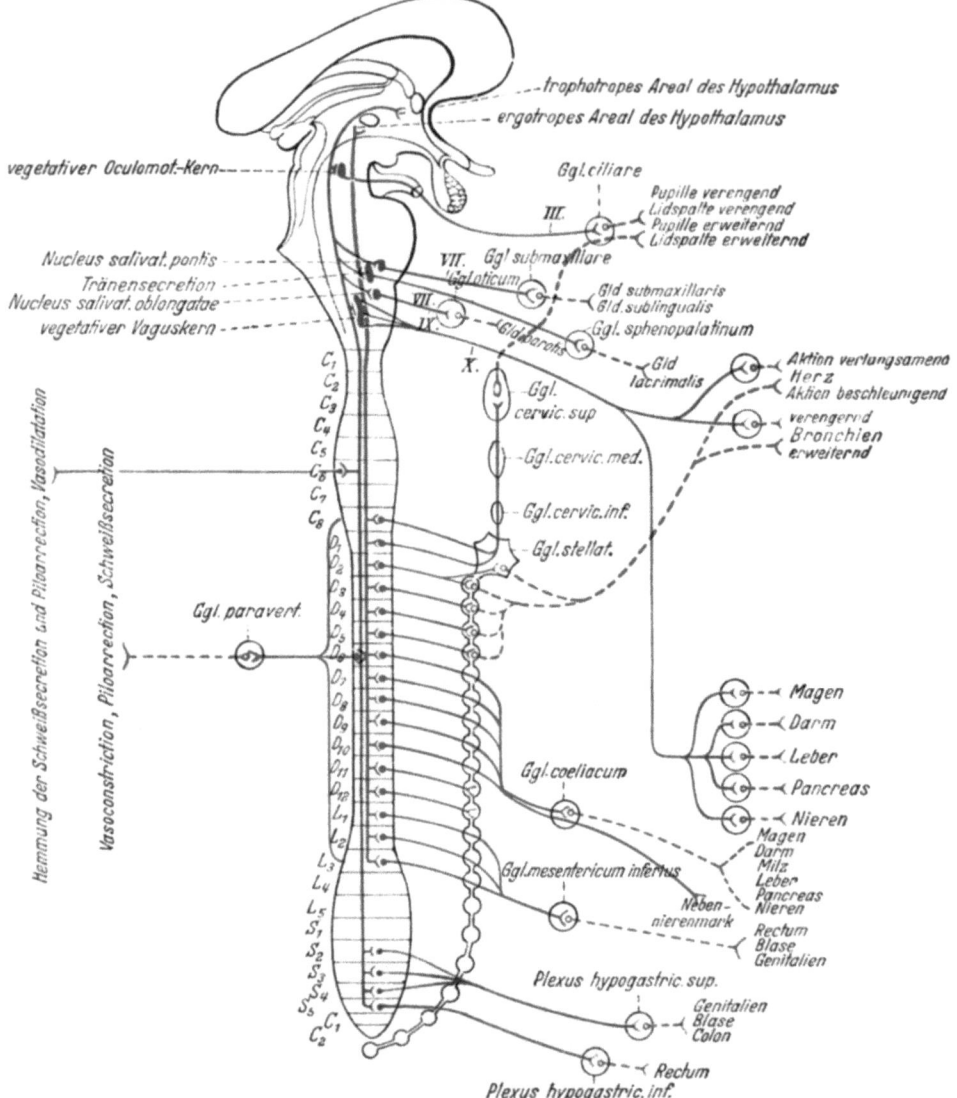

Abb. 1. Schematische Darstellung der vegetativen Innervation. (Nach GAGEL: Einführung in die Neurologie, aus HEILMEYER: Lehrbuch der inneren Medizin, 1955)

Man erkannte schon früh einen deutlichen Dualismus im Aufbau des vegetativen Nervensystems, der sich in einem Antagonismus der entsprechenden Wirkungen charakterisiert [3]. Diese Eigenschaften lassen sich vor allem in einer Förderung oder Hemmung des Stoffwechsels erkennen. Sie werden durch die mit dem Namen *Sympathicus* und *Parasympathicus* bezeichneten efferenten Nervenfasern des vegetativen Nervensystems festgehalten [4]. Wenn sich auch im

Lauf der Jahre die klassische Vorstellung einer scharfen anatomischen Trennung und eines immer deutlichen funktionellen Antagonismus zwischen Sympathicus und Parasympathicus als unhaltbar erwies, so stellt diese Anschauung doch auch heute noch den geeignetsten Ausgangspunkt für die Besprechung des vegetativen Nervensystems dar.

Während die sympathischen Ganglien gewöhnlich im sogenannten Grenzstrang oder knapp prävertebral liegen, so daß ihre präganglionären Fasern kurz und die postganglionären verhältnismäßig lang sind, ist dies bei den parasympathischen Ganglien umgekehrt. Sie liegen meist in den Erfolgsorganen, so daß die postganglionären Fasern nur ganz kurz ausgebildet sind. Der Sympathicus weist außerdem einen thoracolumbalen Abgangsort auf, der Parasympathicus dagegen entspringt craniosacral. In Abb. 1 sind die sympathischen und parasympathischen Zentren im Rückenmark eingezeichnet. Man kann daraus auch grob ihre Zugehörigkeit zu den einzelnen Organen und die wichtigsten Funktionen erkennen. Diese werden allerdings noch durch die Verteilung der Bahnen außerhalb des Rückenmarks wesentlich beeinflußt. Das Verhältnis der präganglionären zu den postganglionären Fasern liegt beim Sympathicus um 1:15, beim Parasympathicus um 1:2. Dadurch wird augenscheinlich, daß der Sympathicus wesentlich diffusere und allgemeinere Reaktionen auszulösen vermag als der Parasympathicus, bei dem sich eine Reizung der präganglionären Fasern für differenzierte Reaktionen einzelner Organe besser eignet.

Das sympathische Nervensystem

Der sympathische Grenzstrang bildet eine Doppelkette von je 22 (bis 24) segmentalen Ganglien (3 cervicale + 11, eventuell 12 thoracale + 4 lumbale + 4, eventuell 5 sacrale), die durch die Rami internodiales zu einer Kette verbunden sind. Sie liegen im Brustteil dem oberen Teil des Rippenköpfchens auf und zeigen vor allem dort segmentale Anordnung. Im Hals- und Beckenteil ist sie nicht mehr so deutlich ausgeprägt. Der Grenzstrang verläuft beiderseits ventral neben der Wirbelsäule und ist am distalen Ende durch das Ganglion coccygeum unipar verbunden. Das oberste Thoracalganglion ist meist mit dem untersten Cervicalganglion verschmolzen und bildet das Ganglion stellatum. Der Grenzstrang überragt sowohl cranial als auch caudal die intermediolaterale Zellsäule. Den in Betracht kommenden 14 Rückenmarksegmenten stehen hier 22 Ganglien gegenüber, wodurch die diffuse Wirkung des Sympathicus schon teilweise erklärt ist [5], Abb. 1 und 2.

Verfolgt man die Entstehung des Sympathicus entlang der Wirbelsäule im Mikroskop (Abb. 2), so finden sich *präganglionäre Fasern* aus Zellen im Seitenhorn der grauen Substanz des Rückenmarks (intermediolaterale Zellsäule) und verlassen dieses mit den Vorderwurzeln der thoracolumbalen Region Th_1 bis L_2 (ausnahmsweise auch C_8 bzw. L_3). Nach Durchlaufen der vorderen Wurzel vereinigen sie sich ein Stück mit den Bahnen der hinteren Wurzel, verlassen den Spinalnerv an einer Stelle, die gewöhnlich distal von der Verbindung des grauen Ramus mit ihm liegt und ziehen in der überwiegenden Mehrzahl an das entsprechende segmentale Vertebralganglion. Bis dahin wird die präganglionäre Faser wegen ihres Markgehaltes auch Ramus communicans albus genannt.

Beim Eintritt in das segmentale Ganglion bildet jede Faser des Ramus communicans albus mehrere Kollateralen, die Synapsen mit Zellen des entsprechenden segmentalen Ganglions oder mit Ganglien darüber und darunter bilden. Andere Kollateralen durchziehen die Vertebralkette und kommen entlang den Splanchnicusnerven in prävertebrale Ganglien, auch Kollateralganglien genannt, wie das

Ganglion coeliacum, Ganglion mesentericum inferius usw. Nur eine kleine Zahl präganglionärer Fasern zieht noch weiter in die Peripherie und tritt mit Ganglienzellen in Verbindung, die in unmittelbarer Nähe der Organe liegen (sogenannte Terminalganglien oder Organganglien).

Neben der eben beschriebenen Darstellung sind noch anatomische Variationen bekannt geworden, die vor allem bei therapeutischen Mißerfolgen in Betracht zu ziehen sind [6]. Sympathische Nerven können auch unter Umgehung des Grenzstranges nach der Peripherie ziehen. So gibt es besonders in der Höhe von Th_1 und Th_2 sowie L_1 und L_2 sympathische Ganglienzellen in den vorderen Wurzeln, deren Axone direkt mit den Spinalnerven weiterlaufen [7]. Daneben wurden auch intermediäre sympathische Ganglien in den Rami communicantes beschrieben, die für eine Sympathektomie oft unzugänglich sind [8]. Weitere Einzelheiten s. S. 43ff.

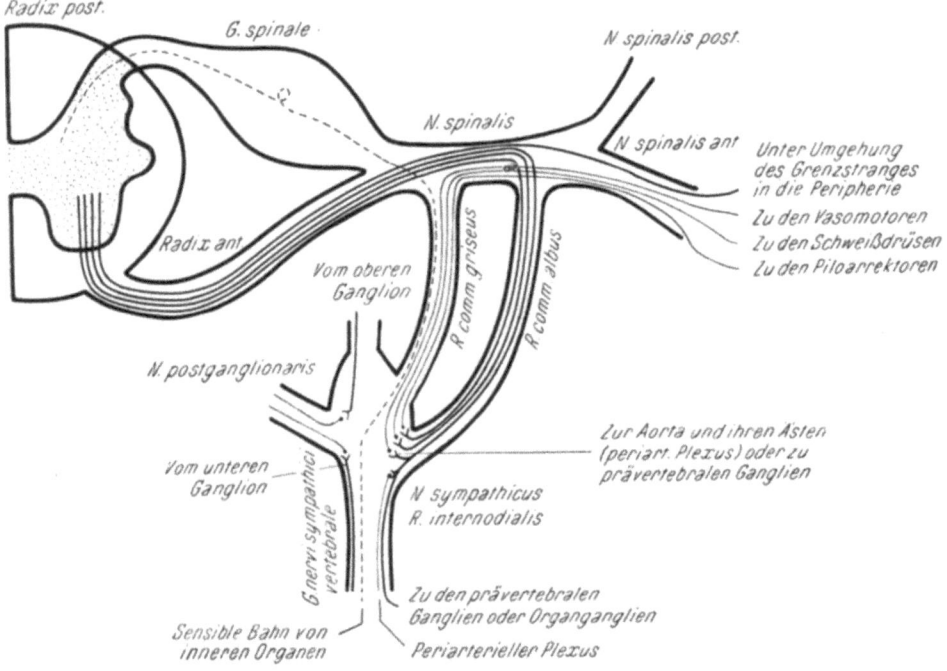

Abb. 2. Schematische Darstellung des Verlaufes der vegetativen Bahnen in den Rami communicantes des sympathischen Grenzstranges und seiner Ganglien

Auch von entfernt liegenden prävertebralen Ganglien ist der Weg für die postganglionäre Faser bis zum Erfolgsorgan noch verhältnismäßig weit. Das einzige Organ, das direkt vom Sympathicus innerviert wird, ist die Nebenniere, deren Markzellen durch präganglionäre Fasern versorgt werden [9], wodurch sie selbst zu postganglionären Zellen werden.

Die *postganglionären Fasern* — wegen ihres größtenteils marklosen Charakters auch Rami communicantes grisei bezeichnet — verlassen als Bündel die Vertebralkette und wandern entweder mit der Aorta und ihren Ästen als periarterieller Plexus oder als Eingeweide- oder Splanchnicusnerv zu ihren Erfolgsorganen. Die Kopforgane werden zu einem Gutteil aus dem Ganglion cervicale superius via Plexus carotici versorgt. Eine weitere Gruppe, die vorwiegend die Nerven der Gefäße, Piloarrectormuskel und Schweißdrüsen des Rumpfes sowie der Gliedmaßen erfaßt, kehrt aus dem Grenzstrang als Rami communicantes grisei wieder zu den Spinalnerven zurück und erreicht mit ihnen die Erfolgsorgane.

Hierbei werden nicht immer dieselben Spinalnerven gewählt, aus denen die entsprechenden Rami communicantes albi stammen, sondern auch höher oder niedriger liegende Nerven, die sogar jenseits der thoracolumbalen Partie des Rückenmarks liegen können. Besonders in den unteren Thoracal- und oberen Lumbalregionen treten schließlich an jeden Nerv Rami communicantes albi aus dem oberhalb befindlichen Ganglion und ein oder mehrere Rami communicantes grisei aus dem unterhalb befindlichen Ganglion.

So ist schon aus den bisherigen Feststellungen der diffuse Charakter der Wirkung des Sympathicus erklärlich. Weiterhin ergibt sich für Diagnose und Therapie die wichtige Tatsache, daß die Rami communicantes albi immer mehrere Segmente gleichzeitig versorgen, während die im Segment verbleibenden Rami communicantes grisei nur dort sympathische Reaktionen auszulösen vermögen.

Die *periphere Endstruktur* der vegetativen Nerven bildet feine netzartige Formationen, die als autonomer Grundplexus [10, 11] oder Terminalreticulum [12] bezeichnet werden. Auf diese Weise durchdringen sie das Gewebe und treten mit den Zellen in eine intime anatomische Verbindung, wodurch erst viele effektorische Wirkungen des Zentralnervensystems erklärlich sind.

Der Grenzstrang wird in einen *Hals-*, einen *Brust-* und einen *Beckenteil* gegliedert.

Die segmentalen Ganglien des Halsteiles sind beim Menschen zu drei Ganglienknoten, Ganglion cervicale supremum, medium und inferius, verschmolzen. Letzteres vereinigt sich bei den Säugetieren ausnahmslos mit einem oder zwei Ganglien des Brustteiles und trägt dann den Namen Ganglion stellatum.

Das *Ganglion cervicale supremum* liegt in Höhe des zweiten bis dritten Halswirbels hinter der Arteria carotis interna und medial vom Vagusstamm (Abb. 33, 34). Seine Verbindung mit dem Halsmark wird durch Nervenzweige unterhalten, die von den drei bis vier oberen Halsnerven ausgehen. Daraus, sowie aus entsprechenden Einkerbungen, ist ersichtlich, daß dieses Ganglion aus drei bis vier Grenzstrangganglien entstanden ist. Das Ganglion weist vor allem Verbindungen mit dem Nervus vagus, und zwar in das Ganglion jugulare, das Ganglion nodosum und den Nervus laryngeus superior auf. Daneben sind aber auch Anastomosen für den Nervus glossopharyngeus, die in das Ganglion petrosum einmünden, und solche für den Nervus hypoglossus vorhanden. Das untere Ende für das Ganglion läuft mit einem oder zwei Strängen zum mittleren oder, wenn dieses fehlt, zum unteren Halsganglion aus.

Auch die Kopfgefäße werden vom Ganglion cervicale supremum versorgt. So treten aus dem oberen Ende des Ganglions Nervenfasern aus, welche die Arteria carotis interna begleiten und als Nervi carotici interni ein feines Geflecht um dieses Gefäß bilden. Der absteigende Teil dieses Geflechtes sendet einen Zweig zum Glomus caroticum, das in dem Teilungswinkel der Arteria carotis communis gelegen ist. Weitere Nervenfäden verlaufen zur Arteria thyreoidea superior und in deren Begleitung bis zur Schilddrüse. Auch die Carotis externa wird von diesem Ganglion versorgt, wobei sich das Geflecht wieder auf die abzweigenden Arterien fortsetzt und so den Plexus lingualis, maxillaris, occipitalis, temporalis und meningeus bildet. Das Ganglion submaxillare wird durch Fäden aus dem Plexus maxillaris versorgt, die mit der Arteria submaxillaris zugeführt werden. Aus dem Plexus meningeus ziehen solche zum Ganglion oticum. Der Plexus pharyngeus wird ebenfalls durch den Ramus pharyngeus aus dem Ganglion cervicale supremum versorgt. Der Nervus cardiacus superior verläßt das untere Ende des Ganglions und zieht hinter der Arteria thyreoidea inferior in den oberen Brustraum und zum Herzen. Er gelangt rechts längs der Arteria anonyma, links entlang der Carotis communis zum Herzgeflecht. Nachdem er unterwegs mehr-

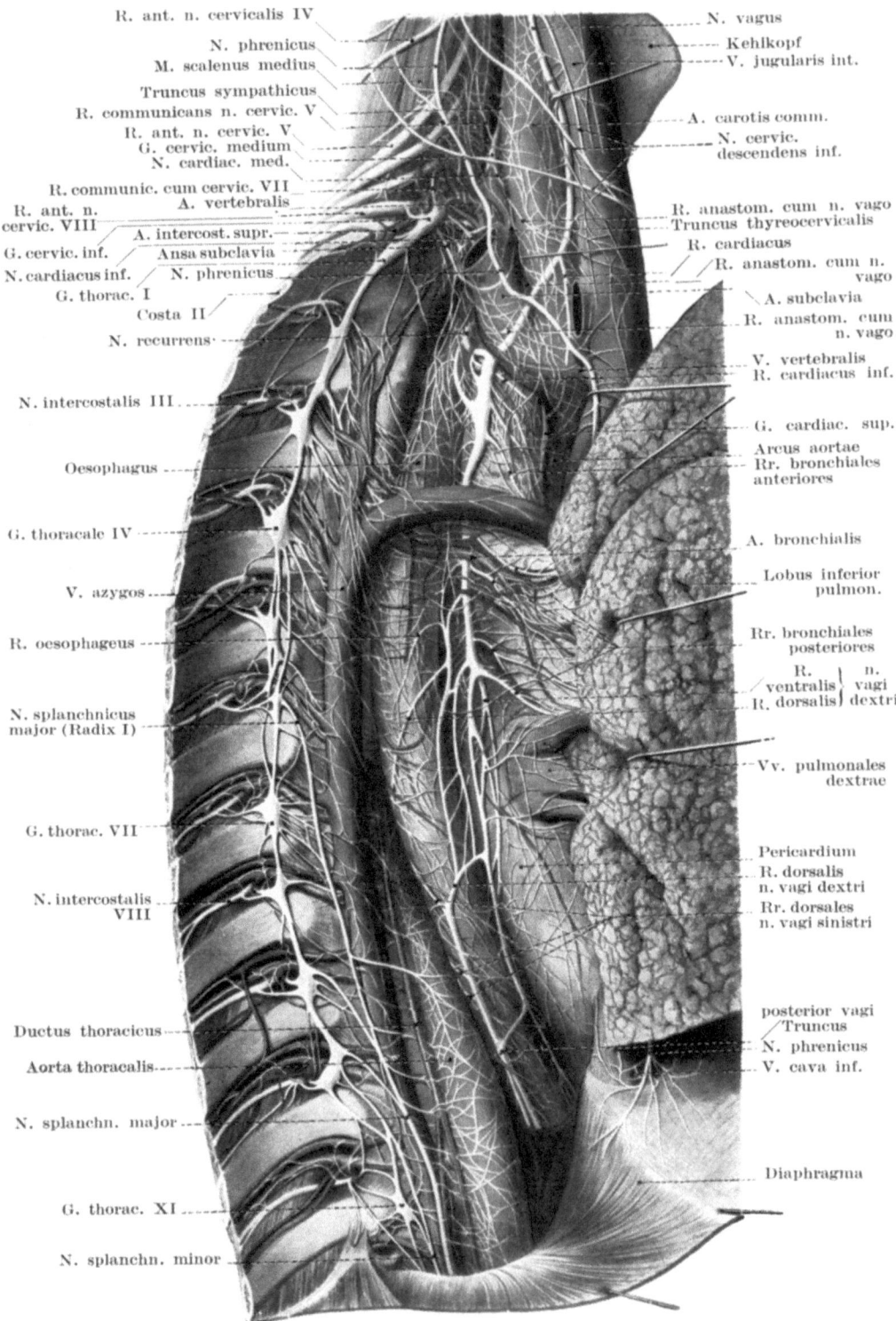

Abb. 3. Der Brustteil des Grenzstranges. (Nach BRAEUCKER: Handbuch der Neurologie, Bd. 1, aus GAGEL: Handbuch der inneren Medizin, 4. Aufl., V. Bd./1. Tl., 1953)

fach mit den zum Herzen ziehenden Vagusästen Verbindungen eingegangen ist, tritt er in das Ganglion cardiacum (WRISBERGI) ein.

Das *Ganglion cervicale medium* liegt in Höhe des 6. Halswirbels dicht über der Arteria thyreoidea inferior (Abb. 33). Gelegentlich ist es in kleine Ganglien aufgeteilt oder fehlt vollkommen. Durch einen kräftigen Ramus communicans steht es mit dem 5. Halsnerven und damit mit dem Rückenmark in Verbindung. Das Ganglion entsendet ebenfalls einen Nerven zum Herzen, den Ramus cardiacus medius, der hinter der Carotis abwärts zieht. Er besitzt in Brusthöhe ein kleines Ganglion, das Ganglion cardiacum medium (ARNOLDI). Auch die Arteria carotis communis und die Arteria thyreoidea inferior werden vom Ganglion cervicale medium versorgt, das Nervenfäden entsendet, die Geflechte um die Gefäße bilden. Die Verbindung zum Ganglion stellatum wird durch zwei bis drei Nerven hergestellt, welche die Arteria subclavia von vorn und hinten umfassen und die sogenannte Ansa subclavia VIEUSSENII bilden. Meist sind vorne einer und hinten zwei Schenkel vorhanden. Die hinteren Schenkel weisen in ihrem Verlauf kleine Ganglien auf und geben auch den Nervus cardiacus inferior ab, der in das Herz zieht. Weitere Anastomosen wurden zwischen dem Ganglion cervicale medium und dem Nervus recurrens sowie zwischen dem Ramus cardiacus superior und medius mit dem Nervus recurrens einerseits und dem Nervus vagus anderseits beschrieben.

Das *Ganglion cervicale inferius* liegt in Höhe des letzten Halswirbels und weist Rami communicantes mit C_6, C_7, C_8 auf (Abb. 33). Von seinem oberen Ende geht der Nervus vertebralis aus, der den Hauptbestandteil des Geflechtes der Arteria vertebralis darstellt. Dieses begleitet die Arterie aufwärts bis zu ihren Gehirnästen und wird durch weitere Nervenäste aus den unteren Halsnerven verstärkt. Auch die Arteria subclavia und die Arteria mammaria interna werden durch das Ganglion versorgt. Ferner steht das Ganglion durch den Nervus cardiacus inferior mit dem Herz in Verbindung. Ebenso wie das Ganglion cervicale medium besitzt auch das Ganglion stellatum Verbindungen wechselnder Stärke zum Vagusstamm und zum Nervus recurrens. Diese Anastomosen mit Nerven aus den oberen Brustganglien geben Nervenzweige zur Aorta und zur Speiseröhre ab. Häufig ist zwischen dem Ganglion cervicale inferius und dem konvexen Rand des Aortenbogens im Winkel zwischen Arteria carotis communis und Arteria subclavia ein dichtes Nervengeflecht vorhanden, das als supraaortales Nervengeflecht bezeichnet wird. Es setzt sich aus Ästen des Nervus cardiacus superior, medius und inferior und Ästen aus dem Nervus vagus, dem unteren Halsganglion sowie dem Plexus brachialis zusammen; durch Nervenzweige steht es mit dem Geflecht der Arteria subclavia und dem Aortenplexus in Verbindung.

Der *Brustteil* des *Grenzstranges* (Abb. 3) bildet eine den ganzen Brustraum durchziehende Kette von zwölf Ganglien. Diese stehen lateralwärts durch die Rami communicantes mit den Spinalnerven und damit mit dem Rückenmark in Verbindung, während an der medialen Seite die Fasern für die inneren Organe und deren Gefäße entspringen. Die Rami communicantes stellen meist zwei, häufig aber auch drei und mehr ungefähr 1 cm lange Verbindungsäste zwischen dem Grenzstrangganglion und dem Spinalnerven dar, wobei die Einmündungsstelle am letzteren immer dort ist, wo sich die vordere und die hintere Wurzel schon zum peripheren Nerven vereinigt haben.

Parallel zum Grenzstrang zwischen diesem und der Aorta ist noch ein Nervenstrang vorhanden, der von vier bis fünf untereinander verbundenen Nervenknoten gebildet wird, die mit dem Grenzstrang, dem supraaortalen Geflecht und caudal mit dem Nervus splanchnicus major durch Nervenzweige in Verbindung stehen (Truncus collateralis). Von ihm werden Nervenäste an das Aortengeflecht abgegeben, das wiederum durch Anastomosen mit dem Mediastinum verbunden ist. Dieses Geflecht breitet sich hauptsächlich in den Schichten des den Oesophagus umgebenden Zellgewebes aus und bietet die Möglichkeit, daß auch aus den oberen Brustsegmenten Bahnen zu den tiefer gelegenen Organen geleitet werden, da es vor allem dem 2. bis 5. Thoracalganglion entspricht.

Vom 6. bis 11. Brustganglion des Grenzstranges entspringen die Nervi splanchnici, wobei dem Nervus splanchnicus major das 6. bis 9. oder 10. Brustganglion und dem Nervus splanchnicus minor das 10. bis 11. Brustganglion entsprechen (Abb. 3). Die Hauptmasse der in diesen Nerven verlaufenden Fasern entspringt allerdings direkt aus dem Rückenmark (Th_6 bis Th_{10}), wobei die Fasern lediglich den Grenzstrang durchziehen und ihn nach kürzerem oder längerem Verlauf als Wurzeln der Nervi splanchnici wieder verlassen, um durch das Zwerchfell hindurch zum Ganglion coeliacum zu gelangen. Sie liegen hierbei vor allem an der medialen Seite des Grenzstranges. Nur eine kleine Anzahl Fasern hat ihren Ursprung direkt in den Zellen des Grenzstranges. Vom Splanchnicus major werden Nervenäste an die Vena azygos, den Ductus thoracicus, den Aortenplexus und das Vagusgeflecht der Speiseröhre abgegeben. Ähnliche Verbindungen existieren auch von den oberen fünf Brustganglien. Da wegen der zahlreichen Anastomosen eine strenge Isolierung nicht möglich ist, werden alle diese Fasern vom 2. bis zum 10. Brustganglion als Rami mediastinales bezeichnet. Ihr Verlauf ist in Abhängigkeit von der Segmenthöhe etwas verschieden. Ebenso bestehen Unterschiede zwischen rechts und links. Die Nerven der unteren Thoracalsegmente entstammen teils dem Nervus splanchnicus major, teils dem Grenzstrang und umspinnen zunächst die Vena azygos. Zahlreiche stärkere Nervenäste ziehen aber über sie hinweg zur Aorta oder zu dem zwischen ihr und der Vena azygos verlaufenden Ductus thoracicus, so daß dieser ähnlich wie die Gefäße ebenfalls eine segmentale Innervation aufweist. Im Bereiche der oberen Brustganglien versorgen die Rami mediastinales links vor allem den Aortenbogen. Aber auch von der rechten Seite kommen Nervenfasern zu ihm, die zwischen Oesophagus und Wirbelsäule durchtreten, wo sie mit den von links stammenden Nerven anastomosieren.

Die Brustganglien versorgen vor allem Pleura, Lunge und Herz. Die *Wirbelsäule* selbst wird von einem Plexus versorgt, der sich aus den Rami communicantes und feinen Nervenzweigen der Intercostalnerven bildet. Von ihm zieht der Nervus sinuvertebralis (LUSCHKA) durch die Intervertebralöffnung in den Wirbelkanal, wo er sich an den Venenplexus und den Häuten des Wirbelkanals sowie in der Knochensubstanz der Wirbel verästelt. Außerdem dringen mit den Gefäßen Nervenfäden, die aus den Rami mediastinales stammen, von der Vorderfläche der Wirbelkörper aus in das Innere der Knochen ein. Von diesem Plexus empfangen ebenso die Intercostalgefäße bei ihrem Durchtritt unter dem Grenzstrang mehrere Nervenäste, die ein Geflecht um sie bilden. Weiter in der Peripherie kommen in kleinen Abständen immer wieder feine Fäden aus den Intercostalnerven an sie heran.

Nach Durchtritt des Grenzstranges durch das Diaphragma verliert sich seine Regelmäßigkeit. So zeichnet sich hier schon das erste Ganglion gewöhnlich durch besondere Größe aus, da es die Rami communicantes mehrerer Spinalnerven aufnimmt. Die vier getrennten Ganglienknoten des Sacralteiles des Grenzstranges werden durch ein großes unpaares Ganglion (Ganglion coccygium) abgeschlossen. Die beiderseitigen Ganglienknoten des Sacralteiles sind durch querlaufende Nervenäste verbunden, die gelegentlich auch im Lendenteil des Grenzstranges beobachtet werden können. Dadurch, daß die Ganglienknoten in diesem Abschnitt nicht mehr seitlich, sondern weiter vorne der Wirbelsäule aufliegen, sind die Verbindungsäste zwischen Spinalnerven und Ganglienknoten (Rami communicantes) wesentlich länger geworden. Diese ziehen auch nicht mehr direkt von einem Knoten zum nächsten peripheren Nerven, sondern bilden Schleifen oder überkreuzen sich und enden schließlich beim nächsthöher oder -tiefer gelegenen Lumbalnerven.

Die vom Grenzstrang zu den Bauchorganen ziehenden Fasern verflechten sich zunächst mit dem Plexus aorticus oder dessen Fortsetzung, dem Plexus hypogastricus superior und inferior, wo zahlreiche Ganglienknoten eingewoben sind. Erst von dort aus gelangen sie in Begleitung der zuführenden Gefäße zu den jeweiligen Beckenorganen.

So breitet sich der Plexus coeliacus, von zahlreichen Ganglienknoten durchsetzt, in einem Gebiet aus, das durch die Ursprünge der Arteria coeliaca, mesenterica superior und renalis umgrenzt wird. In ihn münden die Nervi splanchnici, der Plexus aorticus thoracalis und abdominalis sowie Äste des Nervus vagus und Rami communicantes des 12. Thoracal- und 1. Lumbalganglions. Der Nervus splanchnicus major endet häufig im Bereich des Plexus in einem unpaarig angelegten halbmondförmigen Ganglion (Ganglion semilunare). Der Nervus splanchnicus minor versorgt meist vor allem das Ganglion renale.

Aus dem Plexus coeliacus gehen sowohl paarige als auch unpaarige Geflechte hervor. So wird der Plexus renalis, der die Arteria renalis umflicht, von Nervenfäden aus dem Plexus coeliacus, dem Plexus aorticus abdominalis, der Pars lumbalis des Grenzstranges und des Nervus splanchnicus major gebildet. Von ihm ziehen auch feine Nervenfäden zum Ureter. Der Plexus phrenicus entsteht durch Fasern, die die Arteriae phrenicae inferiores umgeben, und durch Äste des Nervus phrenicus. Das auf der rechten Seite eingelagerte Ganglion phrenicum ist nahe dem oberen Pol der rechten Nebenniere unterhalb des Zwerchfells gelegen. Die Nebenniere selbst wird durch den Plexus suprarenalis versorgt, der Nerven aus dem Ganglion coeliacum und aus dem Plexus phrenicus enthält. Hoden und Ovar, Uterus, Fimbrien und Tube werden vom Plexus spermaticus innerviert, der durch Nervenfäden aus dem Plexus renalis, mesentericus superior und aorticus abdominalis gebildet wird und in Begleitung der Vasa spermatica zu den Genitalorganen zieht (Abb. 4).

In Begleitung der Arteria gastrica sinistra zieht der Plexus gastricus superior zur kleinen Curvatur des Magens, wo er mit Vagusästen zusammentrifft. Entlang der Arteria hepatica führt der Plexus hepaticus sympathische Fasern aus dem Plexus coeliacus an die Leberpforte heran. Die Nervenfasern dringen mit den Gefäßen in das Innere der Leber ein. Auch der Ductus choledochus, cysticus und hepaticus werden von ihm versorgt. Er enthält ebenfalls Vagusäste beigemischt. Von ihm zweigen sich mit den Ästen der Arteria hepatica, Arteria gastrica dextra und gastroduodenalis Fasern ab und gelangen mit den Gefäßen zur kleinen und großen Curvatur des Magens sowie zum Pankreas (Abb. 4).

Mit der Arteria lienalis verläuft der Plexus lienalis aus dem Plexus coeliacus zur Milz, zur großen Curvatur des Magens und zum Pankreas. Mit den Ästen der Arteria mesenterica superior gelangen die Fasern des Plexus coeliacus, der sich hier in den Plexus mesentericus superior fortsetzt, zum Kopf des Pankreas, zum unteren Teil des Duodenums, zum Jejunum und Ileum, Coecum, Colon ascendens und zu einem Teil des Colon transversum (Abb. 4).

Der Plexus coeliacus geht allmählich in den Plexus aorticus abdominalis über, wo er zwei durch Queräste verbundene Stränge bildet, die sich unterhalb der Arteria mesenterica inferior zum Plexus hypogastricus superior vereinigen. Dieser wird durch Nerven aus dem Lumbalganglion verstärkt. An der unteren Seite der Arteria mesenterica inferior kommt es zur Bildung des Ganglion mesentericum inferius, das mit dem Aortengeflecht in Verbindung steht. Von dort aus ziehen mit den Ästen der Arteria mesenterica inferior sympathische

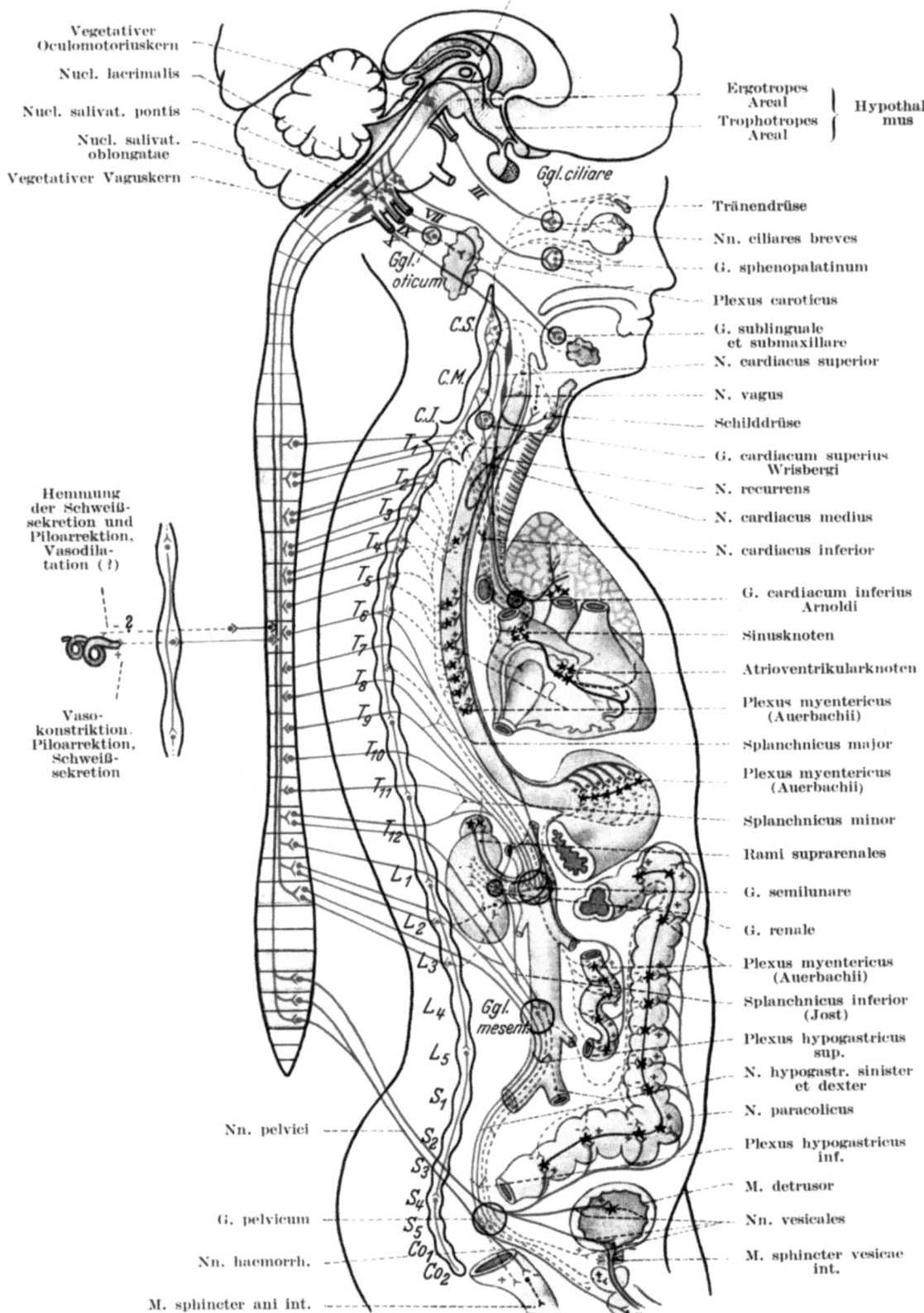

Fasern zum Colon descendens, Sygmoideum und Rectum. An der Teilungsstelle der Aorta in die beiden Arteriae iliacae communes geht auch das Nervengeflecht auf diese Gefäße über.

Aus dem Plexus hypogastricus superior, der sich über die Teilungsstellen der Aorta hinaus bis zum Promontorium fortsetzt, entstehen die beiden Plexus hypogastrici inferiores, die durch die Äste aus den Sacralganglien verstärkt werden. Sie begleiten die Vasa hypogastrica an deren medialer Seite ins kleine Becken. Dort bildet sich oberhalb des Levator ani ein reich verzweigtes Geflecht, in das auch die Nervi pelvici einmünden, die parasympathische Fasern führen. Von ihm werden Beckeneingeweide, Rectum, Blase und Genitalorgane versorgt.

Der Parasympathicus

Der Parasympathicus stellt ebenfalls ein Zweineuronensystem dar, in dem aber die präganglionären Fasern lang und die postganglionären sehr kurz sind. Neben der geringen Kollateralenbildung der präganglionären Fasern (S. 5) ist vor allem auch die anatomische Trennung der einzelnen präganglionären Neuronengruppen charakteristisch. So besitzt der Parasympathicus einen *hypothalamischen* und *tectalen Ursprung*. Leitungen, die vom Nucleus supraopticus und anderen Kernen des vorderen Hypothalamus durch den Hypophysenstiel zum Hypophysenhinterlappen führen, dürften hier als präganglionäre Fasern in Betracht kommen [13]. Die sekretorischen Zellen des Hypophysenhinterlappens würden demnach analog den Nebennierenmarkzellen beim Sympathicus (S. 6) durch präganglionäre parasympathische Fasern innerviert. Der tectale Teil des Parasympathicus wird durch Zellen des WESTPHAL-EDINGERschen Kernes im Mesencephalon gebildet. Die hier entspringenden präganglionären Fasern schließen sich dem Nervus oculomotorius an und bilden Synapsen im Ganglion ciliare. Die postganglionären Fasern versorgen den Musculus Sphincter pupillae und den Musculus ciliaris.

Wesentlich wichtiger sind seine *bulbären* und *sacralen* Zentren, die oft mit Eiterherden im Kopfgebiet oder im Urogenitalsystem zusammenhängen. Wenn auch die Blutgefäße des Rumpfes und der Gliedmaßen wahrscheinlich nur vom sympathischen System versorgt werden, so lassen sich doch zahlreiche Reflexabläufe entlang dieser Abschnitte über Fasern des Parasympathicus nachweisen, die eine Reihe schwer verständlicher Phänomene aufzuklären vermögen (S. 44).

Der *bulbäre Ursprung* weist präganglionäre Fasern aus dem Nucleus salivatorius superior auf, die sich dem siebenten Gehirnnerven (Nervus facialis) beigesellen. Einige Fasern verlassen diesen in der Paukenhöhle und enden im Ganglion sphenopalatinum, von wo postganglionäre Fasern in die Tränendrüsen ziehen. Andere Fasern verlassen den siebenten Gehirnnerven nach der Paukenhöhle und ziehen entlang dem Nervus lingualis in das Ganglion submaxillare, von wo ihre postganglionären Fasern an die Submandibular- und Sublingualdrüse kommen. Weitere präganglionäre Fasern aus dem Nucleus salivatorius inferior ziehen mit dem neunten Gehirnnerven (Nervus glossopharyngeus), von wo sie Synapsen mit dem Ganglion oticum und postganglionäre Fasern mit dem Nervus auriculotemporalis in die Glandula parotis senden. Außerdem stammen auch die

---

Abb. 4. Schema der vegetativen Innervationsweise. Intramuraler oder peripherer autonomer Anteil schwarz. Spinaler thoracolumbaler Anteil rot. Craniosacraler Anteil blau. Übergeordnete Regulationsareale in den Wandungen des 3. Ventrikels gelegen. 1. Oraler trophotrop-endophylaktischer Anteil blau gestrichelt; 2. caudaler ergotroper oder dynamogener Anteil rot gestrichelt. Atmungs- und Blutdruckregulationsgebiet der Substantia reticularis blau getönt. (Aus GAGEL: Handbuch der inneren Medizin, 4. Aufl., V. Bd./1. Tl., 1953)

sekretorischen Fasern für die Tränen- und Speicheldrüsen sowie die Fasern für die Vasodilatation im Gesicht und in der Mundhöhle aus dem verlängerten Mark. So laufen in der Corda tympani isolierte parasympathische Fasern aus dem Nervus facialis zum Nervus lingualis und mit ihm zu den Speicheldrüsen, wo sie vasodilatatorisch wirken und die Sekretion anregen. Schließlich entstehen präganglionäre Fasern im dorsalen Vaguskern, ziehen mit dem IX., X. und XI. Gehirnnerven aus der Medulla und bilden den Vagusnerven im Halsbereich. Von dort versorgen sie das Herz, den Bronchialbaum und den Magen-Darm-Trakt bis zum Colon transversum. Ihre Ganglien liegen innerhalb der Erfolgsorgane, wie in den Wänden der Herzohren, im Plexus myentericus und im Plexus submucosus der Darmwand.

Der *Vagus* (Abb. 1 und 4) entspringt mit 12 bis 18 Nervenfäden aus der Medulla oblongata unterhalb der Wurzelfasern des Nervus glossopharyngeus und wandert in einer mit dem Nervus accessorius gemeinsamen Durascheide, die ihn vom Nervus glossopharyngeus trennt, ins Foramen jugulare, an dessen Anfangsteil er eine knopfförmige, erbsengroße Verdickung, das Ganglion jugulare, das einem Spinalganglion entspricht, bildet. Dort liegt ein großer Teil der Ursprungszellen der im Vagus verlaufenden sensiblen Fasern. Aus dem Bereiche des Ganglions oder in seiner nächsten Nähe entspringen der Ramus meningeus, der zur Schädelhöhle zurück verläuft und sich am Sinus transversus und Sinus occipitalis verästelt, und der Ramus auricularis, der, meist verstärkt durch einen Nervenzweig des Ganglion petrosum nervi glossopharyngei, durch den Canaliculus mastoideus zur hinteren Fläche der Ohrmuschel und zum unteren Rand des äußeren Gehörganges zieht. Bevor der Vagus ein zweites Ganglion, das Ganglion nodosum, durchsetzt, bildet er noch Anastomosen mit dem Ganglion petrosum des Glossopharyngeus, dem obersten Cervicalganglion und dem Accessorius. Das langgezogene, spindelige Ganglion nodosum bildet Anastomosen mit dem oberen Cervicalganglion des Halssympathicus und mit dem Nervus hypoglossus. Vom Ganglion nodosum zieht der Vagus in der Furche zwischen Vena jugularis interna und Arteria carotis interna zur Arteria carotis communis anfangs lateral vom Nervus hypoglossus, später vor dem Grenzstrang nach abwärts. Vom unteren Teil des Ganglion nodosum ziehen die Rami pharyngei als oberer und unterer Schlundast des Vagus zur seitlichen Schlundwand, wo sie mit den Schlundnerven des Glossopharyngeus und des Halsgrenzstranges den Plexus pharyngeus bilden. Dieser entsendet Äste sowohl zur Muskulatur als auch zur Schleimhaut, wo ähnliche Geflechte vorhanden sind, wie der Plexus myentericus und submucosus im Darmkanal. Auch der Nervus laryngeus superior tritt am unteren Ende des Ganglion nodosum aus dem Vagus hervor, von wo er sich nach Aufnahme feiner Nervenfäden aus dem Ganglion cervicale supremum und dem Plexus pharyngeus in einen Ramus externus und einen Ramus internus teilt. Der erstere versorgt nach Aufnahme eines weiteren feinen Nervenastes aus dem oberen Halsganglion die Schlundmuskulatur und die Schilddrüse. Der zweite führt in der Hauptsache sensible Fasern und innerviert die Schleimhaut der Epiglottis. Auch der Nervus depressor, der zur Wand des Aortenbogens zieht, entsteht mit zwei kurzen Wurzeln aus dem Nervus laryngeus superior und dem Vagusstamm. Auf seinem Weg zwischen Vena jugularis und Arteria carotis gibt der Vagus auch einige feine Nervenfäden in die Geflechte um diese Halsgefäße ab.

Bevor der Vagus rechts die Arteria subclavia, links die Arteria brachialis kreuzt, gibt er den kräftigen Ramus cardiacus ab, der in ein auf der Vorderfläche der Trachea gelegenes spindelförmiges Ganglion eintritt. In der Brusthöhle trennt sich der Nervus recurrens von ihm, der rechts die Arteria subclavia, links den Arcus aortae umschlingt und beiderseits in der Furche zwischen Luftröhre und Speiseröhre aufsteigend zum Kehlkopf zieht. Hierbei entsendet er Verbindungsäste zum Plexus cardiacus, zum unteren Cervicalganglion und zu Trachea und Oesophagus.

Teils aus dem Nervus recurrens, teils aus dem oberen Brustteil des Vagusstammes entspringen Nervenfasern, die untereinander anastomosieren, auch mit den sympathischen Ästen des Grenzstranges Verbindungsfasern bilden und in das tiefe Herznervengeflecht eintreten. Da sie mit den Fasern des Ramus cardiacus besonders reichlich anastomosieren, werden diese auch Rami cardiaci superiores und sie selbst Rami cardiaci inferiores genannt.

Knapp nach der Abzweigung des Nervus recurrens gibt der Vagus Äste zur Luftröhre und zu den Bronchien ab (Rami tracheales inferiores). Diese bilden gemeinsam mit sympathischen Ästen aus den vier oberen Thoracalganglien den Plexus pulmonalis anterior und posterior, der Vorder- und Rückseite der in die Lungen eintretenden Bronchien umkleidet. Vor Eintritt dieser Nervengeflechte in die Lunge werden feinste Fäden an die Pleura pulmonalis abgegeben.

Schon im oberen Brustteil verlassen den Vagus Nervenäste, die zur Speiseröhre ziehen (Rami oesophagei). Diese häufen sich immer mehr, bis nach Überschreiten des unteren Bronchusrandes der Vagusstamm selbst in eine Anzahl von Ästen zerfällt, die sich alle der Speiseröhre anlagern. Hierbei zieht der rechte Vagus mit seiner Hauptfasermasse an der Rück-, der linke an der Vorderfläche des Oesophagus nach abwärts. Die Fasern werden als Corda posterior und anterior bezeichnet, da durch den reichlichen Fasernaustausch eine Unterscheidung in rechten und linken Vagus nicht mehr möglich ist. Von ihnen gehen ständig Zweige an den Oesophagus sowie zur Pleura mediastinalis und zum Pericard ab.

Nach dem Durchtritt durch das Zwerchfell verästelt sich die Corda anterior auf der vorderen Magenfläche und versorgt Cardia und kleine Curvatur. Dort beteiligen sich die Vaguszweige (Rami gastrici) an der Bildung des Plexus gastricus anterior. Einige Nervenäste zweigen in der Nähe der Cardia ab und ziehen mit dem Ligamentum hepatogastricum direkt zur Leber (Rami hepatici). Sie treten allerdings nicht in die Leberpforte ein, sondern ziehen auf die Ansatzstelle des Ligamentum teres zu und scheinen besonders den linken Leberlappen zu versorgen. Von der Corda anterior gehen auch Fasern in den Plexus coeliacus ab.

Die Corda posterior versorgt die Rückseite des Magens und bildet dort mit sympathischen Fasern den Plexus gastricus posterior. Der Großteil ihrer Fasern zieht allerdings in den Plexus coeliacus und wird von dort aus mit sympathischen Fasern durch die entsprechenden Gefäße zu den Bauchorganen (Leber, Milz, Bauchspeicheldrüse, Niere, Nebenniere und Darm) geleitet. Die Arteria hepatica wird allerdings schon vor Erreichen des Plexus coeliacus von einigen Cordafasern versorgt.

Die präganglionären Fasern des *sacral autonomen Systems* stammen aus dem unteren Sacralmark, insbesondere aus S_3 und S_4 (ausnahmsweise auch S_2 und S_5) und laufen in Bündeln der Cauda equina durch Lumbal- und Sacralkanal, von wo sie mit dem Plexus pudendus in das kleine Becken gelangen. Von dort ziehen sie nach Trennung von den entsprechenden Spinalnerven als Nervi pelvici zu den großen Nervengeflechten, die der Vorderfläche des Rectums und der Rückfläche der inneren Genitalorgane und der Blase aufliegen, wo sie in den Ganglien des Plexus pelvici synaptische Verbindungen bilden (Abb. 4). Die postganglionären Fasern versorgen dann den Enddarm, die Blase und die Blutgefäße des Genitalapparates. Da die Nervi pelvici auch vasodilatatorische Fasern für die Corpora cavernosa penis bzw. clitoridis führen, werden sie auch als Nervi erigentes bezeichnet. Weitere Einzelheiten sind in den Kapiteln über Diagnose und Therapie der verschiedenen Organkrankheiten nachzulesen (S. 250ff.).

Auch fragliche *Vasodilatatornerven* der hinteren Wurzeln stellen parasympathische Nerven dar [14, 15], die ihre Synapsen in Spinalganglien bilden. Die ersten derartigen Versuche wurden an Hunden gemacht [16, 17]. Danach treten vegetative Fasern, die eine beträchtliche Vasodilatation in der Haut der Extremitäten hervorzurufen vermögen, durch die hinteren Wurzeln des Rückenmarkes aus. Das trophische Zentrum der dünnen myelinhaltigen Nerven, die sich strukturell von afferenten Fasern nicht unterscheiden lassen, dürfte im Spinalganglion liegen [18]. Manche Autoren [17] nehmen an, daß es sich tatsächlich um afferente Fasern handelt, die auch Reize nach der Peripherie vermitteln können (antidrome Leitung), so daß für sie das BELL-MAGENDIEsche Gesetz nicht gilt, wonach die Nerven der vorderen Rückenmarkswurzeln efferente und diejenigen der hinteren afferente Funktionen ausüben. Da derartige Fasern in praktisch allen hinteren Wurzeln nachweisbar sind, spricht man auch von einem Spinalparasympathicus [14, 15].

Am Menschen ließ sich ebenfalls nachweisen, daß die Reizung der hinteren Wurzel eine segmentspezifische Vasodilatation in der Peripherie zur Folge hat [19]. Außerdem konnte in den zentralen Stümpfen durchschnittener hinterer Wurzeln auch nach Monaten bis Jahren keine Degeneration gefunden werden [20], so daß diese Ansichten gefestigt scheinen [14, 15]. Andere Autoren [22, 21] konnten einerseits bei Affen nach Durchtrennung der afferenten Nerven keine wesentliche Änderung in der Reaktionsweise des Gefäßgebietes der Gliedmaßen beobachten, andererseits bei Katzen und Hunden reflektorisch ausgelöste Vasodilatationen an den hinteren Extremitäten durch Sympathektomie verhindern und bestreiten deshalb jede physiologische Bedeutung der antidrom leitenden Vasodilatatorfasern.

Die Reizleitung

Der Mensch besitzt zahlreiche *Empfangsorgane* mit relativer Selektivität für die Aufnahme der verschiedenen Reize. Diese wird wahrscheinlich durch Einkapselung, Oberflächennähe, Verzweigungsart und chemischen Aufbau bedingt. Zu ihnen zählen die Interozeptoren, zu denen 1. Propriozeptoren (Muskel und Labyrinth) und 2. Viscerozeptoren (Darm, Herz, Blutgefäße, Blase usw.) gehören. Außerdem sind an der Körperfläche die Exterozeptoren vorhanden, welche die MERKELschen und MEISSNERschen Körperchen und *Haarzellen* (taktile Sensibilität), KRAUSEschen Endkolben (Kälte) sowie die RUFFINIschen (Wärme) und GOLGI-MAZZONIschen Körperchen (Druck) umfassen. Ihre Reizschwelle wird vom Sauerstoffgehalt des Gewebes beeinflußt. Sie bilden damit ein wichtiges Glied im Circulus vitiosus der Fokalerkrankungen. Dies um so mehr, als den sensiblen Rezeptoren der Haut und der tiefen Gewebe nicht nur eine markhaltige Nervenfaser, die ihre Ursprungszelle in den Spinalganglien hat, sondern auch eine marklose REMAKsche Faser angehört, die in den einzelnen Aufnahmekörperchen ein feinstes Reticulum, das sogenannte TIMOFEEWsche Netz, bildet [23]. Für einige derartige sensible Rezeptionsapparate konnte nachgewiesen werden, daß diese Fasern afferent leiten, sicher dem Sympathicus zugehören und ihren Ursprung in den Grenzstrangganglien haben [23]. Nach diesen Untersuchungen dürfte es ziemlich sicher sein, daß auch von Haut und Muskulatur afferente sympathische Impulse übermittelt werden können und so reflektorischer Schmerz erzeugt wird. Die Aufgabe der Rezeptoren besteht in der Impulsübermittlung an das zentrale Nervensystem. Jeder von ihnen vermag auf die verschiedensten Reize nur mit der ihm eigenen Sinnesempfindung zu reagieren. Dies ist schon über hundert Jahre unter dem Gesetz der spezifischen Sinnesenergie bekannt.

Die Erregung der einzelnen Endorgane hängt ab von Stärke, Dauer und Anschwellung des Reizes. Je stärker ein Reiz ist, um so schneller hintereinander werden die vom Rezeptor entlang den Nervenbahnen gesandten Impulsfolgen eintreffen. Ja von einer gewissen Stärke an sendet der Rezeptor sogar noch nach Beendigung des Reizes weitere Impulse Richtung Zentralnervensystem. Die Höhe der Aktionspotentiale bleibt dabei stets konstant. Das Aktionspotential unterliegt daher dem Alles-oder-Nichts-Gesetz und bleibt, wenn einmal die Reizschwelle erreicht ist, in seiner Größe unverändert.

Auch die Dauer des Reizes beeinflußt die afferenten Impulszahlen erheblich. Deshalb wird ein etwas länger anhaltender Reiz zunächst stärker empfunden als ein kurzdauernder derselben Stärke. Wir kennen dieses Phänomen unter dem Begriff der zeitlichen Summation. Allmählich verlangsamt sich aber die von den meisten Rezeptoren ausgesandte Impulsfolge — es ist eine Adaptation an den Reiz eingetreten. Muskelspindeln und Druckrezeptoren adaptieren schwach und sind deshalb auch bei ständiger Entladung für schwache Änderungen der Reizintensität feinfühlend, wie es für die Aufrechterhaltung des Koordinationsapparates am Menschen notwendig ist. Berührungsrezeptoren anderseits adaptieren wieder verhältnismäßig rasch und vermögen deshalb Intensitätsabstufungen nicht genau zu melden.

So tritt eine plötzliche schnelle Entladungssalve in dem Augenblick in einem Hautnerven auf, in dem der Kontakt mit einem MEISSNERschen Körperchen hergestellt wird. Schon nach einer fünftel Sekunde hört jedoch diese Entladungssalve auf, trotzdem der Druck fortdauert. Auch bei Berührung der Haare findet man eine sehr rasche Anpassung an den Reiz. Die rasche Adaptation an konstante Reizsituationen ist eine wichtige Eigenschaft dieser Hautsinnesorgane, da sie es uns ermöglicht, Kleider, Brillen, Ohrringe usw. zu tragen, ohne ihrer dauernd bewußt sein zu müssen.

Schließlich muß der Reiz auch verhältnismäßig schnell an Stärke zunehmen, bis er sein Maximum erreicht hat, da sich sonst das Gewebe an die Veränderung der Umgebung anzupassen vermag, so daß überhaupt keine Erregung mehr zustande kommt. Soweit wird auch durch die Schnelligkeit des Reizanstieges die Stärke, mit der wir ihn empfinden, bestimmt.

Nach unserer derzeitigen Anschauung zerfallen alle von den Rezeptoren abgehenden *afferenten somatischen Fasern* in drei große Gruppen, die wir in A-, B- und C-Fasern einteilen. Die A-Fasern enthalten am meisten Myelin, sind deshalb am dicksten und leiten Impulse am schnellsten. Sie werden in α-, β-, γ- und δ-Fasern aufgeteilt. Die B-Fasern enthalten weniger Myelin und leiten ihre Impulse beträchtlich langsamer als die A-Fasern. Die C-Fasern sind marklos, leiten ihre Impulswellen am langsamsten und sind wegen des Fehlens jeglichen Myelinschutzes gegen Medikamente am empfindlichsten. Wenn es derzeit auch nicht möglich ist, aus der Natur der Faser auf die Art der Sinnesempfindung, die sie vermittelt, zu schließen, so stehen doch die größeren sensiblen Fasern einwandfrei mit den höher entwickelten Rezeptoren in Zusammenhang, zu denen diejenigen für Berührung, Druck und propriozeptive Sensibilität gehören. B- und C-Fasern leiten den Schmerz zentralwärts. Dabei vermitteln die B-Fasern einen gut lokalisierbaren Sofortschmerz („First pain"), während die C-Fasern einen mehr diffusen, brennenden, kurze Zeit nachhinkenden Schmerz („Second pain", „Burning pain") zu Bewußtsein bringen (S. 25).

Messungen der Aktionspotentialen an gemischten Nerven ergaben die in Abb. 5 und 6 dargestellten Kurvenbilder. Danach drängen sich bei langsamer Zeitregistrierung die Potentiale der relativ schnell leitenden Fasern im Anfang der Ableitung zusammen, während die langsamen C-Fasern stark nachhinken. Bei schneller Registrierung lassen sich die Aktionspotentiale wohl auseinanderziehen, wodurch sich die Alpha- und Beta-Gruppe von der Gamma- und Delta-Gruppe abtrennen läßt, die C-Gruppe fällt aber weit unterhalb der Möglichkeit einer Aufzeichnung (Abb. 5). Die Ursache hierfür liegt darin, daß die Leitungsgeschwindigkeiten zwischen 110 m/sec bei den A-Fasern und 0,6 bis 2 m/sec bei den C-Fasern liegen.

Alle hier erwähnten Fasern ziehen mit gemischten Nerven zu den Spinalganglien und den hinteren Wurzeln des Rückenmarks. Diese erstrecken sich vom ersten Cervicalsegment bis zu den untersten Sacralsegmenten. Der Mensch besitzt im allgemeinen acht Cervical-, zwölf Thoracal-, fünf Lumbal- und fünf Sacralsegmente. 40% des Bestandes dieser Wurzelfasern machen die marklosen Fasern aus. Ihr Gehalt ist in den thoracalen und sacralen Regionen größer als in den cervicalen und lumbalen Abschnitten, was mit der besonderen Innervation der Extremitäten zusammenhängt.

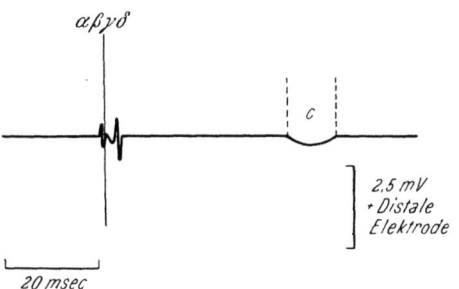

Abb. 5. Zusammengesetztes Aktionspotential eines Nervenbündels mit verschiedener Fasergröße bei langsamer Zeitregistrierung. α β γ δ: A- und B-Fasern; C: C-Fasern

Nach Untersuchungen der letzten Zeit [121] dürften die meisten Sinnesqualitäten vorzugsweise durch gewisse Wurzelfilamente geleitet werden. So fand KUHN [121], daß z. B. die siebente Lumbalwurzel der Katze im dritten Filament gewöhnlich keine Hautreize zum Rückenmark führt. Filament 4 und 6 enthielten relativ wenig Fasern und dienten vorzugsweise der Haut- und Muskelsensibilität. Andere Wurzelfasern reagierten exterozeptiv, wieder andere exterozeptiv und propriozeptiv. Auf diese Weise lassen sich viele zunächst unverständliche Symptome bei Diskushernien und anderen Schädigungen der Hinterwurzel durch die ungleichmäßige Verteilung der Sensibilität einer Wurzel erklären.

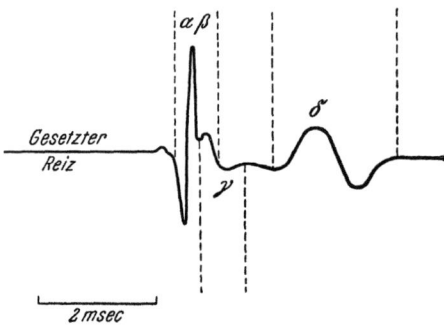

Abb. 6. Zusammengesetztes Aktionspotential eines Nervenbündels mit verschiedener Fasergröße bei schneller Zeitregistrierung

Im *Spinalganglion* findet keine eigentliche Leitungsunterbrechung der sensiblen Bahnen statt (Abb. 7). Hier sind vor allem sogenannte unipolare Ganglienzellen (A_1, A_2, A_3) vorhanden, d. h. die Nervenfasern besitzen dort ihr trophisches Zentrum mit einem peripheren und einem zentralen Fortsatz. Einige der sensiblen Zellen dürften allerdings auch schon im Spinalganglion Synapsen (B, E) bilden, die mit Relaiszellen (D) in Verbindung stehen, welche viscero- und somatosensible Neurone miteinander verhalten und schmerzhemmend oder -fördernd wirken [27]. Andere wieder dürften das mittlere Glied zwei- bzw. dreineuroniger viscerosensibler Bahnen zum Rückenmark darstellen (E, H). Auch sie beeinflussen vor allem die Schmerzempfindung. Schließlich gibt es auch noch dorsal efferente Neurone mit Umschaltung im Spinalganglion (C, F, G), ähnlich dem zweiten efferenten Neuron des „Spinalparasympathicus" von KEN KURÉ (S. 16).

Vom Spinalganglion aus laufen die Erregungen durch die hinteren Wurzeln in das Rückenmark. Dort zerfallen die Nervenfasern in eine Anzahl von Wurzelfäden, die sich in den intraduralen Räumen weiter fächerförmig ausbreiten, und zwar trennen sich die einzelnen Wurzelfäden in eine mediale Abteilung, die hauptsächlich aus markhaltigen Fasern gebildet wird und neben der Spitze des Hinterhornes in den GOLL-BURDACHschen Strang zieht, und in eine kleinere laterale Abteilung, die hauptsächlich aus marklosen und kleinen markhaltigen Fasern besteht und wirklich in die Spitze des Hinterhornes gelangt. Jede Faser, die das Rückenmark erreicht hat, teilt sich weiterhin in einen ab- und einen aufsteigenden Ast, die in den einzelnen Segmenten zahlreiche Kollateralen abgeben. Während

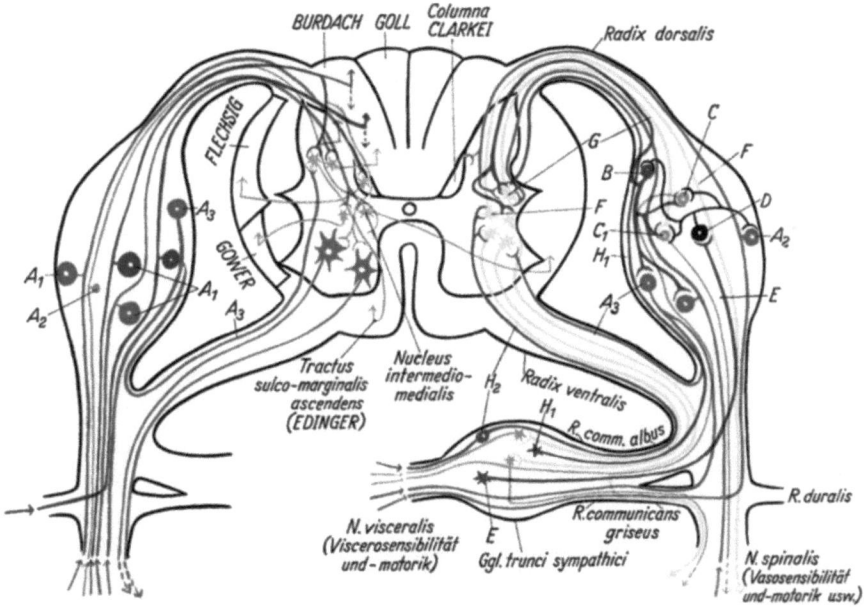

Abb. 7. Schema des nervösen Segmentes. Links sind die Verbindungen der somatischen, rechts die der visceralen Sensibilität eingetragen. Die zentralen sensiblen Bahnen scheinen der Übersichtlichkeit halber nur zum Teil auf.
Typ A: Pseudounipolare (bipolare) Elemente mit zwei langen Ausläufern.
Typ B: BUMM-DOGIELsches Neuron, synaptische Zelle mit einem langen gangliofugal-zentripetalen und einem kurzen Fortsatz.
Typ C: VEJAS-NISSLsches Neuron, II. Neuron des Spinalparasympathicus.
Typ D: DOGIELsche Relaiszelle.
Typ E: EHRLICH-RAMÓN Y CAJALsches Neuron, vegetatives und viscerosensibles gangliopetales Element.
Typ F: v. LENHOSSÉK-RAMÓN Y CAJALsches „durchtretendes" efferentes Neuron mit Perikaryon im Rückenmark.
Typ G: BABES-KREMNITZERsches Neuron, I. Neuron des Spinalparasympathicus.
Typ H: FRIEDLÄNDER-KRAUSEsches Neuron, afferente „durchtretende" Fasern.
(Aus J.-H. SCHARF: Handbuch der mikrosk. Anatomie des Menschen, IV. Bd./3. Tl., 1958 [190])

der Hauptteil der Fasern des Druck- und Kraftsinnes ohne weitere Unterbrechung ungekreuzt in den GOLL-BURDACHschen Strängen weiterzieht und ein Teil gekreuzt und ungekreuzt im Vorderseitenstrang verläuft oder an Hinterhornzellen endet, ziehen die Schmerzfasern der Haut und der tieferen Teile an die sogenannten großen Zellen des Hinterhornes, wo sie in Segmenthöhe enden (Abb. 7).

Es würde zu weit führen, wollte man die Verteilung der Impulse bis ins Zentralnervensystem im Detail schildern, zumal dies für das Verständnis der intersegmentalen Reaktionen von untergeordneter Bedeutung ist. In Kürze sei hervorgehoben, daß manche Fasern im Rückenmark, besonders in den lumbalen und unteren cervicalen Segmenten, direkt an die Vorderhornzellen ziehen, andere wieder, und zwar die Mehrzahl der Hinterwurzelfasern, an Zwischenneuronen der Intermediärzone des Rückenmarks endigen oder an die Zellen der CLARK-STILLING-Säule der gleichen, vereinzelt aber auch der Gegenseite heranziehen. Schließlich enthalten auch die Neurone in den

Hinterhörnern Hinterwurzelfasern, die im Tractus spinocerebellaris ventralis zur selben und zur gekreuzten Seite ziehen. Während diese Fasern vor allem propriozeptive Impulse von der Rumpfmuskulatur mit sich führen, endigen die Hinterwurzelfasern in der Substantia Gelatinosa ROLANDI, die Schmerz, Wärme und Kälte vermittelt. Ihre sekundären Neurone ziehen von dort über die vordere Kommissur und bilden die Tractus spinothalamici in den gegenüberliegenden ventrolateralen Strängen, wodurch die gekreuzten Empfindungen für Schmerz, Wärme und Kälte innerhalb eines oder zweier Segmente nach dem Eintritt der entsprechenden Fasern in das Rückenmark zustande kommen. Die Fasern für die Berührungsempfindung dürften im Hinterhorn das Rückenmark über einige Segmente hin aufwärts ziehen und erst dann auf die andere Seite kreuzen, wo sie den Tractus spinothalmicus ventralis bilden. Danach ist es verständlich, daß afferente Impulse, die von einem Segment ausgehen, die nächsten dorsalen und ventralen Nachbarsegmente zu irritieren vermögen. Die Herausschälung der einzelnen Dermatome gelingt deshalb nicht durch afferente Reizsetzungen, sondern nur durch Anwendung der verschiedensten Kunstkniffe, deren Erörterung an anderer Stelle erfolgt (S. 36 f.).

Verfolgt man die Leitungsgeschwindigkeiten in den Nervenfasern der Muskelafferenz bis zum Kern in der Medulla, so findet man, daß sie von 90 bis 110 m/sec in der Peripherie auf 40 bis 60 m/sec in Thoracalhöhe und schließlich 20 bis 30 m/sec kurz vor Eintritt in den Kern der Medulla abfallen [105, 95]. Danach verringert sich die Impulsfortpflanzung bei Eintritt in das Rückenmark auf etwa zwei Drittel des Ausgangswertes und bei weiterem Aufstieg sogar bis auf ein Viertel. Ähnliche Resultate erhielten REXED und STRÖM [88] bei Untersuchung der afferenten Fasern aus dem Vorderbein des Frosches bis zum Fasciculus cuneatus und HOLMGREN [84] bei Untersuchungen von den Zehenmuskeln bis zur Medulla. Dieser Autor konnte auch eine Verminderung der Leitungsgeschwindigkeit nach längerer Reizung mit einer Frequenz von 24 bis zu 72 m/sec nachweisen, was insofern von Bedeutung ist, als auf diese Weise vielleicht einmal andauernde Irritationen von einem Fokus nachgewiesen werden können.

Wesentlich wichtiger für die Entstehung eines Fokus mit allen seinen Begleiterscheinungen als die afferenten somatischen Fasern sind die *afferenten visceralen Fasern*. Dies ist allein daraus ersichtlich, daß die Domäne der afferenten somatischen Fasern, die Haut, verhältnismäßig selten als Fokus in Frage kommt, während zahlreiche Viscera, die nur von Fasern des autonomen Nervensystems versorgt werden, sehr wohl zu Herden werden können. Leider sind Eigenschaften und Wirkungsweise der afferenten visceralen Fasern, die als unabhängiges System aufgebaut erscheinen, noch sehr wenig bekannt, so daß gerade auf diesem so wichtigen Gebiet keine definitive Erklärung abgegeben werden kann.

Histologisch unterscheiden sich die visceralen afferenten Nerven nicht von den somatischen [24]. Sie besitzen eine dünne Myelinhülle oder sind überhaupt marklos und weisen elektrophysiologisch eine nur langsame Leitfähigkeit auf [25].

Die peripheren vegetativen Nerven enthalten sowohl afferente als auch efferente Fasern (gemischte Nerven). Selten findet man rein afferente vegetative Strukturen (HERINGscher Nerv aus dem Sinus carotis oder Depressor aus dem Aortenbogen), weshalb es kaum möglich ist, efferente oder nur afferente Fasern selektiv zu behandeln. Wir wissen weiter, daß afferente viscerale Fasern nicht nur mit dem Sympathicus, sondern auch mit dem Parasympathicus verlaufen und im Unterschied zu den somatischen afferenten Fasern sehr unvollständig kreuzen. Während die mit dem Sympathicus verlaufenden Fasern ein unbestimmtes Mißgefühl verursachen können, das vom Schmerzempfinden der somatischen afferenten Fasern deutlich verschieden ist und am besten mit dem Schmerz der Magen- oder Darmkoliken verglichen werden kann, verursachen die mit dem Parasympathicus verlaufenden afferenten Fasern keine Schmerzempfindungen, sondern nehmen an spezifischen Reflexen teil, wie z. B. dem Aortenreflex, vasomotorischen oder visceromotorischen Reflexen usw. Manches spricht auch dafür, daß viele afferente viscerale Fasern Eigenreflexe auszulösen vermögen, bevor es noch zu einem Eintritt in das Rückenmark kommt.

Ebenso wie das somatische Nervensystem über Reflexmechanismen verfügt, sind solche auch im vegetativen Nervensystem vorhanden (Abb. 8). Auch hier besteht der Reflexbogen aus Zentren, einem afferenten und efferenten Schenkel. Sympathicus und Parasympathicus stellen den efferenten, aus zwei Neuronen (präganglionäres und postganglionäres Neuron) bestehenden Schenkel des vegetativen Nervensystems dar, der Impulse aus dem Zentrum in die Peripherie vermittelt. Der zentripetale Reflexschenkel wird, wie beim somatischen Nervensystem, nur von einem Neuron gebildet. Die Zellen der afferenten Neurone des Sympathicus dürften in den Spinalganglien sitzen (S. 18). Das periphere Axon kommt zusammen mit den sympathischen Nerven aus den Organen und Gefäßen und erreicht die Zelle vorwiegend über die Rami communicantes albi. Das zentrale Axon tritt durch die hinteren Wurzeln in das Rückenmark ein und endet in der grauen Substanz der hinteren Hörner. Hierbei treten die afferenten Nerven nicht immer auf derselben Höhe in das Rückenmark ein, auf der es die efferenten Bahnen verlassen, was für therapeutische Eingriffe von Bedeutung ist (Abb. 2). Ein Teil der visceralen afferenten Bahnen dürfte zu den sogenannten Intermediärzellen des Hinterhornes verlaufen und von dort aus unter Zwischenschaltung eines oder mehrerer Neurone weitergeleitet werden. Beim Sacralparasympathicus sitzen die bipolaren Zellen ebenfalls in den Spinalganglien, beim cranialen System kommen sie in den verschiedenen Kernen der entsprechenden Gehörnerven (z. B. Ganglion nodosum und Ganglion jugulare des Vagus) vor.

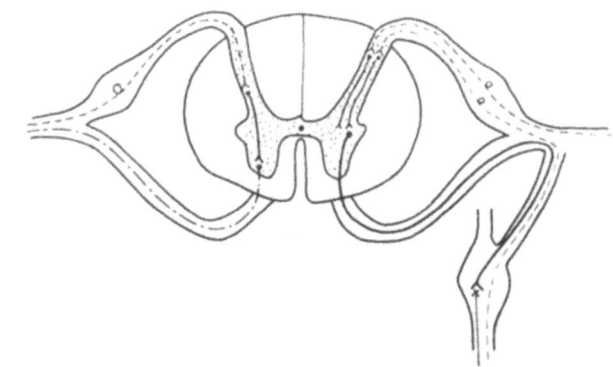

Es darf wohl als feststehende Tatsache angesehen werden, daß die afferenten Nerven der Eingeweide zum größten Teil in den verschiedenen Ästen des Sympathicus verlaufen (Rami cardiaci, Rami bronchiales, Splanchnicus major et minor, Hypogastrici usw.), wenn auch zweifelsohne zahlreiche andere Nerven

Abb. 8. Schematische Darstellung des sympathischen Reflexbogens (rechts) und des somatischen Reflexbogens (links)

– – – – – afferente Bahnen   ·———< Schaltneurone
— · — · efferente somatische Bahn
——— präganglionäres Neuron   ——— postganglionäres Neuron

an der sensiblen Versorgung der Viscera beteiligt sind (Trigeminus, Intermedius, Glossopharyngeus, Vagus, Phrenicus, Nervi pelvici u. a.). Nach FOERSTER und Mitarbeiter [26] gibt es wahrscheinlich keinen Teil unseres Körpers, an dessen sensibler Versorgung der Parasympathicus nicht beteiligt wäre.

Die den Eingeweiden entstammenden afferenten Fasern treten aber nicht nur durch die sogenannten peripheren Äste des Sympathicus (Splanchnicus, Hypogastrici usw.) in den Grenzstrang ein, sondern verlaufen zum Teil in den periarteriellen Geflechten der die Eingeweide versorgenden Gefäße und ziehen mit diesen Geflechten (Plexus iliacus, Plexus aorticus) direkt in den Grenzstrang. Das gleiche gilt für die Extremitäten. Hier verlaufen die afferenten sympathischen Fasern teilweise in den gemischten peripheren Nerven durch den Plexus brachialis bzw. lumbosacralis bis zu den entsprechenden Spinalnerven (C_4 bis Th_2 und L_1 bis S_5), von wo sie mit den Rami communicantes in den Grenzstrang eintreten. Ein Teil der afferenten Bahnen verläuft aber in den periarteriellen Geflechten der Gefäße, von wo der größere Teil der afferenten Gefäßfasern wohl ebenfalls sukzessive in die verschiedenen peripheren Nervenstämme der Extremitäten übergeht, ein anderer Teil aber in dem periarteriellen Geflecht

2a

verbleibt und durch den Plexus subclavius bzw. den Plexus der Arteria iliaca und der Aorta abdominalis direkt in den Grenzstrang kommt. Von dort gelangen die afferenten sympathischen Fasern durch die Rami communicantes albi wieder in die Spinalnerven und mit den hinteren, zum Teil auch mit den vorderen Wurzeln ins Rückenmark [26]. Auf diese Weise ist es möglich, daß trotz sorgfältiger Ausschaltung alle Spinalnerven und der entsprechenden Abschnitte des sympathischen Grenzstranges Impulse aus dem Fokus ins Rückenmark gelangen, die entlang der Gefäßbahn verlaufend oft weit entfernt von ihrem Segment ins Rückenmark eintreten. Diesem Umstand muß bei Versagen der internen oder chirurgischen Therapie fokalbedingter Erkrankungen stets Rechnung getragen werden, und zwar insofern, als die entsprechenden Gefäße ebenfalls behandelt werden müssen.

Obwohl der Sympathicus der wichtigste Nerv zahlreicher Viscera ist, muß schließlich noch festgestellt werden, daß er keineswegs ihren einzigen afferenten Nerven darstellt. Auch nach völliger Ausschaltung aller einem bestimmten Organ zugeordneten sympathischen Bahnen können Reize, die diese Organe treffen, noch auf dem Wege der extrasympathischen afferenten Bahnen ins Zentralnervensystem durchdringen und dort z. B. Schmerz verursachen. In der Regel ist der Schmerz nach Sympathicusausschaltung wohl kupiert. Er kann aber nach einem mehr oder weniger langen freien Intervall wieder auftreten, und zwar in dem Moment, in dem die in den extrasympathischen afferenten Bahnen laufenden Erregungen schmerzüberschwellig geworden sind. Völlige Schmerzausschaltung ist dann nur durch Unterbrechung aller dem jeweiligen Organ zugeordneten afferenten Bahnen möglich.

Der weitere anatomische Verlauf und Bestimmungsort der afferenten visceralen Fasern konnte bisher noch nicht festgelegt werden. Es ist lediglich bekannt, daß ihre Zellkörper in den Spinalganglien liegen und die zentralen Fortsätze über die hintere Wurzel in das Rückenmark eintreten, während die peripheren Fortsätze, wie schon erwähnt, über autonome Nerven an die Rezeptoren innerhalb visceraler Strukturen laufen. Manche der afferenten visceralen Fasern dürften über das zentrale Grau des Aquädukts direkt an die Kerne des Hypothalamus heranziehen, der im weiteren Verlauf ähnliche Funktionen ausübt wie der Thalamus für die afferenten somatischen Fasern.

Nach FOERSTER und Mitarbeiter [26] ist außerdem noch keinesfalls bewiesen, daß die im Sympathicus verlaufenden afferenten Fasern ihre Ursprungszellen *nur* in Spinalganglienzellen haben. Zwar wurde an Embryonen von Vögeln und Säugetieren gezeigt [26], daß Zellen des Spinalganglions einen Neuriten peripherwärts durch den Ramus communicans in den Grenzstrang und einen zweiten Neuriten zentralwärts in die hintere Wurzel entsenden (Abb. 7), anderseits wurde aber nachgewiesen [28], daß auch Nebenfasern vom benachbarten Grenzstrangganglion durch den Ramus communicans in dieses Spinalganglion eintreten und sich hier entweder direkt um die pseudounipolaren Ganglienzellen korbartig verteilen (Abb. 7) oder sich um eine zweite im Spinalganglion gelegene Kategorie von Ganglienzellen (Assoziationszellen), Zellen des sogenannten zweiten GOLGIschen Typs, aufsplittern, die nur einen kurzen Neuriten entsenden, der sich innerhalb des Ganglions alsbald in zahlreiche Äste aufteilt und dieselben korbartigen Endbäumchen um die erstgenannten pseudounipolaren Spinalganglienzellen bildet, was in Abb. 7 ebenfalls dargestellt ist.

Danach können also im Spinalganglion zahlreiche Möglichkeiten der Einwirkung afferenter Nervenfasern auf die pseudounipolaren Ganglienzellen bestehen. Ein Teil der afferenten Fasern könnte aus Ganglienzellen des Grenzstranges oder der peripheren Sympathicusganglien hervorgehen. Von diesen Fasern dürfte nach FOERSTER und Mitarbeiter [26] wieder nur ein Teil innerhalb des Spinalganglions eine Unterbrechung erfahren, während ein anderer Teil direkt durch die hinteren und vorderen Wurzeln ins Rückenmark eintritt. Die visceralen Fasern können auch gelegentlich Unterbrechungen im Grenzstrang aufweisen (S. 190, Abb. 67), wodurch Ersatzleitungen geschaffen werden, die in Ausnahmefällen in Betrieb genommen werden können. Weitere Sonderleitungen, wie sie von FOERSTER aufgezeigt wurden, bestehen z. B. in Bahnen durch die vorderen Wurzeln, durch die Randzone des Hinterseitenstranges, durch die Hinterstränge selbst und auf komplizierten periarteriellen Wegen. Die Weiterleitung erfolgt im gekreuzten Vorderseitenstrang, nachdem die Bahnen in Segmenthöhe auf die andere Seite gewechselt haben.

Der Schmerzsinn

ARISTOTELES [33], der erstmalig die Lehre von den fünf Sinnen aufstellte, hielt Schmerz und Lust noch für reine Empfindungen der Seele. Auch GALEN [34], der schon Hitze- und Kälteempfindungen vom Tastsinn abzutrennen vermochte, schrieb den Schmerz noch allein der Seele zu. Dieselbe Ansicht vertrat ERASMUS DARWIN [35] noch 1794. Erst JOHANNES MÜLLER [36] gab mit seiner Theorie über die spezifischen Sinnesenergien die Bahn frei für die Suche nach spezifischen Nervenendigungen für den Schmerz. In der Tat fanden auch BLIX [37] und GOLDSCHEIDER [38] sehr bald unabhängig voneinander getrennte Empfindungsqualitäten der Haut für Wärme, Kälte, Tastsinn und Schmerz. Schließlich konnte FREY [39] die punktförmige Schmerzübermittlung von der Hautoberfläche durch freie Nervenendigungen nachweisen und ebenso die Wärme mit den RUFFINI-Endigungen, die Kälte mit dem KRAUSEschen Endkolben, den Tastsinn mit den Haarfollikeln und den MEISSNERschen Körperchen in Zusammenhang bringen. 1919 wiesen STRAUS und UHLMANN [40] nach, daß der Schmerz das Phänomen der Adaptation besitzt.

Weiteren Einblick in die Physiologie des Schmerzes wurde durch die klassischen Arbeiten von HEAD [47, 48] mit der Einführung des Begriffs der protopathischen und epikritischen sensiblen Nervenendigungen gewonnen. Seine Arbeiten wurden durch die ausführlichen Studien von TROTTER und DAVIS [49, 50] vervollkommnet. Später konnten WOLLARD [51] und WEDDELL [52] die anatomischen Beweise für viele Beobachtungen HEADS erbringen, wodurch eine wesentliche Vertiefung unseres Einblicks in die Vorgänge bei der Schmerzübermittlung ermöglicht wurde. Trotzdem bleibt noch eine Reihe von Fragen offen, um deren Klärung man sich derzeit bemüht. So ist die diffuse Hyperalgesie von Haut oder tieferen Gewebsschichten bei normaler Schmerzschwelle nicht ohne weiteres erklärlich (S. 52ff.); es wurde dafür ein eigenes Nervensystem (Nocifensor-System) verantwortlich gemacht [53]. Möglicherweise sind aber die C-Fasern, die vor allem mit den Gefäßen verlaufen, die Hauptursache (S. 17). Keineswegs können die freien Nervenendigungen der A- oder B-Fasern damit in Zusammenhang gebracht werden, da ihre Reizung nur auf kleine Areale (1 cm²) lokalisiert wird und häufig ausgesprochen hyperalgetische Zonen mit Flächenausdehnungen von 9 bis 12 cm Länge und 3 bis 4 cm Breite gefunden werden [54, 55]. Auch das Problem der Axon-Reflexe bleibt ungelöst (S. 54). Schließlich ist der Mechanismus der Schmerzintensivierung in der Intermediärzone und während der Regeneration nach Durchtrennung peripherer Nerven noch vollkommen ungeklärt. Es muß erst nachgewiesen werden, ob tatsächlich die Isolierung mancher Nervenfasern von ihrer Umgebung dafür verantwortlich gemacht werden kann.

Nach unseren derzeitigen Kenntnissen dürften für die normale Schmerzempfindung hauptsächlich freie Nervenendigungen und Plexus markloser oder kleiner markhaltiger Fasern verantwortlich sein. Sie sind die am meisten verbreiteten Exterozeptoren des Organismus und finden sich in allen epidermalen und dermalen Schichten der menschlichen Haut. Hier durchdringen sie oft die Epidermis oder liegen innerhalb des Zellprotoplasmas. Da den adäquaten Reiz für den Schmerz jede Einwirkung darstellt, die Zerstörung oder Tod des Gewebes verursachen könnte, werden die Endorgane für den Schmerz auch Nocizeptoren genannt. Gewöhnlich bilden derartige Terminalfasern einen vielfach gewundenen

Knoten von ungefähr 1,5 mm Durchmesser, der sehr häufig von einer in einer anderen Ebene liegenden gleichen Schlinge übergriffen wird. Auf diese Weise wird jeder Hautabschnitt durch eine ganze Anzahl von Fasern durchzogen, die aus den verschiedensten Richtungen kommen. Ähnlich verhalten sich die freien Nervenendigungen in Muskeln und Eingeweiden. In den Muskeln sind sie vor allem auf Blutgefäße, Muskelspindeln und Faszien lokalisiert. Besonders die Innenwände der kleinen Blutgefäße sind reichlich mit solchen Fasern versorgt. Ihre Ruptur oder anhaltende Kontraktion vermag Schmerzen zu erzeugen, wie sie für die Polyarthritis charakteristisch sind.

Wird die Haut mit steifen Haaren untersucht, so läßt sich an gewissen Stellen nur Schmerz allein auslösen [37, 64, 65]. Von diesen Stellen gehen marklose Nervenfasern ab [51], die ein dichtes Netz bilden [66]. Eine Anzahl dieser feinen Nervenendigungen fließt in eine gemeinsame Nervenfaser zusammen, die mit einer Ganglienzelle in der dorsalen Wurzel des Rückenmarks verbunden ist. Man nennt denjenigen Hautabschnitt, der von einer derartigen Nervenfaser versorgt wird, eine *sensorische Einheit* [65]. Normalerweise beträgt ein solcher Haut- oder Corneaabschnitt [67, 55] ungefähr einen Quadratzentimeter. Es sind aber auch wesentlich größere sensorische Einheiten bekannt. In vielen Fällen kommt es zu einem Überschneiden sensorischer Einheiten, ohne daß dabei die Enden der Nervenfasern gegenseitig verbunden wären.

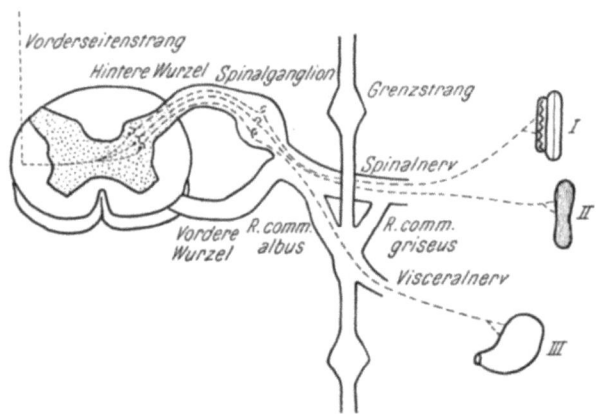

Abb. 9. Die Schmerzbahnen der Haut (*I*), der tieferen Teile (*II*) und der Eingeweide (*III*), ihre Unterbrechung im Hinterhorn und ihr gemeinsamer Verlauf im Vorderseitenstrang

Die Schmerzfasern stellen eigene Endigungen dar und sind keineswegs mit Fasern, die andere Empfindungen weiterleiten, gekoppelt. Dies geht am besten daraus hervor, daß in bestimmten Körperabschnitten nur der Schmerz allein durch Nervenläsion verlorengehen kann [68]. Ebenso kommt es nach Durchschneidung des Tractus spinothalamicus zu Fehlen des Schmerzes auf umschriebenen Hautgebieten, ohne daß Temperatur- oder Berührungsempfindung gestört werden [69]. Schließlich kann auch bei stärkster Reizung von taktilen Endorganen bis zu der Kapazität, die sie aufzunehmen vermögen, kein Schmerz erzeugt werden [67, 70]. Auch viele Analgetica beeinflussen wohl die Schmerzschwelle, nicht aber Tastsinn, Hören, Geruch usw. [68]. Eine Reihe von Geweben, wie die Zähne, die mittlere Meningealarterie, die Arterien an der Hirnbasis und die Arteria temporalis, scheinen nur mit afferenten Fasern versehen zu sein, die, soweit das Bewußtsein für die Beurteilung herangezogen werden kann, nur Schmerzimpulse zu senden vermögen [71]. Anderseits gibt es auch gewisse Körperabschnitte, an denen kein Schmerz erzeugt werden kann, wie z. B. das Parenchym des Gehirns [71] oder eine Zone innerhalb der Wange gerade gegenüber dem zweiten unteren Molarzahn [72].

Alle Schmerzfasern treten durch die hinteren Wurzelganglien in das Rückenmark ein (Abb. 9). Die oberflächlichen Schmerzimpulse werden normalerweise durch somatische Nerven fortgeleitet und kommen mehr oder weniger direkt durch die dorsalen Wurzeln in das Rückenmark. Tiefe Schmerzimpulse können auf verschiedenen Wegen in das Zentralnervensystem gelangen. Manche ziehen entlang der Gefäße und später mit den autonomen Nerven in das Rückenmark, andere ziehen gleich von Anfang an mit den autonomen Nerven bis nahe an die Wirbelsäule heran, wieder andere gehen gemeinsam mit den somatischen Nerven.

Alle weisen aber denselben Schmerzcharakter auf [56, 57, 58]. Ebenso sind die ,,viscerosensiblen" Spinalganglien nicht von den ,,somatosensiblen" zu unterscheiden [59]. Auch die Dicke der Schmerzfasern ändert nichts an der Qualität ihrer Impulse [60, 61]. Obwohl die meisten Schmerzfasern marklos oder nur gering markhaltig sind, gibt es auch sehr dicke markhaltige unter ihnen, die sich dann nur in der Leitungsgeschwindigkeit unterscheiden.

Nachdem die Schmerzfasern in das Rückenmark gelangt sind, werden sie auf die andere Seite übergeleitet, wo sie im anterolateralen Teil nach aufwärts ziehen (Abb. 9). Die Fasern des Tractus spinothalamicus kommen in den Nucleus centralis posterior des Thalamus. Sie enden in keinem der anschließenden Nuclei und gehen auch nicht in den vorderen Anteil des Thalamus. Die corticale Projektion des Nucleus centralis posterior geht vorwiegend in die postzentrale Hirnwindung. Hierbei enden die Fasern von der medialen Portion des Nucleus im unteren Teil des Gyrus, die vom lateralen Abschnitt in der parazentralen Region und die in der Mitte zwischen den beiden in der intermediären Region. Wahrscheinlich liegen diejenigen Hirnabschnitte, die mit der Schmerzempfindung zusammenhängen, in beiden cerebralen Hemisphären, und zwar in der Region der zentralen Fissur [62, 63].

Der cutane Schmerz läßt sich in zwei *Schmerztypen* aufgliedern [73 bis 78]. Während der erste Schmerz schnell einsetzt und einen stechenden Charakter hat, der auch schnell wieder vorbeigeht, beginnt der zweite Schmerz langsam, erreicht niemals einen steil ansteigenden oder stechenden Gipfel und geht auch sehr langsam zurück. Dieser Schmerz besitzt brennenden Charakter, unabhängig, ob er durch Nadelstiche oder Hitze erzeugt wird. Während der stechende Schmerz, auch ,,*First pain*" genannt, in der Hauptsache durch dicke markhaltige Fasern mit einer Geschwindigkeit von 10 bis 90 m/sec geleitet wird [79, 80], pflanzt sich der ,,*Second pain*" durch dünne, sogenannte C-Fasern mit einer Geschwindigkeit von 0,6 bis 2 m/sec fort. Die Schmerzschwelle für den brennenden Schmerz ist um 13% niedriger als die für den stechenden Schmerz, wenn mit der Bestrahlungsdauer gemessen wird [76].

Der brennende Schmerz ist in vielem dem stechenden Schmerz ähnlich. So wird seine Schwelle durch Alkohol oder Morphium ebenfalls gehoben. Er besitzt auch eine Summationswirkung bei flächenförmiger Reizung. Anderseits zeigen hyperalgetische Zonen [81] oder periphere Neuritiden [76] keine Änderung oder häufig sogar eine Erhöhung der Schwelle für den ,,First pain", hingegen eine ganz deutliche Erniedrigung der Schwelle für den brennenden oder ,,Second pain" [82]. Dieser dürfte in der Hauptsache auf Anoxämie des Gewebes beruhen, wie aus Stauversuchen mit einer auf 200 mm Hg aufgeblasenen RR-Manschette hervorgeht [82]. Hier kommt es zunächst zu einem vorübergehenden Abfall der Schmerzschwelle für den stechenden Schmerz, die dann schnell so hoch ansteigt, daß kein Schmerz mehr erzeugt werden kann. Der brennende Schmerz wird anderseits bei dem Versuch auf lange Zeit gesenkt, so daß nach 20 Minuten 32% Abfall vorhanden ist; in diesem Zustand erzeugt eine Nadel, die in die Haut gestochen wird, nur mehr brennenden Schmerz. Um diese Zeit herrscht der ,,Second pain" [83] und verschwindet der ,,First pain" vollkommen [73, 83]. Somit dürfte der ,,paradoxe Schmerz" bei peripheren Neuropathien und in hyperalgetischen Zonen darauf zurückzuführen sein, daß die Schwelle für den ,,Burning pain" so stark erniedrigt ist, daß normalerweise harmlose Reize schon als schmerzhaft empfunden werden, obwohl zur selben Zeit die Schwelle für den ,,First pain" oder stechenden Schmerz, der durch markhaltige Fasern weitergeleitet wird, erhöht ist. Unter diesen Umständen kann der Kontakt mit Bettüchern einen brennenden Schmerz erzeugen und trotzdem die Nadelstichsensibilität vollkommen normal sein.

Sehr häufig wird auch zwischen *oberflächlichem* und *tiefem Schmerz* unterschieden [55f.]. Der oberflächliche Schmerz besitzt mehr stechenden, brennenden, juckenden oder scharfen Charakter und ist genau lokalisierbar. Er leitet meist

Aktionen, wie Kampf oder Flucht, ein. Der tiefe Schmerz ist diffus, besitzt ein ausgesprochenes Wundgefühl, wird in der Tiefe empfunden und läßt sich wesentlich schwerer lokalisieren. Er ruft sehr häufig Nausea, gelegentlich auch Blutdrucksturz hervor und verleitet den Befallenen zu Inaktivität, Ruhe und Zurückgezogenheit. Die tiefen Schmerzen von Muskeln, Gefäßen oder tiefem Bindegewebe unterscheiden sich kaum. Möglicherweise beruht der Unterschied darauf, daß die vom Endoderm abstammenden Gewebe viel weniger mit Schmerzfasern versorgt sind als die vom Mesoderm oder Ektoderm stammenden [53].

Diese Tatsache würde auch den häufig so unbestimmbaren Eingeweide*schmerz* erklären, über dessen Natur lange Zeit Unklarheit herrschte. Schon 1763 vertrat man die Ansicht, daß die Eingeweide schmerzunempfindlich seien [41]. Diese Ansicht wurde bis zur Einführung der operativen Eingriffe ignoriert [42]. Man glaubte, der oberflächliche Schmerz sei auf zentrale Verbindungen der visceralen sympathischen Nerven mit den peripheren sensorischen Nerven zurückzuführen. LENNANDER [43] hielt ebenfalls die visceralen Strukturen selbst für schmerzunempfindlich, glaubte aber, das parietale Peritoneum und das subseröse Bindegewebe seien sehr schmerzempfindlich. So sollte vor allem Entzündung oder Zug am parietalen Peritoneum und seinem subserösen Gewebe visceralen Schmerz bewirken. Eine ähnliche Ansicht vertrat MACKENZIE [44]. HURST [45] konnte schließlich nachweisen, daß LENNANDER und MACKENZIE durch Mißachtung des adäquaten Stimulus für Schmerzen an den Eingeweiden keine entsprechenden Schmerzleitungen gefunden hatten. Er fand, daß vor allem Zug, Schneiden und Brennen die adäquaten Reize für viscerale Schmerzen darstellen und studierte die Wirkung von Ballons, die er schlucken ließ und dann aufblies. Ähnliche Ergebnisse wurden bei anderen Untersuchungen über den visceralen Schmerz gefunden [46].

Obwohl die Schmerzfasern in den Eingeweiden selten sind, können sie doch deutlich nachgewiesen werden [85]. Auch Darmgewebe, das normalerweise sehr wenig schmerzempfindlich ist, kann bei akuten Entzündungen äußerst schmerzhaft werden [86]. Die meisten Kranken werden wahrscheinlich zugeben, daß der Splanchnicusschmerz etwas sehr Reales darstellt [87], was bei den Torturen einer Kolik empfunden werden kann [46]. Bei der Angina pectoris besteht anderseits keine Entzündung eines Eingeweideorgans und trotzdem sind oft äußerst schwere reflektierte Schmerzen vorhanden.

Es ist bekannt, daß der Visceralschmerz sehr häufig von Muskelkontrakturen am Ort des Schmerzes oder weiter entfernt begleitet ist [53, 96]. Ebenso kann die Haut an solchen Stellen überempfindlich sein (S. 56). Durch bestimmte viscerale Reize soll nur reflektierter Schmerz und durch andere nur echter visceraler Schmerz erzeugt werden [89]. Bei vielen Krankheitsformen existieren aber auch beide Schmerzarten nebeneinander. Vor allem die Ausdehnung des Stimulus muß bei Visceralorganen eine gewisse Größe erreichen [90], damit es zu reflektierten Schmerzen kommt. So war bei einem Patienten mit einer Magenfistel Reizung im Bereich des gesamten Magenumfanges notwendig, um reflektierten Schmerz zu erzeugen. Reize von geringerer Ausdehnung wurden direkt an den Ort des Reizes mit größerer oder kleinerer Lokalisationsgenauigkeit verlegt. Anscheinend sind in der Magenwand verhältnismäßig wenig Axonverzweigungen bis in die Muskulatur oder Haut vorhanden. Die meisten Fasern dürften ohne Abzweigung direkt in das Rückenmark gehen. Auch in anderen Gebieten des Intestinaltraktes versorgen einzelne afferente Fasern oft beträchtliche Areale [91, 92]. Dasselbe dürfte auch für den Urogenitaltrakt und das Herz gelten [93, 94], wodurch die oft stark verschiedenen Symptome bei Nierensteinen, Uretersteinen oder Coronarinfarkten eine Erklärung fänden.

Die Reflexe

Sind die afferenten Impulse in das Rückenmark gelangt, vermögen sie auf zahlreiche Arten Reflexe auszulösen. Gerade diese Mechanismen sind sowohl für die Diagnose bei Prüfungen an der Hautoberfläche als auch für die spätere therapeutische Verwertung unserer Erkenntnisse über die Zusammenhänge zwischen Fokus und Nervensystem von ausschlaggebender Bedeutung. Auch hier sind wieder Reflexe, die über das autonome Nervensystem verlaufen, hervorzuheben, da diese mit der Durchblutung von Haut und Muskulatur zusammenhängen, aus der sich viele weitere Krankheitsbilder ableiten lassen. Erst in zweiter Linie kommen Reflexe des somatischen Nervensystems, die sich vor allem in Kontraktionen der Muskulatur, Muskelfibrillieren usw. äußern, in Frage. Aber auch sie vermögen zweifelsohne wichtige Hinweise für Diagnose und Therapie fokaler Erkrankungen zu geben.

Jeder Rückenmarksreflex benötigt eine *Vorderhornzelle* und eine *Synapse* für seinen Verlauf. Die Vorderhornzelle besteht aus Dendriten, Zellkörper, Axon und Endplatte. Die Dendriten bilden in der grauen Substanz des Rückenmarks zahlreiche Verzweigungen, die von Hinterwurzeln, anderen Rückenmarksabschnitten sowie aus dem Gehirn selbst Impulse erhalten. Vom Zellkörper geht das Axon, das an der Axonverdickung beginnt, über die ventrale Nervenwurzel bis zu peripheren Nerven und zum Muskel. Jede Tätigkeit des Axons wird von den Dendriten und dem Nervenzellkörper eingeleitet.

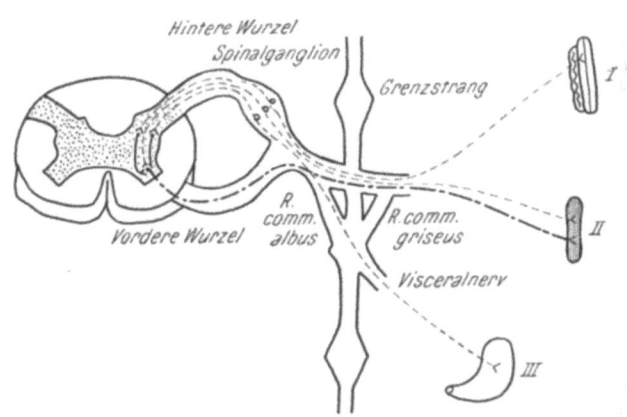

Abb. 10. *I*: Haut-Fremdreflex, *II*: Muskel-Eigenreflex, *III*: viscerogene reflektorische Muskelkontraktion

Die Verbindung des motorischen Neurons mit dem afferenten Neuron wird *Synapse* genannt. Diese stellt Endknöpfchen der beiden Neurone dar, über die der nervöse Impuls zu laufen vermag. Der einfachste Reflexbogen bestünde aus einem im selben Segment liegenden sensiblen Neuron und einem motorischen Neuron. In der Regel ist aber mindestens ein Zwischenneuron eingeschaltet (Abb. 8 und 10). Die Mehrheit der sensiblen Neurone im Rückenmark gibt nach ihrer Zweiteilung Kollateralen ab, die nach weiterer Teilung in vielen kolbigen Erweiterungen am Zellkörper oder an den Dendriten anderer Neurone endigen. Dadurch können die größeren motorischen Zellen, z. B. diejenigen des Vorderhorns, mit mehr als 1000 synaptischen Endigungen von Fasern seiner hinteren Wurzel, von anderen Segmenten des Rückenmarks oder vom Zentralnervensystem verbunden sein.

Die möglichen Reflexabläufe folgen bestimmten Regeln, die für alle Arten der Segmentdiagnostik von grundlegender Bedeutung sind. Hierzu zählt die *Reflexlatenzzeit*, aus der die synaptischen Verzögerungen der Reizleitung ersichtlich ist. Sie läßt sich durch zunehmende Stärke des Reizes und Wiederholung des

Reizes verkürzen. Dabei muß allerdings die zweite Impulssalve knapp nach der ersten folgen, da die Verkürzung nur durch eine Entladung der nach Durchlaufen des ersten Impulses verbleibenden unterschwelligen Restaktivität der Zwischenneurone zustande kommt. Der erste Impuls benötigt nämlich für die Erzielung einer Antworthandlung eine Verstärkung bei der Passage durch mehrere Schaltzellen, die wiederum eine zeitliche Verzögerung verursacht. Die verbleibenden Restaktivitäten dieser synaptischen Übertragungen in den Schaltzellen (s. S. 29) kommen nunmehr dem zweiten Impuls zugute, der dadurch die für die Fortleitung nötige Energiemenge schneller zustande bringt. Pathologische Segmente pflegen je nach dem Krankheitsstadium in beiden Richtungen von der Norm abzuweichen. Dies kann diagnostisch verwertet werden.

Eine weitere Eigenheit der Reflexe wird durch die Begriffe der *zeitlichen* und *räumlichen Summation* gekennzeichnet. Wenn zwei aufeinanderfolgende unterschwellige Reize innerhalb kurzer Zeit (0,1 bis 0,5 Millisekunden) an den gleichen Nervenstamm gesetzt werden, vermag der zweite inadäquate Reiz häufig eine Antwort hervorzurufen, weil der lokale Erregungsvorgang anhält. Die räumliche Summation läßt sich dadurch erzielen, daß zwei Reize gleichzeitig an zwei verschiedenen Nerven gesetzt werden, die das gleiche Reflexzentrum haben. Ihre eklatante Bedeutung ist uns vom Gesichtssinn her bekannt, wo bewegte Gegenstände wesentlich mehr auffallen als in Ruhe befindliche Punkte. Die Erklärung dieser Tatsache kann vor allem für das Verständnis gesteigerter Reflexbereitschaft in pathologischen Segmenten wesentlich sein. Hierzu zählt die Überempfindlichkeit des Rheumatikers gegen Kälte, Luftzug, Feuchtigkeit usw., wobei sich der Fokus im überempfindlichen Segment befindet. Ist eine Impulsfolge allein nicht imstande, eine Reflexentladung hervorzurufen, so vermag sie trotzdem einen „zentralen Erregungszustand", C.E.S. (Central excitatory state), hervorzurufen (S. 56). Darunter ist eine unterschwellige Erregung einer Anzahl von Neuronen, auf die durch das afferente Neuron gewirkt wurde, zu verstehen. Trifft nun gleichzeitig oder mit kurzem Intervall (bis 15 Millisekunden) von einem anderen afferenten Nerven ein unterschwelliger Reiz auf dasselbe motorische Neuron, so kann es dort zur Reflexentladung kommen, da schon ein zentraler Erregungszustand bestand. Bei größerer Stärke des Impulses zum zweiten Nerven kommt häufig ein unerwartet starker Reflex zustande, da der zentrale Erregungszustand mit entladen wird.

Anderseits vermögen zwei excitatorische afferente Fasern mit überschwelligen Wirkungsfeldern durch Belegen gleicher Einheiten schwächere Reflexe, als bei ihrer Summation erwartet würde, hervorzurufen; was als *Okklusion* (Abb. 11) bezeichnet wird. Dadurch kann es gelegentlich trotz pathologischer Impulsfolge von den Eingeweiden zur Vortäuschung normaler Reflexentladungen von der Körperoberfläche kommen, weil die erwartete Verstärkung fast zur Gänze ausbleibt.

Am besten studieren lassen sich die erwähnten Reflexmechanismen mit Hilfe der sogenannten Beugereflexe und der intersegmentalen Reflexe. So ergibt der Musculus tibialis anterior durch gleichzeitige Reizung zweier Plantarnerven eine Spannung von 1,8 kg, während die zwei Nerven getrennt 1,57 bzw. 1,58 kg ergeben. Die Summe bei gleichzeitiger Reizung müßte also etwa 3,15 kg ausmachen. Das Defizit, das tatsächlich verlorengeht, nämlich 1,35 kg Spannung, wird als Okklusion bezeichnet und meist mit der Tatsache erklärt, daß die beiden Plantarnerven einen bestimmten Anteil motorischer Neuronen gemeinsam aktivieren. Die geringe Vergrößerung der Spannung bei gleichzeitiger Reizung jedes einzelnen Nerven dürfte durch die Miterregung der nicht gemeinsamen motorischen Neuronen entstehen.

Ebenso läßt sich die räumliche Summation mit Hilfe von Kratzreflexen deutlich demonstrieren. So können Nadelelektroden, die an zwei Punkten des Rückens eines im Halsgebiet unterhalb der Austrittsebene des Nervus phrenicus rückenmarkgelähmten Hundes mit gerade noch inadäquaten Stromstärken versehen werden, trotzdem einen typischen Kratzreflex hervorbringen. Die Erklärung besteht darin, daß der unterschwellige Reiz der einen Elektrode eine genügende Anzahl von Neuronen im unterschwelligen Erregungsraum der anderen Elektrode aktiviert, wodurch ihre Reize soweit verstärkt werden, daß sie noch eine Reflexantwort auslösen. Wird die Stromstärke an beiden Elektroden so weit erhöht, daß jeder Reiz adäquat ist, dann fällt der Reflex stärker aus als bei Verwendung einer Elektrode allein. Mit Hilfe dieser Nadelelektroden läßt sich nun die eben noch mögliche räumliche Distanz für die gegenseitige Aktivierung festlegen; es lassen sich außer der simultanen Kombination, wie diese räumliche Summation bei intersegmentalen Reflexen genannt wird, auch noch Reflexhemmung usw. nachweisen. Die Verwertung dieser Tatsachen kann für die Untersuchungsmethoden der krankhaften Segmente (S. 70) bedeutungsvoll werden.

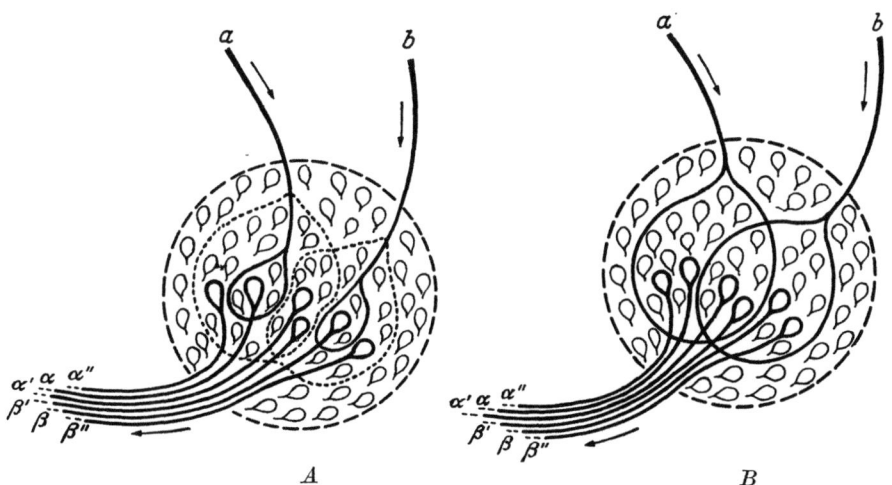

Abb. 11. *Bahnung und Okklusion in einer Gruppe von Motoneuronen* (Schema nach SHERRINGTON 1929)
A Bei schwachem Reiz *Bahnung* durch Summation des zentralen Erregungszustandes (C.E.S.) *mit unterschwelligem Erregungssaum* (Subliminal fringe). Während der Einzelreiz a oder b je eine Nervenzelle α oder β zur Entladung bringt, führen beide zusammen durch Summation des Subliminal fringe innerhalb der punktierten Linien zur Entladung von vier Nervenzellen
B Bei starkem Reiz *Okklusion* der Erregung durch Überlagerung. Reiz a aktiviert vier Nervenzellen: α, α', α'', β'; Reiz b ebenfalls vier: β, β', β'', α'. Zusammen werden aber nur sechs, nicht acht Nervenzellen entladen. Es entsteht keine einfache Summation, da α' und β' von beiden Seiten innerviert werden. Bei nicht genau gleichzeitiger Erregung kann sogar eine weitere Hemmung eintreten, so daß nur vier aktive Zellen übrigbleiben. (Aus JUNG: Handbuch der inneren Medizin, 4. Aufl., V. Bd./1. Tl., 1953)

Ein weiteres Charakteristikum von Reflexabläufen stellt das Auftreten der *Refraktärzeit* dar. Wir unterscheiden eine absolute und eine relative Refraktärzeit sowie eine supernormale Phase. Während der absoluten Refraktärzeit ist das motorische Neuron vollständig unerregbar. Sie beträgt für Augenmuskelnerven 0,5 Millisekunden und dürfte für andere Nerven etwas länger sein. Unter relativer Refraktärzeit versteht man die daran anschließende Herabsetzung der Erregbarkeit der motorischen Neurone unter die Norm. Sie hält noch 10 bis 15 Millisekunden nach der absoluten Refraktärzeit an. Darauf folgt eine supernormale Periode, die durch eine kurze Phase übernormaler Erregbarkeit gekennzeichnet ist und mit dem negativen Nachpotential bei elektrischen Messungen an isolierten Nerven zusammenfällt. Diese supernormale Periode dürfte auf einer nicht synchronen Aktivität der Zwischenneurone beruhen, die einen um diese Zeit durchlaufenden zweiten Reiz verstärkt. Auch die supernormale Periode nach jedem Impuls kann für eine Reihe von Phänomenen beim Austesten pathologischer Segmente als Erklärung herangezogen werden.

Auch wandernde Reize, wie sie z. B. ein Insekt hervorruft, das auf der Körperoberfläche kriecht, lösen besondere intersegmentale Reflexe aus. Während der einzelne Reiz keine Wirkung zu entfalten vermöchte, gelingt dies durch ihre zeitliche Folge beim Kriechen. Hiebei liegt allerdings keine Summation vor, wie sie auf S. 28 beschrieben wurde, sondern diese Reflexantwort entsteht durch die sogenannte *sukzessive Kombination*, unter der man versteht, daß unterschwellige Reize durch Nachentladungen in einzelnen Organen und durch die Zeit, die beim Durchlaufen von Schaltkreisen des Rückenmarks verstreicht, die Erregbarkeit einer gemeinsamen Endstrecke, auf der alle so eingeleiteten Reflexmechanismen zusammenkommen, eine beträchtliche Zeit lang zu verändern vermögen. Dadurch können sich aufeinanderfolgende Reize gegenseitig verstärken, auch wenn ihre Intervalle größer sind, als sie bei der zeitlichen Summation erlaubt wären. Mit anderen Worten, durch verhältnismäßig rasch aufeinanderfolgende unterschwellige Reize, die etwas längere Reflexwege zu durchlaufen haben, können einige Neurone der gemeinsamen Endbahn in ihrer Reizschwelle derartig geändert werden, daß ein später folgender unterschwelliger Reiz den Reflexmechanismus entlang der gemeinsamen Endstrecke auszulösen vermag.

Die Nachentladungen selbst sind wahrscheinlich auf Verzögerungsumwege der Schaltreflexkreise innerhalb des Rückenmarks zurückzuführen. Dadurch kann ein gegebener afferenter Reiz die motorischen Neurone zu wiederholter Entladung bringen, auch wenn er nur aus einer einzelnen Impulssalve besteht. Derartige Entladungen können eine Sekunde und länger fortdauern. Bei Impulsfortpflanzungen bis zu Ebenen höherer Integration müssen noch lange nach dem Durchlaufen der kürzesten Impulswellen nachhallende Erregungen auf der gemeinsamen Endstrecke eintreffen und auf diese Weise die Vorderhornzellen über mehrere Zyklen von Entladung und Erholung erregen.

Für das bessere Verständnis dieser schon komplexeren Reflexvorgänge können Experimente herangezogen werden, wobei die Zeitabstände wiederholter afferenter Salven variieren und mit der Stromstärke in Beziehung gesetzt werden, die nötig ist, um eben noch einen Reflex auszulösen. Ist das Intervall zwischen den beiden zentripetalen Salven klein, so braucht der zweite Reiz für die Auslösung des Reflexes verhältnismäßig wenig Intensität, da er durch Restvalenzen mit Neuronen, die sich noch im unterschwelligen Erregungssaum befinden, „verstärkt" wird.

Den erwähnten Begriff der gemeinsamen Endstrecke vieler Reflexmechanismen versteht man am besten, wenn man sich überlegt, daß jeder Beugereflex gleichzeitig die Beugemuskulatur von Hüfte, Knie, Fuß und häufig auch von Zehen beeinflußt. Die Reizung eines einzelnen afferenten Nerven muß deshalb alle motorischen Neurone dieser Beugemuskeln beeinflussen können. Da anderseits viele afferente Nerven denselben Reflexmechanismus auszulösen vermögen, müssen diese motorischen Neurone auch von zahlreichen Reflexfeldern beeinflußt werden können. Beide Mechanismen sind für die koordinierte Tätigkeit des Nervensystems von grundlegender Bedeutung und werden durch die Synergie von Fasern, die alle zu derselben Antwortform beitragen und durch die Konvergenz der aus vielen Richtungen kommenden afferenten Nervenfasern bedingt. Wegen dieser Konvergenz der afferenten Fasern auf die motorischen Zellen des Vorderhorns und ihre Axone werden diese als die „gemeinsame Endstrecke des Nervensystems" bezeichnet. Die anatomische Grundlage ist durch die schon erwähnte ausgedehnte Kollateralenbildung jeder sensiblen Faser beim Eintritt in das Rückenmark gegeben.

Ebenso wie sich die bisherigen Reflexe an der gemeinsamen Endstrecke gegenseitig verstärken, gibt es solche, die um sie wetteifern. Das Ergebnis der Rivalität zweier derartiger antagonistischer Reflexe hängt von der Natur der Reflexe, der Intensität der einzelnen Reize und der Wirkungsdauer des Reflexes ab. So sind nociceptive Reflexe (das sind solche, die den Körper vor Gefahr schützen) immer am stärksten. Zu ihnen zählt z. B. der Beugereflex, da er die gefährdete Extremität vom Gefahrenmoment entfernt. Verletzt sich ein Mensch den Fuß, so zieht er ihn sofort ein oder fällt um, was bedeutet, daß der Beugereflex alle Koordinationsreaktionen, die für die Aufrechterhaltung des Körpers notwendig sind, im Kampf um die gemeinsame Endstrecke ausgeschaltet hat. Bei ziemlich gleichwertigen Reflexen vermag die stärkste Intensität des auslösenden Reizes dem einen oder dem anderen Reflex die Oberhand zu verschaffen.

Eine weitere wichtige Eigenschaft von Reflexvorgängen mit gemeinsamen Endstrecken liegt in bestimmten Ermüdungserscheinungen. Hat sich ein Reflexablauf schon häufig wiederholt, dann kann er durch einen anderen, neu auftretenden Reflexmechanismus leichter verdrängt werden. Gerade diese Erscheinung ist häufig die Ursache des Ausheilens vieler Erkrankungen, die auf bestimmten Reflexmechanismen beruhen und sich dann entweder „totlaufen" oder durch Behandlungen, die am Beginn der Erkrankung vollkommen versagten, plötzlich auskuriert werden können.

Ein Reflexmechanismus, dessen genaue Erforschung Licht in das Übergreifen von Gelenks- und Muskelerkrankungen der oberen Extremität in die untere Extremität und umgekehrt bringen könnte, ist derjenige über die Wechselwirkung beider Vorder- und Hinterbeine im Tierversuch. So entwickelt sich bei Spinaltieren jedesmal, wenn der Beugereflex in einer hinteren Extremität auftritt, gleichzeitig ein Streckreflex in der anderen hinteren Extremität und treten begleitende Reaktionen in den vorderen Extremitäten auf. Dasselbe gilt bei Reflexauslösung an den vorderen Extremitäten für die Hinterbeine. Somit dürften alte und wohlentwickelte Reflexbewegungstypen existieren, die alle vier Extremitäten umfassen und, da die Durchblutung stets der Muskeltätigkeit angepaßt ist, nicht nur die Muskulatur, sondern auch das Gefäßsystem und damit einen der wichtigsten Faktoren der Gelenkserkrankungen beeinflussen.

Eine andere Integrationsform im Niveau des Rückenmarks stellen *intersegmentale Reaktionen* dar, durch die vordere und hintere Extremität in harmonische rhythmische Bewegung gebracht werden können. Dazu zählt vor allem der Galoppmechanismus. Die Tatsache, daß ein vorhandener Reflex, wie z. B. beim Gehen, den folgenden Gebrauch der gemeinsamen Endstrecke für die antagonistische Reaktion erleichtert, wird als *sukzessive Induktion* bezeichnet. So erleichtert der Beugereflex, der beim Abheben des Beines vom Boden durchläuft, die beim Aufsetzen des Beines notwendigen Dehnungsreflexe mit der Streckergruppe. Auch hier muß das autonome Nervensystem über die Blutgefäße mitmachen, wodurch sich gewisse Eigenheiten bei der Ausbildung einzelner rheumatischer Erkrankungsformen erklären lassen.

Für den Gehmechanismus ist auch das *Gesetz der reziproken Innervation* von ausschlaggebender Bedeutung. Deshalb kommen Kontraktionsvermehrungen in antagonistischen Muskeln niemals gleichzeitig zustande und treten auch Kontraktionsverminderungen in Antagonisten nicht gemeinsam auf. Neurophysiologisch wird das dadurch erklärt, daß ein und dasselbe sensible Neuron im Rückenmark die Tätigkeit motorischer Beugereinheiten auszulösen und gleichzeitig die Wirkung motorischer Streckereinheiten zu lähmen vermag. Der Wirkungsmechanismus dürfte über zentrale Neuronen laufen, von denen einige Schaltneuronen sind, die eine Hemmung der jeweiligen Antagonisten verursachen.

Für das Verständnis dieser reziproken Innervation muß der Begriff der *zentralen Hemmung* genauer erörtert werden. Man versteht darunter die Hemmung von Reflexabläufen durch einen zweiten Nervenreiz. Dabei wird zwischen einer direkten und indirekten Hemmung unterschieden. Während die erstere in einem Zwei-Neuronen-Reflexbogen auftreten kann und durch direkte Polarisationswirkung auf den Körper der Vorderhornzellen entsteht, dürfte die letztere durch Einfallen des reflexauslösenden Reizes in die subnormale Erholungsphase des motorischen Neurones zustande kommen.

Die direkte Hemmung wird entweder durch Freisetzung eines humoralen Agens bei der Nervenreizung erklärt, das für die unternormale Reaktionsfähigkeit der motorischen Neurone verantwortlich gemacht wird, oder durch Feldwirkungen des Stromes, da man weiß, daß Impulse, die von einer motorischen Wurzel an einen Nervenstrang ziehen, die Erregbarkeit von Fasern im gleichen Nervenstamm, die von einer anderen Wurzel kommen, auffallend beeinflussen. Der Grund dafür dürfte im Stromfluß aus aktiven Fasern durch die Membranen ihrer inaktiven Nachbarn liegen. Besonders leicht können derartige Erscheinungen bei Schädigungen von Nervenfasern, sei es durch Quetschung, Anoxämie oder chemische Agenzien, eintreten. Man hat vermutet, daß eine Reihe von chronischen Schmerzzuständen durch Impulsübertragungen vom Sympathicus auf die aufsteigenden Schmerzfasern zustande kommt. Derartige Feldwirkungen können nach Beobachtungen an Froschventrikeln, an Segmenten des Froschrückenmarks oder an Segmenten des elektrischen Organs vom Aal bis über einige Millimeter reichen.

Tierexperimentell läßt sich die indirekte Hemmung durch Verkürzung der Intervalle zwischen einzelnen Reflexreizen bestimmen. Unterschreitet das Intervall zweier Einzelöffnungsreize 120 Millisekunden, so wird der Beugereflex deutlich abgeschwächt. Direkte Hemmung der Reflexentladung des Zweineuronenbogens in der ersten sacralen Vorderwurzel durch Reizung der ersten sacralen Hinterwurzel entsteht z. B. bei gleichzeitiger Reizung der sechsten lumbalen Hinterwurzel. Ein weiteres Beispiel direkter Hemmungstätigkeit ist die Tatsache, daß motorische Neuronen im Entladungszustand sehr häufig benachbarte motorische Neuronen desselben Muskels an der Reflexaktivierung hindern. Man sieht dies am besten daraus, daß die Reizung eines von mehreren Nervenzweigen, die an einen Muskel ziehen (nach distaler Durchtrennung), den innervierten Rest dieses Muskels hemmt.

Die allgemeine Bedeutung der bisher gefundenen Gesetzmäßigkeiten bei Reflexabläufen läßt sich am besten beim Studium ihrer praktischen Verwertung in der klinischen Medizin erkennen. Wenn auch die üblichen Untersuchungsmethoden noch lange nicht alle Möglichkeiten ausgeschöpft haben, führen sie doch schon mit den primitivsten Mitteln zu wertvollen Ergebnissen.

So ist die Hyperalgesie, die bei Eingeweideerkrankungen in der Hauptsache als oberflächliche Hyperalgesie der Haut und als tiefe Hyperalgesie der Muskulatur, der extraperitonealen Gewebe, Drüsen und Knochen auftritt, auf *viscerosensorische Reflexe* zurückzuführen (S. 52).

Erstere wird am besten mit kleinen Stichen einer Nadelspitze, letztere durch Druck auf das zwischen dem Finger liegende Gewebe und Palpation geprüft (S. 78). Die Hyperalgesie der Muskulatur kommt viel häufiger vor als die Hauthyperalgesie. Sie läßt sich aber nur mit Sicherheit feststellen, wenn die Empfindlichkeit der Haut nicht erhöht ist. Ehe man auf tiefe Hyperalgesie prüft, muß man sich also über das Verhalten der Hautempfindlichkeit vergewissert haben. Lediglich nach Bewegung des Muskels auftretende Schmerzen weisen bei gleichzeitig bestehender Hauthyperalgesie auf Empfindlichkeitssteigerung auch in der Muskulatur hin. Die extraperitonealen Gewebe- und Drüsenorgane, wie Mamma und Hoden, können ebenfalls äußerst empfindlich werden. Auch dies läßt sich durch leichten Druck feststellen, nachdem man sich überzeugt hat, daß keine Hyperalgesie der Haut besteht. Schließlich ruft bei Eingeweideerkrankungen Druck auf die Dornfortsätze gewisser Wirbel nicht selten Schmerz hervor, der sehr heftig sein kann. Meist finden sich dann auch in der Nähe der Wirbelsäule hyperalgetische Zonen in Haut und Muskelpartien, die von Nerven versorgt werden, welche vom Rückenmark in der Höhe der empfindlichen Wirbel ausgehen. Wenn man den visceralen Ursprung dieser Wirbelempfindlichkeit nicht im Auge behält und letztere als Zeichen einer Wirbelsäulenerkrankung ansieht, kann man leicht zu diagnostischen Irrtümern gelangen.

Die *visceromotorischen Reflexe* führen zu Anspannung der willkürlichen Muskeln der äußeren Körperwand als Antwort auf einen von den Eingeweiden ausgehenden Reiz, während der normale Oberflächenreflex durch einen Hautreiz ausgelöst wird und eine kurze Muskelkontraktur bewirkt.

Bei akuten Erkrankungen tritt die Muskelspannung zugleich mit der Eingeweideläsion plötzlich auf. So kommt es beim Nierensteinanfall meist sofort zur Kontraktur der Bauchmuskeln, die Angina pectoris geht mit einer mächtigen Kontraktur der Intercostalmuskeln einher, wodurch der Patient ein starkes Beklemmungsgefühl in der Brust bekommt und manchmal glaubt, das Brustbein müßte brechen. Wir erleben auch immer wieder die plötzliche Anspannung der Bauchdecke bei Palpation entzündlicher Eingeweideteile, die sicher auf einer Reflexauslösung durch Summierung der Druckimpulse mit den fortdauernden Impulsen aus dem entzündlichen Gebiet beruht (simultane Kombination). Die für die Peritonitis charakteristische Bauchdeckenspannung kann als Beugereflex des Musculus rectus abdominis durch Reizung des zentralen Endes des Splanchnicus oder der Nerven des Plexus mesentericus superior oder der Intercostalnerven, die die Haut des Abdomens versorgen, experimentell erzeugt werden. Durch Anästhesie der Bauchdecke gelingt es, die Entwicklung derartiger Reflexe infolge Fehlens der auslösenden Reizes zu unterdrücken, damit die Bauchdeckenspannung zu beseitigen und den bei längerer Muskelkontraktur auftretenden Hypoxieschmerz, die Hauptursache aller visceralen Schmerzen überhaupt, zu unterdrücken.

Wie bei chronischen Intestinalerkrankungen durch immer wiederkehrende Muskel- und Gefäßreflexe an der Bauchdecke krankhafte Veränderungen entstehen, können diese ihrerseits durch dieselben Reflexmechanismen Intestinalerkrankungen aufrechterhalten oder fördern. Die Behandlung der krankhaft veränderten Körperoberfläche durch Massage der häufig entstehenden Fibrositis und der Myogelosen, durch entsprechende physikalische Durchblutungsförderungen usw., muß daher schon allein aus diesen Überlegungen im Therapieplan jeder chronischen Eingeweideerkrankung aufscheinen (S. 109).

Ebenso wie gewisse Eingeweideerkrankungen eine bretthart Spannung der Bauchwand bewirken können, kommt es bei entsprechenden Reizen von einem entzündeten Gelenk zur starken tonischen Zusammenziehung der umgebenden Muskeln, die dann Deformierungen, Subluxationen, sekundäre arthrotische Veränderungen und Muskelatrophie bewirken. Der Muskelschwund der Extensoren, wie er bei vielen Polyarthritikern zu beobachten ist, kann anderseits durch eine zentrale Hemmung im Rahmen der reziproken Innervation erklärt werden. Schmerzhafte Gelenke verursachen stets die Einnahme der sogenannten Mittelstellung beider Gelenkenden, die einem Beugereflex gleichkommt. Dadurch werden die Extensoren, wie im Abschnitt „Reziproke Innervation" (S. 31) erklärt, durch zentrale Hemmung erschlafft und entwickeln wegen des andauernden Zustandes eine Inaktivitätsatrophie. Diese kann schon in Stadien auftreten, in denen dem Kliniker wegen der geringen Gelenkserscheinungen eine Muskelatrophie vollkommen unerklärlich ist. Es braucht auch gar keine tatsächliche Beugestellung im affizierten Gelenk vorhanden zu sein. Wie wir heute wissen, lassen sich schon bei den ersten, oft noch röntgenologisch nicht sichtbaren Gelenksveränderungen in der Beugemuskulatur Spikes mit einer Frequenz von 10 bis 14 Entladungen pro Sekunde nachweisen, die Reflexabläufen einzelner motorischer Neurone entsprechen. Jede derartige Entladung verursacht eine entsprechende Erschlaffung der Extensoren und leitet damit schon ihre Inaktivitätsatrophie ein (S. 163).

Die *Organreflexe* werden ebenfalls zunächst von Eingeweiden hervorgerufen, verlaufen dann aber meist auf wesentlich komplizierteren Bahnen als die viscerosensorischen oder visceromotorischen Reflexe, da noch eine Reihe anderer Nervenzentren beteiligt zu sein pflegt, wie z. B. beim Reflexvorgang des Erbrechens. Sie können auch in der Erregung von Drüsen gipfeln, so z. B. der Speicheldrüsen, des Magens, der Nieren usw.

Das Erbrechen kann durch Reizung des Magens, durch Gehirnstörungen, Geruchs- und Gesichtseindrücke usw. hervorgerufen werden. Es wird auch häufig von den Bauchorganen reflektorisch ausgelöst, wie z. B. bei Erkrankungen der Leber oder der Gallengänge, der Niere, des Uterus, des Ureters, der Ovarien und Hoden. Das gemeinsame Auftreten mit der Kontraktion der glatten Muskulatur ist besonders bemerkenswert. Seine Auslösung beruht auf Erregung eines Zentrums in der Medulla und ist vielleicht das Zeichen für eine besonders starke, nunmehr auch zentral gerichtete Irradiation der afferenten Impulse vom Fokus.

Auch *Herzreflexe* lassen sich von vielen Organen auslösen und sind bisher nur zum geringsten Teil wissenschaftlich erforscht, so daß ihre Ursache meist unerkannt bleibt. Neben der starken Wirkung seelischer Einflüsse, die durch zahlreiche treffende Ausdrücke, wie z. B.: ,,Es liegt ihm am Herzen'', ,,Das Herz hüpft vor Freude, es steht vor Schreck still'', ,,Schweres Herz, gebrochenes Herz'', ,,Es wird ihm warm ums Herz'' usw. festgehalten ist und die mit Durchblutungsänderungen zusammenhängen dürfte, gibt es auch richtige Organreflexe, wie etwa solche zwischen Magen und Herz, Gallenblase und Herz, Schluckakt und Herz, Atmung und Herz usw. Möglicherweise bestehen auch zwischen Zahn- oder Tonsillenherden und Herz reflektorische Verbindungen, die erst die Entwicklung der Myocarditis ermöglichen.

Die *Sekretionsreflexe* entstehen in der Regel durch Ausbreitung von Erregungen im Rückenmark auf Drüsennerven. So strahlt bei Angina pectoris der Schmerz oft bis in die Wangen aus, gleichzeitig kommt es infolge Erregung sudomotorischer Fasern zu vermehrtem Speichelfluß. Manche Patienten empfinden nach einem heftigen Anfall von Angina pectoris oder Migräne einen Drang zum Urinieren und entleeren große Mengen hellen Urins von niedrigem spezifischem Gewicht. Wenn auch manchmal der Kreislauf die Ursache hierfür sein mag, bietet dieser in der Mehrzahl der Fälle doch keine ausreichende Erklärung. Vielmehr dürften Reflexe nach Erregung der betreffenden Zentren in der Medulla oblongata zustande kommen, die dort nach MACKENZIE manchmal von anscheinend naheliegenden Zentren beeinflußt werden, deren periphere Projektionen im Organismus oft weit auseinander liegen können. Neben der nahen räumlichen Beziehung derartiger Zentren in der Medulla dürfte aber auch der Vagus mit seinen afferenten Fasern eine Vermittlerrolle für Sekretionsreflexe, Brechakt usw. innehaben.

Ebenso lassen sich *vasomotorische Reflexe* häufig bei Eingeweideerkrankungen beobachten. Sie sind die Ursache von Temperaturdifferenzen zwischen gesunden und kranken Segmenten, wobei je nach dem Krankheitsstadium Erhöhung oder Verminderung gegenüber der Norm beobachtet werden kann (S. 68). Auch die Unterschiede im Dermographismus, in der Pigmentation, die Kälteempfindlichkeit der Rheumatiker usw. dürften darauf zurückzuführen sein [32].

Da auch von den Blutgefäßen Schmerzempfindungen ausgehen und vor allem krampfartige Zustände der Gefäße oder ihre Dehnung schmerzauslösend wirken, spielen sie sehr häufig Überträgerrollen zwischen dem eigentlichen Fokus und weit entfernt liegenden hyperalgetischen Zonen, die zunächst keinen Zusammenhang untereinander erkennen lassen [29 bis 31]. Dieser kann erst ex juvantibus durch Umspritzung des verdächtigen Gefäßes aufgedeckt werden. Die Empfindlichkeit der Gefäße gegen äußere Reize ist dabei recht verschieden. So sind z. B. die Arteria thyreoidea superior und die große Magenarterie sehr schmerzempfindlich. Bei Unterbindung der oberen Schilddrüsenarterie strahlen die Schmerzen nach dem Hals, den Zähnen und dem Ohr zu aus, während die untere Schilddrüsenarterie, die Arteria carotis communis und die Arteria iliaca keinen Ligaturschmerz aufweisen [98].

Es ist schließlich wahrscheinlich, daß die Gefäßempfindlichkeit gegen Dehnung bei Panaritien, Furunkeln oder Parulis die Ursache der heftigen Schmerzen ist, da diese mit dem Puls synchron verlaufenden klopfenden Charakter haben und nach Inzision sofort zu verschwinden pflegen. Ebenso dürften die Kolikschmerzen durch Dehnung der größeren, ausgiebig mit Nerven versorgten Mesenterialgefäße entstehen [99]. Hierbei sollen die afferenten sympathischen Fasern nur segmentär an die entsprechenden Gefäßabschnitte herantreten, ohne daß eine kontinuierliche sensible Bahn entlang eines ganzen Gefäßes bestünde [98]. Die Denervierung pathologischer Gefäßabschnitte muß also auch hier im — derzeit noch weitgehend unbekannten — entsprechenden Segmentbereich und nicht im proximalsten Teil erfolgen, wenn in allen Fällen Erfolge erzielt werden sollen (S. 94).

Es würde zu weit führen, wollte man schon in diesem Abschnitt alle aus den eben erwähnten theoretischen Erkenntnissen ableitbaren Beziehungen zu den Fokalerkrankungen auch nur in großen Zügen streifen. Ihre Erörterung soll den einzelnen Kapiteln vorbehalten bleiben, wobei nötigenfalls jeweils die entsprechende Stelle des theoretischen Abschnittes zitiert wird.

Die Segmente

Die ursprünglich embryonale Unterteilung des Körpers in Metameren wird von den sensiblen Abschnitten des Nervensystems viel strenger beibehalten als von allen anderen Teilen des Organismus. Man bezeichnet die durch jedes Paar dorsaler Nervenwurzeln innervierten Segmente Metamere und die durch diese Fasern versorgten Hautgebiete *Dermatome*. Obwohl die Dermatome auch von den motorischen Wurzeln der Segmente innerviert werden und die Beziehungen zwischen den sensiblen und motorischen Fasern oftmals sehr eng sind, wie besonders zu

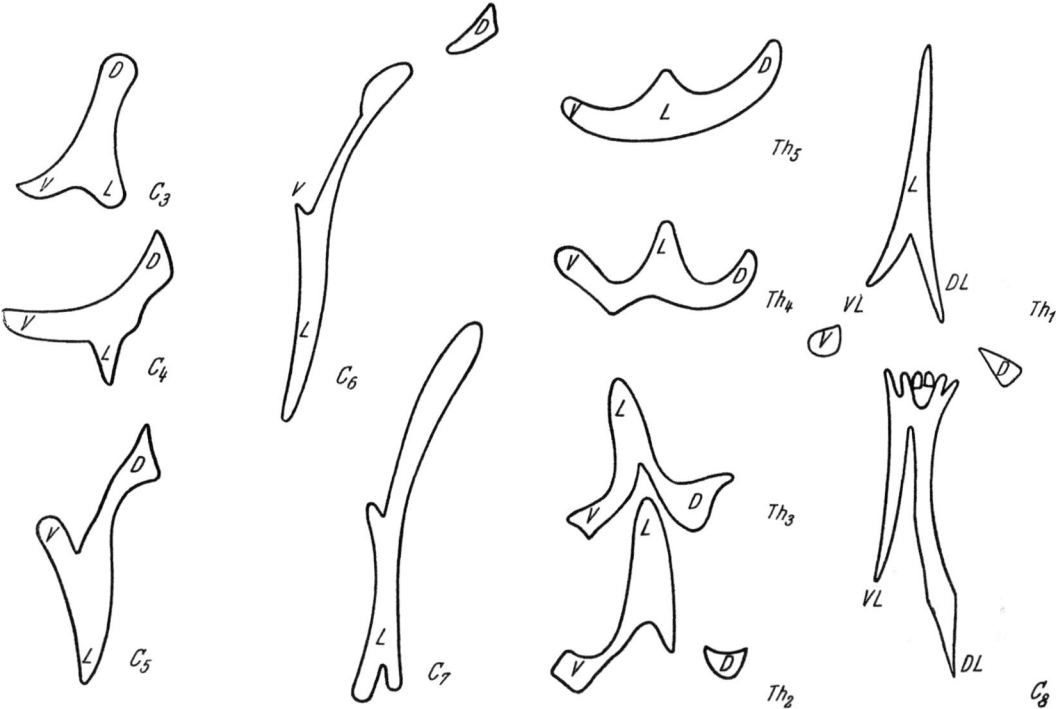

Abb. 12. Diagramme der homologen Teile der Zonen vom 3. bis 7. Cervicalsegment
D stellt überall die dorsale, *V* die ventrale Portion der primitiven bandartigen Zone dar, die vom Rücken nach der ventralen Seite verläuft. *L* repräsentiert die lateralen Lappen. Die 7. Cervicalzone fällt auf den Daumen und die hintere Seite des Zeigefingers. Die Haut dieser Zone ist daher von Vorderarm und Hand abgezogen und in eine ebene Fläche ausgebreitet gedacht.
(Nach HEAD [174])

Abb. 13. Diagramme der homologen Teile der Zonen vom 5. Dorsal- bis zum 8. Cervicalsegment
Wie in Abb. 12 stellt *D* die Dorsal-, *V* die Ventralportion der primitiven bandartigen Zone dar, *L* den lateralen Lappen. In der 1. Dorsal- und 8. Cervicalzone hat der Winkel den lateralen Lappen gespalten und bildet so eine ventrale (*VL*) und eine dorsale (*DL*) Portion. In jedem Falle ist die Haut der betreffenden Zone von Arm und Hand abgezogen und auf eine ebene Fläche ausgebreitet gedacht. Daher ist der vom 8. Cervicalsegment versorgte Teil der Hand wie ein aufgetrennter Handschuh dargestellt. Die terminale Portion des kleinen Fingers liegt auf diese Weise in der Mitte ohne Basalphalanx; letztere gehört zur 1. Dorsalzone

den sudomotorischen, pilomotorischen und konstriktorischen Fasern, fallen die entsprechenden Areale doch nie genau zusammen.

Diese Tatsache ist vor allem für die Verwertung der Ergebnisse in therapeutischer Hinsicht maßgebend, da hiebei besonders auf die motorischen Dermatome Rücksicht genommen werden muß, während bei der Diagnostik die sensiblen Dermatome wichtig sind. Ihre genaue Bestimmung beim Menschen ist nicht leicht, weil sie, wie schon aus den physiologischen Vorbemerkungen zu entnehmen ist, ineinander übergreifen, so daß auch bei Ausschaltung einer ganzen hinteren Wurzel die benachbarten Hinterwurzelfasern den Defekt weitgehend zu decken vermögen.

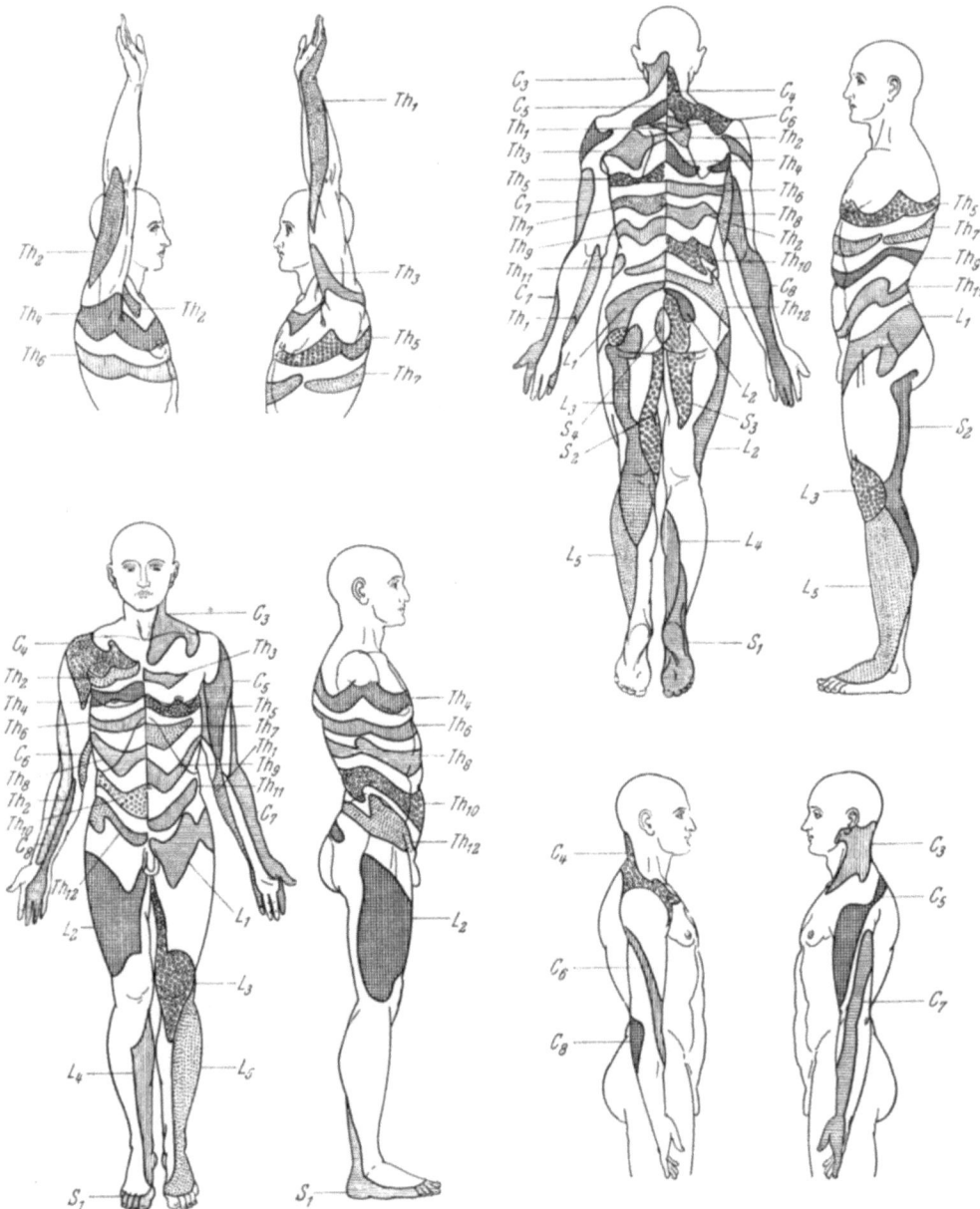

Abb. 14. Dermatomschema nach HEAD [174]

Erst nach Durchschneidung von drei hinteren Wurzeln oberhalb und drei Wurzeln unterhalb des zu untersuchenden Dermatoms gelang es, aus der Bestimmung der verbleibenden Empfindlichkeit die Grenzen eines jeweiligen Dermatoms festzustellen. Andere Methoden bestehen in der lokalen Behandlung einzelner Hinterwurzelsegmente mit Strychnin, wobei das entsprechende Hautgebiet eine umschriebene Hyperästhesie, die nur auf das Dermatom beschränkt bleibt, entwickelt; oder in der Reizung des distalen Stumpfes einer hinteren Wurzel, worauf es durch antidrome Leitung zu Vasodilatation im entsprechenden Dermatom kommt. Diese Methode kann auch für therapeutische Zwecke verwendet werden. Durch Novocainblockade lassen sich die Schmerzfasern weitgehend anästhesieren, so daß die elektrische Reizung der einzelnen Hinterwurzelfasern so verstärkt werden kann, wie es für die Vasodilatation im erkrankten Segment notwendig ist.

Die typische Form eines Dermatoms gleicht einem Bande, das von der Mittellinie des Rückens bis zu derjenigen der Vorderseite des Körpers läuft. Diese einfache Anordnung ist an Armen, Beinen und am Kopf modifiziert.

Die Veränderungen lassen sich an den Extremitäten durch langsam vorwachsende Ausstülpungen aus der Körperdecke erklären. Hierbei sind bei den Armen die Abschnitte vom 3. Cervical- bis 5. Thoracaldermatom ergriffen, während an den Beinen das 2. Lumbal- bis 3. Sacraldermatom verändert ist. Zum besseren Verständnis der einzelnen Dermatomformen sind in Abb. 12 und 13 die Dermatome C_3 bis C_7 und C_8 bis Th_5 isoliert aufgezeichnet. Man sieht förmlich, wie sich aus dem zunächst normalen Band mit immer größerer Kraft der Arm durchstreckt, wobei es in C_6 zum Riß des Bandes und damit zur Zweiteilung kommt und in C_7 der kleine dorsale Zipfel überhaupt verlorengeht, so daß dieses Segment ohne exakten Anschluß an die Wirbelsäule existiert. Es reicht schon bis zur Hand vor, so daß ein Zipfel des lateralen Fortsatzes vom Daumen, der andere vom Handrücken eingenommen wird. Was für C_3 bis C_7 in der Richtung von oben nach unten gilt, kann für Th_5 bis C_8 in der Richtung von unten nach oben gefunden werden. Auch hier stülpt sich aus dem zunächst normalen Band der Arm, und zwar diesmal seine Unter- und Streckseite in Form des Processus lateralis vor; es kommt in Th_2 zum Reißen des Bandes an einer Stelle, in Th_1 sowohl an der ventralen als auch an der dorsalen Seite und in C_8 zum Verlust der beiden ventralen und dorsalen Reste, so daß dieses Dermatom meist keinen eigentlichen Anschluß an die jeweilige Mittellinie besitzt.

Dieselben Veränderungen sind an den unteren Extremitäten zu beobachten, nur daß hier die von oben kommenden Ausstülpungen mit L_1 an den Streckseiten der Extremitäten beginnen. Mit L_4 und L_5 sind die Zehen erreicht, S_1 zeigt schon den Übergang an die Beugeseiten des Fußes, wobei auch dieses Dermatom noch die Zehen von der fibularen Seite her umfaßt. Es ist ebenso wie L_5 und L_4 am meisten gedehnt und besitzt keine Verbindung mehr mit seinen Ausgangspunkten an den jeweiligen Mittellinien. Erst S_2 und S_3 nähern sich wie L_3 und L_2 wieder der Mittellinie, so daß die beiden letztgenannten Dermatome dort Ausgangspunkte zu haben pflegen, wenn diese auch fallweise noch von den Hauptabschnitten getrennt sind.

Die genaue Festlegung auf Dermatomgrenzen muß trotz der zahlreichen Schemata, die dafür angegeben werden, mit einiger Vorsicht erfolgen, da große individuelle Schwankungen bestehen. Jeder, der sich mit der Dermatomdiagnostik beschäftigt, eignet sich früher oder später ein Lieblingsschema an, das seinen Anforderungen am meisten gerecht wird. In der Regel werden diejenigen von HEAD (Abb. 14), DÉJÉRINE (Abb. 15), FOERSTER (Abb. 16) oder von HANSEN und VON STAA (Abb. 17) verwendet. Man muß aber auch bei ihnen stets ein wachsames Auge für mögliche Abweichungen von der Norm haben. Werden diese übersehen, kann es zu diagnostischen Irrtümern kommen, die gerade hier auch zwangsläufig den therapeutischen Erfolg zunichte machen, da dieser ja auf der Behandlung der dem erkrankten Dermatom zugeordneten Organe beruht, deren Schädigung anfangs häufig noch durch keine andere Methode faßbar ist. Schwerere Irrtümer an Stamm und Extremitäten sind bei einiger Erfahrung allerdings kaum möglich, da die Dermatome derart große Flächen einnehmen, daß ihre Variationen nur Einengungen, aber keine Verdrängungen der normalen Bänder zu bewirken vermögen.

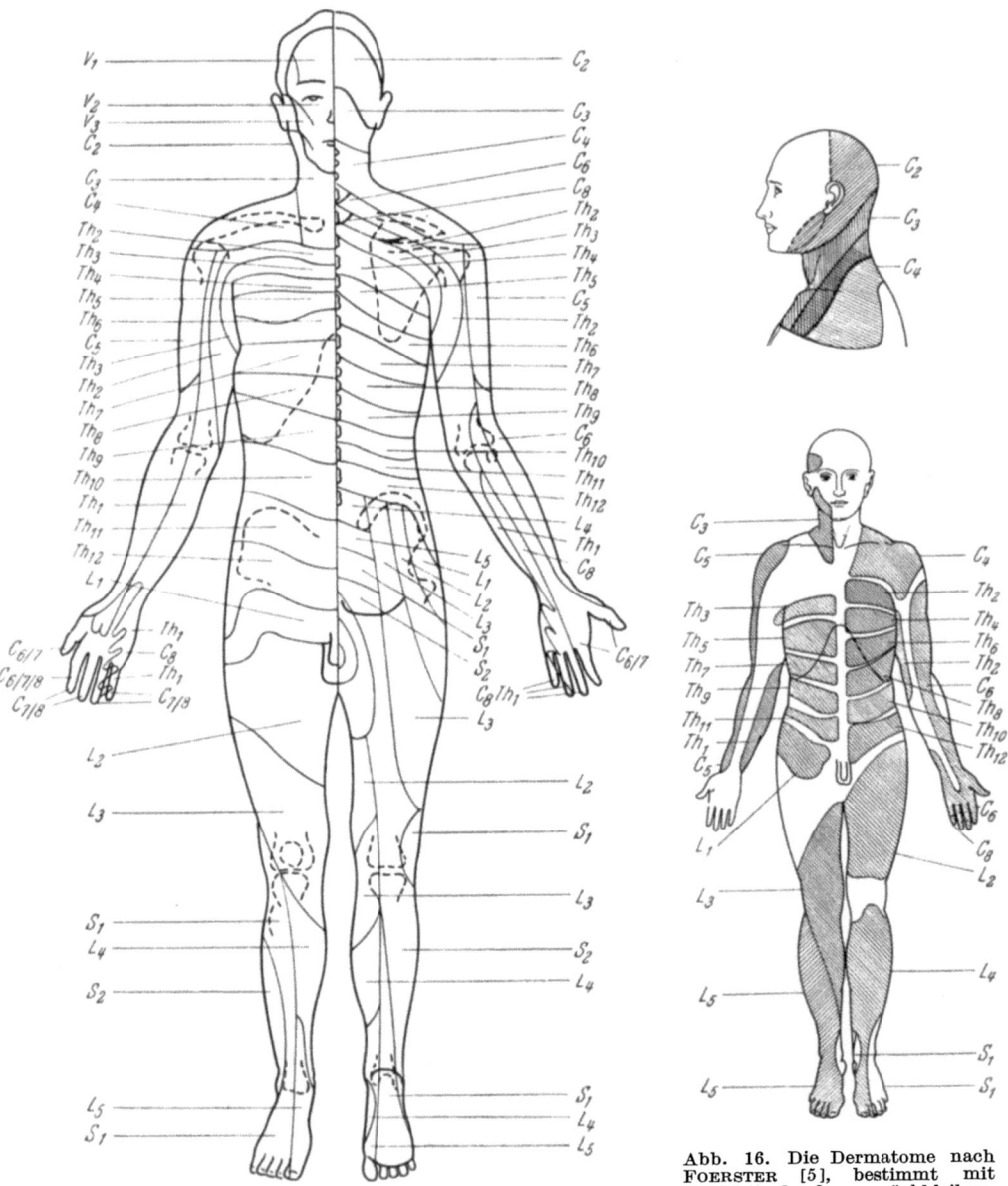

Abb. 15. Dermatomschema nach DÉJÉRINE

Abb. 16. Die Dermatome nach FOERSTER [5], bestimmt mit der Methode der „zurückbleibenden Sensibilität" bei menschlichen Fällen

Faßt man die Beziehungen zwischen Brust- und Bauchorganen und Urogenitalapparat zu den Dermatomen in einem kurzen Überblick zusammen, so ergeben sich grob gesehen folgende Verhältnisse:

Herz: 1., 2., 3. Dorsaldermatom. Cervicalplexus — Kopf.
Lungen: 1., 2., 3., 4., 5. Dorsaldermatom. Cervicalplexus — Kopf.
Magen: 6., 7., 8., 9. Dorsaldermatom. Cardiaende 6. und 7. Dorsaldermatom, Pylorusende, 9. Dorsaldermatom.
Darm: a) bis zum oberen Teil des Rectums 9., 10., 11. und 12. Dorsaldermatom.
b) Rectum, 2., 3. und 4. Sacraldermatom.
Leber und *Gallenblase:* 7., 8., 9. und 10. Dorsaldermatom, gelegentlich 6. Dorsaldermatom. Cervicalplexus — Kopf.
Pankreas: 7. und 8. Dorsaldermatom.
Milz: 8. und 9. Dorsaldermatom.
Niere und *Ureter:* 10., 11. und 12. Dorsal-, 1. und 2. Lumbaldermatom. Je weiter abwärts der Herd von der Niere sitzt, um so deutlicher ist die Tendenz, die Lumbaldermatome zu befallen.
Blase: a) Schleimhaut und Blasenhals: 2., 3. und 4. Sacraldermatom, gelegentlich auch 1. Sacraldermatom.
b) Bei Dehnung und unwirksamer Kontraktion 11. und 12. Dorsal- und 1. Lumbaldermatom.
Prostata: 10., 11. (und 12.) Dorsaldermatom, 1., 2., 3. Sacral- und 5. Lumbaldermatom.
Epididymis: 11. und 12. Dorsal- und 1. Lumbaldermatom.
Hoden: 10. Dorsaldermatom.
Ovarium: 10. Dorsaldermatom.
Adnexe: 11. und 12. Dorsal- und 1. Lumbaldermatom.

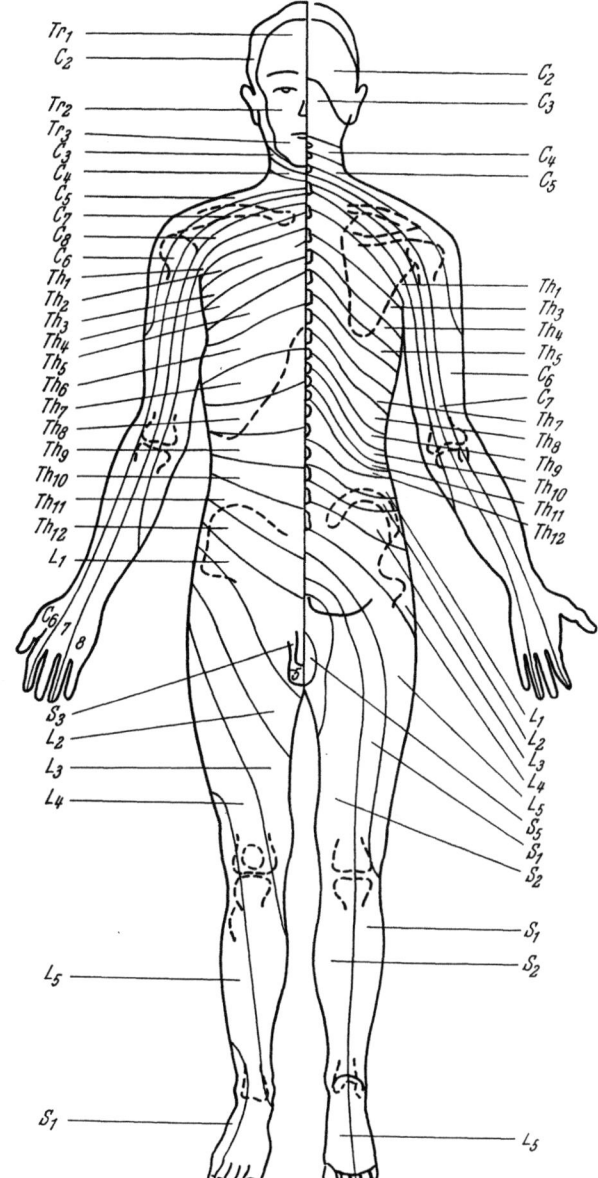

Abb. 17. Dermatomschema nach HANSEN

Uterus: a) Muskel: 10., 11., 12. Dorsal- und 1. Lumbaldermatom.
b) Muttermund: 2., 3. und 4. Sacraldermatom.

Aus dieser Zusammenstellung und den Ergebnissen bezüglich der Kopfdermatome (S. 40) geht hervor, daß die für die hyperalgetischen Dermatome verantwortlichen sensiblen Fasern in drei Gruppen in das zentrale Nervensystem eintreten. Die höchste liegt an Kopf und Hals, die mittlere zwischen 1. Dorsal- und 2. Lumbalsegment des Rückenmarks und die untere Gruppe reicht vom 1. bis zum 4. Sacralsegment. Es existieren somit zwei schon von HEAD [174] gefundene Lücken im Rückenmark, die nicht in Verbindung mit sensiblen Fasern aus den inneren Organen stehen. Die obere setzt sich aus dem 5., 6., 7. und 8. Cervicalsegment zusammen, die untere aus dem 3., 4. und vielleicht 5. Lumbalsegment. In diese Rückenmarksabschnitte führen bekanntlich keine sensiblen Fasern des vegetativen Nervensystems, woraus von HEAD [174] geschlossen wurde, daß diesem vor allem die Verantwortung für reflektorische Schmerzen und hyperalgetische Dermatome zuzuschreiben ist.

Wesentlich komplizierter liegen die Verhältnisse im Bereich des Kopfes. Obwohl hier nach Ansicht der meisten Autoren überhaupt nicht mehr von Dermatomen im üblichen Sinne gesprochen werden kann und nur Zuordnungen zu den einzelnen Trigeminusästen getroffen werden, wollen wir uns an das Schema von HEAD [174] halten, da es sich in zahlreichen Untersuchungen vor allem für die Feststellung von Eiterherden an Zähnen, Mandeln oder Nebenhöhlen bewährt hat. HEAD [174] beschreibt acht Dermatome am Kopf bis inklusive 2. Cervicaldermatom. Er nennt sie 1. und 2. Cervicaldermatom sowie Rostral-, Frontonasal-, Mittelorbital-, Frontotemporal-, Temporal- und Vertikalzone. Sie stellen seiner Ansicht nach eine ähnliche Segmentation im Kopfnervensystem dar, wie wir sie vom Rumpf her gewöhnt sind. Während ursprünglich jeder dieser acht hypothetischen Abschnitte eine eigene Nervenbahn enthielt, die in einen hypothetischen Kern eintrat, verschwanden im Verlaufe der Entwicklung die Nervenfasern und gelangten später nur mehr auf indirektem Wege, nämlich über den großen Stamm des Trigeminus, zu ihren Kernen.

Allein aus diesen kurzen Andeutungen ergibt sich schon die Kompliziertheit etwaiger Dermatomanordnungen am Kopf, obwohl solche, nach den Nerven zu schließen, eindeutig vorhanden sein müssen. Abb. 18 stellt das von HEAD angegebene Schema der einzelnen Dermatome am Kopf dar, wobei keine Numerierung erfolgte, sondern jede Zone ihren eigenen Namen erhielt, da nicht ohne weiteres geklärt werden kann, ob jede Zone für sich allein ein Dermatom darstellt oder mehrere Zonen zusammengehören und nur im Verlaufe der zahlreichen Umlagerungen während der Entwicklung des menschlichen Kopfes als Bruchstück eines einzelnen Dermatoms hervorgingen. Der Streit über die Gültigkeit dieser Zonen, ihre Dermatomeigenschaften und ihren Nachweis durch Nervendurchschneidungen, antidrome Leitung oder durch Strychninapplikation berührt diese Abhandlungen nicht, da hier rein empirisch die Zugehörigkeit hyperalgetischer Abschnitte der Haut zu Erkrankungen innerer Organe am Kopf festgelegt wurde.

Ein kurzer Überblick ergibt folgende Verhältnisse:

Augen: Vertikalzone (Netzhautablösung), Parietalzone (Opticusneuritis, Excision des Augapfels), Frontonasalzone (Hornhautgeschwüre, Drucksteigerung in der vorderen Augenkammer), Mittelorbitalzone (Hornhautgeschwüre, Drucksteigerung in der vorderen Augenkammer), Frontotemporalzone (Cyclitis), Frontotemporal- + Maxillar- + Temporalzone (Iritis, Glaukom).

Nase und Nebenhöhlen: Frontonasalzone (Regio olfactoria, Nebenhöhlen), Mittelorbitalzone (Regio olfactoria, Ductus lacrimalis, Nebenhöhlen), Nasolabialzone (Pars respiratoria der Nase, hintere Nasengänge).

Zähne: Frontonasalzone (obere Schneidezähne), Maxillarzone (2. Prämolarzahn am Oberkiefer, 1. oberer Molarzahn), Mandibularzone (2. und 3. oberer Molarzahn), Mentalzone (untere Schneidezähne), Nasolabialzone (Caninus und 1. Prämolarzahn), Temporalzone (2. Prämolarzahn am Oberkiefer), Hyoidzone (3. Molarzahn, 1. und 2. Molarzahn des Unterkiefers), Obere Laryngealzone (unterer Weisheitszahn).

Ohren: Hyoidzone (Gehörgang), Vertikalzone und Parietalzone (Otitis media).

Zunge: Mentalzone (vorderer Zungenteil), Obere Laryngealzone (hinterer Zungenteil), Hyoidzone (lateraler Zungenteil), Occipitalzone (hinterer Zungenteil).

Tonsillen: Hyoidzone.

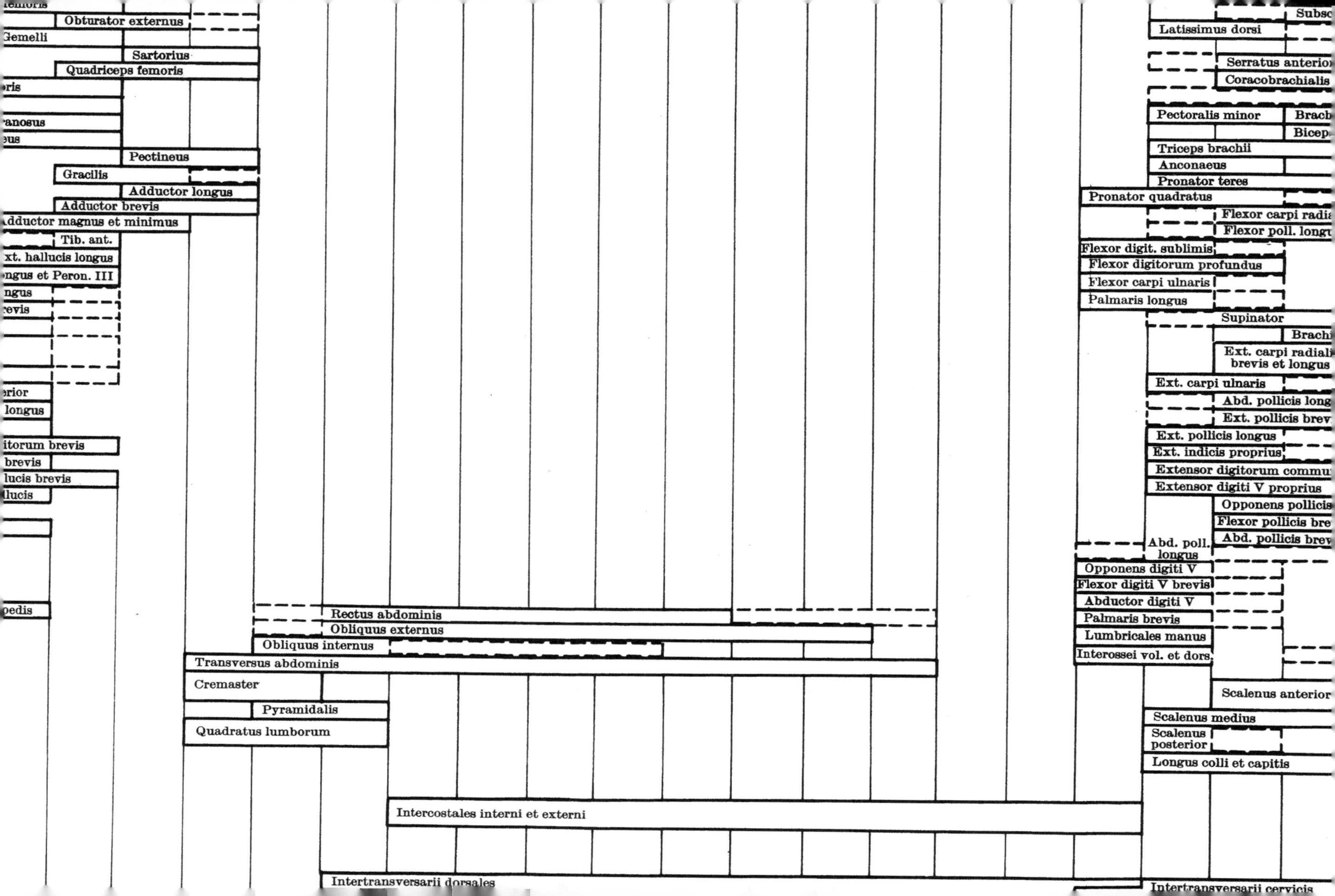
Obturator externus
Sartorius
Quadriceps femoris
Pectineus
Gracilis
Adductor longus
Adductor brevis
Tib. ant.
Latissimus dorsi
Coracobrachialis
Pectoralis minor
Triceps brachii
Anconaeus
Pronator teres
Pronator quadratus
Flexor digit. sublimis
Flexor digitorum profundus
Flexor carpi ulnaris
Palmaris longus
Supinator
Ext. carpi ulnaris
Ext. pollicis longus
Ext. indicis proprius
Extensor digiti V proprius
Abd. poll. longus
Opponens digiti V
Flexor digiti V brevis
Abductor digiti V
Palmaris brevis
Lumbricales manus
Interossei vol. et dors.
Rectus abdominis
Obliquus externus
Obliquus internus
Transversus abdominis
Cremaster
Pyramidalis
Quadratus lumborum
Scalenus anterior
Scalenus medius
Scalenus posterior
Longus colli et capitis
Intercostales interni et externi
Intertransversarii dorsales
Intertransversarii cervicis

So wie die Dermatome der einzelnen Segmente krankhafte Veränderungen zeigen können, gelingt es auch, solche an den Muskeln nachzuweisen, wenn von Organen desselben Segmentes oder der unmittelbaren Nachbarschaft oder durch direkte Nervenimpulse von entfernten Segmenten eine chronische Reizung der Hinterhornzellen mit Auslösung pathologischer Reflexmechanismen stattfindet. Die einem jeweiligen Segment zugehörigen Muskelpartien werden als *Myotome* bezeichnet. Bei ihrer Erkrankung kommt es sowohl zur Auslösung schneller Muskelzuckungen als auch zu langanhaltenden Kontrakturen einzelner Muskelfasern, die als Myogelosen palpabel sind.

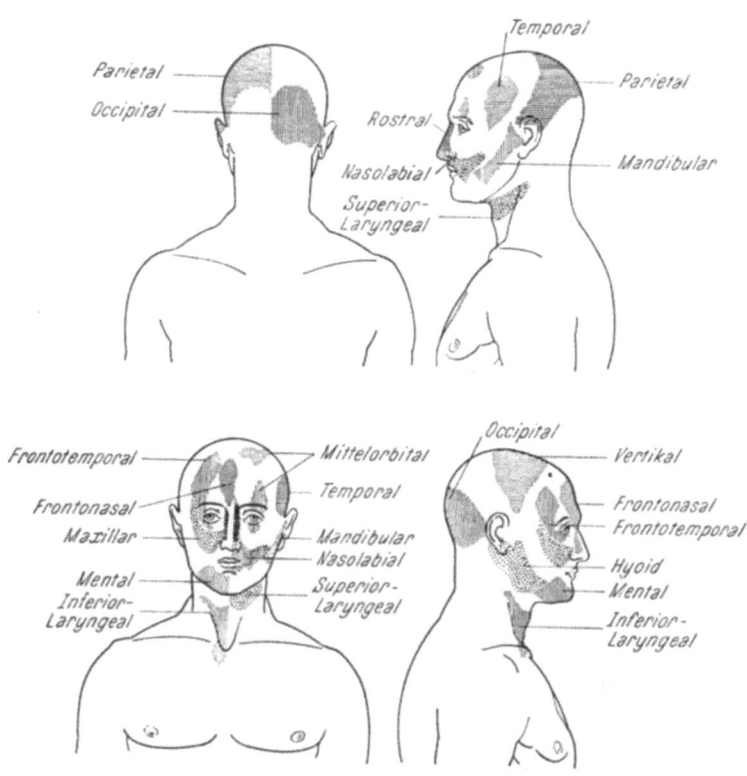

Abb. 18. Kopfdermatome nach HEAD [174]

Für das Verständnis dieser Vorgänge muß die Gliederung des Muskels in sogenannte rote Fasern für tonische langanhaltende Kontrakturen und weiße Fasern für schnelle Bewegungen bekannt sein (S. 128).

Nach Ansicht von MACKENZIE sind sogar die Hyperalgesien in den entsprechenden Myotomen bei Organerkrankungen wesentlich häufiger als in den Dermatomen. Ihre Diagnose stößt allerdings auf ungleich größere Schwierigkeiten, da manche Muskelpartien sehr tief liegen, andere wieder mehrere Segmente umfassen, so daß meist nur die Untersuchung aller dem fraglichen Myotom angehörigen Muskeln, und zwar sowohl auf Hyperalgesie als auch auf Bewegungsschmerz, ein klares Bild zu geben vermag (S. 131 ff.).

Tab. 1 zeigt die Zugehörigkeit der wichtigsten Muskeln zu den einzelnen Segmenten. Es ist daraus ersichtlich, daß hier keineswegs mehr derartig klare Verhältnisse vorliegen wie bei den Dermatomen. Ja, es gehört zur Regel, daß ein Muskel von mehreren Segmenten gleichzeitig versorgt wird. Dadurch gestaltet sich einerseits die Diagnostik erkrankter Visceralorgane aus Muskelhyperalgesien und Myogelosenbefunden verhältnismäßig schwer, anderseits ist aber die therapeutische Beeinflussung von Muskelkontrakturen leichter als von erkrankten Dermatomen, da die Eingriffe nicht so streng in die jeweiligen Dermatome oder Segmente vorgenommen werden müssen. Hyperämien oder Entspannungen von Dauerkontrakturen werden schon nach Novocaininjektionen in eines von den zwei oder drei Segmenten, die alle denselben Muskel versorgen, erreicht. Die Myogelosen selbst müssen allerdings in der Mehrzahl der Fälle direkt lokal behandelt werden, da unsere Diagnostik derzeit noch nicht so weit ist, um die hierfür verantwortliche Nervenbahn herausfinden zu können. Diese kann einerseits von motorischen Neuronen des Rückenmarks kommen, anderseits gewinnt man aber auch in vielen Fällen den Eindruck, daß es sich hier um Endstellen kurzer Axonreflexe handelt, wobei sich die Myogelose nur durch die Bildung von Stoffwechselprodukten im geschädigten Gewebsabschnitt langsam entwickelt hat.

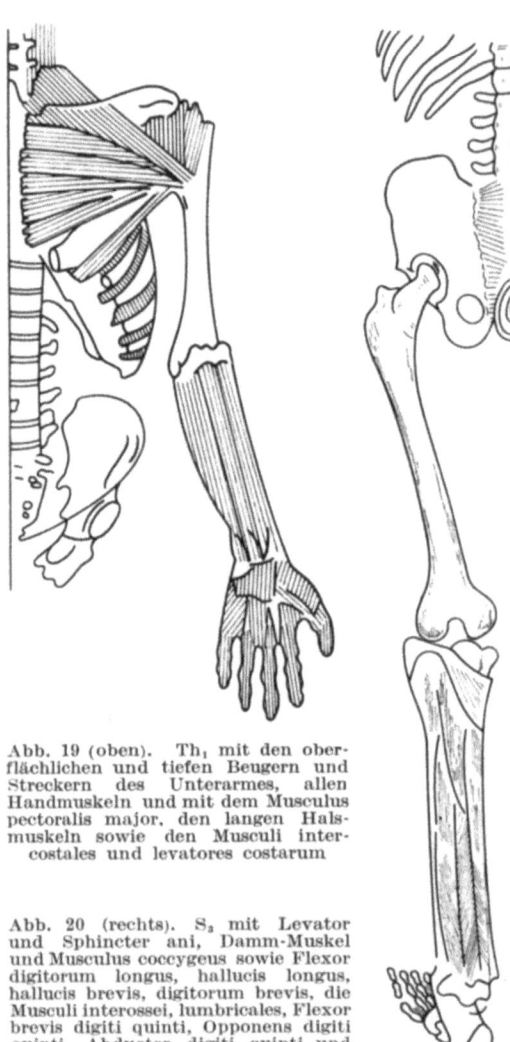

Abb. 19 (oben). Th_1 mit den oberflächlichen und tiefen Beugern und Streckern des Unterarmes, allen Handmuskeln und mit dem Musculus pectoralis major, den langen Halsmuskeln sowie den Musculi intercostales und levatores costarum

Abb. 20 (rechts). S_3 mit Levator und Sphincter ani, Damm-Muskel und Musculus coccygeus sowie Flexor digitorum longus, hallucis longus, hallucis brevis, digitorum brevis, die Musculi interossei, lumbricales, Flexor brevis digiti quinti, Opponens digiti quinti, Abductor digiti quinti und Abductor hallucis

Wie aus Abb. 19 und 20 ersichtlich ist, entstanden auch die Myotome der Extremitäten durch Ausstülpung eines zunächst wurmförmigen Rumpfes (S. 35). Dort, wo diese zu weit vorgetrieben wurden, kam es zu Zerreißungen, wodurch ein Teil proximal am Stamm haften blieb und der andere am periphersten Extremitätenende aufzufinden ist. Das ist besonders schön an den Segmenten C_8, Th_1 und S_3 zu erkennen, die fast nur mehr Rumpfmuskeln einerseits und Hand- oder Fußmuskeln anderseits enthalten. Lediglich Unterarm und Unterschenkel sind noch etwas mit Fleisch bedeckt.

Selbstverständlich weisen auch die Myotome beträchtliche Variationen auf, was am besten aus den oft sehr divergierenden Zuordnungstabellen der einzelnen Muskeln zu den Segmenten hervorgeht. Die günstigsten Resultate für Fokusdiagnose und -therapie konnte ich mit den Tabellen von FOERSTER und HANSEN erhalten, die auch hier verwertet sind. Genauere Einzelheiten über Segmentzugehörigkeit, Funktion und Testung der einzelnen Muskeln sind im klinischen Teil, S. 131 ff., nachzulesen.

Reflektorische Zusammenhänge zwischen den Segmenten

Wie schon gelegentlich aufgezeigt wurde, vermögen krankhafte Segmente oft andere, weit entfernt liegende nach einiger Zeit hyperalgetisch zu machen. Derartige Zusammenhänge lassen sich durch die in allen Fällen zu beobachtende zeitliche Aufeinanderfolge der Erkrankung des einen und des anderen Segmentes sowie eines eventuellen Heilungsvorganges in umgekehrter Richtung, aber auch durch die gleichzeitige Erkrankung immer derselben Stellen und durch eine Reihe anderer Tatsachen belegen.

Die Ursachen dieser weitreichenden Beeinflussung können bisher noch nicht eindeutig durchschaut werden. Sie dürften vor allem in langen sensiblen visceralen Nervenfasern zu suchen sein, die bis zum Plexus cervicalis und zu den Kopfganglien zu wirken vermögen und für die Erklärung von reflektorischen Kopfschmerzen in Abhängigkeit zu gewissen Cervical- und Dorsaldermatomen herangezogen werden können. Für Segmentüberbrückungen von Sacral- zu Dorsaldermatomen oder umgekehrt dürften eher Axonreflexe verantwortlich sein.

Die Übertragung von Eingeweideschmerzen auf die Segmente C_3 bis C_4 wird dem *Phrenicus* zugeschrieben, der gemeinsam mit dem 4. Cervicalnerven aus dem Rückenmark entspringt und gelegentlich kleinere Zweige vom 3. und 5. Cervicalnerv aufnimmt. Außerdem konnten in ihm marklose, wahrscheinlich sympathische Fasern nachgewiesen werden [100, 101], die für die afferente Leitung verantwortlich sein

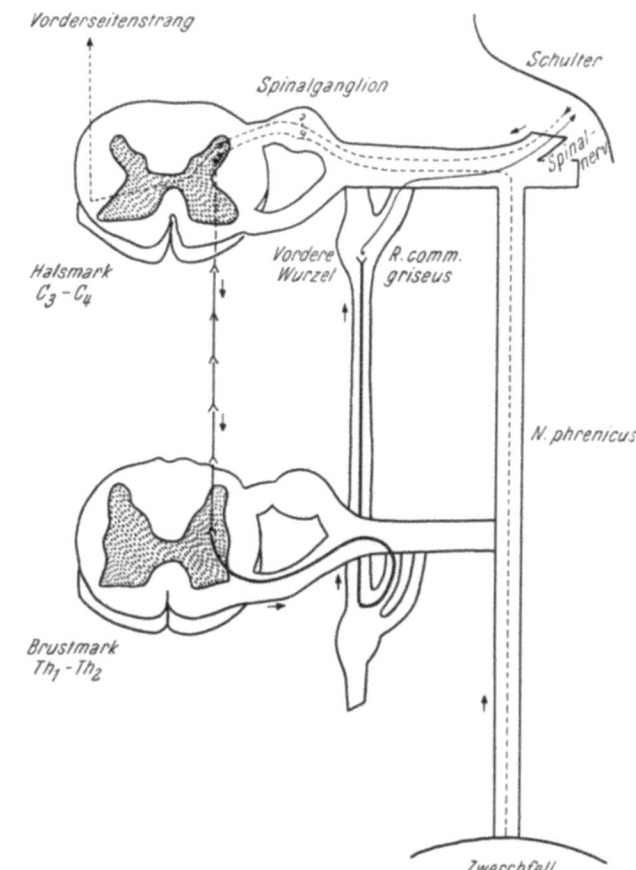

Abb. 21. Schmerzübertragung durch den Phrenicus
- - - - afferent ———— efferent →→→ Schaltneurone
(In Anlehnung an DAVIS und POLLOCK [102])

dürften. Sie anastomosieren mit Fasern des Plexus coeliacus bzw. der Splanchnici majores, da durch Splanchnicusanästhesie die Übertragung von Gallenblasenschmerzen auf C_3 bis C_4 verhindert wird [102]. Ferner mischen sich dem Phrenicus auch Fasern aus einem sympathischen Plexus der Pleurakuppen bei [101]. Die afferenten Bahnen vom Herzen, die ebenfalls Hyperalgesie auf C_3 bis C_4 verursachen können, dürften direkt zu den Cervicalwurzeln verlaufen [103].

Zur Bestätigung der Theorie, wonach der Phrenicus für das Zustandekommen des übertragenen Schmerzes in C_3 bis C_4 bei Abdominalerkrankungen und Lungenleiden verantwortlich ist, kann die Tatsache herangezogen werden, daß seine Durchschneidung in solchen Fällen mit einem schlagartigen Aufhören der Hyperalgesie in C_3 bis C_4 einhergeht, was sich vor allem im Schwinden der oft starken quälenden Schulterschmerzen ausdrückt. Außerdem kommt es bei experimenteller Reizung des Phrenicus zur Hyperalgesie in diesen Arealen.

Einige Autoren [102] halten für den Schmerz, der durch den Phrenicus nach C_3 und C_4 übertragen wird, einen effektorischen Vorgang für unentbehrlich, da er durch Unterbrechung des Rückenmarkes bei C_7 oder durch Zerstörung des zweiten Dorsalsegmentes, nicht aber unterhalb von Th_3 verhindert werden kann. Der Weg der reflexvermittelnden Bahnen müßte dann wie in Abb. 21 dargestellt verlaufen. Da in den Einstrahlungssegmenten des Phrenicus Sympathicus-Ganglien im Seitenhorn nicht mehr vorhanden sind, muß angenommen werden, daß die Erregung von den Spinalsegmenten C_3 bis C_4 auf kurzen intraspinalen Bahnen zu den Seitenhornganglien von Th_1 bis Th_2 rückgeleitet wird, wodurch der Schmerz bei Unterbrechung der Leitungsbahn infolge Markdurchtrennung in Höhe von C_7 verschwindet. Vom obersten Brustmark aus wird sympathisch effektorisch das gesamte Kopf- und Halsgebiet versorgt. Wenn durch den Phrenicus eine segmentäre Stimulierung der Schmerzganglien im Hinterhorn von C_3 bis C_4 stattfand, so wird sich diese auch nach Rückleitung auf Th_1 bis Th_2 auswirken. Für die effektorische Fortleitung dieser Impulse im Halssympathicus spricht außer der Tatsache, daß die gesamte Hyperalgesie des übrigen Körpers durch ihn vermittelt wird, auch das sofortige Schwinden des Schulterschmerzes nach Entfernung beider Halssympathici.

Der *Vagus* soll nach HEAD [174] für den von den Eingeweiden ins Trigeminusgebiet (bzw. bei C_2) übertragenen Schmerz verantwortlich sein. Eine Reihe von Tatsachen spricht aber gegen diese Annahme.

So konnte unterschiedlich zur experimentellen Phrenicusreizung, wo ein sicherer und konstanter Schmerzeffekt im Gebiet von C_3 bis C_4 erhalten wird, bisher eine Schmerzleitung durch den Vagus nicht erwiesen werden. Dieser vermittelt wohl Organreflexe und nach FOERSTER als einzige Empfindung Nausea, aber nicht Schmerz. Nach Durchtrennung von Th_1 ist niemals Schmerz der Eingeweide bzw. ein übertragener Schmerz bei Visceralerkrankungen beobachtet worden. Bisher wurde aber auch keine Beobachtung mitgeteilt, daß bei Splanchnicus- bzw. Paravertebral- oder Lumbalanästhesie durch den Vagus noch Schmerz in das Trigeminusgebiet übertragen worden wäre. Schließlich soll Nausea bei übertragenem Kopfschmerz weder häufig noch regelmäßig sein, sondern gelegentlich vorkommen, obwohl dies zur Regel gehören müßte, wenn der Vagus wirklich der Vermittler des übertragenen Kopfschmerzes wäre. Die meisten Autoren glauben deshalb auch die Kopfschmerzen durch einen effektorischen Vorgang (Gefäßreflexe) erklären zu können, da sie hauptsächlich bei Herz- und Kreislauferkrankungen beobachtet werden. In einem Teil der Fälle dürfte es sich um reflektorische Spasmen größerer Arterien im Sinne einer echten Migräne handeln, bei weniger starkem Spontanschmerz und stärkerer Druckhyperalgesie aber vor allem um Schmerzreize infolge oberflächlicher vasaler Störungen. Sie glauben, das Trigeminusgebiet könne von Durchblutungsstörungen besonders leicht affiziert werden und verhalte sich anders als die übrigen Hautareale. Das Gefäßnetz der Kopf- und Gesichtshaut sei besonders labil und Gefäßreaktionen und Durchblutungsstörungen außerordentlich stark ausgesetzt. Man findet auch alle sympathischen visceromotorischen Reflexe besonders häufig am Kopf ausgeprägt, wie die sympathische Mydriasis, die Lidspaltenerweiterung, vermehrte Tränenbefeuchtung, die homolateralen vasomotorischen Phänomene im Gesicht, die Anisohydrosis usw.

Der reflektierte Trigeminusschmerz wird am ehesten durch das sympathische Zentrum im obersten Brustmark (Th_1 bis Th_2) vermittelt, das viscerogene Erregungen aller Segmente auf intraspinalem Wege in den Seitenhornganglien erhält. Dieser um das *Centrum ciliospinale* angeordnete Bezirk ist bei allen viscerogenen Erregungen zu höchst intensiven effektorischen Leistungen im Gebiet des Kopfes und Halses befähigt. Deshalb dürfte auch der übertragene Schmerz im Innervationsbereich des Trigeminus ein effektorischer, wie der nach C_3 bis C_4, sein.

Die Annahme läßt sich experimentell stützen, da vom Halssympathicus aus z. B. bei elektrischer Reizung des Ganglion cervicale supremum außer Mydriasis und

Exophthalmus auch eine heftige Ciliarneuralgie auftritt [102, 104]. Sie kann weder nach Durchschneidung der vorderen noch der hinteren Wurzeln von C_1 bis C_8 und D_1 bis D_4 verhindert werden, dürfte also effektorisch bedingt und durch den Trigeminus zentripetal geleitet sein [102].

Schließlich läßt sich auch die sympathische Anisokorie durch Erregung des Centrum ciliospinale erklären [106]. Die sympathischen Fasern verlassen durch die Seitenhornganglienzellen des 8. Cervical- und des 1. und 2. Thoracalsegmentes das Rückenmark und treten durch die vorderen Wurzeln in den Grenzstrang ein. Hier verlaufen sie als präganglionäre Fasern bis zum Ganglion cervicale supremum und kommen auf dem Wege dorthin in ziemlich enge anatomische Beziehungen zu der Pleura der Lungenspitzen (Anisokorie bei Spitzenaffektionen!). Von diesem Ganglion aus ziehen sie als postganglionäre Fasern via Plexus caroticus zum Erfolgsorgan, wobei sie das parasympathische Ganglion ciliare ohne weitere Unterbrechung durchlaufen. Über den sympathisch innervierten Musculus pupillae wird die Mydriasis hervorgerufen, während die Verengung durch den vom bulbären Parasympathicus (Oculomotorius) versorgten Sphincter erfolgt (S. 187f.).

Jede experimentelle Reizung des prä- oder postganglionären Anteils hat Erweiterung der Pupille und Hervortreten des Bulbus nur auf der gereizten Seite zur Folge. Die Unterbrechung der Bahn führt zum HORNERschen Symptomenkomplex: Myosis, Verengung der Lidspalte, Zurücksinken des Bulbus.

Die Ausbreitung der Hyperalgesie von einem Segment in andere kann aber nicht nur vor dem Rückenmark durch sensible viscerale Nervenfasern erfolgen, sondern auch nach Eintritt der Impulse in das Rückenmark selbst stattfinden. Im Verlauf des Studiums auf diesem Gebiet gewinnt man den Eindruck, als ob die Ausbreitung normalerweise durch eigene Hemmvorrichtungen unterdrückt würde. Diese Einrichtung dürfte in gewissen Segmenten sehr stark, in anderen wieder verhältnismäßig schwach sein, so daß von dort aus eine leichte Propagation stattfinden kann.

So ist z. B. die 10. Dorsalzone ein Gebiet, das bei Frauen sehr leicht im Rahmen einer sekundären Affektion hyperalgetisch wird. Weiterhin breiten sich bei ihnen Schmerzen verhältnismäßig leicht auf die 6. und 7. Dorsalzone aus. Beim Manne hingegen ist die 10. Dorsalzone seltener in Mitleidenschaft gezogen; es überwiegt vor allem der Befall der 7. Dorsalzone. Hyperalgesien der 3. und 4. Cervicalzone treten erfahrungsgemäß bei beiden Geschlechtern leicht auf, während die 3. und 4. Dorsalzone nur bei Lungenaffektion, aber nie durch die Ausbreitung von anderen Dermatomen her hyperalgetisch werden. Diese verschieden starke Hemmwirkung wurde auch als „spezifischer Widerstand" der zentralen Verbindungen der jeweiligen Zonen im Rückenmark bezeichnet. Der größte spezifische Widerstand dürfte den beiden schon erwähnten Lücken (C_5 bis Th_1 und L_1 bis L_5) zukommen. Schließen sich diese Lücken, so wandern die hyperalgetischen Zonen in der Regel von beiden Seiten her gegen ihre Mitte zusammen, wie etwa von L_1 über L_2 usw. und von L_5 über L_4 usw. Dabei sind zuerst die Maximalpunkte in den entsprechenden Dermatomen befallen und nur ganz allmählich wird das ganze Dermatom hyperalgetisch. Diese Schutzvorrichtung besteht nicht zu Unrecht, da gerade die Segmente der beiden Lücken die Extremitäten bilden und ihr Befall den Organismus am Vorwärtsbewegen hindern würde. Trotz allem entwickeln sich aber doch auch Erkrankungen in diesem Bereich, die uns als Arthritiden und Arthrosen zur Genüge bekannt sind.

Klinisch sind vor allem die Beziehungen zwischen Cervical- und Dorsaldermatomen mit gewissen Kopfzonen seit HEAD genau erforscht und lassen sich sehr häufig eindeutig nachweisen, wodurch sie nicht nur für die Klärung vieler unklarer Krankheitszustände mit Kopfschmerzen verwendet werden können, sondern auch eine große Hilfe bei der Fokussuche zu bieten vermögen.

Bei allen derartigen Kopfschmerzen gilt zunächst die Regel, daß die Empfindlichkeitszone am Kopf nicht von der Erkrankung einzelner Organe, sondern lediglich von der Hyperalgesie des zugehörigen Cervical- oder Dorsaldermatoms bestimmt wird. So geht z. B. der Temporalkopfschmerz mit hyperalgetischer Temporalzone häufig mit einer Hyperalgesie des 7. Dorsaldermatoms einher, wobei es unwichtig ist, ob dieses durch eine Lungenerkrankung, eine Gastritis, eine Mitralinsuffizienz oder Cholelithiasis überempfindlich wurde. Lediglich aus dem Befall der rechten oder linken Temporalzone kann mit einiger Wahrscheinlichkeit auf das erkrankte Organ geschlossen werden, da sie meist seitengleich mit ihm liegt. Sehr häufig ist der Kopfschmerz aber auch beidseitig; dann kann nur aus der Stärke der Hyperalgesie der zugeordneten Zone ein Rückschluß auf das erkrankte Organ versucht werden.

Wird nach Zusammenhängen zwischen den unteren Rumpfabschnitten und einzelnen Kopfdermatomen gesucht, so treten nach HEAD erstmalig von der 10. Dorsalzone aus regelmäßig Hyperalgesien in der Occipitalzone auf. Alle anderen Zonen, und damit auch die Beckenorgane (Adnexe, Uterus und Blase), die zum 11. Dorsaldermatom oder noch tieferen Dermatomen Beziehungen haben, können auf direktem Weg keine Kopfschmerzen hervorrufen. Wohl ist es aber möglich, daß durch Zwischenschaltung von Dorsaldermatomen schließlich doch noch Kopfschmerzen entstehen, wenn auch die primäre Ursache tiefer liegt. Cervicalkatarrhe oder Erosionen rufen z. B. Gastralgien mit Erbrechen hervor, was eine Hyperalgesie des 7. Dorsaldermatoms bedingt, und diese bewirkt schließlich den bekannten Temporalkopfschmerz mit der Hyperalgesie des zugehörigen Kopfdermatoms. Die 9. Dorsalzone geht mit Empfindlichkeitssteigerungen in der Parietalzone der Kopfhaut, eventuell auch mit entsprechenden Kopfschmerzen einher.

Die 8. Dorsalzone bewirkt Empfindlichkeitssteigerungen in der Vertikalzone der Kopfhaut mit dem bei Lebererkrankungen häufig vorkommenden Scheitelkopfschmerz. Die 7. Dorsalzone bewirkt, wie schon erwähnt, Empfindlichkeitssteigerungen der Temporalzone des Kopfes mit Kopfschmerzen in der Schläfengegend. Sie sind vor allem bei Magenerkrankungen zu beobachten. Die 6. Dorsalzone ist meist mit einer Hyperalgesie der Frontotemporalzone der Kopfhaut vergesellschaftet. Ihre Empfindlichkeitssteigerung wird in der Regel durch Herzerkrankung hervorgerufen. Sie kommt sehr häufig gemeinsam mit einer krankhaften 7. Dorsalzone vor. Hierbei können beide Zonen die ihnen zugehörige Hyperalgesie der Frontotemporal- und Temporalzone bewirken. Kopfschmerz und Hyperalgesie schwanken dann in Abhängigkeit vom Zustand des Herzens. Die 5. Dorsalzone ist, falls sie allein auftritt, ebenfalls mit einer Empfindlichkeitssteigerung in der Frontotemporalzone der Kopfhaut verbunden. Sie ist fast immer mit Hyperalgesie des 6. und 7. Dorsaldermatoms kombiniert. Die 4. Dorsalzone kann eine Hyperalgesie sowohl der Frontotemporal- als auch der Mittelorbitalzone bewirken. Sie ist selten allein hyperalgetisch. Die 3. Dorsalzone geht fast immer mit Kopfschmerzen und Empfindlichkeitssteigerung im Mittelorbitalgebiet einher. Dasselbe gilt für die 2. Dorsalzone, die häufig bei Aortenerkrankungen in Mitleidenschaft gezogen ist. Selbstverständlich kann die Mittelorbitalzone auch aus anderen Ursachen, etwa wegen einer Hypermetropie oder wegen Zahnerkrankungen überempfindlich sein. Sie müssen bei der Bestimmung von Dermatomzugehörigkeiten ausgeschlossen werden können. Die 1. Dorsalzone, die ebenfalls bei Aneurysmen gewisser Aortenabschnitte (S. 214) hyperalgetisch wird, weist keine Beziehungen mehr zu irgendwelchen Kopfschmerzen oder hyperalgetischen Zonen im Kopf auf.

Von der 1. Dorsalzone besteht eine Lücke (S. 40) bis zum 3. und 4. Cervicaldermatom. Diese sind sehr häufig mit Schmerz- und Empfindlichkeit in der Frontonasalzone verbunden. Die Patienten klagen, daß ihnen der Schmerz von hinten durch den Kopf bis zur Mitte der Stirn schieße. Oberhalb der 3. Cervicalzone gibt es zwischen den lateralen Zonen an Kopf und Hals und der Empfindlichkeit von Kopf- oder Stirnhaut keine Beziehungen mehr. Somit ist weder die obere Laryngeal- noch die Hyoidzone oder irgendeine andere Zone dieser Gruppe direkt mit Schmerz oder Empfindlichkeit von Kopf oder Stirngegend verbunden.

Außer den soeben beschriebenen Kopfzonen stehen vor allem auch die 3. und 4. Cervicalzone zu gewissen Dorsalzonen in enger Beziehung. So findet man häufig bei Magenerkrankungen mit hyperalgetischer 7., 8. oder 9. Dorsalzone die eine oder andere dieser beiden Cervicalzonen deutlich empfindlich. Dasselbe gilt bei Erkrankungen der Lungenspitzen mit Hyperalgesie von z. B. Th_3 und Th_4, oder bei Ovarial- sowie Hodenerkrankungen mit Hyperalgesie von Dorsaldermatom 10. Unter diesen Umständen kommt es vor allem bei Erkrankungen des

Tabelle 2. *Tabellarische Übersicht über die reflektorischen Beziehungen der Rumpfdermatome zu den Kopfzonen nach Head*

C_3	Frontonasal (rostral), Lungenspitzen, Magen, Leber, Aortenostium.
C_4	Frontonasal, Lungenspitzen, Magen, Leber, Aortenostium.
Th_2	Mittelorbital, Lunge, Herz (Ventrikel), aufsteigender Aortenbogen.
Th_3	Mittelorbital, Lunge, Herz (Ventrikel), Arcus aortae.
Th_4	Zweifelhaft, Lunge.
Th_5	Frontotemporal, Lunge, Herz (zuweilen).
Th_6	Frontotemporal, unterer Lungenlappen, Herz (Vorhöfe).
Th_7	Temporal, Lungenbasis, Herz (Vorhöfe), Magen (Cardiateil).
Th_8	Vertikal, Magen, Leber, oberer Teil des Dünndarms.
Th_9	Parietal, Magen (Pylorusende), oberer Teil des Dünndarms.
Th_{10}	Occipital, Leber, Darm, Ovarien, Hoden.
Th_{11}	Darm, Adnexe, Uterus, Blase (Kontraktion).
Th_{12}	Darm (Colon), Uterus usw.

Magens oder der Leber häufig vor, daß eine temporale oder occipitale Empfindlichkeit in Begleitung der jeweiligen Dorsalzone außerdem noch mit einer frontalen Empfindlichkeit in Begleitung der affizierten Cervicalzone einhergeht. Tab. 2 stellt die soeben geschilderten Zusammenhänge zwischen Cervical- und Dorsaldermatomen mit den jeweiligen Kopfdermatomen dar, wie sie schon HEAD fand.

Nach den hier angeführten Untersuchungen können somit Beziehungen der Mandibular-, Maxillar-, Nasolabial-, Mental- und der zwei Laryngealzonen zu Organen im Thorax oder Abdomen ausgeschlossen werden. Außerdem ergibt sich, daß die Beckenorgane (Nebenhoden, Adnexe, Rectum, Uterus, Blase) außer Hoden und Ovarium mit keinen Zonen des Kopfes in Verbindung stehen. Die Tab. 3 und 4 geben nochmals die Beziehungen der einzelnen Haut- und Kopfzonen zu den inneren Organen, auf eine möglichst einfache Formel gebracht, wieder. Es ist daraus ersichtlich, daß bestimmte Teile des Körpers allein keine reflektierten Schmerzen verursachen. Hierzu zählen vor allem die umhüllende Oberfläche des Körpers selbst, zu der auch die Conjunctiva, das Epithel der vorderen Corneaschicht und der äußere Gehörgang gehören. Die Haut des Körpers verursacht nicht nur keinen reflektierten Schmerz, sondern ist vor allem das Gebiet, auf welches der Schmerz reflektiert wird. Unter diesen Umständen kann sie allerdings die weitere Folge reflektorischer Schmerzzonen beeinflussen (S. 55 ff.).

Eine andere Gruppe von Geweben, die nur lokalen und nicht reflektierten Schmerz hervorruft, stellt die äußere Umhüllung von Organen des Kopfes dar, z. B. das Wurzelperiost (Periodontalmembran), die Dura mater, Nasenschleimhaut usw. Dasselbe gilt auch für Affektionen der serösen Höhlen des Körpers. Sie erzeugen weder reflektierten Schmerz noch reflektierte Hautempfindlichkeit, sondern verursachen nur lokalen Schmerz, der meist dem Lauf peripherer Nerven folgt und mit einer tiefliegenden Empfindlichkeit nur über der betroffenen Stelle verbunden ist.

Tabelle 3. *Tabellarische Übersicht über die Beziehungen zwischen Hautzonen und inneren Organen nach Head*

Zonen	Herz	Lungen	Magen	Darm	Rectum	Leber	Gallenblase	Niere und Ureter	Harnblase (Schleimhaut v. Herz)	Harnblase (Detrusor)	Prostata	Nebenhoden	Hoden	Ovarium	Adnexe	Uterus (Kontraktion)	Uterus (Muttermund)	Brustdrüsen
C_3	×	×	?	—	—	×	—	—	—	—	—	—	—	—	—	—	—	—
C_4	×	×	×	—	—	×	—	—	—	—	—	—	—	—	—	—	—	—
Hier folgt die obere Lücke (C_5, C_6, C_7 und C_8)																		
Th_1	?	—	—	—	—	—	—	—	—	—	—	—	—	—	—	—	—	—
Th_2	×	?	—	—	—	—	—	—	—	—	—	—	—	—	—	—	—	—
Th_3	×	×	—	—	—	—	—	—	—	—	—	—	—	—	—	—	—	—
Th_4	×	×	—	—	—	—	—	—	—	—	—	—	—	—	—	—	—	×
Th_5	×	×	—	—	—	—	—	—	—	—	—	—	—	—	—	—	—	×
Th_6	×	×	?	—	—	?	—	—	—	—	—	—	—	—	—	—	—	—
Th_7	×	×	×	—	—	×	?	—	—	—	—	—	—	—	—	—	—	—
Th_8	×	×	×	—	—	×	×	—	—	—	—	—	—	—	—	—	—	—
Th_9	?	×	×	×	—	×	×	—	—	—	—	—	—	—	—	—	—	—
Th_{10}	—	—	?	×	—	×	—	×	—	—	×	—	×	×	—	×	—	—
Th_{11}	—	—	—	×	—	—	—	×	—	×	×	×	—	—	×	×	—	—
Th_{12}	—	—	—	×	—	—	—	×	—	×	×	×	—	—	×	×	—	—
L_1	—	—	—	—	—	—	—	×	—	—	?	—	—	—	—	×	×	—
L_2	—	—	—	—	—	—	—	?	—	×	—	—	—	—	—	?	?	—
Hier folgt die untere Lücke (L_3 und L_4)																		
L_5	—	—	—	—	—	—	—	?	—	—	—	—	—	—	—	—	?	—
S_1	—	—	—	—	—	—	—	×	—	—	—	—	—	—	—	×	—	—
S_2	—	—	—	—	×	—	—	×	—	—	—	—	—	—	—	×	—	—
S_3	—	—	—	—	×	—	—	×	—	×	—	—	—	—	—	—	×	—
S_4	—	—	—	—	×	—	—	×	—	—	—	—	—	—	—	—	×	—

Die Ursachen für die Ausbreitung des Schmerzes in mehrere Segmente oder auf den ganzen Körper („*Generalisation*") können verschieden sein. Die Nervenbahnen erfahren bei längerdauerndem Schmerz tiefgreifende Veränderungen, die anscheinend zu einem Verbrauch gewisser, mit der Nervenleitung zusammenhängender, bisher noch unbekannter Substanzen führen, wodurch der spezifische Widerstand verlorengeht.

So ist jeder Zahnschmerz zunächst nur auf den betreffenden Zahn lokalisiert. Je länger er dauert, um so rascher wird er aber zur Neuralgie, d. h. zum Gesichtsschmerz, der nach einiger Zeit wieder von ausgesprochener Hautempfindlichkeit in dem entsprechenden Dermatom begleitet ist. Wird dann noch immer keine Behandlung durchgeführt, so kommt es in Abhängigkeit von der Widerstandskraft des Patienten früher oder später zu einer Generalisation des Schmerzes auf die ganze Hälfte des Kopfes und selbst des Nackens. Die erhöhte Empfindlichkeit und Reflexbereitschaft kann schließlich auf die Extremitäten übergreifen und damit zur Entwicklung einer Arthritis führen.

Gewisse Organe, wie z. B. Uterus und Mamma oder vordere und hintere Extremitäten, stehen außerdem in engerer Beziehung zueinander als andere. Entstehen also Schmerz und Empfindlichkeit infolge der Erkrankung eines dieser Organe, so kann man erwarten, daß sich diese im Falle einer Ausbreitung vor allem auf die assoziierten Organe schlagen werden. In der Tat kommt es sehr häufig vor, daß Frauen gleich-

Tabelle 4. *Tabellarische Übersicht über die Beziehungen zwischen Kopfzonen und inneren Organen nach Head*

Zonen	Herz		Vorhöfe	Lungen	Magen	Darm	Leber	Gallenblase	Hoden	Ovarium
	Aorta und Ventrikel									
Rostral...........	×		—	×	?	—	—	—	—	—
Frontonasal........	×		—	×	×	—	×	—	—	—
Mittelorbital.......	×		—	×	×	—	×	—	—	—
Frontotemporal......	×		×	×	?	—	—	—	—	—
Temporal...........	—		×	×	×	?	×	×	—	—
Vertikal...........	—		×	×	×	×	×	×	—	—
Parietal...........	—		×	×	×	×	×	—	—	—
Occipital...........	—		—	—	—	—	×	—	×	×

Mit der Mandibular-, Maxillar-, Hyoid-, Nasolabial-, Mental- und den zwei Laryngealzonen stehen keine Organe im Thorax oder Abdomen in Verbindung.

Die Beckenorgane (Nebenhoden, Adnexe, Rectum, Uterus, Blase) stehen überhaupt mit keinen Zonen des Kopfes in Verbindung (außer Hoden und Ovarium).

zeitig mit erhöhter Gebärmuttererregbarkeit und den zugehörigen hyperalgetischen Zonen auch solche im Gebiete der Mamma (4. und 5. Dorsalsegment) aufweisen, ohne daß hormonelle Veränderungen vorliegen. Ähnliche Überlegungen gelten für die Ausbreitung der Polyarthritis von der oberen zur unteren Extremität oder umgekehrt. Hier bestehen noch Reflexmechanismen, die sich vor allem beim Vierbeiner schön nachweisen lassen (S. 31). Auch bei Orchitis und Prostatitis findet man sehr häufig Schmerzen und Empfindlichkeit im Epigastrium (7. Dorsaldermatom). Die Ursachen für viele dieser Zusammenhänge sind noch ungeklärt.

Eine weitere Möglichkeit der Ausbreitung von Schmerzen und Hyperalgesien stellt die „*Kontralateralisierung*" dar. So kann eine Gallenkolik Empfindlichkeitssteigerungen in der 8. Dorsalzone rechts, aber häufig auch links hervorrufen. Auch bei Hoden- oder Nierenerkrankungen zeigt die Empfindlichkeitssteigerung die Neigung, bilateral aufzutreten. In allen diesen Fällen kann angenommen werden, daß vom jeweiligen Organ die meisten Fasern zwar zu einer Seite des Rückenmarks führen, eine gewisse Anzahl jedoch auch die andere Seite desselben Segments betritt. Wie von der Neurophysiologie her bekannt ist, herrschen derartige beidseitige Versorgungen mit sensiblen Nervenfasern vor allem bei Organen des kleinen Beckens vor, sind aber bei allen Visceralorganen mehr oder weniger stark ausgeprägt vorhanden. Damit findet auch der häufig symmetrische Befall von Extremitätengelenken im Rahmen der primär chronischen Polyarthritis eine

Erklärung allein über die Rückenmarkssegmente, ohne daß hierbei Zwischenhirnstörungen herangezogen werden müßten.

Was die allgemeine Disposition für die Generalisation anlangt, so spielen die *Geschlechtshormone* zweifellos eine bedeutende Rolle. Zahlreiche Frauen, die während der intermenstrualen Periode vollkommen beschwerdefrei sind, weisen während der Regelblutung nicht nur hyperalgetische Dermatome über ihren Eiterherden auf, sondern diese zeigen eine ausgesprochene Verbreitungstendenz, so daß es oft schwer ist, das ursprüngliche Dermatom herauszufinden. Dies ist vor allem bei leichten Eierstock- und Eileiterentzündungen der Fall, die schon während der intermenstruellen Periode mäßige Schmerzen und Empfindlichkeit verursachen. Knapp vor der Menstruation wird dann die Empfindlichkeit im 10. Dorsaldermatom sehr intensiv und greift meist auf alle den Beckenorganen entsprechenden Zonen über. Bei vielen werden sogar die Gebiete der Lücke empfindlich, bis zuletzt der ganze Rumpf und das ganze Bein unterhalb des oberen Randes der 10. Dorsalzone hyperalgetisch sind. Dabei werden häufig nicht nur der oberflächliche Haut-, sondern auch die Kniereflexe gesteigert. Aber auch chronische Bronchitiden mit hyperalgetischen Dorsaldermatomen, chronische Obstipationen mit empfindlicher 10. und 11. Dorsalzone usw. zeigen unter dem Einfluß der Menstruation hochgradig verstärkte Empfindlichkeiten in den entsprechenden Dermatomen mit Ausbreitungstendenz bei der Bronchitis in Brust und Arme, bei der Obstipation in die Occipitalzone des Kopfes usw.

Es ist interessant, daß die Schmerzen während der Entbindung keinerlei Generalisationstendenz aufweisen. Hingegen sind Frauen mit Abortus in dieser Beziehung besonders gefährdet. Es sieht fast so aus, als ob der Widerstand des Nervensystems mit dem Fortschreiten einer normalen Schwangerschaft gleichmäßig zunähme, um den Anstrengungen einer Entbindung gewachsen zu werden. Da es beim Abortus zu einer unvermuteten Unterbrechung dieser Entwicklung kommt, ist eine Generalisation besonders leicht möglich. Eine weitere Stütze für die Annahme des steigenden spezifischen Widerstandes im Verlauf der Schwangerschaft bildet vor allem auch die bekannte Tatsache, daß sich Polyarthritiden während dieser Zeitspanne beträchtlich zu bessern pflegen. Inwieweit dies mit einem verlangsamten Abbau der Blutcorticoide zusammenhängt, ähnlich wie bei der Gelbsucht, ist noch nicht geklärt.

Das häufige Auftreten von Polyarthritiden während des Klimakteriums und bei Patienten mit unterentwickelten Geschlechtsfunktionen deutet in dieselbe Richtung. Leider liegen die Verhältnisse nicht so, daß die Zufuhr der bisher bekannten Geschlechtshormone in allen Fällen deutliche Besserungen der Gelenksbeschwerden bringen würde. Es gelingt aber sehr häufig, bei klimakterischen Frauen, die wohl schon vorher über gelegentliche rheumatische Beschwerden klagten, bei denen diese aber gleichzeitig mit dem Aussetzen der Menstruationsblutung besonders stark auftreten, durch künstliche Aufrechterhaltung des Zyklus die Polyarthritis wieder zum Rückgang zu bringen.

Neben dem Hormonhaushalt vermag vor allem das *Fieber* die Generalisationstendenz des Schmerzes beträchtlich zu beeinflussen. So breitet sich die Hyperalgesie bei fieberhaften Tonsillitiden nicht nur auf der Hyoidzone aus, sondern Schmerz und Empfindlichkeit können auch am Vorderkopf, in der Occipitalgegend, hinten am Maximum der 10. Dorsalzone, am Epigastrium (7. Dorsalzone) und an mehreren anderen Punkten des Rumpfes und der Extremitäten vorhanden sein. Auf diese Weise entwickelt sich auch meist aus der schon lange Zeit bestehenden Tonsillitis der arthritische Schub, die Herzklappenerkrankung oder Nierenentzündung usw.

Häufig ruft eine akute Temperaturerhöhung eine derart weit verbreitete Hyperalgesie hervor, daß die Isolierung der ursprünglichen hyperalgetischen

Zone unmöglich ist. Dies gilt vor allem für grippöse Infekte, die bekanntlich ebenfalls sehr häufig den Ausgangspunkt von Polyarthritiden darstellen. Schließlich vermögen auch alle zyklischen Infektionskrankheiten während des fieberhaften Stadiums Generalisierungen hyperalgetischer Zonen zu bewirken, die lange Zeit bestehen bleiben und auch vor den beiden Lücken an Hals und Lendenwirbelsäule (S. 46) nicht haltmachen. Auf diese Weise läßt sich das Auftreten von Rheumatoiden nach der Entwicklung der hyperalgetischen Reaktionslage erklären. Die akute Polyarthritis zeigt im Verlauf ihres fieberhaften Stadiums derartig ausgeprägte Hyperalgesien in den erkrankten Dermatomen, daß häufig nicht einmal der Druck der Bettdecke ertragen wird.

Auch die *Anämie* fördert die Generalisationstendenz beträchtlich. Bietet sich bei einem anämischen Patienten eine Ursache zu reflektiertem Schmerz, so tritt in der Regel sofort Generalisation auf. Zahnschmerzen oder Tonsillitiden, Prostatitiden, Nierenschmerzen usw. bei anämischen Patienten breiten sich weit aus und gehen auch nach Beseitigung der Ursache bei weitem nicht so schnell zurück wie bei anderen Kranken. Die überraschende Wirkung von Blutkonserven bei anämischen Polyarthritikern oder anderen Kranken mit generalisiertem Schmerz bestätigt diese Erfahrung.

Schließlich vermögen *zehrende Infektionskrankheiten*, wie vor allem Tuberkulose oder Lues, aber auch Stoffwechselvorgänge, die den Ernährungszustand beträchtlich reduzieren, wie etwa Carcinome oder Colitiden usw., sehr günstige Bedingungen für die Generalisation zu schaffen. Dies ist zweifelsohne der Grund, warum sich in allen derartigen Fällen Polyarthritiden häufiger zu entwickeln pflegen als bei anderen Patienten. Selbstverständlich ist dafür das Hinzukommen eines Fokus mit der erhöhten Reflexbereitschaft im jeweiligen Ausgangssegment und weiterhin des die Polyarthritis auslösenden Agens nötig.

Eine nicht zu vernachlässigende Ursache für die erhöhte Ausbreitungstendenz von hyperalgetischen Zonen liegt in der *Schilddrüse*. Ihre Überfunktion geht mit leichtem Überspringen pathologischer Reflexe von einem Dermatom in zahlreiche Nachbarzonen einher und ist auch für die verhältnismäßig rasche Ausbreitung von Polyarthritiden verantwortlich. Dies läßt sich durch die oft deutliche Besserung der Erkrankung nach Strumektomien bei Patienten, die gleichzeitig an Hyperthyreose litten, nachweisen. Ebenso können immer wieder Rückbildungen zahlreicher hyperalgetischer Dermatome nach Strumektomien gesehen werden, die in keinem sichtlichen Zusammenhang mit der Schilddrüse standen.

Eine andere, nicht minder wichtige Ursache für die Generalisation von Schmerzzuständen bilden schließlich *psychische Einflüsse*, wie Kummer, plötzliche Aufregungen, Trauer usw. Hierbei können schon jahrelang vorhandene lokalisierte hyperalgetische Dermatome, wie sie bei Salpingitis oder Tonsillitis usw. vorkommen, plötzlich verallgemeinert werden und sich auf den ganzen Körper ausbreiten, ohne daß ein für den weniger erfahrenen Arzt ersichtlicher Grund vorhanden wäre. Aber auch Polyarthritiden oder Gallenblasenerkrankungen, Magengeschwüre usw., die schon jahrelang im Remissionsstadium waren, können plötzlich wieder aufflackern, so daß gleichzeitig mit dem Auftreten der alten hyperalgetischen Zonen die schon als geheilt geltende Krankheit wieder vorhanden ist. Anscheinend wird auch in diesen Fällen durch die starke nervöse Belastung während des seelischen Traumas eine bisher noch unbekannte, für die Aufrechterhaltung des spezifischen Widerstandes nötige Substanz verbraucht, so daß die mühsam abgeschirmten pathologischen Impulse des noch immer vorhandenen Fokus sich wieder in den schon eingefahrenen Bahnen auszubreiten vermögen.

Pathophysiologie der Reizleitung

STURGE [107] dürfte als erster den Gedanken gehabt haben, daß afferente Impulse von den Eingeweiden in der Wirbelsäule eine „Commotion" hervorrufen, die sich ausbreitet und andere sensible afferente Impulse, die durch das entsprechende Segment gehen, beeinflußt. Seine Hypothese wurde von anderen Autoren unterstützt [108] und insofern weiter ausgebaut [109], als nach ihrer Ansicht eine verstärkte Stimulation ihre normalen Bahnen überschreiten und benachbarte Zentren im Rückenmark beeinflussen könne. Auf diese Weise würden sensorische, motorische und andere Nerven dieses Areals stimuliert werden. Man empfindet dann den Schmerz in den peripheren Enden dieser sensorischen Nerven, wodurch der eigentliche viscerale Schmerz ein echter viscerosensorischer Reflex sei. Wird durch den gesteigerten Reiz ein motorisches Zentrum affiziert, kommt es zur Kontraktion der entsprechenden Skelettmuskulatur und auf diese Weise zur Ausbildung eines visceromotorischen Reflexes. Der Herd, der durch diese verstärkte Stimulation entsteht und sowohl viscerosensorische als auch visceromotorische Reflexe auszulösen vermag, wird nach MACKENZIE „Irritable focus" genannt. Er befindet sich stets im Rückenmark.

MACKENZIES Ansicht wurde später [110] auf den modernen Stand der Neurophysiologie gebracht. Danach leiten sowohl somatische als auch viscerale afferente Fasern Impulse, die einen gemeinsamen Bereich von sekundären Neuronen beeinflussen, welche den bekannten Regeln der Summation und Hemmung von Nervenreizen unterliegen (S. 28, 32). Die Annahme einer Summation von visceralen und peripheren Impulsen in den Neuronen wird von zahlreichen anderen Autoren geteilt [111 bis 115]. COHEN glaubt, daß ein konstanter Strom von unterschwelligen Schmerzimpulsen von den Schmerzendigungen sowohl der Viscera als auch der Haut in das Zentralnervensystem komme, der bei entsprechenden Reizzuständen verstärkt ist, so daß die zusätzliche Reizung, wie sie durch Nadelstiche, Hitze auf der Haut usw. entsteht, eine ausgesprochene Überempfindlichkeitsreaktion auslösen kann. Auch nach anderen Autoren [116] entstehen die Phänomene des reflektierten Schmerzes durch das Zusammenlaufen von visceralen und cutanen afferenten Impulsen in denselben Neuronen des Tractus spinothalamicus. Aus Abb. 22 ist diese Theorie besser ersichtlich. Die Felder A, B und C stellen Neuronenanhäufungen dar, die jeweils aus Fasern eines Segmentes des Rückenmarks gebildet werden. A ist das Gebiet von Neuronen, die mit afferenten Fasern von Hautorganen zusammenhängen. B ist eine Neuronenanhäufung, die Impulse von visceralen und cutanen afferenten Fasern empfängt, C stellt eine Neuronenanhäufung dar, zu der nur Impulse von afferenten Fasern der Viscera kommen. Fasern, die von A und C fortgeleitet werden, teilen somit richtige cutane oder viscerale Reize mit, während Fasern, die von B fortgeleitet werden, den „Referred pain" der Viscera auf die Haut bewirken.

Alle „Rückenmarkstheorien" weisen aber gewisse Mängel auf. So ist z. B. bei der Annahme eines „Irritable focus" nicht verständlich, warum in vielen Fällen die Anästhesie der peripheren Nervenstränge allein keine Besserung hervorzurufen vermag [117, 118]. Auf der anderen Seite läßt sich durch die Hypothese der gemeinsamen Nervenbahnen wieder nicht erklären, warum in zahlreichen Fällen die Anästhesie peripherer Nerven den reflektierten Schmerz vollkommen beseitigen kann [119, 120]. Es ist nach diesen Theorien auch nicht verständlich, warum Läsionen der Haut und damit Impulse von derartigen Stellen nicht wesentlich häufiger einen reflektierten Schmerz verursachen, als bisher bekannt geworden ist [53]. Sie sind bekanntlich so selten, daß HEAD [174] derartige Schmerzmechanismen überhaupt ablehnt. Ebenso ist nicht erklärlich, auf welche Weise oft Schmerzen von einzelnen Segmenten in weit entfernt liegende andere reflektiert werden. So strahlen sie vom Herzen sehr häufig in das Verteilungsgebiet des 5. Cranialnerven aus [109, 53, 82]. Ebenso können Schmerzen von einem cranialen Nervengebiet auf das andere reflektiert [112] oder Hautreize in weit entfernt liegende Segmente projiziert werden [118, 124].

Patienten mit Querschnittsläsionen klagen sehr häufig über Kopfschmerzen, die gleichzeitig mit der Blasendehnung durch den Harn auftreten. Sie sind vor allem während der ersten Monate vorhanden und werden als klopfend, bifrontal oder bitemporal, gelegentlich auch als diffus angegeben. Gleichzeitig damit läßt sich meist ein diffuser Schweißausbruch und Piloarrektion sowohl ober- als auch unterhalb der Querschnittsläsionsstelle beobachten. Wird die Blase entleert, kommt es fast immer zu einem sofortigen Schwinden der Kopfschmerzen. Sie können infolge der Querschnittsläsion nur vasculär bedingt sein. Ihre anatomischen Verbindungen sind aber noch immer vollkommen in Dunkel gehüllt. Die Theorie bietet auch für das Vorhandensein von Maximalpunkten, die jeder reflektierte Schmerz in den entsprechenden Segmenten besitzt, keine Erklärung. So wurden außer von HEAD [174], der sie für jedes Organ angab, noch von anderen Autoren solche für Oesophagus [120, 125], Verdauungstrakt [113, 126], Urogenitaltrakt [96], für die Skelettmuskeln [128, 129] und nach Stimulierung des zentralen Endes des Nervus phrenicus beschrieben [107].

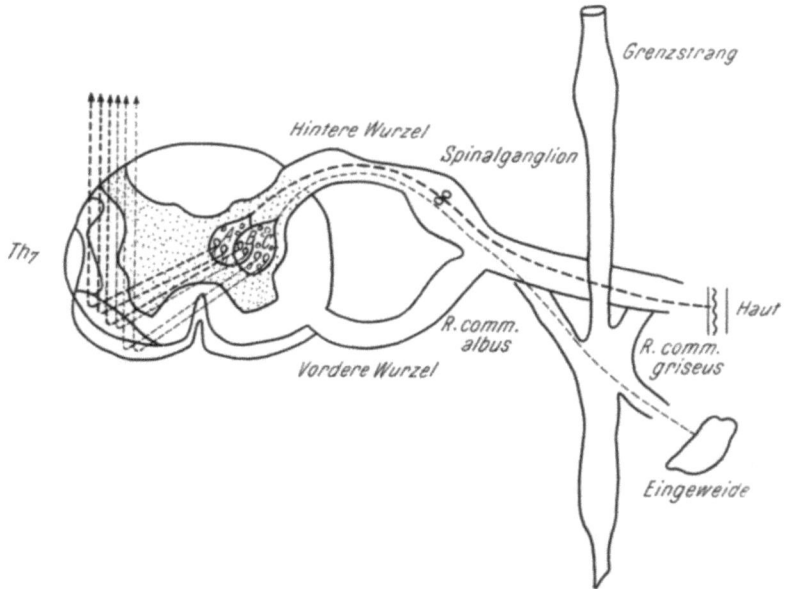

Abb. 22. Entstehung des reflektierten Schmerzes durch Zusammenlaufen cutaner (—··—··—) und visceraler (— — —) afferenter Impulse in denselben Neuronen des Tractus spinothalamicus

Wie alle Hypothesen versagen, nach denen der Grund für reflektierte Schmerzen im Rückenmark liegt, können auch diejenigen, bei denen das *Zentralnervensystem* im Mittelpunkt des Geschehens steht [130], nicht recht befriedigen [112]. Man fand [142, 143], daß spinale Reflexbewegungen und solche nach Stimulierung der motorischen Zonen der Großhirnrinde während starker Reizung tiefen Gewebes oder der Haut beträchtlich modifiziert werden können. Die von Kontrollversuchen zu erwartenden Reflexbewegungen werden entweder verstärkt oder qualitativ so verändert, daß ganz andere Bewegungen zustande kommen. Die afferenten Impulse beeinflussen dabei nicht nur die Reflexbewegungen derselben, sondern auch der gegenüberliegenden Seite. Während GELLHORN diese Erscheinung auf die Ausbreitung der Reizung in der Hirnrinde zurückführt, glauben andere Autoren [82], das Rückenmark allein hierfür verantwortlich machen zu können. Die Zentralnervensystemtheorien vermögen vor allem die Untersuchungsergebnisse nicht zu klären [58], wonach auch noch bei dekapitierten Katzen reflektierter Schmerz, erkenntlich am Muskelspasmus, nachgewiesen werden kann.

Einige Autoren machen die Endigungen der *peripheren Nerven* für den reflektierten Schmerz verantwortlich [132, 133]. So sollen bei Impulsen, die von Eingeweiden ausgehen, Axonreflexe auf die Gefäße der Muskulatur übergehen und dort Angiospasmus und andere Veränderungen in der Peripherie hervorrufen, die dann wieder Schmerzimpulse bewirken, welche ihren Ursprung in der Zone des reflektierten Schmerzes besitzen [132, 133]. Nach anderen setzen efferente sympathische Fasern ein Stoffwechselprodukt in der Peripherie frei, das dort die sensiblen Nervenendigungen reizt und damit zum reflektierten Schmerz führt [134, 135]. Auch den Endigungen von Axonsystemen wurden derartige Stoffwechselprodukte zugeschrieben [136, 137]. Ebenso sollen in den hinteren Wurzeln verlaufende efferente Fasern Substanzen erzeugen, die zur Reizung von Schmerzfasern in der Haut führen [120, 138]. Alle diese Theorien scheitern aber an der Tatsache, daß bei vollkommen anästhesierter Haut noch häufig reflektierter Schmerz vorhanden ist [108, 128, 139, 140].

So konnte an sechs Personen in 21 Versuchen nachgewiesen werden [82], daß nach Anästhesie des fünften Fingers durch einen Digitalblock mit zweiprozentigem Procain bei Eintauchen des vierten Fingers in kaltes Wasser der Schmerz ganz deutlich in den fünften Finger ausstrahlt. Dasselbe ließ sich nach Wiederholung des Versuches mit Novocainblockade des dritten Fingers und Eintauchen des zweiten Fingers in kaltes Wasser feststellen. Hierbei wurden sowohl die dorsalen als auch die volaren Digitalnerven, die Haut und das Periost dieses Fingers infiltriert, so daß ein vollständiger Sensibilitätsverlust vorhanden war und auch oberflächlicher und tiefer Schmerz-, Tast-, Temperatur-, Lage- und Vibrationssinn fehlten.

Nach anderen Untersuchungen [129] folgt der reflektierte somatische Schmerz keineswegs den einfachen Segmentschemata, sondern *besonderen spinalen Wegen*. Er bleibt zwar bei Reizung der gleichen Stelle in seiner Ausbreitungsform beträchtlich konstant, es können aber von ganz verschiedenen Reizstellen aus Empfindlichkeitssteigerungen in ein und demselben Segment hervorgerufen werden [144, 145], wobei der Schmerz häufig in verschiedenen Teilen des Segmentes verschieden stark empfunden wird. Außerdem kann die Reizung einer Stelle mit Empfindlichkeitssteigerungen in verschiedenen Segmentfragmenten einhergehen oder kann ein Segment besonders betroffen, das nächste übersprungen werden und das darauffolgende wieder deutliche Hyperalgesie zeigen.

1948 wurde eine neue Hypothese über die Entstehung von „Referred pain" und „Referred tenderness" aufgestellt [146], die zahlreiche, bisher ungeklärt gebliebene Phänomene dem Verständnis näherbringt. Nach ihr können z. B. Impulse aus Visceralorganen und Impulse aus der Haut oder Impulse aus Visceralorganen und solche aus der Muskulatur oder Impulse aus der Muskulatur und solche aus der Haut noch vor Eintritt in das Rückenmark in einer Nervenfaser vereinigt werden, wodurch Rückenmark und Zentralnervensystem später nicht mehr fähig sind, bei Vorliegen eines Reizes, der in diese Nervenfaser kommt, zu unterscheiden, ob er aus der Muskulatur, der Haut oder den Eingeweiden stammt. Abb. 23 stellt den Wirkungsmechanismus der *geteilten Impulsfortpflanzung* bildlich dar. Derartige Nervenfasern [119, 167, 169] sind bei weitem nicht so häufig wie die mit ungeteilten Impulsfortpflanzungen, konnten aber bei Tieren schon vor langer Zeit nachgewiesen werden [147, 149]. Ähnliche Mechanismen sind auch im Rückenmark möglich, wo man fand [150, 151], daß solche Axonverzweigungen im ascendierenden Anterolateraltrakt vorkommen. Man kann zum besseren Verständnis auch annehmen, daß sich eine einfache Axonfaser in eine Anzahl von Zweigen teilt, wie dies in der Haut [58], aber auch im Skelettmuskel vorkommt [154, 170], so daß Impulse, die von den Eingeweiden stammen und durch derartige Nervenfasern geleitet werden, sowohl in der Haut als auch in den tiefen Geweben und in beiden zur gleichen Zeit gefühlt werden können. Außerdem wandern viele Impulse, die vom Splanchnicus kommen, in den lateralen Säulen des Rückenmarks aufwärts [171, 172], wo sich genügend Möglichkeiten finden, mit Axonen von somatischen Strukturen gemeinsam zu verlaufen, so daß es zur Ausbildung des reflektierten Schmerzes kommen kann.

Vor allem in der Hals- und Nackenmuskulatur werden sehr häufig Muskelhärten in Verbindung mit visceralen Schmerzen gefunden [173, 127], s. auch S. 181. Derartige Myogelosen können auch bei Stimulierung der schmerzempfindlichen Strukturen des Gehirns nachgewiesen werden. Bei kurzen Reizen sind die Muskelkontrakturen nur vorübergehend und hinterlassen keine bleibenden Schäden. Halten die Reize längere Zeit an, kommt es zu Myogelosen in der Kopf-, Nacken- oder Kaumuskulatur, die mit Schmerzen einhergehen und als sekundäre Herde für hyperalgetische Zonen in anderen Abschnitten des Körpers in Frage kommen (S. 174f.). Sie verursachen [170] schmerzhafte Impulse im Kopf, vor allem Kontraktionen in der Frontal-, Masseter- und Temporalmuskulatur, beeinflussen aber auch die Occipital- und Cervicalmuskeln sehr stark. Auch lang anhaltende Paranasalerkrankungen sind mit schmerzhaften Kontrakturen der Kopf- und Nackenmuskulatur verbunden [173].

Dasselbe gilt für alle Eingeweide. Wird z. B. der Ureter gedehnt oder mit faradischem Strom gereizt, kommt es zu Muskelschmerzen in bestimmten Arealen [176]. Gelegentlich können sie derartig die Oberhand gewinnen, daß sie vom Organismus allein empfunden werden und ihre eigentliche Ursache gar nicht erkannt wird.

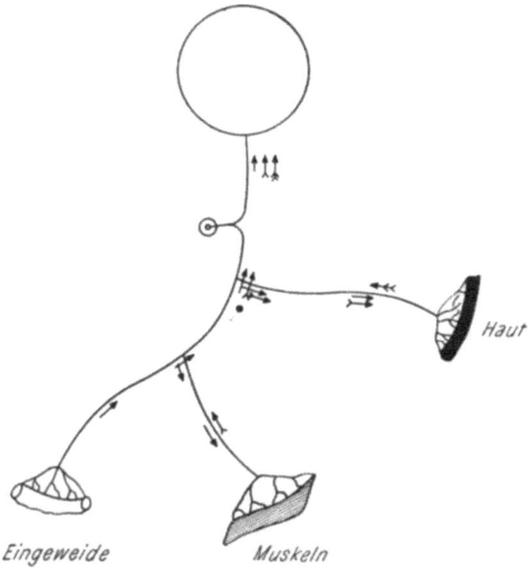

Abb. 23. Gemeinsame Nervenfaser für Eingeweide, Muskulatur und Haut. Die Pfeile deuten die möglichen Impulsübermittlungen von einem Eingeweidefokus an

Diese Erkenntnis führte zu dem Versuch [53], aus Muskelkontraktionen verschiedener Abschnitte auf Erkrankungen von Organen und Geweben zu schließen. Für die exakte Erfassung der Zusammenhänge untersuchte man zunächst den reflektierten Schmerz nach tief intramuskulären Injektionen von hypertonen Kochsalzlösungen oder anderen irritierenden Flüssigkeiten [128 bis 131, 135, 144, 146, 152 bis 158].

KELLGREN [128] kommt nach seinen Untersuchungen zu dem Schluß, daß der reflektierte Schmerz von gereizten Muskeln hauptsächlich mit Schmerzempfindungen in den tiefen Gewebsabschnitten einhergeht und weniger die Haut betrifft. Entscheidend für den Rheumatologen ist aber vor allem seine Feststellung, daß durch Reizsetzung in der Muskulatur reflektierte Schmerzen in Gelenken entstehen können. Sie bildet eine wichtige Grundlage für die Theorie der muskulären Genese jeder Gelenkserkrankung (S. 130). Weitere Untersuchungen ergänzt sie insofern, als auch die Propagation des Leidens dem Verständnis nähergerückt würde.

Die Ausbreitungstendenz des tiefen Schmerzes zunächst im selben Segment und dann in benachbarte Segmente läßt sich an Hand einiger publizierter Beispiele schön verfolgen. So kommt es nach Reizung der Mucosa des Ostiums des Sinus maxillaris durch faradischen Strom oder rein mechanisch zu einem sehr gut lokalisierbaren intranasalen Schmerz. Wird diese Reizung fortgesetzt, verspürt die Versuchsperson zunächst einen Schmerz, der über die homolaterale Seite der Nase und Wange entlang dem Processus zygomaticus in die temporale Region und bis in die oberen Zähne ausstrahlt. Wird die Reizung zehn Minuten lang weiter fortgesetzt, dehnt sich der Schmerz weiterhin innerhalb des zweiten Astes des 5. Cranialnerven aus und schließlich werden auch die anschließenden Teile des 3. und 1. Astes empfindlich. Diese Schmerzen haben tiefen quälenden Charakter und sind so stark, daß sie den Schmerz von der Nase übertönen. Der Beobachter sieht eine Rötung der Haut über der Wange, Injektion der Conjunctiva, Tränenfluß und Photophobie des homolateralen Auges.

Ähnliche Beobachtungen lassen sich nach Stimulierung des Ureters mit geringen elektrischen Strömen erheben [176]. Auch hier kommt es zunächst zur Ausbreitung des Schmerzes von den Reizstellen auf andere Teile desselben Segmentes und schließlich auf benachbarte Segmente. Dabei beginnt der Schmerz immer am vorderen Abschnitt des Segmentes und strahlt nach rückwärts aus. Bei längerer Reizung wird der ganze Rücken empfindlich und die Muskelkontraktur tritt so stark in den Vordergrund, daß die Ureterenreizung selbst nicht mehr erkannt wird. Dasselbe konnte auch bei Reizung verschiedener Muskelabschnitte festgestellt werden [177, 178].

Bei Coronarthrombose oder Angina pectoris scheint der Schmerz sehr häufig von den vorderen Abschnitten der ersten vier oder fünf Thoracalsegmente auszugehen und breitet sich dann kopfwärts fort, wobei er zuerst in den unteren, dann in den oberen Cervicalsegmenten auftritt. Manchmal strahlt er sogar auf den Unterkiefer und die Zähne aus. Damit hat er auf den Nucleus descendens des Nervus trigeminus und das cervicale Dorsalhorn übergegriffen, die mit dem oberen Halsmark zusammenhängen.

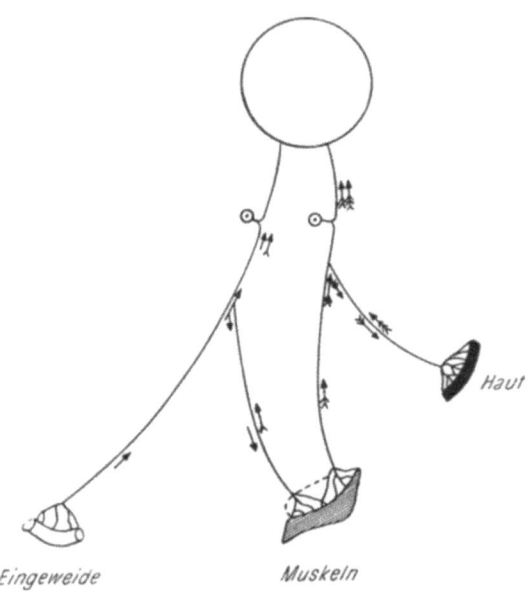

Abb. 24. Myogelosenbildung durch Eingeweideschmerz. Hyperalgesie der Haut, von diesen Myogelosen ausgelöst

Weiterhin besteht bei dieser Theorie die Möglichkeit [170], daß der Schmerz über mehrere Stufen hin reflektiert wird. So kann Eingeweideschmerz z. B. Verhärtungen in der Muskulatur bewirken, die über eine zweite separate Axonverzweigung zu einer ähnlichen Störung in einer Hautzone führen können (Abb. 24).

Ähnliche Ansichten vertreten auch andere Forscher [82], nach denen der Fokus die Ursache für einen „Central spread of excitation" ist, der zum Muskelspasmus zu führen vermag. Dieser Spasmus wirkt dann als zweiter Fokus usw. Vor allem die überzeugenden Erfolge nach Anästhesierung von Trigger-points [118], wobei oft Schmerz und Hyperalgesie über weite Gebiete verschwinden, stützen derartige Theorien. Immer wieder wird auch beobachtet, daß Anästhesie der Haut zu einem Wechsel des Schmerzcharakters vom Oberflächentyp zum tiefen Schmerz führt [113, 120, 141], was die Annahme verständlich macht, daß der tiefe Schmerz durch die überwiegenden oberflächlichen Schmerzfasern maskiert wurde und erst nach deren Anästhesie als Restsymptom auftritt. Dieselben Verhältnisse dürften auch für die sprunghafte Verschiebung des Schmerzes von dem anästhesierten Areal in ein anderes verantwortlich sein [113, 115, 131], wo die Beschwerden erst nach Schwinden des alles übertönenden Schmerzes zum Vorschein kommen.

Bei weiterem Ausbau dieser Theorie lassen sich nicht nur die oft überzeugenden

Erfolge in der Schmerzbekämpfung durch Anästhesie der hyperalgetischen Hautareale erklären [112, 113, 119, 120, 53, 131, 141], sondern auch die Beobachtungen, wo keine vollständige Schmerzfreiheit erzielt werden konnte [120, 53, 149, 140]. Während nämlich die Annahme von Axonverzweigungen für die Erklärung des reflektierten Schmerzes ausreicht, kann sie für das Verständnis der Hauthyperalgesie oder der „Referred tenderness" nicht genügen. Diese tritt erst einige Zeit nach dem reflektierten Schmerz auf, hält stunden-, oft tagelang an, auch wenn der reflektierte Schmerz schon verschwunden ist, und kann nicht mehr so leicht beseitigt werden. Für ihre Erklärung wird von vielen Autoren die Bildung einer Substanz angenommen, die zunächst eine Hyperämie und später die Hyperalgesie zu bewirken vermag [53, 136], S. 75. Diese Substanz kann entweder durch antidrome Impulse freigesetzt werden, die den cutanen Ast des Axonreflexbogens zur Haut entlanglaufen und mit Hyperämie und brennenden Schmerzen einhergehen. (Abb. 25) [159, 53, 136], oder durch den fehlenden Abbau von Verbindungen entstehen, die normalerweise bei der Nerventätigkeit frei werden. In der Tat weisen hyperalgetische Hautabschnitte sehr häufig anhaltende Hyperämien auf [160], die meist von Hyperpigmentation gefolgt werden (S. 119).

Einzelne Autoren [146] glauben, daß die bei antidromen Impulsen frei werdende Substanz normalerweise schnell dem Abbau unterliege, aber bei kontinuierlichen Impulsen das Übergewicht über die Abbaufähigkeit des Gewebes bekomme, wodurch sie Nervenfasern schädigen könne. Dauere diese Schädigung längere Zeit an, könne auch die Beseitigung der Impulsherde keine endgültige Besserung mehr herbeiführen. Erfolge diese aber noch vor einer endgültigen Läsion der

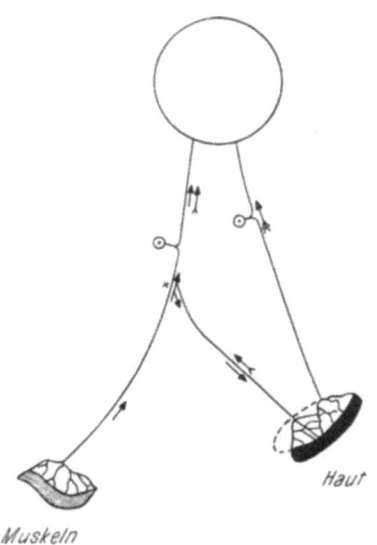

Abb. 25. Entstehung der „Referred tenderness" durch nervös bedingte Stoffwechselstörungen der Haut. Fortleitung der Schmerzimpulse von dort durch rein cutane afferente Fasern

Nervenfasern, wäre eine Restitutio ad integrum möglich, wie sie auch vorgekommen sei [82, 161], weshalb manche die Existenz derartiger chemischer Substanzen nicht anerkennen [82, 161].

Auch WOLFF und HARDY [82] glauben nicht an die Freisetzung einer chemischen Substanz im Gewebe während fortlaufender Reizung im Segment. Sie erzeugten durch Einlegen eines Adrenalintupfers in die linke und mittlere Nasenmuschel eine Hyperalgesie über der linken Wange, und zwar oberhalb des äußeren Randes des Jochbogens, die auf Nadelstiche und Berührung deutlich nachweisbar war. Die Schmerzschwelle blieb dabei unverändert und außerdem verschwanden Hyperalgesie und Hyperästhesie sofort, wenn der Adrenalintupfer von der Nasenschleimhaut entfernt wurde. Dies bedeutet, daß Hyperalgesie und Hyperästhesie die schmerzhaften Reizungen des Gewebes nicht überdauern, was bei Produktion einer chemischen Substanz im hyperalgetischen Gewebe ihrer Ansicht nach sicherlich der Fall wäre. Sie glauben vielmehr, diese Hyperalgesie auf eine Intensitätssteigerung der Empfindung durch Änderungen im Nervensystem zurückführen zu können. Durch das fortlaufende Sperrfeuer derartiger unterschwelliger Impulse im segmentalen oder suprasegmentalen

Nervenapparat sollen Reize, welche die normale Empfindungsschwelle in der Haut überschreiten, stärker und anhaltender als sonst wirken.

Ähnliche Summationseffekte sind in der Augenheilkunde schon lange bekannt. So vermag ein Schmerz, wie er etwa durch das Hineinfallen von Asche in das Auge erzeugt wird, die Lichtempfindung wesentlich zu verstärken, so daß eine Lampe viel heller als normalerweise erscheint. Aber auch die Asche im Auge wird bei Aufdrehen des Lichtes viel schmerzhafter empfunden als vorher bei geschlossenem Auge. Anscheinend kommt es zu einer gegenseitigen Verstärkung zwischen Gesichts- und Schmerzsinn [163]. Derartige gegenseitige Beeinflussungen lassen sich auch experimentell durch Injektionen von sechsprozentiger Kochsalzlösung in Muskeln des Vorderhauptes erzeugen. Es kommt dadurch zu beträchtlichen Schmerzen. Wird die Versuchsperson nun einer stärkeren Lichtquelle ausgesetzt, beginnt sie mit den Augen zu zwinkern, was bei Ausschalten des Lichtes vollkommen wegfällt. Ebenso erscheint das Licht wesentlich heller als vor der Injektion, während der Kopfschmerz infolge der Injektion zunimmt. Die Erklärung dürfte darin liegen, daß die visuellen Impulse, die von der Retina aus in den Colliculus eintreten, einen Reiz auf den Kern des Nervus facialis ausüben und dadurch die Zunahme des Zwinkerns bewirken. Die Ausbreitung des Schmerzes von den Muskeln des Vorderhauptes in andere Teile des Kopfes stammt von der Erregbarkeitsausbreitung auf den größten Teil des Kernes des Nervus trigeminus, wodurch dem Patienten die genaue Lokalisation des Schmerzursprunges nicht mehr möglich ist [163]. Die im Ausbreitungsgebiet des Nervus trigeminus verlaufenden Impulse bewirken eine weitere Verstärkung der motorischen Impulse des Nervus facialis, so daß es zu einer weiteren Zunahme des Augenzwinkerns kommt [164]. Schließlich bewirkt diese Erregungsausbreitung auch eine Kontraktur der Gesichts-, Hals-, Masseter- und Temporalmuskulatur. Für die segmentale Ausbreitung aller dieser Erscheinungen spricht die Tatsache, daß bei Patienten mit ARGYLL-ROBERTSON nach Reizung mit hypertoner Kochsalzlösung kein vermehrtes Augenzwinkern durch Lichteinwirkung auf die Retina eintritt. Die gegenseitige Verstärkung von Licht- und Schmerzempfindung hingegen ist vorhanden. Diese kann nur in der Hirnrinde entstehen [82], da die nervösen Impulse nach Stimulierung der Retina durch Licht direkt in das äußere Corpus geniculatum eintreten. Von dort werden sie durch eine Synapse in die Hirnrinde weitergeleitet. Es ist daher weder vom Hirnstamm noch vom Thalamus aus möglich, die neuralen Impulse, welche mit dem Sehen verbunden sind, durch Schmerzimpulse zu beeinflussen [166].

Alle bisher bekannten Experimente, die mit einem schnellen Aufhören des Schmerzes nach Beseitigung des auslösenden Reizes einhergingen, sind aber zu kurzfristig für die Bildung wesentlicher Mengen der postulierten Gewebssubstanz. Erst wenn der Reiz wochen- oder monatelange besteht, dürfte es zur Stoffwechselentgleisung kommen, wodurch dann die Ablagerung der pathologischen Substanz in der Haut erfolgt. Die Intensität des Reizes ist dabei weit weniger wichtig als seine Dauer. Vielleicht sind nicht die Schmerzfasern, sondern trophische oder coloratorische Bahnen hauptverantwortlich für die Entstehung der fraglichen Verbindung. Diese könnte entweder eine Zwischenstufe im Tyrosin-Adrenalin-Noradrenalin-Stoffwechsel oder ein Tyrosin-Abbauprodukt in Richtung Homogentisinsäure sein [32]. In beiden Fällen kann ein Zusammenhang mit der Hyperpigmentation, die häufig innerhalb hyperalgetischer Areale, und zwar meist an den Maximalpunkten, auftritt (S. 119), konstruiert werden.

Literatur

1. REIL: Arch. Physiol. *7* (1807), 189. — 2. LANGLEY und DICKINSON: Proc. Roy. Soc. Med. *46* (1889), 423. — 3. GASKELL: J. Physiol. *7* (1886), 1. — 4. LANGLEY: The Autonomic Nervous System. Cambridge, 1921. — 5. FOERSTER: Symptomatologie der Erkrankungen des Rückenmarks und seiner Wurzeln. Handbuch der Neurologie, Bd. 5. Berlin: Julius Springer, 1936. — 6. COWLEY und YEAGER: Surgery *25* (1949), 880. — 7. ALEXANDER und Mitarbeiter: Science *109* (1949), 484. — 8. BOYD und MONRO: Lancet *257* (1949), 892. — 9. HOLLINGSHEAD: J. Comp. Neurol. *64* (1936), 449. — 10. BOEKE: Zschr. mikr. anat. Forsch. *38* (1935), 554. — 11. BOEKE: Zschr. mikr. anat. Forsch. *39* (1936), 477. — 12. STÖHR: Erg. Anat. *33* (1941), 134. — 13. FULTON: Physiology of the Nervous System, S. 198, 229. London und New York: Oxford Univ. Press, 1938. — 14. KURÉ: Über den Spinalparasympathicus. Basel: Benno Schwabe,

1931. — 15. Kuré: Quart. J. Exper. Physiol. *21* (1932), 103. — 16. Stricker: Sitz. ber. Akad. Wiss. Wien *74*, III (1876), 173. — 17. Bayliss: J. Physiol. *26* (1901), 173. — 18. Hinsey und Gasser: Amer. J. Physiol. *87* (1928), 368. — 19. Foerster: Dtsch. Zschr. Nervenhk. *107* (1929), 41. — 20. Gagel: Zschr. Neurol. *126* (1930), 405. — 21. Ascroft: Brit. J. Surg. *24* (1937), 787. — 22. Folkow und Mitarbeiter: Acta physiol. Scand. *21* (1950), 145. — 23. Foerster und Mitarbeiter: Zschr. Neurol. *121* (1929), 142. — 24. Stöhr: Mikroskopische Anatomie des vegetativen Nervensystems. Berlin: Julius Springer, 1928. — 25. Gasser: Res. Publ. Ass. Nerv. Ment. Dis. *15* (1935), 35. — 26. Foerster und Mitarbeiter: Zschr. Neurol. *121* (1929), 139. — 27. Scharf, J. H.: Handbuch der mikroskopischen Anatomie des Menschen, IV. Bd.: Nervensystem, 3. Tl.: Sensible Ganglien, S. 186. Berlin-Göttingen-Heidelberg: Springer-Verlag, 1958. — 28. Cajal, zit. nach Foerster und Mitarbeiter: Zschr. Neurol. *121* (1929), 141. — 29. Scheer: Zschr. Neurol. *16* (1913), 343. — 30. Davis und Pollock: J. Amer. Med. Ass. *106* (1936), 350. — 31. Wernoe: Diagnostics of Pain. Kopenhagen und London, 1936. — 32. J. Schmid: Klin. Med. *13* (1958), 370. — 33. Aristoteles, zit. nach Dallenbach: Amer. J. Psychol. *52* (1939), 331. — 34. Galen, zit. nach Hamilton: Lectures on Metaphysics and Logic *2* (1870). — 35. Darwin, E.: Zoonomia, London *1* (1794), 76, sec. XIV. — 36. Müller, J.: Handbuch der Physiologie des Menschen, S. 249. Coblenz, 1840. — 37. Blix: Zschr. Biol. *20* (1884), 100 und 141. — 38. Goldscheider: Über den Schmerz in physiologischer und klinischer Hinsicht, S. 1—66. Berlin, 1894. — 39. Frey: Ber. Verh. sächs. Ges. Wiss. Leipzig *49* (1895), 181. — 40. Straus und Uhlmann: Amer. J. Physiol. *30* (1919), 422. — 41. Haller: Opera Minora, Vol. 1. Lausanne, 1763. — 42. Hilton: Lectures on Rest and Pain. London, 1863. — 43. Lennander: Zbl. Chir. *28* (1901), 209. — 44. Mackenzie: Symptoms and their Interpretation, IV. Ed. London: Show and Sons, 1920. — 45. Hurst: The Coulstonian Lectures on the Sensibility of the Alimentary Canal. London: Oxford Medical Publications, 1911. — 46. Ryle und Lond: Lancet *210* (1926), 895. — 47. Head, Rivers und Sherren: Brain *28* (1905), 99. — 48. Head und Rivers: Brain *31* (1908), 323. — 49. Trotter und Davis: J. Physiol. *38* (1909), 134. — 50. Trotter und Davis: J. Physiol. Neurol. Leipzig *20* (1913), Ergänzungsheft 2, 102. — 51. Wollard, Weddell und Harpman: J. Anat. London *74* (1940), 413. — 52. Weddell: Brit. Med. Bull. *3* (1945), 167. — 53. Lewis: Pain. New York: Macmillan, 1942. — 54. Tower: J. Neurophysiol. *3* (1940), 486. — 55. Tower: Ass. Res. Nerv. Ment. Dis. Proc. *23* (1943), 16. — 56. Cappe: An Experimental and Clinical Study of Pain. New York: Macmillan, 1932. — 57. Moore: Surgery *3* (1938), 534. — 58. Lewis und Kellgren: Clin. Sc. *4* (1939), 47. — 59. Hirt: Zschr. Anat. Entw.Gesch. *87* (1928), 3/4, 275. — 60. Alvarez: A. M. S. *102* (1934), 1351. — 61. Gasser: Ass. Res. Nerv. Ment. Dis. Proc. *23* (1943), 44. — 62. Walker: Ass. Res. Nerv. Ment. Dis. Proc. *23* (1943), 63. — 63. Michelsen: Ass. Res. Nerv. Ment. Dis. Proc. *23* (1943), 86. — 64. Goldscheider: Pflügers Arch. *168* (1917), 38. — 65. Frey: Ber. Verh. sächs. Ges. Wiss. Leipzig *23* (1897), 169. — 66. Weddell: J. Anat. London *75* (1941), 356, 441. — 67. Adrian und Mitarbeiter: J.Physiol. *72* (1931), 377. — 68. Holmes, zit. nach Wolff und Hardy: Physiol. Rev. *27* (1947), 168. — 69. Stookey: Ass. Res. Nerv. Ment. Dis. Proc. *23* (1943), 416. — 70. Kattell und Hoagland: J. Physiol. *72* (1931), 392. — 71. Ray und Wolff: Arch. Surg. *41* (1940), 813. — 72. Kiesow: J. Gen. Psychol. *1* (1928), 199. — 73. Gad und Goldscheider: Zschr. clin. Med. *20* (1892), 339. — 74. Wollard, Weddell und Harpmann: J. Anat. London *74* (1940), 413. — 75. Borin: Quart. J. Exper. Physiol. *10* (1916), 1. — 76. Bigelow und Mitarbeiter: J. Clin. Invest. *24* (1945), 503. — 77. Lewis: Pain. New York: Macmillan, 1942. — 78. Gasser: Ass. Res. Nerv. Ment. Dis. Proc. *23* (1943), 44. — 79. Gasser: Ass. Res. Nerv. Ment. Dis. Proc. *15* (1934), 35. — 80. Gasser: Harvey Lectures *32* (1937), 169. — 81. Hardy und Mitarbeiter: Amer. J. Physiol. *133* (1941), 316. — 82. Wolff und Hardy: Physiol. Rev. *27* (1947), 167. — 83. Lewis und Pochin: Clin. Sc. *3* (1938), 141. — 84. Holmgren: J. Physiol. *123* (1954), 324. — 85. Pottenger: The Symptoms of Visceral Disease, S. 77. 1925. — 86. Primrose: Canad. Med. Ass. J. *16* (1924). — 87. Buzzard: Brit. Med. J. *11* (1939), 705. — 88. Rexed und Ström: Acta physiol. Scand. *25* (1952), 219. — 89. Rudolf und Smith: Amer. J. Med. Sc. *180* (1930), 558. — 90. Wolf und Wolff: Ass. Res. Nerv. Ment. Dis. Proc. *23* (1943), 289. — 91. Downman und Mitarbeiter: J. Physiol. *107* (1948), 97. — 92. Tower: J. Physiol. *78* (1933), 225. — 93. Weddell, Sinclair und Feindel: J. Neurophysiol. *11* (1948), 99. — 94. Feindel, Weddell und Sinclair: J. Neurophysiol. *11* (1948), 113. — 95. Lloyd und McIntyre: J. Neurophysiol. *11* (1948), 455. — 96. McLellan und Goodell: Ass. Res. Nerv. Ment. Dis. Proc. *23* (1943), 252. — 97. Wolff und Hardy: Physiol. Rev. *27* (1947), 190. — 98. Müller: Lebenstriebe. Berlin: Julius Springer, 1931. — 99. Breslauer: Mitt. Grenzgeb. Med. Chir. *29* (1917). — 100. Foerster: Die Leitungsbahnen des Schmerzgefühls und die chirurgische Behandlung der Schmerzzustände. Berlin-Wien: Urban und Schwarzenberg, 1927. — 101. FELIX: Dtsch. Zschr. Chir. *171* (1922), 283. — 102. DAVIS und POLLOCK: J. Amer. Med. Ass. *106* (1936), 350. — 103. DANIELOPOLUS: Klin. Med., Wien *113* (1930), 194. — 104. REITSCH und ROEPER: Zbl. Neurol. *37* (1918), 98. — 105. GASSER und GRAHAM: Amer. J. Physiol. *103* (1933), 303. — 106. BUDGE: Über die Bewegungen der Iris. 1955. — 107. STURGE: Brain *5* (1883), 492. — 108. ROSS: Brain *10* (1888), 333. — 109. MACKENZIE: Symptoms and their Interpretation, IV. Ed. London: Show and Sons, 1920. — 110. HINSEY und PHILLIPS: J. Neurophysiol. *3* (1940), 175. — 111. ROBERTSON und KATZ: Amer. J. Med. Sc. *196* (1938), 199. — 112. THEOBALD: Referred Pain, a New Hypothesis. Colombo: The Time of Ceylon, 1941. — 113. JONES: Ass. Res. Nerv. Ment. Dis. Proc. *23* (1943), 274. — 114. COHEN: Trans. Med. Soc. London *64* (1943/46), 65. — 115. COHEN: Lancet *2* (1947), 933. — 116. RUCH: Howells Textbook of Physiology, 15. Ed. Philadelphia: Saunders, 1947. — 117. WOLLARD und Mitarbeiter: Lancet *1* (1932), 337. — 118. LIVINGSTON: Pain Mechanisms. New York: Macmillan, 1943. — 119. WEISS und DAVIS: Amer. J. Med. Sc. *176* (1928), 517. — 120. MORLEY: Brit. Med. J. *2* (1937), 1270. — 121. KUHN: J. Neurophysiol. *16* (1953), 169. — 122. HEAD: Brain *17* (1894), 339. — 123. HODGKIN: Biol. Rev. *26* (1951), 339. — 124. LLOYD: Physiol. Rev. *24* (1944), 1. — 125. POLLAND und BLOOMFIELD: J. Clin. Invest. *10* (1931), 435. — 126. BLOOMFIELD und POLLAND: J. Clin. Invest. *10* (1931), 453. — 127. SIMONS und WOLFF: Psychosomat. Med. *8* (1946), 227. — 128. KELLGREN: Clin. Sc. *3* (1938), 175. — 129. TRAVELL und BIGELOW: Fed. Proc. *5* (1946), 106. — 130. HARMAN: Brit. Med. J. *1* (1948), 188. — 131. RUDOLF und SMITH: Amer. J. Med. Sc. *180* (1930), 558. — 132. PENFIELD: Amer. J. Med. Sc. *170* (1925), 864. — 133. TRAVELL und Mitarbeiter: Fed. Proc. *3* (1944), 49. — 134. DAVIS und POLLOCK: Arch. Neurol. Psychol. *27* (1932), 233. — 135. POLLOCK und DAVIS: Arch. Neurol. Psychol. *57* (1947), 277. — 136. LEWIS: Clin. Sc. *2* (1936), 373. — 137. DOUPE: J. Neurol. *6* (1943), 115. — 138. BARRON und MATTHEWS: J. Physiol. *83* (1943), 5. — 139. BROWN: Brit. Med. J. *1* (1942), 543. — 140. BROWN: Lancet *1* (1948), 386. — 141. LEMARE: Rev. méd. Louvain *6* (1926), 181. — 142. GELLHORN und THOMPSON: Amer. J. Physiol. *142* (1944), 231. — 143. GELLHORN und THOMPSON: Proc. Soc. Exper. Biol. Med. *85* (1945), 105. — 144. KELLGREN: Clin. Sc. *4* (1939), 35. — 145. INMAN und SAUNDERS: J. Nerv. Ment. Dis. *99* (1944), 660. — 146. SINCLAIR, WEDDELL und FEINDEL: Brain *71* (1948), 184. — 147. ADRIAN und Mitarbeiter: J. Physiol. *72* (1931), 377. — 148. HARDESTY: J. Comp. Neurol. *15* (105), 17. — 149. DOGIER: Anat. Anz. *12* (1896), 140. — 150. SHERRINGTON: J. Physiol. *13* (1892), 21. — 151. BARRON und MATTHEWS: J. Physiol. *84* (1935), 9. — 152. LEWIS: Brit. Med. J. *1* (1938), 321. — 153. ELLIOTT: Lancet *1* (1944), 47. — 154. FEINDEL und Mitarbeiter: J. Neurol. *11* (1948), 113. — 155. TRAVELL, BERRY und BIGELOW: Fed. Proc. *3* (1944), 49. — 156. SHERRINGTON: Textbook of Physiology, Vol. 2. Edinburgh, 1900. — 157. WEDDELL: Brit. Med. Bull. *3* (1945), 187. — 158. WEDDELL: J. Neurophysiol. *11* (1948), 99. — 159. FOERSTER: Brain *56* (1933), 1. — 160. LEWIS: Ass. Res. Nerv. Ment. Dis. Proc. *23* (1943), 185. — 161. WOLFF: Harvey Lectures *39* (1943/44), 39. — 162. TRAVELL, BERRY und BIGELOW: Fed. Proc. *5* (1946), 106. — 163. WOLFF und HARDY: Physiol. Rev. *27* (1947), 184. — 164. GERARD und Mitarbeiter: Arch. Neurol. Psychol. *36* (1936), 675. — 165. MCLELLAN und GOODELL: Ass. Res. Nerv. Ment. Dis. Proc. *23* (1943), 252. — 166. ADRIAN: Lancet *2* (1943), 33. — 167. FULTON: Physiology of the Nervous System. London und New York: Oxford Univ. Press, 1938. — 168. WERNOE: Arch. Physiol. *210* (1925), 1. — 169. WERNOE: Acta Psych. Neurol., K'hvn. *2* (1927), 385. — 170. FEINDEL, SINCLAIR und WEDDELL: Brain *70* (1947), 495. — 171. WOODWORTH und SHERRINGTON: J. Physiol. *31* (1904), 234. — 172. HYNDMAN und WOLKIN: Neurol. Psych. *50* (1943), 129. — 173. SIMONS und Mitarbeiter: Ass. Res. Nerv. Ment. Dis. Proc. *23* (1943), 228. — 174. HEAD: Sensibilitätsstörungen der Haut bei Visceralerkrankungen. Berlin: August Hirschwald, 1898.

Die Klinik der Herderkrankungen

Das äußere Erscheinungsbild von Herderkrankungen wird durch zahlreiche Faktoren gebildet, deren zeitliche und räumliche Ordnung oft auf beträchtliche Schwierigkeiten stößt. So muß immer bedacht werden, daß jedes Segment nicht nur Schmerzfasern enthält, sondern auch über vasomotorische, sudomotorische, pilomotorische, trophische und über Melanozyten stimulierende Fasern verfügt. Das erste Krankheitssymptom ist wohl theoretisch immer die Hyperalgesie, da diese schon durch die afferenten Impulse zustande kommt, alle anderen nervösen Äußerungen aber nur auf efferenten Bahnen verlaufen; praktisch wird die stärkere Empfindlichkeit der erkrankten Areale aber häufig gar nicht bemerkt, sondern der Patient kommt wegen der Haut- oder Knochenatrophie, wegen der Pigmentanomalie usw. zum Arzt.

Es ist bisher noch nicht geklärt, ob die Erkrankung der einzelnen vegetativen Fasern im Segment stets nach einer bestimmten zeitlichen Reihenfolge vor sich geht, oder ob in Abhängigkeit vom jeweiligen Fokus z. B. das eine Mal zuerst die trophischen und dann die vasomotorischen, sudomotorischen usw. Fasern erkranken, das andere Mal aber zuerst die vasomotorischen und dann die trophischen, sudomotorischen Fasern usw. Man findet immer, auch bei sehr frischen Herden, alle erwähnten vegetativen Fasern leicht beschädigt, ein oder zwei Fasersysteme darunter führen aber dann zu schwereren Krankheitsbildern. Am plausibelsten ist die Erklärung, daß diese einen Locus minoris resistentiae im Rahmen der allgemeinen Schädigung des vegetativen Nervensystems darstellen, wie er etwa durch schon lange bestehende latente Hormonmangelzustände (trophische Fasern — Polyarthritis) oder toxische Schädigungen (Nikotinabusus — vasomotorische Fasern — Claudicatio intermittens) usw. gegeben ist.

Einen genauen Einblick in das Kräftespiel kann man deshalb nur durch eine sorgfältige Erhebung der Anamnese erhalten (Familienanamnese, Allergie, Nikotinabusus, Kälteschäden, Operationen usw.), durch eventuelle Stoffwechseluntersuchungen und Hormonbestimmungen und durch eine möglichst exakte Erfassung des Erkrankungsgrades aller vegetativen Fasern.

Eine weitere differentialdiagnostische Schwierigkeit liegt in der Segmentlokalisation des Herdes; wenn es auch zur Regel gehört, daß der Reizursprung im erkrankten Segment liegt, so gilt dies doch keineswegs in allen Fällen — außerdem sind häufig mehrere Segmente gleichzeitig erkrankt. Gewisse Dermatome neigen zudem viel mehr zum Ineinanderfließen, als dies bei den anderen der Fall ist. Eine Zuordnung von Überempfindlichkeitsreaktionen zu den Segmenten muß deshalb in diesen Abschnitten mit besonderer Sorgfalt vorgenommen werden. Dies gilt besonders dort, wo entwicklungsgeschichtlich ein Zusammendrängen stattgefunden hat.

Die vorderen Halszonen fließen z. B. weit mehr ineinander als jene an der Seite der Wange, und die 8. Cervicalzone am Arm greift in die ihr benachbarten Zonen in viel größerer Ausdehnung ein als die 3. Cervicalzone. Auch die dorsalen und ventralen Fortsätze der unteren Cervicalzonen gehen wesentlich mehr ineinander über als ihre lateralen Lappen. Häufig findet man ein beträchtliches Ineinanderfließen der aneinandergedrängten ventralen Fortsätze vorne zwischen Clavicula und vierter

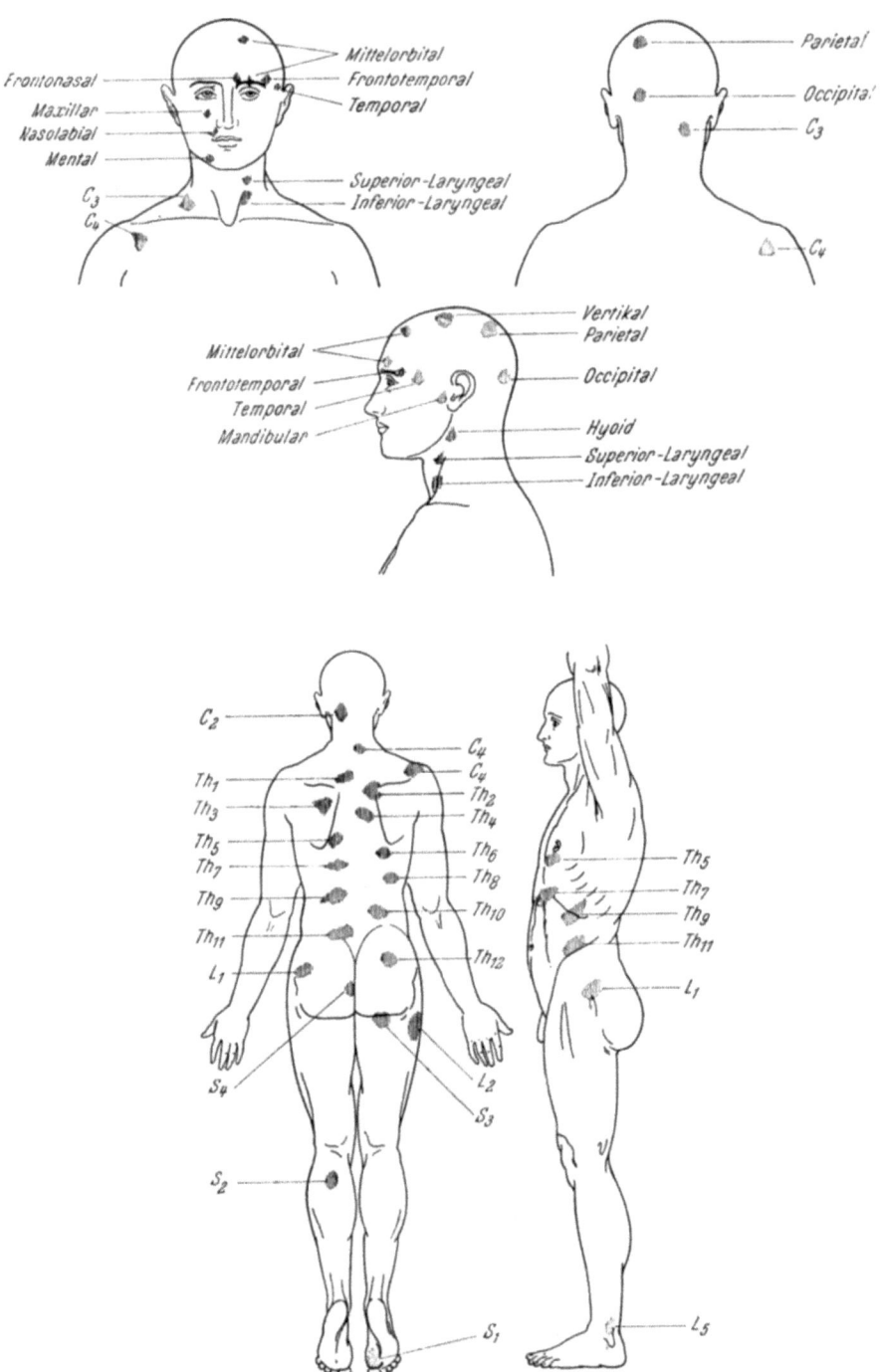

Abb. 26. Maximalpunkte innerhalb der einzelnen Dermatome. (Nach HEAD [110])

Rippe sowie der dorsalen Fortsätze in den hinteren Zonen vom 5. Cervical- bis zum 2. Thoracalwirbeldorn. Man kann hier nach HEAD von einer „Wasserscheide" sprechen, da diese Zonen gleichsam die Scheidepunkte für die Ströme darstellen, welche von oben und unten in den Arm fließen. Ähnliche Erscheinungen gelten auch für die entsprechenden Abschnitte an den unteren Extremitäten.

Eine andere Eigenheit der Dermatome ist die Verstärkung aller Empfindungen in sogenannten *Maximalpunkten*. Abb. 26 stellt derartige Maximalpunkte dar, wie sie gewöhnlich gefunden werden können. Ihre Lage schwankt in geringen Grenzen von einem Individuum zum anderen. Manchmal sind sie überhaupt nicht nachweisbar. In der Regel pflegen sie aber häufig schon vor Auftreten der diffusen Empfindlichkeit entlang eines gesamten Dermatoms vorhanden zu sein und auch nach Rückgang dieser Empfindlichkeit noch lange Zeit sozusagen als Restzustand zu verbleiben.

Sie dürften zum Teil auf die Ausbildung kurzer Axonreflexe zurückzuführen sein, die unter Umgehung des Rückenmarks zu Hautveränderungen führen (S. 57), zum Teil aber auch sicher mit dem Durchtritt der entsprechenden sensiblen Hinterwurzelfasern durch die Muskelfascien ins Subcutangewebe, also mit ihrer Oberflächennähe zusammenhängen. So läßt sich zumindest immer wieder bei Prüfungen der elektrischen Erregbarkeit nachweisen, daß die Maximalstellen direkt über Nervenaustrittsstellen liegen.

Ihre Behandlung ist von grundlegender Bedeutung für die Erzielung eines günstigen Heilerfolges, und oft gelingt es durch ihre Beseitigung allein, krankhafte Veränderungen an Visceralorganen zu kurieren.

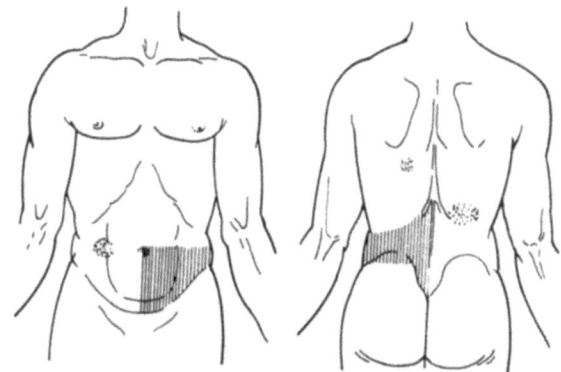

Abb. 27. Hautempfindlichkeit (schraffiert) und Kontralateralisierung (punktiert) bei Erkrankungen der Flexura sigmoidea des Dickdarms [110]

Diese Tatsache spricht für das Vorliegen kurzer Axonreflexe, deren Nervenfasern durch antidrome Leitung von außen nach innen ebenso wirken können wie normalerweise im umgekehrten Sinne von innen auf die Oberfläche der Haut. Sie dürften auch die Ursache für die typischen Veränderungen des subcutanen Gewebes sein, das an derartigen Stellen deutliche Anzeichen von Fibrositis, erhöhter Reflexbereitschaft, Hyperpigmentation usw. neben der Schmerzhaftigkeit aufweist (S. 117ff.).

Schließlich kommt es immer wieder vor, daß nicht nur ein Dermatom mit seinen Maximalpunkten, sondern auch das *kontralaterale* erkrankt ist (Abb. 27). Diese Erscheinung gehört an vielen Wirbelsäulenabschnitten zur Regel; es wird dort nur selten gelingen, einzelne Dermatome isoliert erkrankt zu finden. Ein Verständnis der Zusammenhänge ist nur dann möglich, wenn man sich über die Anatomie der nervösen Versorgung dieser Hautabschnitte im klaren ist. So wissen wir, daß sich einzelne Schmerzfasern im gleichen Segment überkreuzen und daß die sympathischen Fasern des Dickdarmes und der Geschlechtsorgane an beiden hinteren Wurzeln eintreten. Erkrankungen der meisten Organe des kleinen Beckens werden also sehr häufig beidseitig Hyperalgesie verursachen, während Erkrankungen der anderen Visceralorgane gewöhnlich nur dann auf beiden Seiten empfunden werden, wenn die Reizung an der normalen zugehörigen Seite besonders groß ist.

Nicht selten ziehen auch starke vegetative Faserverbände einige Zeit mit den Gefäßen *entfernter Segmente*, bis sie in den Seitenstrang und in die Hinterwurzel eintreten, oder sie verlaufen im Seitenstrang lange Strecken aufwärts, bis sie in das Rückenmark gelangen, oder sie ziehen mit somatischen Nerven usw. Allerdings findet man dann immer im Ursprungssegment Ausfälle, die auf ebenfalls irritierte, direkt ins Segment ziehende vegetative Fasern zurückzuführen sind.

So kann z. B. eine chronische Prostatitis oder Adnexitis vor allem eine Hyperalgesie in C_4, C_5 mit Atrophie dieser Halswirbel und vasomotorischen Störungen bewirken, während die eigentlich zugehörigen Segmente L_2, L_3 keine oder nur geringe Veränderungen zeigen. Dieselbe Erkrankung kann auch schwerste Ausfälle in L_4, L_5 (Knie- und Sprunggelenke) hervorrufen, wobei keine Störungen in L_2, L_3 bestehen müssen. Während im ersteren Falle an ein Fortlaufen der afferenten Impulse bis an die höchste vegetative Umschaltstelle im Rückenmark zu denken ist, wo es dann zur Auslösung der motorischen Reaktion kommt, muß im letzteren Falle entweder an einen abnormal starken Eintritt der vegetativen Fasern in Höhe von L_4 oder an eine Aufzweigung im Rückenmark selbst von L_2 auf die vegetativen Kerne von L_4 oder an eine fortschreitende Generalisierung der Erkrankung von L_2 bis L_4, L_5 gedacht werden.

Zur Klärung der Sachlage ist deshalb die zeitliche Ordnung der Reaktionen auf fortlaufende pathologische Impulse von einem bestimmten Herd nicht minder wichtig als die räumliche. Am besten geht man von der Vorstellung aus, daß sich die Nervenbahnen in mancher Beziehung ähnlich den Lymphbahnen verhalten. So wie hier Toxine von den nächsten Lymphknoten aufgefangen werden und nach deren Überfüllung die zweite, dritte usw. Etappe erkrankt, verursachen auch fortlaufende nervöse Impulse zunächst Ausfallserscheinungen an den ersten Ganglien; nach deren Insuffizienz springt die Erregung auf die nächste zentral oder caudal gelegene Ganglienzelle im Rückenmark über, die mit ihr in synaptischer Verbindung steht. Dieser Vorgang kann sich über mehrere Stufen wiederholen, so daß es ohne genaue Anamnese kaum mehr möglich ist, aus der nunmehr vorliegenden Hyperalgesie, den trophischen Störungen usw. auf den eigentlichen Herd zu schließen.

Klinisch zeigt sich der Krankheitsverlauf dergestalt, daß der Patient zunächst einige Tage oder auch Wochen gelegentlich ein unangenehmes Gefühl z. B. am ersten Schneidezahn rechts oben hat. Dieses ist keineswegs so stark, daß es unbedingt auffallen muß, und zwingt fast nie zu einer ärztlichen Konsultation. Die Dauer dieser Phase hängt von der Widerstandskraft der regionalen Ganglienzelle ab. In der nächsten Phase kommt es zum Auftreten einer Hyperalgesie in den oberflächlichen und tiefen Zonen des entsprechenden Segmentes (Nasolabialzone), wobei die Zahnschmerzen langsam vollkommen verschwinden. Weitere Begleiterscheinungen im Segment, wie vasomotorische, trophische Störungen usw., hängen von der Resistenz der benachbarten vegetativen Ganglienzellen im Seitenhorn ab. So kann sich bei kaum ausgeprägten anderen Symptomen eine Iridocyclitis am rechten Auge entwickeln, weil vor allem die vasomotorischen Bahnen als Folge des chronischen Reizes geschädigt wurden, die anderen aber resistent bleiben.

Weiterhin können sich in den hyperalgetischen Zonen Pigmentfelder bilden, die wieder auf eine besondere Beteiligung der coloratorischen Bahnen hinweisen usw. Nach einiger Zeit verschwindet die Hyperalgesie auch ohne jede Behandlung und kommt es zu Hyperalgesie und Myogelosenbildung im Schultergürtel, bei längerem Bestehen auch zu Atrophie in C_6 bis Th_1 und eventuell weiter caudal. Extraktion des Zahnes oder Novocaininfiltration können in diesem Stadium noch häufig zu vollkommener Beschwerdefreiheit führen. Wird dies versäumt, bilden sich wohl auch diese Erscheinungen nach verschieden langer Zeit weitgehend zurück, dafür treten aber nunmehr Schmerzen in den Hand- und Fingergelenken rechts auf. Damit kann der Beginn einer chronischen Polyarthritis gesetzt sein.

Selbstverständlich kann das Fortschreiten der Erkrankung in jedem Stadium für Jahre oder auch für immer durch eine besondere Resistenz im numehr erreichten Abschnitt gestoppt werden. Solange der Herd nicht beseitigt ist, besteht aber immer die Möglichkeit, daß es durch Erkältung, Traumen, Hormonverschiebungen u. a. zu einer plötzlichen neuerlichen Propagation kommt. Diese kann sich je nach dem Locus minoris resistentiae entweder über vasomotorische, coloratorische, trophische oder andere Fasern vollziehen und damit zum Ausbruch verschiedener Krankheitsbilder führen (S. 1). Ähnliche Überlegungen gelten für alle Herde, seien es Tonsillen, Gallenblase, Blinddarm, Prostata, Adnexe oder andere. Die jeweiligen räumlichen und zeitlichen Zusammenhänge mit den einzelnen Segmenten sind bei der Besprechung der Organe genau angeführt. Ihre Kenntnis ist die unerläßliche Voraussetzung für die diagnostische und therapeutische Verwertung aller vegetativen Krankheitszeichen.

Die Diagnose der Herderkrankungen

Schon HEAD versuchte in Verwertung ähnlicher Gedankengänge Krankheitsherde zu finden. Seine Methodik ging allerdings über die Bestimmung von hyperalgetischen Zonen an der Körperoberfläche (Dermatome) nicht hinaus, da die Kenntnis des vegetativen Nervensystems zu dieser Zeit noch nicht so differenziert war. Immerhin gelang es ihm allein auf diese Art mit Hilfe immenser Erfahrung und feinster Beobachtungsgabe, ein festes Fundament für alle weiteren Untersuchungen auf diesem Gebiet zu schaffen.

Auch nach MACKENZIE läuft im normalen Lebensprozeß ein Strom von Erregungen fortwährend von den Eingeweiden durch die afferenten Nerven zum Rückenmark und beeinflußt hier die Nerven, die Muskeln, Blutgefäße und andere Organe versorgen. Diese Vorgänge werden nicht wahrgenommen. Bei der Erkrankung von Eingeweiden strömen aber verstärkte Erregungen durch die afferenten Nerven dem Rückenmark zu. Diese können dort auf benachbarte Nervenzellen übergreifen, die dann entsprechend ihren Funktionen verschieden reagieren. So verursacht eine sensorische Zelle Schmerzen, eine pilomotorische Zelle die Kontraktion der ihr zugehörigen Haarbalgmuskeln, eine sudomotorische Zelle vermehrte Schweißbildung usw. Die Suche nach dem Ursprung der pathologischen Reflexe darf sich aber nicht nur auf die Hyperalgesie der Haut, den erhöhten Muskeltonus, die Halbseitenabwehr, auf pilomotorische, vasomotorische Reflexe usw. beschränken, sondern sie muß auch Organreflexe, wie etwa häufiges Urinieren oder Erbrechen bei Appendicitis, Speichelfluß bei Angina pectoris und anderes berücksichtigen (S. 33 f.).

Für eine genaue klinische Diagnostik ist vor allem wichtig, daß neben der Austestung der äußeren Körperdecke auf Hyperalgesie, Vasomotorik, Pigment usw. auch die tieferen Schichten auf erhöhten Muskeltonus und die Eingeweide auf die Erzeugung reflektierter Schmerzen pathologischen Ausmaßes bei ihrer artifiziellen Reizung geprüft werden. So müßte etwa ein Ulcus bei Reizung derjenigen Nerven, auf denen fortwährend afferente Impulse ins Rückenmark verlaufen, die zur Ausbildung der Hyperalgesie in den entsprechenden Segmenten führten, eine deutliche Verstärkung der Reflexphänomene in den hyperalgetischen Bezirken bewirken. Außerdem kann dies zur Auslösung von Organreflexen führen, über deren Äthiologie man sich vorher unklar war. Dasselbe ließe sich bei einer Tonsillitis, bei Cholecystitis, bei Nephrolithiasis, Prostatitis usw. erwarten.

Umgekehrt könnte durch Anästhesie der afferenten Nervenfasern direkt am Ort des Reflexursprunges eine vorübergehende Ausschaltung aller Impulse und damit eine Rückbildung der hyperalgetischen Zonen und pathologischen Reflexe in ihnen zustande kommen. Dabei ist von vornherein zu erwarten, daß schon bei erfolgter Propagation des Leidens, d. h. bei Ausbreitung der abnormalen Reflexerregbarkeit über das ursprüngliche Zentrum hinaus ins ganze Segment oder sogar in die benachbarten Segmente, die Anästhesie des Fokus nur beschränkten Wert hat, da alle anderen schon ergriffenen Organe die Hyperalgesie aufrechterhalten können. Hingegen strahlt der im Fokus erzeugte Schmerz sofort in alle schon anfälligen Areale aus und erzeugt damit auf der Körperoberfläche ein naturgetreues Abbild seiner Expansion im Rückenmark.

Neben der Schmerzerzeugung im fraglichen Organ besteht noch die Möglichkeit, durch die Erzeugung plötzlicher efferenter Impulse, wie etwa Schreck, elektrischer Schlag, kalte Dusche usw., nach den Stellen mit der niedrigsten Reizschwelle im Rückenmark zu suchen, da die Patienten sehr häufig bei solchen Prozeduren den Schmerz direkt in die hyperalgetischen Zonen einschießen fühlen. So wird der Herzkranke die Erregung am Herzen, der Magenkranke am Magen, der Gallenblasenkranke in der Gallenblase, der Spondylarthrotiker in der Lendenwirbelsäule usw. fühlen.

Als weitere Methode kommt die Herabsetzung der Widerstandskraft des Organismus und damit die Förderung sowohl der nervösen als auch der infektiösen Propagationstendenzen des Fokus in Frage, und zwar bis zu einem Ausmaß, wo er leichter faßbar wird. Hierzu zählen Fieberstöße, Badekuren, körperliche Belastungen, Cortisonkuren usw. Dieses Vorgehen birgt die Gefahr einer unbeherrschbaren Aktivierung des Fokus in sich, wobei unter Cortisoneinwirkung die schon vorher undeutlichen Symptome unter Umständen über lange Zeiträume noch mehr unterdrückt werden können. Dadurch wird, häufig zum Schaden des Patienten, dem eine frühzeitige Sanierung besser täte, eine Heilung vorgetäuscht. Es ist deshalb auf diesem Gebiet große Erfahrung des Arztes nötig, der den Patienten fortlaufend kontrollieren muß, um alle flüchtigen Symptome zu sehen und unter Umständen rechtzeitig eingreifen zu können.

Die Untersuchung des Patienten auf krankhafte Reflexzonen hat, ebenso wie jede andere klinische Untersuchung, zunächst mit der Feststellung der *Haltung des Patienten* zu beginnen. Hierbei muß vor allem die unbefangen eingenommene Lage registriert werden. Man darf also den Patienten keinesfalls auffordern, sich gerade im Bett hinzulegen oder niederzusetzen, sondern man soll während des Gespräches festzustellen trachten, ob er eine Schonhaltung einnimmt, die sich in einer Krümmung der Wirbelsäule oder des ganzen Rumpfes zur kranken Seite hin kennzeichnet. Derartige Krümmungen sind auf segmentäre homolaterale Muskelkontraktionen zurückzuführen und treten vor allem bei Gallen- und Nierensteinkranken, aber auch bei Magen- und Herzkranken auf.

Betrachtet man das Gesicht näher, so kann gelegentlich eine *sympathische Anisokorie* festgestellt werden. Diese findet sich immer auf der erkrankten Seite; oft ist die Mydriasis des Auges so exzessiv, daß sie schon von weitem erkannt wird. Gelegentlich können derartige Pupillendifferenzen aber so gering sein, daß sich auch erfahrene Ärzte über ihr Bestehen nicht zu einigen vermögen. Zur Ausschaltung von Fehlerquellen muß deshalb die Belichtung beider Augen vollkommen gleichmäßig sein und vor allem seitliche Mehrbelichtung eines Auges unbedingt vermieden werden. Am besten eignet sich für derartige Untersuchungen gedämpftes, diffuses Tageslicht, das eine Pupillenbetrachtung gestattet, ohne daß diese dabei zu sehr verengt werden. Störende Lichtreflexe auf der Cornea müssen vermieden werden, ebenso wie die Akkommodation vollkommen ausgeschaltet werden soll, da sie die Pupillen aktiv verengt und dadurch den sympathischen Reflex unterdrückt. Latente Pupillendifferenzen, die auch bei Dunkeladaption nicht gesehen werden können, lassen sich durch Atropin deutlicher zur Darstellung bringen. Für photographische Aufnahmen derartiger Pupillen, die ja durch Lichteinwirkung stark verengt werden, eignet sich vor allem die Infrarottechnik.

Selbstverständlich muß eine Reihe von Erkrankungen, die ebenfalls eine Anisokorie verursachen können, ausgeschaltet werden. Zu ihnen zählen vor allem im Auge selbst gelegene Ursachen, wie narbige Veränderungen, Hornhauttrübungen, Synechien nach Iritis, Anisometropie, einseitige Myopien, einseitige Amaurose, kongenitale Amblyopien, aber auch Erkrankungen des Zentralnervensystems, wie Lues cerebri, Multiple Sklerose, Encephalitis, Meningitis, Tumoren, Tractus-Affektionen, traumatische oder toxische cerebrale Schädigungen usw. Auch echte HORNERsche Syndrome oder familiäre Anisokorien kommen in Frage.

Zur Unterstützung der Diagnose läßt sich eine Reihe weiterer Merkmale, die in Begleitung der sympathischen Anisokorie auftreten, anführen. So zeigt das Auge derartiger Kranker häufig eine weite Lidspalte, da der Bulbus auf der Seite der Erkrankung oft deutlicher hervortritt und auch stärker als sonst glänzt, weil die Tränensekretion durch die sympathische Innervation gesteigert wird. Manchmal sind die weite Lidspalte und das Glanzauge so stark einseitig betont, daß man ein Basedow-Auge vor sich zu haben meint. Auch die Farbe der Iris kann durch die Beeinflussung des Pigmentstoffwechsels deutlich geändert sein (S. 116).

Pigmentanomalien lassen sich häufig in den von HEAD beschriebenen Kopfzonen bei schlechten Zähnen, Tonsillitis usw. beobachten, wobei der eigentlichen Pigmentierung eine längere Zeit anhaltende umschriebene Hyperalgesie vorauszugehen pflegt. Auch an dem Licht nicht ausgesetzten Körperstellen sind innerhalb der HEADschen Zonen Pigmentflecke zu sehen (S. 119). Ebenso können die Kopf- und Schamhaare über erkrankten Dermatomen Depigmentierungen aufweisen.

Auf der Seite der Pupillenerweiterung lassen sich gelegentlich auch einseitige *Krampfungen der Gesichtsmuskulatur* festellen, wobei die Oberlippe ein klein wenig nach oben gezogen ist, die Nasolabialfalte stärker ausgeprägt erscheint und eine leichte Verkürzung der Wangenpartie, die auch etwas erhabener ist, eintritt. Selten kommt es zu Mitbeteiligung der Stirne. Auch diese mimischen Krampfungen lassen sich nur am unbefangenen Kranken nachweisen und zeigen starke Variationen. Ist man aber einmal gewöhnt, auf alle diese Zeichen am Kopfe zu achten, so erfaßt man die reflektorische Asymmetrie des Gesichtes mit einem Blick als ein Gesamtbild [1][1].

Neben der Augenveränderung und der mimischen Krampfung kann vor allem das gelegentliche Auftreten eines *Herpes facialis* oder *Herpes zoster* für die Seitenbestimmung von Eingeweideaffektionen ausschlaggebend sein. Beide Erkrankungsformen lokalisieren sich mit Vorliebe in solchen Segmenten, die schon seit langer Zeit durch Erkrankungen der entsprechenden Visceralorgane in ihrer Durchblutung und Trophik gestört sind und dadurch einen Locus minoris resistentiae für die Virusinfektion darstellen. So kommt es immer wieder vor, daß Patienten regelmäßig an derselben Hautstelle ihren Herpes entwickeln und dieser erst dann verschwindet, wenn die Infektion im entsprechenden, der Hautstelle zugeordneten Organ beseitigt wurde. Andere Zeichen für Durchblutungsstörungen sind Digiti mortui, RAYNAUDsche Gangrän und Kältegefühl des Patienten über den verschiedensten Körperabschnitten.

Schließlich kommt es in seltenen Fällen bei länger dauernder Erkrankung zur *Hemiatrophia faciei*, die mit einseitigem Knochenschwund einhergehen kann. Ebenso kann sich eine einseitige Hypertrophie des Gesichtes und der Zunge entwickeln. Beide Erkrankungsformen kommen auch an Stamm und Extremitäten vor, wo sie Haut, Fettgewebe, Muskulatur und Knochen erfassen können und als Erkrankung des trophischen Nervensystems aufgefaßt werden müssen. Hierzu zählen die Sklerodermie, Lipomatose, SUDECKsche Knochenatrophie usw. (S. 130).

---

[1] Die Zahlen in eckigen Klammern beziehen sich auf das Literaturverzeichnis zu diesen Abschnitten, S. 111.

So wie die Haut des Gesichtes schon auf den ersten Blick Rückschlüsse auf Krankheitsherde erlaubt, bietet auch die Haut des Rumpfes und der Extremitäten häufig zahlreiche eindrucksvolle Merkmale pathologischer Reflexzonen.

Diese sind vor allem in Form von flächigen und *bandförmigen Einziehungen* sichtbar, die meist von gequollenen Abschnitten begrenzt sind und an Gesäß, Hüften, Kreuzbein, Rücken, Brustkorb und Schultergürtel mehr oder weniger deutlich in Erscheinung treten (S. 78, 118). Sie werden je nach ihrer Lage mit der Harnblase, den unteren Extremitäten, dem Dickdarm, der Leber, Gallenblase, dem Magen, dem Herz usw. in Beziehung gebracht (S. 117).

Neben derartigen Hautarealen, die auch charakteristische Tastbefunde ergeben (S. 123), lassen sich immer wieder *Pigmentanomalien* in den erkrankten Dermatomen nachweisen. Sie treten meist in Form von stecknadelkopf- bis kindshandgroßen, dunkel pigmentierten Zonen auf, die stärker hyperalgetisch als ihre Umgebung sind (S. 119). Depigmentierungen sind seltener und nicht überempfindlich. Einziehung und Pigmentverschiebung decken sich gewöhnlich nicht. Dies ist auch verständlich, wenn man das eine als Ausdruck einer Schädigung der trophischen, das andere einer solchen der coloratorischen Bahnen auffaßt. Beide Faserarten haben andere Endaufzweigungen und beeinflussen damit andere Hautflecke, die allerdings meist benachbart sind oder innerhalb desselben Dermatoms liegen.

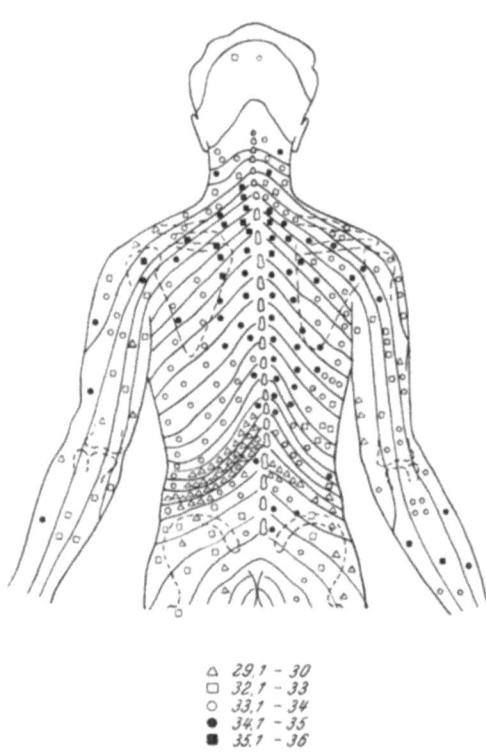

△ 29,1 - 30
□ 32,1 - 33
○ 33,1 - 34
● 34,1 - 35
■ 35,1 - 36

Abb. 28. Hauttemperatur bei einem Patienten mit Nierenstein links

Auch die gestörten *Vasomotorenreflexe* lassen sich durch hyperämische Hautareale im kranken Dermatom nachweisen. Diese können entweder durch Tage und Wochen konstant vorhanden sein oder nur bei Erregung für kurze Zeit auftreten. Die so häufig zu beobachtenden Flecken an Kopf, Hals oder Brust erregter Personen sind je nach ihrer Lokalisation fast immer als Zeichen aktiver oder noch nicht lange beseitigter Herde an Zähnen, Mandeln, Lunge usw. zu werten. Eine Sonderform dieser Reflexhyperämie stellt der Dermographismus dar (S. 120).

Schließlich kann auch die verstärkte *Schweißneigung* an einzelnen Körperstellen einen wichtigen Hinweis auf eine allerdings meist schon ausgedehntere pathologische Halbseitenabwehr geben. Die Sudomotoren reagieren nämlich in der Regel wesentlich universeller auf Segmentreize als die vasomotorischen oder gar die trophischen Fasern, weshalb sie für die Fokuslokalisation weniger von Bedeutung sind.

Für das weitere Eindringen in die Krankheitsursache stellt die *Anamnese* einen wichtigen Schritt dar. Sie darf häufig nicht lehrbuchmäßig aufgenommen werden, sondern muß sich auf bisher unbeachtet gebliebene Empfindungen des Patienten konzentrieren. So sind vor allem Hyperalgesien der Haut, Myalgien,

Muskelfibrillieren, Organschmerzen, besonders Kopfschmerzen, in ihrer genauen Lokalisation und zeitlichen Reihenfolge zu erfassen. Auch vorübergehende Magenbeschwerden, Durchfälle, häufiges Urinieren sind vor allem *zeitlich* in das Krankheitsgeschehen einzuordnen, damit auf den Reizursprung geschlossen werden kann.

Gelegentlich klagen Gallen- oder Nierensteinkranke über ein ausgesprochenes *Kältegefühl* an den entsprechenden Dermatomen oder sogar auf der ganzen betroffenen Körperhälfte. Wird in diesen Bereichen ein zusätzlicher Reiz gesetzt, so verstärkt sich diese Empfindung an der Reizstelle noch wesentlich, so daß manchmal das Gefühl von aufgelegtem Eis entsteht. Kontrollmessungen mit dem Hautthermometer ergeben in diesen Fällen oft ganz beträchtliche Temperaturverminderungen gegenüber der Umgebung (Abb. 28). In der Regel fehlt den Patienten allerdings dieses Kältegefühl. Hier sind die Hauttemperaturen auf der Seite des Krankheitsherdes und in seinen Dermatomen immer höher als in den normalen Zonen, ohne daß die Kranken deshalb eine besondere Wärmeempfindung haben müssen (Abb. 29). Manche Patienten wieder kommen geradezu mit der Klage zum Arzt: ,,Meine ganze rechte (oder linke) Seite tut mir seit langem weh." Sie haben auf dieser Seite häufig Kopfschmerzen, können auf ihr nicht schlafen, da der Druck auf die hyperalgetische Körperdecke auf die Dauer unerträglich wird, und empfinden die kranke Seite überhaupt als minderwertig. Ihre Reflexerscheinungen können bei starken Reizen das vollendete Bild eines hysterischen Anfalls bieten. Häufig sind auch die Sinnesnerven halbseitig überempfindlich. Das Ohr nimmt auf der betroffenen Seite unreine, schrillere Töne, die Zunge unangenehmere Geschmacksqualitäten der Speisen, die Nase die unangenehmen Komponenten der Umgebungsgerüche deutlicher wahr, die sonst von den erträglichen oder angenehmen Empfindungen übertönt waren. Ähnliche elektive Halbseitenüberempfindlichkeiten sind auch bei den Augen vorhanden. Hier kann einfaches Tageslicht schon als Blendung empfunden werden [2].

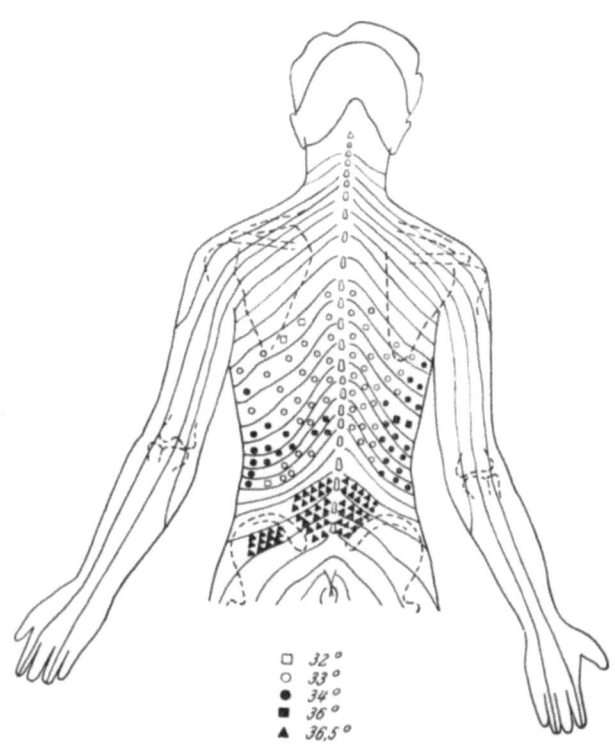

Abb. 29. Hauttemperatur bei einem Patienten mit chronischer Prostatitis

Details werden bei den verschiedenen Organen besprochen werden, aber auch dort können nicht alle Möglichkeiten erfaßt werden, denn gerade für diese Untersuchungsmethodik gilt, solange sie noch nicht so weit wie viele andere ausgebaut ist, mehr als auf anderen Gebieten der Medizin der Begriff von der Kunst des Arztes.

Die Untersuchung der Dermatome

Untersuchen wir die Haut durch Aufheben von Hautfalten, mit Nadelkopf oder Nadelspitze, durch Wärme- oder Kälteeinwirkung usw., so werden uns in den meisten Fällen keine isolierten Antworten einzelner Rezeptoren übermittelt, sondern man empfindet ein Zusammenspiel zahlreicher Einzelfaktoren, die zu trennen nur selten gelingt.

Wir empfinden wohl immer den Schmerz nach allen anderen Impulsen von den Rezeptoren, da seine Fortleitung am langsamsten stattfindet, doch lernen wir auch hier bei sorgfältiger Analyse zwischen zwei Schmerzqualitäten, nämlich dem sogenannten „First pain" und dem „Second pain" zu unterscheiden. Ersterer dürfte durch die kleinen markhaltigen, letzterer durch die marklosen Fasern geleitet werden (S. 17).

Wegen der schweren Trennungsmöglichkeit aller hier erwähnten Sinnesempfindungen ist es besser, den Patienten eher auf die Konstatierung von Mißempfindungen an der Haut als auf den reinen Schmerz aufmerksam zu machen. Diese Mißempfindungen entstehen durch das pathologische Zusammenspiel vieler Rezeptoren, wobei sogar im Falle reiner Schmerzerzeugung die gleichzeitige Reizung einer gleichartigen Gruppe von Nervenendigungen notwendig ist.

So kommen Mißempfindungen der Haut vor, wie sie um Narben und an teilweise entnervten Stellen auftreten, von Nervennetzen, die von einer einzelnen, von ihren Nachbarfasern künstlich getrennten Nervenfaser versorgt werden. Sogar schmerzhafte Mißempfindungen durch Nadelstiche sollen nur in solchen Fällen auftreten, wo die entsprechenden Terminalfasern von ihren Nachbarfasern isoliert sind. Danach kann auch eine Reduktion der normalen Impulsfolge, wie sie bei Verminderung von Nervennetzen und Hautendigungen auftritt, durch Umwerfen der normalen Impulsschablone in der Hirnrinde Mißempfindungen mit Hyperreaktion gegenüber schmerzhaften Reizen erzeugen. Die weitere Verfolgung dieser Tatsache ist vor allem bei der Bestimmung der pathologischen Dermatome von großer Bedeutung.

Bei allen Untersuchungen von pathologischen Dermatomen muß darauf Rücksicht genommen werden, daß z. B. Berührungs-, Schmerz- und Kälteempfindung vollkommen normal und nur die Wärmeempfindung deutlich gesteigert sein kann und umgekehrt. So kann eine brennende Hitzeempfindung bei Applikation normaler Wärmegrade zustande kommen, obwohl Nadelstiche nicht schmerzhaft sind, auch der Nadelkopf keinesfalls unangenehm empfunden wird und sich der Eisversuch in durchaus normalen Grenzen hält. Bei Visceralerkrankungen ist am häufigsten die Schmerzempfindung deutlich erhöht, während die Berührungsempfindung immer normal bleibt, so daß von hyperalgetischen und nicht von hyperästhetischen Zonen gesprochen werden muß. Umgekehrt können vor allem bei Tabikern immer wieder ausgesprochene Hyperästhesien bei vollkommener Analgesie beobachtet werden, wobei die Patienten bei der geringsten Berührung über ein sehr starkes Kitzelgefühl klagen, das auch Reflexauslösungen verursacht, während scharfe Nadelstiche überhaupt nicht gefühlt werden.

Die Prüfung auf *Hyperalgesie* ist der wichtigste Untersuchungsvorgang bei der Fokussuche. Sie führt in den meisten Fällen schon sehr frühzeitig zu positiven Resultaten, da jeder pathologische Reflexmechanismus mit afferenten Impulsen beim Fokus beginnt, die, ohne daß es zur Auslösung von pathologischen Reflexen kommen muß, die Hyperalgesie herbeiführen. Obwohl gerade in letzter Zeit zahlreiche Methoden für die genaue Erfassung der hyperalgetischen Zonen angegeben wurden, hat sich doch immer wieder die schon vor mehr als einem halben Jahrhundert von HEAD angegebene Untersuchungsart wegen ihrer Einfachheit und Verläßlichkeit sowohl in der Klinik als auch in der Praxis bestens bewährt.

HEAD [110] prüfte seine Zonen mit einer kurzen Nadel, die einen dicken weißen Kopf besaß. Er führte sie mit zartem, aber gleichmäßigem Druck entlang den zu testenden Hautabschnitten. Die Patienten geben dabei an, daß in den hyperalgetischen Zonen der Nadelkopf unangenehm empfunden wird und eher der Eindruck entsteht, als ob mit der Nadelspitze entlang gefahren würde. Die Charakterisierung dieses eigenartigen, unangenehmen Gefühles gelingt sehr häufig nicht, wird aber als Kitzeln, Prickeln oder Stechen angegeben, das nicht immer schmerzhaft sein muß. Viele Patienten geben auch ein Gefühl wie bei einer plötzlich einsetzenden leichten elektrischen Entladung an. Da die untere Grenze pathologischer Segmente meist stärker ausgeprägt ist als die obere, empfiehlt es sich, in Zweifelsfällen von unten nach oben zu testen.

Nach unserer eigenen Erfahrung lassen sich durch feine, etwa einen halben Zentimeter entfernt liegende Stiche entlang der entsprechenden Hautabschnitte, die nur so stark sind, daß sie kaum die Epidermis durchdringen, hyperalgetische Zonen eindeutiger feststellen als mit der Nadelkopfmethode. Auch hier werden dieselben Sensationen angegeben, wobei die anfänglich schmerzhaften Empfindungen bei Heilungstendenz des Herdes sehr häufig in ein Kitzelgefühl übergehen.

Die Abhebung von Hautfalten für die Prüfung der Hyperalgesie stellt bereits einen Übergang zur Bestimmung der tiefen hyperalgetischen Zonen (MACKENZIE-schen Zonen) dar. Man hebt Hautfalten der zu untersuchenden Gebiete zwischen Daumen und Zeigefinger ab und drückt sie sanft zusammen, wobei der Patient in den kranken Zonen ein ausgesprochen wundes Gefühl hat, während es ihm in gesunden Abschnitten kaum Beschwerden verursacht. Diese Methode ist wesentlich gröber als die Nadelmethode, sie erlaubt nicht so feine Abgrenzungen der hyperalgetischen Zonen, ist aber anderseits nicht so vielen Fehlerquellen unterworfen als jene und bedarf keiner derartigen Erfahrung.

Ein modernes Prüfungsverfahren auf Hyperalgesie, das im deutschsprachigen Gebiet in letzter Zeit größere Verbreitung fand, stellt die *Elektro-Herd-Testung* dar. Man bedient sich dabei für die Abgrenzung hyperalgetischer Zonen niedergespannter schwacher Gleichströme, die vom Patienten an normalen Stellen kaum empfunden werden. Als Prüfanode dient ein weicher Haarpinsel, der in physiologische Kochsalzlösung getaucht wurde. Obwohl der Strom jetzt a priori keinen Gewebsreiz darstellt, führt er doch gelegentlich über pathologische Hautabschnitte zu hyperämischen Flecken oder wird dort unangenehm empfunden.

Es wird unterschieden zwischen:

a) Störzonen I. Grades, die mit flächiger Hautrötung und Hyperalgesie einhergehen,

b) Störzonen II. Grades, die eine flächige Hautrötung ohne Hyperalgesie aufweisen, und

c) Störzonen III. Grades, wo nur eine umgrenzte hyperalgetische Zone ohne Hautrötung beobachtet werden kann.

Wie schon aus der Einteilung der Störzonen hervorgeht, werden mit der Elektro-Herd-Testung nicht nur die Schmerzfasern, sondern auch das Gefäßsystem erfaßt. Außerdem können kleinste Hautläsionen, Follikulitiden usw. oft zu beträchtlichen Hautrötungen nach der Testung mit dem Pinsel führen, ohne daß hierfür ein pathologischer Reflexmechanismus im Sinne der Fokustheorie verantwortlich gemacht werden könnte. Die wirkliche Ursache ist aber gerade in solchen Fällen oft schwer zu finden.

Für die vielen Fehlerquellen mit ihrer fast unmöglichen Ausschaltung auch für den Erfahrenen spricht am eindringlichsten die schwere Reproduzierbarkeit einmal gemachter Befunde. Während die Hyperalgesie dabei noch am verläßlichsten wiederkehrt, gelingt es fast nie, Hautrötungen in auch nur annähernd gleichem Ausmaße zu erhalten. Es hängt auch vor allem von der Art und der Dauer der Pinselführung entlang einer bestimmten Wegstrecke, sowie von seinem Feuchtigkeitsgehalt ab, ob überhaupt eine Gefäßreaktion auftritt und wie stark sie wird. Keine dieser drei Faktoren ist bei der üblichen manuellen Handhabung des Pinsels konstant zu halten.

Schließlich reagieren die Patienten auch auf die konstanten Testströme (Männer V 17 bis 27, Frauen V 15 bis 25, Kinder V 13 bis 23, — Zähne V 23), die jeweils für Kopf- und Rumpftestungen greifbar sind, äußerst verschieden. Es ist nun keinesfalls egal, ob eine hyperalgetische Zone mit an normalen Stellen nicht fühlbaren Strömen oder mit solchen, die schon unangenehm sind, gesucht wird. Während im ersteren Falle keine zu finden ist, können im letzteren auch normale Stellen irrtümlich schon für hyperalgetisch gehalten werden.

So elegant deshalb die Durchführung der Elektro-Herd-Testung im ersten Augenblick scheinen mag, so deprimierend ist die spätere Erkenntnis, daß sie keinen Schritt über die mit dem HEADschen Verfahren erreichbaren Ergebnisse hinausführt, ja im Gegenteil noch mehr Fehlerquellen als diese besitzt.

Möglicherweise gelingt es aber, durch Vervollkommnung der Apparatur die aufgezeigten Mängel abzuschaffen und damit einen wirklichen Fortschritt in der Diagnostik von Störungsfeldern zu erzielen. Ein Weg hierzu könnte vielleicht in der Verwendung wesentlich schwächerer Ströme unter Verzicht auf jedwede Sensation des Patienten bestehen. Wahrscheinlich beruht ein Gutteil des Effektes der Geräte zur Elektro-Herd-Testung darauf, daß in den kranken Hautarealen infolge eines größeren Hautleitwertes stärkere Ströme in die Haut eindringen und dort oft beträchtliche Reizwirkungen entfalten, wodurch sich auch die Hautrötung entwickelt. Diese Ansicht läßt sich jederzeit durch Messung der Stromstärke galvanischer, aber auch faradischer Ströme während der Testung auf Hyperalgesie belegen. Sehr häufig findet man hierbei, daß im Augenblick des subjektiven Schmerzempfindens auch die Stärke des durchwandernden Stromes sprunghaft zunimmt. Das ist allerdings nicht immer der Fall, was darauf hinweist, daß die hyperalgetischen Zonen in zwei Gruppen eingeteilt werden müssen. Es bestehen

A-Zonen mit einer Hyperalgesie ohne Gewebsänderungen und

B-Zonen mit Hyperalgesie, Fibrositis und Elektrolytverschiebungen.

Die A-Zonen sind immer verhältnismäßig frisch und lassen auch noch keine Änderung der Schmerzschwelle erkennen (S. 74), was darauf hinweist, daß hier eine bloß reflektierte Überwertung des Schmerzes besteht (S. 54f.), wie sie etwa durch Fehlprojektion der viscerogenen Schmerzquelle auf die Peripherie zustande kommt.

Die B-Zonen hingegen weisen schon deutliche Entzündungszeichen im Gewebe auf, die vielleicht durch den mangelhaften Abbau von Nervenleitprodukten (Noradrenalin, H-Substanzen) entstehen. Sie sind meist älteren Datums und entwickeln sich häufig aus A-Zonen, wahrscheinlich infolge langsam eintretender Insuffizienz der überbelasteten Nervenbahnen. Hier ist die Schmerzschwelle schon deutlich erniedrigt, was auch auf eine Reizung der Nervenenden durch die entzündlichen Stoffwechselprodukte schließen läßt.

Mit dieser Unterscheidung ist auch schon die Schwäche aller objektiven Widerstandsmessungen der Haut oder aller Methoden, die für die Erfassung ihrer Potentialdifferenz gegenüber dem mittleren Körperpotential ausgearbeitet wurden, aufgezeigt. Es lassen sich damit keineswegs beginnende Störfelder erfassen. Die zahlreichen hierfür konstruierten Apparate unterscheiden sich voneinander nur durch die Art des Teststromes (Gleich- oder Wechselstrom), durch die Stromstärke und Spannungshöhe und durch die Form der Elektroden (groß- oder kleinflächig). Zu den bekanntesten unter ihnen zählen die Geräte von REGELSBERGER, ZACH, WOLKEWITZ, GILDEMEISTER und CROON. Fast überall wird zur Erfassung der pathologischen Areale die relative Widerstandsänderung herangezogen. Für pathologische Verhältnisse sprechen Widerstandsverminderungen. Diese können entweder von beliebigen Stellen aus zu einer fixen Bezugselektrode gemessen werden, oder es werden Punkte angegeben, über denen zu messen ist, wie z. B. die CROONschen Reaktionsstellen, oder der Körper wird strichförmig abgetastet, wobei die Widerstandsänderungen sogar graphisch registriert werden können (WOLKEWITZ).

Schließlich können die Elektroden auch jeweils in der Mitte des Segmentes (ZACH) oder an die einzelnen Meridiane und Akupunkturstellen (Nervenpunkt-Detektor) aufgelegt werden.

Der Widerstandsabfall läßt sich am besten durch Elektrolytverschiebung zwischen Zelle und Gewebe infolge der anhaltenden pathologischen Nervenimpulse erklären. Sie bewirken eine Durchlässigkeitssteigerung der Zellmembran, wodurch die Potentialdifferenz absinkt. Jede Zelle enthält ja im Inneren einen hohen Prozentsatz von Kaliumionen, während die Umgebung mit Natriumionen abgesättigt ist und damit die Potentialdifferenz aufrechterhält. Beim Ionenausgleich durch die Zellmembran während des Nervenimpulses kommt es zum Sinken dieser Potentialdifferenz. Sie wird nach physiologischen Reizen sehr schnell wieder hergestellt, bleibt aber bei fortlaufender übermäßiger Belastung schließlich bestehen. Je mehr Zellen davon ergriffen werden, um so eher rücken die Werte in den faßbaren Bereich unserer Meßgeräte, bis nach der Erkrankung größerer Zellverbände die Veränderungen auch an der Hautoberfläche gemessen werden können. Schließlich breiten sich nicht selten die pathologischen Impulse auf der ganzen Körperhälfte aus, was zur Halbseitenabwehr mit allen ihren Veränderungen (S. 69) und auch zum Widerstandsabfall auf ausgebreiteten Arealen dieser Seite führt.

Neben der Bestimmung von Hyperalgesie oder elektrischer Leitfähigkeit kann auch durch Erfassung der reinen *sensiblen Chronaxie* [3] oder durch Untersuchung der *Schmerzschwelle* allein Einblick in nervöse Regulationsmechanismen erhalten werden. Beide Methoden führen wohl zu exakten Ergebnissen, gestatten aber keinen so weiten Einblick in pathologische nervöse Vorgänge, wie dies bei den gebräuchlichen Untersuchungen der Fall ist, die mehrere Komponenten zur gleichen Zeit erfassen.

Immerhin kann es damit aber gelingen, differentialdiagnostische Schlüsse zu ziehen, wenn mit den anderen Methoden wohl krankhafte Zustände erfaßt, aber nicht weiter eingeengt werden konnten. So wissen wir, daß die Hyperalgesie nur unter besonderen Umständen mit einer Änderung der sensiblen Chronaxie einhergeht und daß vor allem Änderungen im Hormonhaushalt und Medikamente einen Einfluß auf sie ausüben. Ähnliches gilt für die Schmerzschwelle, deren Abfall z. B. rheumatischen Schüben vorauszueilen pflegt oder Hyperalgesien durch UV-Bestrahlung der Haut, toxische Schädigungen usw. erklären kann.

Die Schmerzschwelle kann durch mechanische, chemische, elektrische oder thermische Reize bestimmt werden. Nach Untersuchungen über die Muskelischämie [4, 5] und die Dehnung von Eingeweiden bestehen hierbei die gleichen Eigenschaften für oberflächlichen und tiefen Schmerz. Schließlich konnte auch durch Modifikation der Skelettmuskelischämiemethode nachgewiesen werden, daß für viscerale Schmerzen ebenfalls eine gut reproduzierbare Schmerzschwelle gefunden werden kann [6].

Durch mechanische Reize wird die Größe des Druckes bestimmt [7 bis 9], der notwendig ist, um eben Schmerzen hervorzurufen. Diese wird zur Schmerzschwelle in Beziehung gesetzt. Die Deformierungen und Verletzungen des Gewebes, welche dabei auftreten, werden allerdings nicht berücksichtigt, wobei zweifelsohne keine einfache Beziehung zwischen dem Druck und der Zerreißung des Gewebes an allen Körperabschnitten aufgestellt werden kann.

Die chemischen Methoden der Schmerzbestimmung wurden bisher nicht sorgfältig erforscht [10].

Die elektrische Reizung wurde zur Testung der Schmerzschwelle eingeführt [11] und in ihren physiologischen Wirkungen sorgfältig studiert [12]. Mit dieser Methode wurde bisher vor allem der Einfluß von Analgeticis auf die Schmerzen untersucht [13, 14].

Schließlich verwendet man thermische Reize schon sehr frühzeitig für das Studium der Schmerzschwelle [15]. Hierbei wurden zunächst heiße Gegenstände auf die Haut aufgelegt oder die Schmerzen bei Eintauchen der Finger in heißes Wasser untersucht. Während sich diese Methode aber kaum gegenüber der Verwendung von faradischen Strömen durchsetzen konnte, gelang es später, durch *strahlende Wärme* ein wesentlich genaueres Verfahren für derartige Untersuchungen auszuarbeiten [10, 16, 34 bis 39].

Die Autoren verwenden für diesen Zweck eine 1000-Watt-Lampe, deren Licht auf einen Fleck von 3,5 cm² gesammelt wird. Sie untersuchten vor allem die geschwärzte Haut der Stirne, aber auch andere Körperstellen auf die Schmerzschwellenänderung.

Hierbei ließen sie das Licht jeweils drei Sekunden auf das entsprechende Hautareal einwirken und steigerten nach Pausen von 30 bis 60 Sekunden die Lichtstärke so lange, bis der Patient am Ende der Dreisekundenphase soeben einen stechenden oder brennenden Schmerz verspürte. Anschließend wurde ein Lichtmesser auf die Stirne gelegt und die Intensität der Bestrahlung, die auf diesen Fleck eingewirkt hatte, bei nochmaliger Bestrahlung mit derselben Lichtstärke gemessen und in Grammkalorien/Sekunden/Quadratzentimeter angegeben.

Bei diesen Untersuchungen fand man eine deutliche Abhängigkeit der Schmerzschwelle von der Hauttemperatur, dem Schwitzen und der Konzentrationsfähigkeit des Patienten. Anderseits wurden unterschiedlich zu anderen Ergebnissen [12] keine Schwankungen der Schmerzschwelle in Abhängigkeit von der jeweiligen Tageszeit gesehen. Die Autoren konnten damit auch nachweisen, daß Schmerzen, die an irgendeiner anderen Körperstelle erzeugt werden, die Schmerzschwelle auf der Stirne gegenüber strahlender Wärme zu steigern vermochten. Es ließ sich weiterhin feststellen, daß bei dieser Methode keine räumliche Summation der Schmerzimpulse beobachtet werden kann, d. h. die Schmerzschwelle bleibt unabhängig von der Größe der bestrahlten Fläche konstant. Voraussetzung für dieses Ergebnis ist allerdings eine kurze Bestrahlungszeit (3 Sekunden oder weniger). Ob bei stärkeren Reizen nicht doch eine Summierung des Schmerzes beobachtet werden könnte, wurde nicht untersucht.

Während die Schmerzschwelle ebenso konstant bleibt wie der Puls oder die Zahl der weißen Blutkörperchen, variieren die Reaktionen auf den Schmerz oft beträchtlich. Bei Untersuchungen des elektrischen Widerstandes der Haut, der sich infolge der vermehrten Schweißproduktion bei Auftreten des Schmerzes ändert, zeigt sich immer wieder, daß die Schweißsekretion und damit der elektrische Widerstand im Moment des Schmerzauftrittes starken Schwankungen unterliegt [34], obwohl die Schmerzschwelle unverändert bleibt.

In hyperalgetischen Zonen bleibt die Schmerzschwelle normal [27], jedoch weisen die Empfindungsqualität und auch verschiedene Reaktionen auf sie deutliche Unterschiede auf.

Die meisten Autoren stimmen darin überein, daß in derartigen hyperalgetischen Zonen nur eine Intensivierung des empfundenen Schmerzes besteht, ohne daß die Schmerzschwelle selbst verändert wird [40] (S. 57f.). So besaß ein Mann mit Hyperalgesie der rechten Gesichtsseite wohl auf beiden Gesichtshälften die gleiche Schmerzschwelle, aber ein Reiz, der auf der gesunden Seite mit der Stärke von 1+ empfunden wurde, verursachte auf der hyperalgetischen eine Empfindungsstärke von 3+. Ein Reiz, der auf der gesunden Hälfte eine Empfindungsstärke von 4+ bewirkte, wurde auf der hyperalgetischen Seite mit 6+ angegeben. Der Intensitätsvergleich ergab, daß ein Reiz von der Stärke 0,295 Grammkalorien/Sekunden, der auf der hyperalgetischen Seite ausgeübt wurde, auf der gesunden Seite bis auf 0,335 Grammkalorien/Sekunden gesteigert werden mußte, damit die gleiche Empfindungsstärke entstand.

Nach anderen Autoren [41] soll die Schmerzschwelle in der hyperalgetischen Haut doch herabgesetzt sein, ähnlich wie dies bei Nervenschädigungen der Fall ist [42, 43]. Eine Forschergruppe [44] konnte allerdings mit der Lichtfleckmethode keine Erniedrigung der Schmerzschwelle über hyperalgetischen Hautarealen feststellen. Möglicherweise werden mit ihrer Methode aber nur akzessorische Schmerzfasern, die zu den Wärmerezeptoren verlaufen, gereizt [45, 46]. Vielleicht werden dadurch auch die Nervenfasern erfaßt, die mit den subcutanen Blutgefäßen verlaufen, aber nicht in erster Linie die nackten Schmerzfasern der Haut, die ja für die Empfindlichkeitssteigerung mit Nadelstichen verantwortlich sind. Da schon die Gesamtzahl der Schmerzfasern der Haut, die mit der Hyperalgesie zu tun haben, im Vergleich zu allen Schmerzfasern der Haut verhältnismäßig gering ist (S. 113f.), wird die Zahl der akzessorischen Schmerzfasern, die zu den Wärmerezeptoren verlaufen und mit der Hyperalgesie in direktem Zusammenhang stehen, verschwindend klein ausfallen, weshalb die Möglichkeit der Stimulierung derartiger Fasern durch Hitzeeinwirkung kaum in Betracht gezogen werden kann [47].

Auch die Beobachtung *vasomotorischer Störungen* vermag in der Diagnose von Visceralerkrankungen häufig weiterzuhelfen [47, 48]. So gelingt es bei Einwirkung von Kälte auf den bloßen Körper und Betrachtung unter besonderen Beleuchtungsbedingungen, das Auftreten von Vasospasmen in den krankhaften Dermatomen festzustellen. Die Haut erscheint dabei an bestimmten Stellen im Gegensatz zur Umgebung und zur anderen Seite blasser und meist auch leicht gekörnt. Diese Phänomene sind stets außerordentlich flüchtig. Nicht selten lassen sich auch deutliche zarte Zyanosen, ungefähr im Farbton, wie er in der Umgebung von Furunkeln gesehen werden kann, nachweisen. Aktive rote Hyperämien sind selten zu sehen, kommen aber bei Wärmeapplikation auf den Körper in den Arealen zum Vorschein, die früher alle Zeichen von Vasospasmus geboten haben.

Außer durch visuelle Eindrücke lassen sich vasomotorische Störungen auch durch Bestimmung der Wärmestrahlung mit einem Bolometer oder durch Messung der Hauttemperatur erfassen. Die letztere Methode besitzt den Vorrang der größeren Einfachheit und ist wesentlich billiger. Sie wurde deshalb auf breiterer Basis erprobt und lieferte in vielen Fällen verläßlichere, objektive Resultate als die Widerstandsmessungen der Haut. Allerdings muß auch hier zunächst dieselbe Einschränkung wie dort gemacht werden (S. 72), daß sich nicht die beginnenden vegetativen Störungen erfassen lassen, sondern erst ausgeprägte Veränderungen, die schon häufig zu Stoffwechselstörungen in der Subcutis geführt haben. Hierbei findet man sowohl deutliche Verminderungen als auch Erhöhungen der Oberflächentemperatur gegenüber der normalen Umgebung (S. 68).

Wahrscheinlich besitzt jede hyperalgetische Zone einen bestimmten Krankheitsverlauf, der vom Vasospasmus im akuten Stadium in die Vasodilatation während der Regenerationsphase zu schwenken pflegt und von der Noradrenalin-, Aminooxydase- und Histamin-Konzentration des Gewebes gesteuert werden dürfte. Reine Koliken scheinen eher zu Vasospasmus und Kälteempfindung zu führen [49] als entzündliche Herde, die meist Vasodilatation und Temperatursteigerung bewirken (S. 68).

Es konnten sogar in Abhängigkeit vom Krankheitsherd halbseitige Temperatur- (Axilla-) und Blutdruckdifferenzen (RIVA-ROCCI) festgestellt werden [50]. Normalerweise sind die Temperaturdifferenzen aber ebenso wie die hyperalgetischen Zonen auf Segmente beschränkt, wo sie kleinere oder größere Flecken bilden.

Andere Zonen wieder sind von diesen deutlich isoliert, schwanken viel mehr in ihren Temperaturwerten und sind auch therapeutisch leichter zu beeinflussen. Dies weist darauf hin, daß ihre Ursache keine Stoffwechselstörung des Gewebes ist, die naturgemäß träge reagiert, sondern in einer rein nervösen Störung der Gefäße liegt. Man spricht in diesen Fällen am besten von *vasalen Zonen*, da sie ja in der Hauptsache vom Gefäßsystem abhängen. Sie decken sich deshalb keineswegs mit den Maximalzonen im Segment (S. 63) oder mit Hyperpigmentationszonen (S. 119), sensorischen Einheiten usw., die aller Wahrscheinlichkeit nach durch die Endaufzweigungen des afferenten vegetativen Nervensystems begrenzt werden. Für die vasalen Zonen könnten außer den Gefäßen nur noch die Endaufzweigungen der vasomotorischen Fasern des Segments verantwortlich sein. Da motorische und sensorische Zonen der Segmente oft weit auseinander liegen, ist auch hier eine Deckung der hyperalgetischen Zonen mit den Zonen erhöhter oder erniedrigter Hauttemperatur nicht zu erwarten. Ebenso besteht häufig keine Kongruenz mit den Zonen erhöhter Hautleitwerte, da diese vor allem durch Stoffwechselprodukte bei der Nervenleitung und dabei entstehende Elektrolytverschiebungen bedingt sind, sich also mit den hyperalgetischen Zonen decken.

Die Hyperreflexie des Gefäßsystems läßt sich auch durch Anlegen von Hautquaddeln, UV-Bestrahlung, Tuberkulinproben usw. in Form von wesentlich stärkeren Reaktionen in den erkrankten Abschnitten als in den normalen nachweisen. Der einfachste Weg, sie aufzudecken, besteht in der Untersuchung des Dermographismus. Er ist ebenfalls in kranken vasalen Zonen intensiver als in der gesunden Umgebung. Obwohl das verstärkte Auftreten der Hautschrift im schlechter durchbluteten Gebiet zunächst befremdlich erscheint, läßt es sich durch die Hyperreflexie dieser Areale eindeutig erklären (S. 119). Sie werden durch langdauernde „Reflexe" [51] für die Einwirkung aller Toxine, Stoffwechselprodukte usw. anfälliger und erleichtern dadurch den Ausbruch von Erkrankungen auf ihrer Seite. Anderseits können in hyperalgetischen Zonen lokale Gefäßreaktionen aber auch [52] weniger intensiv, weniger ausgedehnt und von kürzerer Dauer als die Rötung in der Umgebung einer Kontrollquaddel sein, was auf einen erhöhten Tonus der kleinen Gefäße im Zonenbereich zurückzuführen ist. Dieser ist sicherlich durch Noradrenalin und seine Abbauprodukte bedingt, die bei einer gewissen Konzentration efferente vasodilatatorische Impulse unterdrücken. Man gewinnt nicht selten den Eindruck, daß sich die Hyperreflexie innerhalb spastischer vasaler Zonen ebenfalls in Richtung Gefäßspasmus zu bewegen pflegt, während sie in hyperämisch gewordenen Zonen die Vasodilatationstendenz noch steigert.

Ebenso wie vasomotorische Störungen können auch sehr häufig *pilomotorische Reaktionen*, die auf erkrankte Segmente beschränkt sind, beobachtet werden, da die dafür verantwortlichen Fasern mit den vasomotorischen zur Haut laufen. Man fährt zu diesem Zweck mit einer Nadelspitze links und rechts gleichmäßig den Rumpf hinunter und beobachtet eventuell auftretende Piloarektionen. Sie sind häufig mit entsprechender Hyperalgesie vergesellschaftet, müssen es aber nicht sein. Tritt eine universelle Gänsehaut auf, so kommt es häufig auf der Seite der Erkrankung früher dazu. Die Gänsehaut pflegt dort auch intensiver zu sein. Außer mit der Nadel kann man durch Kitzeln im Nacken oder durch Kälteapplikation an dieser Stelle die Auslösung einer Piloarektion versuchen. Oft kann man dieses Phänomen auch schon beim Zurückschlagen der Bettdecke beobachten.

Wesentlich seltener sind einseitige *Schweißausbrüche* bei Visceralerkrankungen zu sehen (Anisohydrosis). Auch hier erkennt man den Unterschied am besten zu Beginn des Schwitzens, da die ersten sichtbaren Schweißperlen auf der kranken Seite etwas früher auftreten. Manchmal sieht man auch besonders bei kaltem Schweiß auf der Stirne oder Oberlippe der einen Seite dicke Tropfen stehen, während auf der anderen Seite eben eine leichte Feuchtigkeit angedeutet ist. Auch aus der Axilla kann auf der kranken Seite der Schweiß in dicken Tropfen den Rumpf herunterrinnen, während die andere Axilla kaum feucht ist.

Obwohl das Schwitzen in der Regel mit peripheren vasomotorischen Mechanismen parallel läuft, ist es doch von der Vasodilatation weitgehend unabhängig. So kann es bei Vasokonstriktion auftreten, wie z. B. die Bildung des kalten Schweißes bei Angstzuständen und im Kollaps, es kann aber auch selbstverständlich mit ausgeprägter Hyperämie verbunden sein. Vasodilatation mit Fehlen des reflektorischen Schwitzens gehört zu den wichtigsten Zeichen peripherer Nervenparalyse. Die Grenze der sudomotorischen und vasomotorischen Veränderungen folgt eng derjenigen der sensiblen Nervenausschaltung.

Schwitzen wird nicht nur durch Wärmesteigerung von außen hervorgerufen, sondern auch durch Gemütsbewegungen. Letzteres, das sogenannte psychogene Schwitzen, bevorzugt vor allem die Palmarflächen von Händen und Fingern, Plantarflächen von Füßen, Zehen sowie Achselhöhle, Stirne, Nasenspitze und Oberlippe. Es läßt sich durch Sympathektomie wirksam behandeln, wobei allerdings eine Hyperhydrosis an anderen Stellen des Körpers auftreten kann.

Schwitzen wird nicht, wie erwartet werden könnte, bei Injektion von Adrenalin, gleichzeitig mit Vasokonstriktion und Piloarrektion ausgelöst, sondern durch Pilocarpin- oder Azetylcholininjektion hervorgerufen. Somit besteht die eigenartige Tatsache, daß die sudomotorischen sympathischen Fasern im Gegensatz zu den vasomotorischen und pilomotorischen Fasern cholinergisch sind. Diese Eigenheit läßt sich für die Segmentdiagnostik über erkrankten Organen verwerten.

Während das Schwitzen nach Nervenblockade durch Novocain bestehen bleibt, wird die pilomotorische Antwort hierdurch vorübergehend aufgehoben. Man kann deshalb durch Kälteeinwirkung auf den entsprechenden Hautabschnitten erproben, ob tatsächlich die erstrebten Segmente blockiert wurden. Die Gänsehaut darf sich in ihrem Bereich nicht ausbilden, während sie in der Nachbarschaft deutlich vorhanden ist.

Prüft man denervierte Abschnitte auf ihre Empfindlichkeit für Adrenalin oder Azetylcholin, so läßt sich feststellen, daß die glatten Muskelfasern derartiger Gebiete auf Adrenalin besonders ansprechen, während denervierte Schweißdrüsen eine eindeutige Steigerung ihrer Empfindlichkeit für Azetylcholin aufweisen. Für Azetylcholin pflegen alle postganglionären Neuronen nach Degeneration ihrer präganglionären Fasern empfindlich zu werden. Dadurch läßt sich eine Reihe von Effekten, wie sie bei der Lokalisierung krankhafter Dermatome erzeugt werden, erklären.

Hat man sich nun durch Beobachtung des Patienten, Anamnese und Untersuchung der Haut schon ein Bild über vorhandene Krankheitsherde gemacht, so soll man für die Bestätigung der bisherigen Befunde und die Erkennung eventueller weiterer Krankheiten *Nervenaustrittsstellen, Muskulatur* und *Knochen* prüfen.

Durch einen Druck auf die Nervi supraorbitales, leichtes Kneifen beider Musculi trapezii und der Wadenmuskeln gelingt meist zunächst eine Seitendiagnose des Krankheitsherdes, da der Zufall selten an allen drei Stellen der gleichen Seite lokal bedingte Schmerzen entstehen läßt. Die genauere Untersuchung beginnt dann mit den drei Trigeminusaustrittspunkten, den Nervi occipitales und den Bulbi. Man prüft weiter LIBMANS Ohrpunkt (Nervus auriculotemporalis), die Zungenhälften (mit einer Nadel), die Hals-, Schulter-, Gürtelmuskeln (Sternocleidomastoideus, Scaleni, Trapezius, Pectoralis, Trizeps), die Erectores trunci, die Intercostales und die Recti abdominis auf Spannung und Hyperalgesie. Schließlich werden Psoaspunkte und Waden (Gastrocnemius) untersucht. Sind die Waden ein- oder beidseitig hyperalgetisch, dann sollen auch die übrigen Sacralzonen (Perianalgegend, Oberschenkelinnenflächen, Musculi adductores, Sohlenmitte, Zehenrücken) betrachtet werden. Bei einiger Übung läßt sich durch diese einleitende Orientierung in wenigen Minuten die betroffene Körperhälfte erkennen.

Das weitere Vorgehen richtet sich nach der Seite des Krankheitsbefalles. Sprechen die Halbseiten-Fernreflexe z. B. für die rechte Körperhälfte, so ist vor allem an die rechte Lunge oder Pleura, an Leber-, Gallen- oder Appendixerkrankungen sowie an eine rechtsseitige Nieren- oder Adnexerkrankung zu denken. Ähnliches gilt für den Befall der linken Körperhälfte. Sind — wie besonders im Sacralgebiet — beide Seiten gleichmäßig befallen, muß an Uterus, Prostata, Harnblase, Hämorrhoiden usw. gedacht werden.

Alle hier beschriebenen Veränderungen können bei Fällen mit hochaktiven Herden leicht beobachtet werden. Diese bilden aber die Minderzahl der Krankheitsprozesse. Wesentlich häufiger sind Formes frustes anzutreffen. Hier ist noch keine Halbseitenabwehr vorhanden und eine Hyperalgesie der oberflächlichen und tiefen Schichten läßt sich nur mit großer Übung oder unter Verwendung oft zahlreicher Untersuchungsmethoden eindeutig feststellen. Die Zuordnung derartiger Zonen zu ihren entsprechenden Visceralorganen erfordert dann wieder weitere moderne Laboratoriumsuntersuchungen und nicht so selten läßt sich trotz aller Mühe jahrelang keine Krankheitsursache für eindeutige pathologische Oberflächenareale finden.

Anderseits bestehen immer wieder schwerste Erkrankungen von Visceralorganen, ohne daß es zu Hyperalgesien an der Körperoberfläche käme. Dies trifft vor allem bei torpiden Naturen zu und ist überhaupt die Regel bei Patienten mit höherem Alter. Kinder und Jugendliche zeigen wieder sehr häufig lebhafte Phänomene, die sich gerne auf die ganze Seite ausdehnen und bei stärkeren Reizen wie ein leises Echo symmetrisch auf der anderen Körperhälfte auftreten.

Die Feststellung eventueller Spannungsvermehrung der Körperoberfläche erfolgt durch *Palpation* der entsprechenden Segmente. Man berührt dabei zunächst mit der Volarfläche der Endglieder der wenig gebeugten Finger unter leichtem Druck die Haut und versucht, neben der eigentlichen Tastempfindung noch ein Gefühl für eventuell vorhandene besondere Spannungsvermehrungen zu erreichen. Nach einiger Übung wird man sehr häufig über den erkrankten Segmenten eine deutliche, wenn auch oft nur sehr geringe Resistenzvermehrung feststellen können. Dieser Widerstand ist weich, elastisch, gespannt, aber durchdrückbar und ähnelt demjenigen, der bei der Betastung einer Gummimembran, eines gepolsterten Stuhles oder einer Matratze empfunden wird [1]. WÜNSCHE [28] unterscheidet noch feiner zwischen a) derber Quellung oder Schwellung, b) derber Eindellung und c) weicher Schwellung des Unterhautgewebes. Der erstere Zustand ist nicht nur mit dem Auge zu erkennen (S. 68), sondern ist auch vor allem durch das eben erwähnte Resistenzgefühl mit dem Finger zu tasten. Die derbe Eindellung erweckt bei der Palpation den Eindruck einer Verhaftung des Gewebes in der Tiefe, als ob die kollagenen Fasern, die Haut und Körperfascien miteinander verbinden, im ganzen kontrakt geworden wären. Die weiche Schwellung wird bei allen akuten Erkrankungen gesehen. Hierbei hat der tastende Finger kein Resistenzgefühl, sondern vermittelt den Eindruck eines weichen, „wabbeligen" Gewebes. Diese Tastbefunde lassen sich mit dem Elastometer objektivieren, das in die derbe Schwellung nur wenig, in die weiche Schwellung aber sehr tief einsinkt.

Auch mit der Bindegewebsmassagetechnik können solche Zustände erkannt werden. Die Verhaftung der bindegewebigen Verschiebeschichten (derbe Eindellung) wird am Rücken des aufrecht sitzenden Patienten geprüft, da sich die Verschiebbarkeit zwischen Unterhaut und Körperfascie nur bei angespannter Muskulatur zuverlässig erfassen läßt. Man prüft entweder durch flächiges Verschieben der Unterhaut gegen die Fascie am Gesäß, an den Hüften und am unteren Rücken oder durch Wegziehen einer Hautfalte (senkrecht gegen die Fascie) am Brustkorb und am Schultergürtel [25]. Auch mit der Strichtechnik gelingt es, diese Zonen zu finden. Man zieht den in einem Winkel von 40 bis 60 Grad aufgesetzten dritten und vierten Finger 2 bis 3 cm seitlich von L_5 aufwärts in Richtung auf C_7. Bei erhöhter Spannung des Gewebes ist ein deutlicher Widerstand gegen das Durchziehen zu verspüren. Es muß mehr Kraft angewendet werden und es geht wesentlich langsamer. Der Patient selbst empfindet in diesen hyperalgetischen Zonen beim Aufheben der Hautfalten ein dumpfes Druckgefühl und bei der Strichtechnik ein scharfes Schneiden, als ob mit dem Fingernagel gearbeitet würde. Gelegentlich tritt auch hier an Stelle des hellen Schneidegefühls ein dumpfes Druckgefühl auf, das meistens mit der Bezeichnung „das tut aber weh" spontan gekennzeichnet wird und als Fehlschaltung aufgefaßt werden muß [25].

Während man auf die vorhergehende Weise Einblick in den Zustand des subcutanen Fettgewebes erhalten konnte, gelingt es durch Ausübung stärkeren Druckes, den Spannungszustand der Muskulatur zu erforschen. Die eigentliche *tiefe Hyperalgesie* wird auf die gleiche Art wie die zahlreichen bisher angegebenen Druckpunkte (MUSSEYsche Druckpunkte, MACBURNEY usw.) bestimmt. Man durchsucht die Muskulatur mit festem Druck des Zeige- oder Ringfingers und fragt den Patienten nach schmerzenden Stellen, die dann häufig eine Ausstrahlungstendenz zeigen (S. 165). Bei älteren Veränderungen sind an diesen Stellen nicht nur Spannungserhöhungen der Muskulatur (S. 169), motorische Wellen (S. 169), sondern auch richtige Myogelosen zu tasten. Durch Palpation mit steilgestellten Fingern lassen sich bei kreisenden Bewegungen nach KOHLRAUSCH [24] häufig feine, meist nur strohhalm- bis bleistiftdicke, wenige Zentimeter lange Muskelstreifen tasten, die zwar deutlich härter als das gesunde Muskelgewebe sind, aber unterschiedlich zu alten narbigen Veränderungen auf Druck noch Gegenspannungen fühlen lassen. Sie werden als muskuläre Maximalpunkte bezeichnet. Krankhaft sind sie nur dann, wenn sie auf Druck heftigen, meist von reflexartigen Abwehrbewegungen begleiteten Schmerz verursachen [24]. Sie dürften mit den „Triggerpoints" von GOOD und den Nervenpunkten von CORNELIUS weitgehend identisch sein.

Die für die Therapie wichtige Unterscheidung gegenüber den Myogelosen, die einen Folgezustand der muskulären Maximalpunkte darstellen dürften und denen schon organische Veränderungen der Myofibrillen zugrunde liegen, beruht vor allem auf der härteren Konsistenz und dem weniger tiefgehenden, mehr flächenhaften Schmerz der letzteren. Die Myogelosen springen über den tastenden Finger hinweg und bleiben auch in Narkose erhalten, wo die muskulären Maximalpunkte nicht nachweisbar sind. Diese zeigen auch in Abhängigkeit von den befallenen Organen und Gelenken besondere Prädilektionsstellen, deren Lage nur geringe individuelle Schwankungen aufweist. Ihre Kenntnis ist für die Diagnose des jeweiligen Krankheitsherdes unerläßlich. Sie werden im Abschnitt über das Stützgewebe und bei den einzelnen Organen im Detail besprochen.

Auch bei der Prüfung auf tiefe Hyperalgesie läßt sich neben den muskulären Maximalpunkten bei einiger Übung eine deutliche Erhöhung des Widerstandes großer Muskelabschnitte gegenüber der gesunden Seite bzw. den unbeteiligten Segmenten nachweisen. Sie zeigt die Ausdehnung des gesamten befallenen Segmentes an. Dieser Widerstand ist im Vergleich zum Oberflächenwiderstand wesentlich härter, gibt aber doch nach, ohne daß es bei vorsichtiger Druckpalpation zur Ausbildung eines plötzlich vermehrten Muskeltonus käme.

Erst bei der sogenannten *Stoßpalpation*, einer ruckartig ausgeführten harten Palpation, kommt es zur reflektorischen Anspannung der Muskulatur, die sich im kranken Gewebe infolge der gesteigerten Reflexerregbarkeit leichter und vor allem auch in stärkerem Grade einstellt. Hier muß man sich ebenfalls erst durch Übung an normaler Muskulatur die Erfahrung für eine pathologisch erhöhte Reflexerregbarkeit mit schnellerem Einsatz und stärkerer Anspannung der Muskelkontraktur erwerben.

Einen weiteren Weg zur Beurteilung des Spannungszustandes von Subcutangewebe und Muskulatur stellt die *Tipperkussion* dar. Sie wurde von GRGURINA entwickelt [54]. Man beklopft mit der volaren Fläche der Endphalange des Zeige- oder Mittelfingers leise und kurz die entsprechenden Hautareale und kann auf diese Weise aus Tastempfindung und Ton über den entsprechenden Arealen pathologische Spannungserhöhungen feststellen. Manche Untersucher erhielten ein ungeahnt differenziertes Fingerspitzengefühl und konnten innerhalb der allgemeinen Seitenspannung nicht nur die Segmentbegrenzung herausfühlen, sondern auch noch Maximalpunkte finden.

Zur Bestätigung der manuell erhobenen Befunde kann in Zweifelsfällen die Temperaturmessung in den jeweiligen Muskelabschnitten mit der Nadelelektrode herangezogen werden. Sie liefert oft überraschend niedrige Temperaturen, die auf den gestörten Blutdurchfluß hinweisen und allein schon die langsam einsetzende, oft beträchtliche Muskelatrophie erklären könnten. Daneben kann auch im Elektromyogramm das Auftreten von Spikes beobachtet oder der Muskeltonus bestimmt werden (S. 161f.).

Neben der Muskulatur müssen auch *Knochen* und *Gelenke* auf eine etwaige Hyperalgesie untersucht werden. So läßt sich sehr häufig durch Druck auf die Dornfortsätze entlang der Wirbelsäule festlegen, welche Segmente erkrankt sind (Abb. 30). Allerdings darf nur der Schmerz bei kräftigem Druck verwertet werden. Periosterkrankungen, Verletzungen oder Entzündungen führen meist zu wesentlich stärkeren Schmerzen der befallenen Wirbelkörper; diese werden außerdem spontan wahrgenommen und lassen sich durch viel leichteren Druck erzeugen. In Zweifelsfällen muß die Differentialdiagnose durch Röntgenuntersuchung gestellt werden.

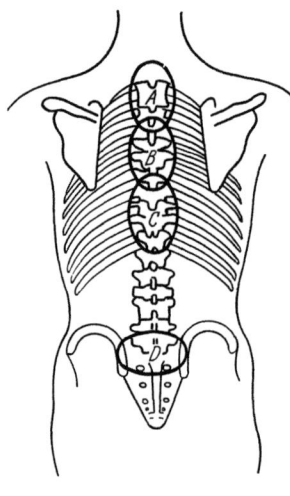

Abb. 30. Zonen, in welchen an Dornfortsätzen Schmerzen auftreten können: *A* bei Herzleiden; *B* bei Magenerkrankungen; *C* bei Leberkrankheiten; *D* bei Erkrankungen des Rectums und des Uterus. Die in den einzelnen fetten Linien zusammengefaßten Wirbelgruppen *A*, *B*, *C*, *D* werden bei den genannten Krankheiten empfindlich

Gerade die Druckschmerzhaftigkeit des Periosts ist ein sicherer Hinweis für den Behandlungsplan. Durch eine geeignete Periostmassage (S. 171) lassen sich in diesen Fällen oft überraschende Ergebnisse erzielen. Vor allem ist die Auswirkung des Herdes auf die einzelnen Wirbelkörper in Betracht zu ziehen. Zeigt das Störfeld eine Generalisierungstendenz in die benachbarten Segmente, sind häufig schon sehr frühzeitig die proximalen und caudalen Dornfortsätze ebenfalls druckempfindlich. Dasselbe ist bei der Ausbreitung von Segmenterkrankungen auf weit entfernt liegende Segmente der Fall, wie etwa bei Adnexerkrankungen, die zunächst mit einer Hyperalgesie von L_2, L_3 einhergehen und später auch C_4, C_5 befallen (S. 261), oder bei Gallenblasenerkrankungen, die sich von Th_7, Th_8 rechts auf C_4, C_5 ausbreiten. Auch hier werden die Dornfortsätze meist lange vor Befall des ganzen Segmentes mit allen Reflexstörungen empfindlich. Durch den Druck auf die Dornfortsätze ist uns also ein Mittel in die Hand gegeben, das für die Erforschung der Ausbreitungstendenz eines neurogenen Störfeldes dienen kann. In Zweifelsfällen kann die Hauttemperaturmessung über dem fraglichen Dornfortsatz Aufschluß geben, da sich sehr frühzeitig vasale Zonen (S. 75) über den erkrankten Wirbeln auszubilden pflegen. Die Änderungen der elektrischen Leitwerte hinken beträchtlich nach. Hier gilt dasselbe wie bei der Hyperalgesie der Haut (S. 71).

Auch die Gelenke pflegen oft Monate oder sogar Jahre vor Ausbruch einer klinisch faßbaren Erkrankung druckempfindlich zu werden. Dies trifft vor allem bei den kleinen Gelenken zu, aber auch die großen zeigen bei genauer Untersuchung häufig an den Rändern und den gelenknahen Sehnen- oder Muskelansätzen druckschmerzhafte Stellen als Vorläufer für ihre spätere Erkrankung. Sie treten gleichzeitig mit anderen Erkrankungszeichen im Segment auf und werden fast immer von vasalen Zonen der umgebenden Haut begleitet. Temperaturmessungen im Gelenksinneren zeigen sehr frühzeitige Abweichungen von der Norm als Zeichen für pathologische Gefäßreflexe. Gelegentlich eilen allerdings die trophischen Veränderungen an den gelenksnahen Knochenenden allen anderen Störungen weit voraus (S. 61, 130). Man sieht röntgenologisch oft schon deutliche Zeichen der beginnenden Arthritis, ohne daß Hyperalgesie, Temperatur und Leitfähigkeit sicher gestört wären. In späteren Stadien überwiegt die Störung der Trophik in allen Fällen bei weitem, so daß man zur Annahme verleitet wird, sie sei die Hauptursache für die Entwicklung der Gelenkserkrankung im pathologischen Segment.

Zeit und Mühe für die Fokussuche bei der Polyarthritis lohnen sich nur so lange, als einige wenige Segmente erkrankt sind oder bei akutem Befall noch keine trophischen Störungen gefunden werden können. In den späteren Stadien dürfte jedes Gelenk selbst zum Fokus werden und dadurch nicht nur die Propagation der pathologischen Reflexe und damit der Erkrankungsorgane, sondern auch die nervösen Zusammenhänge vollkommen unübersichtlich machen.

Dasselbe gilt für alle anderen Erkrankungen, wo es zu Gewebsveränderungen stärkeren Maßes gekommen ist. Diese können dann wieder zur Schädigung weiterer Organe führen und damit langsam aber sicher immer neue Erkrankungen bewirken. Auf diese Weise kommt die große Zahl derjenigen Patienten zustande, die eine Operation nach der anderen im Verlaufe ihres Lebens über sich ergehen lassen müssen und bei der Untersuchung eine Unzahl von hyperalgetischen und vasalen Zonen, Pigmentanomalien usw. aufweisen. Viele von ihnen klagen auch früher oder später über rheumatische Beschwerden, die dann auf eine Fibrositis, lokalisierte Spondylarthrose, Coxarthrose, Omarthrose usw. zurückgeführt werden können. So findet man nach Operationen am Urogenitalapparat häufig Fibrositiden im Lendenbereich, Spondylarthrosen der Lendenwirbelsäule mit symptomatischer Ischias oder sogar mit Pulposushernien, später kann es zur Ausbildung von Fibrositiden im Schultergürtel, zu Spondylarthrosen der Halswirbelsäule und zu Coxarthrosen, Gonarthrosen oder Omarthrosen kommen. Gallenblasenerkrankungen oder Cholecystektomien werden nicht selten von Spondylarthrosen der Brust- und Halswirbelsäule, von Omarthrosen oder Bursitiden im Schultergürtel sowie von Erkrankungen der rechten Hand gefolgt. Ähnliches gilt für Herzerkrankungen, Ulcera ventriculi et duodeni usw.

In allen diesen Fällen kann durch die Erkennung der Zusammenhänge und mit einer zielsicheren Therapie oft überraschend geholfen werden und der Patient von jahrelang anhaltenden und von vielen Ärzten vergeblich behandelten Beschwerden befreit werden. Außer der Beschwerdefreiheit wird dem Patienten aber etwas noch viel Wichtigeres geschenkt: nämlich die Unterbrechung des Circulus vitiosus, der, einmal begonnen, zu immer weiteren Übeln geführt hätte und früher oder später mit chronischem Siechtum einhergegangen wäre.

Versucht man sich aus allen im Kapitel über klinische Diagnostik angeführten Tatsachen praktische Richtlinien für die Fokusdiagnostik zu bilden, so könnten sie etwa folgendermaßen aussehen.

1. Der viscerale Fokus verursacht zunächst eine mehr oder weniger deutliche oberflächliche und tiefe Hyperalgesie in den Verzweigungsgebieten der afferenten Nervenbahnen des Segmentes, in dem er sich befindet, oder seltener in anderen oft weit entfernt liegenden, wo seine Hauptbahnen einmünden. Die Hyperalgesie kann fleckweise besonders ausgeprägt sein, was durch die Endaufzweigungen in der Haut oder Muskulatur der am meisten betroffenen afferenten Bahnen bedingt sein dürfte.

2. Er kann außerdem auf dem Wege über kurze Axonreflexe zu fleckförmiger oberflächlicher und tiefer Hyperalgesie innerhalb oder außerhalb des Segmentes führen.

3. Nach Zwischenschaltung motorischer Neurone vom Seitenhorn des Rückenmarks kann der Fokus weiterhin vasomotorische, sudomotorische, pilomotorische, trophische und Pigmentstörungen im motorischen Segment bewirken. Dieses deckt sich nicht immer mit dem sensorischen Segment.

4. Er kann außerdem nach Zwischenschaltung mehrerer Neurone zu Organreflexen führen.

5. Nach einiger Zeit kommt es in den befallenen Gewebsabschnitten zu bleibenden Elektrolytverschiebungen und pathologischen Stoffwechselvorgängen, wodurch die Schäden irreparabel werden und neue Foci entstehen können.

6. Bei länger dauernden pathologischen Reizleitungen können sich die Impulse über mehrere Synapsen im Rückenmark hinweg in andere Segmente fortpflanzen und dort wie der ursprüngliche afferente Impuls im ersten Segment Schäden setzen. Hierbei muß nicht immer das nächste oder kontralaterale Segment befallen werden, sondern es können auch weit entfernt liegende, wie z. B. C_4, C_5 bei Erkrankung von Th_6, Th_7, ergriffen werden. Häufig treten dann die Beschwerden im zuletzt erkrankten Segment in den Vordergrund. In der Regel bleiben aber alle Störungen der Herdseite mehr oder weniger erhalten, so daß es zum Syndrom der Halbseitenabwehr kommt.

7. Schließlich können auch die vegetativen Zentren im Zentralnervensystem erkranken, was vor allem zu typischen Stoffwechselveränderungen und Hormonverschiebungen führt, aber auch zentrale Hemmungen und Bahnungen der Reflexe zu beeinflussen vermag.

In Abb. 31 sind alle Möglichkeiten unter Beibehaltung der Nummern am Beispiel der Gallenblase bildlich dargestellt.

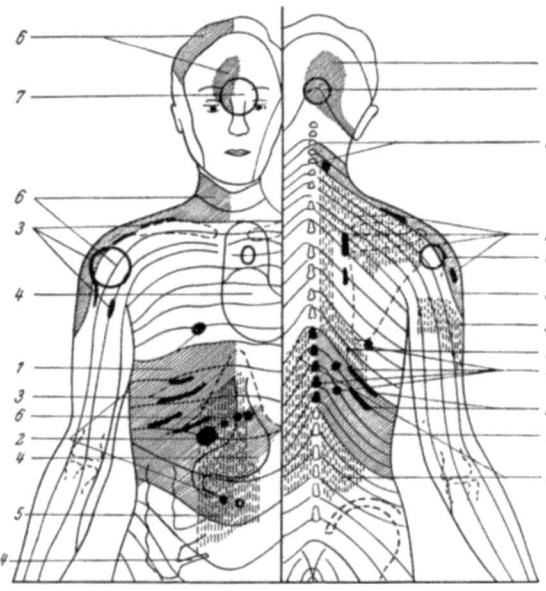

Abb. 31. Ausbreitungsmöglichkeiten eines Irritationsherdes in der Gallenblase. *1* Hyperalgesie im Segment; *2* Hyperalgesie über Axonreflexe; *3* vasomotorische, sudomotorische, pilomotorische oder Pigmentstörungen im motorischen Segment; *4* Organreflexe; *5* Fibrositis im sensorischen oder motorischen Segment; *6* reflektierte Zonen; *7* Zwischenhirnerkrankung

Es scheint deshalb folgender Untersuchungsgang am erfolgversprechendsten zu sein:

1. Beobachtung des Patienten auf sichtbare Zeichen von Störungsfeldern (Haltung, Kopf, Augen, Haut).

2. Anamnese auf Hyperalgesie, Temperaturempfindung, Krankheitsgefühl, zeitliche Ordnung der subjektiv empfundenen Störfelder und ihrer objektiven Charakteristika.

3. Prüfung auf:

          a) Hyperalgesie der Haut (Nadel, elektrisch)

Motorische vegetative Neurone
          b) Hauttemperatur: vasomotorische Fasern
          c) Schweißbildung: sudomotorische Fasern
          d) Piloarrektion: pilomotorische Fasern
          e) Pigment: coloratorische Fasern
          f) Trophik: trophische Fasern

Stoffwechsel-
störungen
- g) Hautwiderstand für Elektrolyte
- h) Sensorische Chronaxie: Catecholamine, H-Substanzen, Hypoxie
- i) Schmerzschwelle: Catecholamine, H-Substanzen, Hypoxie

4. Prüfung auf:

Motorische
vegetative
Neurone
- a) Hyperalgesie der Muskulatur: afferente Bahnen
- b) Temperatur der Muskulatur: vasomotorische Fasern
- c) Trophik der Muskulatur: trophische Fasern
- d) Muskeltonus (Elektromyogramm)

5. Prüfung auf:

Motorische
vegetative
Neurone
- a) Hyperalgesie der Knochen (Wirbelsäule und Gelenke): afferente Bahnen
- b) Temperatur in den Gelenken: vasomotorische Fasern
- c) Trophik der Knochen — Röntgen — trophische Fasern

6. Anästhesie des Herdes bei Zweifel über die Zusammengehörigkeit verschiedener Störungsfelder (s. bei den einzelnen Organen).

7. Schmerzerzeugung im Herd zur Sicherstellung des Zusammenhanges einzelner Störungsfelder. Hierfür bedient man sich entweder der Belastungsversuche oder der direkten Reizung durch Injektionen, Einführen von Ballons usw. (s. bei den einzelnen Organen).

8. Koordination aller Ergebnisse.

Die Neuraltherapie der Herderkrankungen

Es ist ausgeschlossen, im Rahmen dieses Buches alle therapeutischen Möglichkeiten von Fokalerkrankungen zu behandeln. Neben den chirurgischen Eingriffen muß auch die Verabreichung von Antibiotica, Antihistaminica, Hormonpräparaten, von Analgetica, müssen Diätverordnungen, allgemein roborierende Maßnahmen, Fieberkuren und vieles andere nur am Rande erwähnt werden. Obwohl auf alle diese Arten auch die nervösen Ausfallserscheinungen mehr oder weniger beeinflußt werden, zählen sie doch nicht zu den Methoden, die hier erwähnt werden sollen.

Die Neuraltherapie kommt vielen anderen internen Maßnahmen in ihrer Wirkung gleich und ist oft allein imstande, chronisches Siechtum aufzuhalten. Die primitiven Anfänge dieser Methodik stellten bis in die Neuzeit den wesentlichsten Teil jedes therapeutischen Vorgehens dar. Hierzu zählen die Heilmassagen, das Schröpfen, das Brennen, die Akupunktur und Moxibustion, die Bäderbehandlung, Umschläge aller Art und das Einreiben mit den verschiedensten Salben.

Erst in den letzten 50 Jahren ist vor allem durch das Aufkommen der Arzneimittelindustrie der Blick der Ärzte so einseitig auf die Chemotherapeutica gerichtet worden, daß sich eine gefährliche Lücke im medizinischen Wissen gebildet hat. Ohne Zweifel brachte die Chemotherapie einen gewaltigen Fortschritt in unseren therapeutischen Möglichkeiten, es gibt aber zahlreiche Krankheitsformen, die durch sie keineswegs beeinflußbar sind und die nunmehr überhandzunehmen drohen, da den Ärzten die richtige Einstellung zu ihnen und das nötige therapeutische Rüstzeug verlorengegangen sind. So muß vor allem immer wieder betont werden, daß viele der sogenannten Managerkrankheiten bei weitem nicht diese Verbreitung fänden, wenn ihre Anfangsstadien richtig erkannt und mit entsprechenden Segmentmassagen, Bäderbehandlungen, Schröpfköpfen, Novocaininfiltrationen usw. behandelt würden. Angina pectoris, Ulcus ventriculi et duodeni, Gallen- und Nierensteine sowie die meisten rheumatischen Erkrankungen können nicht selten durch diese Maßnahmen besser und anhaltender beeinflußt werden als mit der bisherigen medikamentösen Therapie. Die großen Erfolge mancher Ärzte und Heilkünstler bei vielen Patienten, die jahrelang vergeblich Hilfe suchten, sind fast immer auf die zielbewußte Anwendung derartiger Maßnahmen zurückzuführen, denen der Großteil der übrigen medizinischen Welt verständnislos gegenübersteht. Schon PRIESSNITZ, KNEIPP und ZEILEIS verdankten ihre Erfolge der bewußten Anwendung solcher Maßnahmen zu einer Zeit, die in das Extrem der Chemotherapie auszuschlagen begann.

Von solchen Gesichtspunkten aus gesehen und in Abhängigkeit vom Ergebnis der Fokusdiagnostik ist das hier zu erörternde therapeutische Bestreben einerseits auf die Beseitigung der pathologischen afferenten Schmerzimpulse und der daraus resultierenden Hyperalgesie ausgerichtet, anderseits auf die möglicherweise vorhandenen krankhaften efferenten vasomotorischen, sudomotorischen, pilomotorischen, coloratorischen und trophischen Fasern. Schließlich muß auch noch an die Beseitigung eventueller Folgeerscheinungen langanhaltender Dysreflexien dieser Fasersysteme gedacht werden. Hierzu zählen Fibrositis, derbe und weiche Schwellung des Bindegewebes, Verhaftungen des Bindegewebes, Myogelosen, Periostalgien usw.

Ohne Zweifel stellt die *Beseitigung der afferenten Schmerzimpulse* einen wichtigen Schritt in der Behandlung von Fokalerkrankungen dar. Nach unserem bisherigen Wissen sind diese Impulse ja die einzige Ursache für alle auf reflektorischem Wege entstehenden Störungen.

Die Idee, daß auch afferente Impulse existieren, die keinerlei Empfindungen in uns auslösen, sondern nur auf dem Reflexwege zu vasomotorischen, trophischen oder anderen Störungen führen, ist allerdings nicht von der Hand zu weisen. Sie könnten ähnlich wie fragliche, im Vagus afferent verlaufende Impulse, die eine Reihe von Reflexmechanismen auszulösen vermögen, an Stelle des Schmerzes nur Nausea, Schwindelgefühl und ähnliches vermitteln.

Die Beseitigung der afferenten Schmerzimpulse erfolgt am besten direkt im Schmerzursprung (Fokus). Dies ist aber häufig nicht möglich, da der Fokus entweder nicht exakt lokalisiert werden kann oder dem Eingriff nicht ohne weiteres zugänglich ist. In solchen Fällen muß eine Unterbrechung der afferenten Bahnen auf dem Weg ins Rückenmark erstrebt werden. Sie ist in der Regel um so wirksamer, je näher sie beim Fokus erfolgt. Fast immer kommt es nämlich zur Aufteilung der pathologischen Fasern, wobei sowohl somatische Nerven als auch Gefäße oder efferente viscerale Bahnen als Träger benützt werden. Eine Blockierung der Hinterwurzel im Segment des Fokus ist dann nur mehr von teilweisem Erfolg begleitet, da vor allem die mit den Gefäßen verlaufenden Fasern nicht mehr so streng segmentgebunden sind. Tab. 5 zeigt den segmentalen Eintritt der afferenten vegetativen Fasern, dessen Kenntnis für eine erfolgversprechende Neuraltherapie über die Spinalganglien unumgängliche Voraussetzung ist. Er ist bei vielen Organen nicht mit dem häufigsten Austritt der zugeordneten efferenten Fasern identisch, wie aus Tab. 6 ersichtlich ist. Diese Tabelle wurde vor allem nach Angaben von Chirurgen zusammengestellt, die bei Operationen die einzelnen Organe durch Lokalanästhesie in den entsprechenden Segmenten ausschalten. Sie stimmt an vielen Stellen nicht mit den gebräuchlichsten Zuordnungen der Neuraltherapeuten überein, die in der Regel wesentlich weniger Segmente für das Organ angeben. Anscheinend besitzt dieses bevorzugte Segmente für pathologische Impulsbahnen. Immerhin kann die Tabelle eine

Tabelle 5. *Segmentaler Eintritt afferenter vegetativer Fasern* [110]

Organ	Gegend des assoziierten Oberflächenschmerzes	Dorsalmark 1	2	3	4	5	6	7	8	9	10	11	12	Lumbalmark 1	2	Sacralmark 1	2	3	Periphere viscerale Innervation
Herz	Präcordium, Innenseite des Armes	+	+	+	+	?													Rami cardiaci zum Sympathicus und Vagus; Phrenicus
Lunge	Schultern und obere Brust		+	+	+	+													Rami pulmonales des Sympathicus und Vagus; Phrenicus
Magen-Duodenum	Epigastrium, Rückenmitte						?	+	+										Splanchnicus major, Vagus; Phrenicus
Leber und Gallenblase	Rechter Oberbauch und rechte Scapula							?	+	+	+								Splanchnicus major, Vagus; Phrenicus
Dünndarm	Nabelgegend									+	+	?	+						Splanchnicus major, Vagus
Dickdarm mit Rectum	Unterbauch, Anus Sacralgegend									?	?	+	+	+	+	+	+	+	Splanchnicus minor und Hypogastricus; Pelvicus
Niere und Ureter	Lende, Leiste										+	+	+	+	?				Splanchnicus minor, Plexus renalis, Rami lumb. sup.
Blase	Unterbauch, Perineum, Penis													+		+	+	+	Hypogastricus, Pelvicus

Handhabe für weitere therapeutische Versuche bilden, wenn die Behandlung der üblichen Stellen zu keinem Erfolg führt. Ihre Daten sind deshalb in allen folgenden Therapieschemata neben den üblichen in Klammern beigefügt.

Schließlich ist noch die Anästhesie der an der Körperoberfläche oder in der Muskulatur befindlichen hyperalgetischen Zonen zu erwägen. Diese Behandlungsart

Tabelle 6. *Segmentale Versorgung der Eingeweide mit sympathischen afferenten, efferenten und mit parasympathischen Fasern*

Organ	Sympathisch afferent	Sympathisch efferent	Parasympathisch
Aortenbogen	$C_7 - Th_1$ links	Th_1	
Herz	$Th_1 - Th_5$ beiderseits	$Th_1 - Th_8$	Vagus
Lunge	$Th_1 - Th_4$ rechts, links	$Th_1 - Th_7$	Vagus
Oesophagus oben	$Th_1 - Th_5$ rechts, beiderseits	$Th_1 - Th_6$	Vagus
Oesophagus unten	$Th_6 - Th_8$ rechts	$Th_5 - Th_8$	Vagus
Zwerchfell	$Th_1 - Th_4$ beiderseits	$Th_1 - Th_4\ C_4 - C_5$	Vagus
Leber	$Th_5 - Th_{10}$ rechts, beiderseits	$Th_5 - Th_{11}\ C_4 - C_5$	Vagus
Gallenblase	$Th_6 - Th_9$ rechts	$Th_6 - Th_9\ C_4 - C_5$	Vagus
Pankreas	$Th_6 - Th_{10}$ links, beiderseits	$Th_5 - Th_{10}$	Vagus
Milz	$Th_4 - Th_9$ links, beiderseits	$Th_4 - Th_{10}$	Vagus
Magen: Fundus	$Th_4 - Th_6$ links	$Th_4 - Th_6$	Vagus
Corpus, Antrum	$Th_7 - Th_9$ rechts	$Th_5 - Th_9$	Vagus
Duodenum	$Th_5 - Th_8$ rechts	$Th_5 - Th_8$	Vagus
Oberer Dünndarm	$Th_5 - Th_8$ links	$Th_5 - Th_8$	Vagus
Dünndarm, Jejunum, Ileum	$Th_7 - Th_{11}$ beiderseits	$Th_5 - L_1$	Vagus
Dickdarm	$Th_8 - L_3$ beiderseits	$Th_7 - L_3$	Vagus
Iliocoecalregion, Appendix	$Th_{10} - Th_{12}$ rechts	$Th_9 - Th_{12}$	Vagus
Colon ascendens, Flexura dextra	$Th_9 - Th_{12}$ rechts	$Th_9 - L_1$	Vagus
Colon transversum	$Th_8 - L_1$ rechts	$Th_8 - L_1$	Vagus
Colon descendens	$L_1 - L_3$ links	$L_1 - L_4$	$S_2 - S_4$
Sigmoid und Ampulla recti	$S_1 - S_4$ beiderseits	$L_1 - L_3$	$S_2 - S_4$
Nieren	$Th_{10} - L_1$ rechts, links	$Th_{10} - L_2$	Vagus
Harnleiter	$L_1 - L_5$ rechts, links	$Th_{10} - L_5$	$S_2 - S_4$
Blase: Fundus	$Th_{10} - L_1$ beiderseits	$Th_9 - L_1$	$S_2 - S_4$
Trigonum	$S_1 - S_4$	$L_1 - L_2$	$S_2 - S_4$
Prostata	$S_1 - S_4$ beiderseits	$L_1 - L_2$	$S_2 - S_4$
Corpus uteri	$Th_{10} - L_2$ beiderseits	$Th_{10} - L_2$	$S_2 - S_4$
Cervix	$S_1 - S_4$ beiderseits	$L_1 - L_2$	$S_2 - S_4$
Vagina	$L_5 - S_4$ beiderseits	$L_5 - S_4$	$S_2 - S_4$
Ovarien	$Th_{10} - Th_{12}$ rechts, links	$Th_{11} - L_1$	Vagus
Tuben	$Th_{12} - L_1$ rechts, links	$Th_{11} - L_2$	$S_2 - S_4$
Testis	$Th_{10} - Th_{11}$ rechts, links	$Th_{10} - L_1$	Vagus
Epididymis	$Th_{12} - L_1$ rechts, links	$Th_{10} - L_1$	$S_2 - S_4$
Vas deferens	$L_1 - L_3$ rechts, links	$L_1 - L_3$	$S_2 - S_4$

ist am wenigsten wirksam, stellt aber als leichteste Methode auch die älteste im Rahmen der Neuraltherapie des Schmerzes dar. Durch diesen Eingriff werden die kranken Bahnen in das Zentralnervensystem wohl nicht unterbrochen, dafür kommt es aber zu einer Reduzierung der Summe aller Empfindungen, die durch normale und pathologische Impulse in den Fasern des erkrankten Organs geleitet werden.

Scheinbar kann das Gehirn nicht unterscheiden, ob afferente viscerale Impulse eines Nervenstammes von seinen Aufzweigungen im Eingeweidetrakt, den Knochen, den Muskeln oder in der Haut kommen. Nimmt man nun als normale Summe dieser Impulse ein beliebige Zahl, z. B. $4+4+4+4 = 16$, und als krankhafte $7+4+4+4 = 19$ an, dann wird das Gehirn keinen Schmerz registrieren, wenn die Summe wieder auf 16 gebracht wird, egal ob dieses Ziel durch tatsächliche Reduzierung der krankhaft erhöhten Eingeweideimpulse von 7 auf 4 oder durch Verminderung z. B. der Hautimpulse von 4 auf 1 zustande kommt, was bei Novocainanästhesie der Subcutis der Fall ist. Umgekehrt kann der Schmerz bei Reizung der Haut und Erhöhung der zu dieser Aufzweigung geleiteten Impulse von z. B. 4 auf 6 noch beträchtlich gesteigert werden. Die Gesamtsumme beträgt dann 21.

Die Wahl der richtigen Eingriffsart ist deshalb für den therapeutischen Erfolg genau so wichtig wie die Bestimmung des Eingriffsortes.

Der Vorgang für die Beseitigung der afferenten Schmerzimpulse besteht zunächst in der Infiltration des fraglichen Fokus oder dessen Umgebung mit einem Lokalanästheticum, bei gefährlichen Stellen mit Luft oder physiologischer Kochsalzlösung. Nach 5 bis 10 Minuten läßt man sich das Resultat vom Patienten mitteilen. Ist dieses negativ, wurde keine vollkommene Schmerzfreiheit erreicht oder ist die Infiltration des Fokus nicht möglich, versucht man als nächstes die von diesem Fokus ins Rückenmark ziehenden somatischen, rein vegetativen oder mit den Gefäßen ziehenden Nerven an den Stellen zu unterbrechen, wo sie am wenigsten entfernt vom Fokus zugänglich werden. Hierbei werden stets Teilerfolge erreicht, die nunmehr weiter ausgebaut werden müssen, wobei auch an Axonreflexe gedacht und Nervendruckpunkte behandelt werden sollen. Als letzte Station werden die hinteren Wurzeln des betroffenen und der jeweiligen anliegenden Nachbarsegmente blockiert (S. 96). 5 bis 10 Minuten nach jeder Anästhesie wird der Patient nach seinen nunmehrigen Schmerzen gefragt; nach dem Ausfall dieser Befragung und eventueller Prüfungen auf Hyperalgesie werden die weiteren Behandlungen vorgenommen. Dabei erlebt man sehr häufig, daß die Schmerzen ober- oder unterhalb derjenigen Zonen angegeben werden, wo sie vorher gespürt wurden, oder an ganz neuen Stellen des Körpers auftauchen. Dies ist darauf zurückzuführen, daß der ursprüngliche Schmerz in den Maximalzonen den weniger starken Schmerz der Umgebung und in Reflexzonen übertönte. Die nervöse Propagation des Fokus ist damit wesentlich größer, als zunächst, meist infolge zu oberflächlicher Untersuchung, angenommen wurde. Es sind also auch die von diesen Arealen wegführenden vegetativen Nervenbahnen zu blockieren. Dies wird am zweckmäßigsten durch Infiltration von hyperalgetischen Zonen und Nervendruckpunkten, die dort gefunden werden, und durch Blockade der Hinterwurzeln der entsprechenden Segmente sowie durch Umspritzung der zugehörigen Arterien erreicht. Vollständige Schmerzfreiheit ist oft nicht in der ersten Sitzung erreichbar, wenn zu viele Punkte der Reihe nach behandelt werden müßten oder wenn es schon zu anderweitigen Schädigungen gekommen ist (S. 95). Auch bei längeren Intervallen zwischen den einzelnen Sitzungen ist aber in vielen Fällen ein Erfolg durchaus möglich.

Die Beeinflussung der efferenten Nervenbahnen und damit der Reflexvorgänge, die durch die afferenten Impulse ausgelöst werden, ist wesentlich schwieriger, da sie bereits über mehrere Segmente verteilt zu sein pflegen oder gar über das Zwischenhirn Allgemeinreaktionen und Organreflexe auslösen. Bei jeder Untersuchung der Reflextätigkeit des autonomen Nervensystems muß außerdem bedacht werden, daß dieses seine Wirkungen entsprechend dem physiologischen Zustand des Gewebes zur Zeit des Experiments variiert. Somit können gelegentlich konträre, sehr häufig aber in ihrer Intensität äußerst verschiedene Reaktionen bei peinlich genau eingehaltenen Versuchsbedingungen erhalten werden.

Eine für die Entstehung von Fokalerkrankungen wichtige Funktion des autonomen Nervensystems stellt seine Beeinflussung des Gefäßsystems dar. Überschießende reflektorische periphere Vasokonstriktionen oder Vasodilatationen treten vor allem bei Rheumatikern nach vielen Reizen, wie Kälte, Schmerz, Belastung usw., verhältnismäßig leicht auf und verursachen dann entweder die bekannten Digiti mortui oder das Brennen in den Fingern.

Da man guten Grund für die Annahme eines kausalen Zusammenhanges zwischen dieser erhöhten Reflexbereitschaft und der langsamen Entwicklung von Gelenksveränderungen besitzt, würde eine sympathische Denervation der oberen oder unteren Extremität etwa im Sinne der SMITH-WICKschen Operation in Form einer präganglio-

Tabelle 7. *Efferente Sympathicusfasern in den Vorderwurzeln*
(Nach den Angaben von O. FOERSTER im Handbuch
Zugehörige Dermatome,

Seitenhorn-zellen der Rückenmark-segmente	Dilatator pupillae	Glatte Muskeln der Orbita	Trige-minus	C_2	C_3	C_4	Arm						
							C_5	C_6	C_7	C_8	Th_1	Th_2	Th_3
C_8	×	×	+	o+	o+	o+							
Th_1	××	××	o+	o+	o+	o+							
Th_2	×	×	o+	o+	o+	o+							
Th_3			o	o	o	o	o+ −	o+ −	o+ −	o+ −	o+ −	o+ −	+ −
Th_4							o+ −	o+ −	o+ −	o+ −	o+ −	o+ −	o+ −
Th_5							o+ −	o+ −	o+ −	o+ −	o+ −	o+ −	o+ −
Th_6							o+ −	o+ −	o+ −	o+ −	o+ −	o+ −	o+ −
Th_7							o	o	o	o	o	o	o
Th_8													
Th_9													
Th_{10}													
Th_{11}													
Th_{12}													
L_1													
L_2													
L_3	individuell sehr verschieden, etwa wie L_2												
	Dilatator pupillae	Glatte Muskeln der Orbita	Trige-minus	C_2	C_3	C_4	C_5	C_6	C_7	C_8	Th_1	Th_2	Th_3
	Umschaltung im G. cervicale superius						G. stellatum						

○ Schweißsekretion; + Kontraktion der

nären Durchschneidung die Therapie der Wahl bei beginnender primär chronischer Polyarthritis darstellen. In der Tat verursacht die Sympathektomie eine unmittelbare Vasodilatation mit Anstieg der Hauttemperatur. Leider kommt es sehr bald nach der Operation zu einer erhöhten Empfindlichkeit des Gewebes für Noradrenalin, wodurch ein Gutteil des Operationseffektes zunichte gemacht wird.

Eine andere Operationsmöglichkeit mit demselben Erfolg ist die von LERICHE erstmalig angegebene perivasculäre Sympathektomie, wobei die Tunica adventitia des Hauptgefäßes über eine kurze Strecke abgelöst wird. Da nicht alle postganglionären Nerven entlang der Subclavia an den oberen Extremitäten oder der Iliaca an den unteren Extremitäten peripherwärts ziehen, sondern auch mit den Nervengeflechten der Gliedmaßen bis in Hände und Füße wandern, wo sie sich dann auf die distalen Äste des Gefäßbaumes verteilen, ist die oft klinisch einwandfrei erreichte Wirkung schwer verständlich. Möglicherweise unterscheidet sich doch der entlang der großen Gefäßstämme verlaufende Sympathicus von den anderen Ästen durch die Fähigkeit der Produktion bisher noch unbekannter konstriktorischer Hormone. Damit wäre ein Analogon zur Annahme einer vasodilatatorischen Substanz geschaffen, die bei der Aktivierung von Muskelfasern freigesetzt werden muß, da sich trotz Sympathektomie immer wieder zeigen läßt, daß es bei Betätigung der Muskulatur zu einer ausgeprägten Hyperämie kommt.

Für den Internisten ist die paravertebrale Blockade in den erkrankten Segmenten oder die Infiltration des Ganglion stellatum, coeliacum usw. das

der Spinalnerven, soweit bekannt
der Neurologie von BUMKE-FOERSTER, *Bd. 5)*
in denen der Erfolg auftritt

Th₄	Th₅	Th₆	Th₇	Th₈	Th₉	Th₁₀	Th₁₁	Th₁₂	L₁	L₂	L₃	L₄	L₅	S₁	S₂	S₃	S₄	S₅	
																			C₈
																			Th₁
																			Th₂
																			Th₃
O+	O+	O+																	Th₄
O	O	O	O	O	O														Th₅
O	O	O	O	O	O														Th₆
O	O	O	O	O	O														Th₇
	O	O	O	O	O	O													Th₈
		O	O	O	O	O													Th₉
+	+	O+	O+	O+	O+	O+	O+	O+	O+	O+	O+	O+							Th₁₀
									−	−	−	−	−	−	−				
				O	O	O	O	O+	O+	O+	O+	O+	O+	O+					Th₁₁
									−	−	−	−	−	−	−				
			O+	O+	O+	O+	O+	O+	O+	O+	O+	O+	O+	O+	O+				Th₁₂
									−	−	−	−	−	−	−				
					O	O	O+	O+	O+	O+	O+	O+	O+	O+	O+	O+			L₁
									−	−	−	−	−	−	−				
						O+	O+	O+	O+	O+	O+	O+	O+	O+	O+	O+			L₂
									−	−	−	−	−	−	−				
																			L₃
Th₄	Th₅	Th₆	Th₇	Th₈	Th₉	Th₁₀	Th₁₁	Th₁₂	L₁	L₂	L₃	L₄	L₅	S₁	S₂	S₃	S₄	S₅	

Grenzstrangganglien
Arrectores pilorum; — Vasokonstriktion

Mittel der Wahl für die Beeinflussung der efferenten Bahnen, besonders der Vasomotoren. Schließlich können noch Umspritzungen der Arterien, intraarterielle Injektionen, Umspritzungen der Hirnnerven, subcapitale Ganglioninjektionen, epidurale und präsacrale Infiltrationen usw. herangezogen werden.

Bei den paravertebralen Blockaden und Ganglioninfiltrationen muß bedacht werden, daß die spinalen Seitenhornsegmente, deren Ausschaltung ja angestrebt wird, da sie das Zentrum der pathologischen Reflexe darstellen, regelmäßig über mehrere Grenzstrangganglien wirken. Ihre vollständige Isolierung ist damit nur durch gleichzeitige Infiltration mehrerer Grenzstrangganglien möglich.

Tab. 8 zeigt die Verteilung der Grenzstrangganglien in bezug auf die spinalen Seitenhornsegmente nach FOERSTER [20]. Außerdem verhalten sich die Sudomotoren, Pilomotoren und Vasokonstriktoren in den einzelnen Seitenhornzellen der Rückenmarksegmente nicht gleich, so daß auch hier je nach der beabsichtigten Wirkung verschieden weit infiltriert werden muß (Tab. 7). In der Regel genügt aber die Unterbrechung der Hauptbahnen des Segmentes für den gewünschten Effekt. Die übrigbleibenden pathologischen Impulse vermag der Körper dann anscheinend allein zu isolieren. Bei einmal erreichtem Erfolg kann man

Tabelle 8.
Distribution der Grenzstrangganglien in bezug auf die spinalen Seitenhornsegmente [20]

Seitenhornsegment	Cervicale Grenzstrangganglien	Thoracale Grenzstrangganglien	Lumbale Grenzstrangganglien	Sacrale Grenzstrangganglien
C_8	G. c. s.			
Th_1	G. c. s.			
Th_2	G. c. s.			
Th_3	G. c. s.	$Th_1\ Th_2\ Th_3$		
	G. c. m.			
	G. c. inf.			
Th_4	G. c. m.	$Th_1\ Th_2\ Th_3\ Th_4$		
	G. c. inf.	$Th_5\ Th_6$		
Th_5	G. c. inf.	$Th_1 - Th_9$		
Th_6	G. c. inf.	$Th_1 - Th_9$		
Th_7	G. c. inf.	$Th_1 - Th_9$		
Th_8		$Th_5 - Th_{11}$		
Th_9		$Th_6 - Th_{12}$	L_1	
Th_{10}		$Th_7 - Th_{12}$	$L_1 - L_5$	
Th_{11}		$Th_9 - Th_{12}$	$L_1 - L_5$	$S_1 - S_2$
Th_{12}		$Th_{10} - Th_{12}$	$L_1 - L_5$	$S_1 - S_5$
L_1		$Th_{11} - Th_{12}$	$L_1 - L_5$	$S_1 - S_5$
L_2		Th_{12}	$L_1 - L_5$	$S_1 - S_5$
L_3				$S_1 - S_5$

das Infiltrationsareal mehr und mehr einengen, bis man die pathologischen Impulsbahnen findet, die dann mit nur wenigen Injektionen immer wieder unterbrochen werden können (S. 95). Da man trotzdem häufig dem Patienten zu viele Injektionen bis zur Erreichung des gewünschten Erfolges zumuten müßte, verwenden wir an ihrer Stelle gerne Impulsschall- und Ionomodulatorbehandlungen (S. 173), die in der Regel für die gewünschte partielle Anästhesie (S. 92) der hinteren Wurzeln, der meisten somatischen Nerven und der Hals- und subcapitalen Ganglien ausreichen. Ihr Applikationsort entspricht stets der Einstichstelle für die Novocaininfiltration.

Bei Versagern muß auch der Möglichkeit Rechnung getragen werden, daß entfernt liegende Seitenhornsegmente über afferente Bahnen erregt werden, die mit Gefäßen oder somatischen Nerven aus dem kranken Segment austreten (S. 184). Ihre Isolierung erfordert dann dieselben Maßnahmen wie diejenige des hauptsächlich erkrankten Seitenhornsegmentes, wenn die afferente Bahn nicht gleich gefunden und unterbrochen werden kann.

Während für die Unterbrechung der Schmerzbahnen allein die subjektiven Angaben des Patienten das Erfolgskriterium bilden, müssen hier gelegentlich auch objektive Untersuchungsmethoden für die Auffindung des erstrebten Injektionspunktes herangezogen werden. Hierzu zählen vor allem Messungen der Hauttemperatur an Stellen, die infolge ihrer Erkrankung deutliche Temperaturunterschiede gegenüber der Umgebung aufweisen, Schweißversuche, die Kontrolle pathologischer Piloarektionswellen (S. 77) usw. Die Beeinflussung der coloratorischen und trophischen Fasern läßt sich beim derzeitigen Stand unseres Wissens nur durch Abwarten des Therapieerfolges beurteilen. Da in der Regel alle durch den afferenten Impuls erregten vegetativen Fasern gemeinsam mit den vasomotorischen in der vorderen Wurzel austreten und zum Grenzstrang ziehen, kann man sich zunächst auf Temperatur- oder plethismographische Messungen für die Erfolgsbeurteilung verlassen. Vorhandene Schmerzen schwinden selbstverständlich auch bei der paravertebralen Blockade, da sie fast immer durch Hypoxie bedingt sind. Es können aber auch pathologische Reflexabläufe vorhanden sein, ohne daß ein Schmerz empfunden wird, oder dieser ist auf andere Stellen lokalisiert, wie bei krankhaften Reflexvorgängen, die etwa zur Entwicklung von Digiti mortui, einer beträchtlichen Hyperhydrosis, Sklerodaktylie, SUDECKschen Atrophie usw. führen. Man wird sich also bei gleichzeitigem Vorhandensein von Schmerz und Erkrankung auf den Schmerz als Leitsymptom für die Beurteilung des therapeutischen Erfolges einer paravertebralen Blockade, epiduralen Infiltration usw. verlassen, muß aber auch anderseits in der Lage sein, beim Fehlen dieses Symptoms oder bei unverläßlichen Angaben des Patienten durch Temperatur- und plethismographische Messungen den Erfolg zu objektivieren.

Da bei frischeren Erkrankungen allein schon durch die Unterbrechung der afferenten Bahnen bis zur Schmerzfreiheit alle pathologischen Reflexvorgänge aufgehoben und damit auch Hauttemperatur oder plethismographische Werte vorübergehend normalisiert werden, kann in der Regel auf die zusätzliche Behandlung der efferenten Bahnen verzichtet werden. Ist dies aber doch notwendig, weil es schon zu schwereren organischen Veränderungen im Erfolgsorgan gekommen ist, die eine Behandlung durch Blockade weiterer nicht direkt vom Fokus beeinflußter efferenter Bahnen benötigen oder weil die Unterbrechung der afferenten Bahnen vom Fokus nicht so vollkommen gelang, daß alle pathologischen efferenten Impulse aufgehoben wurden, kann man wieder den Schmerz als Erfolgskriterium nehmen, da die Vasodilatation im Gefolge der Unterbrechung der Vasomotorenbahnen die Hypoxie im erkrankten Gewebe und damit eine der wichtigsten Schmerzursachen beseitigt.

Nur bei solchen krankhaften Veränderungen, die mit vasomotorischer Hyperreflexie ohne deutliche Schmerzempfindung einhergehen, verwendet man Hauttemperaturmessungen für die Auffindung der geeigneten Einstichstelle. Man fixiert nach sorgfältiger Bestimmung der krankhaften Hauttemperaturareale in einem Raum mit konstanter Temperatur und Luftfeuchtigkeit an diesen Stellen Thermoelektroden und kontrolliert die Temperaturänderungen nach den verschiedenen Eingriffen.

Für die Ausschaltung der efferenten Bahnen werden zunächst paravertebrale Blockaden oder Ganglioninjektionen in den fraglichen Segmenten durchgeführt. Normalisieren sich Schmerzempfindung oder pathologische Meßwerte, ist kein weiterer Eingriff nötig. Kommt es zu keiner Angleichung an die Umgebung, wird der Nervus vagus blockiert und werden zunächst im Hauptsegment, dann in den anschließenden Segmenten Arterien umspritzt, Nervendruckpunkte und Periost massiert und hyperalgetische Areale hyperämisiert, bis die kranken efferenten Nervenbahnen gefunden sind. Fehlt der Erfolg in den Nachbarsegmenten, soll auch die Umspritzung entfernt liegender Arterien nicht vergessen werden, da manche pathologischen Reflexvorgänge von weither kommen können. Bleiben die Symptome weiter unverändert, müssen alle fraglichen Foci der Reihe nach, wie oben beschrieben, isoliert werden; ihr Einfluß auf die vasomotorische Hyperreflexie muß überprüft werden.

Das Mittel der Wahl für die Nervenblockaden und Anästhesie von Haut und Muskulatur ist *Novocain* oder *Xylocain* in den verschiedenen Handelsformen. Über die zahlreichen anderen, in letzter Zeit in den Handel gebrachten Novocainderivate, ihre verschiedene Wirkungsdauer und -stärke sowie Toxizität s. bei KILLIAN [73]. In vielen Fällen genügt auch die bloße Infiltration mit Luft oder physiologischer Kochsalzlösung für die Beeinflussung der dünnen C-Fasern des vegetativen Nervensystems. Dies ist besonders dort zu beachten, wo Novocain zu gefährlichen Komplikationen führen kann (S. 96ff.) und keine Ausschaltung der Sensibilität erreicht werden muß.

Abgesehen von den uralten lokalen Schmerzbetäubungen mit mehr oder weniger tauglichen Mitteln behauptete HILTON [55] als erster, daß oberflächliche Schmerzen, obwohl sie von entfernten Ursachen abhängen können, manchmal durch „Lokalanästhetica", wie Blausäure, Coniin (gefleckter Schierling), Belladonna und Opium, erleichtert werden können. Aber erst durch CARL KOLLER [107] wurde im Jahre 1881 mit der Einführung von Cocain in die Augenheilkunde zur Anästhesie der Hornhaut die Ära der Lokalanästhesie eröffnet. Das Novocain wurde 1905 von EINHORN [108] bei Merck in Darmstadt entwickelt und in die Behandlung eingeführt. Zunächst machten sich vor allem die Chirurgen die Schmerzausschaltung durch dieses weitaus harmlosere Medikament zunutze. BRAUN [109] konnte durch Adrenalinzusatz eine wesentliche Wirkungssteigerung erzielen und damit das Interesse breiter Ärztekreise an dieser neuen Methode der Schmerzbekämpfung erwecken. Die Internisten standen diesem Medikament lange Zeit abwartend gegenüber. 1926 beschrieb LEMER [56] erstmalig eine Schmerzbefreiung im Bauch durch bloße Infiltration der Haut mit einer Novocainlösung. Zwei Jahre später veröffentlichten WEISS und DAVIS [57] unabhängig von LEMER [56] ihre Ergebnisse mit subcutanen Novocaininfiltrationen. Danach wurden nach Novocaininfiltrationen von Hautpartien, die infolge visceraler Erkrankungen hyperalgetisch waren, andere Hautpartien, die vorher schmerzlos schienen, plötzlich stark schmerzempfindlich. Sie führten dies darauf zurück, daß der viscerale Schmerz vielleicht zunächst an die empfindlichste Stelle des korrespondierenden Segmentes verlegt wird. Nach Beseitigung dieser Hyperalgesie wird er an die nächstempfindliche Hautstelle verlegt usw. Die Autoren ziehen für diese Ansicht vor allem die Beobachtung heran, wonach Patienten nach chirurgischen Eingriffen häufig ihren visceralen Schmerz um die Operationsnarbe herum zu verlagern pflegen. Ebenso wurden immer wieder Patienten beobachtet, die ihre anginösen Beschwerden an solchen Stellen empfanden, welche schon früher durch andere pathologische Prozesse, wie z. B. Abszesse des Unterkiefers oder Arthritiden, erkrankt waren. Sie konnten auch die Ansicht, daß Novocaininfiltrationen vielleicht über eine Allgemeinwirkung zur Schmerzlinderung führen, dadurch widerlegen, daß sie bei Schmerzzuständen ohne hyperalgetische Zonen in beliebige Abschnitte des Körpers Novocain in gleichen Mengen wie bei ihren anderen Patienten infiltrierten und hierbei keine Beeinflussung des Schmerzes fanden. Schließlich wiesen sie nach, daß Novocain die afferenten visceralen sympathischen Impulse nicht zu beeinflussen vermag, wenn mit ihm die entsprechenden Dermatome über den erkrankten Organen infiltriert werden, da bei einer Reihe von Patienten Hautinfiltrationen der hyperalgetischen Zonen wohl den Schmerz beseitigen, aber das schon früher beobachtete Erbrechen nicht verhindern konnten. Dies ist vor allem deswegen wichtig, weil das Erbrechen immer durch abnormal starke sympathische Impulse von Eingeweiden oder anderen Körperteilen verursacht wird, die mindestens bis in die Höhe der sensorischen Kerne des Vagus im 4. Ventrikel reichen. Obwohl kein Schmerz mehr gefühlt wird, müssen diese afferenten visceralen Impulse doch weiterhin im Rückenmark bis zu den höheren Zentren wandern. Trotzdem sie innerhalb des Tractus spinothalamicus ganz nahe neben den afferenten Impulsen der somatischen Hautnerven verlaufen, konnte durch deren Novocaininfiltration keine Beeinflussung erzielt werden. Die Autoren glauben aber an eine nahe Beziehung zwischen afferenten cutanen Impulsen und visceralen Funktionen, da bei Stimulierung bestimmter Hautareale die visceralen Funktionen eine deutliche Beeinflussung zeigen. Auch FREUDE [58] und MANDL [59] konnten nach paravertebraler Injektion von Novocain eine deutliche Rückbildung von Hypermotilität und Spasmen des Intestinaltraktes nachweisen.

RUDOLF und SMITH [60] sehen den Grund für die Wirkung der Novocainanästhesie auf reflektierte Schmerzen in der Unterbrechung des Reflexbogens zwischen dem somatischen und visceralen Teil. Sie glauben, die somatischen Neuronen müssen in einem gewissen sensorischen Tonus sein, bevor sie auf afferente Impulse, die von irritierten visceralen Organen von irgendwo anders herkommen, entsprechend reagieren können. Diese Spannung hängt aber von den normalen afferenten Impulsen ab, die von der Peripherie kommen. Werden sie durch Novocainanästhesie unterbrochen, so sind die Neuronen nicht fähig, pathologische Impulse der Visceralorgane zu empfinden. Sie weisen nun weniger Spannung auf und reagieren auch nicht so auf die Impulse, die von den irritierten Eingeweiden kommen. ADRIAN und ZOTTERMANN [61] wiesen nach, daß die Frequenz der ascendierenden Impulse in einem sensiblen Nerv normalerweise zwischen 7 und 100 pro Sekunde schwankt, was von der Intensität des Stimulus abhängt und daß diese Impulse durch Oberflächenanästhesie deutlich verringert werden. Auf der anderen Seite vermag das Ansteigen derartiger afferenter Impulse von der Körperoberfläche den Schmerz in tiefer liegenden Organen zu steigern, wie durch Vesikantien, Hautreizungen usw. deutlich nachgewiesen werden kann (S. 87, 124).

COHEN [62] wies ebenfalls nach, daß periphere Reize Schmerzen von den Eingeweiden verstärken können. Er glaubt, daß eine Unterbrechung der normalen Nervenimpulse wesentlich für die schmerzstillende Wirkung der Novocainanästhesie ist. Tragen die normalen ins Cerebrum strömenden Nervenimpulse wesentlich zur Summe der Impulse bei, die für die Überschreitung der Schmerzschwelle nötig ist, so beseitigt der Nervenblock den Schmerz. Ist anderseits die Impulsreihe vom Eingeweidetrakt schon so stark, daß sie die Schmerzschwelle selbst überschreitet, so kann ein Nervenblock an den somatischen Nerven wohl die Intensität des Schmerzes vermindern, vermag aber den gesamten Schmerzeindruck nicht zu beseitigen. Auch nach ihm sind die normalerweise sowohl von den somatischen als auch von den visceralen Nerven fortgeleiteten Impulse unterschwellig. Sie werden nur durch die pathologische Zunahme ihrer Stärke im Cerebrum empfunden und verursachen dann die bekannten Schmerzsensationen.

LEWIS [63] konnte den Schmerz der Angina pectoris nicht durch Anästhesie der Haut über dem Herzen mildern. Auch MCLELLAN und GOODELL [64] konnten den Schmerz, der durch Ureterdehnung entstand, durch Anästhesie der hyperalgetischen Haut am Abdomen nicht beeinflussen.

Die Wirkungslosigkeit mancher Novocaininfiltrationen ist am besten dadurch erklärlich, daß am Anfang jeder derartigen Erkrankung die bloße Reflexion des Schmerzes überwiegt, später aber eine Verschiebung auf die Seite der Hyperalgesie (Referred tenderness) zustande kommt, womit auch die Behandlung insofern wesentlich schwieriger wird, als hier schon durch Freisetzung chemischer Substanzen Schäden der Nervenendigungen entstanden sind, die entweder nicht mehr gebessert werden können oder lange Zeit bis zu ihrer Rückbildung brauchen. Auch nach WOLF [65] schädigen anhaltende Schmerzen den Organismus. Sie bewirken nicht nur eine Verminderung des Blutdurchflusses der Haut, sondern auch der Nieren und damit eine Herabsetzung der Harnausscheidung und können Änderungen der Herzfunktion hervorrufen, die im Elektrokardiogramm deutlich nachweisbar sind [66].

Somit lassen sich die vom Fokus ausgehenden krankhaften Veränderungen zeitlich in einen reflektierten Schmerz, eine bloße Hyperalgesie im Segment und in eine Hyperalgesie mit Veränderungen des Gewebes einteilen. Während im ersteren Falle die Unterbrechung der schmerzhaften Impulse auf dem Weg in das Zentralnervensystem für die Schmerzbefreiung nötig ist, da noch keine Empfindlichkeitssteigerung in der Haut nachgewiesen werden kann, man also die zugeordneten Zonen nicht kennt und eine Novocaininfiltration beliebiger Hautareale wirkungslos bleibt, hilft im zweiten Fall die Infiltration der nunmehr deutlich nachweisbaren hyperalgetischen Zonen sehr gut. Im dritten Stadium kann damit kaum mehr ein Auslangen gefunden werden, sondern man muß sich auf länger dauernde Behandlungen, wie Massagen, Badekuren, Elektrotherapie usw., einstellen. In allen Fällen hilft die Entfernung des Fokus am besten. Im dritten Stadium ist allerdings eine Nachbehandlung der bereits geschädigten Gewebsabschnitte für die Erzielung vollkommener Beschwerdefreiheit nötig.

So lassen sich Zahnschmerzen am besten dadurch beheben, daß die afferenten Impulse von der Schmerzquelle blockiert werden [67]. Schmerzen, die keine Hyperalgesie der Haut bewirken, können durch Novocaininfiltrationen desjenigen Areals, in dem sie empfunden werden, überhaupt nicht beeinflußt werden [44, 69]. Ist eine deutliche Hyperalgesie der Haut vorhanden, vermag eine subcutane Novocaininfiltration den Schmerz wohl beträchtlich zu lindern, meist aber nicht ganz zu beseitigen. Hat sich im Verlauf der Erkrankung eine Schwellung der Wange eingestellt, bleiben auch nach der Zahnextraktion wesentlich länger als normalerweise Restbeschwerden zurück.

Versucht man nach den bisherigen Ausführungen einen vollständigen *Behandlungsplan* als Zusatztherapie für einzelne Erkrankungen aufzustellen, so muß man sich zunächst darüber im klaren sein, ob nur ein Fokus isoliert oder schon ein erkranktes Organ behandelt werden soll. Während im ersten Fall auf die Unterbrechung der afferenten Bahnen vom Fokus das Hauptaugenmerk gelegt wird, ist bei der Behandlung von Organerkrankungen in erster Linie eine Beseitigung aller pathologischen Reflexe zu versuchen, mit deren Hilfe die Erkrankung aufrechterhalten wird. Man wird wohl wieder den auslösenden Fokus suchen, weiß aber, daß ihm nur noch untergeordnete Bedeutung zukommt, da schon zahlreiche organische Veränderungen als Sekundärherde bestehen, die auch nach Beseitigung des primären Fokus den nervösen Circulus vitiosus aufrechterhalten. Es müssen also vor allem sämtliche efferente Bahnen zum Organ unterbunden werden; im Rahmen dieses Therapieplanes ist auch die Isolierung oder Sanierung aller fraglichen Foci vorzunehmen, da sie efferente Impulse auslösen können, die der routinemäßigen Blockade entgehen.

Die Neuraltherapie hängt damit mehr vom Krankheitsstadium ab als vom Erkrankungsort. Nur das erstere entscheidet darüber, ob man noch mit einer einfachen Fokussanierung oder -isolierung zu heilen vermag oder nicht. Der kleinste Herd an jeder Körperstelle kann nach einiger Zeit zu zahlreichen Sekundärherden und bleibenden Veränderungen führen und damit die wesentlich schwierigere Organbehandlung nötig machen. Die Fokussanierung ist nicht Aufgabe der Neuraltherapie allein. Sie muß so schnell und radikal wie möglich mit allen Mitteln der Heilkunst versucht werden, wobei nötigenfalls die Neuraltherapie wie bei der Organbehandlung (s. unten) anzuwenden ist. Nur wenn diese versagen, soll die Isolierung des Fokus durch Unterbrechung seiner afferenten Bahnen angestrebt werden, der eigentlich in erster Linie diagnostische Bedeutung zukommt.

Demnach gelten folgende Therapieschemata:

1. *Fokus-Isolierung:*

a) Novocaininfiltration des Herdes;
b) Anästhesie der afferenten Bahnen in Herdnähe (viscerale und somatische Nerven, Arterien);
c) Anästhesie der hinteren Wurzeln im Herdsegment und seinen Nachbarn;
d) Anästhesie hyperalgetischer Areale im erkrankten Segment und in seinen Nachbarn (afferente Bahnen der Sekundärherde).

2. *Organbehandlung:*

a) Paravertebrale Blockade im Organsegment und seinen Nachbarn;
b) Ganglioninfiltration, Vagusblockade;
c) Umspritzung von Arterien oder intraarterielle Injektion;
d) Anästhesie der zugehörigen somatischen Nerven;
e) Lokaltherapie hyperalgetischer Areale, die mit dem erkrankten Organ in Beziehung stehen können (Fernreflex), in Form von Bindegewebs-, Periost- und Nervenpunktmassage, physikalische Therapie.

Zeit und Zahl der Novocaininfiltrationen, Impulsschall- und Jonomodulatorbehandlungen bis zur erstmaligen Erreichung der gewünschten Symptomfreiheit des Patienten hängen weitgehend von den anatomischen Kenntnissen des Arztes, seiner Injektionstechnik und vom Kontakt mit dem Kranken ab. Sind die wichtigsten Infiltrationspunkte einmal gefunden, werden sie auf einem entsprechenden Schema genau festgehalten und bei Wiederauftreten der Symptome neuerlich infiltriert. Der Patient kann nunmehr mit wenigen Stichen schmerzfrei gemacht werden und erlebt jedesmal von neuem das stufenweise Schwinden aller Beschwerden. Die Kenntnis dieser Stellen ist hierbei so entscheidend, daß ihre Lokalisation in jedem ärztlichen Attest bekanntgegeben werden sollte, um dem Patienten und einem anderen Arzt die schmerzhafte und mühsame Prozedur einer zweiten derartigen Untersuchung zu ersparen, die bei stärkeren individuellen Variationen und geringerer Erfahrung des Arztes nicht selten erfolglos verläuft.

Bei manchen Patienten ist die Propagationstendenz der pathologischen Impulse so stark, daß auch bei exaktester Anästhesie der einmal festgelegten Punkte und anfänglicher Beschwerdefreiheit nach einigen Behandlungen entweder keine Wirkung mehr erzielt werden kann oder neue Symptome auftreten, die durch die bisherigen Methoden nicht beeinflußbar sind. In diesen Fällen muß eine neue Bahnung der Impulse angenommen werden, die man nach sorg-

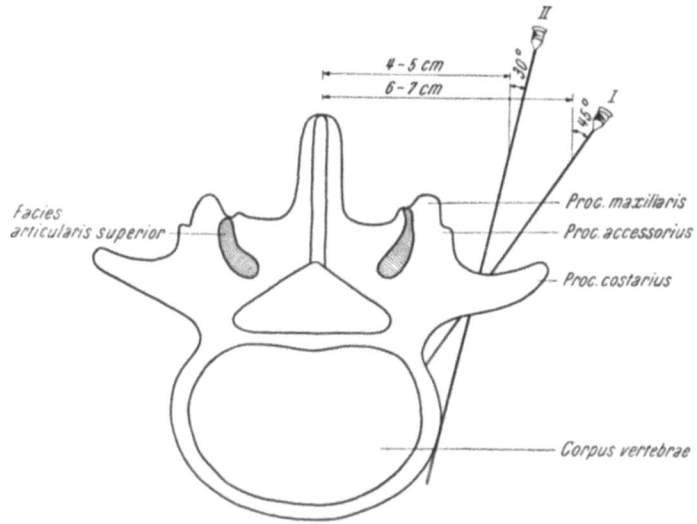

Abb. 32. Einstichrichtung für Infiltration der hinteren Wurzel (Spinalganglion): *I* und paravertebrale Blockade (Seitenstrangganglion): *II* in der Lendenwirbelsäule

fältiger Untersuchung und einigen Probeinfiltrationen für die endgültige Festlegung der entscheidenden Injektionsstelle ebenfalls ausschaltet. Immer soll auch bedacht werden, daß durch zu kurze Intervalle zwischen den einzelnen Infiltrationen Wundschmerzen an den Injektionsstellen entstehen können, die ihrerseits vorübergehend als neurogene Irritationszentren wirken.

In der Regel genügen zwei bis drei Anästhesien pro Woche, wobei jedesmal alle Punkte bis zur Schmerzfreiheit behandelt werden müssen, um den Patienten nach 10 bis 15 derartigen Serien auf die Dauer symptomfrei zu halten. Anscheinend werden Nervenfasern und Ganglienzellen durch so oft wiederholte Anästhesien soweit verändert, daß sie für längere Zeit nur eine wesentlich verminderte Anzahl von Impulsen vermitteln können [70].

Die *Technik* der wichtigsten Infiltrationen läßt sich durch bloße Beschreibung kaum erlernen. Sie muß durch viel Übung und Erfahrung angeeignet werden. Außerdem benötigt der Arzt ein feines Raumgefühl für die jeweilige Lage der Nadelspitze, das nicht erworben werden kann.

Trotzdem sollen die gebräuchlichsten Eingriffe der Reihe nach erwähnt werden, um als Wegweiser für jeden Interessierten zu dienen. Die Literaturangaben im Anschluß an jede Methode dienen der weiteren Vertiefung auf dem jeweiligen Gebiet. Sie enthalten genaue Beschreibungen der einzelnen Autoren über die von ihnen geübten Infiltrationstechniken.

Die Infiltration der hinteren Wurzeln (Paravertebralanästhesie). Da das Spinalganglion in der Incisura vertebralis inferior verborgen liegt, gelingt eine Infiltration der hinteren Wurzeln meist nur durch Diffusion eines Flüssigkeitsdepots, das an den unteren Rand des Wirbelkörpers in den Winkel zwischen Processus costalis oder

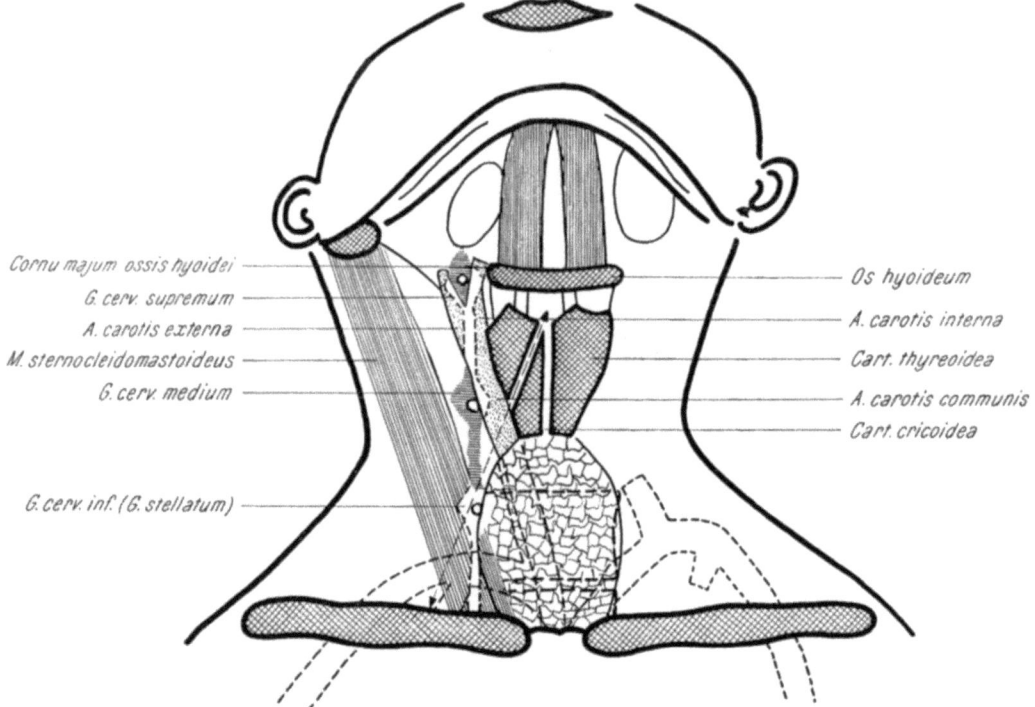

Abb. 33. Stellen für die Infiltration des Ganglion stellatum, des Ganglion cervicale medium und des Ganglion cervicale supremum

Processus transversus und Wirbelkörper gesetzt wird. In Abb. 32 ist die Einstichrichtung der Injektionsnadel an einem Lendenwirbelkörper dargestellt. Praktisch liegen dieselben Verhältnisse an den Brust- und Halswirbeln vor.

Man sticht zu diesem Zweck in einem Abstand von ungefähr 6 bis 7 cm paravertebral vom jeweiligen Processus spinosus mit einer 10 cm langen Nadel in die Haut ein und geht in einem Winkel von annähernd 45 Grad zur Sagittalebene gegen den Processus costalis, den man nach Knochenfühlung an seinem unteren Rand passiert. Nach neuerlicher Knochenfühlung im Abstande von $\frac{1}{2}$ bis 1 cm wird aspiriert und, wenn weder Blut noch Liquorflüssigkeit austritt, ein Depot von 20 bis 40 cm^3 physiologischer Kochsalzlösung gesetzt. Dieses genügt in der Regel vollauf für die Normalisierung des gestörten Elektrolythaushaltes der dünnen afferenten vegetativen Fasern und damit auch für die Beseitigung des Schmerzes. Es ist außerdem harmlos und bewirkt bei dieser wegen der Nähe zum Lumbalkanal gefährlichen Stelle keine Komplikationen. Nur in Ausnahmefällen, und zwar bei Zweifel am Therapieschema, werden für die Erzielung besonders signifikanter Wirkungen vorsichtig im Verlaufe von 10 Minuten 10 bis 20 cm^3 0,25%iges Novocain injiziert. Eine derartig langsame Injektion ist in diesem Falle unbedingt nötig, damit ein eventuelles Einsickern des

Novocains in den Lumbalkanal rechtzeitig erkannt wird. Die Infiltration wird am besten am liegenden Patienten vorgenommen und dieser vor allem bei Verabreichung der ersten 1 bis 2 cm³ nach Schwindel, Hustenreiz oder Atemnot befragt. Erst wenn diese Fragen eindeutig verneint werden konnten, fährt man weiter fort.

Bei Infiltrationen mehrerer Hinterwurzeln in einer Sitzung sollen in Abhängigkeit von der mehr oder weniger idealen Lage der Nadelspitze nur 5 bis 10 cm³ 0,25%iges Novocain pro Spinalganglion verwendet werden. Außerdem muß der Arzt bestrebt sein, womöglich in einem Zuge an die richtige Stelle zu gelangen. Nur auf diese Weise gelingt es ohne zu große Strapazen für den Patienten, vier bis fünf Spinalganglien auf einmal auszuschalten. Wird der Patient zu erregt oder sitzen die Injektionen nicht gut, verwendet man das noch verfügbare Novocain am besten für andere Injektionen im Rahmen des Therapieplanes. Weitere Literatur: [73 bis 76].

Die paravertebrale Blockade. Da sich der Grenzstrang nicht nur am seitlichen (BWS), sondern auch häufig am vorderen Rand des Corpus vertebralis befindet (LWS), wird auch hier die Nadelspitze zeitweise nur in seine Nähe kommen. Das Novocain gelangt durch Diffusion zu ihm und der therapeutische Effekt der Blockade ist um so größer, je näher das Depot zu den Ganglienzellen gebracht werden konnte. Man geht zu diesem Zwecke in einem Abstand von ungefähr 5 cm vom jeweiligen Processus spinosus mit einer 12 cm langen Blocknadel in die Haut des liegenden Patienten ein und tastet sich in einem Winkel von 60 Grad zur Sagittalebene (Abb. 32) bis zum Processus costarius vor, den man an seiner oberen Kante passiert, um nach einer Wegstrecke von 2 bis 4 cm wieder Knochenfühlung zu erhalten. Gewinnt man nicht den Eindruck, daß der Knochen tangential berührt wird, zieht man am besten die Nadel zurück und geht unter einem etwas steileren Winkel nochmals vor, wobei diesmal nach einer Wegstrecke von 2 bis 4 cm nicht mehr unbedingt Knochenfühlung erreicht werden muß. Nach negativem Aspirationsversuch, Injektion von 1 bis 2 cm³ Novocain und Befragung des Patienten (s. oben) setzt man im Verlaufe von 5 Minuten ein Depot von 10 bis 20 cm³ 0,5% Novocain.

Auch hier besteht die Möglichkeit, 4 bis 5 Seitenstrangganglien in einer Sitzung zu infiltrieren, wenn das Ganglion in einem Zuge erreicht wird und keine größeren Depots als 10 cm³ 0,5%iges Novocain gesetzt werden.

Gefahren weist die paravertebrale Blockade vor allem im Thoraxbereich auf, wo verhältnismäßig leicht die Pleura parietalis durchstochen werden kann und das Novocain in den Intrapleuralraum oder bei zusätzlicher Durchstechung der Pleura visceralis sogar in die Lunge kommt. Außerdem sind Phrenicus-Reizungen mit Hustenanfällen möglich. Weitere Literatur: [77 bis 79].

Die Blockade des Ganglion stellatum. Da dieses Ganglion meist an der Vorderseite des ersten Brustwirbelkörpers liegt, gelangt man am besten zu ihm, wenn von vorne eingestochen wird. Der Patient wird mit überstreckter Halswirbelsäule in Rückenlage gebracht, der Kopf leicht nach der gesunden Seite gedreht und Adamsapfel, Musculus sternocleidomastoideus und Clavicula für die Festlegung der Einstichstelle herangezogen. Wie aus Abb. 33 ersichtlich, zieht man eine Verbindungslinie vom Adamsapfel zum äußeren Rand des inneren Drittels der Clavicula. Wo diese Linie den vorderen Rand des Musculus sternocleidomastoideus schneidet, wird eingestochen. Die Nadelführung erfolgt lotrecht bis zur Knochenfühlung. In der Regel genügt für diese Zwecke eine Nadel, wie sie für intramuskuläre Injektionen verwendet wird. Bei Schilddrüsenvergrößerung geht man am besten etwas oberhalb der angeführten Stelle ein und versucht mit schräger Nadelführung an denselben Knochenpunkt zu gelangen. Auch hier muß nach negativem Aspirationsversuch und Injektion von 1 bis 2 cm³ 0,5%igem Novocain der Patient zunächst nach Schwindelgefühl, Herzsensationen und Atemnot befragt werden. Da vor allem die Herztätigkeit durch Stellatumblockaden beträchtlich beeinflußt werden kann, soll die Dauer der Depotsetzung (10 cm³ 0,5%iges Novocain) zumindest 5 Minuten betragen. Weitere Literatur: [76, 79, 80 bis 83].

Gefahren sind bei dieser Technik kaum gegeben. Sie bestehen in einer eventuellen Verletzung der Luftröhre, der Thyreoidea oder der Arteria carotis communis. Verhältnismäßig selten wird die Lungenspitze lädiert. Werden dünne Nadeln verwendet, verlaufen auch diese Zwischenfälle komplikationslos. Der Patient empfindet nur im Moment des Anstechens Beschwerden.

Die Infiltration des Ganglion cervicale medium. Da sich dieses Ganglion nur 2 bis 3 cm oberhalb des Ganglion cervicale inferior befindet, benützt man am besten die Einstichstelle für das Ganglion stellatum (s. oben), zieht die Nadel zurück und geht so weit schräg nach oben, bis man in einem Abstand von 2 bis 3 cm vom Ganglion stellatum wieder den Knochen berührt. Dort wird das Novocaindepot unter denselben Kautelen wie bei den anderen Ganglioninfiltrationen gesetzt, Abb. 34.

Die Infiltration des Ganglion cervicale supremum. Das Ganglion cervicale supremum ist von vorne kaum erreichbar, da es von der Arteria carotis externa und interna überdeckt wird. Seine Infiltration wird deshalb am besten von der Seite her durchgeführt. Man legt zu diesem Zweck einen Polster unter den Hals des auf dem Rücken liegenden Patienten und dreht den Kopf maximal nach seitlich oder rückwärts. Nunmehr versucht man das Cornu majum ossis hyoidei und die Massa lateralis atlantis zu tasten (Abb. 40) und halbiert die Verbindungslinie. Von dieser Stelle führt man eine dünne intramuskuläre Nadel auf dem kürzesten Weg zum vorderen Rand der Halswirbelsäule. Hat man Knochenfühlung erreicht, zieht man die Nadel ungefähr 1 cm zurück

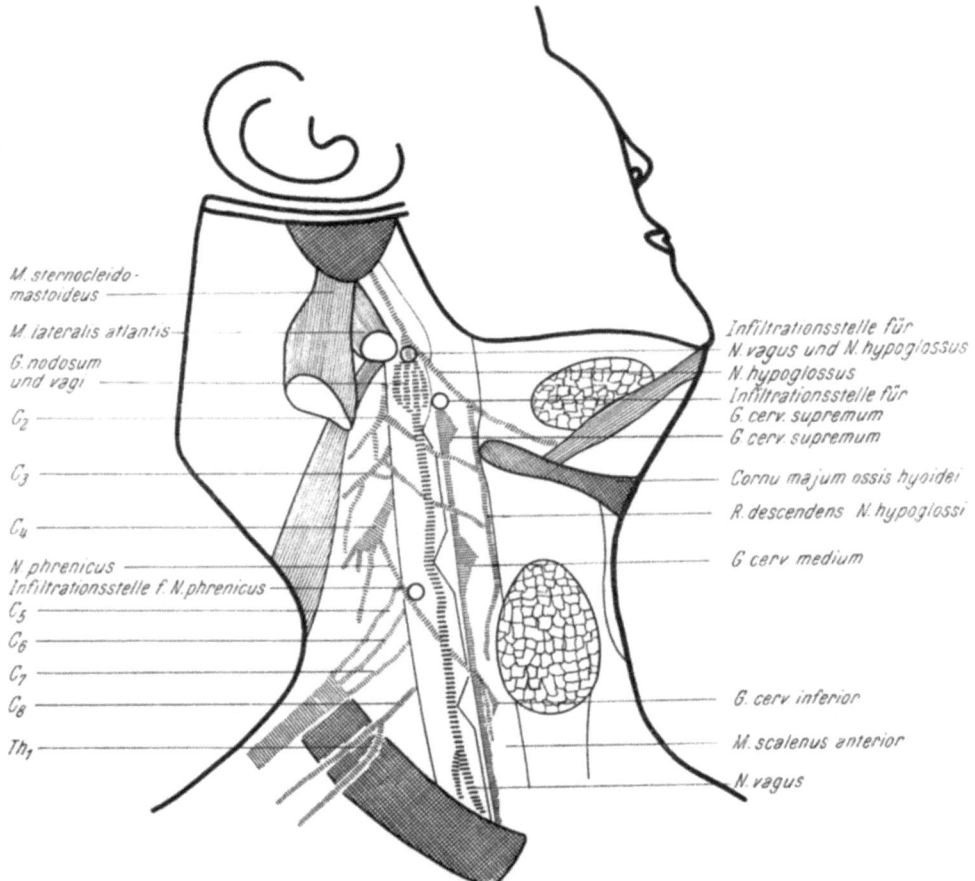

Abb. 34. Infiltrationsstellen des Ganglion cervicale supremum, Nervus vagus, Nervus hypoglossus und Nervus phrenicus

und setzt nach negativem Aspirationsversuch vorsichtig das Novocaindepot. Eine andere Möglichkeit der Infiltration des Ganglion cervicale supremum besteht darin, daß man von derselben schrägen Seitenlage des Kopfes ausgehend eine Verbindungslinie vom hinteren unteren Rand des Mastoids zum Cornu majum ossis hyoidei zieht (Abb. 33, 34), am oberen Rand des unteren Drittels dieser Verbindungslinie senkrecht auf den Musculus sternocleidomastoideus einsticht und in einer Tiefe von 4 bis 5 cm nach vorheriger Aspiration langsam das Novocaindepot setzt. Schließlich kann man auch noch in derselben Höhe vom hinteren Rande des Musculus sternocleidomastoideus schräg nach vorne in dieselbe Gegend stechen. Wurde das Ganglion cervicale supremum richtig infiltriert, kommt es zum HORNERschen Symptomenkomplex.

Die Gefahren dieses Eingriffes liegen vor allem in der Verletzung der Carotitiden und in einer eventuellen Perforation in den Pharynx. In beiden Fällen sind kaum ernste

Komplikationen zu befürchten, wenn dünne Nadeln verwendet wurden und höhergradige Arteriosklerosen sowie Patienten mit Blutungsbereitschaft ausgeschaltet werden. Weitere Literatur: [73].

Die Infiltration des Nervus vagus. Wie aus Abb. 34 ersichtlich, zieht der Nervus vagus knapp lateral am Ganglion supremum des Grenzstranges vorbei. Man braucht also für seine Infiltration nur etwas näher (2 cm) an die Massa lateralis atlantis heranzukommen und den kürzesten Weg zum Wirbelkörper zu suchen. Nach Knochenfühlung zieht man die Nadel 1 cm zurück und setzt vorsichtig des Novocaindepot. Durch diesen Eingriff wird auch meist das Ganglion nodosum erfaßt. Eine weitere Methode, bei der außer dem Nervus vagus auch *Nervus accessorius* und *Nervus glossopharyngeus*

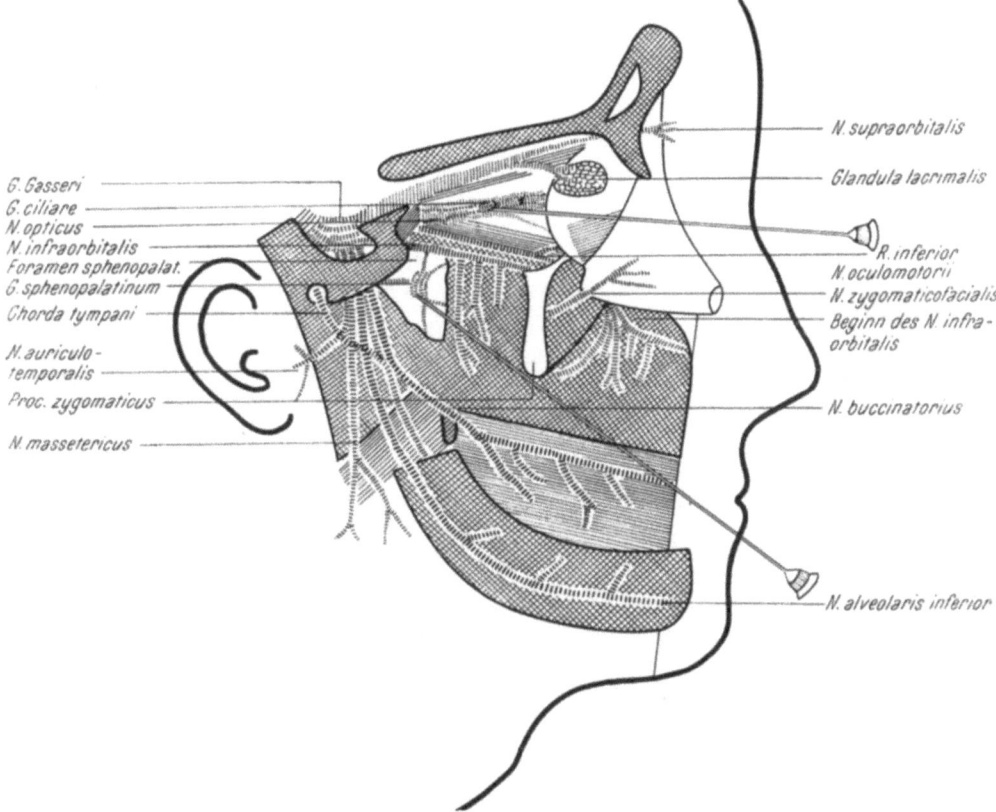

Abb. 35. Infiltrationsstellen des Ganglion ciliare und des Ganglion sphenopalatinum

ausgeschaltet werden, besteht darin, daß die Kanüle zwischen dem Gelenkfortsatz des Unterkiefers und dem Warzenfortsatz am Processus styloideus vorbei in Richtung des Condylus occipitalis 3 bis 4 cm tief vorgeschoben und dort 10 cm³ 0,5%iges Novocain injiziert werden.

Die Infiltration des Nervus lingualis und des Nervus mandibularis erfolgt am besten von außen, indem man die Nadel etwas vor dem Unterkieferwinkel einsticht und entlang der Innenfläche des aufsteigenden Unterkieferastes vorschiebt. Der Nervus mandibularis wird vor der Eintrittsstelle in seinen Knochenkanal blockiert, dann wendet man die Kanüle etwas mehr nach vorne und infiltriert den Nervus lingualis unter der Zungenflanke, wobei diese mit dem Zeigefinger der anderen Hand abgetastet wird, damit es nicht zur Perforation kommt.

Die Infiltration des Nervus hypoglossus. Dieser Nerv zieht direkt über dem Ganglion cervicale supremum vorbei. Seine Infiltration erfolgt demnach an derselben Einstichstelle wie beim Ganglion cervicale supremum, wobei die Nadel nicht 1, sondern 2 cm zurückgezogen wird (Abb. 34).

Die Infiltration des Nervus phrenicus. Der Nervus phrenicus zieht als unterster Ast des Plexus cervicalis ungefähr zwischen 6. und 7. Halswirbel über den hinteren Rand des Musculus scalenus anterior hinweg zu dessen Vorderfläche, um auf dieser dann senkrecht zur oberen Thoraxapertur zu gelangen (Abb. 24). Man geht deshalb bei seiner Infiltration am besten so vor, daß man in Höhe des 6. Halswirbels vom hinteren Rand des Musculus sternocleidomastoideus schräg nach innen in Richtung Musculus scalenus anterior ungefähr 4 cm vorsticht und dort nach vorsichtiger Aspiration langsam das Novocaindepot setzt.

Die Infiltration des Ganglion ciliare. Wie aus Abb. 35 ersichtlich, liegt das Ganglion ciliare auf der lateralen Seite ungefähr 1 bis 2 cm hinter dem Augapfel dem Nervus opticus an. Seine Infiltration gelingt deshalb am besten, wenn am lateralen unteren Rand der Orbita bei nach abwärts gezogener Lidspalte außerhalb des Augapfels nach rückwärts zur Spitze der Augenhöhlenpyramide gestochen wird. In einer Tiefe von 3 bis 4 cm setzt man bei negativer Aspiration und nach Beschwerdefreiheit bei Injektion von 1 bis 2 cm³ 0,5%igem Novocain das restliche Depot innerhalb von 5 Minuten (maximal 5 cm³ 0,5%iges Novocain).

Die Infiltration des Ganglion Gasseri erfolgt mit einer 10 bis 12 cm langen Nadel, die 3 cm seitlich des Mundwinkels zwischen Haut und Schleimhaut so eingeführt wird, daß sie entlang dem aufsteigenden Unterkieferast unter dem Tuber maxillae schräg aufwärts gelangt. Die Nadelrichtung soll dabei von vorne gesehen beim Blick geradeaus auf die Pupille, bei seitlicher Ansicht auf die Mitte vor dem Ohr über dem Kiefergelenk weisen, wo sich das Unterkiefergelenkköpfchen befindet. Ist das Foramen ovale erreicht, was an Parästhesien im Bereich des 3. Trigeminusastes deutlich erkennbar ist, wird die Nadelspitze noch 1 cm vorgeschoben und nach negativem Aspirationsversuch das Novocaindepot gesetzt. Wegen der großen Gefahr einer Perforation der Dura — erkenntlich an Abtropfen von Liquor, Erblindung, Entwicklung von Hornhautulcera, Abducensparese, Facialislähmung, Taubheit, Hypoglossuslähmung, Kaumuskelschädigung oder der Entwicklung trophischer Ulcera im Trigeminusgebiet — sollte diese Injektion nur nach strengster Indikationsstellung, womöglich unter Röntgenkontrolle [91] erfolgen und zunächst eine Durchspülung mit physiologischer Kochsalzlösung vorgenommen werden. Erst bei Erfolglosigkeit derselben spritzt man 2 cm³ einer 1%igen Novocainlösung nach. Die Anwendung stärkerer Konzentrationen muß dem Chirurgen vorbehalten bleiben. Weitere Literatur: [85 bis 91].

Die Infiltration des Ganglion sphenopalatinum. Dieses Ganglion liegt bekanntlich im Foramen sphenopalatinum und kann verhältnismäßig leicht erreicht werden, wenn man unterhalb der Crista zygomatico-alveolaris einsticht und schräg nach oben in Richtung Foramen sphenopalatinum vorgeht, bis der Patient deutlichen Nervenschmerz verspürt (Abb. 35). Nach vorsichtiger Aspiration infiltriert man nunmehr langsam 5 cm³ 0,5%iges Novocain.

Die Infiltration des Ganglion submaxillare. Wie aus Abb. 36 ersichtlich, liegt das Ganglion submaxillare gerade an der Stelle, wo der Nervus lingualis in die Mundhöhle abbiegt. Es ist an der Hinterwand des Rachens knapp unterhalb und medial von der Tonsille zu erreichen. Für seine Infiltration wird die Nadel etwas medial vom unteren Tonsillenpol angesetzt und bis zur Knochenfühlung vorgeführt. Nach Aspiration wird langsam ein Depot von 5 bis 10 cm³ 0,5%igem Novocain gesetzt.

Die Infiltration des Ganglion coeliacum. Wie aus Abb. 86 ersichtlich, befindet sich das Ganglion coeliacum knapp unterhalb des Zwerchfells zwischen beiden Nebennieren an der Vorderfläche des 12. Brust- und 1. Lendenwirbels. Seine Infiltration erfolgt deshalb wie die paravertebrale Blockade des 1. Lumbalsegments, wobei aber die Nadel um 1 bis 1,5 cm tiefer eingeführt werden soll. Wegen der großen Gefahr von Allgemeinreaktionen bei seiner vollständigen Ausschaltung [73, 91, 92] empfiehlt es sich, mit physiologischer Kochsalzlösung oder höchstens mit 10 cm³ 0,25%igem Novocain zu infiltrieren.

Die Infiltration des Ganglion mesentericum inferius. Dieses Ganglion liegt meist in Höhe des 3. Lendenwirbelkörpers auf dem ventralen Anteil der Aorta abdominalis. Es ist deshalb schwer von rückwärts zu erreichen, wenn man nicht die Aorta durchstechen will. Wir begnügen uns in der Regel mit einem ähnlichen Verfahren wie bei Infiltration des Ganglion coeliacum. Es wird wie bei der paravertebralen Blockade von L_3 und L_4 vorgegangen, die Nadel aber noch 1 bis 2 cm weiter vorgeschoben. Anschließend infiltriert man mit 20 bis 40 cm³ physiologischer Kochsalzlösung bis zum Verschwinden des Schmerzes. Ist das Ergebnis negativ, können noch langsam 10 cm³ 0,25%iges Novocain gegeben werden.

Die epidurale Infiltration. Sie wird am besten in gebückter Haltung des Patienten durchgeführt. Man sucht am Ende des Kreuzbeins das Cornu sacrale rechts und links und geht in der Mitte zwischen beiden über den Hiatus sacralis in den Canalis sacralis ein. Die Nadel soll nicht weiter als 8 cm vorgeschoben und das Novocain nur nach vorsichtigster Aspiration und einer längeren Pause zwischen den ersten beiden Kubikzentimetern langsam injiziert werden. Gewöhnlich verabreichen wir 10 bis 20 cm³ 0,5%iges Novocain im Verlaufe von 5 bis 10 Minuten.

Die präsacrale Infiltration. Der Kranke wird für diesen Eingriff in gynäkologische Stellung gebracht und die Beine in Knie- und Fußstützen fixiert. Anschließend wird etwa 2 cm seitlich und hinter der Steißbeinspitze auf der erkrankten Seite eingegangen und die Nadelspitze ungefähr 12 cm weit immer in Kontakt mit der Innenfläche des Kreuzbeins eingeführt. Bei abnormalen Verhältnissen oder geringer Übung empfiehlt es sich, den Weg der Nadel durch rectale Untersuchung zu verfolgen, um eine Perforation des Darmes zu vermeiden. Ist die Nadelspitze bis in Höhe des 1. bis 2. Foramen sacrale gelangt, werden nach vorsichtiger Aspiration 20 bis 40 cm³ einer 0,5%igen Novocainlösung injiziert. Weitere Literatur: [73, 90, 100].

Die transsacrale Infiltration entspricht in ihrer Wirkung der gewöhnlichen Sacralanästhesie und kann als Ersatz hierfür herangezogen werden, wenn letztere durch Obliteration des Hiatus oder andere anatomische Veränderungen nicht möglich ist.

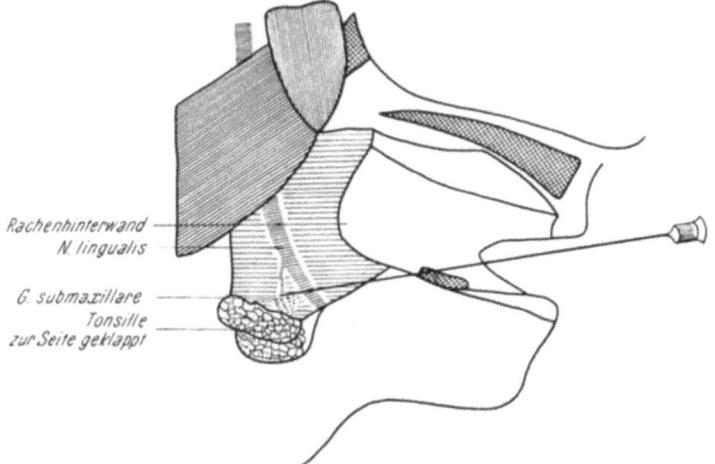

Abb. 36. Infiltration des Ganglion submaxillare

Sie ist aber auch für die bloße Ausschaltung vegetativer Impulse vom Urogenitalapparat besonders geeignet und sollte deshalb vom Internisten häufiger angewandt werden, wobei in der Regel sehr bald nur ein oder zwei für den Schmerz verantwortliche Foramina gefunden werden, so daß man sich später das Aufsuchen aller übrigen ersparen kann. Zunächst werden die Foramina sacralia 1 bis 4 auf jeder Seite des Kreuzbeins infiltriert. Man zieht sich hierfür eine Verbindungslinie zwischen der Spina iliaca superior und der Basis des Steißbeines dicht neben der Mittellinie. S_2 liegt dann einen Querfinger medial und einen Querfinger unterhalb der Spina iliaca posterior. S_1 liegt einen Fingerbreit höher als S_2, etwas lateral und tiefer. Die Foramina S_3 und S_4 liegen je einen Querfinger tiefer. Während die Kanüle für das Auffinden von S_1 in einem Winkel von 45 bis 60 Grad vorgeschoben werden muß, können die anderen durch eine fast senkrechte Führung zur Kreuzbeinoberfläche getroffen werden. Hierbei hört der knöcherne Widerstand plötzlich auf und die Nadelspitze dringt in eine tiefere Schichte ein. Fließt weder Blut noch Liquor ab, können jeweils 5 cm³ 0,25%iges Novocain injiziert werden, wobei die unteren Foramina eher weniger erhalten sollen. Weitere Literatur: [73, 90, 99, 101].

Die intraarteriellen Injektionen. Während Injektionen in die Arteria femoralis, poplitea, axillaris, brachialis oder radialis kaum einer Anleitung bedürfen, muß die Technik der intraarteriellen Injektionen in die *Aorta abdominalis* doch näher angeführt werden, da sie bisher noch wenig geübt wird.

Man geht je nach dem therapeutischen Problem oberhalb oder unterhalb der Nierenarterien ein, wobei die Nadel auf der Höhe des 1. oder 3. Lendenwirbeldornfortsatzes angesetzt wird. Der Abstand von der Medianlinie soll 10 cm betragen, der Winkel zur Sagittalebene 60 Grad. Sobald man auf den Querfortsatz trifft, wird dieser cranial umgangen und die Nadel so lange weitergeführt, bis man fühlt, daß sie seitlich am Wirbelkörper vorbeigeglitten ist. Beim Durchstoßen der Vertebralfascie spürt man einen Widerstand, der sich von demjenigen, den die Aorta entgegensetzt, dadurch unterscheidet, daß keine Pulsation fühlbar ist. Hat man die pulsierende Aorta gefunden, wird sie durchstochen, was an dem plötzlichen und völligen Widerstandsverlust deutlich wahrnehmbar ist. Man führt nun die Nadel so weit ein, daß ihre Spitze etwa 1 cm innerhalb des Gefäßvolumens zu liegen kommt. Nach einer vorsichtigen Probeinjektion kann nunmehr das gewünschte Medikament langsam injiziert werden (Abb. 37). Die Komplikationsmöglichkeiten derartiger Eingriffe bestehen vor allem in Thrombose oder Blutungen an der Punktionsstelle. Sie können durch Verwendung möglichst dünner Nadeln weitgehend vermieden werden. Bei wiederholten Injektionen, wie sie im Rahmen der intraarteriellen Therapie nötig sind, kommt es fast regelmäßig

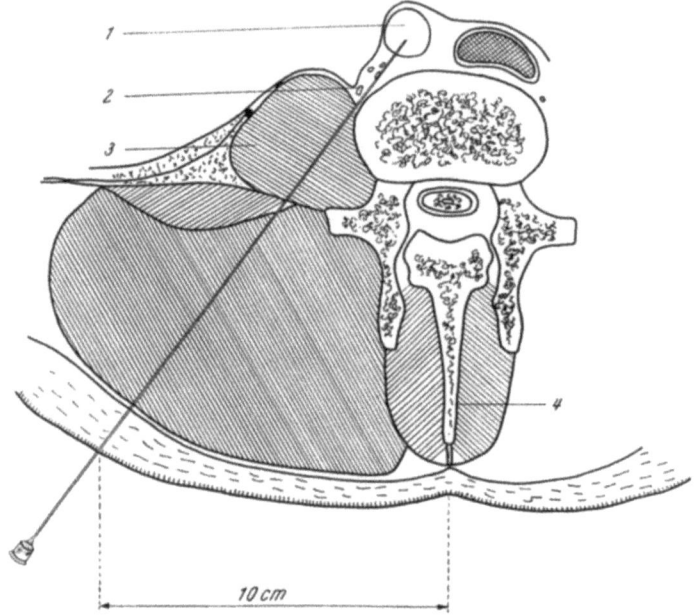

Abb. 37. Technik der translumbalen Aortographie
1 Aorta abdominalis; *2* lumbaler Grenzstrang; *3* Psoas; *4* Dornfortsatz L$_2$

zu periarteriellen Verdickungen, die auf dem Durchsickern kleiner Blutungen in das lockere adventitielle Gewebe der Gefäße beruhen. Diese Verdickungen pflegen sich einige Zeit nach Absetzen der Therapie weitgehend zurückzubilden.

Die *Arteria carotis communis* wird am besten erreicht, wenn man lateral vom Cricoid am liegenden Patienten gegen den Wirbelkörper sticht (Abb. 38). Man kann sich durch vorheriges Tasten mit dem Finger über die Lage der pulsierenden Aorta informieren, sie mit der Nadelspitze aufsuchen und bei deutlichem Pulsationsgefühl durchstoßen. Nunmehr geht man 2 bis 3 mm in das Lumen des Gefäßes vor und injiziert langsam das nötige Medikament.

Die *Arteria carotis interna* wird am besten im Winkel zwischen Ansatz des Musculus sternocleidomastoideus und Unterkieferknochen aufgesucht (Abb. 38). Nach Tasten des pulsierenden Gefäßes geht man knapp am Processus mastoideus vorbei in die Tiefe und durchstößt die Gefäßwand, sobald mit der Nadelspitze Pulsation festgestellt wird.

Die *Arteria carotis externa* wird ebenfalls am Kieferwinkel erreicht, liegt aber mehr distal vom Processus mastoideus und oberflächlicher (Abb. 38).

Der *Nervus occipitalis major* und der *Nervus occipitalis minor* werden gerne für die Ausschaltung von Occipitalneuralgien infiltriert. Man tastet den bogenförmigen Ansatz des Musculus latissimus dorsi an der Tuberositas occipitalis und sucht die Durchtrittsstelle des Nervus occipitalis major, wo man ziemlich oberflächlich ein Depot von 5 cm³ 1%igem Novocain setzt. Anschließend werden in der Mitte des Hinterrandes des Musculus sternocleidomastoideus (Punctum nervosum) 5 cm³ 1%iges Novocain injiziert, um die aufsteigenden Äste des Plexus cervicalis superior (Nervus occipitalis minor und Nervus auricularis magnus) zu anästhesieren (Abb. 39).

Die Infiltration des Plexus brachialis erfolgt am leichtesten an der Stelle, wo er lateral der Arteria subclavia durch die hintere Scalenuslücke tritt und in Höhe der oberen Thoraxapertur die 1. Rippe überquert. Man geht zu diesem Zweck am sitzenden Patienten, der die Schulter gesenkt und den Kopf leicht retroflektiert und nach der gesunden Seite gedreht hat, 1 cm oberhalb der Schlüsselbeinmitte mit einer 8-cm-Kanüle ein und führt sie lateral der Arteria subclavia am hinteren Rand des Scalenus anterior zur Außenfläche der 1. Rippe, wobei die Stoßrichtung gegen den Dornfortsatz des 2. oder 3. Brustwirbels zeigen soll. Hat man die erste Rippe getroffen, markiert man sich die Berührungsstelle der Nadel und der Haut, um nicht durch zu

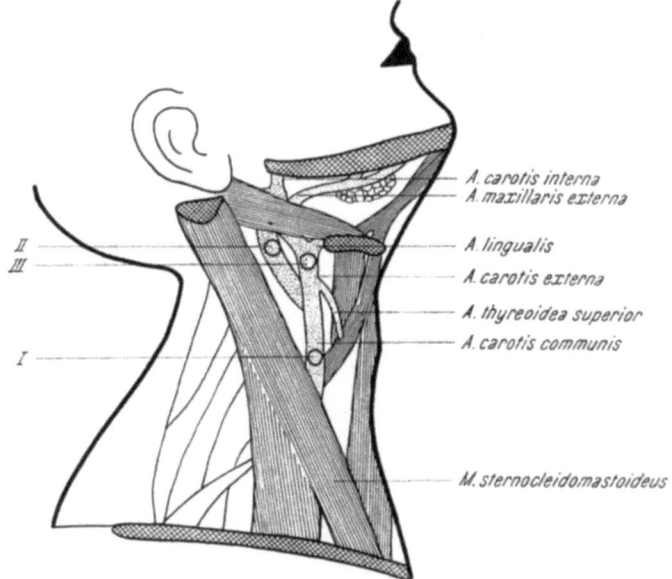

Abb. 38. Stellen für intraarterielle Injektion oder periarterielle Infiltration der Arteria carotis communis (*I*), der Arteria carotis interna (*II*) und der Arteria carotis externa (*III*)

tiefes Vordringen die Lungenspitze zu verletzen, und schiebt die Kanüle unter mäßiger Richtungsänderung so lange vor und zurück, bis man den Plexus erreicht hat, was an den Schmerzempfindungen und Parästhesien des Kranken erkenntlich ist. Empfindet er diese im Gebiet des Daumens, wurde der laterale Teil des Plexus getroffen, bei Schmerzen im kleinen Finger der mediale Teil. Daraus ersieht man, wohin nach negativem Aspirationsversuch weitere Novocainmengen zu spritzen sind, um den ganzen Plexus auszuschalten.

Komplikationen können vor allem durch Lähmung des Nervus phrenicus mit Funktionsausfall der betreffenden Zwerchfellhälfte und durch Anstechen der Pleurakuppel zustande kommen. Bei Lungenerkrankungen sollte die Plexusanästhesie deshalb womöglich unterlassen werden. Weitere Literatur: [91, 93 bis 98].

Der *Nervus axillaris* wird in Abduktions- und Außenrotationsstellung des Schultergelenkes infiltriert. Man geht in die Axilla in Höhe des Humerusendes dorsal vom Armplexus ein und sticht bis zur Knochenfühlung vor. Anschließend wird die Nadel so weit zurückgezogen und wieder vorgeschoben, bis man eben das dorsale Humerusende knapp distal vom Humeruskopf passieren könnte. Bei richtiger Nadellage empfindet der Patient einen ausgeprägten Nervenreiz im Schultergelenk (Abb. 40).

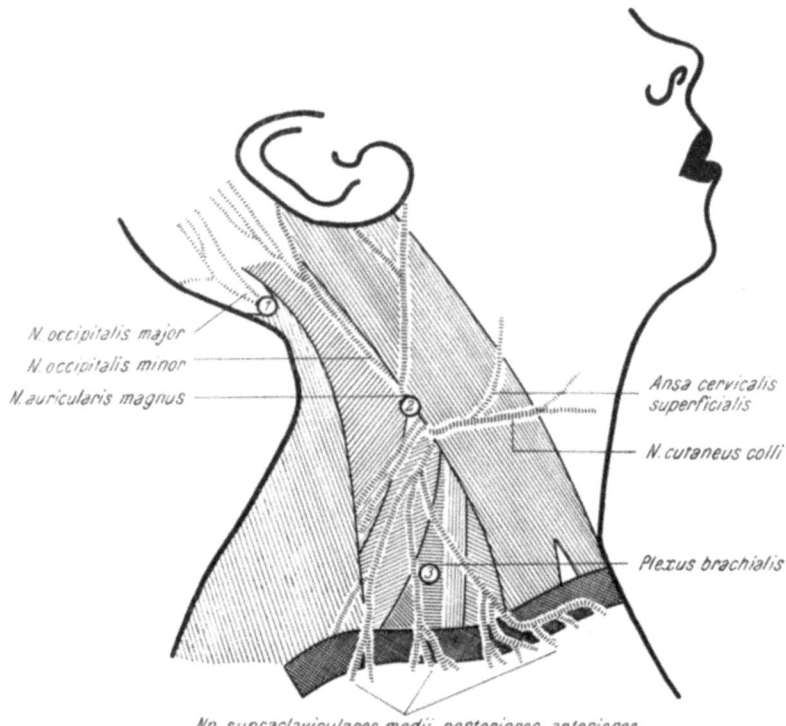

Abb. 39. Infiltrationsstellen für Nervus occipitalis major (*1*), Nervus occipitalis minor (*2*) und Plexus brachialis (*3*)

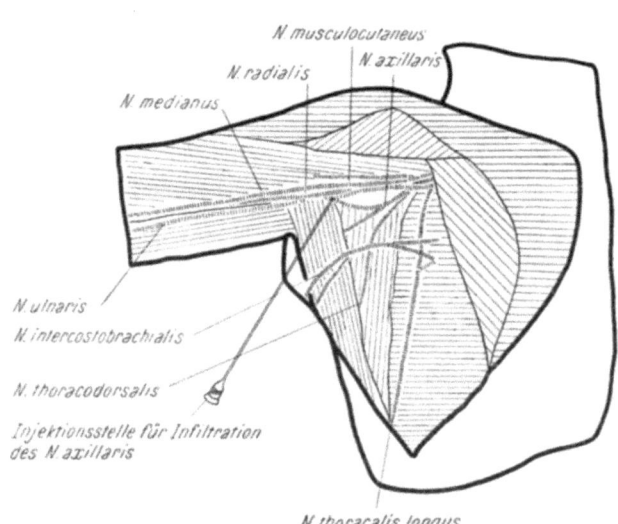

Abb. 40. Infiltrationsstelle für den Nervus axillaris

Auch der *Nervus suprascapularis* versorgt Schultergelenk, Akromioclaviculargelenk und Schulterblatt mit sympathischen Fasern. Da er von C_4 bis C_6 entspringt, ist er für die vom Phrenicus überspringenden Schulterschmerzen bei Leber- und Zwerchfellerkrankungen mit verantwortlich. Er wird am besten gefunden, wenn man eine Linie entlang der Mitte der Spina scapulae zieht, ihren Schnittpunkt mit einer zweiten Linie, die vom unteren Schulterblattende durch die Mitte der Spina gezogen wird, bestimmt und von diesem Schnittpunkt aus 1,5 cm nach cranial vorgeht. Der durch die beiden sich schneidenden Linien gebildete Winkel des oberen lateralen Feldes halbiert für diesen Zweck halbiert und die 1,5-cm-Wegstrecke auf der Halbierungslinie markiert. Dort wird senkrecht eingestochen und die Nadelspitze bis zur Basis des Coracoids in die Fossa supraspinata vorgeschoben. Nach Knochenkontakt schiebt man die Nadel unter medialer oder lateraler Richtungsänderung vor, bis die Spitze in die Incisura fällt, geht noch 1 cm weiter und setzt das Novocaindepot (10 cm³ 1%iges Novocain) nach negativem Aspirationsversuch. Wurde der Nerv getroffen, entsteht ein brennender Schmerz im Schulterbereich (Abb. 41).

Der *Nervus dorsalis scapulae* entstammt C_5 und kann ebenfalls an Schulterschmerzen bei Affektionen von Zwerchfell und Leber beteiligt sein. Man kann ihn verhältnismäßig leicht medial und oberhalb des inneren oberen Schulterblattwinkels durch Infiltration der äußeren Partie des Musculus levator scapulae blockieren. Nach KILLIAN [73] entspricht der günstigste Punkt der Mitte einer Linie, die bei normaler Haltung des Armes vom oberen inneren Schulterblattwinkel zur Vertebra prominens gezogen wird (Abb. 41).

Durch die Infiltration der *Nervi ulnaris, medianus* und *radialis* dicht oberhalb des Ellbogengelenks erreicht man eine vollständige motorische und sensorische Lähmung von Unterarmmuskulatur, Hand und Fingern. Erstere erfolgt von hinten

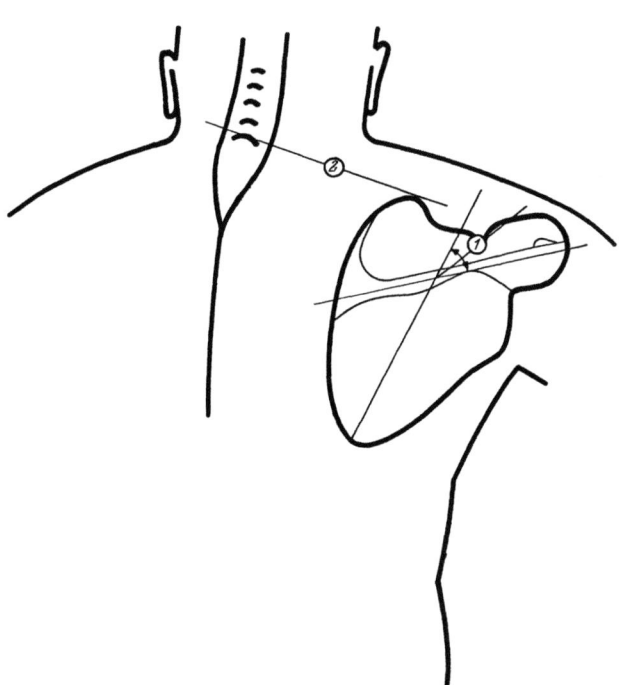

Abb. 41. Infiltrationsstelle für Nervus suprascapularis (*1*) und Nervus dorsalis scapulae (*2*)

her bei leicht gebeugtem Arm knapp oberhalb der Eintrittsstelle des Nervus ulnaris in den Sulcus ulnaris. Der Nervus medianus wird bei gestrecktem Arm 3 bis 4 cm oberhalb des Ellbogengelenks von der Innenseite des Lacertus fibrosus aus infiltriert. Man führt dort die Nadel medial von der Arteria brachialis ein und setzt in 2 bis 4 cm Tiefe ein Depot von 10 cm³ 1%igem Novocain. An der korrespondierenden Stelle lateral des Lacertus fibrosus wird mit einem ziemlich oberflächlichen Depot der Nervus cutaneus antebrachii lateralis ausgeschaltet. Schließlich wird der Nervus radialis an der lateralen Humeruskante etwa 5 bis 7 cm oberhalb des Ellbogengelenks zwischen der Streckergruppe des Musculus brachioradialis longus et brevis und dem Extensor digitorum communis vor seiner Aufteilung in die einzelnen Nervenfasern mit 10 cm³ 1%igem Novocain infiltriert (Abb. 42).

Will man nur Hand- und Fingergelenke denervieren, genügt die Unterbrechung der drei Nerven knapp vor dem Handgelenk. Hierbei wird der Nervus ulnaris zwei Querfinger proximal des Os pisiforme lateral der Sehne des Musculus flexor carpi ulnaris gesucht. Man führt dort die Kanüle durch die oberflächlichen und tiefen Fascien vor und setzt dann ein Depot von 10 cm³ 1%iger Novocainlösung. Der Nervus medianus wird zwei Querfinger proximal der Mitte des Handgelenks auf der volaren

Seite infiltriert. Man führt die Kanüle 1 bis 2 cm ein und setzt das Novocaindepot (10 cm³ 1%iges Novocain). Hierbei soll die Nadelspitze vor dem Musculus pronator quadratus des Unterarmes liegen. Geht man tiefer, so erreicht man vor der Membrana interossea den volaren Nervus interosseus und nach Durchstoßen derselben den dorsalen Nervus interosseus. Für die Infiltration des Nervus radialis geht man mit der Nadel medial der Sehne des Flexor carpi radialis ein und führt sie unter ständiger Novocaininfiltration um den Außenrand des Radius bis fast zur gegenüberliegenden Seite vor (Menge 10 cm³ 1%iges Novocain) (Abb. 42).

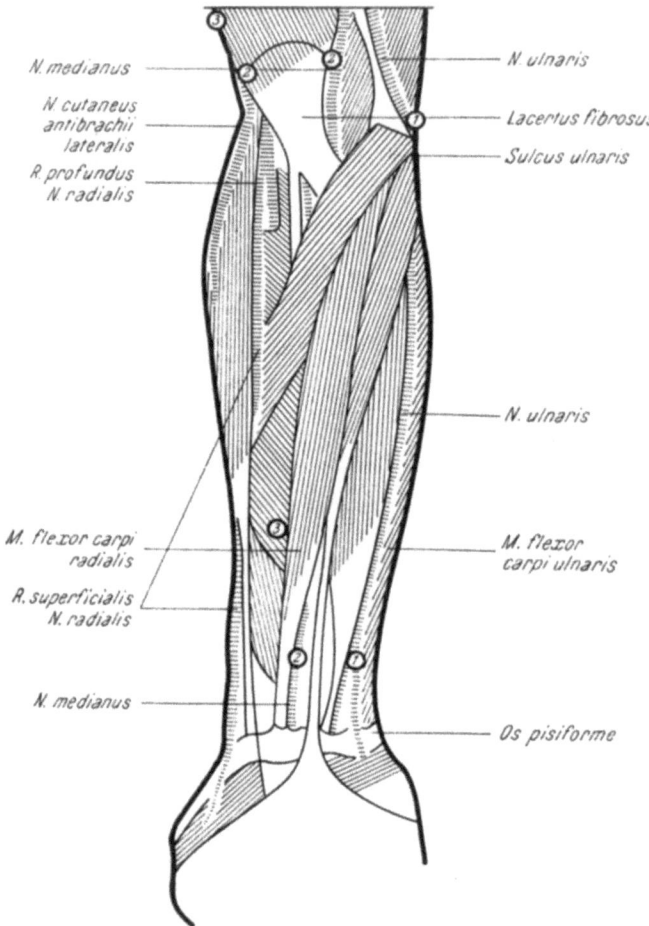

Abb. 42. Infiltrationsstellen für Nervus ulnaris (*1*), Nervus medianus (*2*) und Nervus radialis (*3*)

Die Fingergelenke lassen sich insofern leicht anästhesieren, als die sie versorgenden Nervenfasern hauptsächlich rechts und links dorsal und volar der Metacarpalknochen verlaufen und sich das Novocain außerdem leicht zirkulär um den Knochen ausbreiten kann. Man geht zu diesem Zweck knapp proximal dorsal und etwas seitlich vom jeweiligen Gelenk mit der Nadel ein und setzt das Novocaindepot (je 1 cm³ 4%iges Novocain) nach Knochenfühlung auf beiden Seiten bis nach volar, wodurch alle vier Metacarpalfasern ausgeschaltet werden.

Der *Nervus obturatorius* wird erreicht, wenn man bei Rückenlage mit maximaler Außenrotation des Oberschenkels die Verbindungslinie zwischen Symphyse und Arteria femoralis halbiert und an der Halbierungsstelle zwei Querfinger unterhalb der Inguinalfalte senkrecht gegen den unteren Rand des Schambeinastes vortastet. Nach Knochenfühlung wird die Nadel etwas zurückgezogen und knapp caudal 1 cm in den Canalis obturatorius eingegangen. Dort wird das Novocaindepot gesetzt. Bei richtiger Nadellage empfindet der Patient einen ausgeprägten Nervenreiz in der vorderen Hüftgelenksgegend (Abb. 43).

Die Infiltration des *Nervus pudendalis* ist gelegentlich für die Ausschaltung von Herden im Urogenitaltrakt wichtig. Man legt den Patienten in Steinschnittlage und geht an der Innenseite beider Sitzbeinhöcker mit einer 10 cm langen Nadel bis zur Innenseite des Tuber ischii und von dort bis zur Fossa ischiorectalis vor, wo man ein Depot von 10 cm³ 1%iges Novocain setzt und damit alle perinealen und perianalen Äste des Nervus pudendalis ausschaltet. Zur Vermeidung einer eventuellen Perforation in die Ampulla recti kann man durch rectale Exploration das Vordringen der Kanüle in die Fossa ischiorectalis kontrollieren.

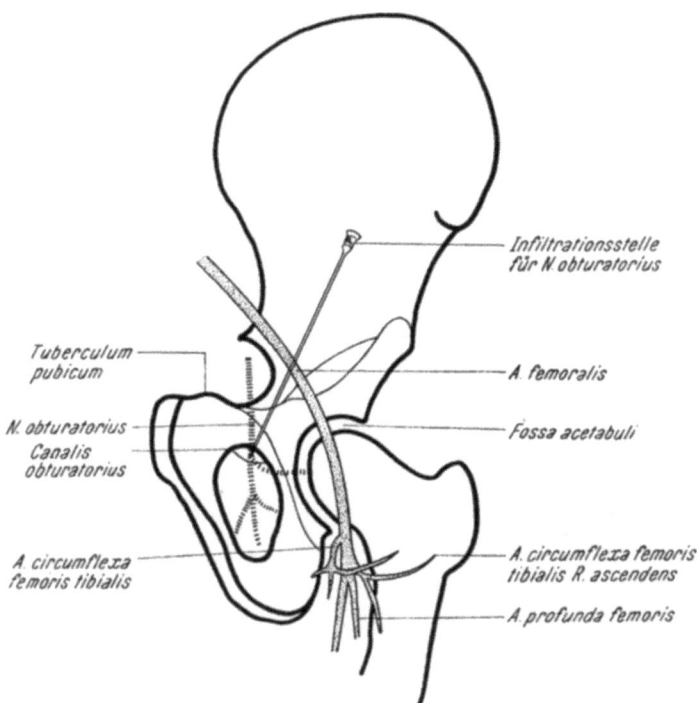

Abb. 43. Infiltrationsstelle für den Nervus obturatorius

Die Infiltration der vom *Nervus ischiadicus zur dorsalen Hüftkapsel ziehenden Nervenäste* wird beim am Bauch liegenden Patienten von einer Stelle zwei Querfinger breit dorsal vom Trochanter major femoris in Richtung unteres Drittel einer Verbindungslinie zwischen Steißbein und dorsalem Ende der Crista iliaca superior durchgeführt. Die Nadel wird in einem Winkel von 45 Grad genau an der Grenze zwischen unterem und mittlerem Drittel eingeführt, bis Knochenfühlung vorhanden ist, zurückgezogen und dann etwas lateral 1 bis 2 cm in das Foramen ischiadicum minor vorgestoßen. Bei richtiger Nadellage empfindet der Patient einen ausgeprägten Nervenreiz in der hinteren Hüftgelenksgegend (Abb. 44).

Die Infiltration des Nervus ischiadicus kann entweder in Form der transglutealen hohen oder der infraglutealen tiefen Ischiadicusblockade durchgeführt werden. Erstere gelingt am besten bei senkrechtem Einstich an der Grenze von innerem und medialem Drittel einer Verbindungslinie zwischen dem Sitzknorren und dem Trochanter major. Man führt die Nadel bis zur Berührung des Nerven vor, die an einem scharfen Schmerz, der in die Beine ausstrahlt, erkennbar ist, und setzt das Novocaindepot (10 cm³ 1%iges Novocain) nach negativem Aspirationsversuch.

Die tiefe infragluteale Methode gelingt häufig leicht, weil der Nerv in der Furche zwischen dem Biceps femoris und Musculus semitendinosus, etwas medial von der Mitte der Glutealfalte getastet werden kann. Hier sticht man ein und führt die Nadel so lange vor (3 bis 6 cm), bis der typische Schmerz verspürt wird. Nach negativem Aspirationsversuch werden 10 cm³ 1%iges Novocain infiltriert. Weitere Literatur: [73, 90, 102 bis 106].

Der *Nervus femoralis* wird am liegenden Patienten bei Kniegelenkserkrankungen infiltriert. Man geht ungefähr handbreit oberhalb der Kniekehle bis gegen die Mitte des Femurknochens vor, zieht die Nadel 1 bis 2 cm zurück und setzt das Novocaindepot (Abb. 45).

Der *Nervus tibialis anterior* und der *Nervus tibialis posterior* versorgen Sprung- und Fußgelenke. Ersteren findet man 3 bis 4 cm oberhalb des Sprunggelenks zwischen der Sehne des Extensor hallucis longus und der Sehne des Musculus tibialis anterior, die medial davon liegt. Der Nerv liegt dort unter der Fascie dicht vor dem Knochen und kann mit 10 cm³ 1%iger Novocainlösung anästhesiert werden. Der Nervus tibialis posterior wird von rückwärts 4 cm oberhalb des Sprunggelenks medial neben der Achillessehne infiltriert. Man schiebt hierfür die Nadel an dieser Stelle bis zur Hinterfläche des Schienbeinknochens vor, zieht sie dann einige Millimeter zurück und setzt ein Depot von 10 cm³ 1%iger Novocainlösung.

Da die *Nervi plantares fibularis* und *tibialis*, welche die Zehengelenke versorgen, seitlich der Metatarsalknochen dorsal und volar verlaufen, können sie leicht durch Novocaininfiltrationen (1 cm³ 4%iges Novocain) rechts und links an der Diaphyse vor jedem Gelenk ausgeschaltet werden. Man geht hierbei unter ständiger Novocaininfiltration von dorsal entlang jeder Seite des Metatarsalknochens bis nach volar vor und schaltet so alle vier Endausläufer der Metatarsalnerven aus.

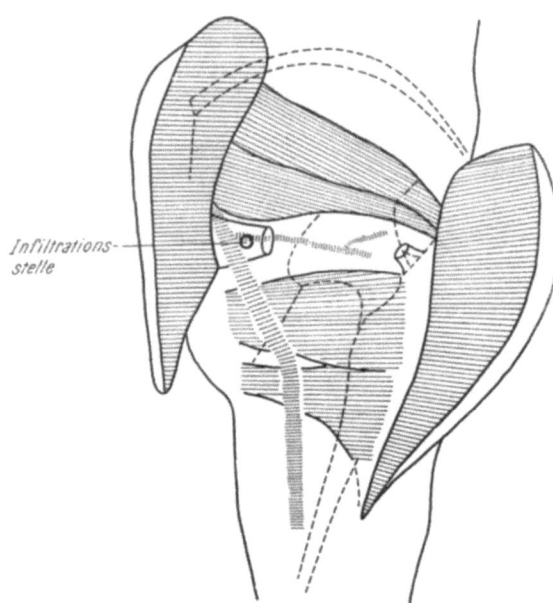

Abb. 44. Infiltrationsstelle für vom Nervus ischiadicus zur dorsalen Hüftkapsel ziehende Nervenäste

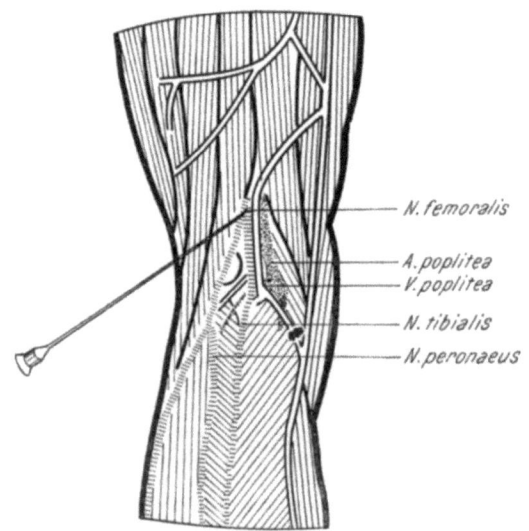

Abb. 45. Infiltrationsstelle für die Kniegelenksnerven

Die meisten anderen somatischen Nerven lassen sich bei einiger Kenntnis ihres anatomischen Verlaufes an den verschiedensten Stellen verhältnismäßig leicht blockieren.

Neben der Novocaininfiltration, Impulsschall- und Ionomodulatorbehandlung gibt es zahlreiche Wege für die Beeinflussung von pathologischen Reflexmechanismen. Fast alle bewirken eine Förderung der Durchblutung von Haut und Muskulatur oder Knochen und mildern damit nicht nur den Schmerz, sondern durchbrechen auch den Circulus vitiosus, der über die Hypoxie zu Stoffwechselstörungen und neuerlichen Schmerzen einerseits und zu richtigen Gewebeschädigungen mit der Entwicklung neuer pathologischer Reflexmechanismen anderseits führt.

Die wichtigste unter ihnen stellt die *Massage* der entsprechenden hyperalgetischen Zonen, paravertebraler Abschnitte und Nervendruckpunkte dar. Für die Festlegung dieser Stellen wird der Patient genau nach hyperalgetischen Zonen untersucht (S. 70), wobei man sich vor allem der Nadelmethode bedienen sollte (S. 71). Anschließend wird die Haut in diesen Zonen in Falten abgehoben und eine eventuelle Fibrositis, derbe oder weiche Schwellung festgestellt. Nunmehr wird nach Stellen in diesen Arealen gesucht, wo es zu einer Verhaftung des Gewebes, zu Nervendruckpunkten, Myogelosen, Hartspann usw. gekommen ist, und die optimale Massageform festgelegt.

Daß sich mit der Massage nicht nur örtliche oder lokale, sondern auch Fernwirkungen auf innere Organe und Allgemeinwirkungen erzielen lassen, wußten bereits die chinesischen Medizinmänner um 3000 vor Christi Geburt. Schon damals wurden die schmerzhaften Hautstellen dafür ausgesucht, da man wußte, daß sich nur von ihnen aus derartige Wirkungen auf innere Organe erzielen lassen. Auch HIPPOKRATES und seine Schule kannten die Reflexwirkungen der Massage, und LING, der Begründer der schwedischen Heilgymnastik, empfahl aus den gleichen Überlegungen heraus die Massage bestimmter Hautsegmente bei stenocardischen Beschwerden. Schließlich beschrieb BARCZEWSKY [71] in seinem Buch „Hand- und Lehrbuch meiner Reflexmassage" erstmalig die Reflexwirkungen der Massage und gab genaue Methoden hierfür an. Ähnliche Ausführungen erschienen später von RUHMANN [72] und von HOFF [68].

PUTTKAMER [53], DICKE und LEUBE [35], GLÄSER und DALICHO und andere haben in letzter Zeit Massagemethoden ausgearbeitet, die auf den derzeitigen Stand unseres Wissens gebracht wurden und deren Kenntnis für die Behandlung fokalbedingter Erkrankungen unerläßlich scheint. Eine genaue Schilderung dieser Methoden würde zu weit führen, sie finden deshalb in späteren Kapiteln (S. 169 ff.) nur in großen Zügen Erwähnung, wobei sie vor allem in Zusammenhang mit den in diesem Buche vertretenen Gedankengängen gebracht werden (S. 94).

Außer der Massage wird noch eine Reihe weiterer Behandlungsmöglichkeiten der Körperoberfläche unter dem Begriff der *Hautreiztherapie* zusammengefaßt. Sie lassen sich in mechanische Hautreize, chemische Hautreize, thermische Hautreize, Strahlungen als Hautreize, elektrische Hautreize einteilen [29]. Näheres s. S. 124 ff.

Versucht man schon durch viele Arten der Hautreiztherapie nicht nur die afferenten Fasern, sondern auch die efferenten vasomotorischen, trophischen oder sudomotorischen Fasern zu beeinflussen, so gelingt dies häufig in noch stärkerem Ausmaß durch die perorale oder parenterale *Verabreichung von Medikamenten*. Diese stellen ein wichtiges Hilfsmittel der eigentlichen Neuraltherapie chronischer Erkrankungen dar, weil sie die einzelnen Nervenfasern nicht nur empfänglicher für die Auswirkung von Novocaininfiltrationen, Elektrotherapie, Hydrotherapie oder Massage machen, sondern auch die Stoffwechselvorgänge soweit zu regulieren vermögen, daß sich pathologische Reflexabläufe nicht zu stark auswirken können.

Eine erschöpfende Darstellung aller Möglichkeiten, die sich auf diesem Gebiet bieten, würde weit über den Rahmen des Buches hinausgehen. Es sollen deshalb nur die wichtigsten Medikamente für die einzelnen Nervenfasern insoweit erwähnt werden, als sie nach dem derzeitigen Stand unseres Wissens praktischen Wert für die Potenzierung der Neuraltherapie haben.

Eine wesentliche Unterstützung bei der Ausschaltung afferenter Schmerzimpulse durch Nervenblockaden stellen die Präparate Irgapyrin und Butazolidin dar. Sie wirken wie alle Pyramidonabkömmlinge vor allem auf den Thalamus dämpfend ein und vermögen so Wundschmerzen nach der Infiltration oder Restzustände nach unvollkommener Blockade weitgehend auszuschalten, wodurch der therapeutische Erfolg gebessert wird. Ähnlich wirken Salicylate.

Im Bereich der Endorgane lassen sich die Schmerzen häufig durch Gabe von Curare, Glukocorticoide und Anthistaminica mildern. Auch hier kommt es wieder zu einer deutlichen Besserung der Blockadewirkung, wenn sie gleichzeitig verabreicht werden, da die Intensität eventuell verbleibender Restbeschwerden verkleinert wird.

Die Behandlung vasomotorischer Nervenfasern läßt sich durch gleichzeitige Gabe stark wirkender Vasodilatantien, wie z. B. Priscol, Duvadilan, Perskleran usw., erleichtern. Auch Ganglienblocker besitzen häufig einen günstigen Einfluß. Die Wirkung von Schwefelbädern beruht zum Großteil auf der langanhaltenden Hyperämie der Haut, die diejenige nach gewöhnlichen Warmwasserbädern um vieles überdauert und ebenfalls eine geeignete Grundlage für gezielte neuraltherapeutische Eingriffe an vasomotorischen Fasern darstellt. Auch die Lähmung der Vasomotoren durch Ergotamin-Präparate, wie Di-Hydroergotamin und Hydergin, vermag häufig den Effekt einer gezielten Lokaltherapie zu potenzieren.

Die sudomotorischen Fasern können durch Gabe von Agaricin und Atropin bei ihrer Lokalbehandlung besser beeinflußt werden. Ausgezeichnet bewährt sich Bepinseln der Haut mit 1- bis 3%igem Formalinspiritus.

Pigmentanomalien blassen durch Gabe von Glukocorticoiden schneller ab, wie vor allem bei der Behandlung des Morbus Addison deutlich gesehen werden kann. Die Glukocorticoide stellen auch ein wesentliches Hilfsmittel bei der Behandlung trophischer Störungen dar, sollen aber nur bei Hypertrophien angewendet werden, da sie eine ausgesprochene katabolische Wirkung besitzen. Knochenatrophien benötigen unbedingt eine zusätzliche Androgen-Östrogen-Behandlung, wenn man mit der Neuraltherapie optimale Effekte erzielen will.

Selbstverständlich ist in geeigneten Fällen auch von den Vitaminen Gebrauch zu machen. So beeinflußt Vitamin B1, Vitamin B2, aber auch Vitamin B12 die Neuritis, Vitamin E bessert die kapillare Durchblutung, Vitamin C den Sauerstoffaustausch im Gewebe, Vitamin A die Trophik der Haut und Vitamin D die Trophik des Knochens.

Eine nicht zu unterschätzende Rolle bei der Milderung von Schmerzen spielt auch die Beeinflussung des Säure-Basen-Gleichgewichtes im Organismus. So kennen wir Schmerzzustände, die mit einer Verschiebung nach der sauren, und solche, die mit einer Verschiebung nach der alkalischen Seite einhergehen. Der Organismus ist bei Tag ergotrop sympathicoton und acidotisch, bei Nacht jedoch histotrop parasympathicoton alkalotisch eingestellt. Der Schmerz des Rheumatikers ist ausgesprochen acidotisch, schwindet deshalb bei Nacht mehr oder weniger, um morgens mit dem Einsetzen der Acidose besonders stark aufzutreten. Der Schmerz des Ulcuskranken ist alkalotisch, da es mit der starken Salzsäureproduktion im Magen zu einer Abgabe von Natriumbicarbonat an das Blut und damit zu einer Alkalose kommt. Die Schmerzen des Rheumatikers können durch Herbeiführung einer Alkalose etwa durch intravenöse Infusion von Natriumbicarbonatlösungen oder durch eine entsprechende Diät in vielen Fällen gemildert werden. Die Akupunktur macht sich die tageszeitlichen Schwankungen im Säure-Basen-Haushalt des Blutes insofern zunutze, als nur zu bestimmten Zeiten behandelt werden darf. Aus diesen Überlegungen müssen bei der modernen Neuraltherapie des Schmerzes die Konsequenzen gezogen werden. Diät, Medikamente und sogar Zeitpunkt des Eingriffs müssen in hartnäckigen Fällen auf die Beeinflussung der Reaktionslage überprüft werden.

Eine sinnvoll ausgedachte Neuraltherapie chronischer Erkrankungen, mit der man alle Möglichkeiten für die Besserung des Zustandes ausschöpfen möchte, soll also nicht nur in der gezielten Anwendung von Novocain oder in physikalischen Behandlungsmethoden bestehen. Sie muß auch diejenigen Faktoren berücksichtigen, die auf dem einmal eingeschlagenen Wege weiterhelfen, indem sie die Reaktionsbereitschaft des Körpers fördern, Nahrungsstoffe für die geschädigten Gewebe herbeiführen und den Nerven diejenigen Stoffwechselprodukte sichern, die sie für die Aufrechterhaltung ihrer normalen Funktionen benötigen. Der Internist behandelte chronische Erkrankungen fokaler Genese bisher fast nur mit Medikamenten. Er erreicht aber bei weitem nicht soviel wie ein Arzt, der gleichzeitig auch physikalische Medizin und Neuraltherapie für denselben Zweck einsetzt.

Literatur

1. HANSEN und VON STAA: Reflektorische und algetische Krankheitszeichen. Leipzig: Georg Thieme, 1938. — 2. KNOTZ: Wien. klin. Wschr. 38 (1927), 1189. — 3. FOERSTER und Mitarbeiter: Zschr. Neurol. 121 (1929), 176. — 4. HARRISON und BIGELOW: Ass. Res. Nerv. Ment. Dis. Proc. 23 (1943), 154. — 5. WOLFF, HARDY und GOODELL: J. Clin. Invest. 19 (1940), 659. — 6. HARRISON und BIGELOW: Ass. Res. Nerv. Ment. Dis. Proc. 23 (1943). — 7. FREY: Ber. Verh. sächs. Ges. Wiss. Leipzig 23 (1897), 169. — 8. EDDY: J. Pharmacol. Exper. Therap. 45 (1932), 339. — 9. CHAPMAN und JONES: J. Clin. Invest. 23 (1944), 81. — 10. HARDY, WOLFF und GOODELL: J. Clin. Invest. 19 (1940), 649. — 11. HELMHOLTZ: Poggendorffs Ann. Phys. Chem. 83 (1851), 505. — 12. MARTIN: Amer. J. Physiol. 22 (1908), 116. — 13. MACHT und LEVY: J. Pharmacol. Exper. Therap. 8 (1916), 1. — 14. HAUCK und NEUERT: Arch. Physiol. 238 (1937), 574. — 15. GOLDSCHEIDER: Handbuch der normalen und pathologischen Physiologie, Bd. 11, S. 131. Berlin: Julius Springer, 1926. — 16. HARDY und OPPEL: J. Clin. Invest. 16 (1937), 517, 525, 533. — 17. ALRUTZ: Skand. Arch. Physiol. 7 (1897), 321. — 18. ALRUTZ: Acta med. Scand. 54 (1921), 350. — 19. DALLENBACH: Amer. J. Psychol. 46 (1934), 229. — 20. FOERSTER: Symptomatologie der Erkrankungen des Rückenmarks und seiner Wurzeln. Handbuch der Neurologie, Bd. 5. Berlin: Julius Springer, 1936. — 21. LEWIS: Brit. Med. J. 1 (1938), 321. — 22. BEST und TAYLOR: Physiological Basis of Medical Practice, 4. Aufl. Baltimore: Williams and Wilkins, 1943, 1945. — 23. GRANIT und HARPER: Amer. J. Physiol. 95 (1930), 211. — 24. KOHLRAUSCH, zit. nach DALICHO: Therap.-woche 6 (1956), 473. — 25. TEIRICH-LEUBE: Therap.woche 6 (1956), 471. — 26. WOLFF und HARDY: Physiol. Rev. 27 (1947), 167. — 27. HARDY, WOLFF und GOODELL: Amer. J. Psychiatr. 99 (1942/43), 744. — 28. WÜNSCHE, zit. nach KOHLRAUSCH: Therap.woche 6 (1955/56), 468. — 29. KOWARSCHIK: Med. Klinik 10 (1957), 365. — 30. HARDY, WOLFF und GOODELL: J. Clin. Invest. 19 (1940), 649. — 31. SCHUHMACHER, GOODELL, HARDY und WOLFF: Science 92 (1940), 1107. — 32. WOLFF und GOODELL: Ass. Res. Nerv. Ment. Dis. Proc. 23 (1943). — 33. WOLFF, HARDY und GOODELL: J. Clin. Invest. 19 (1940), 660. — 34. WOLFF und Mitarbeiter: J. Pharmacol. Exper. Therap. 75 (1942), 38. — 35. DICKE und LEUBE: Meine Bindegewebsmassage. Stuttgart: Hippokrates-Verlag, 1954. — 36. CHAPMAN und JONES: J. Clin. Invest. 23 (1944), 81. — 37. LIBMAN: Trans. Ass. Amer. Physiol. 41 (1926), 305. — 38. HOLLANDER: J. Laborat. Clin. Med. 24 (1939), 537. — 39. CHAPMAN, COHEN und COBB: J. Clin. Invest. 1946. — 40. HARDY, GOODELL und WOLFF: Amer. J. Physiol. 133 (1941), 316. — 41. WEDDELL: J. Neurophysiol. 11 (1948), 99. — 42. TROTTER und DAVIES: J. Psychol. 20 (1913), Ergänzungsheft, 102. — 43. TROTTER: Brit. Med. J. 2 (1926), 107. — 44. WOLFF und HARDY: Physiol. Rev. 27 (1947), 167. — 45. WEDDELL: Brit. Med. Bull. 3 (1945), 187. — 46. WOOLLARD: Brit. Med. J. 2 (1936), 861. — 47. SINCLAIR und Mitarbeiter: J. Neurol. 71 (1948), 184. — 48. WERNOE: Viscerocutane Reflexe. Berlin: Julius Springer, 1925; Diagnostics of Pain. Kopenhagen und London, 1937. — 49. KNOTZ: Wien. klin. Wschr. 40 (1927), 1232. — 50. GRGURINA: Ars Medica 7 (1925). — 51. POTTENGER: Beitr. Klin. Tbk. 60 (1925), 357. — 52. KAUF-

MANN und KALK, zit. nach KNOTZ: Wien. klin. Wschr. *40* (1927), 1234. — 53. PUTTKAMER: Organbeeinflussung durch Massage. Saulgau, Württemberg: Karl Hauk Verlag, 1953. — 54. GRGURINA, zit. nach KNOTZ: Wien. klin. Wschr. *40* (1927), 1190. — 55. HILTON: Rest and Pain, S. 149. 1879. — 56. LEMER: Bull. Acad. Méd. Ser. 5, *6* (1926), 158, 307. — 57. WEISS und DAVIS: Amer. Med. Sc. *176* (1928), 517. — 58. FREUDE: Münch. med. Wschr. *74* (1927), 2211. — 59. MANDL: Die paravertebrale Injektion. Berlin: Julius Springer, 1926. — 60. RUDOLF und SMITH: Amer. J. Med. Sc. *180* (1930), 558. — 61. ADRIAN und ZOTTERMANN: J. Physiol. *61* (1926), 151. — 62. COHEN: Lancet *2* (1947), 153, 933. — 63. LEWIS: Pain. New York: Macmillan, 1942. — 64. MCLELLAN und GOODELL: Ass. Res. Nerv. Ment. Dis. Proc. *23* (1943), 252. — 65. WOLF: Ass. Res. Nerv. Ment. Dis. Proc. *23* (1943), 358. — 66. GOLD, KWITT und MODELL: Ass. Res. Nerv. Ment. Dis. Proc. *23* (1943), 345. — 67. ROBERTSON und Mitarbeiter: Arch. Neurol. Psychiatr. *57* (1947), 277. — 68. HOFF: Unspezifische Therapie. Berlin: Julius Springer, 1930; Münch. med. Wschr. *1931*, 314 und 315. — 69. WOLFF und WOLF: Pain, Springfield *3* (1948). — 70. BRAEUCKER: Ärztl. Praxis *40* (1957), 1. — 71. BARCZEWSKY: Hand- und Lehrbuch meiner Reflexmassage. Berlin: Goldschmidt, 1911. — 72. RUHMANN: Drastische Hautreiztherapie. Leipzig: Krüger & Co., 1938; Zschr. exper. Med. *27* (1927); Fortschr. Med. *1936*, 1 und 2; Dtsch. Med. Wschr. *1937*, 100. — 73. KILLIAN: Lokalanästhesie und Lokalanästhetica. Stuttgart: Georg Thieme, 1959. — 74. LABAT: Amer. J. Surg. *9* (1930), 278. — 75. TOVELL: Surg. Clin. N. America *15* (1935), 1277. — 76. REISCHAUER: Dtsch. med. Wschr. *78* (1953), 1375; Dtsch. med. J. *318* (1956), 9/10. — 77. WHITE: Res. Publ. Ass. Nerv. Ment. Dis. *23* (1943), 373. — 78. SMITHWICK: Ann. Surg. *112* (1940), 339, 1085. — 79. MANDL: Blockade und Chirurgie des Sympathicus. Wien: Springer-Verlag, 1953. — 80. PHILIPPIDES: Chirurg *1940*; Amer. J. Surg. *30* (1935), 454. — 81. LERICHE und FONTAINE: Presse méd. *41* (1934), 386. — 82. GOINARD: Akad. Chirurg. Bericht 1936. — 83. PITKIN und Mitarbeiter: J. Thorac. Surg. *20* (1950), 911. — 84. HÄRTEL: Med. Klinik *1* (1914), 582; Dtsch. med. Wschr. *1* (1920), 517. — 85. KIRSCHNER: Arch. klin. Chir. *176* (1933); *186* (1936); Operationslehre, Bd. III. Berlin: Julius Springer. — 86. BAUER: Chirurg *16* (1944), 1. — 87. HARRIS: Surg. Gyn. Obstetr. *20* (1915), 193. — 88. SCHLÖSSER: Verh. Kong. inn. Med. *24* (1907), 49. — 89. LINDEMANN: Dtsch. zahnärztl. Ztg. *6* (1951), 883. — 90. PITKIN: Amer. J. Surg. *8* (1931), 239. — 91. BONICA: Management of Pain. Philadelphia: Lea und Fiebiger, 1953. — 92. OCHSENER und DE BAKAY: Surgery *4* (1939), 491. — 93. KUHLENKAMPF: Zbl. Chir. *1911*, Nr. 40; Dtsch. med. Wschr. *1912*, Nr. 40; Bruns Beitr. klin. Chir. *79* (1912), H. 3. — 94. QUENU: Bull. Soc. chir. Paris *35* (1909), 462, 492. — 95. MÜLLY: Beitr. klin. Chir. *104* (1919), 66, 849. — 96. SOUTHWORTH, HINGSON und PITKIN: Conduction Anesthesia. Philadelphia: Lippincott, 1953. — 97. HIRSCHEL: Münch. Med. Wschr. *1912*, 1218; Verhandl. Dtsch. Ges. Chir. *1* (1912), 340. — 98. HÄRTEL und KEPPLER: Arch. klin. Chir. *103* (1914), 1. — 99. LUNDY: Clinical Anesthesia. Philadelphia: Saunders Co., 1942. — 100. BRAUN: Zbl. Gyn. *1918*, Nr. 42. — 101. ERPS: Zbl. Chir. *1927*, Nr. 33. — 102. KEPPLER: Arch. klin. Chir. *100* (1913), 501. — 103. BABITZKY: Zbl. Chir. *227* (1913), 460. — 104. JASSENETZKY-WOINO: Zbl. Chir. *1912*, 1027. — 105. BRAUN: Dtsch. med. Wschr. *1913*, 17. — 106. LÄWEN: Dtsch. Zschr. Chir. *3* (1911), 252. 107. KOLLER, C.: Wien. med. Wschr. *34* (1884), 1276, 1309; Klin. Mh. Augenhk. *22* (1884), 60. — 108. EINHORN: Münch. med. Wschr. *981* (1917), 34. — 109. BRAUN: Chirurgie *1929*, 466. — 110. HEAD: Sensibilitätsstörungen der Haut bei Visceralerkrankungen. Berlin: August Hirschwald, 1898.

Organe

Zweifellos gehört jedes Organ im Organismus einem oder mehreren bestimmten Segmenten an und vermag bei entzündlichen Erkrankungen Störungen zunächst im Bereich der jeweiligen Segmente, später auch außerhalb derselben in den Nachbargebieten hervorzurufen und in schwereren Fällen schließlich durch Generalisation den ganzen Körper auf rein nervösem Wege zu beeinflussen. Im Rahmen dieses Buches werden diejenigen Organe Erwähnung finden, von denen bekannt ist, daß sie als Eiterherde fungieren und damit zur Auslösung der Fokalerkrankungen führen können. Weiters werden solche Organe in den Kreis der Betrachtung einbezogen, die allgemein als Erfolgsorgane von Foci gelten und durch ihre Erkrankung auf das Bestehen eines aktiven Eiterherdes hinweisen. Hierzu zählen die Haut und Muskeln, die Augen, deren Entzündungen in der Iris oder Uvea usw. fast stets auf eine fokale Genese zurückzuführen sind, die Gelenke, Nieren, das Herz und überhaupt das Gefäßsystem.

Im folgenden soll ein Überblick über die Eigenheiten dieser „Sende- und Empfängerorgane" gegeben werden, wobei vor allem die Beziehungen zum eigenen und zu entfernteren Segmenten Berücksichtigung finden. Die hierfür verantwortlichen sensiblen, motorischen oder autonomen Nervenbahnen werden in besonders gelagerten Fällen, in denen sie von diagnostischem oder therapeutischem Interesse sind, angeführt.

Haut und Fettgewebe

Innervation

Die Kenntnis der Hautversorgung durch das *cerebrospinale Nervensystem* ist vor allem wichtig für die Bestimmung hyperästhetischer oder anästhetischer Zonen und ihrer Zugehörigkeit zu den einzelnen Nervenfasern. Obwohl dies für die Herdsuche, wo es auf hyperalgetische Zonen ankommt, weniger bedeutsam ist, lassen sich manche Schmerzzustände doch nur beseitigen, wenn auch die das entsprechende Areal versorgenden cerebrospinalen Nerven behandelt werden. Da es sich dabei meist um Novocainblockaden handelt, muß ihre Anatomie genau bekannt sein. In Abb. 46 sind deshalb die entsprechenden Hautzonen und Nervenaustrittsstellen dargestellt. Einer der Hauptgründe für die Behandlungserfolge bei derartigen Novocaininfiltrationen liegt darin, daß die cerebrospinalen Nerven oft über weite Wegstrecken vegetative Fasern mitführen, auf die das Novocain dann ebenfalls einwirkt.

Neben den cerebrospinalen Nerven ist auch ein dichtes Netz von rein *vegetativen Nervenfasern* in der Haut enthalten. Eine beträchtliche Anzahl von Organen der Haut bedarf für ihre Funktion zentrifugaler vegetativer Fasern. Es sind dies die Hautgefäße, die Schweißdrüsen, die Talgdrüsen, die glatten Muskeln der Haarbälge, die Haut des Hodensackes, des Penis, des Warzenhofes und die Pigmentzellen. Da sich die einzelnen vegetativen Hautfunktionen wie die Gefäßerweiterung oder Verengung, die Piloarrektion und die Schweißsekretion völlig unabhängig voneinander verhalten und auch ihre Erregbarkeit und Ausbreitungsfähigkeit auf weitere Hautgebiete ganz verschieden ist, müssen für die einzelnen Funktionen gesonderte Bahnen und gesonderte Zentren angenommen werden.

So liegen die Zentren für die *Vasokonstriktion* des Gesichtes, die Gefäßverenger und Haarbalgmuskeln der behaarten Kopfhaut, des Halses und der oberen Gliedmaßen in den Ganglienzellen der Seitenhorngruppe des oberen Brustmarkes. Für die Rumpfhaut werden dieselben Funktionen von den Seitenhornzellen des mittleren Dorsalmarkes übernommen. Untere Gliedmaßen, Genitalien und Analgegend werden vom Nucleus sympathicus lateralis des oberen Lendenmarkes innerviert. Während die vasokonstriktorischen Fasern mit der vorderen Wurzel zum Grenzstrang des Sympathicus und von dort als postganglionäre Fasern mit den sensiblen Spinalnerven zur Haut ziehen, sollen die parasympathischen vasodilatatorischen Fasern durch die hinteren Wurzeln und durch die Spinalganglien zur Peripherie und damit zu den Hautgefäßen kommen. Es gibt allerdings auch Autoren, die nur Stoffwechselveränderungen für die Erklärung der Vasodilatation heranziehen [1 bis 4][1].

Auch die örtlich begrenzte *Schweißsekretion* läuft über zentrifugale vegetative Schweißnerven, die mit der vorderen Wurzel austreten und im Grenzstrangknoten unterbrochen werden. Der zentripetale Reflexschenkel geht über spinale, sensible Nerven. Die hintere Wurzel dürfte schweißhemmende Fasern enthalten, da das Schwitzen im Hautbezirk von gereizten hinteren Wurzeln ausbleibt. Der Sitz der Schweißzentren im Rückenmark deckt sich weitgehend mit demjenigen für die Pilomotoren. So sind zwischen C_8 und Th_6 die Zentren für den Kopf, den Hals und oberen Teil des Thorax gelegen. Arme und obere Hautsegmente der Brust werden von Th_5 bis Th_7 versorgt. Das mittlere Brustmark bis zum 9. Thorakalsegment innerviert die sensiblen Dermatome von Th_{10} bis Th_{12}. Die Beine werden vom unteren Dorsal- und oberen Lumbalmark versorgt. After und Genitalgegend erhalten ihre

---

[1] Die Zahlen in eckigen Klammern beziehen sich auf das Literaturverzeichnis zu diesen Abschnitten, S. 267.

sudomotorischen Fasern vom Sacralmark. Bei seiner Schädigung kann man Trockenbleiben des ovalen Feldes um den After, der Reithosenpartie an den Oberschenkeln und der äußeren Genitalien beobachten.

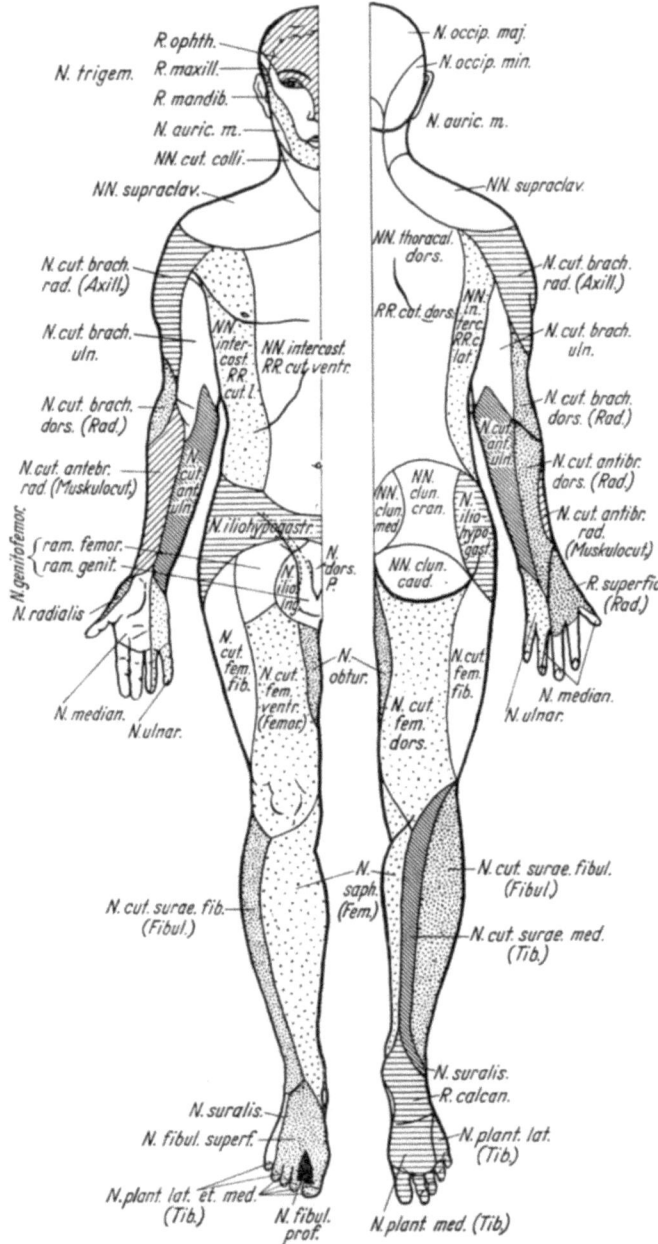

Abb. 46. Peripheres Sensibilitätsschema. (Nach den neurologischen Wandtafeln von MÜLLER-HILLER-SPATZ aus LÜTHY: Handbuch der inneren Medizin, 4. Aufl., V. Bd./1. Tl., 1953)

Da halbseitige Rückenmarksverletzungen zu halbseitigen Störungen, d. h. Abnahme der Schweißabsonderung auf der gleichen Körperseite, führen, kann angenommen werden, daß jede Rückenmarkshälfte vorwiegend die Schweißreize ihrer Seite leitet. Aus Durchschneidungsversuchen geht hervor, daß die Schweißfasern dicht am Pyramidenbahnareal in unmittelbarster Nähe des Seitenhorns verlaufen. Erkrankungen des Gehirns führen auf der dem Herde gegenüberliegenden Körperseite zu vermehrter Schweißabsonderung. Bisher konnte noch nicht entschieden werden, ob die erhöhte Tätigkeit der Schweißdrüsen auf der gelähmten Seite auf einen Ausfall von Hemmungen oder auf einen Reiz der Zentren im Zwischenhirn der gegenüberliegenden Seite zurückzuführen ist. Erkrankungen der peripheren Nerven führen nur bei Beteiligung der sensiblen Fasern zunächst zu erhöhter Schweißbildung, wie z. B. bei Trigeminus- und Ischiadicusneuralgien. Bei schwereren organischen Schädigungen kommt es zur Aufhebung der Schweißabsonderung im betreffenden Hautgebiet.

Die Reflexbahnen der *Piloarrektion* verlaufen völlig analog denjenigen der Schweißsekretion. Auch hier sollen die Antagonisten der Pilomotoren mit den Antagonisten der Vasokonstriktoren (Vasodilatatoren) über die hinteren Wurzeln und Spinalganglien ziehen und dem parasympathischen System angehören. Ein experimenteller Beweis für diese Annahme wurde bisher nicht erbracht. Die Lage der spinalen pilomotorischen Zentren dürfte sich ungefähr wie folgt verhalten: Kopf und Hals besitzen ihre Zentren in den ersten drei Segmenten des Brustmarkes. Diese üben allerdings nur geringe Wirksamkeit aus, weshalb die Piloarrektionswelle auch fast regelmäßig etwa zwei Querfinger waagrecht unterhalb des Schlüsselbeines aufhört. Die Arme werden von Th_4 bis Th_7 versorgt. Das mittlere Brustmark versieht den Rumpf und im Bereich von Th_{10} bis L_2 liegen die Zentren für die Beine. Das Sacralmark steuert die reflektorische Piloarrektion im Gebiet der Dermatome S_1 bis S_5.

Beim Ablauf der Piloarrektionswelle handelt es sich wahrscheinlich um eine Reihe aufeinanderfolgender Reflexe (Wanderreflex). Hierbei gelangt der erste Reiz zu den pilomotorischen Zentren im Gehirn und im Rückenmark und bewirkt hier auf zentrifugalen Bahnen eine reflektorische Piloarrektion. Das Aufrichten der Haare wirkt nunmehr wieder als sensibler Reiz, und da sich die sensiblen Dermatome gegenseitig überlagern, werden nun tiefer gelegene pilomotorische Zentren in Erregung versetzt, die dann ihrerseits an tiefer gelegenen Hautstellen eine Gänsehaut hervorrufen. Selbstverständlich ist auch der umgekehrte Vorgang möglich, so daß z. B. wie beim Einsteigen in kaltes Wasser die Piloarrektionswelle nach oben verläuft. Anderseits könnte die pilomotorische Erregung auch im Grenzstrang des Sympathicus fortschreiten, wo die Reizleitung wesentlich langsamer als in den peripheren Nerven ist. In diesem Falle wäre nicht immer die Zwischenschaltung von Rückenmarkszentren notwendig. An Zeitlupenaufnahmen ist das Fortschreiten der Piloarrektionswelle besonders deutlich ersichtlich. Es können Rückschlüsse daraus gezogen werden, ob sie sich jedesmal durch Zwischenschaltung des Rückenmarks oder nur entlang des Grenzstranges ausbreiten.

Aus den häufig zu beobachtenden Kombinationen zwischen Hyperalgesie der Haut, Piloarrektion und verstärktem Dermographismus, Schweißausbruch usw. bei Nadelstichen an dieser Stelle kann geschlossen werden, daß der Fokus nicht nur zu einer Beeinflussung der Schmerzschwelle, sondern auch zu einer solchen für die pilomotorischen Zentren, vasomotorischen Zentren, Schweißzentren usw. im entsprechenden Segment führt. Es handelt sich hier also um eine unspezifische Reaktion, die das gesamte vegetative System zu erfassen vermag. Allerdings gibt es auch normalerweise für reflektorische Vorgänge eine Anzahl von Vorzugsstellen, von denen aus oft sehr starke, weit ausgebreitete Reaktionen erzielt werden können, ohne daß pathologische Nervenimpulse vorhanden zu sein brauchen. Diese sind z. B. für die Piloarrektionen die seitlichen und hinteren Halspartien, die Schulter- und Achselgegenden, die Hinterfläche der Ohrmuschel, der äußere Gehörgang, die Streckseite der Oberarme und schließlich die After- und Urethralschleimhaut. Von diesen Schleimhäuten können manchmal inselförmige Piloarrektionen an Unterleib oder Oberschenkel ausgelöst werden, wie z. B. beim Katheterisieren oder bei Analuntersuchungen. Das Auftreten der Piloarrektion wird hier außer durch die Reizstärke durch andere äußere Umstände, wie z. B. kühle Außentemperatur, Anämie der Haut, Frösteln, vorangegangene Hautreize usw., gefördert. Anderseits lassen sich auch Ermüdungserscheinungen der Haarbalgmuskeln besonders nach rasch hintereinander an derselben Stelle ausgelösten Reaktionen feststellen, während sie bei starken thermisch-mechanischen Reizen (Eisblase, Thermophor) stundenlang im Kontraktionszustand verharren können.

Außer durch die bisher beschriebenen vegetativen Fasern dürften die Haut, das Unterhautzellgewebe, die Knochen und Gelenke noch durch *trophische Nervenfasern* versorgt werden. Die trophischen Veränderungen treten gewöhnlich nur im Bereich der beteiligten sensiblen Nerven auf. Sie können allerdings ebenso ohne Sensibilitätsstörungen beobachtet werden oder zeitlich erst nach völliger Wiedererlangung der Sensibilität zustande kommen. Gleichzeitig mit den trophischen Störungen lassen sich häufig andere Störungen der efferenten vegetativen Innervation, wie Schweißanomalien, vasomotorische Hyperreflexie, Pigmentanomalien usw., beobachten. KEN KURÉ und KAWAGUZI [5] schreiben den efferenten vegetativen Fasern, die mit der hinteren Wurzel verlaufen, trophische Eigenschaften zu. Nach anderen Autoren sind es vor allem die sympathischen Nervenfasern, die Bedeutung für die Wachstumsvorgänge im Gewebe haben.

Beim Menschen führen besonders Erkrankungen der hinteren Wurzeln, wie bei Tabes dorsalis, oft zu schweren neurogenen Dystrophien. Dabei kommt es nicht nur zu krankhaften Veränderungen der Haut, sondern auch der Knochen und Gelenke. Auch die Syringomyelie, die zunächst mit proliferativen, später regressiven Veränderungen der grauen Substanz des Rückenmarks einhergeht, führt zu ausgesprochenen trophischen Störungen an Haut und Knochen. Schließlich ist die Sklerodermie nicht selten mit Rückenmarkserkrankungen, wie Myelitis, Syringomyelie und Multipler Sklerose, vergesellschaftet. Viele Tatsachen sprechen dafür, daß diese Erkrankung durch eine Störung im sympathischen Nervensystem bedingt ist. Die Empfindungen für Berührung und Schmerz, für Warm und Kalt bleiben erhalten. Ihre Anordnung ist meist symmetrisch oder entspricht den verschiedenen Rückenmarkssegmenten. Das zunächst fleckförmige Auftreten läßt sich durch trophische Schädigungen an den Endverzweigungen der Nerven erklären. Die Ursache dieser Erkrankung dürfte in einem chronischen Reizzustand der trophischen Fasern oder ihrer Zentren liegen, da nach einer einfachen Unterbrechung der Fasern keine Sklerodermie beobachtet werden kann.

Schließlich dürften auch bestimmte, noch nicht näher definierte Fasern des vegetativen Nervensystems den *Pigmentstoffwechsel* der Haut wesentlich beeinflussen. Bei den Cephalopoden und Fischen treten die Nervenfasern direkt an die Chromatophoren heran und endigen mit Endplättchen. Wie dort festgestellt werden konnte, stammen die coloratorischen Fasern aus dem Sympathicus und versorgen so wie alle anderen vegetativen Fasern segmentär angeordnete Hautgebiete. Sind schon bei den Reptilien die Verhältnisse anatomisch noch weniger geklärt als bei den Amphibien, so konnten beim Menschen bisher überhaupt keine anerkannten Beweise für eine nervöse Versorgung der pigmentspeichernden Epithelzellen in der Basalschicht des Stratum germinativum erbracht werden. Daneben soll auch noch eine Pigmentierung durch fixe Bindegewebszellen vorkommen, die aber eine geringe Rolle spielt. Diese Zellen besitzen nur die Fähigkeit, eine aus dem Blutplasma stammende chromogene Substanz, die später auf dem Wege der feinen Lymphbahnen in die Interzellularlücken der Epidermis gelangt, in melanotisches Pigment zu verwandeln. Da nicht nur Hyperpigmentation, sondern auch Pigmentschwund meist segmentäre und häufig sogar symmetrische Anordnung aufweisen, muß vor allem an eine nervöse Beeinflussung des Pigmentstoffwechsels vom Rückenmark aus oder noch weiter zentral gedacht werden. Gleichzeitige Empfindlichkeitsstörungen, wie z. B. Hyperalgesien an hyperpigmentierten Stellen und Hypalgesien an vitiliginösen Partien, zeigen nur das Übergreifen der nervösen Schädigungen auch auf benachbarte vegetative Fasersysteme an. Dies ist besonders klar bei der Nervenlepra ersichtlich, wo An- und Hyperästhesien sowie Störungen der Schweißsekretion mit abnormen Färbungen und Entfärbungen der Haut kombiniert sind. Ebenso sind die Neurofibromatosis Recklinghausen, die Sklerodermie, die Hemiatrophia faciei häufig mit Pigmentanomalien der entsprechenden Hautgebiete vergesellschaftet. Druckatrophien des Halssympathicus gehen gelegentlich mit einem Pigmentschwund der entsprechenden Kopfseite, der Haare und der Iris einher. Auch Heterochromien der Iris laufen fast stets mit einer Sympathicusschädigung parallel. Schließlich könnten Patienten mit Cholelithiasis oder Ulcus duodeni ebenfalls Depigmentierungen der entsprechenden Iris aufweisen. Die Kenntnis dieser Zusammenhänge ermöglicht oft überraschende Diagnosen, wie sie sonst nicht einmal durch subtilste Röntgen- und Laboratoriumsuntersuchungen möglich sind (s. Fokusdiagnose, S. 67f.).

Ebenso wie die Haut enthält das *subcutane Fettgewebe* vegetative Nervenfasern. So dürfte die Lipodystrophia progressiva mit ihrem symmetrischen Befall der unteren Körperhälfte, wobei Gesicht und Arme ausgesprochen abgemagert sein können, auf eine spinale Ursache des vegetativen Nervensystems zurückzuführen sein. Die symmetrische Lipomatose oder einseitig lokalisierte Lipome weisen meist segmentäre Anordnung auf, sind nicht selten ausgesprochen schmerzhaft und gehen mit Neuralgien einher. Die MADELUNGschen Fettgeschwülste am Nacken und überhaupt diffuse symmetrische Fettvermehrungen sind meist außerordentlich druckempfindlich, weshalb dafür der Name Adipositas dolorosa geprägt wurde. Neben der Hyperalgesie können Störungen der Schweißsekretion, der Pigmentation, des Haarwuchses usw. auf eine ausgedehnte Schädigung des vegetativen Nervensystems in diesen Arealen hinweisen. Die Atrophie des subcutanen Fettgewebes ist meist mit Atrophie der Haut (Sklerodermie) verbunden. Auch hier ist die Anordnung von den vegetativen Nerven abhängig, außerdem kommen noch Pigmentverschiebungen, Ergrauen der Haare, Haarausfall, Nägel- und Knochenveränderungen als Zeichen weiterer Nervenstörungen vor. Eine besonders eindrucksvolle Form des Fettschwundes, die Hemiatrophia faciei, ist stets mit Erkrankung des Halssympathicus der betreffenden Seite verbunden, wie sie durch Druck eines Kropfes auf den Halssympathicus oder durch Narbenzug im Gefolge von Operationen, bei tuberkulöser Spitzenpleuritis, nach Schußverletzungen, bei Geschwülsten des Halses usw. vorkommen kann. Außerdem können Erkrankungen des Rückenmarks selbst, wie z. B. die Syringomyelie, zum Schwund des Fettpolsters auf der einen Gesichtshälfte führen. Meist sind auch Haut und Knochen ergriffen, was sich durch Pigmentverschiebungen, Sklerodermien, Haarausfall, Änderung der Haarfarbe, Schweißstörungen, Änderung der Röntgenbefunde von Gesichtsknochen usw. anzeigt. Ebenso sind oculopapilläre Symptome häufig.

Diagnose

Die Haut muß vor allem als Erfolgsorgan im Herdgeschehen betrachtet werden. In ihr enden zahlreiche, vom Fokus ausgehende nervöse Impulse und schaffen damit Veränderungen, die oft auf den ersten Blick zu erkennen sind (S. 66ff.). Da die nervöse Reizleitung mit chemischen Reaktionen einhergeht, kommt es bei wochen- und monatelang anhaltenden Impulsfolgen, die über das physiologische Maß hinausgehen, auch zur Ablagerung von Stoffwechselschlacken, die immer größere Ausmaße anzunehmen vermögen. Von diesem Gesichtspunkt aus betrachtet, könnte man die Haut geradezu als Müllabfuhrstätte der Innereien betrachten, in der jedes Organ seinen eigenen, streng begrenzten Abladeplatz besitzt. Dabei muß aber stets bedacht werden, daß auch die vegetativen Fasern selbst Art und Ort der Ablagerung innerhalb der Reflexzone bestimmen. Die Bildung pathologischer Stoffwechselprodukte erfolgt außerdem nicht nur an der Körperoberfläche, sondern auch im Subcutangewebe, der Muskulatur, den Knochen und Gelenken, ja selbst in anderen Organen oder im Gehirn. Diese Veränderungen fallen aber in der Regel gegenüber denjenigen an der Haut kaum ins Gewicht, da die nervöse Versorgung der meisten derartigen Gewebe im Vergleich zur Haut wesentlich geringer ist.

Bis heute verfügen wir über keine chemischen Nachweismethoden aller hier postulierten Stoffwechselschlacken, was auf den Schwierigkeiten der Isolierung von Adrenalin-, Histamin-, Tyrosin- und ähnlichen Abbauprodukten aus dem Gewebe, wegen der nur äußerst geringen Mengen dieser Substanzen, beruhen dürfte. Wir sind deshalb derzeit auf rein deskriptive Methoden angewiesen, die uns aber auch schon eine Fülle bisher ungeahnter Zusammenhänge zu eröffnen vermögen. Störungen der trophischen Fasern der Haut lassen sich z. B. sehr häufig als flächige und bandförmige Einziehungen nachweisen, die meist von gequollenen Abschnitten begrenzt sind (S. 68, 78). Störungen der coloratorischen Fasern sind an Pigmentanomalien und solche der vasomotorischen Fasern an Änderungen der Hauttemperatur erkenntlich.

Wie aus Abb. 47 ersichtlich ist, kann nun je nach ihrer Lokalisation auf das erkrankte Organ geschlossen werden. So weisen flächige Einziehungen im Bereich des Halses (C_4 bis C_6), aber auch der unteren Brustwirbelsäule und über dem Kreuzbein etwas oberhalb der Analfalte bei Patienten mit Kopfschmerzen auf Kopfherde, Magen, Gallenblase oder Harnblase und Genitalapparat als deren Ursache hin. Flächige Einziehungen auf den Schulterblättern gehen häufig mit Neuralgien, Dystrophien und Parästhesien der Arme einher und lassen auf Lungenherde schließen. Herz- und Magenstörungen können zu derartigen Einziehungen über der linken hinteren Brustkorbseite führen. Leber- und Gallenerkrankungen gehen meist mit breiten flächigen Einziehungen über der rechten hinteren Brustkorbseite einher und Darmerkrankungen führen in Abhängigkeit von ihrem Sitz zu denselben Veränderungen in Höhe von TH_{10} bis L_1. So verläuft die Verstopfungszone vom mittleren Drittel des Kreuzbeins nach schräg außen unten in Form eines etwa 5 cm breiten eingezogenen Bandes auf der linken oder seltener auf der rechten Seite [6]. Unterhalb der Darmzone von L_2 bis L_5 weisen Hautveränderungen auf Urogenitalstörungen hin. Hier ist vor allem eine über dem Kreuzbein und den Ileosacralgelenken liegende, wegen ihrer Reliefarmut imponierende Reflexzone bei Frauen mit infantilem Genitale, Hypomenorrhoe, sekundärer Amenorrhoe, Neigung zu verlängerten Intervallen usw. zu erwähnen [6]. Arterielle Durchblutungsstörungen der Beine gehen mit Formveränderungen von Haut und subcutanem Fettgewebe einher, die von der Crista iliaca superior bis in die Nähe der Sitzbeinhöcker führen. Sie ist jeweils auf der Seite der stärkeren Erkrankung deutlicher ausgeprägt. Bei Krampfadern, Unterschenkelgeschwüren, Neigung zu

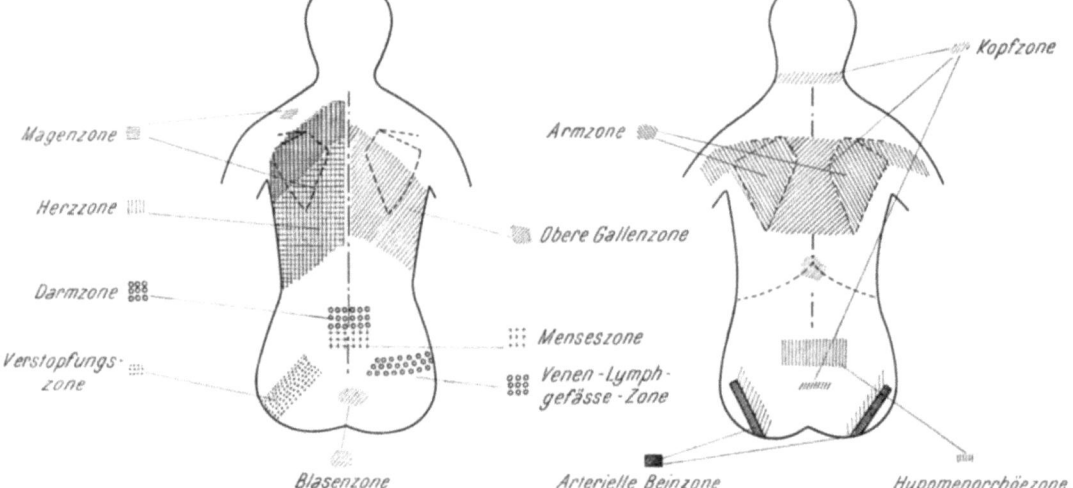

Abb. 47. Flächige Einziehungen der Haut bei verschiedenen Organerkrankungen [6]

Knöchelschwellungen und Schwäche des Venen-Lymph-Systems findet man einige Querfinger unterhalb der Darmbeinkämme ein etwa 5 cm breites eingezogenes Band, das parallel zu ihnen verläuft. Auch hier ist die Seite vom Erkrankungsherd abhängig.

Ähnliche Verhältnisse liegen bei den Hyperpigmentationszonen vor. Sie sind häufig innerhalb derselben Areale zu beobachten, in denen die Verhaftung des subcutanen Gewebes aufzutreten pflegt.

Auf den Abb. 48 bis 50 sind derartige Pigmentanomalien an der Haut bei chronischer Tonsillitis, Appendicitis und Prostatitis dargestellt. Vergleicht man die Temperatur über diesen Hautbezirken mit derjenigen benachbarter Areale, so findet man häufig um 1 bis 2° C niedrigere Werte. Dies läßt darauf schließen, daß die Hyperpigmentation mit einer Vasokonstriktion einhergeht. Möglicherweise wird das Pigment in diesen Fällen durch eine Entgleisung des Abbaus von Noradrenalin, das an den gereizten Nervenenden in übermäßigen Mengen freigesetzt wird, gebildet. Die histologischen Veränderungen gleichen denjenigen eines Naevus. Da die meisten Ganglienzellen im Laufe der Jahre Pigmentkörnchen in ihrem Protoplasma anhäufen, dürften derartige Stoffwechselvorgänge bei der Reizleitung leicht möglich sein, wenn sie bisher auch noch weitgehend unbekannt sind.

Hyperämische Flecke auf der Haut, die ebenfalls in pathologischen Dermatomen als Ausdruck einer vasomotorischen Hyperreflexie zustande kommen können, sind aller Wahrscheinlichkeit nach als eigenes Krankheitsbild und nicht als Vorstufe der Hyperpigmentation aufzufassen, da sie, wie Hauttemperaturmessungen über ihnen ergeben, mit vermehrtem Blutdurchfluß als Ausdruck einer Vasodilatation einhergehen, also durch Stoffwechselprodukte verursacht werden, die gerade das Gegenteil der Hyperpigmentation bewirken. Die hyperämischen Flecke kommen besonders an Kopf, Hals und oberen Brustpartien vor. Sie sind in der Regel flüchtig und können leicht durch psychische Aufregungen, aber auch durch bloße Wärmeeinwirkung oder körperliche Arbeit ausgelöst werden. Sie sind oft durch Jahre bei allen derartigen Belastungen stets an derselben Stelle zu sehen und verschwinden dann plötzlich nach Tonsillektomie oder Extraktion eines schlechten Zahnes. Ebenso verhält es sich nicht selten mit zahlreichen anderen, vorwiegend

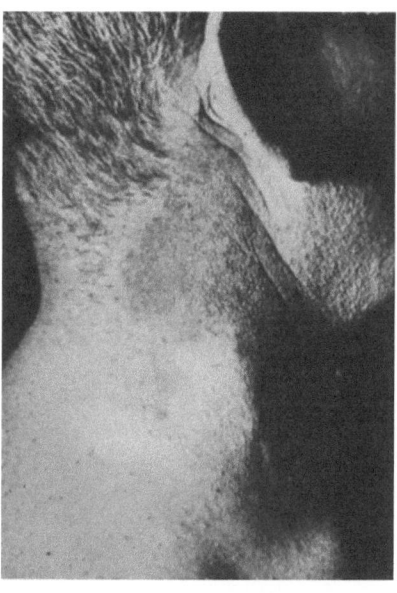

Abb. 48. Pigmentanomalie bei einem Patienten mit Tonsillitis chronica

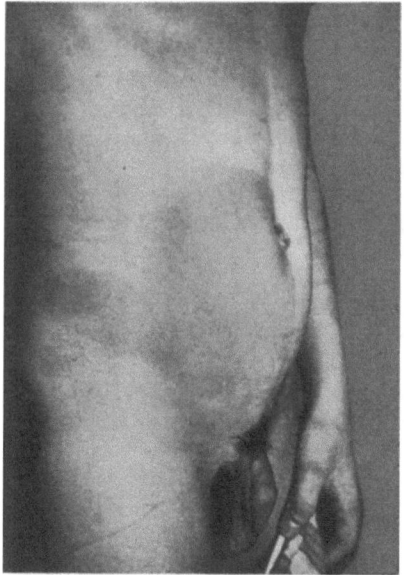

Abb. 49. Pigmentanomalie bei einem Patienten mit Appendicitis chronica

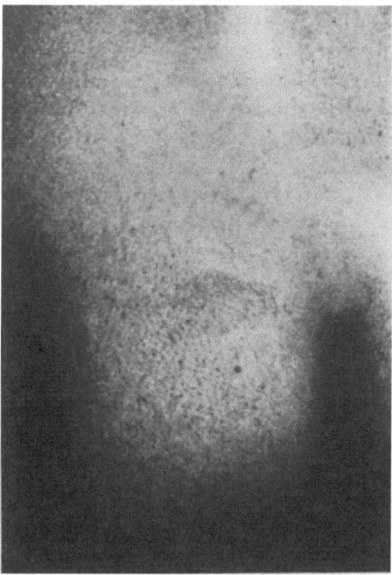

Abb. 50. Pigmentanomalie bei einem Patienten mit Prostatitis chronica

kosmetischen Schädigungen der Gesichtshaut, bei denen die vasomotorische Hyperreflexie eine Teilkomponente darstellt. Gerade hier gelingt es oft verhältnismäßig leicht, die Ursache in Form eines Granuloms, einer Paradentose oder einer chronischen Sinusitis zu finden und damit die Patientin innerhalb kurzer Zeit von oft jahrelang anhaltenden lästigen Erscheinungen zu befreien.

Erkrankungen der Hohlorgane, wie vor allem Gallen- und Nierensteine, gehen nicht selten mit einer deutlichen Piloarrektionswelle auf Nadelstiche im entsprechenden Dermatom einher, die sich über die hyperalgetische Zone hinaus auszubreiten pflegt. Sie verursachen auch regelmäßig schon lange vor Auftreten einer eventuellen Hyperpigmentation deutlich tiefere Hauttemperaturen in ihren Reflexzonen, die als ziemlich verläßlicher Beweis für die Erkrankung eines dem jeweiligen Dermatom zugeordneten Hohlorgans gelten können.

Möglicherweise sind auch die zahlreichen ,,Leberflecken", die mit zunehmendem Alter an Händen und übrigem Körper zu erscheinen pflegen, nichts anderes als ein Ausdruck von Abnützungserscheinungen, mit Ansammlung von Stoffwechselschlacken im Gewebe, die dann auf bisher noch unbekannten Wegen als Pigment gespeichert werden können, ähnlich wie die Ganglienzellen im Verlauf der Jahre immer mehr Pigment ansammeln.

Untersucht man die Schweißsekretion in pathologischen Reflexarealen auf ihr p_H mit Hilfe von Kontaktelektroden und auf Aminosäuren, Phenole und Alkohole mit Hilfe der Papierchromatographie, so lassen sich ebenfalls, wenn auch auf etwas komplizierte Art, deutliche Unterschiede finden. Nach den bisher vorliegenden Ergebnissen gelingt es, aus der Analyse des Schweißes Störungen der sudomotorischen Fasern genau zu erfassen und damit das Bild einer peripheren vegetativen Dysregulation zu vervollständigen. Die Areale der sudomotorischen Hyperreflexie decken sich dabei nicht mit denjenigen der anderen vegetativen Fasersysteme, bleiben aber doch auf das Dermatom beschränkt, wobei sie viel früher zur Generalisierung in die Umgebung neigen als die meisten der anderen vegetativen Fasersysteme.

Bei unklaren visuellen und manuellen Hautbefunden können durch Auslösung des Dermographismus oft eindeutige Resultate erzielt werden. Dieser ist in spastischen Zonen weniger ausgedehnt und von geringerer Dauer als normal, in Zonen, die mit Vasodilatation einhergehen, aber deutlich stärker und anhaltender. In der Tat finden sich beide Formen des Dermographismus bei den verschiedenen Erkrankungen vertreten und erlauben damit Rückschlüsse auf das befallene Organ und das Krankheitsstadium im pathologischen Segment.

Die Dermographia alba und Dermographia elevata dürften nach den bisherigen Ergebnissen vor allem an allergische Zustandsbilder in der Haut gebunden sein und weniger von den nervösen Reflexmechanismen abhängen, die von einem Herd ausgehen.

Verwendet man alle bisher angeführten Methoden für die Diagnostik pathologischer Dermatome, so kann man heute schon in vielen Fällen mit ziemlicher Sicherheit das erkrankte Organ innerhalb des Segmentes lokalisieren. Die Untersuchungen erstrecken sich dabei auf Hyperalgesie, Hauttemperatur, Dermographismus, Pigmentanomalien, pilomotorische, sudomotorische und trophische Fasern. Selbstverständlich kann die Methodik im Bedarfsfall noch weiter ausgebaut werden, wie etwa durch Bestimmung der sensorischen Chronaxie, der Schmerzschwelle gegen strahlende Wärme, der elektrischen Leitfähigkeit, der Hyperalgesie gegen elektrische Ströme usw. Im Grunde genommen helfen sie aber nur, eine der sechs vegetativen Faserarten in ihrem Funktionszustand noch sicherer zu erfassen als auf die oben angegebene einfachere Art.

Therapie

Die Therapie fokalbedingter Haut- und Bindegewebserkrankungen ist vielseitig. Sie hängt weitgehend von der Stärke der Hautveränderungen ab, die von der bloßen Hyperalgesie je nach dem Krankheitsstadium über die weiche und derbe Schwellung bis zur Verhaftung des Gewebes mit atrophischen Veränderungen schwanken kann. Wie schon erwähnt (S. 75ff., 115), können daneben noch rein trophische Störungen, Pigmentanomalien, vasomotorische, pilomotorische Ausfälle, Störungen der Schweißsekretion, reine Elektrolytverschiebungen usw. bestehen. In allen Fällen sollte zunächst durch die Behandlung des erkrankten Organs die kausale Therapie angestrebt werden. Erst in zweiter Linie müssen die Folgeerscheinungen dieser Organerkrankung auf der Körperoberfläche direkt beseitigt werden.

Hierzu werden bei Hyperalgesien und Fibrositis sowohl im akuten als auch im chronischen Stadium mit gutem Erfolg *subcutane Novocaininfiltrationen* (0,5%) verwendet. Das Novocain wird in Mengen von 20 bis 100 cm³ langsam unter die hyperalgetischen Areale infiltriert. Sehr günstig wirkt sich der Zusatz von 20 bis 40 mg Hydrocortisonacetat oder von 10 bis 20 mg Ultracortenol aus. Diese Medikamente unterdrücken die reaktiven Entzündungserscheinungen und beeinflussen außerdem alle allergischen Vorgänge im Subcutangewebe günstig. Ähnlich günstige Effekte werden vor allem bei akuten Zuständen durch Hydrocortison- und Prednisoloniontophorese oder mit gleichartigen Salben erreicht. Behandelt man die damit eingeriebenen Stellen anschließend mit Ultraschall, so dringt das Hormon tiefer in die Haut ein und kann eine bessere Wirkung entfalten. Chronische Gewebsveränderungen, die schon in atrophische Zustände überzugehen drohen, werden durch subcutane Luftinfiltrationen (40 bis 80 cm³) häufig deutlich gebessert. Diese Maßnahme bewirkt eine Hyperämie des entsprechenden Gewebsabschnittes, die tagelang anhält.

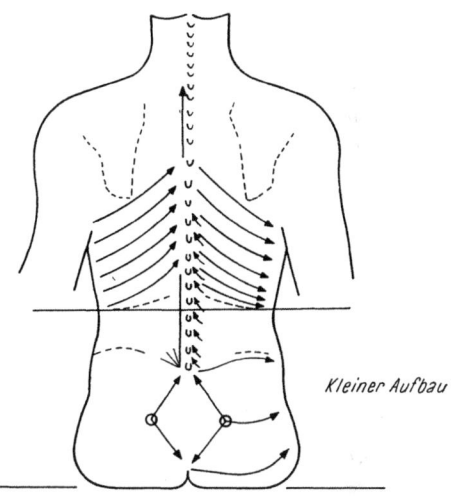

Abb. 51. Kleiner und großer Aufbau

Neben der Injektionstechnik kommen alle Arten der *Hautreiztherapie* in Frage. Sie sind in der Regel nur bei chronischen Erkrankungen zu empfehlen und lassen sich in mechanische, chemische, thermische, Strahlen- und elektrische Methoden einteilen.

Die *mechanischen Hautreize* können durch Überdruck, Unterdruck oder durch mechanische Hautverletzungen zustande kommen. Ihre wichtigste Anwendungsform stellt zweifelsohne die Massage dar, die vor allem mit der Hand ausgeführt wird, zu der aber auch Apparate (Vibrations- oder Ultraschallapparat) herangezogen werden können. Die Ultraschallbehandlung bewirkt außerdem in Form des Impulsschalls mit Leistungen bis zu 5 Watt/cm² eine deutliche Anästhesie des Nervensystems, die sich vor allem auf die vegetativen Fasern auswirkt. Diese wird von uns an Stelle von Novocaininfiltrationen für die Blockade des vegetativen Nervensystems benützt, um die Zahl der Einstiche zu verringern. Meist genügt der Effekt zur Erreichung des gewünschten Zieles.

Erwähnenswert ist auch die *Bindegewebsmassage* [7], die durch eine Verschiebung der Haut gegen ihre jeweilige Unterlage gekennzeichnet ist. Man übt mit dem Mittelfinger und dem vierten Finger einen Zugreiz auf das Gewebe aus, der dadurch zustande kommt, daß diese Finger unter leichtem Druck in flacher oder steiler Stellung gegen die Körperoberfläche aufgesetzt werden. Der Druck soll keineswegs stärker sein, als für die Haftung des Fingers auf der Haut nötig ist. Es soll ja mit dieser Technik kein Druck, sondern ein Zug auf das Bindegewebe ausgeübt werden, der bei flacher Stellung des ziehenden Fingers die mehr oberflächlichen, bei steiler Stellung die tiefer gelegenen Gewebsabschnitte erfaßt. Für die Diagnostik fährt man vom 5. Lendenwirbel dicht an der Wirbelsäule entlang bis zum 7. Halswirbel aufwärts und achtet auf eventuelle Verhaftungen des Bindegewebes mit seiner Unterlage sowie auf Schmerzangaben des Patienten. Die Therapie mit dieser Massage beginnt stets am Kreuzbein, da die Erfahrung gezeigt hat, daß ein systematischer Aufbau von caudal nach cranial am besten vertragen wird. Dabei unterscheidet man zwischen einem Grundaufbau und drei Aufbaufolgen, je nachdem, welches Gebiet besonders behandelt werden soll. Der Grundaufbau aus dem Rhombus (Abb. 51), der aus einer Strichführung von der breitesten Stelle des Kreuzbeines zur Analfalte einerseits und zum 5. bzw. 4. Lendenwirbel anderseits besteht. Es folgen 3 Strichführungen auf den Beckenschaufeln, 5 Anhackstriche an der Lendenwirbelsäule, der ,,Fächer'' im Winkel zwischen Beckenkamm und Wirbelsäule, das Ausziehen der Brustkorbbänder und mehrere Ausgleichsstriche auf dem Musculus pectoralis. Die 5 Anhackstriche werden auch ,,Tannenbäumchen'' genannt und beginnen für den kleinen Aufbau am 5. bis 4. Lendenwirbel. Sie werden innerhalb der langen Rückenstrecker (Erector trunci) zur Wirbelsäule gezogen, bis zum 12. Brustwirbel. Setzt man diese Anhackstriche vom 12. Brustwirbel bis zum unteren Schulterblattwinkel fort, wobei alle anderen Strichführungen des kleinen Aufbaues erhalten bleiben, so spricht man vom großen Aufbau. Hierbei werden auch sogenannte Intercostalstriche angewendet, die in der vorderen Axillarlinie beginnen und im Verlauf der Intercostalräume nach cranial aufsteigend mit Zug zur Wirbelsäule durchgeführt werden. Man zieht sie auch in umgekehrter Richtung von der Wirbelsäule zur zeitlichen Thoraxwand bis zur vorderen Axillarlinie (Abb. 51). Zum Schluß werden wieder die Musculi pectorales in ihrer erhöhten Spannung ausgeglichen.

Während vom kleinen Aufbau aus schon nach einigen Sitzungen auf das Gebiet der unteren Extremitäten übergegangen werden kann, ist eine Bearbeitung der Schultern der oberen Extremität oder des Nackens nur nach gründlicher Durcharbeitung des kleinen und großen Aufbaues möglich. Hierbei muß jede krankhafte Körperstelle mit den vorgeschriebenen Strichen behandelt werden, deren genaue Schilderung den Rahmen dieses Buches überschreiten würde. Man liest sie am besten im Original nach. Wichtig ist die Tatsache, daß diese Massage nach einem eigenen System durchgeführt wird, da bei alleiniger Behandlung des erkrankten Körperabschnittes entweder nur Teilerfolge erzielt werden können oder ausgesprochen unangenehme Nebenwirkungen zustande kommen. Die reflektorischen Zusammenhänge zwischen oft entfernt voneinander liegenden Abschnitten der Körperdecke sind also auch hier empirisch erfaßt und für die Behandlung ausgewertet worden.

Eine optimale Massage hat nicht nur die Veränderungen im Bindegewebe, sondern auch diejenige in der Muskulatur zu erfassen, da häufig trotz vollständiger Lösung der bindegewebigen Veränderungen der Erfolg ausbleibt, wenn die muskulären Hypertonien nicht direkt beseitigt werden. Umgekehrt führt auch die alleinige Massage hypertoner Muskelbezirke selten zum Ziel, wenn bindegewebige Indurationen zurückbleiben. Außerdem muß jede reflektorische Gewebsänderung durch den zweckmäßigsten Massagegriff bearbeitet werden, da sie sonst nicht nur unbeeinflußt bleiben, sondern sogar verschlechtert werden kann. Diese Gedankengänge stellen das Hauptprinzip der *Segmentmassage* [8] dar. Danach werden folgende Handgriffe bei den einzelnen Erkrankungsformen bevorzugt:

Bei Einziehungen: Reibungen, Streichungen, tiefe Knetungen.
Bei Eindellungen: Tiefe Knetungen und Walkungen.
Bei Quellungen: Feinste (indirekte) Vibration.
Bei Hypertonus der Muskulatur: Indirekte Vibration, Friktion.
Bei Hypotonus der Muskulatur: Harte Vibration.

So wissen wir seit langem, daß der umschriebene Hypertonus der Muskulatur nur durch Vibration oder rhythmische sanfte Friktion beseitigt werden kann. Streichungen oder Walkungen sind unwirksam, Knetungen führen meist zu einer Defense musculaire mit lang anhaltenden Schmerzen. Breite hypertonische Muskelzonen können neben der Vibration auch durch schwingende Gymnastik beseitigt werden. Myogelosen hingegen reagieren am schnellsten auf kräftige Knetung.

Ausschlaggebend für den Behandlungserfolg ist weiterhin die Dosierung. So ist die Druckstärke bei der Massage der muskulären Maximalpunkte vor allem den vorhandenen Veränderungen in der Umgebung anzupassen, denn die einzelnen muskulären Maximalpunkte sind nicht gleichwertig. Die Punkte innerhalb eines breiten Hypertonus sind meist weniger schmerzhaft als diejenigen im Bereich einer oberflächlichen hyperalgetischen Zone. In der Regel sollte man bei derartigen Massagen unter der Schmerzgrenze bleiben. Weitere die Dosierung der Segmentmassage bestimmende Faktoren sind Alter, Beruf, Konstitution, vegetative Tonuslage usw. [9].

Ebenso wie die Bindegewebsmassage nur als sogenannte Ganzbehandlung zur Anwendung kommen soll [6], muß auch bei der Segmentmassage nach einem bestimmten Schema vorgegangen werden. Die Reflexzonen im Bindegewebe reagieren nicht nur mit den jeweils zugehörigen Organen, sondern auch untereinander ähnlich, wie dies bei den viscero-visceralen Reflexen der Fall ist. Auch hier kann, wie schon bei den Novocaininfiltrationen erörtert (S. 94), nie mit Sicherheit gesagt werden, ob eine bestimmte Reflexzone der Störenfried ist oder ob die Ursache in anderen Zonen liegt.

So wie bei der Bindegewebsmassage stets der kleine oder große Aufbau angewendet werden muß, hat sich bei der Segmentmassage folgendes Vorgehen als günstig erwiesen [8]:

1. Segmentwurzeln
2. Caudal ⟶ Cranial
3. ⟶ Wirbelsäule
4. Oberfläche ⟶ Tiefe
5. Extremitäten: a) distal ⟶ proximal
   b) Oberarm ⟶ Unterarm
   Oberschenkel ⟶ Unterschenkel

Auf diese Weise werden auch reflektorische Veränderungen, die dem weniger Sachkundigen entgehen würden, erfaßt und können nicht weiter als Störungsfelder wirken. Außerdem kann es beim direkten Angehen einzelner Maximalpunkte zu unbeabsichtigten Reaktionen, den sogenannten Spannungsverschiebungen, kommen, die mit Sensationen an Herz, Magen, Blase und Extremitäten einhergehen.

Auch das *Schröpfen* stellt eine mechanische Hautreizung dar, und zwar durch Erzielung eines Unterdruckes. Diese Behandlung wurde schon mehrere 1000 Jahre vor Christi Geburt geübt, wobei man entweder so lange mit dem Mund an der Haut saugte, bis es zur Bildung von Petechien kam, oder Hörner von Rindern oder Ziegenböcken als Zwischenstück zwischen Haut und Mund verwendete. Später benützte man Schröpfköpfe aus Metall, deren Inneres über einer Flamme erhitzt wurde, so daß sich bei der Abkühlung die Luft zusammenzog und die Haut in den Schröpfkopf hineinquoll. Heute werden Schröpfköpfe aus Kunstglas verwendet, die an ein Vacuum angeschlossen und an diejenigen Hautstellen aufgesetzt werden, an denen sonst Novocaininfiltrationen, Nervenpunktmassagen, Periostmassagen oder ähnliches vorgenommen würden. Zur Vermeidung der häufig auftretenden Hautblutungen wird das Vacuum automatisch immer wieder abgelassen, wodurch eine rhythmische Unterdruckmassage zustande kommt. Neben dem trockenen Schröpfen wird auch häufig noch das blutige Schröpfen verwendet, wobei man die Schröpfköpfe nach Skarifikation der Haut mit Hilfe von Schneppern, die 12 bis 16 Hautschnitte erzeugen, aufsetzt. Der Erfolg des Schröpfens hängt ebenso wie der aller anderen hier beschriebenen Maßnahmen von der genauen Kenntnis der hyperalgetischen Zonen und des Verlaufes der pathologischen afferenten und efferenten Impulse ab. Auch hier muß wie bei den Novocaininfiltrationen (S. 91) gelegentlich die Beeinflussung der vegetativen Nervenfasern durch Hauttemperaturmessungen, Plethismographie u. ä. objektiv geprüft werden.

Die dritte Art des Hautreizes stellt die *Akupunktur* dar, der allerdings sicher noch andere Wirkungen zukommen. Viele seit Jahrtausenden gebrauchte und bewährte Einstichstellen lassen sich mit unseren Kenntnissen der Neuraltherapie nicht erklären und müssen andere Wirkungsmechanismen besitzen.

Eine Abart der Akupunktur ist die elektrische oder galvanische Akupunktur, bei der die Nadeln gleichzeitig als Elektroden für einen galvanischen Strom dienen. Sie stellt somit die Kombination eines mechanischen und chemischen Hautreizes dar, konnte sich jedoch nicht durchsetzen, obwohl sie schon 1831 von SCHNEIDER [11] und 1937 erneut von RUHMANN [12], von letzterem vor allem zur Behandlung von Myogelosen, empfohlen wurde.

BAUNSCHEIDT [13] inzidierte die Haut über den schmerzenden Hautstellen mit einer kleinen Lanzette und rieb in die oberflächlichen Einschnitte ein Öl ein, dessen Zusammensetzung er geheimhielt. Wahrscheinlich bestand es in der Hauptsache aus Krotonöl, durch das eine von kleinsten Bläschen und Pusteln begleitete Hautentzündung entstand. Seine Methode fand weite Verbreitung und überlebte ihren Erfinder jahrzehntelang.

Auf ähnliche Weise kann auch durch die Applikation von Bienenstichen, durch Injektion von Plenosol, die Erzeugung von Histamin-Quaddeln, Injektion von Ameisensäure, Schlangengift usw. in hyperalgetische Zonen eine Beeinflussung der pathologischen Reflexabläufe erreicht werden. Bei der Anwendung derartiger Maßnahmen muß man vorsichtig sein, da die Erzeugung einer Hyperästhesie in schon hyperalgetischen Zonen, wie dies durch Vesikantien, Bienengiftquaddeln, Verbrennungen usw. möglich ist, zu einer Steigerung der Schmerzempfindung sowohl an der Haut als auch in den entsprechenden Eingeweiden führen kann [16 bis 20]. Alle diese Eingriffe können weiterhin eine Erniedrigung der Schmerzschwelle und damit eine wesentliche Verlängerung der Hyperalgesie in den entsprechenden Zonen bewirken. Sie sollten also stets in einem Stadium der Erkrankung erfolgen, wo die akuten Erscheinungen abgeklungen sind und Restbeschwerden verbleiben, von deren Aktivierung eine anschließende Beschleunigung der Rückbildungstendenz zu erwarten ist.

In Verfolgung der Gedankengänge, wonach Reize in den Visceral-Organen zu Hyperalgesie und Freisetzung chemischer Agenzien in Muskulatur und Haut führen, könnte auch umgekehrt angenommen werden, daß Reizung von Haut und Muskulatur zu Veränderungen in den Visceralorganen mit Freisetzung derselben Verbindung führt. Eine Bestätigung liefert die bekannte Einwirkung von Kälte auf Muskulatur und Gelenke oder des Manschettendruckes auf das Herz bei der Blutdruckmessung am linken Arm von Patienten mit Angina pectoris [14]. STURGE [15] suchte diese Erkenntnis schon 1883 für die Erklärung der Wirkung physikalisch-therapeutischer Eingriffe von Hautreizmitteln und Hitzeanwendung auf die Haut zu verwenden.

Vorsicht ist auch bei den *chemischen Hautreizen* am Platz, die früher vor allem durch Senfsamen erzeugt wurden. Diese kommen als Senfmehl, aus dem bei Berührung mit Wasser Allylsenföl entsteht, in den Handel. Das Senfmehl kann man entweder als Senfkataplasma in Leinensäckchen, die mit lauem Wasser angefeuchtet und leicht ausgedrückt wurden und 5 bis 10 Minuten lang auf die hyperalgetischen Zonen gelegt werden, oder als Senfpapier anwenden. Es läßt sich auch für Ganz- oder Teilbäder verwenden, wobei ein Eßlöffel oder Kaffeelöffel Senfmehl in einem Leinensäckchen durch das Wasser gezogen und dann ausgedrückt wird. Diese Methode besitzt vor allem bei Fußbädern gute Wirkungen und erzeugt anhaltende Hautrötungen.

Mit Hilfe des Kantharidenpflasters lassen sich ebenfalls beträchtliche Hautreize erzielen. Man legt zu diesem Zweck ein Pflaster von der Größe auf die Haut, wie man sich die Blasenbildung wünscht, und läßt dieses 24 Stunden unberührt. Nach dieser Zeit muß es mit Vorsicht abgenommen werden, um die Blasendecke nicht abzureißen. Einige Stiche mit sterilen Nadeln in die Blase führen dann zur Entleerung des entzündlichen Exsudates. Die Methode erweist sich vor allem für die Erzeugung kleinerer, aber intensiver chemischer Hautreize als sehr wirkungsvoll.

Starke Hautreizung kann auch durch die Brennessel hervorgerufen werden. Weitere chemische Hautreizmittel stellen Zwiebel, Meerrettich, Paprika, verschiedene ätherische Öle, Terpentin, Euphobia, Kolophonium, Weihrauch, Schmierseife und viele andere dar. KOWARSCHIK [21] empfiehlt, Schlammpackungen pulverisierten Paprika in einer Menge von 10% beizusetzen, da auf diese Weise durch die Verbindung eines chemischen und thermischen Reizmittels die therapeutische Wirkung deutlich erhöht werde. Auch das Krotonöl und der Brechweinstein (Tartarus stibiatus) stellen stark wirkende Hautreizmittel dar. Der Brechweinstein kann allerdings zu wochenlang eiternden Geschwüren, die tief in die Haut eindringen, führen.

In letzter Zeit geht man immer mehr auf die Verwendung von hyperämisierenden Salben über, die bei chronischen Schmerzzuständen oft erstaunliche Wirkungen entfalten, wenn sie an den richtigen Stellen eingerieben werden. Außer Nikotinsäureamiden enthalten derartige Salben auch häufig Salicylsäure, Vitamine, Hormone, ätherische Öle usw. Ebenso können Bienengift, Schlangengift, Ameisensäure, Krotonöl u. a. in Salbenform zu Einreibungen verordnet werden. Weniger starke, aber dafür um so anhaltendere Hyperämien an den Applikationsstellen bewirken Ichthyol und seine Salben. Vor allem die 20%ige Ichtholan-Salbe kann mehrere Tage am Körper verbleiben und führt dadurch zum Abschwellen der verschiedensten Infiltrate.

Die *thermischen Hautreize*, die als Verbrennungen 3. Grades mit Hilfe glühender Eisen und Nadeln gesetzt wurden, stellen seit alters her die intensivste Therapie vieler chronischer Erkrankungen dar. Schon HIPPOKRATES schließt seine Aphorismen mit dem Satz: „Was Arzneien nicht heilen, heilt das Messer, was das Messer nicht heilt, heilt das Brennen, was das Brennen nicht heilt, muß als unheilbar angesehen werden." Er sieht das Brennen oder Verbrennen der Haut als das Ultimum remedium an [21]. Auch heute noch wird diese Methode von zahlreichen Völkern des Orients, aber auch in Frankreich (Point du feu) bei vielen Erkrankungen mit großem Erfolg angewandt.

Nicht immer muß die Hitzeanwendung für die Erzielung therapeutischer Erfolge derartig intensiv sein. Häufig führen auch Schlamm- oder Moorpackungen bei richtiger Applikation zu guten Resultaten. Selbst Heizkissen können, über lange Zeiträume verwendet, die hartnäckigsten Erkrankungen zum Abklingen bringen. Die richtige Auswahl der Applikationsstelle ist dabei wesentlich wichtiger als Art und Stärke der Wärmeanwendung.

Die allgemeine Hitzeanwendung in Form von Sandbändern, Sauna, Überwärmungsbädern usw. ist außer zu prophylaktischen Zwecken vor allem dort indiziert, wo es bereits zu einer weitgehenden Generalisierung der nervösen Ausfallserscheinungen gekommen ist, so daß der Applikationsort keine so wesentliche Rolle mehr spielt. Außerdem ist die Allgemeinwirkung viel intensiver, was sich im Stadium der Sensibilisierung von Zwischenhirnzentren besonders auswirken muß.

Auch mit Hilfe von *Strahlungen* können ausgiebige Hautreize erzielt werden. Dazu zählt vor allem die Ultraviolettbestrahlung, wie sie entweder mit der Höhensonne oder der Kromayer-Lampe durchgeführt wird. Mit dieser Methode lassen sich auf exakte und schonende Weise streng lokalisierte Hautrötungen erzielen, die lange Zeit andauern. Während die UV-Strahlen vor allem entzündliche Veränderungen an der Epidermis bewirken, dringen die Infrarotstrahlen in Abhängigkeit von der Wellenlänge in tiefere Hautschichten ein. Wegen des verhältnismäßig schnellen Abklingens der Hyperämie nach Aussetzen der Bestrahlung sind sie schonender für den Patienten und leichter dosierbar. Bis zur Muskulatur und zu den Knochen dringen die Radarwellen vor. Sie durchsetzen das Fettgewebe mit geringerem Intensitätsverlust als die Kurzwellen und sind außerdem durch ihre Mittelstellung zwischen optischen und elektromagnetischen Wellen besser fokussierbar. Die Kurzwellen wieder besitzen die größte Durchdringungstiefe und sind deshalb für die Bestrahlung tiefer gelegener Organe und Gelenke am besten geeignet. Die Wahl der jeweiligen Bestrahlungsart hängt also weitgehend vom erkrankten Gewebe ab und setzt einige Sachkenntnis des behandelnden Arztes voraus.

Die *elektrischen Hautreize*, die mit hochgespannten Strömen erzeugt werden, gehen in Form von Ausstrahlungen (Effluvien) oder in Funken auf den Körper über. Während man früher den hochgespannten Gleichstrom benützte, verwendet man jetzt hochgespannte und hochfrequente Wechselströme (Arsonval). KOWARSCHIK [21] sah mit letzterer Methode vor allem bei Hautneuralgien, wie der Meralgia paraesthetica, bei Narbenschmerzen und Hauthyperästhesien sowie bei der Adiposalgie, die sich bei adipösen Frauen an der Innenseite der Oberschenkel und der Streckseite der Oberarme und am Unterbauch findet, gute Erfolge.

In letzter Zeit werden immer mehr niederfrequente Wechselströme in Form von Dreiecks- oder Trapez-Impulsen mit kurzen oder langen Schwellungen oder mit rhythmischen Frequenzänderungen für Gewebsmassagen, Abschwellung von Ödemen, Anästhesie hyperalgetischer Zonen, paravertebrale Blockaden, Muskelgymnastik usw. verwendet. Läßt man gleichzeitig mit der Einwirkung dieser Ströme einen galvanischen Strom durch die Elektroden fließen, so können vor allem in hyperalgetischen Zonen, die mit weicher oder derber Schwellung oder mit Verhaftung des Bindegewebes einhergehen, ausgezeichnete Erfolge erzielt werden. Die Auswahl von Impulsform, Frequenz, Intensität und rhythmischer Änderung erfordert allerdings große Erfahrung und muß dem physikalischen Therapeuten vorbehalten bleiben. Wesentlich vereinfacht wurden die nötigen Voraussetzungen in einem von der Fa. Mela KG. konstruierten Gerät „Ionomodulator", wo die Indikationen bei den jeweiligen Schaltstellen angegeben sind. Allerdings wurde dieser Vorteil auf Kosten der Variabilität erkauft, da nur insgesamt zehn fixe Schaltungen möglich sind.

Die Iontophorese stellt ebenfalls einen elektrischen Hautreiz dar, der mit dem chemischen Hautreiz des durch den galvanischen Strom in tiefere Schichten der Haut eingebrachten Medikamentes kombiniert ist.

Auch der *Hydrotherapie* kommt eine wichtige Rolle im Rahmen der Neuraltherapie zu. Ihre Wirkung ist vor allem auf die Haut gerichtet. Da diese aber als Sinnesorgan des vegetativen Nervensystems, besonders wenn große Flächen betroffen sind, zahlreiche Zentren des Zwischenhirns beeinflußt, kommt es dabei außerdem zu einer Umstellung des ganzen Organismus. Vor allem werden die Nebennieren in ihrer Funktionstüchtigkeit gestärkt, was am Ansteigen der 17-Ketosteroid-Ausscheidung im Verlauf von Badekuren deutlich erkenntlich ist. Während die Schwefel-, Sole- und radioaktiven Bäder früher nur als Teil- oder Vollbäder verwendet wurden, geht man in letzter Zeit mit Hilfe der Unterwasserstrahlmassage immer mehr dazu über, die erkrankten Hautareale zusätzlich mit diesen Wässern zu behandeln. In der Tat vermag sie, von sachkundiger Hand durchgeführt, den Badeeffekt wesentlich zu potenzieren. Hierbei gelten dieselben Richtlinien wie etwa für die Bindegewebs- oder Segmentmassage, nur daß der massierende Finger durch den Wasserstrahl ersetzt wird.

Auch die Kneippkur zielt größtenteils auf die Beseitigung gestörter Segmentzonen hin, was allein aus der genau vorgeschriebenen Reihenfolge der einzelnen Güsse ersichtlich ist. Wie bei der Bindegewebs- oder Segmentmassage zeigt auch hier die Empirie, daß bei Außerachtlassung der Reihenfolge der zu behandelnden Hautabschnitte nicht selten beträchtliche Nebenwirkungen aufzutreten pflegen (S. 122).

Muskulatur und Knochen

Innervation

Neben der sensiblen und motorischen Innervation der *Muskulatur*, deren Verständnis derzeit kaum auf große Schwierigkeiten stößt, spielt auch das vegetative Nervensystem eine bedeutende Rolle. Es dürfte wesentlich am Zustandekommen des Muskeltonus mithelfen, der zum Teil durch die im Muskel selbst entstehenden sogenannten proprioceptiven Reize oder durch Reize, die von der Haut, den Gelenken und den Sehnen kommen, ausgelöst wird. Der Reflexbogen wird somit durch die sensiblen Nerven, die hinteren Wurzeln, durch die motorischen Vorderhornzellen und die motorischen Nerven vermittelt und nach Durchtrennung der hinteren Wurzeln aufgehoben.

Neben diesen Reflexen kommen vor allem Erregungen, die vom Labyrinth des Ohres, und Stellreflexe, die im Halsmark gebildet werden, für die Aufrechterhaltung des Tonus in Frage. Hierbei dürften über den Tractus cerebello spinalis Hemmungen auf die spinalen Reflexbögen ausgeübt werden. Auch die höheren Zentren des Zwischenhirns üben einen entsprechenden Einfluß auf die Tonusinnervation aus, wie bei Erkrankungen des extrapyramidalen Systems immer wieder gesehen werden kann. Möglicherweise stellt dabei das Pallidum ein dem Nucleus ruber und den cerebellaren Reflexen übergeordnetes Hemmungszentrum dar und übt das Striatum, das seine Faserung im Glomus pallidum enden läßt, seinerseits wieder auf dieses eine Hemmung aus. Hierbei könnte das Striatum als übergeordnetes Zentrum die Einstellung einer bestimmten Tonushöhe bewirken, während die tiefer gelegenen Zentren (Substantia nigra oder Nucleus ruber) der Tonusverteilung dienen, die in der Zusammenarbeit der verwickelten Stellreflexe (Labyrinth, Hals- und Körperreflexe) eine Rolle spielt. Auch das Kleinhirn sendet dem Rückenmark und damit der quergestreiften Muskulatur tonussteigernde Impulse zu, wie aus der starken Hypotonie nach seiner Entfernung ersichtlich ist. Sie werden normalerweise durch die übergeordneten Zentren des Neo-Striatum gezügelt. Die Zuleitung der proprioceptiven Reize erfolgt durch die Hinterstränge und Vorder-Seitenstränge des Rückenmarks. Die abführende Bahn verläuft einerseits über die hinteren Kleinhirnschenkel im Grenzstrang, wobei der

DARKSCHEWITSCHsche Kern für diesen sympathischen Tonus als Verteilungszentrum in Frage kommt, anderseits über die vorderen Kleinhirnschenkel und den roten Kern als Verteilungszentrum, von wo aus ein motorischer Tonus über die extrapyramidale Bahn zum Muskel gelangt.

Tonus und willkürliche motorische Funktion der Muskulatur dürften durch zwei verschiedene Arten von Muskelfasern bedingt sein. Diese sind bei wirbellosen Tieren, vor allem bei den Muscheln, noch getrennt vorhanden. Ein besonderer Haltemuskel besorgt die Sperrung der Muskulatur, worunter ein anhaltender Kontraktionszustand mit geringstem Energieaufwand verstanden wird, und ein anderer Muskel vermittelt kurzzeitige Kontraktionen. Dieselbe anhaltende Sperrung der Muschel, vom kurzzeitig kontrahierenden Muskel ausgeführt, würde einen 50000fach höheren Energieumsatz erfordern, als dies tatsächlich der Fall ist.

Obwohl nicht mehr streng getrennt, lassen sich die Muskelfasern am Menschen doch durch ihre Farbe noch weitgehend voneinander unterscheiden. So sind die rötlich gefärbten Fasern für Dauerkontraktionen bestimmt, die hellen Fasern dienen vor allem für die willkürlichen Muskelbewegungen. Wir wissen schon seit langem, daß die motorische Nervenzuckung eines rotgefaserten Muskels um ein Mehrfaches längere Dauer hat als die des weißgefaserten Muskels des gleichen Tieres. Die roten Fasern kommen auch immer dort zum Einsatz, wo langsamere Bewegungen erforderlich sind. An Tieren wurde nachgewiesen, daß die Musculi pectorales der Zugvögel weitgehend aus rotgefaserten Muskeln gebildet werden, während die Musculi pectorales von Kücken, Truthühnern und anderen, an Dauerflüge nicht gewöhnten Tieren hauptsächlich aus weißen Fasern aufgebaut sind. Beim Menschen finden sich in den meisten Muskeln gemischte Fasern, wobei sich die sogenannten roten Fasern außer durch ihre Farbe vor allem durch das Vorhandensein reichlicher Mengen gestapelter Körnchen (Fett) unterscheiden. Die roten Fasern sind in erster Linie für Haltungsreaktionen verantwortlich und stellen die „niederschwelligen Einheiten" für Dehnungsreflexe dar. Beide Faserarten unterscheiden sich bei Auslösung von Zuckungsreaktionen um 300 bis 400% der Zuckungsdauer, wodurch sich die Gegenwart vorwiegend rotgefaserter Komponenten bei Reflexkontraktionen leicht nachweisen läßt. Auf diese Weise konnte auch gezeigt werden, daß bei Hals- und Labyrinthreflexen vor allem die roten Fasern für die Haltungsreaktionen verantwortlich sind. Sie stellen also die peripheren Effektoren der Dauerkontraktion dar und sind damit das Substrat, in dem sich alle Arten von Myogelosen, angefangen von psychogen ausgelösten über solche durch berufliche Haltungsanomalien bis zu den reflektorisch von Eiterherden im Segment bedingten, entwickeln. Da die physiologischen Beugemuskeln überwiegend aus hellen, flinken Fasern aufgebaut sind und die roten Fasern vor allem bei den physiologischen Extensoren gefunden werden, erklärt sich auch die bevorzugte Lokalisation der Myogelosen in den Extensormuskeln, wie besonders in der Längsmuskulatur des Stammes, die für die Körperhaltung verantwortlich ist. Im Darm, in der Blase und in den Blutgefäßen, wo neben der Kontraktion vor allem die Erhaltung der Zusammenziehung über lange Zeiträume benötigt wird, bedient sich der Körper der hierfür besonders geeigneten glatten Muskulatur.

Sowohl rote quergestreifte als auch glatte Muskelfasern dürften ihren Tonus dem sympathischen Nervensystem verdanken. Bei seinem Ausfall dürfte, wie aus Tierversuchen hervorgeht, ein zweiter cerebrospinal vermittelter Anteil der Tonusinnervation vikariierend einspringen. Nach anderen Autoren kommt dem Parasympathicus die überwiegende Rolle für die Aufrechterhaltung des Muskeltonus zu. Sie begründen ihre Ansicht damit, daß Dauerkontraktionen der Muskulatur hauptsächlich durch Pharmaka bedingt werden, die den Parasympathicus erregen (Physostigmin) und sich durch das Antidot (Adrenalin) prompt aufheben lassen.

Ist also bisher noch nicht einmal eindeutig geklärt, welcher Teil des vegetativen Nervensystems den Tonus der Muskulatur reguliert, so liegen die *chemischen Zustandsänderungen* der Muskulatur in Abhängigkeit von ihrem Tonus noch vollkommen im Dunkeln. Dies ist vor allem dann verständlich, wenn man neben dem bisher beschriebenen statischen Tonus den dynamischen Tonus zu untersuchen trachtet. Neben der Aufgabe, eine einmal gegebene Lage festzuhalten (statischer Tonus), muß der Tonus ja auch die Fibrillenkontraktion, die ohne ihn abgerissen, ausfahrend und eckig erscheinen würde, mäßigen und ausgleichen, damit jene Abrundung des Bewegungsbildes geschaffen wird, die den höheren Tieren eigen ist. Dies dürfte durch eine Änderung der Plastizität und damit eine Änderung der Verschiebbarkeit der Moleküle, ihrer inneren Reibung (Viskosität), zustande kommen. Auch hier läßt sich wieder der tonische Einfluß des Sympathicus tierexperimentell durch Bremsung der motorischen Zuckung bei gleichzeitiger Sympathicus- und motorischer Reizung nachweisen. Bisher konnten der Kreatinstoffwechsel und der Kalium-Calcium-Gehalt der

Muskulatur in eindeutigen Zusammenhang mit ihrem Tonus gebracht werden. Möglicherweise wird er durch den Quellungszustand des Sarkoplasmas gesteuert, der wiederum von den nervös geregelten Durchlässigkeitsänderungen der Zellmembranen abhängt. Damit lassen sich nicht nur Viskosität, sondern auch Oberflächenspannung und Ionisierung des Eiweißes, die alle für Plastizität und Elastizität von ausschlaggebender Bedeutung sind, beeinflussen.

Die *Knochen* werden außer von Nerven des cerebrospinalen Systems, die wahrscheinlich der Sensibilität dienen, auch von solchen des vegetativen Systems versorgt. Die Fasern verlaufen mit den Gefäßen in das Knocheninnere und lassen sich auf ihrem Wege dorthin auch histologisch verfolgen. Man findet im Markkanal und in der Spongiosa neben markhaltigen auch marklose Nerven, von denen allerdings nicht feststeht, ob sie z. B. vasomotorische, trophische oder andere Eigenschaften besitzen.

Tierexperimentell lassen sich nach Nervendurchschneidung (meist am Nervus ischiadicus) häufig zahlreiche Knochenveränderungen nachweisen, wie Abnahme des Volumens, Erweiterung der Markhöhle, Gewichtsabnahme infolge Verringerung der anorganischen Substanz bei Zunahme der organischen Bestandteile, Verminderung der Knochendicke, große Biegsamkeit, Verkürzungen, Formveränderungen und Wachstumsdefekte. Schließlich findet man auch immer wieder Gelenksveränderungen in Form von Arthropathien. Gelegentlich sieht man neben den atrophischen Veränderungen deutlich ausgeprägte hypertrophische Zustandsformen, wie z. B. die Dickenzunahme der Gesichtsknochen nach Maxillarisdurchschneidung.

Am Menschen selbst lassen sich nach peripherischen Nervenverletzungen, so vor allem nach Schußverletzungen, ähnliche Knochenveränderungen nachweisen. Man findet meist chronische, aber auch akute Knochenatrophien, Größenabnahme der Knochen, Verdünnung des ganzen Knochens oder nur der Corticalis, Rarefizierung besonders der Spongiosa und der Epiphysen, Strukturveränderungen der Spongiosa, Osteoporose, abgeschliffene Knochenenden, Brüchigkeit und Frakturen zuweilen mit erschwerter und verlangsamter Konsolidation. Die Verarmung an Kalksalzen mit gleichzeitiger Vermehrung der organischen Substanz führt zu größerer Durchsichtigkeit im Röntgenbild und zur Aufhellung vor allem der Epiphysen. Man bemerkt eine deutliche Verschmälerung und größere Durchsichtigkeit der Bälkchen, die unter Umständen so hochgradig werden kann, daß schließlich nur noch ein zartes Gerüstwerk um eine großmaschige Zeichnung übrig bleibt (Halisteresis). Auch ganze Phalangenknochen können durch Resorption verschwinden, wobei die Endphalangen stets am stärksten betroffen sind. Im Verein mit den atrophischen Veränderungen lassen sich hypertrophische Prozesse, wie Periostverdickung, Hypertrophien der Epiphysen und hypertrophische Callusbildung nachweisen. Gelegentlich sieht man nach Stich-, Schnitt- und Schußverletzungen Arthropathien und destruierende Gelenksentzündungen. Selbst Gelenkveränderungen wie bei chronischem Gelenksrheumatismus, nämlich Knochenwucherungen an den Gelenkenden und unvollständige Ankylosen, können nach Nervenverletzungen beobachtet werden.

Da bei Verletzungen rein motorischer Nerven die Knochenveränderungen seltener vorkommen als bei solchen sensibler oder gemischter Nerven, glauben die meisten Autoren, daß vor allem den *sensiblen Nervenfasern* trophische Funktionen zukommen. Allerdings läßt sich nicht immer ein Zusammenhang der trophischen Störungen mit dem sensiblen Ausbreitungsgebiet des verletzten Nerven nachweisen; es konnten auch Fälle von Knochenatrophie ohne sensible Störungen beobachtet werden. Eine Erklärung für das Zusammenfallen sensibler und trophischer Störungen bei der überwiegenden Mehrzahl von Nervenverletzungen dürfte darin liegen, daß die vegetativen Nervenbahnen im peripheren Nerven meist mit den sensiblen gemeinsam verlaufen.

Da auch der Vasotonus, die Blutverteilung, bei den atrophischen Knochenprozessen gestört ist, könnte die Ursache hierfür allein in einer Störung der *Vasomotorik* liegen. Auch hier lassen sich aber häufig keine deutlichen Zusammenhänge zwischen Schweregrad von Atrophie und Vasotonus nach Nervenverletzungen finden. Ebenso können langdauernde Hyper- und Anämien ohne trophische Störungen der Gewebe, vor allem der Knochen, vorkommen. Nach den meisten Autoren reichen deshalb die sensiblen und vasomotorischen Störungen für eine Erklärung der trophischen Veränderungen an Knochen und anderen passiven Geweben nicht aus. Während für die aktiven Gewebe (Gefäße, glatte Muskulatur) die Sicherung der Trophik durch ihre Funktion gewährleistet ist, muß für die passiven Gewebe neben sensiblen und vasomotorischen Einflüssen eine besondere Regelung der Ernährung und des Wachstums durch *trophische Nervenfasern* angenommen werden. Ihre Läsion dürfte zu den Veränderungen führen, die eingangs beschrieben wurden. Möglicherweise sind sie den efferenten, dünnen markhaltigen Fasern, die aus der hinteren Wurzel entstammen, gleichzusetzen, die nach KEN KURÉ sowohl parasympathische als auch trophische Funktionen besitzen (S. 16, 116).

Die trophischen Fasern dürften trotz ihrer spezifischen Funktionen auf Haut, Fettgewebe, Muskulatur oder Knochen doch untereinander leichter erregbar sein als mit anderen Nervenfasern; ähnlich wie es sich mit den Schweißfasern, vasomotorischen Fasern usw. verhält, da häufig zugleich mit Knochenatrophien trophische Störungen anderer Gewebe oder Störungen des Sympathicus vorkommen. So beobachtet man hierbei nicht selten Glanzhaut, spröde rissige Haut, Schuppung, Hyperkeratosis, Ichthyosis, Herpes zoster, Hyper- und Hypotrichosis, Nagelstörungen und -abstoßungen, Hyper- und Anhidrosis usw.

Eines der schönsten Beispiele derartiger kombinierter Nervenläsionen stellt die *Sklerodermie* dar. Obwohl hierbei in der Hauptsache die Haut erkrankt ist, kommt es auch sehr bald zu einem Schwund des subcutanen Fettgewebes in den befallenen Arealen, sehr häufig zeigen auch die entsprechenden Knochen deutliche atrophische Veränderungen. Diese bestehen in Rarefikation, besonders der Spongiosa, Einschmelzung der Compacta, abnorm weitmaschiger Struktur oder übermäßig scharfer Zeichnung der Knochenbälkchen, die durch massenhafte Entwicklung der Osteoklasten zuweilen wie angenagt aussehen können. Auch hier kann die Zerstörung der Knochen zu vollständigem Verschwinden ganzer Phalangen führen. Interessant ist, daß bei dieser Erkrankung auch Knochenatrophien an Stellen beschrieben wurden, wo keine Hautatrophie bestand. Ebenso gibt es Fälle von Sklerodaktylie ohne sonstige sklerodermatische Veränderungen. Daraus muß geschlossen werden, daß es ähnlich wie für das Fettgewebe auch für die Knochen besondere trophische Nervenfasern gibt, die sich von denen der Haut deutlich trennen lassen.

Bei der RAYNAUDschen Gangrän, der *Syringomyelie* und der *Tabes dorsalis* treten ähnliche Knochenveränderungen auf, die auf Störungen der Trophik schließen lassen. Ebenso kommen bei der *Poliomyelitis anterior* hochgradige Knochenveränderungen vor, die sich, da die Krankheit meist im Kindesalter auftritt, vor allem im Zurückbleiben des Knochenlängenwachstums äußern. Als Zeichen für die Beeinflussung der Knochendicke sind Aufhellung der Knochen, Verschmälerung der Corticalis und Rarefikation der Knochenbälkchen festzustellen. Die verschiedene Stärke von Muskelatrophie und Knochenschwund rechtfertigt die Annahme gesonderter trophischer Zentren für jede der beiden Gewebsarten. Gelegentlich findet man bei hochgradiger und ausgedehnter Muskellähmung keine oder nur ganz geringe Knochenatrophie.

Die SUDECKsche Knochenatrophie, röntgenologisch durch fleckige Aufhellungen des Knochens chrakterisiert, entwickelt sich nach Entzündungen oder Traumata in Knochen, die in nervöser Verbindung mit dem Herd stehen. Wegen der Schwere der Knochenveränderung und der Schnelligkeit ihrer Entstehung ist nicht an eine Inaktivitätsatrophie zu denken. Hier sind häufig vasomotorische Störungen gleichzeitig vorhanden, die durch Cyanose, Kälte, Ödeme, Nagelveränderungen usw. zum Ausdruck kommen.

Die *Polyarthritis rheumatica* ist sicherlich zum Großteil ebenfalls auf Schädigung der trophischen Nervenfasern von Knochen und Gelenken zurückzuführen. Auch hier kann die röntgenologisch nachweisbare Knochenatrophie als Leitsymptom gelten. Sie läßt sich durch Inaktivität allein nicht erklären und ist schon lange vor Ausbruch der schwereren Gelenksveränderungen zu sehen. Daneben kommen zweifelsohne Muskelatrophien und trophische Veränderungen an der Haut, besonders der Akren, vor. Verhältnismäßig frühzeitig lassen sich vasomotorische Störungen feststellen, die aber unabhängig von den trophischen Veränderungen in ihrer Stärke variieren können. Hyperhidrosis und Hyperalgesie, besonders stark in den fokusnahen Segmenten ausgeprägt, vervollkommnen das Bild. Die Festlegung der Reihenfolge des Auftretens der einzelnen Krankheitssymptome des vegetativen Nervensystems gibt einen klaren Einblick in den fortschreitenden Zerfall von Ganglienzellen durch das krankhafte Agens.

Ohne Zweifel kommt es auch noch bei einer Reihe anderer Erkrankungen zu trophischen Veränderungen an den Knochen, wie z. B. bei der *Paralysis agitans*, der ECONOMOschen Krankheit, dem Morbus PAGET, der *Akromegalie*, der *Osteopsatyrosis* usw. Häufig spielt der Hormonhaushalt eine entscheidende Rolle für die Stärkegrad von Atrophie und Hypertrophie, was besonders bei der Akromegalie und der Osteopsatyrosis ersichtlich ist. Auch die Zusammenhänge zwischen chronischer Polyarthritis und Involutionsosteoporose mit dem Hormonhaushalt lassen die starke gegenseitige Beeinflussung zwischen trophischen Nervenfasern und Hormonen erkennen. Die näheren Zusammenhänge sind allerdings noch unklar, auch die Therapie konnte noch keinen eindeutigen Nutzen aus den bisherigen Erfahrungen mit den verschiedenen Hormonkomponenten ziehen.

Diagnose

Die *Muskulatur* ist ebenso wie die Haut in der Hauptsache Erfolgsorgan pathologischer Reflexabläufe, die von einem Visceralherd ausgehen. Wesentlich seltener verursachen nach unserem bisherigen Wissen Erkrankungen einzelner Muskelabschnitte Veränderungen innerer Organe. Die Zusammenhänge zwischen Eingeweiden und einzelnen Muskelpartien sind, wie aus früheren Abschnitten schon ersichtlich ist (S. 79), seit langem bekannt. Zahlreiche, mit dem Namen ihres Entdeckers bezeichnete schmerzhafte Druckpunkte bei den verschiedensten Erkrankungen weisen darauf hin, daß man schon rein empirisch die häufigste Lokalisation tiefer hyperalgetischer Zonen oder muskulärer Maximalpunkte bei Blinddarmentzündungen, Lungenspitzenprozessen, Angina pectoris usw. festgelegt hat. Heute, wo die Zusammenhänge, die zur Auslösung derartiger Hyperalgesien führen, schon wesentlich genauer bekannt sind, dürfte die Benennung aller dieser Punkte bald nur mehr historisches Interesse haben, da durch sie nur eine bescheidene Zahl von Möglichkeiten, die uns durch das System der nervösen Reflexbahnen gegeben sind, erfaßt werden kann. Baut man die klinische Diagnostik auf dem System der möglichen Reflexabläufe und nicht auf den empirisch gefundenen streng lokalisierten Druckpunkten auf, bietet sich außerdem der große Vorteil, daß alle individuellen Varianten weitgehend ausgeschaltet werden können. Schließlich erscheint damit auch die Behandlung aller dieser hyperalgetischen Druckpunkte mit Massage, Novocaininfiltrationen, Beschallung usw. wesentlich plausibler, da ja damit die Folgen pathologischer Reflexabläufe beseitigt werden, die über kurz oder lang zum Ausgangspunkt neuer Erkrankungen werden können.

Am besten lassen sich die Zusammenhänge zwischen Organen und Muskulatur dadurch festlegen, daß alle bisher bei den einzelnen Erkrankungen gefundenen hyperalgetischen Punkte in Areale zusammengefaßt werden, so daß auch der weniger Erfahrene aus dem pathologischen Befund in dieser Zone auf das erkrankte Organ rückschließen kann. Die Lokalisationshäufigkeit innerhalb dieser Areale wird in den folgenden Abbildungen durch die Dichte der eingezeichneten Punkte angedeutet.

Bisher wurde in den Lehrbüchern die Muskulatur entweder nach ihrer motorischen Innervation oder nach ihrer Funktion auf Gelenke und Stamm geordnet. Wie für den Neurologen die Lähmungserscheinungen und für den Chirurgen die Behebung von Bewegungsstörungen interessant sind, ist aber für den Rheumatologen vor allem die frühzeitige Erfassung von Durchblutungsstörungen, trophischen Störungen oder Dauerkontraktionen wichtig. Diese Veränderungen sind zunächst auch in der Muskulatur streng segmentgebunden und müssen bei Hyperalgesie des entsprechenden Dermatoms oder bei schon bekannter Erkrankung eines Organs in den segmentzugehörigen Muskeln gesucht werden. Es ist also hier in erster Linie wichtig, zu wissen, in welchen Muskelpartien bei Erkrankung einzelner Segmente mit Ausfallserscheinungen zu rechnen ist, erst in zweiter Linie kommt das Wissen über ihre jeweilige Funktion für Prüfungszwecke in Frage. Hier sind dann auch Temperatur-, Tonus-, Muskelton-, elektromyographische Messungen usw. wichtig (S. 159 ff.).

In den folgenden Ausführungen sind diejenigen Muskeln bei den jeweiligen Segmenten besprochen, denen erfahrungsgemäß für Diagnostik und Therapie praktische Bedeutung zukommt. Es sind dies vor allem solche Muskeln, durch deren Funktionsprüfung, Tonusbestimmungen, Chronaxiewerte, elektromyographische Untersuchungen usw. bei schon bekannten Ausfällen in einem Segment die Ausdehnung der Erkrankung genauer erfaßt werden kann oder die durch Dauerkontraktion, Ischämie, Atrophie usw. zu Beschwerden im Rahmen der Segmenterkrankung führen, für deren Beseitigung Novocaininfiltrationen, elektro-physikalische Behandlung oder Massage des entsprechenden Muskels nötig ist. Es kommt immer wieder vor, daß monatelang anhaltende stärkste Schmerzen durch den Befall verhältnismäßig kleiner Muskelareale innerhalb eines erkrankten Segmentes bedingt sind, die dem behandelnden Arzt wegen Unkenntnis der anatomischen Zusammenhänge entgangen sind und später durch einige wenige Eingriffe vollständig behoben werden können.

So sind bei Erkrankung von C_1 vor allem Musculus trapezius, sternocleidomastoideus, omohyoideus, sternohyoideus und sternothyreoideus zu untersuchen.

Der *Musculus trapezius* wird vom Accessorius spinalis und accessorischen Ästen aus dem oberen Cervicalplexus, die zumeist in den Nervi supraclaviculares verlaufen, versorgt. Er umfaßt die Vorderhornsegmente von C_1 bis C_4 und wird anatomisch in drei Abschnitte eingeteilt. Während der obere Abschnitt von der Protuberantia occipitalis schräg nach außen zum Schlüsselbein verläuft, entspringt der mittlere in der Hauptsache von den Dornfortsätzen der oberen Brustwirbel und zieht von dort aus zum Acromion und dem anschließenden Teil der Clavicula. Die untere Portion kommt von den mittleren und unteren Brustwirbeldornen und inseriert an der Spina scapulae und dem anschließenden Margo vertebralis scapulae. Dementsprechend adduzieren sämtliche Abschnitte des Trapezius den Schultergürtel. Der obere Abschnitt wirkt gleichmäßig hebend, der untere gleichmäßig senkend auf ihn.

Tonische Kontraktionen in dieser Muskulatur in Form von Myogelosen oder Hartspann wirken sich vor allem bei der aktiven Erhebung des Armes in seitlicher Richtung bis zur Horizontalen, bei seiner maximalen Erhebung nach oben und bei seiner Auswärtsrotation aus. Für alle diese Bewegungen ist die Abduktion des Schultergürtels nötig, die durch eine Kontraktion der Abschnitte des Musculus trapezius zustande kommt. Unter den passiven Bewegungsübungen führen alle diejenigen zu Schmerzen, die eine stärkere Dehnung der Fasern des Musculus trapezius, also eine Abduktion des Schultergürtels, bedingen. Hierzu zählen die Überkreuzung des Armes nach der anderen Seite und seine maximale Innenrotation. Aber auch allein das Hängenlassen des Armes kann nach einiger Zeit zu ausgesprochen unangenehmen Sensationen im Schultergürtel führen, so daß der Patient instinktiv eine Ruhelage mit etwas erhobenem Arm einzunehmen sucht, da sich auf diese Art durch Entspannung des Trapezius die Schmerzen verlieren.

Bei der Untersuchung der Muskulatur auf Rheumaknötchen und Schmerzpunkte ist vor allem an die Ansatzstellen am Occiput sowie an den Dornfortsätzen zu denken; die Übergangsstellen der Sehnen in die Muskulatur sind genau zu beachten, da sich hier erfahrungsgemäß diese Erkrankungsherde häufen. Myogelosen selbst können in allen Abschnitten der Muskulatur gefunden werden. Für ihre genaue Lokalisierung sollen außer dem Tastbefund auch noch Muskelfunktionsprüfungen herangezogen werden. Dabei ist zu beachten, daß die obere Portion des Musculus trapezius die Schulter hebt, die mittlere Portion sie nur in horizontaler Richtung adduziert und die untere Portion die Schulter senkt. Willkürliche Bewegungen in diesen drei Richtungen machen dort besondere Schmerzen, wo die Myogelosen sitzen. Dasselbe gilt für die elektrische Reizung der drei Trapeziusabschnitte.

Der *Musculus sternocleidomastoideus* wird vom Nervus accessorius spinalis und von accessorischen Ästen aus dem oberen Cervicalplexus (Nervus occipitalis minor, auricularis magnus, cutaneus colli) versorgt. Er umfaßt die Segmente C_1 bis C_3 und entspringt vom Processus mastoideus, um von dort schräg nach abwärts und medialwärts zu ziehen und an der Incisura jugularis sterni und dem Schlüsselbein in unmittelbarer Nachbarschaft des Sternoclaviculargelenkes zu inserieren. Seine Kontraktion bewirkt eine Neigung des Kopfes nach der gleichen und eine Drehung des Gesichtes nach der kontralateralen Seite. Außerdem kommt es zu einer Hebung des akromialen Endes des Schlüsselbeines und der Scapula. Letzteres ist allerdings von untergeordneter Bedeutung und wird bei Funktionsprüfungen kaum verwertet werden können.

Die Funktionsprüfungen bestehen auch hier wieder in der aktiven Bewegung des Kopfes nach der zu untersuchenden Seite bei gleichzeitiger Drehung des Gesichtes nach der Gegenseite und in der entsprechenden passiven Gegenbewegung, die zu einer Dehnung des Sternocleidomastoideus führt. Nicht selten treten dabei auch in anderen Muskelabschnitten Schmerzen auf, die dann meist durch passive Dehnung dieser Muskulatur bei der jeweiligen Bewegung erklärt werden müssen. So klagen z. B. Patienten mit Myogelosen im Trapezius bei Kontraktion des Sternocleidomastoideus über Schmerzen im unteren Trapeziusabschnitt, da dieser der Hebung der Scapula entgegenwirkt und passiv gedehnt wird. Selbstverständlich können auch an anderen Stellen Schmerzen auftreten, die dann nach der Mitbeteiligung der jeweiligen Muskulatur erklärt werden müssen.

Der *Omohyoideus* wird von der Ansa hypoglossi innerviert und von C_1 bis C_2 versorgt. Er entspringt vom Zungenbein, um von dort schräg nach außen und abwärts zum Angulus superior der Scapula zu ziehen, an dessen Innenseite er inseriert. Er ist damit bei fixiertem Zungenbein ein schwacher Heber des Schultergürtels, und zwar werden so wie beim Sternocleidomastoideus das akromiale Ende des Schlüsselbeins und die Scapula etwas gehoben. Demnach sind auch die Funktionsprüfungen dieselben wie beim Sternocleidomastoideus.

Die Isolierung etwaiger Schmerzen ist durch elektrische Reizung des Sternocleidomastoideus möglich, da hierdurch der Omohyoideus nicht beeinflußt wird und auftretende stärkere Schmerzen nur auf den Sternocleidomastoideus zurückgeführt werden müssen. Umgekehrt spricht das Fehlen jedweder schmerzhaften Sensationen sehr für den Befall des Omohyoideus.

Der *Musculus sternohyoideus* und *der Musculus sternothyreoideus* werden vom Ramus descendens Nervi hypoglossi versorgt und umfassen die Segmente C_1 bis C_4. Sie ziehen vom Zungenbein und dem Schildknorpel zum Sternum und zu dem obersten Abschnitt der Clavicula, wobei sich die Insertion teilweise sogar bis an die Dorsalseite der ersten Rippe erstreckt. Bei ihrer Kontraktion wird das Sternum und damit der Brustkorb etwas gehoben. Dieselbe Wirkung hat übrigens auch der Sternocleidomastoideus auf das Sternum. Alle drei Muskeln kommen aber nur als Hilfsmuskeln für die Hebung des Brustkorbes bei der Atmung in Betracht. Voraussetzung für diese Funktion ist, daß Mastoid, Zungenbein und Schildknorpel nach oben zu fixiert sind.

Ein Hypertonus in diesen Muskeln kann bei tiefer Inspiration Schmerzen über dem Brustbein bewirken. Da die Fixierung von Schildknorpel und Zungenbein durch Vermittlung des Myohyoideus, Geniohyoideus und Thyreohyoideus gegen den Unterkiefer und die Fixierung des Unterkiefers durch die Unterkieferschließer Temporalis, Masseter und Pterigoideus internus gegen den Schädel erfolgt, können bei der Inspiration auch in diesen Muskeln Schmerzen auftreten, was auf ihre Erkrankung hindeutet. Dieselben Schmerzen können bei der Flexion des Kopfes zustande kommen, wobei allerdings in der Regel die Erscheinungen von seiten der Wirbelsäule und Kopfmuskulatur überwiegen.

Zu den tiefen Halsmuskeln, die von C_1 versorgt werden, gehören der *Musculus longus capitis*, der *Musculus rectus capitis anterior* und der *Musculus rectus capitis lateralis*.

Der erstere entspringt von den Tubercula anteriora der Querfortsätze der 2. bis 6. Halswirbel und endet an der Schädelbasis im Tuberculum pharyngeum. Er wird vom 1. bis 3. Cervicalnerv versorgt und umfaßt die Segmente C_1 bis C_3. Er beugt ebenso den Kopf nach vorne wie der Musculus rectus capitis anterior, der an der Massa lateralis atlantis entspringt und hinter dem langen Kopfmuskel, der ihn größtenteils überdeckt, an der Basis des Hinterhauptes endet. Seine nervöse Versorgung übernimmt der Ramus anterior des 1. Cervicalnerven und das 1. Cervicalsegment. Die

Flexion des Kopfes erfolgt der Muskelfunktion entsprechend im Atlantooccipitalgelenk. Der Musculus rectus capitis lateralis entspringt an der vorderen Spange des Processus transversus atlantis und endet an der Pars ossis occipitalis. Dieser Muskel stellt den obersten Intertransversarius anterior dar und ist deshalb einem Intercostalis gleichzusetzen. Ebenso wie diese wird er von dem vorderen Ast des dicht hinter ihm austretenden Cervicalnerven, in diesem Fall vom 1. Cervicalnerven, versorgt und umfaßt damit auch das 1. Cervicalsegment. Er neigt bei seiner Kontraktion den Kopf seitwärts.

Die isolierte Prüfung dieser Muskeln auf Myogelosen oder erhöhten Tonus stößt auf beträchtliche Schwierigkeiten, da bei jeder Bewegung mehrere von ihnen zusammenspielen, die wegen ihrer tiefen Lage nicht isoliert elektrisch reizbar sind. Die besten Erfolge lassen sich noch durch Novocaininfiltrationen in die fraglichen Muskelbäuche erzielen, wofür allerdings genaue Kenntnis der Anatomie jedes Muskels erforderlich ist. Die Schmerzen bei der entsprechenden Kopfbewegung lassen schlagartig nach, wenn der erkrankte Muskel getroffen wurde. Ähnliche Ergebnisse können auch bei Leitungsanästhesie des jeweiligen motorischen Nerven erzielt werden. Ist einmal die richtige Injektionsstelle gefunden, so läßt sich meist leicht durch wiederholte Novocainapplikationen, entsprechende Massagen, Chiropraxis oder Elektro-Behandlung vollständige Heilung erzielen.

Die *spino-dorsalen Muskeln* sind ebenfalls sehr schwer in ihrer Funktion zu isolieren, so daß man sich auch hier mit denselben Kunstkniffen wie oben für Diagnostik und Therapie helfen muß. Zu ihnen zählen der Musculus splenius capitis, longissimus capitis, iliocostalis, spinalis capitis, semispinalis capitis, die Musculi multifidi et rotatores, interspinosi, intertransversarii und die suboccipitale Muskulatur, bestehend aus Musculus rectus capitis posterior major, rectus capitis posterior minor, obliquus capitis superior und obliquus capitis inferior.

Der *Musculus splenius capitis* entspringt von der Spitze des Processus mastoideus und an den Tubercula posteriora der Querfortsätze des Atlas des Epistropheus und des 3. Halswirbels. Er zieht zu den Dornfortsätzen der oberen 6 Brustwirbel und des 7. Halswirbels. Man teilt ihn in Abhängigkeit von seinem Usprung in den Splenius capitis und den Splenius cervicis. Während ein Teil des Splenius capitis oberhalb des oberen äußeren Randes des Trapezius frei unter der Haut liegt, wird der Splenius cervicis zur Gänze vom Trapezius und Rhomboideus bedeckt. Die Innervation dieses Muskels wird von den Rami posteriores der Cervicalnerven und oberen Thoracalnerven versehen. Die Segmentzugehörigkeit erstreckt sich von $C_{(2)1}$ bis C_4. Der Splenius capitis streckt bei seiner Kontraktion den Kopf, neigt ihn nach der Seite und erteilt ihm gleichzeitig eine Rotation nach der homolateralen Seite.

Der *Musculus longissimus capitis* geht vom Processus mastoideus unter dem Ansatzpunkt des Musculus splenius capitis und lateral vom Musculus semispinalis aus, um an den Querfortsätzen des 2. bis 7. Halswirbels und der ersten drei Brustwirbel zu enden. Er stellt die Fortsetzung des Musculus longissimus cervicis und des Musculus longissimus dorsi dar, die von den hinteren Höckern der Querfortsätze des 2. bis 5. Halswirbels bzw. von den Processus transversarii oder den Rippen sämtlicher Brustsegmente zu den Processus transversarii der oberen 6 Brustwirbel bzw. zu den Processus accessorii oder den Processus costarii der Lendenwirbelsäule ziehen. Die Innervation dieses Muskels erfolgt durch die Rami posteriores der sacralen, lumbalen, thoracalen und cervicalen Spinalnerven. Dementsprechend variiert auch die Segmentzugehörigkeit. Er streckt den Kopf, neigt und dreht ihn ebenfalls nach der gleichen Seite. Der Muskel wirkt auch indirekt auf die Halswirbelsäule streckend, neigend und dehnend.

Der *Musculus iliocostalis (Sacrospinalis)* beginnt an den Querfortsätzen der Halswirbel und an den Rippenwinkeln, nicht aber am Kopfe. Er zieht an der Rückseite der Wirbelsäule nach abwärts, vereinigt sich später mit dem Longissimus zu einer gemeinsamen Muskelmasse (Sacrospinalis), die an der Hinterfläche des Sacrums, an der Fascia lumbodorsalis und der Crista inseriert. Man unterscheidet auch an diesem Muskel den Iliocostalis cervicis, der von den Querfortsätzen der Halswirbel kommt, den Iliocostalis thoracis, der von den 5 bis 6 oberen Rippen, und den Iliocostalis lumborum, der von den unteren 6 bis 7 Rippen stammt. Die Innervation dieses Muskels erfolgt durch die Rami posteriores der sacralen, lumbalen, thoracalen und cervi calen Spinalnerven. Er umfaßt die entsprechenden Segmente der Hals-, Brust- und Lendenwirbelsäule. Kontrahiert sich der Muskel auf beiden Seiten der Wirbelsäule, so erfolgt eine reine Streckung derselben ohne jede Seitenneigung. Die Kontraktion einer Muskelpartie bewirkt Streckung und Neigung der Wirbelsäule nach der gereizten Seite.

Der *Musculus spinalis capitis* stellt die Fortsetzung des Musculus spinalis dorsi und des Musculus spinalis cervicis dar, die von den Dornfortsätzen der Hals- bzw. Brustwirbel unter Umgehung zweier oder mehrerer Dornfortsätze nach abwärts bis zu den Dornen des 1. und 2. Lendenwirbels ziehen. Er inseriert mit dem Musculus semispinalis capitis am Hinterhaupt und streckt bei seiner Kontraktion den Kopf, ebenso wie der Spinalis dorsi die Brustwirbelsäule und der Spinalis cervicis die Halswirbelsäule strecken. Auch dieser Muskel wird von den Rami posteriores der einzelnen Spinalnerven versorgt und umfaßt die entsprechenden Segmente. Er wird wie der Musculus longissimus, an dessen Medialseite er im Verlaufe der ganzen Wirbelsäule liegt, vom Latissimus, Trapezius und Rhomboideus bedeckt und ist deshalb der direkten percutanen faradischen Reizung nicht zugänglich.

Auch der *Musculus semispinalis capitis* stellt die Fortsetzung eines sich über die ganze Wirbelsäule erstreckenden Musculus semispinalis dar, der noch einen dorsalen und cervicalen Abschnitt besitzt. Er inseriert am Os occipitale unterhalb der Linea nuchae superior und kommt von den Querfortsätzen des 3. Hals- bis 6. Brustwirbels. Der cervicale Abschnitt zieht von den Dornfortsätzen des 2. bis 6. Halswirbels zu den Querfortsätzen des 2. bis 6. Brustwirbels und der dorsale Abschnitt von den Dornfortsätzen des 1. bis 4. Brustwirbels zu den Querfortsätzen des 7. bis 12. Brustwirbels. Die Innervation wird wieder von den Rami posteriores der Spinalnerven versehen, die Segmentzugehörigkeit erstreckt sich von C_1 bis Th_{12}. Während die obere Hälfte des Semispinalis capitis seitlich vom Trapezius frei unter der Haut liegt, werden der Semispinalis cervicis vom Splenius cervicis et capitis und der Semispinalis dorsi vom Spinalis dorsi und Longissimus dorsi bedeckt. Auch dieser Muskel streckt den Kopf, ohne eine wesentliche neigende Wirkung zu besitzen. Semispinalis dorsi und cervicis dürften neben der Streckwirkung auch eine geringe rotatorische Wirkung nach der entgegengesetzten Seite besitzen.

Die *Musculi multifidi et rotatores* stellen eine Muskelschicht dar, die vom 2. Halswirbel bis zum Sacrum zieht und von den Dornfortsätzen jedes einzelnen Wirbelkörpers unter Überspringung von zwei bis drei Wirbeln lateralwärts zu den Querfortsätzen der tieferen Wirbel gelangt. Man unterscheidet zwischen den Rotatores longi, die unter Überspringung eines Wirbels zum Querfortsatz des zweittieferen Wirbels ziehen, und den Rotatores breves, die nur bis zum nächsttieferen Querfortsatz gelangen. Der Musculus multifidus deckt die Musculi rotatores und zieht als platter Muskelzug, dessen Insertionslinie von der Dornreihe des 2. Hals- bis 5. Lendenwirbels reicht, zu den Querfortsätzen des 5. Halswirbels bis zur Crista sacralis lateralis. Auch diese Muskeln werden von den Rami posteriores aller Spinalnerven versorgt und umfassen die entsprechenden Segmente. Bei ihrer Kontraktion kommt es zur Drehung der Wirbelsäule nach der Gegenseite. Die streckende Wirkung ist nur bei doppelseitiger Kontraktion gering ausgeprägt.

Noch weiter in der Tiefe liegt eine Muskelgruppe, die von den Rami posteriores der cervicalen und lumbalen Spinalnerven versorgt und als *Musculi interspinosi* und *intertransversarii* bezeichnet wird. Erstere verbinden je zwei Dornfortsätze miteinander und sind in der Nacken- und Lendenregion paarig entwickelt, während sie in der mittleren Brustgegend fast vollkommen fehlen. Ihre Wirkung dürfte in einer Kippung des einen Wirbels gegen den anderen bestehen. Die Musculi intertransversarii sind zwischen den Querfortsätzen je zweier benachbarter Wirbel ausgespannt. Auch sie fehlen an der Brustwirbelsäule fast vollkommen. Während an der Halswirbelsäule die hinteren und vorderen Zacken der Querfortsätze durch gesonderte Muskeln in Verbindung stehen (Intertransversarii posteriores et anteriores, S. 134), unterscheidet man an der Lendenwirbelsäule zwischen Intertransversarii mediales, die vom Processus accessorius des nächsthöheren ziehen, und Intertransversarii laterales, welche die Processus laterales verbinden. Die Wirkung der Intertransversarii besteht in einer reinen Neigung der Wirbel gegeneinander.

Eine wichtige Muskelgruppe, die in der Tiefe des Nackens gelegen ist und von den ersten zwei Halswirbeln zum Hinterhaupt zieht, stellt die *suboccipitale Muskulatur* dar. Sie besteht aus dem *Musculus rectus capitis posterior major*, dem Musculus rectus capitis posterior minor, dem Musculus obliquus capitis superior und dem Musculus obliquus capitis inferior. Der erste Muskel zieht von der Linea nuchae inferior zum Processus spinosus des Epistropheus. Er streckt den Kopf und dreht ihn zugleich im

Atlantooccipitalgelenk nach der homolateralen Seite. Doppelseitige Kontraktion wirkt rein streckend. Der *Musculus rectus capitis posterior minor* zieht vom medialen Drittel der Linea nuchae inferior zum Tuberculum posterius des Atlas. Er ist ein reiner Strecker des Kopfes gegen den Atlas. Der *Musculus obliquus capitis superior* zieht von seiner Ursprungsstelle, die knapp oberhalb und außerhalb des Insertionsfeldes des Musculus rectus capitis posterior major liegt, zur dorsalen Spange der Massa lateralis atlantis. Er streckt den Kopf und neigt ihn etwas nach der homolateralen Seite. Doppelseitige Kontraktion wirkt rein streckend. Der *Musculus obliquus capitis inferior* zieht vom Querfortsatz des Atlas zum Dorn des Epistropheus. Er übt eine drehende Wirkung nach der homolateralen Seite aus. Die Innervation dieser Muskeln erfolgt durch den Nervus suboccipitalis. Sie gehören den Segmenten C_1 und C_2 an.

Faßt man demnach die Funktionen der spino-dorsalen Muskulatur auf die Bewegung des Kopfes zusammen, so wirken

1. als *Strecker:* Longissimus capitis, Splenius capitis, Semispinalis capitis, Rectus capitis posterior major, Rectus capitis posterior minor, Obliquus capitis superior;

2. als *Seitenneiger:* Longissimus capitis, Splenius capitis, Semispinalis capitis, Rectus capitis lateralis, Obliquus capitis superior;

3. als *Rotatoren nach der homolateralen Seite:* Longissimus capitis, Semispinalis capitis, Splenius capitis, Obliquus capitis inferior, Rectus capitis posterior major.

Das 2. Cervicalsegment umfaßt alle Muskeln des 1. Cervicalsegments mit Ausnahme des Rectus capitis anterior und des Rectus capitis lateralis. Es weist an neuen Muskeln den Musculus longus colli, den Musculus longissimus cervicis, Spinalis cervicis, Semispinalis cervicis, Splenius cervicis und die entsprechenden Multifidi, Rotatores, Interspinosi und Intertransversarii auf.

Der *Musculus longus colli* zieht von dem Tuberculum anterius des Atlas sowie von den vorderen Höckern der Querfortsätze des 5., 6. und 7. Halswirbels und von den oberen Halswirbelkörpern zu den vorderen Höckern der Querfortsätze des 2. bis 5. Halswirbels sowie zu den unteren Halswirbel- und den 3. oberen Brustwirbelkörpern. Er stellt somit einen vom dritten Brustwirbel bis zum Tuberculum atlantis reichenden Muskel dar, an dem man eine mediale Portion, die an den Wirbelkörpern selbst ansetzt, und eine laterale Portion, die mit den Querfortsätzen in Verbindung tritt, unterscheidet. Seine Innervation erfolgt durch den 2. bis 6. Cervicalnerven, was auch seiner Segmentzugehörigkeit von C_2 bis C_5 entspricht. Bei seiner Kontraktion kommt es zu einer Beugung der Halswirbelsäule. Die an den Querfortsätzen der unteren Halswirbel inserierenden Abschnitte des Muskels dürften die Halswirbel nach der homolateralen Seite neigen.

Alle übrigen Muskeln sind bereits im Abschnitt über das 1. Cervicalsegment besprochen.

Somit kommen für die einzelnen Bewegungen an der Halswirbelsäule folgende Muskeln in Frage:

Als Strecker: Iliocostalis cervicis, Longissimus cervicis, Spinalis cervicis, Semispinalis cervicis (nur bei doppelseitiger Kontraktion), Splenius cervicis, Multifidi et Rotatores cervicis (nur bei doppelseitiger Kontraktion), Interspinosi cervicales. Daneben wirken allerdings auch die langen Kopfstrecker nicht nur auf den Kopf, sondern auch auf die Halswirbelsäule extendierend, da sie rückwärtig über diese hinwegziehen.

Als Seitenneiger: Iliocostalis cervicis, Longissimus cervicis, Splenius cervicis, Intertransversarii cervicales, Laevator scapulae, Scaleni. Auch hier wirken die langen Muskeln, die bis zum Kopf emporziehen, nicht nur auf diesen neigend, sondern auch auf die Halswirbelsäule. Dasselbe gilt übrigens auch für die Übergänge zwischen Hals- und Brust- sowie zwischen Brust- und Lendenwirbelsäule.

Als Rotatoren: Semispinalis cervicis, Multifidi et Rotatores, Scaleni nach der kontralateralen Seite und Iliocostalis cervicis, Longissimus cervicis, Obliquus capitis inferior nach der homolateralen Seite.

Als Beuger: Longus colli und Scaleni.

Aus diesen Angaben ist klar ersichtlich, daß sich durch die Prüfung der Bewegungsschmerzhaftigkeit des Kopfes und der Wirbelsäule kaum eine Trennung der Segmente C_1 und C_2 und, wie später noch gezeigt wird, auch nicht eine solche von den nächstliegenden Cervicalsegmenten erreichen läßt. Es umfassen nämlich nicht nur die bisher geschilderten Muskeln zu viele Segmente, sondern die einzelnen Bewegungen der Wirbelsäule werden auch durch zu viele Muskeln gleichzeitig bewirkt. Man braucht sehr viel Erfahrung und gutes Einfühlungsvermögen des Patienten, um deutliche Spannungsunterschiede bei Bewegungen des Kopfes oder der Halswirbelsäule eindeutig feststellen zu können, die eine Trennung zwischen dem Befall von C_1 und C_2 ermöglichen.

Auch Messungen des Muskeltonus, der Muskeltemperatur oder die Palpation von Myogelosen würden in solchen Fällen kaum weiterhelfen, da sich die fließenden Übergänge zwischen den einzelnen Segmenten in der Muskulatur kaum trennen lassen. Wesentlich einfacher liegen die Verhältnisse, wenn es gelingt, die einzelnen Cervicalnerven mit Novocain zu blockieren und den anschließenden Schmerzausfall bei Bewegungen festzustellen. Damit ist ein sicherer kausaler Zusammenhang zwischen den Bahnen im blockierten Nerven und der affizierten schmerzhaften Muskulatur gegeben. Das Auffinden der jeweiligen Cervicalnerven ist allerdings nicht leicht. Über die Methodik der Infiltration s. S. 103 ff. Schließlich können auch zentrifugale, vegetative Fasern, die entlang der Gefäße führen, die Ursache schmerzhafter Muskelkontraktionen sein. Bei Versagen der Cervicalnervenblockade sollte deshalb auch stets ein Versuch unternommen werden, die paravertebralen Ganglien oder die den jeweiligen Muskelabschnitt versorgenden Gefäße mit Novocain zu umspritzen (S. 97 f.).

Selbstverständlich können Schmerzen bei Bewegung der Wirbelsäule auch durch Erkrankung der Wirbelkörper, ihrer Gelenke, Bänder oder Intervertebralscheiben bedingt sein. Außer den Muskelkräften wirkt ja auch die Spannung der an der Wirbelsäule angehefteten Ligamenta und der Intervertebralscheiben auf die Haltung der Wirbelsäule und des Kopfes ein. Ihre Elastizität wirkt naturgemäß auch bewegend. So *strecken* das Ligamentum nuchae, die Ligamenta interarcuata flava, die Ligamenta interspinalia, das Ligamentum apicis, das Ligamentum longitudinale posterior, die hintere Membrana obturatoria zwischen Epistropheus und Atlas und Atlas und Occiput und ebenso der senkrechte Schenkel des Ligamentum cruciatum und die Ligamenta alata. Die Ligamenta interarcuata flava und die Ligamenta intertransversaria sowie das Flügelband zwischen Atlas und Occiput hemmen die Streckung. *Rotierend* wirkt vor allem die Gelenkkapsel der Wirbelgelenke und das Flügelband und *beugend* das Ligamentum longitudinale anterius und die vordere Membrana obturatoria. Schließlich werden die Zwischenwirbelscheiben bei jeder Streckung, Neigung, Dehnung und Beugung auf der einen Seite komprimiert, an der anderen gedehnt oder torquiert, wodurch elastische Kräfte wachgerufen werden, die eine Wiederherstellung der Gleichgewichtslage der Teile anstreben. Aber alle diese Schmerzursachen sind weitaus seltener als seine muskuläre Genese und gehen außerdem regelmäßig mit reflektorischen Muskelschmerzen einher, deren Folge sie viel häufiger sind als ihre Ursache. Die Beseitigung der Muskelschmerzen soll deshalb stets die Hauptaufgabe des Rheumatologen sein, von der er nur bei traumatischen Veränderungen oder höhergradigen organischen Ausfällen an der Wirbelsäule Abstand nehmen muß.

Das 3. Cervicalsegment läßt sich dadurch vom 1. Cervicalsegment abtrennen, daß die tiefen vorderen und hinteren Kopfmuskeln, wie der Musculus rectus capitis anterior, der Musculus capitis lateralis und der Musculus rectus capitis posterior minor et major sowie der Rectus capitis lateralis und der Obliquus capitis superior und inferior, nicht mehr im Zusammenhang mit ihm stehen. Es besitzt außerdem noch zwei Muskeln, die von C_2 nicht innerviert sind. Es sind dies der Musculus levator scapulae und das Diaphragma.

Der *Musculus levator scapulae* zieht von den hinteren Zacken der Querfortsätze der vier oberen Halswirbel schräg nach unten und außen zur Scapula, wo er am oberen inneren Winkel inseriert. Er wird vom Nervus dorsalis scapulae und von den kurzen dicken Ästen aus dem 3. und 4. Cervicalnerven versorgt. Der Muskel umfaßt das 3. bis 5. Cervicalsegment. Seine Kontraktion bewirkt eine ausgiebige Hebung des Schulterblattes. Gleichzeitig damit kommt es auch zu einer Hebung des Schultergürtels und zu einer Drehung der Clavicula um die Längsachse, wodurch ihr vorderer Rand nach abwärts sinkt.

Das *Zwerchfell* läßt sich in einen zentralen sehnigen Anteil, das Centrum tendineum diaphragmatis, und in einen muskulären Teil gliedern, der je nach dem Ursprung in eine Pars lumbalis, Pars costalis und Pars sternalis zerfällt. Sein stärkster Anteil, die Pars lumbalis, zerfällt in ein Crus mediale, intermedium und laterale. Ersteres entspringt rechts an der Ventralseite des 2. bis 4., links des 3. Lendenwirbelkörpers und umsäumt gemeinsam mit dem vorderen Umfang der Wirbelsäule den Hiatus aorticus in Form eines etwas asymmetrischen Sehnenbogens. Die zunächst konvergenten, dann gegen den mittleren Anteil des Centrum tendineum hin divergent ziehenden Muskelfasern bilden den Hiatus oesophageus. Das Crus intermedium entspringt sehnig vom lateralen Umfang des 2. Lendenwirbelkörpers, um dann gemeinsam mit dem Crus mediale in die mittlere Partie des Centrum tendineum überzugehen. Das Crus laterale inseriert vom Seitenrand des 2. Lendenwirbelkörpers bis zu Spitze der 12. Rippe. Es bildet zwei Sehnenbogen, die den Musculus psoas major und den Musculus quadratus lumborum an ihren Ansatzstellen überbrücken und steil nach aufwärts ziehend an den hinteren Rand der beiden seitlichen Anteile des Centrum tendineum gelangen. Die Pars costalis des Zwerchfelles entspringt von der 12. bis 7. Rippe mit einzelnen Ursprungszacken. Von der 7. bis 9. Rippe interferieren die Ansatzstellen mit jenen des Musculus transversus abdominis. Die Pars sternalis ist der schwächste Muskelanteil des Zwerchfelles. Ihre Fasern entspringen in Form zweier symmetrischer Bündel am Processus xiphoideus und ziehen direkt an den vorderen Rand des Centrum tendineum. Sowohl die Pars lumbalis und Pars costalis als auch die Pars costalis und Pars sternalis gehen nicht direkt ineinander über, sondern sind durch kleine Muskeldefekte (Trigonum lumbocostale und Trigonum sternocostale) voneinander getrennt. Das Zwerchfell wird vom Nervus phrenicus und den Nebenphrenici (Subclavius neben Phrenicus, selbständiger Nebenphrenicus, Cervicalis descendens — Nebenphrenicus) versorgt. Es umfaßt das 3. bis 5. Cervicalsegment, wobei gelegentlich auch das 2. Cervicalsegment inbegriffen sein kann (BUMKE und FÖRSTER [22]).

Die Kontraktion und Relaxation des Diaphragmas ist vor allem mit der Atmung eng verbunden. Daneben übt es aber auch bekanntlich einen bedeutenden Einfluß auf die Zirkulation, auf das Oesophaguslumen, die Magen- und Darmbewegungen, die Entleerung der Bauchspeicheldrüse, der Gallenblase und wahrscheinlich auch der Nierenbecken aus. Abnormale Kontraktionszustände können deshalb nicht nur Schmerzen an den Ansatzstellen des Diaphragmas im Bereiche des 2., 3. und 4. Lendenwirbelkörpers sowie der 7. bis 12. Rippe verursachen, sondern auch mit Atembeschwerden, Kreislaufstörungen, Störungen der Herzrhythmik, Oesophagusspasmus und mit Beeinflussung der Magen-, Darm-, Gallenblasen- oder Nierentätigkeit einhergehen. Umgekehrt können auch viele derartige Erkrankungen auf reflektorischem Wege zu einer Irritation des Zwerchfells und damit aller übrigen muskulären Anteile des 3. bis 5. Cervicalsegmentes führen.

Die Prüfung auf Erkrankung der muskulären Anteile des 3. Cervicalsegmentes soll deshalb ebenso wie diejenige für C_1 und C_2 mit Ausnahme der Kopfstrecker und -beuger, also vor allem auf Streckung, Neigung, Beugung und Rotation der Halswirbelsäule erfolgen. Als neue Muskeln, die für die Lokalisation des erkrankten Segmentes ausschlaggebend sein können, kommen der Musculus levator scapulae und das Diaphragma in Betracht. Ersterer ist der direkten percutanen faradischen Reizung zugänglich. Sein Reizpunkt liegt zwischen dem äußeren Rand des Splenius capitis, dem hinteren Rande des Sternocleidomastoideus und dem oberen Rande des Trapezius. Kontraktionsschmerzen bei Hebung des Schultergürtels können außerdem durch Leitungsanästhesie des Nervus dorsalis scapulae oder der kurzen Äste aus dem dritten und vierten Cervicalnerven beseitigt werden. Abnorme Kontraktionszustände des Diaphragmas lassen sich entweder röntgenologisch feststellen oder durch Phrenicusanästhesie vorübergehend beseitigen, wobei auch hier die Beschwerden schwinden müssen. Im Zweifelsfalle müßten die paravertebralen Ganglien von C_3 und C_5 blockiert werden.

Das 4. Cervicalsegment umfaßt zunächst alle Halsmuskeln des 3. Cervicalsegmentes mit Ausnahme des Musculus sternocleidomastoideus (der Omohyoideus fehlt schon ab 3. Cervicalsegment). Als neue Halsmuskeln kommen die Scaleni hinzu. Weiter dehnt sich dieses Segment vor allem auf den Schultergürtel mit dem Rhomboideus, Supraspinatus, Infraspinatus, Teres minor und Deltoideus aus.

Die *Musculi scaleni*, die von den Querfortsätzen der Halswirbelsäule zur 1. und 2. Rippe ziehen, gehören zum System der Intercostalmuskeln. Sie werden in einen Musculus scalenus anterior, medius und posterior eingeteilt. Der erstere entspringt am Tuberculum anterius des 4., 5. und 6. Halswirbels und zieht zur ersten Rippe, wo er sich in Form einer kurzen Sehne am Tuberculum scaleni Lisfranci festsetzt. Der Scalenus medius als mächtigster dieser Gruppe entspringt an den Tubercula posteriora des 3. bis 7. Halswirbels, reicht aber manchmal noch bis an den 2. und sogar an den 1. Halswirbel heran. Er endet an der ersten Rippe, und zwar lateral vom Musculus scalenus anterior hinter dem Sulcus arteriae subclaviae. Einzelne Muskelbündel können bis an die zweite Rippe ziehen. Der Musculus scalenus posterior entspringt an den Tubercula posteriora des 5. und 6. Halswirbels und zieht lateral vom Medius zur zweiten Rippe.

Die Scaleni werden von kurzen Zweigen der vorderen Äste der Cervicalnerven versorgt und umfassen die Segmente C_4 bis C_8. Bei ihrer Kontraktion kommt es zu einer Flexion der Halswirbelsäule, die mit einer Neigung nach der homolateralen und einer Drehung nach der kontralateralen Seite verbunden ist. Da die Muskeln an der 1. und 2. Rippe inserieren, sind sie auch wichtige Inspirationsmuskeln. Sie sind nur bei Lähmung oder Atrophie des Sternocleidomastoideus der percutanen faradischen Reizung zugänglich. Bei ihrer Untersuchung muß deshalb entweder auf schmerzhafte Bewegungen der Halswirbelsäule, schmerzhafte Inspiration oder auf die Reaktion bei Anästhesie von C_4 bis C_8 geachtet werden. Außerdem lassen sich in dem starken pyramidenförmigen Muskelbündel der Scalenusgruppe Myogelosen verhältnismäßig leicht palpieren und die Temperatur kann mit Hilfe von intramuskulär zu applizierenden Sonden bestimmt werden.

Von den Muskeln des Schultergürtels entspringt der *Rhomboideus* vom untersten Abschnitt des Ligamentum nuchae und den Dornen des 7. Halswirbels und der vier obersten Brustwirbel. Die schräg nach abwärts ziehenden Fasern inserieren am Margo vertebralis der Scapula. Er wird normalerweise ganz vom Trapezius bedeckt und nur seine unterste äußerste Ecke liegt direkt unter der Haut. Seine Innervation erfolgt durch den Nervus dorsalis scapulae. Er umfaßt das 4. und 5. Cervicalsegment. Bei seiner Kontraktion kommt es zu einer Verziehung der Scapula nach hinten und oben und einer Drehung der Clavicula um ihre Längsachse, wobei der vordere Rand nach abwärts geneigt wird. Der Musculus rhomboideus ist normalerweise der elektrischen Reizung nicht zugänglich, wohl aber bei Lähmung des Trapezius.

Der *Musculus deltoideus* entspringt vom lateralen Drittel der Clavicula, dem Acromion und von der Spina scapulae und zieht zur Tuberositas deltoidea humeri, wo er in Form einer Endsehne inseriert. Er wird vom Nervus axillaris (accessorische Innervation der vorderen Portion durch die Nervi thoracici anteriores) innerviert und umfaßt das (4.), 5. und 6. Cervicalsegment. Alle seine Teile sind normalerweise der percutanen faradischen Reizung gut zugänglich. Bei seiner Kontraktion kommt es zur Abduktion des Armes bis zur Horizontalen. Daneben kommt es auch zu einer Bewegung im Schultergürtel, wobei die Clavicula nur in ganz geringem Umfange beteiligt ist. Schließlich vermag er zusammen mit dem Musculus pectoralis major den abduzierten Arm nach vorne und zusammen mit dem Musculus latissimus dorsi nach hinten zu führen. Der Musculus trapezius, rhomboideus, seratus, pectoralis minor und teres major wirken den hierbei auftretenden Drehtendenzen der Scapula entgegen.

Der *Musculus supraspinatus* erfüllt die Fossa supraspinata und entspringt von ihrer knöchernen Begrenzung und einem Teil der Fossa. Er endet mit einer kräftigen Sehne, die unter dem Ligamentum coracoacromiale hindurchzieht und das Schultergelenk cranial kreuzt, am Tuberculum majus humeri. Er wird vom Nervus suprascapularis versorgt und umfaßt das 4. und 5. Cervicalsegment. Der Muskel ist ein kräftiger Abduktor des Oberarms und damit ein Synergist des Musculus deltoideus. Der Muskel ist der percutanen faradischen Reizung nicht zugänglich.

Der *Musculus infraspinatus* entspringt von der Fossa infraspinata. Er endet in einer starken Plattensehne, die am Tuberculum majus humeri inseriert. Seine Innervation erfolgt durch den Nervus suprascapularis. Er umfaßt das 4., 5. und 6. Cervicalsegment. Der Musculus infraspinatus ist gemeinsam mit dem Teres minor der wichtigste Außenrotator des Humerus. Seine Kontraktion bewirkt gleichzeitig Drehungen der Scapula um die vertikale und sagittale Achse des Acromio-Claviculargelenkes, was aber bei der willkürlichen Außenrotation des Armes durch die gleichzeitig in Aktion tretende untere und mittlere Portion des Trapezius und des Rhomboideus verhindert wird. Der Muskel kann normalerweise durch percutane faradische Reizungen in Kontraktion versetzt werden.

Der *Musculus teres minor* schließt sich an den Infraspinatus eng an und läßt sich auch manchmal nur schwer von ihm trennen. Er entspringt vom lateralen Anteil des Margo axillaris scapulae und endet am Tuberculum majus humeri. Er wird vom Nervus axillaris versorgt und umfaßt C_4, C_5 und C_6. Er ist wie der Musculus infraspinatus ein Auswärtsroller des Armes und der percutanen faradischen Reizung isoliert zugänglich.

Somit läßt sich der Befall des 4. Cervicalsegmentes bei aktiven Bewegungen vor allem durch Abduktion und Außenrotation des Oberarmes prüfen. Für die Isolierung der Scalenusgruppe in der Halswirbelsäule müssen Leitungsanästhesien oder intramuskuläre Novocaininfiltrationen verwendet werden.

Dauerkontraktionen im Bereiche des Musculus rhomboideus oder levator scapulae lassen sich häufig nicht nur durch manuelle Palpation von Muskelverhärtungen feststellen, sondern auch durch die Bestimmung einer eventuellen Druckschmerzhaftigkeit an den Ansatzstellen dieser Muskeln im Bereich der Tubercula posteriora der vier oberen Halswirbel (Musculus levator scapulae) und der Dornfortsätze vom 6. Halswirbel bis zum 4. Brustwirbel (Musculus rhomboideus). Hierbei ist allerdings zu überlegen, daß auch noch andere Muskeln in unmittelbarer Nähe dieser Stellen ansetzen und daß für eine einigermaßen sichere Bestimmung der Schmerzursache an den Druckpunkten auch noch andere Anhaltspunkte, wie etwa myalgische Stellen im Muskel oder Kontraktions- und Dehnungsschmerzen des Muskels bei bestimmten Bewegungen, vorhanden sein müssen.

Das 5. Cervicalsegment ist noch wesentlich stärker auf Schulter und Oberarm lokalisiert als das vorhergehende. Der Trapezius, der Sternohyoideus und der Sternothyreoideus werden nicht mehr von ihm versorgt, dafür treten der Pectoralis major, Subclavius, Serratus anterior, Subscapularis, Biceps brachii, Brachialis, Brachioradialis und Supinator als neue Muskeln dieses Segmentes auf. Untersuchungen auf Funktionsausfälle im 5. Cervicalsegment müssen sich demnach zwangsläufig auf Schulter und Oberarm konzentrieren, auch wenn in der Halswirbelsäule Schmerzen bestehen, da dort die Segmentlokalisation viel leichter ist. Die Therapie hat dann selbstverständlich am Schmerzursprung anzusetzen, der aber bei Kenntnis des erkrankten Segmentes besser gefunden werden kann.

Der *Musculus pectoralis major* wird in eine Pars clavicularis, Pars sterno-costalis und Pars abdominalis geteilt. Erstere entspringt von der Clavicula und ist durch den Sulcus deltoideopectoralis vom Musculus deltoideus geschieden (MOHRENHEIMsche Grube, Aufsuchungsstelle der Arteria subclavia). Die Pars sternocostalis entspringt vom Sternum und den anschließenden medialen Stücken aller Rippenknorpel. Die Pars abdominalis schließlich legt sich dem caudalen Rand der Pars sterno-costalis an und entspringt von der vorderen Rectusscheidewand. Alle drei Teile des Musculus pectoralis major konvergieren zu einer kurzen plattenförmigen Sehne, die an der Crista tuberculi majoris inseriert. Der Muskel wird durch die Nervi thoracici anteriores und die Portio clavicularis, gelegentlich auch durch den Nervus axillaris versorgt. Er umfaßt die Segmente C_5, C_6, C_7 und C_8 und Th_1 und ist in allen seinen Teilen der percutanen faradischen Reizung zugänglich. Er adduziert den Arm zusammen mit dem Musculus latissimus dorsi. Die Portio clavicularis führt bei ihrer alleinigen Kontraktion den vertikal zur Seite des Rumpfes herabhängenden Arm etwas nach vorne und medial, dabei wird der Oberarm gegen den Thorax gepreßt und nach innen rotiert. Eine richtige Elevation des Armes vermag diese Portion des Musculus pectoralis major nicht zu bewirken. Schließlich ist der Muskel bei fixiertem Oberarm auch ein accessorischer Inspirationsmuskel.

Der *Musculus subclavius* entspringt sehnig von der Cartilag oder 1. Rippe und dem anschließenden Stück des Rippenknochens und zieht an die Unterfläche der Clavicula, wo er am mittleren Drittel endet. Er wird vom Nervus subclavius versorgt und umfaßt C_1 bis C_6. Der Muskel ist vor allem für die Inspiration wichtig, da er das Schlüsselbein gegen den Thorax fixiert und es so zu einem Bestandteil des Thoraxskelettes werden läßt, so daß alle Muskeln, die das Schlüsselbein zu heben vermögen, bei ihrer Kontraktion die 1. Rippe, das Sternum und damit den gesamten Brustkorb mitnehmen. Er ist außerdem durch seine engen Beziehungen zur Vena subclavia imstande, deren Weite entscheidend zu beeinflussen.

Der *Musculus serratus anterior magnus* entspringt mit 9 Zacken von der 1. bis 9. Rippe und wird am besten in drei Abschnitte eingeteilt, von denen der obere, von der 1. und 2. Rippe entspringend, annähernd horizontal zum Angulus superior der Basis der Scapulae verläuft. Der mittlere Abschnitt, von der 2., 3. und 4. Rippe entspringend, verläuft fächerförmig zur Basis der Scapulae, in deren ganzer Ausdehnung er inseriert. Der untere Abschnitt entspringt von der 5. bis zur 9. Rippe und inseriert an der Oberfläche des Angulus inferior. Die Ursprungszacken dieser Portion interferieren mit jenen des Musculus obliquus abdominis externus. Der Muskel wird vom Nervus thoracicus longus innerviert und umfaßt die Segmente C_6, C_7 und C_8. Er vermag die Scapula nach vorne zu ziehen. Er dreht außerdem den Angulus scapulae inferior nach außen und hilft so den Oberarm über die Horizontale zu heben. Schließlich stellt er bei fixiertem Schultergürtel einen wichtigen accessorischen Inspirationsmuskel dar.

Der *Musculus subscapularis* entspringt von der Fossa subscapularis, die er vollkommen ausfüllt, und zieht nach außen und oben, um in eine kurze starke Sehne überzugehen, die das Schultergelenk von vorn her kreuzt, von dem sie meistens durch die Bursa musculi subscapularis geschieden ist. Der Muskel endet am Tuberculum minus humeri. Er wird von den Nervi subscapulares versorgt, wobei die unterste Portion auch durch den Nervus axillaris accessorische Fasern erhält. Der Muskel umfaßt die Segmente C_5 bis C_8. Die Kontraktion des Subscapularis bewirkt eine kräftige Innenrotation des Oberarmes. Seine untere Portion wirkt gleichzeitig adduzierend auf den Humerus, wenn sich dieser in Abduktionsstellung befindet.

Der *Musculus biceps brachii* entspringt mit seinem langen Kopf vom Tuberculum supragleniodale der Scapula und mit dem kurzen Kopf vom Processus coracoideus der Scapula. Beide Köpfe vereinigen sich zum gemeinsamen Muskelbauch, der am Capitulum radii inseriert und außerdem den Lacertus fibrosus abgibt, der schräg medialwärts in die Fascie des Vorderarmes ausläuft. Er wird vom Nervus musculocutaneus, gelegentlich vom Nervus medianus versorgt und umfaßt die Segmente C_5 und C_6. Normalerweise sind seine Köpfe ohne Schwierigkeiten der percutanen faradischen Reizung zugänglich. Der Muskel beugt das Ellbogengelenk und wirkt gleichzeitig mit seinem langen Kopf etwas abduzierend, mit dem kurzen Kopf etwas adduzierend auf den Oberarm. Außerdem wird der Vorderarm bei der Beugung supiniert.

Der *Musculus brachialis* entspringt von der Höhe der Tuberositas deltoidea an abwärts bis in die Nähe des Ellbogengelenkes vom Septum intermusculare mediale und laterale, von der Endsehne des Deltoideus und dem Endstück des Coracobrachiale. Er inseriert an der Tuberositas ulnae, nachdem er die Vorderfläche der Ellenbeuge passiert hat. Der Muskel wird vom Nervus musculocutaneus und durch accessorische Innervation vom Nervus medianus und vom Nervus radialis versorgt. Er umfaßt die Segmente C_5 und C_6. Seine Kontraktion bewirkt eine Beugung des Vorderarmes, ohne ihm eine andere Bewegung zu erteilen. Obwohl der Muskel vom Biceps brachii und Brachioradialis bedeckt ist, ist er doch der percutanen faradischen Reizung zugänglich, weil sein Bauch beiderseits über den Biceps seitlich herausragt.

Der *Musculus brachioradialis* entspringt von der Außenseite des Humerus über dem Epicondylus lateralis und vom Septum intermusculare laterale. Nachdem er die Ellenbeuge passiert hat, inseriert er mit einer langen Sehne proximal vom Processus styloideus radii. Der Muskel wird vom Nervus radialis versorgt und umfaßt die Segmente C_5 und C_6. Er ist der percutanen faradischen Reizung gut zugänglich. Seine Kontraktion bewirkt eine Beugung des Vorderarmes mit gleichzeitiger Pronation der Hand, wenn diese in Supination steht. In beiden Fällen wird sie aber nur bis in die Mittellage zwischen Pronation und Supination geführt.

Der *Musculus supinator* zieht in Form eines Halbzylinders um den proximalen Abschnitt des Radius herum, wobei er vom Epicondylus lateralis humeri, Ligamentum collaterale radiale, Ligamentum anulare radii und von der Rückseite des oberen Ulnarabschnittes ausgeht und nach unten und lateral verlaufend distal von der Tuberositas radii inseriert. Er wird vom Nervus radialis versorgt und umfaßt die Segmente C_5 und C_6. Seine Kontraktion bewirkt eine reine Supination der Hand. Diese ist von der Stellung des Vorderarmes zum Oberarm völlig unabhängig; sie ist bei gestrecktem Vorderarm ebenso kräftig wie bei gebeugtem.

Das 5. Cervicalsegment läßt sich nach diesen Ausführungen durch die Adduktion des Armes (Pectoralis major), Schmerzen zwischen Clavicula und 1. Rippe bei tiefer Inspiration (Musculus subclavius), Schmerzen unter dem Schulterblatt und am Brustkorb bei Hebung des Armes über die Waagrechte (Serratus anterior), Innenrotation des Armes (Subscapularis) und durch Schmerzen bei Beugung im Ellbogengelenk und Supination des Vorderarmes (Biceps brachii, Brachialis, Brachioradialis, Supinator) feststellen.

Das wichtigste Unterscheidungsmerkmal gegenüber dem 4. Cervicalsegment liegt zweifelsohne in der Möglichkeit, Bewegungen in dem bisher noch nicht beeinflußten Ellbogengelenk und Vorderarm durchführen zu können. Aber auch die anderen hier erwähnten Muskeln müssen selbstverständlich der Reihe nach durchuntersucht werden, wobei die Isolierung eventueller schmerzhafter Bewegungen großer Erfahrung und genauer Kenntnis der anatomischen Verhältnisse bedarf. Am besten geht man vor allem bei passiven Bewegungen nach einem Schema vor, dessen genaue Reihenfolge für die Festlegung der einzelnen erkrankten Segmente wichtig ist.

Das 6. Cervicalsegment versorgt nicht mehr den Musculus rhomboideus und den Musculus levator scapulae, wodurch zwei weitere wichtige Muskeln des Schultergürtels außer acht gelassen werden können. Es besitzt dafür als neue Muskeln den Musculus latissimus dorsi, Musculus pectoralis minor, Musculus teres major und die Musculi coracobrachialis, Extensor carpi radialis longus, Pronator teres, Flexor carpi radialis und Extensor digiti communis, Extensor digiti quinti proprius und Extensor indicis proprius. Damit erstreckt sich der Wirkungsbereich dieses Segmentes auch schon auf die Hand und viel mehr auf den Unterarm, als dies bei C_5 der Fall war.

Der *Musculus pectoralis minor* entspringt mit drei Zacken von der 3., 4. und 5. Rippe, um nach lateral und oben zu ziehen und am Processus coracoideus scapulae zu inserieren. Er wird von den Nervi thoracici anteriores versorgt, umfaßt die Segmente C_6, C_7, C_8 und ist normalerweise der percutanen faradischen Reizung nicht zugänglich. Der Muskel zieht die Scapula nach vorne und unten, dreht sie aber im Acromioclaviculargelenk so um die sagittale Achse, daß der Angulus inferior nach außen rückt. Dadurch unterscheidet er sich vom Serratus, Trapezius und anderen Muskeln, die die Scapula ebenfalls nach vorne führen, den Angulus inferior aber an den Thorax anpressen. Er wirkt in dieser Beziehung wie der Biceps oder Coracobrachialis.

Der *Musculus teres major* entspringt von der Rückfläche der Scapula am Angulus inferior und endet an der Spina tuberculi minoris humeri in einer gemeinsamen Sehne mit dem Latissimus dorsi. Er wird von den Nervi subscapulares versorgt, umfaßt die Segmente C_6 und C_7 und ist der isolierten percutanen faradischen Reizung zugänglich. Seine Kontraktion bewirkt eine ausgiebige Drehung der Scapula um die sagittale Achse des Acromioclaviculargelenkes. Der Angulus inferior rückt hierbei deutlich nach außen. Der hängende Arm wird ebenso wie durch den Latissimus dorsi nach hinten und medialwärts geführt und nach innen rotiert. Der Muskel ist also bei allen Verrichtungen der Hand an der Rückseite des Rumpfes wie beim Überkreuzen der Arme auf dem Rücken oder bei Weiterbewegung der Hand bis zur kontralateralen Seite mit im Spiele. Durch die bei seiner Kontraktion zustande kommende Adduktion des Humerus und Annäherung des unteren Scapularwinkels an den Oberarm trägt er nicht unwesentlich zur Fixierung des Kopfes in der Pfanne bei und ist deshalb häufig für das Auftreten von Schmerzen beim Tragen schwerer Lasten mit verantwortlich.

Der *Musculus latissimus dorsi* entspringt als Muskel mit dem größten Flächeninhalt von den Dornfortsätzen der 5 bis 7 unteren Brustwirbel, der Fascia lumbodorsalis, ferner an den unteren 3 bis 4 Rippen und am rückwärtigen Anteil des Darmbeinkammes und zieht nach lateral aufwärts, um an der Spina tuberculi minoris humeri zu inserieren. Einige der oberen Bündel inserieren auch am unteren Scapularwinkel. Der Muskel wird vom Nervus thoracodorsalis versorgt, umfaßt die Segmente C_6, C_7, C_8 und ist der percutanen faradischen Reizung zugänglich. Der Muskel adduziert den Arm, zieht ihn nach hinten und rotiert ihn nach innen. Gleichzeitig adduziert er die Schulter und zieht diese herab. Während die Schulter bei Kontraktion des oberen Abschnittes des Latissimus eine fast reine Adduktion ausführt, bewirken seine unteren Abschnitte eine Senkung. Die Scapula wird im ersteren Falle der Dornfortsatzlinie der Wirbelsäule horizontal genähert, im zweiten Falle mehr gesenkt als adduziert.

Der *Musculus coracobrachialis* entspringt vom Processus coracoideus der Scapula und inseriert etwa in der Mitte des Humerus an dessen Innenseite. Er wird vom Nervus musculocutaneus (Nervus medianus) versorgt und umfaßt die Segmente C_6, C_7 und C_8. Der Muskel ist normal wohl der percutanen faradischen Reizung zugänglich, seine Kontraktion ist aber schwer von derjenigen des Biceps zu trennen. Der Muskel ist ein Flexor und Adduktor des Humerus. Vor allem fixiert er den Humeruskopf in der Pfanne und zieht ihn bei Belastung wieder nach aufwärts.

Der *Extensor carpi radialis longus* entspringt von der Außenseite des Humerus unterhalb des Brachioradialis-Ursprungs, vom Septum intermusculare laterale und vom Epicondylus externus. Er zieht lateral vom Ellbogengelenk bis an die Basis des 2. Metacarpalknochens, wo er inseriert. Der Muskel wird vom Nervus radialis versorgt und umfaßt die Segmente C_6 und C_7. Er ist der percutanen faradischen Reizung zugänglich. Der Muskel streckt bei seiner Kontraktion die Hand, neigt sie gleichzeitig nach der radialen Seite und dreht das Dorsum munus ulnarwärts. Daneben hat er eine geringe Beugewirkung auf den Vorderarm.

Der *Pronator teres* entspringt mit seinem Caput humerale vom Epicondylus medialis humeri, dem Septum intermusculare mediale und dem Sehnenblatt, das ihn vom Flexor carpi radialis und Flexor digitorum sublimis trennt. Das Caput ulnare entspringt unterhalb der Tuberositas ulnae. Nachdem sich beide Köpfe vereinigt haben, zieht der gemeinsame Muskelbauch schräg nach radial abwärts und inseriert an der Außenkante des Radius etwa in der Mitte des Unterarmes. Der Muskel wird vom Nervus medianus und manchmal von accessorischen Ästen des Nervus musculocutaneus oder Nervus ulnaris versorgt. Er umfaßt die Segmente C_6 und C_7 und ist der percutanen faradischen Reizung gut zugänglich. Seine Kontraktion bewirkt eine Pronation und Beugung des Vorderarmes. Letztere tritt vor allem dann zutage, wenn man der Pronation Widerstand leistet.

Der *Flexor carpi radialis* entspringt vom Epicondylus medialis und internus humeri, zieht schräg nach distal und lateral und inseriert an der Volarseite der Basis des 2. Metacarpale. Er wird vom Nervus medianus und gelegentlich vom Nervus musculocutaneus versorgt und umfaßt die Segmente C_6, C_7 und C_8. Der Muskel ist der percutanen faradischen Reizung sehr gut zugänglich. Bei seiner Kontraktion beugt sich die Hand und wird dabei gleichzeitig proniert.

Der *Extensor digitorum communis* entspringt mit dem Musculus extensor carpi radialis brevis vom Epicondylus lateralis humeri und bezieht auch Muskelfasern von der Fascie. Er zerfällt unterhalb der Mitte des Unterarmes in drei Muskelbäuche, von denen sich der ulnarste in zwei Sehnen, und zwar für den Ringfinger und den kleinen Finger, und die beiden anderen in je eine Sehne fortsetzen. Die vier Sehnen endigen an den vier dreigliedrigen Fingern, und zwar an der Grundphalange bzw. mit Hilfe der Streckaponeurose an der Mittel- und Endphalange. Der Muskel wird vom Nervus radialis versorgt und umfaßt die Segmente C_6, C_7 und C_8. Er ist der percutanen faradischen Reizung gut zugänglich und bewirkt bei seiner Kontraktion eine Streckung der Finger.

Der *Musculus extensor digiti quinti proprius* besitzt den gleichen Ursprung wie der Extensor digitorum communis, sondert sich aber dann als selbständiger Muskel ab und gelangt mit seiner Sehne an die Streckseite des Kleinfingers, der auf diese Weise zwei lange Streckmuskeln besitzt. Nervöse Versorgung, Segmente und Wirkung bei Kontraktion sind die gleichen wie beim Extensor digitorum communis.

Der *Musculus extensor indicis proprius* entspringt von der Ulna und an der angrenzenden Membrana interossea. Seine Sehne gelangt an die Streckseite des Zeigefingers, ulnar von der Sehne des Extensor communis. Auch er wird vom Nervus radialis versorgt und umfaßt die Segmente C_6, C_7, C_8 und Th_1. Er streckt den Zeigefinger und adduziert ihn leicht.

Somit kann das 6. Cervicalsegment vor allem durch die Extension von Hand und Fingern (Extensor digitorum communis, Extensor digiti quinti proprius, Extensor indicis proprius, Extensor carpi radialis longus), durch die Pro- und Supination der Hand (Pronator teres) und durch die Radialflexion (Flexor carpi radialis) untersucht werden. Außerdem sind die meisten Muskeln dieses Segmentes der percutanen faradischen Reizung zugänglich, so daß auch auf diese Weise leicht Einblick in krankhafte Zustände gewonnen werden kann.

Das 7. Cervicalsegment behält fast alle Hals- und Schultergürtelmuskeln des 6. Cervicalsegmentes bei, weist aber schon einige Oberarmmuskeln desselben nicht mehr auf, wie den Biceps brachii, Brachioradialis, Brachialis und Supinator brevis. Es besitzt dafür als neue Muskeln den Triceps caput longum, Anconaeus, Flexor digitorum superficialis, Abductor pollicis longus, Extensor carpi radialis brevi, Extensor carpi ulnaris, Extensor pollicis longus und Extensor pollicis brevis.

Der *Musculus triceps brachii* besteht aus zwei eingelenkigen und einem zweigelenkigen Muskel. Der letztere wird auch als Caput longum bezeichnet und entspringt von der Tuberositas infraglenoidalis scapulae. Die beiden anderen werden als Caput mediale und laterale bezeichnet und stammen von der Hinterfläche des Oberarmknochens. Nachdem sich alle drei Köpfe zu einer gemeinsamen Endsehne vereinigt haben, enden sie am Olecranon. Der Muskel wird vom Nervus radialis und manchmal durch accessorische Äste des Nervus ulnaris versorgt. Er umfaßt die Segmente C_7, C_8 und Th_1 und ist der isolierten percutanen faradischen Reizung gut zugänglich. Alle Köpfe des Triceps wirken streckend auf den Vorderarm.

Der *Musculus anconaeus* schließt sich lateral dem untersten Ursprungsbündel des Caput mediale tricipitis an. Er entspringt vom Epicondylus lateralis und zieht schräg divergierend nach medialwärts an die Rückseite der Ulna unterhalb vom Olecranon. Auch er wird vom Nervus radialis versorgt, umfaßt die Segmente C_6, C_7 und C_8 und ist der percutanen faradischen Reizung zugänglich. Er ist ebenfalls ein reiner Strecker des Ellbogengelenkes.

Der *Abductor pollicis longus* entspringt von der Membrana interossea und der Rückseite des Radius sowie teilweise von der Ulna, zwischen deren hinterer Kante und dem Margo interosseus. Er verläuft distal radialwärts und endet in einer Sehne, die an der Basis des 1. Metacarpale ansetzt. Der Muskel wird vom Nervus radialis versorgt und umfaßt die Segmente C_7 und C_8. Er ist der percutanen faradischen Reizung zugänglich, flektiert die Hand und erteilt ihr eine leichte Neigung nach der Radialseite. Außerdem abduziert er den Daumen.

Der *Flexor digitorum superficialis* ist bereits von seinen Ursprüngen, dem Epicondylus medialis, der Ulna, der unteren Umrandung der Tuberositas und der Volarseite des Radius ausgehend, in vier selbständige Muskelbäuche geteilt, die an der Volarseite der Mittelphalangen von Zeige-, Mittel- und Kleinfinger inserieren. Er wird vom Nervus medianus und Ulnaris, manchmal auch vom Musculus musculocutaneus versorgt und umfaßt die Segmente C_7, C_8 und Th_1. Der Muskel ist wegen seiner relativ oberflächlichen Lage der percutanen faradischen Reizung gut zugänglich und übt außer der beugenden Wirkung auf die Phalangen der Finger auch auf die Hand eine starke beugende Wirkung aus.

Der *Extensor carpi radialis brevis* entspringt anschließend an den Extensor carpi radialis longus vom Epicondylus lateralis humeri, zieht gemeinsam mit diesem Muskel distalwärts und inseriert am Metacarpale III etwas distal von dessen Processus styloideus. Er wird vom Nervus radialis versorgt und umfaßt das Segment C_7. Auch dieser Muskel ist der percutanen isolierten faradischen Reizung gut zugänglich. Er streckt die Hand, ohne ihr eine nennenswerte Neigung nach der Radialseite zu erteilen.

Der *Extensor carpi ulnaris* entspringt ebenfalls vom Epicondylus externus humeri und außerdem vom Lacertus fibrosus tricipitis. Der Muskel zieht über die Rückseite des Vorderarmes nach abwärts und inseriert an der Tuberositas des Metacarpale V. Er wird vom Nervus radialis versorgt und umfaßt die Segmente C_7 und C_8. Der Muskel ist der percutanen faradischen Reizung gut zugänglich, streckt bei seiner Kontraktion die Hand und neigt sie nach der Ulnarseite. Hierbei kantet sich die Hand so, daß der Handrücken radialwärts sieht.

Der *Musculus extensor pollicis longus* entspringt von der Ulna und dem angrenzenden Teil der Membrana interossea, so wie der Musculus extensor indicis proprius, nur proximal und radial von ihm. Er wird vom Nervus radialis versorgt und umfaßt die Segmente C_7, C_8 und Th_1. Die percutane faradische Reizung gelingt nur im distalsten Abschnitt des Vorderarmes, da sein Muskelfleisch dort nicht vom Extensor digitorum communis bedeckt wird. Der Muskel streckt den Daumen und abduziert ihn.

Der *Musculus extensor pollicis brevis* entspringt vom Radius und an dem daran angrenzenden Teil der Membrana interossea. Seine Sehne endet an der Grundphalange des Daumens. Er wird vom Nervus radialis versorgt und umfaßt die Segmente C_7, C_8 und Th_1. Dieser Muskel ist im unteren Abschnitt des Unterarmes distal und ulnar vom Abductor pollicis longus verhältnismäßig leicht der percutanen faradischen Reizung zugänglich. Er streckt das Daumengrundgelenk und abduziert es.

Somit läßt sich das 7. Cervicalsegment vor allem durch aktive Streckung im Ellbogengelenk (Musculus triceps und anconaeus) und Beugung der Hand- und Fingergelenke (Flexor digitorum superficialis) untersuchen. Die Extensionsmöglichkeiten werden durch eine Reihe neuer Muskeln (Extensor carpi radialis brevis, Extensor carpi ulnaris, Extensor pollicis brevis, Extensor pollicis longus) vervollständigt. Auch hier gelingt die Isolierung der meisten Muskeln mit Hilfe der elektrischen Reizung, so daß die Feststellung ihrer eventuellen Erkrankung und damit einer solchen von C_7 auf keine besonderen Schwierigkeiten stößt.

Das 8. Cervicalsegment bleibt am Schultergürtel mit Ausnahme des Fehlens von Teres major gleich wie das 7. Cervicalsegment und unterscheidet sich von diesem vor allem durch die Verstärkung der Flexionswirkung und durch das erstmalige Auftreten von reinen Handmuskeln. Es besitzt als neue Muskeln den Pronator quadratus, Palmaris longus, Flexor carpi ulnaris, Flexor digitorum profundus, Flexor pollicis longus und die Interossei, Lumbricales, Abductor digiti quinti, Opponens digiti quinti, Flexor brevis digiti quinti und Abductor pollicis brevis, Flexor pollicis brevis und Opponens pollicis.

Der *Musculus pronator quadratus* spannt sich im unteren Viertel des Vorderarmes an der Volarseite quer von der Ulna zum Radius, an dessen äußeren Rand er inseriert. Er wird vom Nervus medianus, gelegentlich auch vom Nervus musculocutaneus oder Nervus ulnaris versorgt und umfaßt die Segmente C_8 und Th_1. Er ist wegen seiner tiefen Lage unter den Sehnen und Muskelbäuchen der Hand- und Fingerbeuger der faradischen Reizung nicht zugänglich. Seine Kontraktion bewirkt eine Pronation der Hand.

Der *Musculus palmaris longus* entspringt vom Epicondylus humeri medialis und geht etwa in der Mitte des Vorderarmes in eine dünne Sehne über, die distal in die Palmarfascie einmündet. Er wird vom Nervus medianus und manchmal vom Nervus musculocutaneus versorgt und umfaßt die Segmente C_8 und Th_1. Der Muskel ist der isolierten percutanen faradischen Reizung sehr gut zugänglich und bewirkt bei seiner Kontraktion eine reine Flexion der Hand.

Der *Musculus flexor carpi ulnaris* entspringt ebenfalls vom Epicondylus medialis humeri, außerdem aber noch vom Olecranon und der hinteren Kante der Ulna und vom Ligamentum collaterale mediale. Seine Endsehne inseriert am Os pisiforme sowie an den dort entspringenden Ligamenta pisohamatum und pisometacarpeum. Sie strahlt außerdem noch in das Ligamentum carpi corsale und das Ligamentum carpi volare aus. Der Muskel wird vom Nervus ulnaris, manchmal auch vom Nervus medianus versorgt und umfaßt die Segmente C_8 und Th_1. Er ist der percutanen faradischen Reizung gut zugänglich und flektiert bei seiner Kontraktion die Hand, wobei die beugende Wirkung größer ist als diejenige des Flexor carpi radialis und Palmaris longus. Während der Volarflexion wird die Hand gleichzeitig nach der Ulnarseite geneigt und so gedreht, daß die Palma manus nach der Radialseite sieht.

Der *Flexor digitorum profundus* entspringt von der Ulna und der Membrana interossea bis weit hinunter und endet schließlich mit vier Sehnen, nachdem er die Sehnen des Sublimis durchbohrt hat, an der Endphalange der Finger. Er wird vom Nervus medianus und Nervus ulnaris versorgt und umfaßt die Segmente C_8 und Th_1. Der Muskel ist normalerweise nur an der Dorsal-Ulnarseite des Vorderarmes distal vom Epicondylus medialis humeri erregbar, wobei der 5., 4. und eventuell auch der 3. Finger gebeugt werden. Er beugt die vier Finger in allen Gelenken und übt außerdem auf die Hand eine kräftige beugende Wirkung aus.

Der *Flexor pollicis longus* entspringt vom Radius und zieht mit seiner Endsehne zwischen den beiden Sesamknochen des Daumens an der Volarseite des letzteren entlang, um am Nagelglied zu inserieren. Er wird vom Nervus medianus versorgt und umfaßt die Segmente C_8 und Th_1. Der Muskel ist der isolierten percutanen faradischen Reizung zugänglich, besitzt aber nur einen weit distal liegenden Reizpunkt. Der Flexor pollicis longus übt außer seiner beugenden Wirkung auf den Daumen auch auf die Hand eine starke beugende Wirkung aus.

Die *Handmuskeln Interossei, Lumbricales, Abductor digiti minimi, Opponens digiti minimi* und *Flexor brevis digiti minimi* werden von der medialen Medianuswurzel, dem Nervus ulnaris und medianus versorgt. Sie umfassen die Segmente C_8 und Th_1 und bewirken bei ihrer Kontraktion eine gleichzeitige Beugung der Grundphalange und Streckung der Mittel- und Endphalange. Kontrahieren sich die beiden Partner des an den einzelnen Finger von der ulnaren und radialen Seite herantretenden Interosseus-Lumbricalis-Paares gleichzeitig, erfolgt die Beugung der Grundphalange in gerader Richtung, spannt sich aber nur der Muskel einer Seite an, so kommt es zu einer Seitenneigung der Grundphalange. Hierbei entfernen die Interossei dorsales sowie der Abductor und Flexor brevis digiti minimi die Finger von der durch den Mittelfinger hindurchgehenden Mittelachse der Hand, während die Interossei volares sie der Mittelachse nähern (Abb. 52).

Die charakteristische Deformierung der Hand des Rheumatikers mit Beugung in der Grundphalange und Überstreckung der Mittelphalange sowie die ulnare Abduktion der Finger lassen sich auf diese Weise leicht durch Dauerkontraktionen der eben erwähnten Handmuskeln erklären. Ihre Therapie besteht in Novocaininfiltrationen der entsprechenden Nervenäste.

Auch der *Abductor pollicis brevis, Flexor pollicis brevis, Opponens pollicis* und *Adductor pollicis* werden vom Nervus medianus und ulnaris versorgt. Sie umfassen die Segmente C_8 und Th_1 und sind mit Ausnahme des Opponens der percutanen elektrischen Reizung gut zugänglich. Obwohl in der Regel der Abductor pollicis brevis, Opponens und Flexor brevis dem Nervus medianus, der Adductor dem Nervus ulnaris unterstehen, kommen nicht selten insofern Abweichungen vor, als der Nervus ulnaris einzelne oder alle Muskeln des Daumenballens innerviert. Auch der Medianus kann gelegentlich den Adductor pollicis mitversorgen.

Der *Musculus abductor pollicis brevis*, der die oberflächlichste Lage der Daumenballenmuskulatur bildet, abduziert den Daumen und soll ihn mit seinen mehr ulnarwärts reichenden Fasern auch opponieren. Außerdem soll er auch noch das Interphalangealgelenk durch einen zur Streckaponeurose ziehenden Sehnenzug strecken.

Der *Musculus flexor pollicis brevis* abduziert mit seiner oberflächlichen und adduziert mit seiner tiefen Portion den Daumen. Er ist nur zum geringen Teil ein Beuger des Grundgelenkes des Daumens. Der Musculus opponens pollicis, der dem Flexor pollicis brevis eng anliegt und am Ligamentum carpi transversum sowie am Tuberculum ossis multanguli majoris entspringt und am Rande des Metacarpale primum endet, opponiert den Daumen bei seiner Kontraktion.

Der *Musculus adductor pollicis* ist nicht nur der am tiefsten gelegene, sondern auch der am stärksten entwickelte Thenarmuskel. Er entspringt vom 2. und 3. Mittelhandknochen und endet am ulnaren Sesambein. Seine Kontraktion bewirkt eine Adduktion des Daumens. Er hilft aber auch bei der Opposition und wirkt auf das Grundgelenk im Sinne einer Beugung.

Die *Interossei* werden in volare und dorsale Muskeln geteilt, von denen die ersteren dem 2., 4. und 5. Finger angehören, einköpfig an der Volarseite des betreffenden Metacarpalknochens entspringen, mit ihrer Sehne das Metacarpophalangealgelenk umgreifen und sich zur Streckaponeurose und zur Basis der Grundphalange desselben Strahles begeben. Während der Muskel am 2. Finger an der Ulnarseite liegt, befindet er sich am 4. und 5. Finger an der Radialseite. Er ist demnach der Längsachse der Hand, welche durch den Mittelfinger zieht, zugekehrt. Die Musculi interossei entspringen zweiköpfig an den einander zugekehrten Rändern der Metacarpalknochen, umgreifen ebenfalls das Metacarpophalangealgelenk und gelangen auch in die Streckaponeurose und zur Basis der Grundphalange. Da der Mittelfinger ulnar und radial je einen Interosseus dorsalis, der Zeigefinger einen radial, der 4. Finger einen ulnar besitzt, umgreifen diese Muskeln die Metacarpophalangealgelenke an der von der Handachse abgekehrten Seite. Alle Interossei werden vom Ramus profundus des Nervus ulnaris versorgt. Während die Musculi interossei volares die gespreizten Finger dem in der Handachse gelegenen Mittelfinger nähern, also Adduktoren sind, wirken die Musculi interossei dorsales als Abduktoren, da die einen den Mittelfinger feststellen, die anderen den betreffenden Finger von ihm abziehen. Mit der ersten Gruppe arbeitet der Musculus adductor pollicis, mit der zweiten der Musculus abductor brevis und der Musculus abductor digiti minimi. Abb. 52 stellt die Funktion dieser Muskeln bildlich dar.

Die *Musculi lumbricales* entspringen von den Sehnen des Musculus flexor digitorum profundus unmittelbar nach der Passage des Carpalkanals. Sie liegen stets an der radialen Seite der zu dem betreffenden Finger gehörigen Sehne und werden von der radialen Seite gegen die ulnare gezählt. Der 1. und 2. Lumbricalis ist meist einköpfig, der 3. und 4. meist zweiköpfig. Die Muskeln inserieren mit einer dünnen Sehne an der Streckaponeurose, welche die radiale Seite des betreffenden Metacarpophalangealgelenkes umgreift. Erster und zweiter Lumbricalis werden vom Nervus medianus, dritter und vierter vom Nervus ulnaris versorgt.

Der *Musculus abductor digiti minimi* bildet das oberflächliche Muskelfleisch des Hypothenar, entspringt vom Os pisiforme und vom Ligamentum carpi transversum sowie vom Ligamentum pisometacarpium und endet an der ulnaren Seite der Basis der 5. Grundphalange. Er wird vom Nervus ulnaris innerviert und abduziert den Kleinfinger. Durch seinen Übergang in die Streckaponeurose beugt er auch wie die Interossei die Grundphalange und streckt Mittel- und Endphalange.

Der *Musculus flexor brevis digiti minimi* liegt dem Abductor radialwärts an, entspringt vom Hamulus ossis hamati und endet an der Basis der Grundphalange des 5. Fingers. Auch er wird vom Nervus ulnaris innerviert und beugt das Metacarpophalangealgelenk.

Der *Musculus opponens digiti minimi* liegt in der tiefsten Schicht des Hypothenar, entspringt vom Hamulus des Hakenbeins und endet am Rande des 5. Metacarpalknochens. Er wird ebenfalls vom Nervus ulnaris innerviert, opponiert den kleinen Finger und wirkt auf Grund- sowie auf Mittel- und Endphalange wie die Interossei.

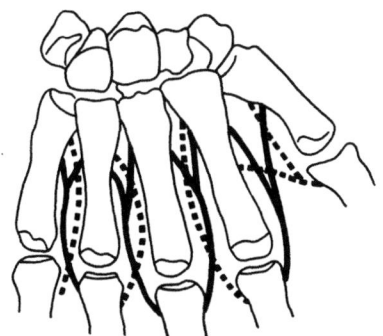

Abb. 52. Musculi interossei der Hand:
······ volares, ——— dorsales

Die Untersuchung des 8. Cervicalsegmentes wird nach den obigen Ausführungen vor allem auf die Bestimmung von Bewegungsschmerzen sowie die elektrische Erregbarkeit der kleinen Handmuskeln hinzielen müssen. Die Muskeln von Halswirbelsäule und Schultergürtel kommen erst in zweiter Linie in Betracht und lassen sich dann auch in der Regel leicht durch paravertebrale Blockaden in der Höhe von Th_1, Stellatumblockaden oder Infiltration der hinteren Wurzeln beseitigen.

Das Thoracalsegment besitzt gemeinsam mit dem 8. Cervicalsegment die meisten Muskeln des Unterarmes und alle kleinen Handmuskeln. Im Schultergürtel fehlen ihm schon zahlreiche Muskeln des vorhergehenden Segmentes, so der Serratus anterior, Latissimus dorsi, Subscapularis und Coracobrachialis. Dafür besitzt dieses Segment neue Rumpfmuskeln, die mit der Beweglichkeit des Brustkorbes zusammenhängen, wie die Musculi intercostales und Levatores costarum.

Die *Musculi intercostales* werden in Musculi intercostales externi und interni geteilt, von denen die ersteren den Zwischenrippenraum vom Tuberculum costae nach vorne bis nahe an die Knochenknorpelgrenze der betreffenden Rippen erfüllen. Sie ziehen vom unteren Rand von hinten oben nach vorne unten zum oberen Rand der folgenden Rippe. Die Musculi intercostales interni reichen vom Brustbein nach hinten bis an eine dem Angulus scapulae entsprechende vertikale Linie. Sie verlaufen vom oberen Rand jeder Rippe schief nach vorne oben zur Innenfläche der nächsthöheren Rippe und kommen in den Spatien zwischen den Rippenknorpeln zum Vorschein. Danach haben die Intercostalräume vorne nur eine Auskleidung von seiten der Musculi intercostales interni, hinten nur eine solche von den Musculi intercostales externi, in der Mitte von beiden. Man bezeichnet den zwischen den Rippenknorpeln ausgespannten Teil der Intercostales interni auch als Intercartilaginei im Gegensatz zu dem zwischen den knöchernen Rippenabschnitten gelegenen Teil, der als Interossei bezeichnet wird. Die Muskeln werden von den Nervi intercostales versorgt und umfassen, in Abhängigkeit von ihrer Lage, die Segmente Th_1 bis Th_{12}. Bei ruhiger Atmung sind die Musculi intercostales interni Exspirations- und die Externi Inspirationsmuskeln.

Die *Musculi levatores costarum* entspringen von den Querfortsätzen des 7. Halsbis 11. Brustwirbels, ziehen, sich fächerförmig verbreiternd, lateral und caudalwärts und inserieren an der caudal nächsten Rippe, von deren Tuberculum bis zum Angulus costae. Die untersten dieser auch als Levatores costarum breves bezeichneten Muskeln werden von vier Musculi levatores costarum longi bedeckt, die vom 7. bis 10. Brustwirbelquerfortsatz mit Überschreitung einer Rippe zur 9. bis 12. Rippe ziehen. Die Muskeln werden von den Nervi intercostales versorgt und umfassen die Segmente C_8 bis Th_{11}. Ihre Kontraktion bewirkt eine Hebung der Rippen.

Der *Musculus serratus posterior superior* entspringt mit einer platten Sehne, die mit der tiefen Rückenfascie vollkommen verwachsen ist, in der Höhe des 6. Cervicalwirbels bis zum 2. Brustwirbel. Er zieht nach abwärts und auswärts und setzt an der 2. bis 5. Rippe lateral vom Angulus costae an. Der Muskel wird von den Nervi intercostales versorgt und umfaßt die Segmente Th_1 bis Th_4. Er hebt die Rippen und ist damit ein Inspirationsmuskel.

Von der Rückenmuskulatur des Halses verbleiben auch am Thorax: Longus colli, Longissimus dorsali, Iliocostalis thoracis, Spinalis dorsi, Semispinalis, Multifidi et Rotatores, Interspinosi und Intertransversarii. Anatomie und Funktion dieser Muskeln wurden bereits im Abschnitt über das 1. Cervicalsegment besprochen.

Der *Longissimus thoracis* besitzt im Lenden- und Thoracalabschnitt insofern doppelte Insertionen, als er mediale Verbindungen zu den accessorischen Fortsätzen der Lendenwirbel und den Querfortsätzen der Brustwirbel und laterale zu den Querfortsätzen der Lendenwirbel und zu den Rippen aufweist.

Der *Musculus spinalis dorsi* liegt lateral von den Dornfortsätzen der Brustwirbelsäule und medial vom Longissimus dorsi. Er stammt von den Dornfortsätzen der oberen Brustwirbel und zieht zu denen der untersten Brust- und oberen Lendenwirbel. Der Muskel wird von den Rami posteriores der Nervi spinales versorgt und umfaßt die Segmente Th_1 bis L_2. Seine Wirkung besteht in einer reinen Streckung der Brustwirbelsäule.

Der *Musculus semispinalis dorsi* zieht von den Dornfortsätzen der beiden letzten Hals- und 5 bis 6 oberen Brustwirbel zu den Querfortsätzen der 6 bis 7 unteren Brustwirbel. Er wird vom Spinalis dorsi und Longissimus dorsi bedeckt und von den Rami posteriores der entsprechenden Spinalnerven versorgt. Der Muskel umfaßt die Segmente C_5 bis Th_{12} und übt bei seiner Kontraktion eine geringe Streckwirkung und Rotation der oberen Brustwirbel nach der entgegengesetzten Seite aus.

Die *Multifidi et Rotatores* sind an Brust- und Lendenwirbelsäule weitgehend analog mit denjenigen an der Halswirbelsäule. Eine getrennte Besprechung erübrigt sich daher.

Die *Musculi interspinosi* und *intertransversarii* sind vor allem an Hals- und Lendenwirbelsäule kräftig entwickelt und fehlen meist an der Brustwirbelsäule vollkommen oder sind nur an den beiden untersten und am obersten Wirbel vorhanden. Auch sie verhalten sich hier wie in der Halswirbelsäule und bedürfen deshalb keiner gesonderten Besprechung.

Die Untersuchung des 1. Thoracalsegmentes wird sich auf Grund der bisherigen Ausführungen vor allem auf den gleichzeitigen Befall von kleinen Handmuskeln und Intercostalmuskeln konzentrieren müssen. Letztere verursachen nicht so selten bei forcierter Inspiration Beschwerden und sind vor allem bei manueller Palpation schmerzhaft.

Das 2., 3. und 4. Thoracalsegment kennzeichnet sich nur durch das Auftreten eines neuen Muskels, des Transversus thoracis, am Brustkorb. Die Muskulatur der oberen Extremität fehlt ab Th_2 vollkommen.

Der *Musculus transversus thoracis* liegt an der Innenfläche der vorderen Brustwand und entspringt von der Hinterfläche des Sternums bis zum 3. Intercostalraum aufwärts und vom Processus xiphoideus. Seine Fasern ziehen schräg nach oben außen und inserieren an der 2. bis 6. (gelegentlich 3. bis 7.) Rippe, wo sich die Übergangsstelle zwischen Rippenknorpel und Rippenknochen befindet. Er wird von den Nervi intercostales versorgt, umfaßt die Segmente Th$_2$ bis Th$_6$ und dürfte bei seiner Kontraktion eine Senkung der Rippen bewirken. Auch hier muß die Isolierung der krankhaften Segmente vor allem durch Palpation der Intercostalmuskulatur erfolgen. Schmerzen über dem Sternum bei der Atmung weisen auf Hyperalgesie im Transversus thoracis hin.

Das 5. Thoracalsegment enthält als neuen Muskel den *Rectus abdominis*. Dieser entspringt von den Knorpeln der 5. bis 7. Rippe sowie vom Processus xiphoideus und zieht gerade nach abwärts, um am horizontalen Schambeinast zu inserieren. Der Muskel ist durch mehrere Inscriptiones tendinae derart unterbrochen, daß meist drei kürzere Rectussegmente oberhalb, ein größeres Segment unterhalb des Nabels gelegen sind. Er wird von den Nervi intercostales (Nervus subcostalis, Nervus iliohypogastricus, Nervus ilioinguinalis) versorgt und umfaßt die Segmente Th$_5$ bis Th$_{10}$. Seine Kontraktion bewirkt eine Senkung der Rippen, wodurch die Exspiration unmittelbar gefördert wird. Daneben fällt ihm auch eine ausschlaggebende Rolle bei der Bauchpresse zu, wobei sich in Abhängigkeit vom jeweils kontrahierten Abschnitt charakteristische Bilder ergeben. So wird bei Kontraktion des supraumbilicalen Abschnittes des Rectus der Nabel gerade nach oben gezogen, bei der isolierten Kontraktion des Rectus infraumbilicalis strafft sich die Bauchwand in dem diesem Muskelabschnitt entsprechenden Teil und der Nabel wird gerade nach abwärts gezogen. Die Linea alba erfährt in keinem dieser Fälle eine Seitenverschiebung. Diese tritt erst bei Kontraktion des Obliquus externus oder Transversus auf.

Auch für die Erfassung krankhafter Veränderungen im 5. Thoracalsegment muß vor allem die manuelle Palpation herangezogen werden. Sie erweist sich insofern für dieses und die folgenden Thoracalsegmente als sehr dankbar, da alle fraglichen Muskeln ausgedehnte Platten bilden, in denen myalgische Druckpunkte, Myogelosen, reflektorische Verspannungen größerer Muskelareale usw. leicht gefunden werden können. Aus dieser Tatsache haben schon zahlreiche Ärzte Nutzen gezogen, wie aus den vielen Druckpunkten, die in der Bauchmuskulatur bekannt sind und mit den einzelnen Eingeweideorganen in Beziehung gebracht werden, ersichtlich ist. In der Tat ist hier die Trennung zwischen den einzelnen Segmenten kaum möglich, weshalb der Empirie der Vorrang gegeben werden muß. Die einzelnen Druckpunkte wurden auch in der überwiegenden Mehrzahl der Fälle zu Zeiten angegeben, wo die Segmentbeziehungen zwischen Eingeweide und Muskulatur noch nicht so bekannt waren.

Das 6. und 8. Thoracalsegment besitzen als neue Muskeln den Obliquus externus, Obliquus internus und Transversus.

Der *Musculus obliquus externus* entspringt von der 5. bis 12. Rippe, wobei die oberen Ansatzstellen in die Ursprungszacken des Serrator anterior, die unteren in diejenigen des Latissimus dorsi eingreifen. Seine Fasern verlaufen in schräger Richtung von hinten oben nach vorne unten und inserieren am Darmbeinkamm vor der Ursprungslinie des Latissimus dorsi. Die Ansatzlinie erstreckt sich dort nach vorne bis nahe zur Spina anterior superior. Der Muskel wird von den Nervi intercostales (Nervus subcostalis, Nervus iliohypogastricus, Nervus ilioinguinalis) versorgt und umfaßt die Segmente Th$_6$ bis L$_1$. Er fördert ebenfalls die Exspiration und dient zur Erhaltung der Bauchpresse. Bei seiner Kontraktion wird die homolaterale Bauchwand eingezogen, der Nabel schräg nach oben und außen verlagert und die Linea alba erfährt eine Deviation nach der gereizten Seite zu. Die Bauchwand der nichtgereizten Seite erfährt eine leichte Vorwölbung. Kontrahieren sich beide Obliquii externi gleichzeitig, zieht sich die Bauchwand auf beiden Seiten ein und der Nabel wird gerade nach oben gezogen.

Der *Musculus obliquus internus* entspringt von der Linea intermedia der Crista iliaca und reicht hier bis an die Spina iliaca anterior superior und längs des Ligamentum inguinale nach abwärts bis über dessen Mitte hinaus. Seine Fasern ziehen von dort fächerförmig nach vorne oben und inserieren an der 12. und 11. Rippe und vor allem in einer Aponeurose, die sich in zwei Blätter spaltet, deren vorderes in die vordere Rectusscheide eintritt, während das hintere Blatt zur Bildung der hinteren Rectusscheide beiträgt. Der Muskel wird ebenfalls von den Nervi intercostales und vom Nervus subcostalis, Nervus iliohypogastricus und Nervus ilioinguinalis versorgt, umfaßt

10 a

die Segmente Th_6 bis L_1 und bewirkt bei seiner Kontraktion eine Senkung der Rippen. Er ist ebenfalls ein wichtiger Muskel der Bauchpresse, bei dessen Kontraktion sich die ganze homolaterale Bauchwand einzieht, während sich die kontralaterale Seite leicht vorwölbt. Auch die Linea alba wird nach der Seite der Kontraktion verzogen, der Nabel erfährt aber besonders bei Kontraktion der infraumbilicalen Abschnitte des Muskels eine Deviation nach außen und unten. Doppelseitige Kontraktion des Muskels bewirkt eine kräftige Einziehung der Bauchwand auf beiden Seiten und ein Abwärtswandern des Nabels. Die Linea alba erfährt keine Verziehung nach einer Seite.

Der *Musculus transversus abdominis* entspringt von der Innenfläche der sechs unteren Rippen, vom tiefen Blatt der Fascia lumbodorsalis und vom Darmbeinkamm und der lateralen Hälfte des Ligamentum Pouparti. Die Fasern gehen nach querem Verlauf in eine Aponeurose über, deren oberer Abschnitt in die hintere Rectusscheide und deren unterer in die vordere Rectusscheide mündet. Er wird ebenfalls von den Nervi intercostales (Nervus subcostalis, Nervus iliohypogastricus, Nervus ilioinguinalis) innerviert, versorgt die Segmente Th_6 bis L_1, bewirkt bei seiner Kontraktion eine Senkung der Rippen und ist ein wichtiger Muskel für die Bauchpresse. Er zieht die Bauchwand auf der ganzen homolateralen Seite ein, während sich die kontralaterale Seite etwas vorwölbt. Die Linea alba wird, wie bei der Kontraktion des Obliquus externus und internus, nach der Seite des gereizten Muskels verzogen, der Nabel bewegt sich aber gerade nach außen. Bei doppelseitiger Kontraktion erfahren Linea alba und Nabel keine Verziehung, beide Bauchseiten werden eingezogen.

Die Diagnostik krankhafter Veränderungen in diesen Thoracalsegmenten stützt sich wie bei den vorhergehenden Segmenten vor allem auf die Palpation der Muskelplatten. Die elektrische Reizbarkeit und damit die Bestimmung der Chronaxie stößt ebenfalls auf keine Schwierigkeiten, da die Muskeln der percutanen faradischen Reizung leicht zugänglich sind.

Die Segmente Th_9 bis Th_{12} enthalten als neue Muskeln im 9. Thoracalsegment den Serratus posterior inferior und im 12. Thoracalsegment den Musculus quadratus lumborum.

Der *Musculus serratus posterior inferior* entspringt aus dem oberflächlichen Blatt der Fascia bis zur Höhe des 12. oder 11. Brustwirbeldorns und zieht von hier schräg nach außen und oben an die vier untersten Rippen, wo er in vier Zacken inseriert. Er wird vom Latissimus dorsi vollkommen bedeckt, von den Nervi intercostales innerviert und umfaßt die Segmente Th_9 bis Th_{12}. Der Muskel wirkt dem Zuge des Zwerchfelles, das die Rippen einwärts zu ziehen bestrebt ist, entgegen und ermöglicht so die Senkung der Zwerchfellkuppe. Er ist damit ein wirksamer Synergist für die Inspiration.

Der *Musculus quadratus lumborum* entspringt vom unteren Rande der 1. Rippe und mit zahlreichen accessorischen Zacken von den Seitenflächen und Querfortsätzen der Lendenwirbel und inseriert an der Crista iliaca. Er wird von den kurzen Ästen der lumbalen Spinalnerven versorgt und umfaßt die Segmente Th_{12}, L_1, L_2 und L_3. Der Muskel ist normalerweise der direkten faradischen Reizung nicht zugänglich. Dies ist nur nach Lähmung und Atrophie des Erector trunci der Fall. Er ist einer der Versteifer der hinteren Bauchwand und bewirkt bei seiner Kontraktion eine Abwärtsbewegung der 12. Rippe und eine straffe Einziehung der Hinterwand der Leibeshöhle unmittelbar lateral von der Lendenwirbelsäule. Die Lendenwirbelsäule erfährt eine Neigung nach der gereizten Seite zu.

Der *Musculus psoas major* zieht von den Seitenflächen des letzten Brust- und der vier oberen Lendenwirbelkörper, von den Processus costarii, sämtlicher Lendenwirbel und den Intervertebralscheiben nach abwärts, wo sich die Muskelbündel zu einer platten, an der Hinterfläche des Muskels befindlichen Sehne vereinigen, die am Trochanter minor endet. An seiner Innenseite befindet sich der häufig fehlende Musculus psoas minor, der vom 1. und 2. Lendenwirbelkörper entspringt und mit einer langen dünnen Sehne in der Fascia iliopectinea endet, mit deren Hilfe er sowohl gegen den oberen Schambeinast als auch gegen das Ligamentum Pouparti ausstrahlt. Beide Muskeln werden von den kurzen Ästen des Plexus lumbalis versorgt und umfassen die Segmente Th_{12}, L_1 und L_3. Der Muskel wirkt beim Aufrichten des Oberkörpers aus der horizontalen Rückenlage nicht nur als stärkster Flexor am Coxofemoralgelenk gemeinsam mit dem Iliacus, wobei er den gesamten Rumpf gegen die Beine vorbeugt, sondern übt auch eine direkte leicht flektierende Wirkung auf die

Lendenwirbelsäule aus, da er von den Seitenflächen des letzten Brustwirbels und den Seitenflächen und Querfortsätzen der Lendenwirbel entspringt. Er neigt die Lendenwirbelsäule gleichzeitig etwas nach der homolateralen Seite.

Somit läßt sich vor allem das 12. Thoracalsegment durch das Auftreten zweier neuer wichtiger Muskeln des Rückens, deren Dauerkontraktion nicht selten die Ursache beträchtlicher Schmerzen ist, leicht erfassen. Dies gilt besonders für die Psoasmuskulatur, deren Erkrankung beim Aufrichten des Körpers stets Schmerzen verursacht. Die Behandlung dieses Muskels besitzt auch für den Erfolg therapeutischer Eingriffe entscheidende Bedeutung.

Das 1. Lumbalsegment weist die Intercostalmuskulatur und den Serratus posterior inferior nicht mehr auf, dafür besitzt es als neue Muskeln den Iliopsoas, Gracilis und Sartorius.

Der *Musculus iliopsoas* wird bekanntlich in den Musculus psoas und Iliacus geteilt. Der erstere Muskel wurde schon beim 12. Thoracalsegment besprochen. Der Iliacus entspringt von der Fossa iliaca und von der Spina anterior inferior bis auf die vordere Gelenkskapsel des Hüftgelenkes. Er geht bald nach seinem Ursprung ohne scharfe Grenze in den Psoas major über und inseriert ohne Sehnenbildung teils wie dieser am Trochanter minor, teils unterhalb desselben an der Vorderseite des Femur. Der Muskel erhält seine Nerven aus dem Plexus lumbalis, und zwar für den Psoas aus den Verbindungszweigen der vier oberen, für den Iliacus aus denen der zwei bis drei unteren Lendennerven. Der Iliacus wird außerdem noch durch einen oder zwei Äste aus dem Nervus cruralis versorgt. Er umfaßt die Segmente L_1 bis L_3 und ist unter normalen Verhältnissen der faradischen Reizung schwer zugänglich. Nur bei mageren Individuen kann nach völliger Entleerung der Gedärme der Iliopsoas von vorne her durch tiefes Eindrücken der vorderen seitlichen Bauchwand erreicht werden. Unter der Kontraktion des Iliopsoas beugt sich der Oberschenkel stark gegen das Becken, und zwar sowohl bei stehendem als auch bei liegendem Patienten. Gleichzeitig damit kommt es zu einer Auswärtsrotation des Beines.

Der *Musculus sartorius* entspringt von der Spina iliaca anterior superior und zieht nach distal spiralig um den Oberschenkel zur Rückseite des Knies, wo seine Endsehne in den Pes anserinus übergeht, der an der Innenseite der Tibia inseriert und teilweise in die Fascia cruris mündet. Der Muskel wird vom Plexus lumbalis, Nervus cruralis versorgt und umfaßt die Segmente L_1 bis L_4. Er ist der percutanen faradischen Reizung gut zugänglich, beugt sowohl Hüft- als auch Kniegelenk und rotiert letzteres nach innen.

Der *Musculus gracilis* entspringt mit einer dünnen, bandförmigen Sehne von der Seite der Symphyse und zieht am Innenrand des Oberschenkels schief nach außen und unten, wo er zwischen mittlerem und unterem Drittel des Oberschenkels in den Pes anserinus übergeht. Der Muskel wird vom Plexus lumbalis, Nervus obturatoris versorgt und umfaßt die Segmente L_1 bis L_3. Er ist der percutanen faradischen Reizung zugänglich und wirkt auf Hüft- und Kniegelenk beugend, auf den Oberschenkel abduzierend und auf den gebeugten Unterschenkel einwärts rotierend.

Somit ist das 1. Lumbalsegment vor allem dadurch gekennzeichnet, daß es schon auf den Oberschenkel ausstrahlende Muskelzüge, wie den Sartorius und den Gracilis, besitzt. Beide Muskeln bewirken eine Beugung im Hüft- und Kniegelenk, die mit einer Einwärtsrotation des Unterschenkels verbunden ist, und sind der elektrischen Reizung gut zugänglich. Eine Diagnose der isolierten rheumatischen Erkrankung dieses Segmentes müßte sich deshalb vor allem auf Schmerzen bei der aktiven Beugung des Oberschenkels oder bei seiner passiven Streckung beonders im Falle beginnender Kontrakturen stützen.

Das 2. Lumbalsegment verfügt über eine Reihe zusätzlicher Muskeln, die vor allem die Adduktion des Oberschenkels bewirken. Zu ihnen zählen der Musculus pectineus, Adductor longus, Adductor brevis, Adductor magnus, Adductor minimus und der Obturator externus. Außerdem gehört auch schon der Quadriceps zu diesem Segment.

Der *Musculus pectineus* entspringt vom Pecten ossis pubis und zieht schief nach außen und unten zum Oberschenkelknochen, wo er an der Linea pectinea endet.

In derselben Schichte liegt der *Musculus adductor longus*, der knapp unterhalb des Tuberculum pubicum entspringt und in einer platten Sehne an der Linea aspera bis über die Mitte des Oberschenkels inseriert.

Der *Musculus adductor brevis* liegt zwischen den Musculi pectineus und adductor longus, aber in einem etwas tieferen Niveau. Er entspringt, gedeckt durch den Musculus adductor longus, vom unteren Schambeinast und endet mit einer kurzen Sehne proximal vom Ansatz des Musculus adductor longus.

Der *Musculus adductor magnus* liegt in einer dritten, von den bisher beschriebenen Muskeln bedeckten Schichte und entspringt vom Tuber ossis ischi und vom unteren Sitzbeinast. Die vom Sitzbeinast kommenden Fasern verlaufen horizontal, die vom Tuber ossis ischi kommenden fast vertikal zu ihrer Ansatzlinie, die sich längs der Linea aspera bis zum Epicondylus medialis erstreckt. Die vielfach durchlöcherte Sehnenplatte ist unten. Oberhalb befindet sich der Hiatus adductorius, durch den die Vasa femoralia treten.

Der *Musculus adductor minimus* liegt am oberen Rand des Adductor magnus, wo die Fasern fast transversal vom Becken zum Femur verlaufen. Er entspringt vom Ramus inferior ossis ischii und inseriert hinter dem Trochanter minor.

Der *Musculus obturator externus* nimmt die tiefste Lage der Adductorengruppe ein. Er entspringt von der äußeren Umrandung des Foramen obturatum und endet in einer Sehne, die um die untere und hintere Seite des Schenkelhalses herum zur Fossa trochanterica gelangt. Die Sehne liegt der Hüftgelenkskapsel eng an und wird zum größten Teil vom Musculus quadratus femoris bedeckt.

Alle Adductoren werden vom Nervus obturatorius und vom Nervus obturatorius accessorius innerviert. Nur an der Innervation des Musculus pectineus ist auch der Nervus femoralis und an jener des Adductor magnus der Nervus tibialis beteiligt. Die Muskeln umfassen die Segmente L_2 bis L_4 und sind mit Ausnahme des Adductor brevis und Obturator externus der percutanen faradischen Reizung zugänglich. Dies gilt besonders für den Pectineus, Adductor longus und Gracilis. Der Adductor magnus ist normalerweise wenigstens teilweise an der Innenseite des Oberschenkels hinter dem hinteren Rande des Gracilis erreichbar. Neben der gemeinsamen adductorischen Wirkung auf das Bein entfaltet jeder der Muskeln bei seiner Kontraktion noch bestimmte Nebenwirkungen. So flektiert der Pectineus den Oberschenkel etwas und rollt ihn nach außen; dasselbe gilt für den Adductor longus.

Beim Adductor magnus wirkt die obere Portion, zu der auch der Adductor minimus gehört, auswärts rotierend, die untere dagegen einwärts rotierend. Auch der Obturator externus bewirkt außer der nur schwachen Adduction des Oberschenkels eine ausgiebige Außenrotation.

Der *Musculus quadriceps* setzt sich aus dem Rectus femoris und dem Vastus lateralis, Intermedius und Medialis zusammen. Der Rectus femoris entspringt von der Spina iliaca anterior inferior und vom Acetabulum, geht oberhalb der Patella in eine Sehne über, in der die Patella als Sesambein eingelagert ist und inseriert an der Tuberositas tibiae. Der Vastus lateralis entspringt vom Trochanter major nach abwärts längs des Labium laterale der Linea aspera und am Septum intermusculare laterale. Die Muskelbündel ziehen schräg von oben außen nach unten innen und gehen in eine Endsehne über, die sich teils der Endsehne des Rectus femoris anlegt, teils in die Streckaponeurose und die Patellarsehne verliert. Der Vastus intermedius nimmt seinen Ursprung an der Vorderseite des Femurschaftes, medial und etwas distal von den obersten Ursprungszacken des Vastus lateralis und reicht bis etwas oberhalb der Patella, wo seine Fasern in eine Endsehne übergehen, die mit dem Vastus medialis gemeinsam ist. Der Vastus medialis beginnt unmittelbar distal vom Ansatzpunkt des Iliopsoas unterhalb des Trochantor minor und geht von hier auf die mediale Lippe der Linea aspera über, entlang der er sich nach abwärts erstreckt. Er vereinigt sich distal davon in einer gemeinsamen Endsehne mit dem Vastus intermedius, die teils in die Endsehne des Rectus femoris übergeht, teils mit der Streckaponeurose medial von der Patellarsehne an der Tibia inseriert. Der Muskel wird vom Nervus femoralis versorgt und umfaßt die Segmente L_2 bis L_4. Rectus femoris, Vastus medialis und Vastus lateralis sind der percutanen faradischen Reizung gut zugänglich. Alle Köpfe des Quadriceps strecken den Unterschenkel gegen den Femur bei ihrer Kontraktion. Die Patella wird durch den Rectus femoris gerade, den Vastus lateralis schräg nach oben und außen und den Vastus medialis schräg nach oben und innen gezogen. Während die Streckkraft des Rectus femoris in beträchtlichem Maße von der Stellung des Oberschenkels abhängt, beeinflußt diese die Streckkraft der Vasti in keiner Weise.

Nach diesen Ausführungen lassen sich das 2. und 3. Lumbalsegment vor allem durch die Untersuchung der Adduktorengruppe und des Quadriceps von den übrigen Segmenten isolieren. Die aktive Adduktion des Oberschenkels und Streckung des Unterschenkels sind die wichtigsten Bewegungsübungen. Bei den passiven Bewegungen verursacht vor allem die Abduktion des Oberschenkels sowie die Beugung des Unterschenkels gegen den Widerstand des Patienten Schmerzen. Außerdem lassen sich fast regelmäßig zahlreiche myalgische Druckpunkte und Myogelosen in der Adduktorengruppe finden. Schließlich stellt die Bestimmung der elektrischen Reizbarkeit ein wichtiges differentialdiagnostisches Kriterium dar.

Das 4. Lumbalgelenk besitzt den Iliopsoas und den Quadratus lumborum nicht mehr. Dafür kommen der Tensor fasciae latae, Glutaeus medius und minimus sowie der Tibialis posterior und anterior als neue Muskeln hinzu.

Der *Musculus tensor fasciae latae* entspringt von der Spina iliaca anterior superior und geht, nachdem seine Muskelfasern nach unten und rückwärts gezogen sind, mit seiner Endsehne in den Tractus iliotibialis über. Er wird vom Nervus glutaeus superior versorgt, kann aber auch gelegentlich accessorische Äste aus dem Nervus femoralis erhalten, erfaßt die Segmente L_4 und L_5 und ist der direkten percutanen faradischen Reizung leicht zugänglich. Der Muskel beugt bei seiner Kontraktion den Oberschenkel, rotiert ihn gleichzeitig nach innen und abduziert ihn gering.

Der *Musculus glutaeus medius* entspringt zwischen der Linea glutaea cranialis und dem Darmbeinkamm von der Außenfläche des Darmbeintellers und inseriert an der Spitze des Trochanter major.

Der *Musculus glutaeus minimus* entspringt zwischen Linea glutaea cranialis und supraacetabularis, ist ähnlich wie der Glutaeus medius dreieckig gestaltet und endet mit einer platten Sehne an der Spitze des Trochanter major. Der Muskel wird vom Musculus glutaeus medius gedeckt und ist an seinem Ursprung im vorderen Bereich der Darmbeinschaufel nicht selten mit ihm verschmolzen. Beide Muskeln werden vom Nervus glutaeus superior versorgt und umfassen die Segmente L_4, L_5 und S_1. Nur der Glutaeus ist unter normalen Verhältnissen in seinem vorderen Abschnitt der percutanen faradischen Reizung zugänglich. Die Muskeln bewirken bei ihrer Kontraktion eine ausgiebige und kräftige Adduktion des vertikal herabhängenden Beines. Wird nur der vordere Abschnitt des Glutaeus medius in Kontraktion versetzt, kommt es zu einer Innenrotation, Abduktion und Flexion des frei pendelnden Beines nach vorne. Die Kontraktion der mittleren Portion bewirkt eine reine Abduktion und die der hinteren Portion eine Außenrotation, Abduktion und geringe Extension des vertikal hängenden Beines. Der Glutaeus medius verhält sich somit wie der Deltoideus mit seinen drei Abschnitten. Beide Muskeln haben die Aufgabe, beim Stehen und Gehen das Becken auf dem Stützbein seitlich fixiert zu halten.

Der *Musculus tibialis posterior* entspringt von der Membrana interossea und den benachbarten Rändern der beiden Unterschenkelknochen, und zwar von einem Sehnenbogen zwischen Tibia und Fibula, durch den die Arteria tibialis anterior hindurchtritt. Seine lange Sehne verläuft zum medialen Fußrand und endet mit ihrem größten Anteil an der Tuberositas ossis navicularis. Einzelne Abzweigungen gelangen zu den Keilbeinen und zur Basis des 3. Mittelfußknochens. Der Muskel wird vom Nervus tibialis versorgt, umfaßt die Segmente L_4 und L_5 und bewirkt bei seiner Kontraktion eine Plantarflexion, Adduktion und Supination des Fußes. Er ist an der Erhaltung der normalen Fußform und der richtigen Stellung des Fußes beim Gehen und Stehen wesentlich beteiligt.

Der *Musculus tibialis anterior* entspringt vom oberen Anteil der lateralen Schienbeinhälfte bis hinauf zur Tuberositas tibiae und dem angeschlossenen Stück der Membrana interossea. Er inseriert mit einer flachen Sehne, die vor dem Sprunggelenk an den Fuß gelangt, an der medialen und plantaren Seite des 1. Keilbeines sowie an der Basis des Os metacarpale primum. Der Muskel wird vom Nervus peronaeus profundus versorgt und umfaßt die Segmente L_4 und L_5. Er ist der isolierten percutanen faradischen Reizung gut zugänglich und bewirkt bei seiner Kontraktion eine Dorsalflexion, Adduktion und Supination des Fußes. Der Tibialis anterior ist der stärkste von allen Dorsalflexoren des Fußes.

Somit läßt sich das 4. Lumbalsegment vor allem durch Untersuchungen des Tensor fasciae latae und des Glutaeus medius et minimus von den anderen Segmenten isolieren. Diese Muskeln bewirken vor allem eine Abduktion des Oberschenkels. Schmerzen, die bei dieser Bewegung auftreten, sind auf krankhafte Veränderungen in ihnen zurückzuführen. Noch häufiger können in diesem Bereich Schmerzen bei der passiven Adduktion des Oberschenkels beobachtet werden. Schließlich sind Schmerzen beim Gehen, die gleichzeitig mit der Beugung des Beckens bzw. des Rumpfes zum Stützbein auftreten, ein wichtiger Hinweis auf krankhafte Veränderungen im Glutaeus medius et minimus. Mit den Muskeln Tibialis posticus und Tibialis anticus reicht das 4. Lumbalsegment auch schon auf den Fuß, der mit Hilfe dieser Muskeln sowohl plantar als auch dorsal flektiert werden kann. Adduktion und Supination sind beiden gemeinsam.

Das 5. Lumbalsegment besitzt den Quadriceps und Sartorius nicht mehr. Es fehlen außerdem die Adduktoren (Pectineus, Adductor longus, Adductor brevis, Adductor magnus, Adductor minimus, Gracilis, Obturator externus). Dafür weist es eine Reihe neuer Muskeln sowohl am Becken und Oberschenkel als auch am Unterschenkel auf. Hierzu zählen der Glutaeus maximus, Semitendinosus, Semimembranosus, Biceps femoris, die Außenrotatoren Piriformis, Quadratus femoris, Gemelli und Obturator internus, der Popliteus, Peronaeus longus, Peronaeus brevis, Extensor digitorum longus, Peronaeus tertius und Extensor hallucis longus.

Der *Musculus glutaeus maximus* entspringt vom hinteren Abschnitt der Crista iliaca bis zur Spina iliaca posterior superior und mittels einiger Bündel von der Fascia lumbodorsalis sowie von der Seitenfläche des Kreuzbeines und der beiden oberen Steißwirbel. Neben dieser oberflächlichen Muskelpartie besitzt er auch eine tiefere, die vom Ligamentum sacrotuberosum entspringt. Beide Muskelbündel gehen erst knapp hinter dem Trochantor major in eine breite, platte Sehne über, die in die Fascia lata mündet. Die untersten Muskelbündel gehen nicht in den Tractus iliotibialis der Fascia lata über, sondern inserieren an der Tuberositas glutaea femoris. Der Muskel wird vom Nervus glutaeus inferior versorgt, umfaßt die Segmente L_5, S_1 und S_2 und ist der direkten percutanen faradischen Reizung ohne weiteres zugänglich. Bei seiner Kontraktion wird der frei herabhängende Oberschenkel nach rückwärts geführt, also gestreckt, leicht auswärts rotiert und geringfügig abduziert. Dem Muskel kommt als Strecker des Beckens gegen den Oberschenkel eine wichtige Rolle beim aufrechten Stehen zu. Da bei der Normalhaltung die Schwerlinie durch die Verbindungslinie der Hüftgelenke hindurchgeht und der Schwerpunkt des Oberkörpers gerade über der letzteren liegt, besteht ein labiles Gleichgewicht in bezug auf das Hüftgelenk, weshalb die Hüftstrecker jederzeit kontraktionsfähig sein müssen, um ein Vornüberfallen des Rumpfes zu verhüten.

Die *Musculi semitendinosus, semimembranosus* und *Biceps femoris caput longum* entspringen gemeinsam vom Tuber ossis ischii. Nachdem sie auch gemeinsam distalwärts gezogen sind, geht der Semitendinosus in den Pes anserius über, während der Semimembranosus durch das Ligamentum collaterale tibiale von ersterem getrennt am Condylus medialis tibiae und dessen Umgebung inseriert. Der lange Bicepskopf inseriert am Capitulum fibulae und am oberen Rand des Epicondylus lateralis tibiae, nachdem er mit dem kurzen Kopf verschmolzen ist. Die Muskeln werden vom Nervus tibialis versorgt und umfassen die Segmente L_5, S_1 und S_2. Sie sind alle der percutanen faradischen Reizung sehr gut zugänglich und bewirken am vertikal herabhängenden Bein eine Streckung des Oberschenkels und Beugung des Unterschenkels. Die Streckung tritt nur dann deutlich hervor, wenn das Knie in Streckstellung fixiert ist, also die stärkere Wirkungskomponente auf den Unterschenkel ausgeschaltet wurde. Bei der Abduktionsstellung des Oberschenkels läßt sich auch eine adduzierende Wirkung aller drei Muskeln feststellen. Die Muskeln reichen in ihrer Streckwirkung bei weitem nicht an diejenigen des Glutaeus maximus heran, was am besten daraus hervorgeht, daß bei ihrem Ausfall keine Störung der Aufrechterhaltung des Oberkörpers beim Stehen vorhanden sein muß.

Unter den *Außenrotatoren* entspringt der *Piriformis* im Bereich der Foramina sacralia anteriora II bis IV sowie von der Incisura ischiadica major am Os ileum, zieht durch das Foramen ischiadicum majus quer nach außen und inseriert als oberster der Außenroller nahe der Spitze des Trochanter major in der Fossa intertrochanterica.

Der *Musculus obturator internus* kommt ebenfalls von der Innenfläche des Beckens von der Umrandung des Foramen obturatum und an der Membrana obturatoria. Er endet mit einer platten Sehne am hinteren Umfang des Trochanter major knapp unterhalb der Spitze. Eng an ihn angeschlossen verlaufen die *Musculi gemelli*, von denen der Musculus gemellus superior von der Spina ischiadica, der Musculus gemellus inferior vom Tuber ischiadicum entspringt. Auch sie enden am Trochanter major unterhalb der Insertion des Piriformis und oberhalb derjenigen des Obturator externus. Der *Musculus quadratus femoris* schließlich entspringt vom Tuber ossis ischii oberhalb des Ursprungs des langen Bicepskopfes und Semitendinosus. Er zieht quer nach außen und inseriert unmittelbar unterhalb der Ansatzstelle des Obturator externus breit am Trochanter major und an der Rückseite des Femur außerhalb der Crista intertrochanterica. Während der Piriformis seine Innervation durch kurze Äste vom 5. lumbalen bis 1. und 2. sacralen Spinalnerv erhält, wird der Quadratus femoris meist durch Zweige aus dem obersten Abschnitt des Hüftnervs und der Obturator internus und die Gemelli entweder auch aus dem Hüftnerv oder aus dem Nervus pudendus innerviert. Die Muskeln umfassen mit Ausnahme des Obturator externus die Segmente (L_4) L_5, S_1 und S_2. Sie sind nur bei atrophischer Lähmung des Gluteaus maximus der percutanen faradischen Reizung zugänglich und wirken in erster Linie als Außenrotatoren des Oberschenkels. Daneben wirkt der Piriformis gleichzeitig etwas extendierend und abduzierend.

Von den Muskeln des Unterschenkels entspringt der *Musculus popliteus* vom Epicondylus lateralis femoris und inseriert an der Linea poplitea tibiae. Der kurze Muskel wird vom Nervus tibialis versorgt und umfaßt die Segmente L_5, S_1 und S_2. Er ist der percutanen faradischen Reizung nicht zugänglich, da er vom Gastrocnemius und vom Plantaris bedeckt wird, und dreht bei festgestellter Tibia, wie dies beim menschlichen Gang der Fall ist, den Oberschenkel im Moment der Beugung nach außen; bei festgestelltem Oberschenkel wird der Unterschenkel nach innen rotiert (Pronation der Tibia).

Die Musculi peronaeus longus und peronaeus brevis stellen die sogenannten Wadenbeinmuskeln dar, die die Fibula vom Köpfchen bis zum unteren Drittel des Wadenbeins umhüllen und hinter dem Malleolus lateralis vorbeiziehend zum Fuße gelangen. Der *Musculus peronaeus longus* entspringt von der Außenseite des Capitulum fibulae und zieht entlang der Fibula weit nach abwärts. Er verläuft an der Außenseite des Unterschenkels bis an die Hinterseite des Malleolus externus und an die Außenseite des Fußes, kommt an die Fußsohle, durchquert sie in schräg medial-distaler Richtung und inseriert an der Basis des 1. Metatarsale und am Os cuneiforme primum. Der Muskel wird vom Nervus peronaeus superficialis versorgt und umfaßt die Segmente L_5, S_1 und S_2. Er ist der percutanen faradischen Reizung hoch oben an der Außenseite des Unterschenkels gut zugänglich. Seine Kontraktion bewirkt eine Plantarflexion, Abduktion und Pronation des Fußes, hierbei ist die Plantarflexion lange nicht so ausgiebig wie bei der Kontraktion des Triceps surae.

Der *Musculus peronaeus brevis* beginnt tiefer an der Fibula und reicht auch weiter nach abwärts als der Peronaeus longus. Er zieht mit dem Peronaeus longus gemeinsam hinter dem Malleolus externus vorbei an die Außenseite des Fußes, wo er durch das Retinaculum peronaeorum inferius gegen die Außenseite des Calcaneus fixiert wird und, in eine eigene Sehnenscheide eingehüllt, an der Tuberositas ossis metatarsalis quinque inseriert. Auch dieser Muskel wird vom Nervus peronaeus superficialis versorgt, umfaßt die Segmente L_5, S_1 und S_2 und ist an der Außenseite des Unterschenkels der percutanen faradischen Reizung gut zugänglich. Seine Kontraktion bewirkt ebenso wie diejenige des Peronaeus longus eine Plantarflexion, Abduktion und Pronation des Fußes.

Als Extensoren des Fußes kommen im 5. Lumbalsegment der *Extensor digitorum longus*, Peronaeus tertius und Extensor hallucis longus hinzu. Ersterer schließt sich lateral an den Musculus tibialis anterior an und bezieht seine Bündel teils vom Condylus lateralis tibiae, teils vom obersten Abschnitt der Membrana interossia sowie längs der vorderen Kante des Wadenbeins. Er bildet schon hoch oben eine Sehne, die sich in vier Faszikel für die dreigliedrigen Zehen teilt und an der Basis ihrer Grundphalangen inseriert.

Der *Musculus peronaeus tertius* geht aus dem lateralen Teil des Muskelbauches des Extensor digitorum longus hervor, zieht längs seiner Sehne bis an das Dorsum pedis und endet an der Basis des Os metatarsale V. Beide werden vom Nervus peronaeus profundus innerviert und von den Segmenten L_5 bis S_1 versorgt. Sie sind der percutanen faradischen Reizung gut zugänglich und bewirken bei ihrer Kontraktion eine Dorsalflexion, Abduktion und Pronation des Fußes. Die Kontraktion des Extensor digitorum longus bewirkt außerdem eine Dorsalflexion der 2. bis 5. Zehe, besonders ihrer Grundphalangen.

Der *Extensor hallucis longus* entspringt zwischen Extensor digitorum und Tibialis anterior von der Membrana interossea und der Fibula. Dementsprechend ist er in seinem proximalen Abschnitt auch vom Tibialis anterior und Extensor digitorum bedeckt, tritt aber später zwischen beiden an die Oberfläche und verläuft mit seiner Sehne über den Fußrücken lateral von der Sehne des Tibialis anterior und geht in die Streckaponeurose der Großzehe ein, an deren Endphalanx er inseriert. Der Muskel wird ebenfalls vom Nervus peronaeus profundus versorgt, umfaßt die Segmente L_5 und S_1 und ist der percutanen faradischen Reizung zugänglich. Durch seine Kontraktion wird der Fuß dorsal flektiert, abduziert und supiniert, die Großzehe gestreckt.

Somit ist das 5. Lumbalsegment, vor allem durch die Streckung von Oberschenkel und Rumpf (Glutaeus maximus, Semitendinosus, Semimembranosus, Biceps femoris), die Außenrotation des Oberschenkels (Piriformis, Quadratus femoris, Gemelli, Obturator internus), die Dorsalflexion des Fußes (Peronaeus longus, Peronaeus brevis) mit gleichzeitiger Streckung der Zehen (Extensor digitorum longus, Peronaeus tertius, Extensor hallucis longus) als aktive Bewegungsübungen zu untersuchen. Passiv sind die Beugung des Rumpfes, Innenrotation des Oberschenkels, Plantarflexion des Fußes und Beugung der Zehen zu erproben.

Im 1. Sacralsegment fehlt der Tensor fasciae latae; sonst unterscheidet es sich gegenüber dem 5. Lumbalsegment nur durch das Hinzutreten einer Reihe neuer Muskeln, wie des Gastrocnemius, Plantaris, Triceps surae, des Flexor digitorum longus, Flexor hallucis longus und des Extensor digitorum brevis, Extensor hallucis brevis, der Interossei und Lumbricales, Flexor brevis digiti minimi, Abductor digiti quinti, Opponens digiti minimi, Abductor hallucis, Flexor hallucis brevis, Adductor hallucis.

Der *Musculus triceps surae*, an den sich häufig ein kleiner rudimentärer Muskel, der Musculus plantaris, anschließt, hat zwei oberflächliche, bis an den Femur reichende Köpfe, die als Musculus gastrocnemius lateralis medialis isoliert wurden, und einen tiefen Kopf, den Musculus soleus. Der Gastrocnemius entspringt mit seinem medialen Kopf von der Hinterfläche des medialen und mit dem lateralen Kopf von der Hinterfläche des lateralen Condylus des Femur. Die beiden Köpfe vereinigen sich in der Mitte des Unterschenkels in eine platte Sehne, die nach unten in die oberflächlichen Lagen der Achillessehne übergeht. Der Musculus soleus entspringt am Capitulum fibulae und an der Linea poplitea der Tibia sowie am Arcus tendineus musculi solei. Sein Muskelfleisch reicht an der Vorderfläche der Achillessehne so weit nach abwärts, daß die Sehne erst knapp handbreit oberhalb des Calcaneus vollkommen muskelfrei wird. Der Musculus plantaris liegt zwischen Soleus und Gastrocnemius. Er entspringt oberhalb des Condylus medialis femoris, setzt sich bereits am oberen Rande des Musculus soleus in eine dünne Sehne fort und geht in die mediale Kante der Achillessehne über. Diese inseriert am unteren Rande des Tuber calcanei. Der Muskel wird vom Nervus tibialis versorgt und umfaßt die Segmente S_1 und S_2. Beide Köpfe des Gastrocnemius sind ebenso wie der Soleus der isolierten percutanen faradischen Reizung zugänglich. Durch die Kontraktion des Triceps surae wird der Fuß plantar flektiert, adduziert und supiniert. Hierbei ist der Triceps surae von allen Supinatoren des Fußes der kräftigste. Beim Plattfuß wirkt der Muskel allerdings nicht supinierend, sondern leicht pronierend.

Der *Flexor digitorum* entspringt von der Tibia bis nahe an ihr unteres Ende sowie von einem Sehnenblatt, das sich zwischen ihn und den Tibialis posterior einsenkt. Der Muskel zieht mit seiner Sehne hinter dem Malleolus vor und medial vom Processus posterior tali in die Fußsohle und teilt sich in vier Unterabschnitte, die an der Basis der Endphalangen der 2. bis 5. Zehe inserieren. Er wird vom Nervus tibialis versorgt, umfaßt die Segmente S_1 und S_2 und ist der percutanen faradischen Reizung nur teilweise zugänglich, da er weitgehend vom Soleus bedeckt wird. Seine Kontraktion bewirkt eine Plantarflexion, Adduktion und Supination des Fußes sowie eine Beugung der vier dreigliedrigen Zehen. Dadurch unterstützt der Muskel die Abwicklung des Fußes vom Boden.

Der *Musculus flexor hallucis longus* ist der stärkste unter den drei tiefen Wadenmuskeln. Er entspringt vom mittleren und unteren Drittel der Fibula und reicht bis an das obere Sprunggelenk. Von dort zieht die Sehne durch die Furche des Processus posterior tali in die Fußsohle und inseriert am Endglied der großen Zehe. Der Muskel wird vom Nervus tibialis versorgt, umfaßt die Segmente S_1 und S_2 und ist der direkten percutanen faradischen Reizung nur schwer zugänglich, da er vollkommen vom Triceps surae und den Musculi peronaei bedeckt ist. Seine Kontraktion bewirkt eine Plantarflexion, Adduktion und Supination des Fußes und Beugung der großen Zehe. Da diese Abwicklung des Fußes vom Boden während des Ganges eine große Rolle spielt, ist seine mächtige Entwicklung verständlich. Der Muskel ist kräftig genug, um das ganze Gewicht des Körpers gegen den Boden zu erheben, wenn die große Zehe aufgestellt wird.

Der *Musculus extensor digitorum brevis* entspringt vom Calcaneus dicht hinter der Articulatio calcaneo cuboidea vor dem Sinus tarsi und teilweise am Ligamentum cruciatum. Er teilt sich bald darauf in zwei Bäuche, von denen der kleinere, medial gelegene, als Musculus extensor hallucis brevis an der Grundphalanx der großen Zehe endet, während der eigentliche Musculus extensor digitorum brevis drei Sehnen für die 2., 3. und 4. Zehe bildet, die sich am Metatarsophalangealgelenk mit den Sehnen des Musculus digitorum longus vereinen. Die Muskeln werden vom Nervus peronaeus profundus versorgt, umfassen die Segmente S_1 und S_2 und sind der percutanen faradischen Reizung am Fußrücken zugänglich. Bei ihrer Kontraktion werden die Grundphalangen der Zehen dorsal flektiert, die Mittel- und Endphalangen anfangs wohl etwas gestreckt, aber bei fortschreitender Dorsalflexion der Grundphalangen durch den Drehungswiderstand des Flexor digitorum longus und brevis in Plantarflexion gezogen.

Die *Musculi lumbricales* nehmen die Sehnen des Flexor digitorum longus zu ihrem Ursprung, liegen an der Großzehenseite der zugehörigen Sehne und verhalten sich genau so wie die Lumbricales an der Hand. Die ersteren beiden Lumbricales werden vom Nervus plantaris medialis, die letzten zwei von Nervus plantaris lateralis innerviert. Sie umfassen die Segmente S_1 bis S_3 und unterstützen die Funktion der *Musculi interossei*. Diese zerfallen in Musculi interossei dorsales et plantares und unterscheiden sich von jenen der Hand nur dadurch, daß sie nicht um den 3., sondern um den 2. Strahl gruppiert sind. Dementsprechend besitzt die 2. Zehe zwei Musculi interossei dorsales, die 3. und 4. an der lateralen Seite je einen. Die Musculi interossei plantares liegen an der medialen Seite der 3., 4. und 5. Zehe. Ihr genaues Verhalten ist in Abb. 53 dargestellt. Auch hier lassen

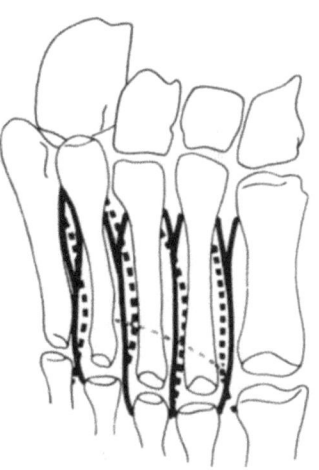

Abb. 53. Musculi interossei des Fußes:
...... plantares, ———— dorsales

sich wieder Zusammenhänge mit den Deformierungen des Fußes beim Polyarthritiker finden. Die Muskeln werden vom Nervus plantaris lateralis innerviert und umfassen die Segmente S_1 bis S_3.

Die *Muskeln der Eminentia plantaris lateralis* (Abductor digiti minimi, Flexor brevis digiti minimi, Opponens digiti minimi) werden vom Nervus plantaris lateralis versorgt und umfassen die Segmente S_1 bis S_3. Sie sind mit Ausnahme des Opponens, der vollkommen unter den beiden anderen verborgen liegt, der percutanen faradischen Reizung zugänglich. Flexor brevis und Abductor beugen die Grundphalange und strecken die Mittel- und Endphalange der 5. Zehe. Außerdem neigen beide Muskeln die Grundphalange nach der lateralen Seite.

Die *Muskeln der Eminentia plantaris medialis* (Musculus abductor hallucis, Musculus flexor hallucis brevis, Musculus adductor hallucis) werden vom Nervus plantaris medialis und lateralis innerviert. Sie umfassen die Segmente S_1 bis S_3 und beugen die Grundphalange der Großzehe, während sie die Endphalange strecken. Die stärkste Wirkung besitzt der Flexor brevis, während die des Abductor merklich geringer ist. Dieser neigt die Grundphalange der großen Zehe nach der Innenseite ebenso wie der mediale Kopf des Flexor brevis. Der laterale Kopf dieses Muskels neigt die Grundphalange der Großzehe nach der lateralen Seite wie der Adductor hallucis. Diese Muskeln sind also in ihrer Wirkung mit den Interossei auf eine Stufe zu stellen. Sie tragen auch zur Haltung und Vermehrung des Längsgewölbes des Fußes, speziell des ersten innersten Gewölbebogens bei. Das Caput transversum dient anderseits zur Erhaltung des vorderen, durch die Köpfchen der Metatarsalia gebildeten Quergewölbebogens des Fußes.

Die Erkrankung des 1. Sacralsegmentes kann somit vor allem durch die Untersuchung des Triceps surae und der Fußmuskeln, und zwar sowohl durch diejenigen der Eminentia plantaris medialis als auch lateralis und der Interossei und Lumbricales, erfaßt werden. Als diagnostisches Hilfsmittel sind vor allem die Bestimmung der elektrischen Erregbarkeit und die Messung der Temperatur mit Hilfe intramuskulärer Temperatursonden zu empfehlen. Schließlich lassen sich auch durch Novocaininfiltrationen in fragliche Muskelabschnitte und Beobachtung der Änderung des Schmerzes auf verhältnismäßig einfache Weise eindeutige Resultate erzielen. Für therapeutische Zwecke hat sich vor allem die intramuskuläre Injektion von Hydrocortison, das mit Novocain verdünnt wurde, bewährt.

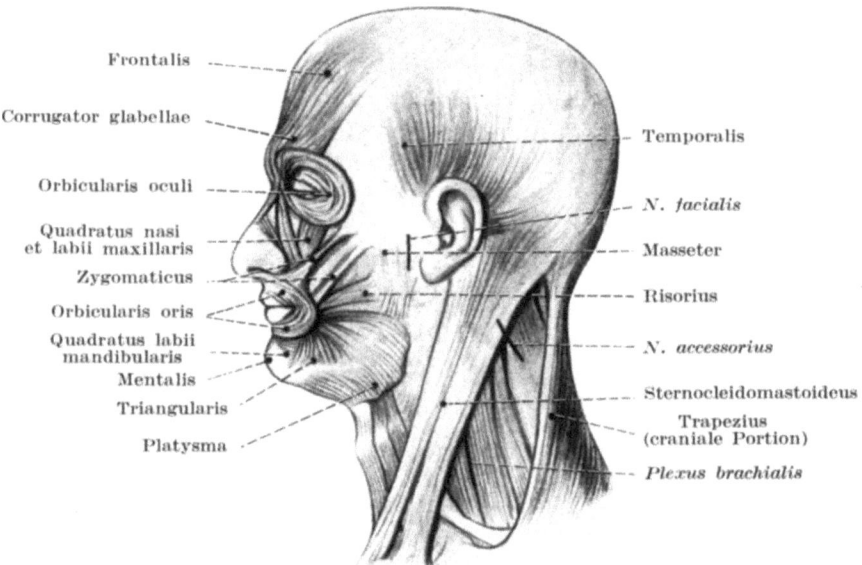

Abb. 54. Reizpunkte der Nerven und Muskeln. Kopf- und Halsgebiet. (Nach ALTENBURGER: Handbuch der Neurologie, Bd. 3, 1937, aus LÜTHY: Handbuch der inneren Medizin, 4. Aufl., V. Bd./1. Tl., 1953)

Das 2. Sacralsegment enthält den Musculus glutaeus medius und minimus, Extensor digitorum longus, Peronaeus tertius, Extensor hallucis longus nicht mehr und besitzt als neuen Muskel den *Musculus flexor digitorum brevis*.

Dieser entspricht im Verhalten der Sehnen dem oberflächlichen Fingerbeuger und entspringt vom Processus medialis des Tuber calcanei und an der Aponeurose plantaris, von wo er bis in die Höhe der Tuberositas ossis navicularis inseriert. Der Muskelbauch spaltet sich bald in vier Fleischbäuche, deren Sehnen zu den vier dreigliedrigen Zehen gelangen. Diese verhalten sich bezüglich Ansatz, Perforation und peripherer Sehnenscheiden wie jene des Flexor digitorum superficialis an den Fingern. Der Muskel wird vom Nervus plantaris medialis versorgt und umfaßt die Segmente S_1 und S_3. Er ist der percutanen faradischen Reizung zugänglich, da er der oberflächlichen Schicht der Sohlenmuskulatur angehört. Bei seiner Kontraktion wird zunächst die Mittelphalange und später auch die Grundphalange plantar flektiert.

Das 3. Sacralsegment enthält keinen Muskel vom Ober- und Unterschenkel mehr, sondern nur mehr die Fußmuskeln, und zwar den Flexor digitorum brevis, die Interossei und Lumbriacales, Flexor brevis digiti minimi, Abductor digiti minimi, Opponens digiti minimi und Abductor hallucis, Flexor brevis hallucis, Abductor hallucis. Alle diese Muskeln wurden schon beim 1. Sacralsegment besprochen. Es liegen hier also dieselben Verhältnisse vor wie beim 1. Thoracalsegment in bezug auf die obere Extremität. Das Segment endet mit den peripheren Muskeln in der Extremität, die bei ihrer Ausstülpung aus dem Rumpf an ihrer Spitze zu einer Zerreißung der Muskulatur, die der vom Rumpf aus nach distal erfolgten Dehnung nicht mehr folgen konnte, geführt hat. Dasselbe wurde schon für die Dermatome beschrieben (S. 35).

Neben der Prüfung auf Beweglichkeit, Bewegungsschmerz und Druckschmerz in den Muskelabschnitten der einzelnen Segmente kann auch die Elektrodiagnostik in Form der *Reizstromdiagnostik* für die Beurteilung erkrankter Muskelabschnitte verwendet werden. In Abb. 54 bis 57 sind die Reizpunkte für die Reizstromdia-

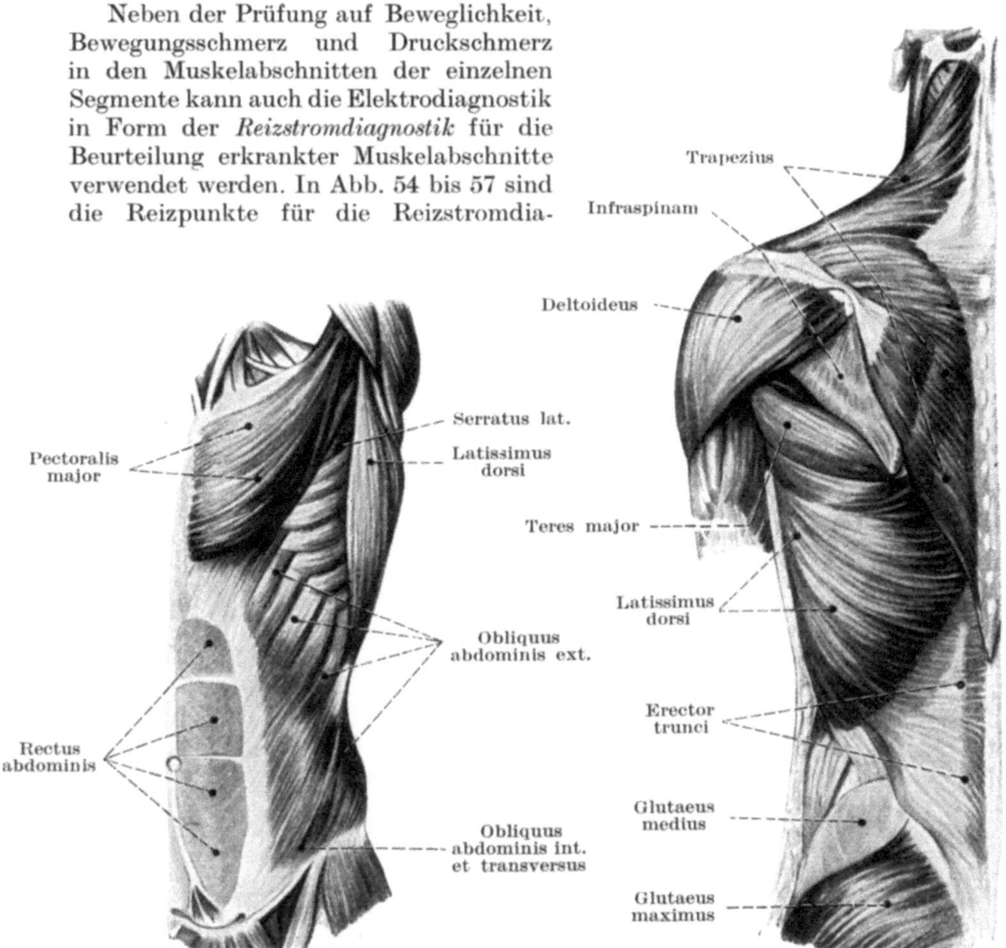

Abb. 55. Reizpunkte der Nerven und Muskeln. Rumpf. (Nach ALTENBURGER: Handbuch der Neurologie, Bd. 3, 1937, aus LÜTHY: Handbuch der inneren Medizin, 4. Aufl., V. Bd./1. Tl., 1953)

gnostik der wichtigsten Muskeln der Extremitäten und des Körpers dargestellt. Es lassen sich damit nicht nur fragliche beginnende Muskelatrophien mit Hilfe von Akkommodation und Rheobase, sondern auch hyperalgetische Muskelpartien leicht feststellen, da diese bei der durch den Reizstrom bedingten Muskelkontraktur deutlich stärkere Schmerzen hervorrufen als normale Muskelabschnitte. Die hier angegebenen Punkte können auch mit Vorteil für die Behandlung der erkrankten Muskelabschnitte verwendet werden, sei es auf physikalischem Wege, sei es durch Novocaininfiltrationen.

Schließlich können auch durch die kombinierte *Muskeltonschreibung* und konstante Impulssetzung an fraglichen Muskelabschnitten Aufschlüsse über trophische Störungen, Durchblutungsänderungen, leichte Ermüdbarkeit usw. erhalten werden. Selbstverständlich ist für die Erzielung vergleichbarer Resultate die

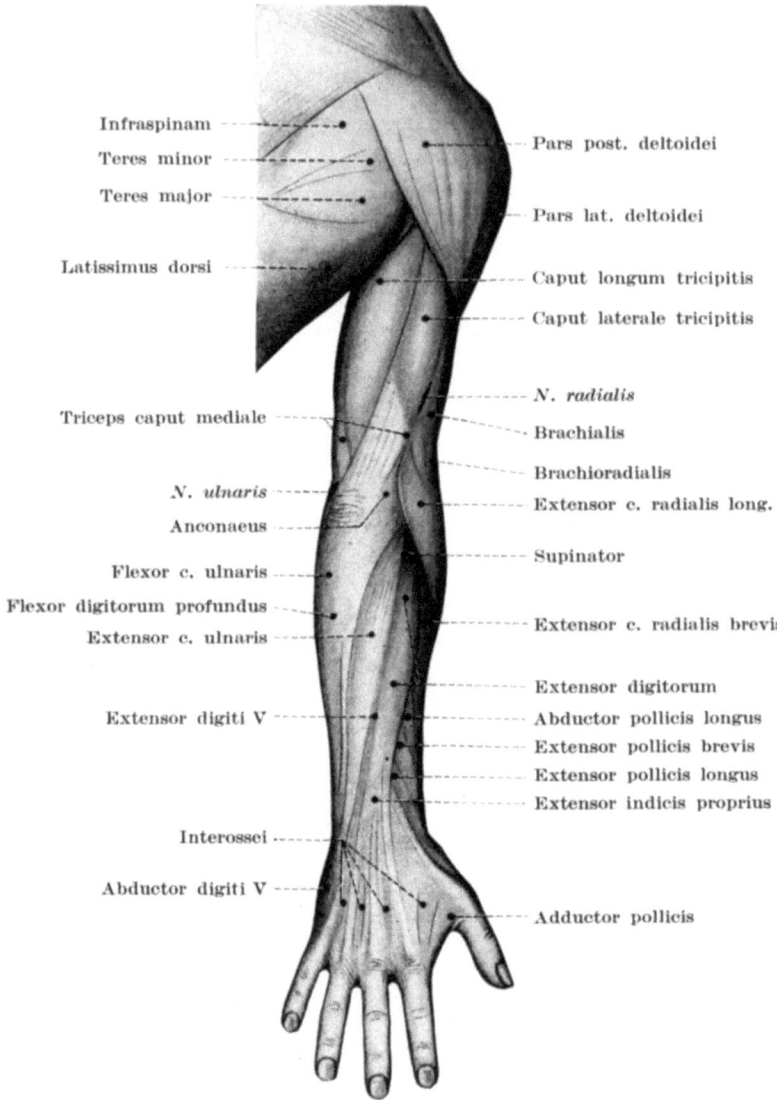

Abb. 56a. Reizpunkte der Nerven und Muskeln. Arm. (Nach ALTENBURGER: Handbuch der Neurologie, Bd. 3, 1937, aus LÜTHY: Handbuch der inneren Medizin, 4. Aufl., V. Bd./1. Tl., 1953)

Setzung konstanter gleichförmiger Elektroimpulse unbedingte Voraussetzung. Feinere Auswertungen der erzielten Ergebnisse sind vorläufig nur von wissenschaftlichem Interesse und würden deshalb den Rahmen dieses Buches überschreiten. Es ist möglich, daß auf diese Weise später nicht nur die Behandlungserfolge nach Massagen, Bewegungsübungen, Elektrotherapie usw. kontrolliert werden, sondern auch Schlüsse auf die zu wählende optimale Behandlungsform gezogen werden können.

Ähnliche Ergebnisse lassen sich mit der *Elektromyographie* erzielen. Hierbei dürfte vor allem die gleichzeitige Auswertung koordinierter Muskelgruppen

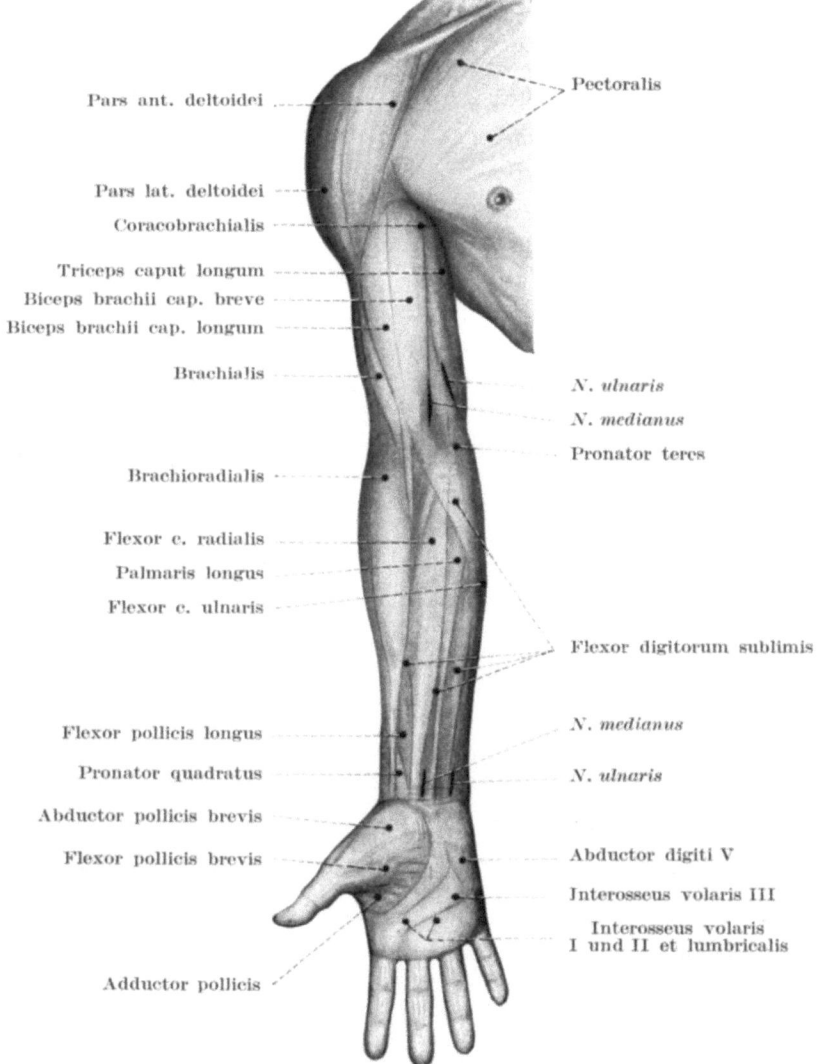

Abb. 56b. Reizpunkte der Nerven und Muskeln. Arm. (Nach ALTENBURGER: Handbuch der Neurologie, Bd. 3, 1937, aus LÜTHY: Handbuch der inneren Medizin, 4. Aufl., V. Bd./1. Tl., 1953)

interessant sein. Wir wissen seit MORRISON und Mitarbeiter [23], daß spitze Wellen (Spikes) von einem besonderen Typ bei der primär chronischen Polyarthritis vorhanden sind. Sie weisen auf einen nicht konstanten Spannungszustand der Muskulatur hin und dürften auf Reize von tieferen motorischen Neuronen von sensiblen Nervenfasern oder intramedullären Herden, die sowohl von sensiblen als auch motorischen Wurzeln entfernt liegen, zurückzuführen sein [24].

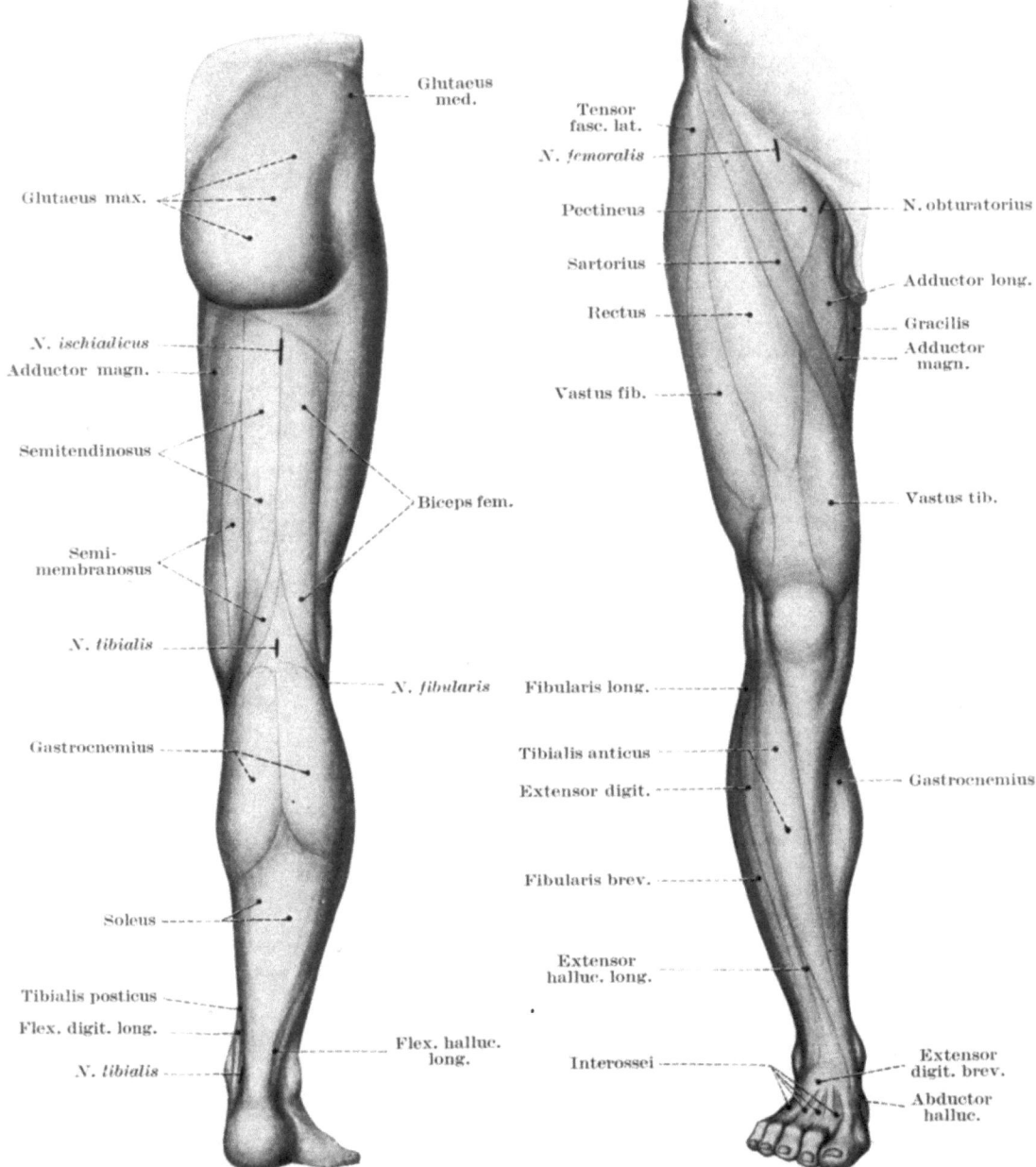

Abb. 57. Reizpunkte der Nerven und Muskeln. Bein. (Nach ALTENBURGER: Handbuch der Neurologie, Bd. 3, 1937, aus LÜTHY: Handbuch der inneren Medizin, 4. Aufl., V. Bd./1. Tl., 1953)

Da die Blockierung von motorischen und sensiblen Fasern der befallenen Muskulatur mit Procain zum Schwinden der Spikes führt [23], muß der Ursprung der unwillkürlichen Muskelzuckungen proximal von der Injektionsstelle liegen. Die Reize dürften vor allem im peripheren motorischen Neuron entstehen [25]. Die Spikes bestehen aus diphasischen spitzen Wellen mit Amplituden zwischen 40 bzw. 20 mV und einer Frequenz von 7 bis 11 pro Sekunde. Solche Elektromyogramme können bei 50% aller Patienten mit primär chronischer Polyarthritis, vor allem bei Verwendung von Nadelelektroden gefunden werden [23]. Die Muskelzuckungen erscheinen und verschwinden spontan, halten meist nur einige Minuten an, bleiben aber auch gelegentlich stundenlang unverändert. Sie können durch willkürliche Kontraktionen ausgelöst oder zum Verschwinden gebracht werden. In der Regel bleiben sie unabhängig von Bewegungen bestehen und lassen sich nur in den Muskeln beobachten, die mit dem befallenen Gelenk zusammenhängen oder im erkrankten Segment vorkommen. Die übrigen Muskeln sind elektromyographisch normal. Häufig gehen solche Spikes den Gelenksentzündungen voraus [23]. Bei ihrem Auftreten in bisher gesunden Extremitäten besteht deshalb immer die Gefahr, daß sich dort innerhalb kurzer Zeit eine Gelenksentzündung entwickelt [26, 27, 23].

Die Ausbildung von Spikes der angeführten Frequenz und Amplitude ist allerdings für die primär chronische Polyarthritis nicht spezifisch. Ähnliche Bilder können bei Infektarthritiden, Gelenksversteifungen, im Rekonvaleszenzstadium nach Poliomyelitis [28, 29], nach Nervenverletzungen [30 bis 32], bei infektiöser Polyneuritis und anderen Zuständen gefunden werden. Auch der Kurventyp der progressiven Muskelatrophie ähnelt bei oberflächlicher Betrachtung demjenigen der primär chronischen Polyarthritis. Er unterscheidet sich aber durch seine Unregelmäßigkeit und durch die Intensivierung nach Prostigmin-Injektionen von letzterem [33].

Auch Temperaturmessungen mit der Nadelsonde, Injektionen wasserlöslicher Röntgenkontrastmittel, Messungen des Muskeltonus mit Hilfe von eigens zu diesem Zweck konstruierten Tonometern usw. erlauben gelegentlich einen Einblick in die Verhältnisse einzelner Muskelabschnitte. In der Regel sind diese Verfahren aber mit so vielen Fehlerquellen behaftet und ist die richtige Auswertung so diffizil, daß sie für praktische Zwecke nicht in Frage kommen.

Auch heute noch gilt die manuelle Palpation der Muskelbündel, die Prüfung auf Druck und Bewegungsschmerzhaftigkeit als das Mittel der Wahl für die Feststellung erkrankter Muskelpartien. Alle anderen Untersuchungsmethoden stellen nur Hilfen in besonders kompliziert gelagerten Fällen dar, deren man sich nur mit Vorbehalt bedienen soll.

Die Diagnostik von *Knochen- und Gelenkserkrankungen* ist die Domäne der Röntgenologie. Sie soll deshalb im Rahmen dieses Buches nicht näher erörtert werden. Trophische Störungen stellen zweifelsohne die ersten Anzeichen der Krankheit dar. Es muß also angenommen werden, daß die hierfür verantwortlichen Nervenfasern in Knochen und Gelenken eine wesentlich stärkere Rolle als in Haut und Muskulatur spielen. Dementsprechend müßte auch die Behandlung vor allem auf die Beeinflussung der trophischen Fasern gerichtet sein. Androgen-Östrogen-Kombinationen und Förderung der Durchblutung durch Wärmeanwendung oder Vasodilatantien müssen als Grundbehandlung gelten.

Bei einiger Erfahrung kann man vor allem Gelenkserkrankungen auch ohne Röntgenuntersuchung verhältnismäßig leicht diagnostizieren. So wie die hyperalgetische Muskulatur deutlich druckschmerzhaft ist, zeigt das erkrankte Gelenk schon bei geringer Steigerung des manuellen Druckes eine beträchtliche Hyperalgesie. Dasselbe gilt in vielen Fällen für den atrophischen Knochen. So genügt häufig ein leichter Druck auf die Dornfortsätze der Wirbelsäule, um erkrankte Segmente einwandfrei diagnostizieren zu können. Diese Methodik ist sogar häufig verläßlicher als die Untersuchung mit der Nadelspitze, da die Hyperalgesie in den Dornfortsätzen bei wiederholter Prüfung kaum Schwankungen zeigt. So kommt es oft vor, daß HEADsche Zonen paravertebral über vier bis fünf Segmente nachweisbar sind, Dornfortsätze aber nur in zwei erkrankten Hauptsegmenten eine Druckschmerzhaftigkeit zeigen.

Neben der Druckschmerzhaftigkeit sind in den erkrankten Gelenken stets Durchblutungsstörungen vorhanden. Diese können durch Bestimmung der

Hauttemperatur nach Belastungsversuchen oder durch intraarticuläre Temperaturmessungen stets einwandfrei nachgewiesen werden. Neben der Trophik nimmt also die Störung der vasomotorischen Bahnen eine Hauptrolle bei der Entwicklung dieses Krankheitsbildes ein. Der Grad der vasomotorischen Dysreflexie ist so stark, daß viele Autoren die gestörte Trophik in Knochen und Gelenken auf sie zurückführen (S. 130).

So glaubt COMROE [34] in einem hohen Gefäßtonus den wichtigsten prädisponierenden Faktor für die primär chronische Polyarthritis sehen zu können. Seiner Ansicht nach kann sich diese Erkrankung ohne erhöhten Vasotonus überhaupt nicht entwickeln. In der Tat sprechen die kalten blassen Hände und Füße für eine stark reduzierte Blutzirkulation. KOVANCS und Mitarbeiter [35] beobachteten ebenfalls eine beträchtliche Verminderung des peripheren Blutvolumens mit Reduzierung der Kapillaren im peripheren Gewebe von Polyarthritikern. Ähnliche Beobachtungen stammen von HERZOG [36], der bei 23 Polyarthritikern nur zweimal nach Kompression der Extremität eine normale reaktive Erwärmung feststellen konnte, 11 Patienten zeigten überhaupt keine derartige Reaktion, was auf eine Unfähigkeit zur Erweiterung der Arteriolen bei diesen Patienten schließen läßt. Der hohe Gefäßtonus dürfte auch der Grund für die symptomatische Besserung des Zustandsbildes durch kaltes und feuchtes Klima sein. Auch der von FREYBERG [37] an 25 Polyarthritikern festgestellte starke Temperaturabfall der Haut nach emotionellem Stress, der sich von der Norm signifikant unterscheidet, spricht in diesem Sinne. Allein die Ankündigung einer Injektion kann bei Personen mit hohem basalem Gefäßtonus Temperaturabfälle an den Fingern um 0,2 bis 0,6° C bewirken [34]. Schließlich spricht auch die Tatsache, daß drei- bis viermal soviel Frauen als Männer an Polyarthritis erkranken, in diesem Sinne. Aus Untersuchungen an 400 Patienten geht hervor, daß wesentlich mehr Frauen als Männer einen erhöhten Gefäßtonus aufweisen. Sein klinischer Ausdruck findet sich in den häufigen Beschwerden der Frauen über kalte Hände und Füße. Dementsprechend beginnt die primär chronische Polyarthritis meist an Zehen und Fingern, also an Orten des höchsten Gefäßtonus. Die Häufung der primär chronischen Polyarthritis in kalten und feuchten Ländern, wo Vasospasmen immer wieder ausgelöst werden, und ihr seltenes Vorkommen oder ihre Ausheilung in warmen Gebieten, wo schon normalerweise eine anhaltende Vasodilatation besteht, sowie die Auslösung arthritischer Attacken durch Luftdruck- und Temperatursteigerungen, die ebenfalls den Gefäßtonus beeinflussen, sprechen für seine große Bedeutung im rheumatischen Krankheitsbild.

Auch die Häufigkeit der Kopfherde bei Polyarthritikern läßt sich durch die Neigung zu anhaltenden und ausgedehnten Vasokonstriktionen erklären. So konnten GRANT und Mitarbeiter [38] nachweisen, daß Abkühlung der Körperoberfläche Vasokonstriktionen und Ischämie des Gaumens, des Rachens und der Mandeln bewirkt. In ihrem Gefolge läßt sich eine Proliferation der Bakterienflora des Mundes und des Rachens feststellen. Schließlich konnte LEEB durch Serienarteriographien einen direkten Nachweis arterieller Durchblutungsstörungen bei der Polyarthritis erbringen. Er fand bei diesen Patienten deutliche Füllungsaussparungen bzw. Engstellungen der arteriellen Strombahn mit Beginn am 5. und 4. Finger und späterem Übergreifen auf die restlichen Finger, zuletzt auf den Daumen. Wir [39] konnten bei rheographischen Untersuchungen der Fingerarterien von 21 Männern und 32 Frauen mit primär chronischer Polyarthritis einen abnorm erhöhten Sympathicotonus nachweisen. Große und größere Gefäße ließen keine gesetzmäßigen Dysfunktionen erkennen.

Erst nach monate- und oft jahrelangem Bestehen derartiger vasomotorischer Dysreflexien und trophischer Störungen entwickelt sich das klassische Bild der Polyarthritis mit röntgenologischen Veränderungen des Gelenksspaltes und Gelenksschwellungen. In diesem Stadium kommt häufig jede Therapie zu spät.

Therapie

Ebenso wie bei Veränderungen an der Haut gilt auch bei hyperalgetischen Muskelabschnitten die Regel, daß diese zunächst durch Behandlung des erkrankten Organs in Ordnung gebracht werden sollen. Sehr häufig sind aber durch langdauernde Impulse vom Irritationsherd bleibende Schäden in den Muskelabschnitten entstanden, die lokal behandelt werden müssen.

Auch hier kommen zunächst *Novocain-Prednisolon-Infiltrationen* in den Hartspann, die Myogelosen oder die hyperalgetischen Partien des erkrankten Muskels in Frage. Man verwendet am besten 8 bis 12 cm lange dünne Nadeln, wie sie für paravertebrale Blockaden erzeugt werden, und injiziert 20 bis 80 cm³ einer 0,5%igen Novocainlösung, der 10 bis 20 mg Prednisolon beigefügt wurden, in den vorher als krank diagnostizierten Muskel. Diese Injektionen werden in Abständen von 2 bis 3 Tagen zehnmal wiederholt, wobei von der 5. Infiltration an 20 bis 40 cm³ Luft zur Erzielung einer anhaltenderen Hyperämie vorsichtig intramuskulär nach dem Novocain einverleibt werden können. Die genaue anatomische Kenntnis der Muskeln und ihrer Ansatzpunkte sowie ein feines Tastgefühl des Arztes für eventuelle kleine Verhärtungen sind unbedingte Voraussetzungen für die Erzielung guter therapeutischer Resultate mit dieser Methode.

GOOD [40] sieht die Anfangsstadien der primär chronischen Polyarthritis in einer peri- und paraarticulären Myopathie. Diese führt erst sekundär zu den bekannten Krankheitsveränderungen in Knorpel, Knochen und anderen Gelenkteilen. Die wichtigste Stütze seiner Ansicht sind die oft überraschenden Erfolge mit Procain-Injektionen in myalgische Druckpunkte bei dieser Erkrankung. Diese Druckpunkte, auch Trigger-points genannt [41], sind äußerst schmerzhafte Stellen in der Muskulatur und den Fascien, von denen der Schmerz auf Druck in oft weit entfernte krankhafte Stellen ausstrahlt. Sie sind häufig flach oder sphärisch konfiguriert [42] und können beim Einstechen mit der Nadel gefühlt werden [43]. Wegen der großen Wirkungen, die sie hervorrufen, bezeichnet sie GOOD [44] als Miniatursender des Schmerzes. Sie dürften mit den Nervendruckpunkten von CORNELIUS (S. 169) weitgehend identisch sein und stellen zweifelsohne die Hauptursache vieler ausgedehnter Muskelschmerzen dar [43, 45, 46, 47]. Werden diese Punkte nicht behandelt, können sie entweder langsam an Stärke verlieren, damit kann die Empfindlichkeit wieder zur Norm zurückkehren, oder sie bleiben als ständige Schmerzquelle vorhanden und zwingen den Patienten zu dauernder Vorsicht. So kommt es häufig vor, daß Patienten nach Eintreten ihrer Erkrankung, z. B. eines Lumbago oder einer Arthritis, empfindlich bleiben und schon bei geringen Anlässen wieder über neuerliche starke Beschwerden von seiten dieser Erkrankung klagen. Erst nach Beseitigung des Trigger-Punktes geht auch die Anfälligkeit des Patienten für die jeweilige Erkrankung verloren [42]. Ist der Punkt deutlich palpabel oder läßt er sich mit Hilfe des Patienten genau lokalisieren, so stellt die Infiltration desselben mit einigen cm³ einer 1%igen Novocainlösung das Mittel der Wahl dar. Nach Durchführung des Eingriffes müssen die Beschwerden auch bei starkem Druck auf die gleiche, vorher noch äußerst empfindliche Stelle vollkommen geschwunden sein. Allerdings kommt es auch bei richtiger Beseitigung derartiger Trigger-Punkte in 40% der Fälle zu Rückfällen, die 2 bis 5 Stunden nach der Injektion auftreten. Sie können oft beträchtliche Schmerzen verursachen, weshalb man die Patienten auf diese Möglichkeit aufmerksam machen und ihnen Analgetica für den Fall des Eintritts verschreiben soll. 50% aller Patienten benötigen nur eine Injektion, um vollkommen beschwerdefrei zu werden. Den anderen Patienten muß aufgetragen werden, innerhalb von 24 bis 48 Stunden wieder zu erscheinen, falls die Schmerzen nicht vollkommen verschwunden sein sollten. Der Patient soll während dieser Zeit keineswegs ruhig bleiben, sondern schon unmittelbar nach der Injektion, also im schmerzfreien Stadium, seine Muskulatur soweit als möglich gebrauchen, da hierbei die besten Resultate erzielt werden [42].

Führt die direkte Infiltration in die erkrankten Muskelabschnitte nicht zum gewünschten Erfolg, müssen die jeweils zugeordneten Spinalganglien und weiterhin der Grenzstrang behandelt werden. Für den jeweiligen Ort des Eingriffes wird am besten die in Tab. 1, S. 40/41, angegebene Segmentzugehörigkeit der einzelnen Muskeln gewählt. Eine hervorragende Unterstützung des therapeutischen Effektes paravertebraler Blockaden bietet die gleichzeitige Infiltration der den einzelnen Muskeln zugeordneten somatischen Nerven. In Abb. 58 sind für diesen Zweck die topographischen Verhältnisse zwischen den das Rückenmark verlassenden Nerven und dem sympathischen Grenzstrang dargestellt. Außerdem werden die topographischen Beziehungen der Rückenmarkssegmente und Rückenmarkswurzeln zu den Wirbelkörpern und Dornfortsätzen aufgezeigt. Abb. 59 und 60 zeigen in besonders übersichtlicher Weise die Zugehörigkeit der wichtigsten Muskeln von oberer und unterer Extremität zu den einzelnen Nerven, so daß auch der weniger Geübte schnell sieht, welcher Nerv wo infiltriert werden muß, wenn eine Erschlaffung bestimmter Muskeln angestrebt wird.

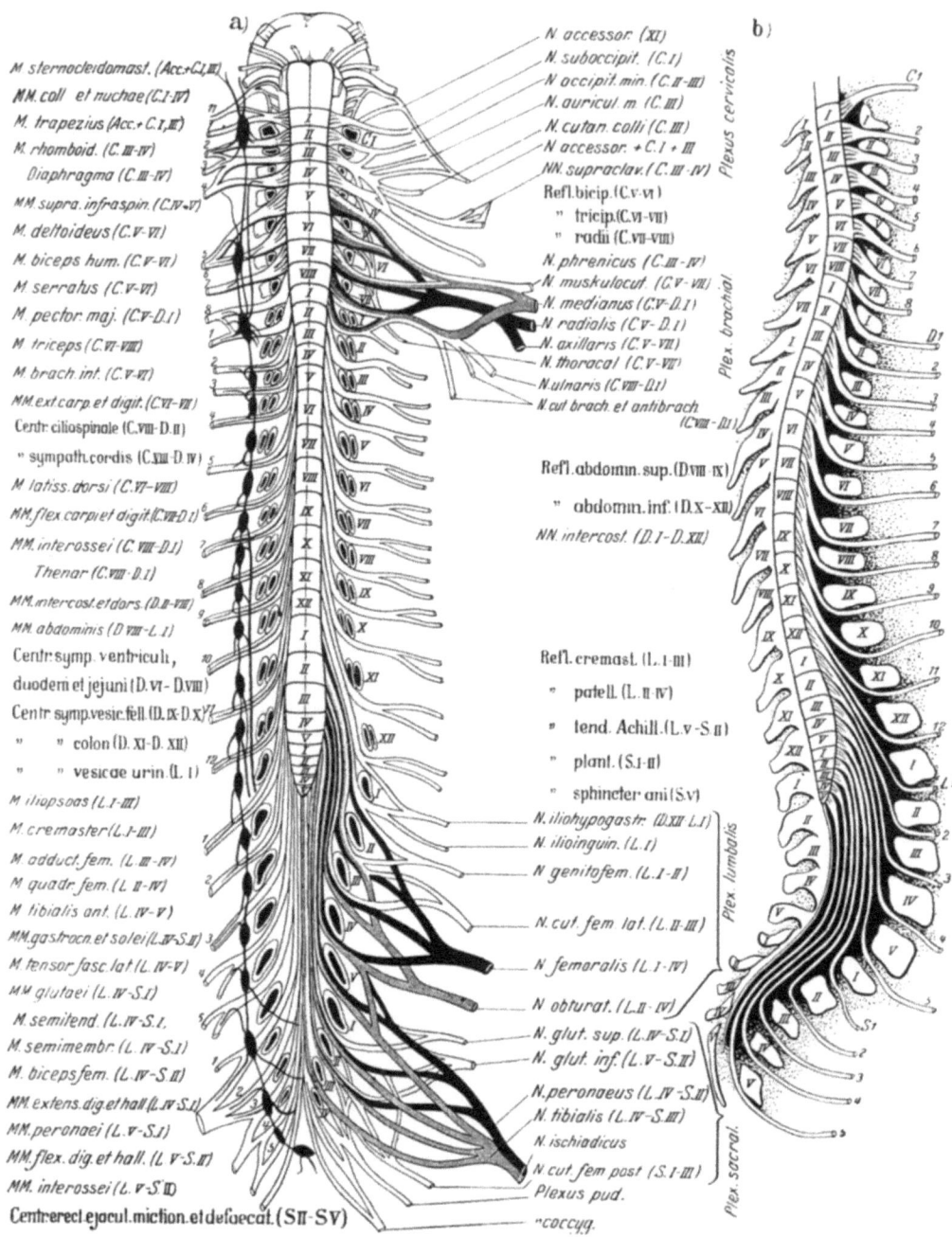

Abb. 58. *a* Die topographischen Verhältnisse des Rückenmarks mit den austretenden Nerven und dem sympathischen Grenzstrang in schematischer Darstellung; Ansicht von vorn. Die segmentale Zuordnung der wichtigsten Muskeln und Reflexe. *b* Die topographischen Beziehungen der Rückenmarkssegmente und Rückenmarkswurzeln zu den Wirbelkörpern und den Dornfortsätzen. (Nach den neurologischen Wandtafeln von MÜLLER-HILLER-SPATZ aus HILLER: Handbuch der inneren Medizin, 4. Aufl., V. Bd./1. Tl., 1953)

Nicht minder wichtig wie Novocain-Prednisolon-Infiltrationen sind Massagen der erkrankten Muskelpartien. Sie stellten jahrelang das Mittel der Wahl bei vielen Formen des Rheumatismus dar, deshalb sind auch in unseren Gegenden immer mehr verfeinerte Methoden entwickelt worden.

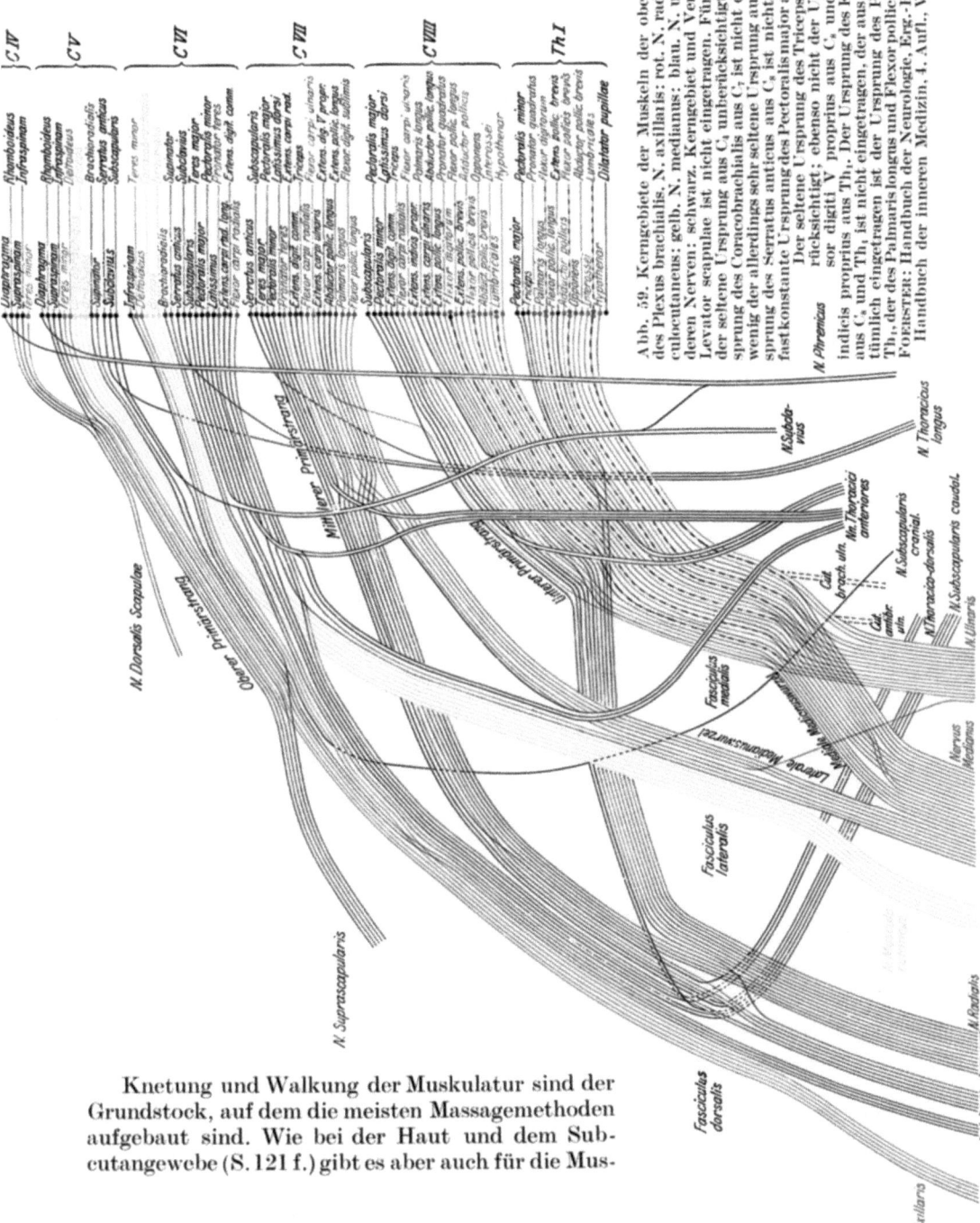

Abb. 59. Kerngebiete der Muskeln der oberen Extremität und des Plexus brachialis. N. axillaris: rot. N. radialis: grün. N. musculocutaneus: gelb. N. medianus: blau. N. ulnaris: rot, alle anderen Nerven: schwarz. Kerngebiet und Verlauf der Fasern des Levator scapulae ist nicht eingetragen. Für den Deltoideus ist der seltene Ursprung aus C_3 unberücksichtigt geblieben. Der Ursprung des Coracobrachialis aus C_5 ist nicht eingetragen, ebensowenig der allerdings sehr seltene Ursprung aus C_4. Der seltene Ursprung des Serratus anticus aus C_8 ist nicht berücksichtigt; der fastkonstante Ursprung des Pectoralis major aus C_5 fehlt ebenfalls. Der seltene Ursprung des Triceps aus C_5 ist nicht berücksichtigt; ebenso nicht der Ursprung des Extensor indicis proprius aus Th$_1$. Der Ursprung des Flexor digit. sublimis aus C_5 und Th$_1$ ist nicht eingetragen, der aus C_6 ist vermerkt. Irrtümlich eingetragen ist der Ursprung des Pectoralis minor aus Th$_1$, der des Palmaris longus und Flexor pollicis longus in C_6. (Nach FOERSTER: Handbuch der Neurologie, Erg.-Bd. II/1, aus LÜTHY: Handbuch der inneren Medizin, 4. Aufl., V. Bd./1. Tl., 1953)

Knetung und Walkung der Muskulatur sind der Grundstock, auf dem die meisten Massagemethoden aufgebaut sind. Wie bei der Haut und dem Subcutangewebe (S. 121 f.) gibt es aber auch für die Mus-

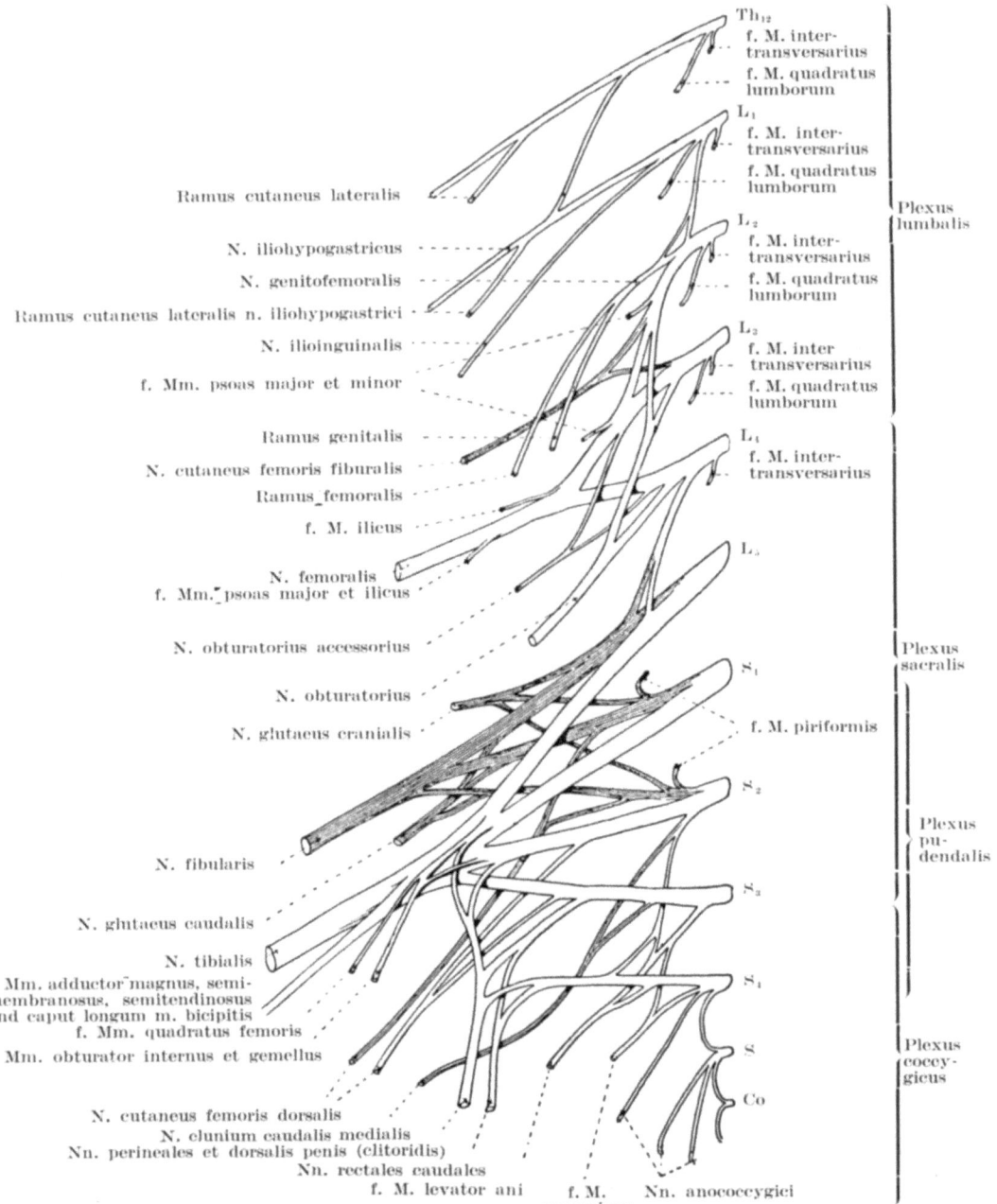

Abb. 60. Rechter Plexus lumbosacralis, schematisch, von vorn. Die dunkel schraffierten Stämme sind Derivate der dorsalen Plexushälfte. (Nach FOERSTER: Handbuch der Neurologie, Erg.-Bd. II/1, aus LÜTHY: Handbuch der inneren Medizin, 4. Aufl., V. Bd./1. Tl., 1953)

kulatur speziell ausgearbeitete Methoden, wodurch bei systematischer Behandlung nur einzelner kranker Stellen optimale Wirkungen mit möglichst wenig Kraft und Zeitaufwand erzielt werden. Sind diese Gedankengänge schon bei der

Segmentmassage, wo Haut- und Muskelmassage sinnvoll kombiniert sind, vorhanden (S. 123), so lassen sie sich bei der Nervenpunktmassage noch deutlicher erkennen. In letzter Zeit versucht man auch immer häufiger durch Vornahme der Periostmassage, die an allen schmerzhaften Knochenstellen, besonders aber an den Muskelansätzen vieler Körperstellen mit Vorteil verwendet wird, therapeutische Erfolge zu erzielen.

Bei der *Nervenpunktmassage* tastet man mit dem Zeigefinger oder Mittelfinger der Hand sorgfältig nach Punkten, die der Patient als besonders schmerzhaft empfindet und von denen auch fast immer ausstrahlende Schmerzen, oft an weit entfernt liegende Stellen, angegeben werden. An dieser Ausstrahlungsstelle wird nun ebenso nach dem entsprechenden schmerzhaften Punkt gesucht, der sich nach vorsichtiger Palpation mit dem Zeige- oder Mittelfinger, wobei zunächst die Haut und dann erst die tiefer liegenden Schichten durchtastet werden, als eine oft blitzartig auftretende Verhärtung manifestiert, die bei Verweilen des Fingers langsam wieder schwindet. In der Regel liegen die beiden derartig einander zugeordneten Nervenpunkte innerhalb eines Segmentes oder in den anschließenden Nachbarsegmenten. Sie dürften aller Wahrscheinlichkeit nach zugeordneten Schenkeln von Axonreflexen entsprechen, deren besondere Eigenart darin liegt, daß sie beide in den tieferen Gewebsschichten (subcutane Bindegewebsmuskulatur) enden. Da sich die Nervenfasern schon physiologischerweise innerhalb eines Segmentes in vordere und hintere teilen, d. h. die vorderen und hinteren Muskelpartien von zwei Ästen eines afferenten Nerven innerhalb des Segmentes versorgt werden, sind auch die Nervenpunkte innerhalb eines Segmentes am häufigsten von vorne nach rückwärts oder umgekehrt zugeordnet. Im Prinzip handelt es sich um dieselben nervösen Zusammenhänge, wie sie zwischen Visceral-Organen und Muskulatur oder Haut bestehen und die durch Novocain-Injektionen in diese Organe, ihre Ruhigstellung oder Reizung und Beobachtung der darauffolgenden Veränderungen in den fraglichen Muskel- und Hautabschnitten festgestellt werden müssen.

Der Untersucher wird neben der vorübergehenden Härtezunahme in der Muskulatur unter dem tastenden Finger, die auf eine motorische Zuckung der Muskelfaser durch den Druckreiz zurückzuführen ist und auf eine lokalisierte Verminderung der Druckreizschwelle hindeutet, häufig auch konstante schmerzhafte Knötchen im subcutanen Gewebe oder in der Muskulatur finden. Sie weisen schon auf ältere Veränderungen hin, wo es bereits zu narbiger Umwandlung der entsprechenden umschriebenen Areale gekommen ist, und sind selbstverständlich durch die Massage wesentlich schwerer zu behandeln als die vorübergehenden Muskelkontrakturen. Daneben wird es zweifelsohne noch Knötchen geben, die wohl deutlich palpabel sind, vom Patienten aber nicht mehr als schmerzhaft empfunden werden und von denen auch keine Ausstrahlung des Schmerzes festgestellt werden kann. Hier handelt es sich fast immer um ältere Herde, die schon von selbst ausgeheilt sind und deshalb keiner weiteren Behandlung bedürfen. Ihre Massage ist tunlichst zu vermeiden, da man sehr häufig schon stillgelegte Prozesse dadurch wieder aktiviert.

Die Nervenpunktmassage erfordert vor allem ein Fingerspitzengefühl des Masseurs. Gelingt es ihm nicht, die Kontraktur der Muskelfaser am schmerzenden Punkt zu tasten, so wird er auch bei richtigen Schmerzangaben des Patienten nur in der Umgebung der Muskelfaser Kontrakturen massieren und damit sehr häufig nicht den gewünschten Erfolg erzielen. Wird aber das kleine Muskelwülstchen eindeutig getastet, so versucht man durch vorsichtige Hin- und Herbewegung des Fingers darüber oder durch kreisende Bewegung eine Hyperämisierung dieses Areals zu erzeugen. Hierbei wird der Patient gefragt, was er an der Zone des ausstrahlenden Schmerzes empfindet. Er gibt zuerst ein erhöhtes Schmerzgefühl, sehr bald aber ein sehr angenehmes Wärme- bis Hitzegefühl an, das bei gutem Massageerfolg in ein normales Gewebsgefühl ohne Schmerzen übergeht. Am Ort der Massage selbst darf der Patient keinen Schmerz verspüren. Nunmehr wird auch die korrespondierende Stelle im Ausstrahlungsgebiet, also der 2. Nervendruckpunkt, auf dieselbe Art und Weise massiert. Hierbei wird der Patient sehr häufig keine Schmerzen an dieser Stelle mehr angeben und auch keine ausstrahlenden Schmerzen an die schon massierten Punkte hin empfinden. Wir pflegen sehr häufig, wenn dies möglich ist, beide zugehörigen Punkte zur selben Zeit zu massieren und glauben damit in vielen Fällen eine Potenzierung des therapeutischen Effekts erzielen zu können. Diese Methode soll allerdings nur nach einiger Erfahrung geübt werden, da man am Beginn für die richtige Massage eines Punktes viel Konzentration benötigt, um Beweglichkeit, Größenänderung und Resistenz der massierten Muskelkontraktion genau verfolgen zu können. Bei der Einzelmassage wird die Reihenfolge der Punkte am besten so gewählt, daß der Punkt mit der Ausstrahlungstendenz als erster und der durch die Ausstrahlung gefundene Punkt als zweiter behandelt werden. In den seltenen Fällen näher zusammenliegender Punkte, wo eine gegenseitige Ausstrahlungstendenz besteht, soll der Punkt mit der stärksten Reflexion des Schmerzes als erster massiert werden. Meist gilt die Regel, daß der zum Rückenmark am nächsten liegende Punkt der reflektierende ist.

Es empfiehlt sich auch hier, vor Beginn jeder derartigen Massagekur ein Blatt mit genauer Angabe der hyperalgetischen Zonen des Patienten und der Nervenpunkte anzulegen. Viele Patienten besitzen deren eine Reihe in Abhängigkeit von ihren diversen Beschwerden (z. B. Gallenblase, Kopf, Lendenwirbelsäule). Da kaum bei einer Sitzung alle Nervenpunkte behandelt werden können, soll sich ihre Auswahl nach vordringlichen Beschwerden des Patienten richten. Stets müssen aber die einander zugeordneten Punkte in einer Sitzung behandelt werden. Während der ersten Sitzung soll möglichst leicht massiert werden, denn es ist gerade am Beginn mit unerwarteten Reaktionen zu rechnen, die dann in Abhängigkeit von der Massage verschieden schwer ausfallen. Es gehört sogar zur Regel, daß die Schmerzfreiheit des Patienten in unmittelbarem Anschluß an die Punktmassage in eine geringe Verschlimmerung übergeht, die dann wieder von einer Besserung im Vergleich zum Ausgangszustand gefolgt wird. Der Patient ist hierauf vorzubereiten, damit er nicht das Vertrauen zu dieser Methode verliert.

In der Regel genügen drei Massagen pro Woche. In schwereren Fällen oder solchen mit mehreren einander zugeordneten Nervenpunkten kann aber auch täglich massiert werden. Häufigere Massagen, besonders an derselben Stelle, sind zu unterlassen, da es dabei zu entzündlichen Reaktionen im massierten Gewebe kommen kann, die beträchtliche Veränderungen des Krankheitsbildes verursachen. Vor allem ist der Patient selbst davor zu warnen, die oft verblüffenden Erfolge des Arztes nachahmen und bei neuerlich auftretenden Schmerzen, z. B. als Reaktion auf die Massage, nun an der ihm schon bekannten Stelle selbst nach der Methode des Arztes massieren zu wollen. Er kann auf diese Art durch zu häufige Massagen einen anhaltenden Gewebereiz setzen, der nicht nur zu einer beträchtlichen Verstärkung der Beschwerden, sondern auch zu einer Verzögerung der Sitzungen und damit zu einer Verlängerung des Leidens führt.

Die Reaktionen, die der Arzt zu erwarten hat, bestehen vor allem im Empfindlichwerden vorher festgestellter Nervenpunkte, die noch nicht massiert wurden, oder im Auftreten vollkommen neuer Nervenpunkte, die anfangs überhaupt nicht festgestellt werden konnten. Je mehr Nervenpunkte anfänglich massiert werden, um so größer ist die Wahrscheinlichkeit, daß sich die eben erwähnten Nebenwirkungen einstellen. Die Massage soll deshalb am Anfang nicht nur leicht, sondern auch kurz sein; auch in späteren Stadien soll sie 15 bis 30 Minuten nicht überschreiten. Sie muß immer so dosiert werden, daß der Masseur die Reaktionserscheinungen in der Hand behält. Dieser muß sich außerdem über die Zusammenhänge, die zur Aktivierung der neuen Punkte geführt haben, im klaren sein und seine weitere Therapie dementsprechend einrichten.

Dafür ist die genaue Kenntnis der Anatomie und Physiologie des peripheren Nervensystems unbedingte Voraussetzung, ebenso wie man sich zunächst durch vorsichtig tastende Massage Erfahrung über die bei dem Patienten anzuwendende Druckstärke und zu erwartende Reaktionen schaffen muß. In der Regel zeigen Nervenpunkte bei vorsichtiger Massage 4 bis 6 Wochen lang Reaktionen, wobei das Maximum um die zweite bis dritte Woche liegt. Neu hinzukommende Nervenpunkte müssen auf dieselbe Art behandelt werden.

Sind die maßgebenden Stellen im Laufe der Kur unempfindlich geworden, so wird die Massage langsam abgebaut; etwa in dem Sinne, daß zunächst zweimal in der Woche, dann einmal in der Woche, dann einmal alle 14 Tage, eventuell noch einmal nach 4 Wochen dieselbe Stelle massiert wird. Verbleibende druckschmerzhafte Stellen, auch solche mit Ausstrahlungstendenz, können dann vernachlässigt werden, wenn sie dem Patienten keine Schmerzen verursachen. Es wird kaum jemals gelingen, Rheumatiker oder Patienten mit anderen chronischen schmerzhaften Erkrankungen zu finden, die auch bei völliger Beschwerdefreiheit über keine derartigen Punkte verfügen, die nicht noch massiert werden könnten. Für die Beendigung der Kur ist die Schmerzfreiheit des Patienten im alltäglichen Leben wichtig und bei der Massage von Punkten, die augenblicklich keine Beschwerden verursachen, muß immer überlegt werden, daß dadurch sehr leicht schlummernde Herde aktiviert werden können, die zu einer Propagation des Leidens führen, das ja in den meisten Fällen durch konstitutionelle Veranlagung, gebahnte Reflexe oder schon bestehende irreparable Schäden in Bereitschaftsstellung vorhanden ist.

Auch durch die *Periostmassage* gelingt es gleichzeitig, mit der Besserung des behandelten Knochens andere neural gekoppelte Organbezirke des gleichen Körpersegments zu beeinflussen. Die bei der Palpation gefundene Druckschmerzhaftigkeit umschriebener, gelegentlich nur auf Millimeter ausgedehnter Knochenbezirke pflegt nach wenigen Behandlungen abzuklingen, gleichzeitig damit verschwinden häufig Schmerzen in den segmentzugehörigen Organen. Die Methode wurde zuerst zur Beeinflussung der Schmerzen bei Magenulcus und bei Angina pectoris verwendet [48], konnte in der letzten Zeit aber auch auf allen anderen chronischen Herderkrankungen mit Erfolg angewandt werden. Hierbei soll sie sogar bezüglich bestimmter reflektorischer Fernwirkungen anderen, auf ähnlichem Prinzip beruhenden Verfahren an Vielseitigkeit, Sensibilität und Wirkungsdauer überlegen sein [48].

Die Periostmassage wird im allgemeinen mit dem Knöchel des Zeigefingers oder Mittelfingers, mit den Kuppen des Mittel- oder Zeigefingers oder mit den Kuppen des Daumens durchgeführt. Die nichtarbeitende Hand kann am Handgelenk oder an den Fingergrundgelenken unterstützen. Außerdem soll auch noch das Körpergewicht des Behandlers und der Widerstand gegen den Boden oder die Sitzfläche bei der Drucksteigerung mit ausgenützt werden.

Nach Aufsuchen der zu behandelnden Stellen, die druckschmerzhaft sein und Schwellungen des Periosts aufweisen sollen, muß beachtet werden, daß der Druck rechtwinkelig bzw. fast rechtwinkelig auf die Knochenstelle trifft, da sonst die Gefahr des Abgleitens besteht. Der auf das Periost bzw. den Knochen ausgeübte Druck soll zwischen 2 und 15 kg schwanken, wobei die Druckintensität von der individuellen Schmerzempfindlichkeit des Patienten, seinem Alter, der Konstitution, der Art der Erkrankung usw. abhängt. Der Ansatz des Druckes soll zunächst vorsichtig sein, aber an Stärke zunehmen, bis man den Widerstand des Knochens deutlich fühlt. Nun wird die Intensität weiterhin gesteigert, und zwar so lange, bis der Patient den Schmerz, der dabei entsteht, noch nicht als unangenehm empfindet. Gleichzeitig damit setzt eine kaum wahrnehmbare Kreisbewegung — keine bohrende Bewegung — ein. Es handelt sich also um eine rhythmisch ausgeführte Druckmassage. Auch beim Nachlassen des Druckes darf die Verminderung nur so weit gehen, daß der Kontakt zum behandelten Knochenpunkt noch gewahrt bleibt. Die Behandlungsdauer jedes einzelnen Punktes soll im allgemeinen 3 bis 5 Minuten nicht überschreiten. Anschließend muß das Gewebe gut durchgearbeitet werden. Die Dauer einer Gesamtbehandlung wird mit 20 bis 30 Minuten begrenzt. Ebenso wie bei der Nervenpunktmassage werden derartige Kuren mit ein- oder zweitägigen Intervallen bis zur Schmerzfreiheit durchgeführt und dann langsam abgebaut.

Die Behandlung kann überall dort erfolgen, wo am Knochen eine Haltefläche gefunden wird und wo es gelingt, die Muskulatur und die anderen Weichteile möglichst zur Seite zu schieben. Der Patient ist stets so zu lagern, daß er dem Massagedruck nicht ausweichen kann.

Seine Empfindungen sind während der Periostmassage unterschiedlich. Die Schmerzen können sich ohne weiteres während der Behandlung eines Punktes steigern. Bei schmerzhaften Krankheitszuständen wird die Massage, abgesehen von der schmerzbefreienden Nachwirkung, in der Regel nicht als unangenehm, sondern geradezu als wohltuend empfunden. Nicht selten geben die Patienten eine Ausstrahlung des Schmerzes in Bezirke an, die nicht dem unmittelbaren Verlauf sensibler Nerven entsprechen. Fast immer kommt es bei richtig dosierter Massage zu Wärmeempfindungen in der Umgebung des Massagepunktes.

Häufig läßt sich nach der ersten Behandlung eine flache weiche Gewebsschwellung im Bereich des Periosts tasten, die gleichzeitig auch der Sitz der Druckschmerzhaftigkeit ist. Diese Schwellung geht nach 3 bis 5 Tagen zurück, wenn nicht weiter behandelt wird. Entscheidet sich der Arzt, am nächsten oder übernächsten Tag zu massieren, wird die Schmerzhaftigkeit während der Sitzung etwas stärker als bei der ersten, läßt aber bei den folgenden Sitzungen immer mehr nach, um schließlich ebenfalls zu verschwinden.

Kontraindikationen dieser Behandlung stellen alle akut entzündlichen Prozesse dar sowie Knochenstellen, in deren unmittelbarer Nähe Nerven austreten.

Da die örtlichen Wirkungen der Periostmassage vor allem in einer Förderung der Durchblutungs- bzw. Ernährungsverhältnisse und in einer Beeinflussung der Regenerationsvorgänge des Knochens beruhen, dürften mit dieser Methode die trophischen Nervenfasern besonders beeinflußt werden. Daneben konnten aber vor allem auch bei der Bekämpfung von Schmerzzuständen verschiedener Herkunft ausgezeichnete Erfolge erzielt werden. Die Massage der dem Segment zugehörigen Rippen bei Ulcus-, Gallenblase- oder Angina pectoris-Schmerzen führt regelmäßig zum Erfolg, wenn alle druckschmerzhaften Stellen gefunden und richtig behandelt werden. Näheres siehe bei der Besprechung der einzelnen Organe.

Besonders günstige Voraussetzungen für die Massage der Muskulatur bieten die *Unterwasserstrahlgeräte*. Sie ermöglichen es, mit einem je nach Wahl der Düse verschieden dicken Wasserstrahl Haut und Muskulatur mit einem Druck von 1 bis 10 Atmosphären zu behandeln. Durch das Verweilen im warmen Wasser ist die Muskelspannung des Patienten schon an und für sich wesentlich erniedrigt, so daß diese Druckmassage verhältnismäßig tiefe Gebiete erreichen kann. Außerdem bewirkt das warme Wasser bis zu einem gewissen Grade eine Schmerzlinderung, so daß es nicht so schnell zur Bildung reflektorischer Abwehrspannungen kommt. Selbstverständlich erhält man auch hier wie bei der Segmentmassage die besten Ergebnisse, wenn vor allem die erkrankten Segmente behandelt werden, wobei zur Vermeidung von Nebenwirkungen nach gewissen Schemata vorgegangen werden muß. Man hält sich am besten bei schräger Strahlrichtung an diejenigen der Bindegewebsmassage und bei senkrecht auftretendem Strahl an dasjenige der Segmentmassage (S. 121 ff.). Bei der Unterwassermassage müssen Dauer und Druck langsam gesteigert werden, da es sonst zu beträchtlichen Reaktionen mit Muskelkater, Gelenksschmerzen, akuten Exazerbationen chronischer Erkrankungen usw. kommen kann. Diese Behandlung besitzt als unsere wirksamste Massagemethode auch die stärksten Nebenwirkungen.

Eine ähnliche Entspannung der Muskulatur und damit eine ideale Vorbereitung für die Massage bewirkt die *Sauna*. Es kommt hier zu einer ausgeprägten Hyperämie der muskulären Anteile des Körpers, die nicht nur stoffwechselfördernd wirkt, sondern infolge der starken Wärmeentwicklung auch mit einer teilweisen Anästhesierung einhergeht und dadurch erst bei weit stärkeren Massagen als normalerweise zu reflektorischen Muskelanspannungen führt. Auch hier lassen sich tiefe Muskelpartien besser erfassen und können sonst therapieresistente Spondylarthrosen oder Coxarthrosen noch günstig beeinflußt werden. Sowohl die Unterwasserstrahlmassage als auch die Massage nach vorheriger Sauna sind also vor allem dort indiziert, wo große Muskelpakete des Körpers möglichst tief durchzuarbeiten sind.

Bei der *Elektrotherapie* der Muskulatur zeichnen sich vor allem Kurzwellen- und Radarbestrahlung dadurch aus, daß sie zu einer lokalisierten Durchwärmung und Hyperämie von Muskelabschnitten führen, die dann entweder anschließend unter besseren Bedingungen massiert werden können oder ohne jedwede Massage durch Förderung der Stoffwechselvorgänge die Beseitigung krankhafter Muskelhärten bewirken. Während mit der Kurzwellenbestrahlung tiefe Regionen des Körpers noch gut durchwärmt werden können, ist der Radarbestrahlung bei mehr oberflächlich lokalisierten Muskelverhärtungen insofern der Vorzug einzuräumen, als sie durch ihre optischen Eigenschaften wesentlich exakter lokalisierbar ist. Man wird also der Radarbestrahlung als Massagevorbereitung bei der Behandlung von Myogelosen oder Nervendruckpunkten den Vorrang geben und die Kurzwellenbestrahlung für die Behandlung von Erkrankungen der Hüftgelenke, Prostata, Nieren usw. verwenden.

Ist wegen Hautveränderungen oder aus anderen Gründen eine Massage mancher Muskelabschnitte nicht möglich, so lassen sich häufig noch durch die Erzeugung rhythmischer Muskelkontraktionen mit Hilfe von Impulsströmen gute Wirkungen erzielen. Die Elektromassage stärkt nicht nur die Muskulatur und fördert die Stoffwechselvorgänge, sondern kann auch bei geeigneter Dosierung und längerer Anwendung zur Beseitigung von Myogelosen, Hartspann, ja selbst von Kalkablagerungen in Bursen führen. Sie gestattet außerdem durch Bestimmung der Reizschwelle, die eben Muskelkontraktionen, und derjenigen, die eben Schmerzen bewirkt, einen Einblick in den Verlauf des Krankheitsgeschehens und in die therapeutischen Erfolge. Auch hier müssen wieder die in Abb. 54 bis 57 dargestellten Reizpunkte verwendet werden.

Schließlich kann der Ultraschall, besonders in Form des Impulsschalles, mit großem Vorteil für die Behandlung von Nervendruckpunkten, Myogelosen und auch von Hartspann verwendet werden. Er besitzt ebenso wie die Elektrotherapie in gewissen Frequenzbereichen anästhetische Effekte und ist deshalb auch für die Beseitigung der reinen Hyperalgesie gut geeignet.

Muskelkontrakturen können mit den verschiedensten Schmerzzuständen des Körpers vergesellschaftet sein, und nicht selten sind diese nur durch Behandlung der Muskulatur zu beseitigen. Diese Tatsache kennen nur wenige Ärzte, weshalb viele Patienten jahrelang von oft beträchtlichen Beschwerden geplagt werden, ohne daß ihnen geholfen wird. So ist ein Großteil aller *posttraumatischen Kopfschmerzen* mit lokalisierten Muskelkontrakturen in den Kopf- und Nackenmuskeln verbunden [49]. Ähnliche Veränderungen findet man bei den meisten anderen Arten des Kopfschmerzes.

Solche Zustände ließen sich auch bei Muskelrheumatismus an den Oberschenkeln nachweisen [50], wo man bei Einführung der Nadelelektrode in den hierfür verantwortlichen Trigger-point mächtige Aktionspotentiale im Elektromyogramm fand. Dies weist darauf hin, daß die Muskelkontraktion sehr häufig streng lokalisiert sein kann, obwohl ein diffuser Schmerz in ganzen Muskelpartien empfunden wird [51].

Infiltriert man derartige Stellen mit einigen cm^3 einer 1%igen Novocainlösung, so verschwinden Kopfschmerzen oder andere rheumatische Beschwerden meist schlagartig und lassen sich auch durch Druck auf die früher äußerst empfindlichen Myogelosen nicht mehr hervorrufen [52]. Manche Autoren [49] glauben allerdings, daß die Kopfschmerzen nur bis sechs Monate nach dem Trauma durch derartige Novocaininjektionen beseitigt werden können. Liegt das Trauma weiter zurück, so ist kaum mit einer Besserung zu rechnen.

Da Injektionen, vor allem in die Nackenmuskulatur, gelegentlich Rückenmarksschädigungen hervorrufen können und derartige Eingriffe besonders in der Nähe des Foramen magnum und des Atlas gefährlich sind, wird trotz der oft dramatischen Erfolge von vielen Stellen die länger dauernde weniger dramatische, dafür aber auch gefahrlosere Anwendung von Hitze, Chiropraxis und Massage empfohlen, die in den meisten Fällen ebenfalls gute Resultate bringt.

Lassen sich keine eindeutigen Trigger-points finden oder führt ihre Infiltration nicht zum gewünschten Erfolg, soll die Anästhesie des Nervus occipitalis major und des Punctum nervosum (Nervus occipitalis minor, Nervus auricularis magnus) versucht werden. Sie beseitigt die meisten Hinterhauptschmerzen, unabhängig davon, ob sie durch Traumen, Spondylarthrose, Pulposushernien, Kopfherde oder die Arteria vertebralis bedingt sind. Häufig genügt für die Anästhesie die Anwendung des Impulsschalles (S. 173) oder die Ionomodulatorbehandlung. Bei Vorliegen posttraumatischer Kopfschmerzen darf keineswegs nur an Novocaininjektionen, Hitzeanwendung, Chiropraxis oder Massage der Nackenmuskulatur gedacht, sondern es müssen auch alle anderen Ursachen derartiger Beschwerden in Betracht gezogen werden. So konnte von SIMONS, DAY, GOODELL und WOLFF [53] nachgewiesen werden, daß Kontraktionen der Skelettmuskulatur an Kopf und Nacken reflektorisch von allen Teilen des Kopfes, und zwar sowohl im Gehirn als auch außerhalb der Schädeldecke, ausgelöst werden können. Schließlich können solche Zustände auch Zeichen einer weiterbestehenden Angst, Anspannung oder Kampfstellung des Organismus im Gefolge des Unfalles darstellen und müssen damit psychotherapeutisch behandelt werden. Ebenso kann auch von einem Teil eines Segmentes aus, der als Fokus wirkt, eine zentrale Verbreitung des Reizes innerhalb des ganzen Segmentes erfolgen und sogar auf benachbarte Segmente übergreifen, wodurch es ebenfalls zu Kopfschmerzen kommt, die in diesem Falle nicht einmal im Cerebrum selbst oder an der Schädeldecke gelegen sind [54].

So verursachen hypertone Kochsalzinjektionen (0,1 cm^3 einer 4%igen Kochsalzlösung), in die hinteren Cervicalmuskeln nahe an deren occipitaler Insertion und in den Musculus occipitalis selbst verabreicht, Schmerzen, die nach vorne ausstrahlen und ein Band bilden, das den Kopf halb umschließt und seine größte Intensität an den Schläfen und der Stirne über den Augen besitzt. Injektionen 2 bis 5 cm unterhalb des Occiput bewirken Schmerzen im Hinterhaupt bis zum Scheitel. Werden die Injektionen noch weiter unten gegeben, so treten nur Schmerzen in den Cervicalmuskeln auf. Injektionen in das obere Ende des Musculus sternocleidomastoideus verursachen Schmerzen, die in der Temporalregion empfunden werden, und solche in die epicraniale Aponeurose bewirken Schmerzen, die hinter die Augen verlegt werden [55, 56].

Auch Narben in diesen Segmenten können die Ursache von Kopfschmerzen sein. WEDDELL [51] fand, daß dort, wo die feinen, nicht myelierten Nervenfasern kolbenartige Schwellungen aufwiesen, von diesen anscheinend die afferenten pathologischen Stimuli ausgingen. Die Patienten besaßen an diesen Stellen deutlich erniedrigte Schmerzschwellen, die jahrelang — in einem Fall über sechs Jahre — bestanden. Da sehr viele Traumen des Kopfes mit Narbenbildungen im Bindegewebe von Kopf und Nacken einhergehen, können auch von dort aus dauernde Schmerzimpulse zu anhaltenden Kopfschmerzen führen [52].

Schließlich können die Gefäße des Gehirns selbst die Ursache derartiger Kopfschmerzen sein, was sich vor allem am pulsierenden Charakter derselben erkennen läßt. In diesen Fällen helfen Ergotamintartrat-Injektionen oder -Tropfen am besten. Die Beschwerden ähneln auch am meisten der Migräne. Die zahlreichen möglichen Zusammenhänge zwischen Organerkrankungen und reflektierten Kopfschmerzen, welche differentialdiagnostisch in Frage kommen, werden am besten in den einzelnen Kapiteln nachgelesen. Dort ist auch die jeweilige Behandlung ersichtlich.

Großen Raum nehmen die von Augen, Nebenhöhlen, Ohren, Zähnen, Tonsillen und Eingeweideorganen reflektierten Kopfschmerzen ein. Die einander jeweils zugeordneten Zonen wurden auf S. 49 ausführlich beschrieben. Ihre Behandlung muß in erster Linie auf die Ausheilung oder Isolierung der Organerkrankung gerichtet sein. In zweiter Linie kommt die Unterbrechung der efferenten sympathischen Bahnen von Th_1 in Frage. Schließlich können auch noch entlang der Gefäße vegetative Fasern ins Gehirn ziehen, weshalb die Arteria carotis communis und die Arteria vertebralis umspritzt werden sollen. Die Blockade des Nervus vagus sowie die Lokaltherapie einander zugeordneter hyperalgetischer Zonen stellt darum den letzten Schritt im Behandlungsplan dar.

Auf alle möglichen Ursachen des Kopfschmerzes abgestimmt, sieht er folgendermaßen aus:

1. Heilung oder nervöse Isolierung des erkrankten Organs.
2. Blockade des Ganglion stellatum, cervicale medium oder supremum.
3. Umspritzung der Arteria carotis communis oder Arteria vertebralis.
4. Blockade des Nervus vagus.
5. Anästhesie des Nervus occipitalis major und des Punctum nervosum.
6. Anästhesie hyperalgetischer Areale, die mit der Erkrankung im Zusammenhang stehen können.
7. Lokaltherapie in Form von Chiropraxis, Nervenpunktmassagen, Bindegewebsmassagen und Periostmassagen, physikalischer Therapie.

Die wirkungsvollen Eingriffe werden in Abständen von 2 bis 3 Tagen 10mal wiederholt. Wenn nötig, werden zusätzliche Medikamente und Diät verordnet.

Ähnlich viele Ursachen kann das *Schulter-Arm-Hand-Syndrom* aufweisen. Es geht vor allem mit Schmerzen in Haut, Muskulatur und Knochen des Schultergürtels, des Armes und der Hand einher, die nach einigen Tagen oder Monaten von vasomotorischen und trophischen Veränderungen gefolgt werden. Zunächst kommt es nur zu Schwellung, Steifheit und Verlust der normalen Hautstruktur sowie zu Vasodilatation mit erhöhter Oberflächentemperatur und Schweißneigung. Später verschwindet die Vasodilatation und die Haut wird blaß und trocken, gelegentlich auch zyanotisch, dann erscheinen trophische Veränderungen, die auch auf die Muskulatur übergreifen, wobei vor allem die Handmuskeln atrophisch werden und Deformationen sowie Dupuytren-ähnliche Kontrakturen auftreten. Der Patient klagt fast regelmäßig über Parästhesien und Anästhesien im Bereiche der Hand. Dieser Symptomenkomplex kann nun durch verschiedene Ursachen ausgelöst werden, die gefunden werden müssen, wenn eine Heilung erreicht werden soll. So kann der Schmerz in der Schulter selbst entstehen, z. B. durch eine Fraktur des Humerus, eine Tendinitis oder durch einen Riß im Ligamentum supraspinatum, durch eine rheumatische Arthritis (Abb. 61) usw. Der Schmerz kann aber auch von weit her in die Schulter reflektiert werden, wie z. B. bei Zwerchfellerkrankungen in den oberen Rand des Musculus trapezius und in die Spitze des Schultergelenkes. Bekanntlich werden sowohl das Zwerchfell als auch dieser Teil der Schulter vom 4. Cervicalsegment sensibel versorgt; deswegen können Impulse, die vom Diaphragma in dieses Segment gelangen, irrtümlicherweise vom Gehirn in die Schulter lokalisiert werden (S. 43). Auch anginöse Beschwerden gehen häufig mit diesem Syndrom einher, da die afferenten Bahnen vom Herzen nicht nur das 1., 2., 3. und 4. Thoracalsegment, sondern häufig auch über accessorische sympathische Fasern die letzten Cervicalsegmente (C_4, C_5, C_6) betreten (Abb. 76).

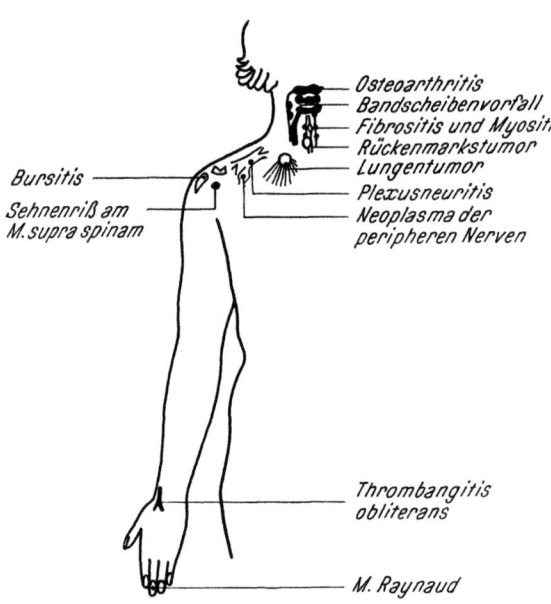

Abb. 61. Ursachen des Schulter-Arm-Hand-Syndroms

Der Schmerz kann sich von den Thoracalsegmenten, aber auch intrasegmental ausbreiten, wie LORENTE DE NÓ schon 1938 zeigte (S. 43, 189). Danach existiert eine Reihe von Neuronen in der grauen Substanz des Rückenmarks, die Impulse über mehrere Segmente hin verbreiten können. Diese Zwischenneuronen können nun sowohl die motorischen somatischen als auch die motorischen sympathischen efferenten Neuronen erregen und dadurch zur Ausbreitung oder Verlagerung der nervösen Ausfallserscheinungen führen. Schließlich können sympathische Impulse auch innerhalb des Rückenmarks in der Substantia gelatinosa Rolandi über zahlreiche Segmente hin weiterlaufen und in den vorderen Wurzeln des Halsmarks via Plexus brachialis und periphere Nerven in die Hand gelangen (S. 20). Dadurch wurde der sympathische Seitenstrang vollkommen umgangen.

Aus allen diesen Überlegungen heraus sollte bei Schmerzen in Schultergürtel, Armen oder Hand an folgende Ursachen gedacht werden:

1. Lokal: Muskel- oder Bänderverletzungen, Bursitis, Arthritis, Frakturen, Tumoren, Imobilisation.

2. Fokal: Zähne, Mandeln, Lungenspitzen, Herz, Zwerchfell, Leber, Gallenblase, Magen, Bauchspeicheldrüse.

3. Wirbelsäule: Spondylarthrose, Osteochondrose, Frakturen, Arthritis, Pulposus-Hernie, Spondylitis, Knochenmetastasen.

4. Rückenmark: Syringomyelie, Poliomyelitis, Herpes zoster, Tumoren (intra- und extramedulär, primär oder metastatisch).

5. Plexus brachialis: Trauma (Schußverletzung, Hiebverletzung), mechanisch (Halsrippe, Scalenus-anticus-Syndrom, Costoclavicular-Raum).

6. Periphere Nerven: Trauma, Tumor, Neuritis.

7. Periphere Gefäße: Periarteriitis nodosa, Morbus Raynaud, Phlebitis, Aneurysma.

Es bedarf großer Fachkenntnisse und sorgfältiger Untersuchung, um die richtige Ursache zu finden. Häufig kann man schon klinisch durch Anamnese, Palpationsbefund und Bestimmung der HEADschen Zone zu einem Anhalt für die Diagnose

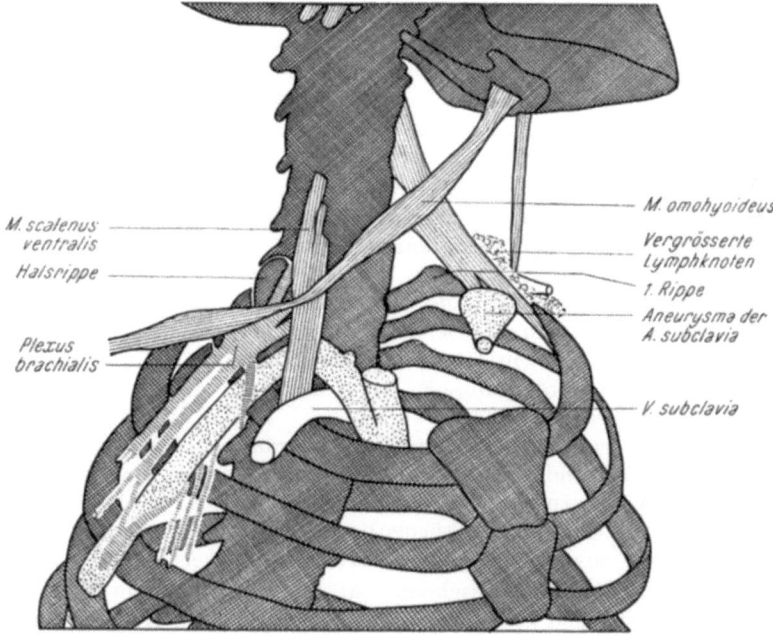

Abb. 62. Ursachen des Scalenus-anticus-Syndroms

gelangen, der dann durch entsprechende Röntgenuntersuchungen, Hauttemperaturmessungen und Gefäßbefunde erhärtet werden muß.

So ist z. B. das Scalenus-anticus-Syndrom bei Frauen im mittleren Lebensalter am häufigsten. Die Beschwerden können akut oder chronisch sein. Anomalien, wie tiefer liegender Ursprung des Plexus brachialis oder ungewöhnliche Rückwärts- und Abwärtsbewegungen der Schulter sowie stärkste Abduktion des Armes, können Schmerzen auslösen oder bestehende Beschwerden verstärken. Auch intensive Atemexkursionen können Schmerzen hervorrufen. Bei Obstruktion der Vena subclavia treten intermittierend schmerzhafte und ödematöse Schwellungen des Armes auf. Sympathicusirritationen gehen mit lokaler Verringerung der Transpiration, mit Pupillenveränderung und Ptosis des Augenlides (HORNERsches Syndrom) einher (Abb. 62).

Hat man sich aus eventuellen Veränderungen des Radialispulses und Blutdrucks bei Bewegungen des Armes und Schultergürtels, aus der Schmerzhaftigkeit einzelner Muskelpartien, den HEADschen Zonen, und der Druckschmerzhaftigkeit von Wirbelkörpern und Gelenken ein Bild über das Ausmaß der Erkrankung gemacht, dann kann meist schnell geholfen werden. So wird bei schmerzhafter Spannung des Musculus scalenus eine Lokalanästhesie Erleichterung schaffen. Aber auch die anderen Muskelpartien, Trigger-points und Myogelosen lassen sich durch solche Infiltrationen gut beeinflussen. Oftmals genügen Ruhebehandlung, physikalische Maßnahmen und Verabfolgung von Analgetica. Anderseits kann es unter Umständen auch erforderlich sein, z. B. den Scalenus ventralis chirurgisch im Bereich der Insertion zu durchtrennen, eine Halsrippe zu entfernen, eine Glissonschlinge anzulegen, Röntgenbestrahlungen zu verordnen usw. In diesen Fällen ruft aber die Neuraltherapie häufig ebenfalls teilweise Besserung der Schmerzen hervor. Gerade der zu geringe Erfolg läßt dann den Arzt an andere Krankheitsursachen denken, als primär angenommen wurde.

Das Mittel der Wahl bei fast allen durch Neuraltherapie zu beeinflussenden Formen des Schulter-Arm-Hand-Syndroms ist der Stellatumblock. Über das Ganglion stellatum ziehen die meisten nervösen Impulse, sowohl vom Kopf als auch von den Brust- und Bauchorganen, die pathologische Veränderungen in Schultergürtel und Hand bewirken. Bleiben Restbeschwerden oder ist dieser Eingriff wirkungslos, müssen die afferenten Bahnen der fraglichen Ursache blockiert werden. Erst wenn man damit kein Auslangen findet, werden die efferenten Bahnen zum schmerzhaften Ort unterbrochen. Dieses Vorgehen ist deswegen zu empfehlen, weil bei wirkungsvoller Blockade der afferenten Bahnen auf den Fokus geschlossen und dieser dann außerdem noch chirurgisch oder medikamentös angegangen werden kann, wodurch die Erfolgsaussichten steigen.

Für die Unterbrechung der afferenten Bahnen wird am besten in den Abschnitten über die in Frage kommenden Organe nachgelesen. Die efferenten Bahnen umfassen außer dem Ganglion stellatum derselben Seite vor allem die Ganglia cervicale medium, supremum, das Ganglion nodosum, die paravertebralen Ganglien von Th_2 bis Th_5 und die somatischen Nerven sowie die Arterien des Schultergürtels. Daneben ist aber auch an die Entwicklung von Axonreflexen mit hyperalgetischen Zonen in Haut, Muskulatur und Knochen zu denken, die ebenfalls ausgeschaltet werden müssen, da sie nicht nur schmerzhaft sind, sondern zu neuen Herden werden können.

Außer den Novocain-Infiltrationen und intraarteriellen Injektionen sollen besonders bei langdauernden Erkrankungen, die schon zu bleibenden Veränderungen in Haut, Muskulatur und Periost geführt haben oder durch dauernden Muskelzug eine Verlagerung der Wirbelkörper bewirkten, Bindegewebs-, Nervenpunkt- und Periostmassage sowie Chiropraxis durchgeführt werden.

Das allgemeine Behandlungsschema für das Schulter-Arm-Hand-Syndrom, aus dem für den speziellen Fall die einzelnen Punkte zu wählen sind, sieht demnach folgendermaßen aus:

1. Stellatumblock.
2. Unterbrechung der afferenten Bahnen des fraglichen Herdes (hintere Wurzeln von C_2 bis Th_5, Ganglien).
3. Subcapitale Ganglioninjektionen.
4. Paravertebrale Blockaden von Th_2 bis Th_5.
5. Anästhesie der zugehörigen somatischen Nerven.
6. Umspritzung von Arteria carotis communis, axillaris, brachialis oder radialis.
7. Intraarticuläre Injektionen.
8. Infiltration hyperalgetischer Zonen und von Myogelosen, die mit der Erkrankung in Verbindung stehen könnten.
9. Bindegewebs-, Nervenpunkt- und Periostmassage, physikalische Therapie hyperalgetischer Areale, die mit der Erkrankung in Verbindung stehen können.

Wesentlich seltener als die Nacken- und Schultergürtelmuskulatur sind die Muskeln des Brustkorbes und der oberen Lendenwirbelsäule schmerzhaft kontrahiert. Hier können fast stets im Segment liegende Organerkrankungen gefunden werden. Die Behandlung besteht dementsprechend in der Abheilung dieser Erkrankungen, und erst in zweiter Linie kommt die Beseitigung organischer Veränderungen in Bindegewebe und Knochen, wie sie durch langdauernde nervöse Impulse entstehen können, in Frage. Die jeweils erforderlichen Maßnahmen können bei der Neuraltherapie der jeweiligen Organerkrankungen und in den allgemeinen Kapiteln über die Therapie der Bindegewebs- und Muskelerkrankungen nachgelesen werden.

Für die Ausschaltung der afferenten sympathischen Impulse, die vom erkrankten Organ ziehen, stellen auch hier wieder die Anästhesie der hinteren Wurzeln und die paravertebrale Sympathicusblockade das Mittel der Wahl dar. Daneben darf aber nicht auf die Blockade peripher gelegener sympathischer Ganglien, wie z. B. des Ganglion coeliacum, vergessen werden, da dort die Nervenbahnen oft am besten gesammelt sind. Mit den beiden letzten Eingriffen werden in der Regel auch schon die meisten efferenten Bahnen erfaßt. Sind die Erfolge noch nicht zufriedenstellend, kann eine Novocainumspritzung der Aorta abdominalis in Segmenthöhe versucht werden. Schließlich führen auch die subcutane Novocain-Prednisolon-Infiltration in hyperalgetische Hautabschnitte, die Anästhesie von Trigger-points oder von hyperalgetischen Muskelpartien und die Lokaltherapie mit Massage und Hyperämisierung nicht selten zum gewünschten Erfolg.

Noch häufiger als das Schulter-Arm-Hand-Syndrom sind *Lumbago* und *Ischiasneuralgien*, die sich allerdings trotz vieler gemeinsamer Eigenschaften in anderen Dingen wesentlich von ersterem unterscheiden. So kommt es kaum zu Schwellungen des Oberschenkels oder Fußes, zu Erhöhungen der Hauttemperatur in diesen Bereichen oder zu Hyperhidrosis. Wohl aber können eine beträchtliche Hyperalgesie, Muskel- und Knochenatrophie, Parästhesien, Anästhesien sowie Kontrakturen vorhanden sein. Für die geringe Ausprägung vieler sympathischer Reizsymptome dürfte vor allem der sympathische Grenzstrang verantwortlich sein, der schon an den oberen Lendenwirbelkörpern zu enden pflegt (Abb. 1). Dadurch ist die Versorgung der unteren Extremitäten mit efferenten sympathischen Fasern in der Regel nicht so gut wie an den oberen Extremitäten. Trotzdem lassen sich alle bei den oberen Extremitäten erwähnten Ausfallserscheinungen auch hier deutlich erkennen.

Als Ursache kommen wieder in Frage:

1. *Lokal:* Muskelverletzungen, besonders Abrisse an den Ansatzstellen der langen Rückenmuskeln, Knochen, Arthritiden des Sacro-iliacal-Gelenkes oder Hüftgelenksfrakturen, Tumoren, Immobilisation.

2. *Fokal:* Nierenbecken, Harnleiter, Blinddarm, Dickdarm, Harnblase, Gebärmutter, Adnexe, Ovarien, Prostata, Hämorrhoiden, Urethritis, Nebenhodenentzündungen, Hodenentzündungen.

3. *Wirbelsäule:* Frakturen, Arthritis, Spondylarthrose, Osteochondrose, Spondylitis, Pulposus-Hernien, Knochenmetastasen, Osteosarcome.

4. *Rückenmark:* Tabes dorsalis, Poliomyelitis, Herpes zoster, Tumoren (intra- und extramedullär, primär oder metastasisch).

5. *Nervus ischiadicus:* Trauma, Osteochondrose, Spondylarthrose, Pulposus-Hernie, Spondylolystesis.

6. *Periphere Nerven:* Trauma, Tumor, Neuritis.

7. *Periphere Gefäße:* Periarteriitis nodosa, Claudicatio intermittens, Phlebitis, Aneurysma.

Auch hier ist große Fachkenntnis nötig, um nach sorgfältiger Untersuchung die richtige Krankheitsursache zu finden. Anamnese, Bestimmung der HEADschen Zonen, Palpation der Muskulatur und Bestimmung der Druckschmerzhaftigkeit der Dornfortsätze liefern nicht selten den nötigen Anhalt für die Diagnose, der dann durch entsprechende Röntgenuntersuchungen, gynäkologische, urologische Befunde usw. erhärtet werden muß.

Glaubt man ein erkranktes Organ gefunden zu haben, muß dessen Heilung oder wenigstens nervöse Isolierung mit allen Mitteln versucht werden, damit die Schmerzen schwinden und dem Circulus vitiosus (Schmerz-Hypoxie — stärkerer Schmerz — stärkere Hypoxie mit Gewebsschädigung usw.) ein Ende gesetzt wird. Gelingt die Fokussanierung nicht, müssen die efferenten Bahnen blockiert werden, die zu den Orten des größten Schmerzes führen. Schließlich ist wieder die Lokaltherapie hyperalgetischer Areale vorzunehmen, die mit der Erkrankung in ursächlichem Zusammenhang stehen können. Das Therapieschema für Lumbago und Ischiasneuralgien sieht demnach folgendermaßen aus:

1. Unterbrechung der afferenten Bahnen der fraglichen Herde (hintere Wurzel von Th_9 bis L_5, Ganglion coeliacum, renale, mesentericum inferior usw.), intraprostatale Novocaininfiltrationen.

2. Paravertebrale Blockaden von Th_9 bis L_5.

3. Präsacrale oder epidurale Novocaininfiltration.

4. Anästhesie der zugehörigen somatischen Nerven.

5. Novocainumspritzung der Arteria iliaca communis, Arteria femoralis, Arteria poplitea oder intraarterielle Injektion.

6. Intraarticuläre Injektion.

7. Anästhesie hyperalgetischer Zonen in Haut oder Muskulatur, die mit der Erkrankung in ursächlichem Zusammenhang stehen können.

8. Lokaltherapie dieser Zonen in Form von Bindegewebs-, Nervenpunkt- und Periostmassage, physikalische Therapie.

Pro Sitzung sollen so viele Eingriffe als möglich vorgenommen werden. Diejenigen Eingriffe, mit denen vollkommene Schmerzfreiheit erzielt wird, wiederholt man in Abständen von 2 bis 3 Tagen zehnmal. Die feinere Auswahl und Reduzierung der Behandlungsarten auf das für die Erzielung der Schmerzfreiheit unbedingt nötige Ausmaß muß jeweils der Kunst des Arztes überlassen werden, da von Patient zu Patient doch beträchtliche Variationen in der Auswahl der Haupt- und Nebenbahnen von pathologischen Impulsen bestehen. So wird man bei Verdacht auf Appendicitis als Ursache der Ischiasschmerzen bei Th_9 mit der Anästhesie beginnen, bei einer Prostatitis aber in der Höhe von L_2. Das ausgewählte Schema stellt nur eine Handhabe zum besseren Verständnis der jeweils einzuschlagenden Methodik dar. Nur Eingriffe, die sicher beherrscht werden, sollen durchgeführt werden. Fehlt bei einer Injektionsart die nötige Erfahrung, versuche man lieber mit der nächstfolgenden oder mit physikalischer Therapie das gewünschte Ziel zu erreichen.

Die hier angeführten Infiltrationen lassen sich in ihrer Wirkung durch Ruhiglagerung des Patienten, Verabreichung von Analgeticis, von Cortisonderivaten oder Depot-ACTH noch wesentlich verstärken. Unbedingte Voraussetzung für die Erreichung eines anhaltenden therapeutischen Erfolges ist die Beseitigung jedweder bakteriellen Infektion in den fraglichen Herdgebieten. Besteht eine solche Infektion, ist der Infiltrationseffekt nur vorübergehend und wird nicht selten von um so stärkeren Beschwerden gefolgt. Solche Mißerfolge können geradezu als Zeichen für das Bestehen übersehener oder nicht erkannter bakterieller Herde gewertet werden.

Selbstverständlich muß neben der Neuraltherapie in entsprechenden Fällen auch an Röntgenbestrahlungen, Gipsbett oder chirurgische Eingriffe gedacht werden. Häufig liegt aber der Erfolg nur im Zusammenwirken aller Heilmethoden und muß im Anschluß an chirurgische Eingriffe oder Röntgenbestrahlungen noch infiltriert werden, um den Patienten von den schädlichen Folgen derartiger Maßnahmen zu bewahren oder um Restsymptome zu beseitigen.

Aus den bisherigen Ausführungen geht hervor, daß auch bei der Behandlung von *rheumatischen Gelenkserkrankungen* nicht nur der Fokus und das Gelenk, sondern auch die Haut und vor allem die Muskulatur in Betracht gezogen werden müssen. Gelingt es nicht, einen Herd als Ursache derartiger Gelenksveränderungen zu eruieren oder sind diese schon so alt, daß es zu organischen Veränderungen in Haut, Muskulatur und Knochen gekommen ist, so müssen letztere einzeln in den Behandlungsplan eingebaut werden. Wir gehen hierbei nach einem eigenen Schema vor, das zum besseren Verständnis bei den wichtigsten Gelenken mit einer Abbildung illustriert ist.

Bei Erkrankungen des *Schultergelenkes* wird die Fokussuche vor allem an Zähnen (S. 200), Mandeln (S. 204), Halswirbelsäule (S. 177) und Lunge (S. 222) sowie Gallenblase (S. 244) und Leber (S. 243) bei rechtsseitiger, Herz (S. 215), Magen (S. 233) und Bauchspeicheldrüse (S. 244) bei linksseitiger Lokalisation vorgenommen. Sollten sich hier krankhafte Veränderungen zeigen, müssen diese unter allen Umständen soweit beseitigt werden, daß zumindest die nervösen Ausfallserscheinungen im Segment verschwinden. Kommt es hierdurch zu keiner anhaltenden Besserung der Gelenkserkrankung oder ist eine vollkommene Sanierung nicht möglich und wird auch durch chiropraktische Handgriffe keine Besserung erreicht, so soll die Schmerzfreiheit im Schultergelenk der Reihe nach durch folgende Eingriffe angestrebt werden:

1. Stellatumblockade auf der Seite der Erkrankung.
2. Anästhesie der hinteren Wurzeln von C_2 bis Th_5.
3. Phrenicusanästhesie.
4. Subcapitale Ganglionblockade (Ganglion cervicale medium, supremum, Ganglion nodosum, Ganglion submaxillare, Ganglion sphenopalatinum).
5. Paravertebrale Blockade von Th_2 bis Th_5 auf der Seite der Erkrankung.
6. Anästhesie des Nervus axillaris, dorsalis scapulae und subscapularis.
7. Umspritzung der Arteria carotis communis und Arteria axillaris auf der Seite der Erkrankung.
8. Intraarterielle Acetylcholin-Injektion in die Arteria axillaris.
9. Intraarticuläre Prednisolon-Injektion.
10. Novocain-Prednisolon-Injektionen hyperalgetischer Areale in Haut und Muskulatur, die mit der Erkrankung in Zusammenhang stehen können.
11. Lokaltherapie dieser Areale in Form von Bindegewebs-, Nervenpunkt- und Periostmassage sowie von physikalischer Therapie.

In Abb. 63 ist das Behandlungsschema einer Erkrankung des rechten Schultergelenkes im Rahmen des Schulter-Arm-Hand-Syndroms (Fokus Gallenblase) bildlich dargestellt.

Gelegentlich müssen zur Erzielung einer vollständigen Schmerzfreiheit an der oberen Extremität sowohl die der Extremität direkt zugeordneten Wurzeln C_4 bis Th_2 der afferenten Hauptbahnen als auch die sympathischen Nervenbahnen, d. h. die Rami communicantes der zugehörigen Spinalnerven (C_4 bis Th_2) bzw. das Ganglion stellatum und Ganglion cervicale medium und das periarterielle Subclaviageflecht bzw. die radiculäre Fortsetzung der sympathischen Nervenbahnen, behandelt werden. Es müssen also für eine totale Schmerzausschaltung sowohl die hinteren als auch die vorderen Wurzeln der oberen Extremitäten von C_4 bis Th_5 ausgeschaltet werden.

In der Regel läßt sich aber durch einen oder mehrere der oben angeführten Eingriffe die gewünschte Schmerzfreiheit erzielen. Es hängt von der Kunst des

Arztes ab, mit möglichst wenigen derartigen Injektionen das Auslangen zu finden. Hat er sein Ziel einmal erreicht, dann sollen die für die Erzielung der völligen Schmerzfreiheit notwendigen Eingriffe in Abständen von 2 bis 3 Tagen einige Male (bis zehnmal) wiederholt werden. Nach einer derartigen Behandlungsserie ist die pathologische Dysreflexie meist für lange Zeit behoben.

Es kommt häufig vor, daß der Patient bei dieser Behandlungsart angibt, nunmehr wohl keine Schmerzen mehr im Schultergelenk, dafür aber um so deutlichere in den Muskeln des Schultergürtels oder der Halswirbelsäule oder aber in der Haut des Brustkorbes zu verspüren. Diese Beschwerden, die anfangs gar nicht bemerkt wurden, weisen auf bleibende Veränderungen in Haut und Muskulatur hin, die nunmehr separat mit Massagen, Elektrotherapie, Salben, UV-Bestrahlungen usw. (S. 169ff.) behandelt werden müssen.

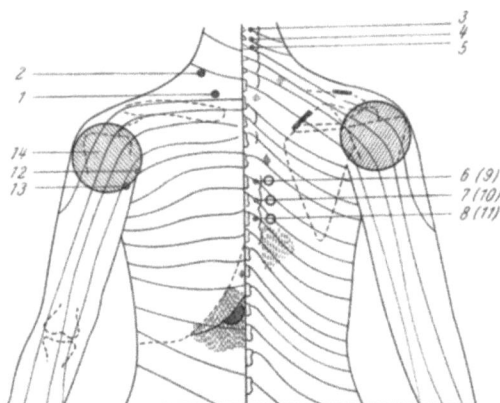

Abb. 63. Behandlungsschema bei einem Patienten mit Beschwerden im rechten Schultergelenk im Rahmen des Schulter-Arm-Hand-Syndroms. Fokus: Gallenblase.

Zunächst werden das Ganglion stellatum (1) und der Nervus phrenicus rechts blockiert (2), da auf diesen beiden Wegen lange afferente Bahnen von der Gallenblase in das Rückenmark ziehen. Wenn keine Schmerzfreiheit eintritt, erfolgt die Blockade der hinteren Wurzeln von C_3 bis C_5 (3, 4, 5), wo die meisten entlang dem Nervus phrenicus verlaufenden afferenten Fasern in das Rückenmark einzutreten pflegen. Waren die bisherigen Eingriffe erfolglos, anästhesiert man die hinteren Wurzeln von Th_8 (6, 7, 8), die alle kurzen afferenten Bahnen von der Gallenblase aufnehmen, um eventuelle lange Bahnungen innerhalb des Rückenmarks oder über das Gehirn zu unterbrechen. Bei Wirkungslosigkeit auch dieser Eingriffe werden Th_6 bis Th_8 (9, 10, 11) paravertebral blockiert, womit alle efferenten Bahnen in Gallenblasenhöhe, mögliche lange Bahnen im Seitenstrang, die schon vor dem Ganglion stellatum abzweigen und über Sekundärherde das Schultergelenk beeinflussen können, ausgeschaltet werden. Anschließend wird der Nervus axillaris infiltriert, mit dem ebenfalls vegetative Fasern für das Schultergelenk laufen können (12). Schließlich umspritzt man die Arteria axillaris (13) entlang der efferenten Bahnen ins Schultergelenk, injiziert Ultracortenol in das Schultergelenk (14) und infiltriert alle Nervendruckpunkte, die über Axonreflexe mit der Erkrankung zusammenhängen können. Als letzter Eingriff werden Periost-, Nervenpunkt- und Bindegewebsmassagen an der erkrankten Stelle vorgenommen

Ähnliche Überlegungen gelten für Erkrankungen des *Ellbogengelenkes*. Meist sind dieselben Herde wie beim Schultergelenk als Ursache anzusehen. Auch die Wirbelsäule kann in den gleichen Abschnitten erkrankt sein. Während aber bei Schultergelenkserkrankungen vorwiegend die oberen vier Halswirbel in Frage kommen, sind für das Ellbogengelenk in der Regel der 5. bis 7. Halswirbel verantwortlich. Ist die Fokussanierung nicht im gewünschten Maße möglich und kann durch die Chiropraxis keine Besserung erreicht werden, so kommen der Reihe nach folgende Eingriffe in Betracht:

1. Stellatumblock.
2. Anästhesie von hinteren Wurzeln von C_5 bis Th_5.
3. Phrenicusanästhesie.
4. Blockade der subcapitalen Ganglien.
5. Paravertebraler Block von Th_2 bis Th_5.
6. Anästhesie der zugehörigen somatischen Nerven (Nervus radialis, ulnaris oder medianus).
7. Umspritzung der Arteria carotis communis axillaris und brachialis.
8. Intraarterielle Injektion in die Arteria axillaris.
9. Intraartikuläre Prednisolon-Injektion.
10. Novocain-Prednisolon-Infiltrationen der schmerzhaften Muskel- und Bindegewebsabschnitte des erkrankten Segmentes und seiner Nachbarn.

11. Lokaltherapie dieser Areale in Form von Bindegewebs-, Nervenpunkt- und Periostmassage, physikalische Therapie.

Auch hier sind wieder so viele Eingriffe als möglich am selben Tag vorzunehmen, um den Patienten schmerzfrei zu machen. Die Behandlungen werden in Abständen von 2 bis 3 Tagen zehnmal wiederholt.

Bei Erkrankungen der *Hand- und Fingergelenke* (Abb. 64) werden am häufigsten die gleichen Ursachen wie vorher gefunden. Die Wirbelsäule allerdings ist meist in den Bereichen C_7 bis Th_5 lädiert. Gelingt es durch Fokussanierung nicht, den Patienten beschwerdefrei zu machen, und übt die Chiropraxis keinerlei Effekt auf die Gelenkserscheinungen aus, wird wieder nach folgendem Behandlungsschema vorgegangen:

1. Stellatumblock.
2. Anästhesie der hinteren Wurzeln von C_7 bis Th_5.
3. Phrenicusanästhesie.
4. Blockade der subcapitalen Ganglien.
5. Paravertebrale Blockade von Th_2 bis Th_5.
6. Anästhesie der zugehörigen somatischen Nerven (Nervus ulnaris, medianus, radialis).
7. Periarterielle Umspritzung der Arteria brachialis und der Arteria radialis.
8. Intraarterielle Acetylcholin-Injektion in die Arteria axillaris.
9. Intraarticuläre Prednisolon-Injektion.
10. Novocain - Predonisolon-Infiltration der schmerzhaften Muskeln und Hautabschnitte des erkrankten Segmentes und seiner Nachbarn.

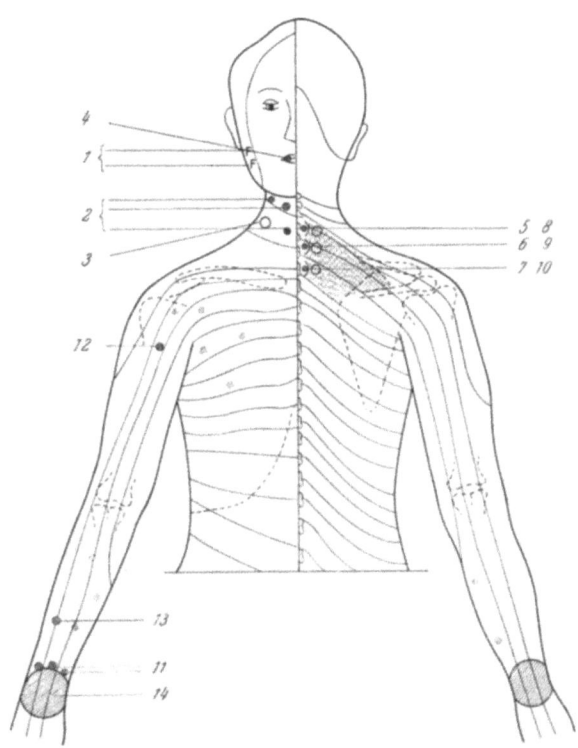

Abb. 64. Behandlungsschema bei einem Patienten mit Arthritis des rechten Handgelenkes. Fokus: Zähne.
Zunächst werden die beiden rechten unteren Zähne (*1*) saniert. Wenn hierdurch kein Erfolg erzielt wird, Stellatumblock und Infiltration des Ganglion cervicale medium und supremum rechts (*2*), wodurch sowohl die afferenten als auch schon die efferenten Bahnen getroffen werden. Weiters kommt die Umspritzung der Arteria carotis communis in Frage, auf der gelegentlich auch afferente Bahnen von den Zähnen nach abwärts laufen (*3*). Anschließend erfolgt die Infiltration des Ganglion submaxillare, das ebenfalls afferente Bahnen von Unterkieferzähnen passieren (*4*), und die Anästhesie der hinteren Wurzeln von Th_2, Th_3, Th_4 (*5, 6, 7*). Wenn hierdurch kein anhaltender Erfolg erzielt wird, vollführt man die paravertebrale Blockade von Th_2, Th_3, Th_4 rechts (*8, 9, 10*), wodurch die meisten afferenten Bahnen, die außer durch das Ganglion stellatum in die Hand ziehen, ausgeschaltet werden. Dann versucht man durch Infiltrationen der zugehörigen somatischen Nerven (Nervus ulnaris, medianus oder radialis) den gewünschten Erfolg zu erreichen (*11*), da mit diesen Nerven auch vegetative Fasern für die einzelnen Handgelenke verlaufen. Weiters werden die Arteria axillaris (*12*) und die Arteria radialis rechts umspritzt (*13*). Anschließend erfolgt die intraarticuläre Injektion in das Handgelenk (*14*), wodurch schon ein Sekundärherd behandelt wird. Die wirkungsvollen Injektionen werden wieder in Abständen bis zu drei Tagen zehnmal wiederholt, die Trigger-points massiert und eine Periostmassage in der Höhe von C_7, Th_1 und Th_2 durchgeführt. Gegen die beginnende Atrophie wird eine Östrogen-Androgen-Kombination verordnet, da diese die trophischen Fasern günstig zu beeinflussen vermag

11. Lokaltherapie dieser Zonen in Form von Bindegewebs-, Nervenpunkt- und Periostmassage, physikalische Therapie.

Der Patient soll so viele Eingriffe der Reihe nach erhalten, bis er vollkommen beschwerdefrei ist. Wenn auch in der Regel die unter Punkt 1 bis 11 angeführte Reihenfolge eingehalten werden soll, da sie erfahrungsgemäß am schnellsten zur Beschwerdefreiheit führt, gibt es doch immer Variationen, wo z. B. Eingriff 1 und 5, nicht aber Eingriff 1 und 2 zur Beschwerdefreiheit führen. In solchen Fällen bleibt es der Beobachtungsgabe und dem Einfühlungsvermögen des Arztes überlassen, ob er die richtige Reihenfolge möglichst schnell findet und dem Patienten dadurch unnötige Injektionen erspart. Auch hier wird der Patient mit einem Intervall von 2 bis 3 Tagen zehnmal bis zur Beschwerdefreiheit behandelt.

Erkrankungen der unteren Extremitäten sind insofern leichter zu behandeln, als die paravertebralen Blockaden gefahrloser und die intraarteriellen Injektionen einfacher sind. Aber auch hier muß nach genauer Festlegung aller Ausfallserscheinungen ein Behandlungsplan für Fokussanierung, Novocain-Infiltrationen, physikalische Therapie, Massagen usw. festgelegt werden, der dann strikt durchgeführt wird. So kommen bei einer Erkrankung des *Hüftgelenkes* als Fokus in Frage: Nieren, Nierenbecken, Ureter, Harnblase, Blinddarm, Analfistel, Hämorrhoiden, Prostatitis, Adnexitis, Uterusmyome, Ovarialerkrankungen, Hoden- und Nebenhodenerkrankungen, Urethritis. Danach sind vor allem die Segmente Th_9 bis L_5 zu untersuchen. Ist eine vollständige Fokussanierung nicht möglich und zeigt die Chiropraxis nicht den gewünschten Erfolg, soll folgendes Behandlungsschema durchgeführt werden:

1. Anästhesie der hinteren Wurzeln von Th_9 bis L_2.
2. Unterbrechung aller anderen afferenten Bahnen vom fraglichen Herd (Ganglioninjektionen, intraprostatale Injektionen usw.).
3. Paravertebrale Blockade von Th_9 bis L_2.
4. Infiltration des Nervus obturatorius und ischiadeicus.
5. Perarterielle Novocain-Infiltration um die Arteria iliaca communis, die Arteria femoralis und poplitea.
6. Intraarterielle Acetylcholin-Injektion in die Arteria iliaca oder femoralis,
7. Intraarticuläre Novocain-Prednisolon-Injektion.
8. Novocain-Prednisolon-Infiltration der hyperalgetischen Muskulatur und Hautabschnitte des erkrankten Segmentes und seiner Nachbarn.
9. Lokaltherapie dieser Zonen in Form von Bindegewebs-, Nervenpunkt- und Periostmassage, physikalische Therapie.

Der erfolgte Eingriff wird zehnmal wiederholt. Die Intervalle zwischen den Injektionen sollen nicht mehr als drei Tage betragen. Sind zwei oder drei Injektionen für die völlige Schmerzfreiheit nötig, wird getrachtet, sie stets gleichzeitig vorzunehmen.

Auch hier muß, wie bei der oberen Extremität (S. 181), überlegt werden, daß gelegentlich für eine totale Schmerzbeseitigung sowohl die hinteren als auch die vorderen Wurzeln von Th_9 bis in das Sacralmark ausgeschaltet werden müssen. Außerdem ist bekannt, daß die operative Denudation der Arteria iliaca externa stechende Schmerzen im Bein im Gefolge hat und Manipulationen an der Arteria poplitea solche in der Fußsohle bewirken. Bleiben also trotz Behandlung der Abschnitte L_1 bis S_5 noch Schmerzen im Bein oder der Fußsohle zurück, so soll eine Novocain-Umspritzung der Arteria femoralis oder Arteria poplitea versucht werden. Da die afferenten, zur Fußsohle in Beziehung stehenden Nervenbahnen durch das periarterielle Geflecht der Arteria plantaris, tibialis und poplitea verlaufen, kann durch sukzessives Distalverlegen der Novocain-Infiltration eine genauere Lokalisation des Schmerzursprunges versucht werden. Bei Erfolglosigkeit von Novocain-Infiltrationen, die proximal von der Arteria poplitea liegen, muß bedacht werden, daß die Schmerzimpulse nicht unbedingt von der Arteria cruralis, iliaca und Aorta direkt in den Grenzstrang gelangen müssen, sondern sehr wohl auch vom periarteriellen Geflecht der Arteria poplitea und Arteria cruralis aus den Weg über den Nervus cruralis ins Rückenmark nehmen können. Anderseits können Impulse, die vom Bein kommen, in seltenen Fällen entlang der Aorta bis weit hinauf ins Brustmark wandern.

Die Erkrankung des *Kniegelenkes* wird meist von denselben Ursachen ausgelöst, wobei Blinddarm, Prostata, Eileitern, Harnblase und Harnröhre der Vorrang als Fokus zu geben ist (Abb. 65). Bei der Wirbelsäule ist vor allem auf L_3 und L_4 zu achten. Ist eine vollständige Fokussanierung nicht möglich und auch durch die Chiropraxis kein Erfolg zu erzielen, wird nach folgendem Behandlungsplan vorgegangen:

1. Anästhesie der hinteren Wurzeln von L_3 bis L_5.
2. Unterbrechung aller weiteren afferenten Bahnen vom fraglichen Fokus (Ganglien, intraprostatale Injektion).
3. Paravertebrale Blockade von L_3 bis L_5.
4. Infiltration des Nervus peroneus und Nervus femoralis.
5. Novocain-Umspritzung der Arteria femoralis an der Inguinalfalte und am distalen Femurdrittel.
6. Intraarterielle Aectylcholin-Injektion in die Arteria femoralis.
7. Intraarticuläre Prednisolon-Injektion.
8. Novocain-Infiltration der hyperalgetischen Muskulatur und Hautabschnitte des erkrankten Segmentes und seiner Nachbarn.
9. Lokaltherapie aller hyperalgetischen Areale, die mit der Erkrankung in Zusammenhang stehen können (Bindegewebs-, Nervenpunkt- und Periostmassage, physikalische Therapie).

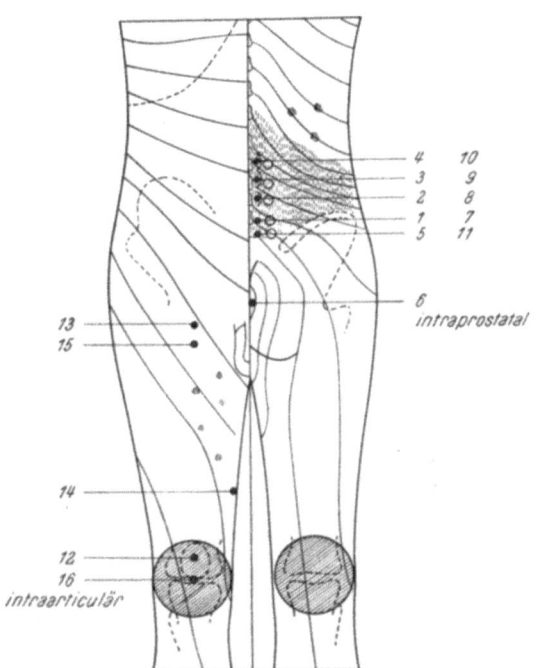

Abb. 65. Behandlungsschema bei einem Patienten mit Arthritis des linken Kniegelenkes. Fokus: Prostata.

Zunächst werden, wie Punkte *1* und *2* darstellen, die hinteren Wurzeln in Höhe von L_4 und L_2 beiderseits anästhesiert. Wird dadurch keine Schmerzfreiheit erzielt, erfolgt dasselbe bei den hinteren Wurzeln von L_3 (*3*), L_1 (*4*) und L_5 (*5*). Schließlich sind für die Unterbrechung der afferenten Bahnen intraprostatale Injektionen vorgesehen (*6*). Obwohl die intraprostatale Injektion den Reizursprung direkt trifft, soll sie wegen der Schwierigkeit des Eingriffes erst bei Versagen aller anderen versucht werden. Führen alle diese Eingriffe nicht zu einem anhaltenden Erfolg, werden die efferenten Bahnen zum Gelenk unterbrochen. Hierfür kommen die paravertebrale Blockade von L_4, L_3, L_2, L_1, L_5 rechts (*7* bis *11*), die Infiltrationen der zugehörigen somatischen Nerven (Nervus femoralis) (*12*), die Umspritzung der Arteria femoralis an der Inguinalfalte (*13*) und am distalen Femurdrittel (*14*) und die intraarterielle Acetylcholin-Injektion (*15*) in Frage. Bei Erfolglosigkeit aller dieser Eingriffe sollte die intraarticuläre Injektion von Ultracortenol durchgeführt werden (*16*), womit schon ein Sekundärherd behandelt wird. Derjenige Eingriff, der zum Erfolg führt, wird fünf- bis zehnmal wiederholt. Die Intervalle zwischen den Injektionen sollen hierbei nicht mehr als drei Tage betragen. Sind zwei oder drei Injektionen für die völlige Schmerzlosigkeit nötig, wird getrachtet, sie stets gleichzeitig vorzunehmen.

Der Patient weist außerdem eine Fibrositis mit Einziehung des Bindegewebes im Lendenbereich auf, die durch wiederholte subcutane Novocain-Injektionen, Radarbestrahlungen und Massagen abwechselnd behandelt werden. Außerdem besteht eine Druckempfindlichkeit des 2., 3. und 4. Lendenwirbelkörpers, die durch Periostmassage, und sind Muskelhärten (Trigger-points) im Vastus medius, Adductor magnus und im Serratus posterior inferior vorhanden, die durch Nervenpunktmassage, Ultraschall, Reizstromtherapie oder Impletol-Ultracortenol-Infiltrationen beseitigt werden müssen. Die trophischen Veränderungen im Knochen werden durch eine geeignete Östrogen-Androgen-Kombination beeinflußt

Es werden so viele Eingriffe der Reihe nach durchgeführt, bis der Patient beschwerdefrei geworden ist. Die notwendige Behandlung wird in Abständen von zwei bis drei Tagen zehnmal wiederholt. Organische Veränderungen an Haut, Muskulatur, Periost und Knochen werden durch zusätzliche Massagen, physikalische Therapie, Hormongaben usw. gebessert.

Bei Erkrankungen der unteren Extremität spielt auch die Entlastung des Gelenkes eine bedeutende Rolle. Der Patient soll deshalb angewiesen werden, während der Kur viel zu ruhen und sich einer Abmagerungskur zu unterziehen. Auch die aktive Gymnastik nicht zu vernachlässigen. Sie soll vom Arzt vorgezeigt werden, wobei besonderer Wert auf die Bewegung der hyperalgetischen Muskelpartien zu legen ist. In Fällen, wo dies auf Schwierigkeiten stößt, muß die Reizstromtherapie zu Hilfe gezogen werden.

Erkrankungen des *Sprunggelenkes* und der *Fußgelenke* werden in der überwiegenden Mehrzahl durch dieselben Ursachen wie für das Kniegelenk ausgelöst. An der Wirbelsäule ist den Abschnitten L_5 und den Sacralwirbeln besondere Beachtung zu schenken. Bei Versagen der Fokussanierung und der Chiropraxis soll nach folgendem Behandlungsplan vorgegangen werden:

1. Anästhesie der hinteren Wurzeln von L_4 bis L_5.
2. Ausschaltung aller weiteren afferenten Bahnen von fraglichen Herden (Ganglion-Injektionen, intraprostatale Injektionen).
3. Paravertebrale Blockade von L_4 bis L_5.
4. Epidurale oder präsacrale Novocain-Infiltration.
5. Anästhesie der zugehörigen somatischen Nerven (Nervus peronaeus, Nervus tibialis).
6. Novocain-Umspritzung der Arteria femoralis und der Arteria poplitea.
7. Intraarterielle Azetylcholin-Injektionen in die Arteria femoralis.
8. Intraarticuläre Prednisolon-Injektion.
9. Perianale Novocain-Infiltration.
10. Novocain-Prednisolon-Infiltration der hyperalgetischen Muskel- und Hautabschnitte des erkrankten Segmentes und seiner Nachbarn.
11. Lokaltherapie in hyperalgetischen Arealen, die mit der Erkrankung in Zusammenhang stehen dürften (Bindegewebs-, Nervenpunkt- und Periostmassage, physikalische Therapie).

Diejenigen Eingriffe, die zur Erzielung einer vollkommenen Beschwerdefreiheit notwendig sind, müssen in Abständen von zwei bis drei Tagen zehnmal wiederholt werden. Neben der Entlastung des Gelenkes ist vor allem an das Tragen geeigneten Schuhwerkes zu denken.

Auf die angeführte Art gelingt es in vielen Fällen, die bislang therapieresistent waren, doch noch beträchtliche Besserungen, wenn nicht Heilung zu erzielen. Selbstverständlich ist auch hier, wie schon erwähnt, in erster Linie das Augenmerk auf die Fokussanierung zu legen, sei dies durch chirurgische Eingriffe oder durch die Verabreichung von Antibiotica. Häufig muß der Rheumatologe selbst handeln, da dem Chirurgen die Veränderungen zu klein erscheinen, als daß er ihnen derartig große Wirkungen zutrauen könnte. Die genaue Kenntnis des Effektes von Antibiotica, das Anlegen von Bakterienkulturen, Resistenzbestimmungen, die Stärkung der Abwehrkräfte des Patienten und lokale Antibioticumapplikationen müssen von ihm genau so beherrscht werden wie die Neuraltherapie derartiger Erkrankungen, wenn er bleibende Erfolge erzielen möchte. Ein aktiver Fokus wird nach kurzer Beschwerdefreiheit des Patienten im Anschluß an die Neuraltherapie immer wieder zum Durchbruch der alten Beschwerden führen und dieses Verfahren in Mißkredit bringen. Dasselbe gilt für eine schlechte Infiltrationstechnik, wobei das Ausbleiben des therapeutischen Effektes bei schlechten paravertebralen Blockaden, intraprostatalen oder intraarticulären Injektionen noch das kleinere Übel ist. Schwere Kollapszustände, Pneumothorax, Atemlähmungen, Gelenksinfektionen usw. können bei nicht sachgemäßer Anwendung Patient und Arzt in Gefahr bringen. Die einwandfreie Beherrschung aller hier angeführten Injektionsformen ist deshalb unbedingte Voraussetzung für die Anwendung dieser Methodik. Der Arzt muß sich häufig die Technik erst mühsam aneignen, da es bisher noch keine Institute gibt, die sich damit beschäftigen.

Augen, Nase, Nebenhöhlen
Innervation

Bei der vegetativen Innervation des Auges nimmt das *Ganglion ciliare* (Abb. 66) eine wichtige Rolle ein. Seine parasympathischen präganglionären Fasern sind die Radices breves, die vom Oculomotorius, dem rein motorischen III. Gehirnnerven, entspringen. Es liegen hier ähnliche Verhältnisse vor wie für die Rami communicantes albi des Grenzstranges, die ebenfalls den vorderen motorischen Wurzeln des Rückenmarks entstammen. Der zentrale Kern dieser Radices breves und damit der Sitz der Fasern des Ciliarmuskels und des Sphincter iridis liegt in nächster Nähe des großzelligen Oculomotoriuskernes. Allerdings müssen beide Kerne räumlich getrennt sein und verschiedene Eigenschaften ihrer Ganglienzellen haben, da die äußeren und inneren Augenmuskeln fast nie gemeinsam erkranken.

Außer vom Oculomotorius bezieht das Ganglion ciliare auch vom Nervus nasociliaris, einem Zweig des Nervus ophthalmicus (1. Trigeminusast), eine feine Wurzel (Radix longa). Es handelt sich um sensible Trigeminusfasern, die möglicherweise das Ganglion nur passieren.

Schließlich kommen auch Bahnen vom Halssympathicus über das Ganglion cervicale supremum, den Plexus caroticus und Plexus ophthalmicus, die die Arteria ophthalmica umspinnt und aus dem Plexus caroticus internus hervorgeht, in das Ganglion ciliare. Die Zellen des Ganglion cervicale supremum befinden sich ständig in einem Zustande leichter Erregung und halten dadurch die von ihnen innervierten Organe immer in einem Tonus. Durchschneidung des Halssympathicus führt zur Verengung der Pupille, zum Zurücksinken des Augapfels und zur Erweiterung der Drüsen- und Hautgefäße, was auf den Wegfall dieses Tonus zurückzuführen sein dürfte. Dieses Ganglion beeinflußt aber nicht nur das Auge, sondern auch die Tränendrüsen, Ohrspeicheldrüse und Unterkieferspeicheldrüsen. Auch hier ziehen die Fasern mit den Gefäßen zu den Erfolgsorganen hin. Sie dürften am ehesten eine Hemmung der Sekretion bewirken (S. 113). Schließlich werden von ihm die Hautgefäße und Schweißdrüsen des Gesichtes und der Stirne innerviert. Diese Bahnen verlaufen über den Plexus caroticus internus zum Ganglion Gasseri und von da aus durch die drei Äste des Trigeminus zum Gesicht. Aber auch das Ganglion geniculi und der Nervus facialis dürften von ihnen benützt werden. Wie überall im Körper schließen sich auch hier Vasomotoren und schweißtreibende Fasern den sensiblen Hautnerven an. Ähnlich wie bei den Tränen- und Speicheldrüsen besteht auch bei den Schweißdrüsen, wie aus den eben erwähnten gemeinsamen Bahnen (Trigeminus-Sympathicus, Facialis-Sympathicus) hervorgeht, eine doppelte Innervation, nämlich vom Halssympathicus und vom bulbär autonomen System. Wie aus Tierversuchen ersichtlich ist, besitzt das Halsganglion auch pilomotorische Wirkungen. Ähnliche Beobachtungen können am Menschen gemacht werden. So ist die Tatsache, daß einem die Haare zu Berge stehen können, nur durch pilomotorische Einflüsse vom Halsganglion aus erklärlich. Ob es, ähnlich wie die autonomen Zentren im Mittelhirn und verlängerten Mark, psychischen Einflüssen zugänglich ist, läßt sich nicht ohne weiteres entscheiden. Immerhin reagiert es auch auf Stimmungen, was aus der wechselnden vasomotorischen Innervation des Gesichtes bei Freude und Scham, Zorn und Schrecken und aus dem Schweißausbruch bei Verlegenheit oder Angst geschlossen werden kann. Im Ganglion ciliare bewirken die sympathischen Fasern gemeinsam mit den parasympathischen die Koordination der Pupillenbewegungen. Es wäre damit also möglich, daß aus der Pupillengröße, bei konstanter Helligkeit, auf die Relation Sympathicus/Parasympathicus geschlossen werden kann. Da auch nach Ausschaltung des Halssympathicus die Pupille durch sensible und psychische Reize noch erweitert werden kann, bei Oculomotoriuslähmung aber vollkommen ausbleibt, dürften die Irisbewegungen vorzüglich durch eine Änderung im Tonus des visceralen Oculomotoriuskernes zu erklären sein. Für eine einwandfreie Testung der Pupillengröße muß also nicht nur Augenbelichtung, Akkommodation der Linse und Konvergenz der Bulbi konstant gehalten werden, sondern es müssen alle nervösen und psychischen Einflüsse, wie Schmerzen, Schreck, jeder lebhaftere geistige Vorgang, jede psychische Anstrengung und so weiter, ferngehalten werden.

Die vom Ganglion ciliare nach dem Auge zu ausstrahlenden postganglionären Fasern stellen die Nervi ciliares breves dar. Sie unterscheiden sich von allen anderen postganglionären Fasern dadurch, daß sie markhaltig sind. Noch bevor sie die Sclera durchbohren, gehen sie Anastomosen mit den Nervi ciliares longi ein. Diese bilden in der Hauptsache zwei Bündel, von denen eines vom Nervus nasociliaris entspringt und hauptsächlich als Leitung für die sensiblen Eindrücke am Auge in Betracht kommt

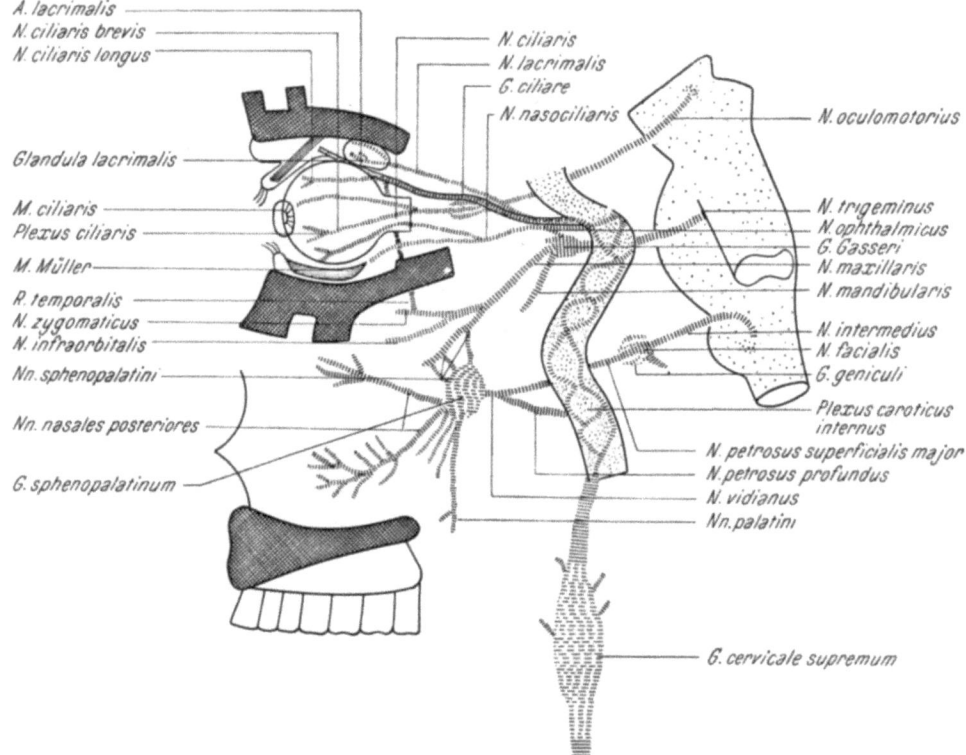

Abb. 66. Innervation des Auges

und das zweite vom Plexus ophthalmicus stammt und damit über den Plexus caroticus vom Ganglion cervicale supremum her den Dilatator pupillae innerviert. Die Nervi ciliares longi münden nicht in das Ganglion ciliare ein. Nach Durchtritt durch die Sclera wandern die Nervi ciliares breves mit ungefähr 20 Ästen zwischen Sclera und Cornea nach vorne, um sich vor Eintritt in den Ciliarmuskel zu teilen. An dieser Stelle werden auch häufig Ganglienzellen gefunden, weshalb von einem Plexus ganglionis ciliaris gesprochen wird. Die Iris selbst wird von Fasern versorgt, die sich aus dem an der Außenseite des Ciliarmuskels gelegenen Nervenplexus entwickeln.

Verfolgt man die pupillenerweiternden Sympathicusbahnen nach abwärts, so erreicht man ein von BUDGE erstmalig gefundenes intraspinales Zentrum in der Höhe von C_8 bis Th_1, genannt *Centrum ciliospinale* (Abb. 67), von dem aus die Impulse über Rami communicantes zum Halssympathicus und zum Ganglion cervicale supremum ziehen. Dort enden auch die präganglionären Bahnen, die nicht nur den Dilatator pupillae und die Gefäße des Auges, sondern auch den außerhalb des Auges gelegenen MÜLLERschen Muskel versorgen, der bei seiner Kontraktion den Bulbus nach vorwärts drängt. Somit könnten von dieser Stelle aus auch die Hauptimpulse

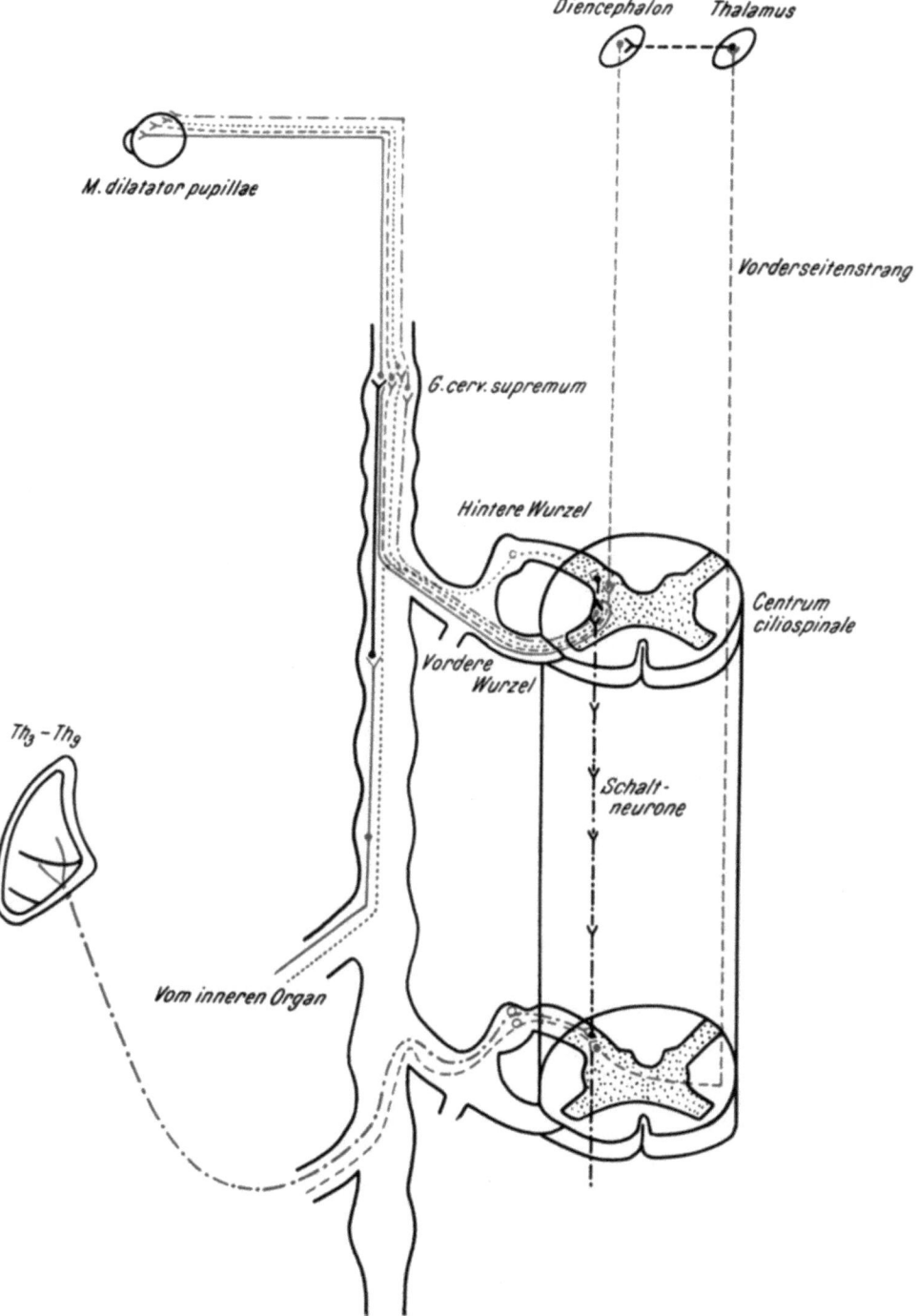

Abb. 67.

········· Reflexweg der homolateralen sympathischen Mydriasis. Blau: afferent, rot: efferent, schwarz: Schaltneuronen
------ Hypothetische Bahn des Pupillenreflexes über das diencephale Centrum. Blau: afferent, rot: efferent, schwarz: Schaltneuronen
······ Hypothetische paramedulläre Leitung des Pupillenreflexes bis zum Centrum ciliospinale (D_1). Blau: afferent, rot: efferent
——— Extramedulläre Leitung des Pupillenreflexes im Grenzstrang (hypothetisch). Blau: afferent, rot: efferent, schwarz: Schaltneuronen

für die Entwicklung des Glanzauges, der Lidspaltenerweiterung und des Exophthalmus bei Schilddrüsenüberfunktionen zustande kommen, da sich eine Ausbreitung der sympathischen Impulse über den Plexus caroticus leicht vorstellen läßt. Die Verbindung des Centrum ciliospinale mit den Eingeweidenerven der verschiedensten Segmente erfolgt über die Intermediärzellen des Hinterhorns [57] als erste Synapse, nachdem sie das Spinalganglion ohne Unterbrechung durchzogen haben. Von diesen Rückenmarkszellen aus kreuzt ein Teil der Fasern sofort auf die andere Seite hinüber und wird im Vorderseitenstrang mit den Schmerzfasern der Haut nach oben geleitet. Ein großer Teil der viscerosensorischen Fasern aber tritt zu Zellen in Segmenthöhe in Beziehung, die ihrerseits wieder die mannigfaltigsten Verbindungen vermitteln. Neben diesen bekannten Wegen kommt noch die Leitung durch den Grenzstrang hinauf bis zum 1. thoracalen Spinalganglion und Einstrahlung in das Rückenmark bzw. Seitenhorn in diesem Segment in Frage (Abb. 67). Auf diese Weise können Schmerzfasern durch die gesamte thoracolumbale Grenzstrangrückenmarksverbindung (Th_1 bis L_3) in das Mark einstrahlen [58]. Diese Bahnen werden aber nur unter Ausnahmebedingungen benützt und kommen in der Regel für pupillo-dilatatorische Reflexe nicht in Frage. Auch von Kopf- und Halsorganen aus wird ein Erweiterungsreflex der Pupille auf dem Wege über das Centrum ciliospinale ausgelöst. Die afferenten Erregungen gehen mit dem Trigeminus zum Ganglion Gasseri und dann intraspinal auf kurzen Bahnen absteigend zum 1. Thoracalsegment. Als afferente Nebenbahnen dieses Reflexes kommen von Kopforganen aus eventuell Schmerzfasern in Frage, die via Trigeminus—Carotisgeflecht—Ganglion cervicale supremum und weiter über das Ganglion stellatum zum Centrum ciliospinale verlaufen. Manche Reflexe könnten schließlich auch über diencephale Zentren verlaufen (Abb. 67). Die komplizierte und unwahrscheinliche Annahme einer zweimaligen Kreuzung auf die Gegenseite ist nicht notwendig, da die reflektorische Pupillenerweiterung auch nach Durchtrennung der Bahn vom Diencephalon zum Centrum ciliospinale zustande kommt, ja viel lebhafter ist [59].

Schließlich kann die Möglichkeit nicht völlig ausgeschlossen werden, daß ein kleiner Teil der afferenten Bahnen der Viscera nicht erst im Hinterhorn, sondern doch schon im Grenzstrang unterbrochen wird (Abb. 67). In diesem Falle erfolgt also der Übergang von der afferenten auf die efferente Faser innerhalb des Grenzstranges selbst. In der Tat konnte FOERSTER in seltenen Fällen bei Zerstörung von C_8 bis Th_2 nach extrem starker peripherer Schmerzreizung eine äußerst geringfügige Pupillendilatation auf der gereizten Seite beobachten.

Dem *Ganglion sphenopalatinum* (Abb. 66) obliegt der Großteil der Versorgung von Nase, Nebenhöhlen, Gaumen und Tränendrüsen mit vegetativen Nerven. Sein Ramus communicans albus ist der Nervus petrosus superficialis major, der aus dem Stamm des Facialis intermedius an der Stelle entspringt, wo dieser Doppelnerv das Knie im Felsenbein bildet und von dort zuerst oberflächlich und dann im Canalis Vidianus zum Ganglion zieht. Histologisch enthält dieser Nerv nur markhaltige, und zwar ziemlich breite Fasern. Auf seinem Wege durch den Canalis Vidianus schließt sich ihm ein markloser Nerv, der Nervus petrosus profundus, an, der vom Plexus caroticus internus zum Ganglion sphenopalatinum führt und die Verbindung zwischen dem Ganglion supremum über den Plexus caroticus mit dem Ganglion sphenopalatinum herzustellen scheint. Da er marklos ist, muß er als postcellulärer Nerv angesprochen werden.

Das Ganglion sphenopalatinum setzt sich aus Zellen zusammen, die viele Dendriten aufweisen, woraus histologisch der Beweis seiner wesentlich sympathischen Natur erbracht werden konnte. Die über dieses Ganglion geleiteten Reflexabläufe lassen sich am besten an Hand der Tränendrüseninnervation darstellen: Die Bahnen, welche die Tränensekretion auslösen, verlassen in der Gegend des Knieganglions den motorischen Nervus facialis, um über den Nervus petrosus superficialis major, der den Ramus communicans albus darstellt, zum Ganglion sphenopalatinum zu gelangen. Von hier ziehen sie über die postganglionären Fasern, die Nervi sphenopalatinum und den Nervus zygomaticus sowie durch dessen Verbindungsast, den Nervus zygomatico-temporalis, zum sensiblen Nervus lacrimalis, mit dessen Fasern sie zur Tränendrüse gelangen. Dieser Verlauf kann, so kompliziert er ist, als gesichert gelten. Es ist vor allem daraus die Tatsache klar ersichtlich, daß sich die vegetativen Fasern besonders im Kopfbereich an alle anderen cerebrospinalen Nervenfasern anzuschließen vermögen, gleichgültig, ob diese motorischer oder sensibler Natur sind. Die Auslösung des Tränenreflexes ist dann so zu denken, daß z. B. von der Bindehaut des Auges der Nervus lacrimalis oder von der Nasenschleimhaut der Nervus ethmoidalis, beides Äste des Ramus ophthalmicus trigemini, die Empfindungseindrücke nach dem Ganglion Gasseri leiten, wo die trophischen Zellen für die sensiblen Bahnen dieses Nerven liegen. Von hier ziehen die Fasern als Radix descendens nach dem sensiblen Kern des 5. Gehirnnerven, der sich durch die ganze Medulla oblongata bis ins oberste Halsmark erstreckt.

Von dort gelangen die Impulse zum Zentrum der Tränensekretion, das in der Nähe des Faciliskernes oder Intermediuskernes zu lokalisieren ist. Von hier kommt es schließlich auf den schon oben angeführten zentrifugalen Bahnen, Facialis, Nervus petrosus superficialis major usw., zur Tränensekretion.

Neben dem bulbär-autonomen System ist aber auch zweifellos der Halssympathicus und das Ganglion cervicale supremum an der Innervation der Tränendrüse beteiligt. Ob über die Ausläufer des Plexus caroticus internus nur vasomotorische Einflüsse auf die Tränendrüse ausgeübt werden und damit deren Sekretion beeinflußt wird oder ob dieser Plexus auch sekretorische, vielleicht sekretionshemmende Fasern führt, konnte noch nicht endgültig entschieden werden. Schließlich steht auch noch die Frage offen, ob die letzten Verbindungsbahnen vom Plexus caroticus internus über den Plexus, welcher die Arteria ophthalmica umspinnt, zur Tränendrüse gelangen oder ob sich die Fasern über den Plexus cavernosus nach dem 1. Trigeminusast und von dort zum Nervus lacrimalis und zur Tränendrüse verfolgen lassen.

Das Ganglion sphenopalatinum versorgt auch die Schleimdrüsen des Nasen-Rachenraumes. So ziehen die Nervi nasales posteriores und die Nervi palatini von dort nach der Schleimhaut der Nase und des Gaumens. Hierbei versorgen die Rami nasales posteriores superiores die Seitenwand der Nase und das Nasenseptum. Die lateralen Äste senden Zweige zu den Muscheln, zum mittleren und oberen Nasengang und zu den hinteren Siebbeinzellen. Die das Nasenseptum versorgenden Nerven geben den Nervus nasopalatinus Scarpae ab, der durch das Foramen incisivum die Gaumenschleimhaut erreicht und dort denjenigen Teil versorgt, der sich vor der Verbindungslinie zwischen rechtem und linkem Eckzahn befindet. Die Rami nasales posteriores inferiores verlassen den Canalis pterygopalatinus in Höhe des Hinterendes der unteren Muschel und verteilen sich an diese und an die Schleimhaut des unteren Nasenganges. Der größte Teil der Nervi palatini tritt durch das Foramen palatinum majus in die Mundhöhle ein und breitet sich fächerförmig aus, um den Hauptteil der Schleimhaut des harten Gaumens bis zur Eckzahnlinie nach vorne zu versorgen. Ein kleinerer Teil betritt die Mundhöhle durch die Foramina palatina minora und versorgt den weichen Gaumen mit seinen Muskeln außer dem Musculus tensor veli palatini und die Tonsillargegend.

Durch einen Ast des Nervus maxillaris, von dem der Nervus cygomaticus entspringt, den Nervus infraorbitalis, werden nicht nur Haut- und Schleimhaut der Oberlippe, unteres Augenlid und Nasenflügel, sondern auch die Zähne des Oberkiefers versorgt. Diese Nervi alveolares superiores verlassen den Stamm des Nervus infraorbitalis im Tuber maxillare und treten an der Hinterwand des Oberkiefers ein oder ziehen gegen die Spina nasalis anterior. Bevor sie sich an die Zähne oder ihre Umgebung verteilen, bilden sie ein weitmaschiges Geflecht dicht über den Wurzelspitzen der oberen Zähne, das sich über die ganze Länge des Oberkiefers erstreckt. Von dort treten sie durch die Foramina apicalia in die Zahnpulpa ein, um sich dort zu verteilen. Die Fasern laufen aber auch durch die Septa interalveolaria abwärts, versorgen durch Seitenäste das Periodontium der benachbarten Zähne und enden als Rami gingivales in der Gingiva an der Außenfläche des Oberkiefers.

Reizung des Facialis vermag Sekretion der Gaumendrüsen auszulösen, was durch die Erregung des Ramus communicans albus, der in ihm verläuft, zu erklären ist. Was die vasomotorischen Fasern anlangt, dürfte die Vasodilatation vom Kopfganglion und damit von der Medulla oblongata und die Vasokonstriktion von den aus dem Ganglion cervicale supremum über den Plexus caroticus internus kommenden Verbindungsästen ausgelöst werden.

Ebenso wie die Pupillarbewegungen werden auch die vom Ganglion sphenopalatinum innervierten Organe durch Schwankungen der Stimmung angeregt. Dies gilt vor allem für die Tränensekretion, die ja der deutlichste Ausdruck des körperlichen und seelischen Schmerzes ist. Neben den Tränendrüsen beteiligen sich auch die Drüsen des Nasen-Rachenraumes beim Weinen, was aus den vielen Ausdrücken hervorgeht, wie z. B. „Rotz und Wasser heulen". Schließlich ist bekannt, daß viele Menschen bei Verlegenheit oder Scham plötzlich unter Stockschnupfen oder starker Nasensekretion zu leiden haben, daß letztere auch beim Schnupfen durch geistige Arbeit besonders angeregt wird und daß schließlich die Schwellkörper im Nasen-Rachenraum mit der Geschlechtsbetätigung in Beziehung stehen.

Diagnose

Die *Augen* stellen häufig Erfolgsorgane für Eiterherde in Kopf und Lungen dar, was bei Kenntnis der Ausstrahlungsmöglichkeiten derartiger Herde in die benachbarten Kopfdermatome leicht verständlich scheint. Die so häufig fruchtlose

Fokussuche bei Iritiden, Iridocyclitiden, Uveitiden usw. ließe sich wesentlich einfacher und erfolgversprechender gestalten, wenn man bei diesen Erkrankungen zunächst die Kopfdermatome bestimmte und dann deren Kombinationsmöglichkeiten mit Lungen-, Zahn-, Tonsillendermatomen usw., wie sie im folgenden angeführt werden, untersuchte.

Am Auge verursachen Affektionen der Conjunctiva oder der äußeren Corneaschichte keine reflektierten Schmerzen. Es kommt vielmehr in solchen Fällen nur zu lokalen Beschwerden ohne Mitbeteiligung von Hautdermatomen. Dasselbe gilt auch für Erkrankungen der Augenhöhle, die den Bulbus direkt in Mitleidenschaft ziehen, wie z. B. Orbitalgeschwülste. Für alle anderen Entzündungen und Verletzungen am Auge gilt die Regel, daß sie zu einer um so weiter rückwärts liegenden Affektion von Kopfdermatomen führen, je tiefer der krankhafte Prozeß liegt. So kommt es bei tiefen Hornhautgeschwüren oder Drucksteigerungen in der vorderen Kammer regelmäßig zu deutlichen Empfindlichkeitssteigerungen in der Frontalzone. In schwereren Fällen ist auch die Mittelorbitalzone mitbeteiligt. Kommt es zur Ausbildung einer echten Cyclitis, so gesellt sich zur Empfindlichkeitssteigerung in der Mittelorbital- auch eine solche der Frontotemporalgegend hinzu. Iritiden können Empfindlichkeitssteigerungen in der Frontotemporal-, Maxillar- und Temporalzone verursachen. Steigt die Spannung in der Glaskammer an, wie dies beim Glaukom der Fall ist, sind ebenfalls Frontotemporal-, Temporal- und Maxillarzone empfindlich, der Hauptschmerz wird

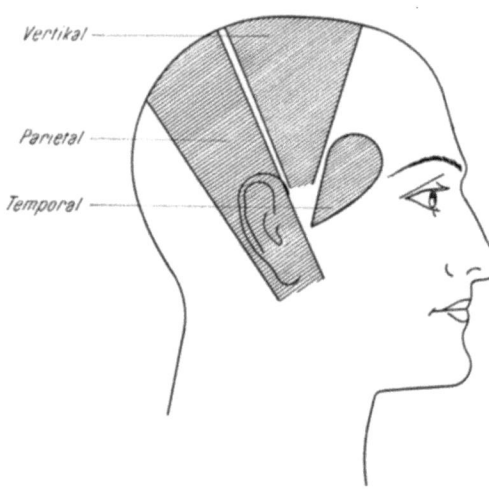

Abb. 68. Ausstrahlungsmöglichkeiten in Kopfdermatome bei Erkrankungen der Augen.
Vertikalzone: Netzhautablösung; Parietalzone: Opticusneuritis, Exzision des Augapfels; Temporalzone: Iritis, Glaukom

aber meist eindeutig in die Temporalzone verlegt. Auch die Zähne des Oberkiefers sind meist auf der betroffenen Seite schmerzhaft. Schreitet die Empfindlichkeitssteigerung in den Dermatomen bis hinter die Temporalzone weiter, kommt es nicht selten auch zu Schmerzhaftigkeit in den Unterkieferzähnen. Gleichzeitig mit der meist starken Empfindlichkeitssteigerung in der Temporalzone beim akuten Glaukom-Anfall kommt es zu Nausea und Erbrechen. Gerade die Temporalzone zeigt nun einen innigen Konnex mit dem Magen-Darm-Trakt und ist auch in vielen anderen Fällen mit Nausea und dem Brechakt verbunden. Während aber beim Glaukom die Empfindlichkeitssteigerung in der Temporalzone den Brechakt auslösen dürfte, ist in allen übrigen Fällen die Hyperalgesie von Magen-, Darm- oder Oesophagusdermatomen mit dem eventuellen Brechakt der Grund für die aufkommende Empfindlichkeitssteigerung in der Temporalzone. Man sieht also an diesem Beispiel erstmalig, was später noch häufig erörtert werden wird, daß intersegmentale Beeinflussungen in beiden Richtungen möglich sind.

Auch Erkrankungen der Retina und des Nervus opticus verursachen Hyperalgesie in Kopfdermatomen. Diese liegen in der Regel besonders weit rückwärts. So kommt es bei Netzhautablösungen zu Empfindlichkeitssteigerungen in der

Vertikalzone. Bei Opticusneuritiden oder nach Exzision des Augapfels kann auch die Parietalzone befallen sein. Abb. 68 und 69 stellen die bei Erkrankungen des Auges möglichen Ausstrahlungsgebiete in einzelne Kopfdermatome dar.

Verfolgt man den Gedankengang konsequent weiter, wonach bei Magen-Darm-Erkrankungen die Temporalzone affiziert sein kann und diese anderseits den Magen-Darm-Trakt wieder zu beeinflussen vermag, so kommt man zu dem Schluß, daß dieselben Beziehungen auch zwischen Auge und Temporalzone möglich sind. Danach könnte eine Affektion des Magen-Darm-Traktes zunächst zu einer Empfindlichkeitssteigerung in der Temporalzone und bei genügend langer Dauer zu krankhaften Veränderungen an der Iris führen. Dasselbe gilt selbstverständlich auch für alle anderen Segmenterkrankungen, die mit einer Mitbeteiligung der Temporalzone einhergehen können.

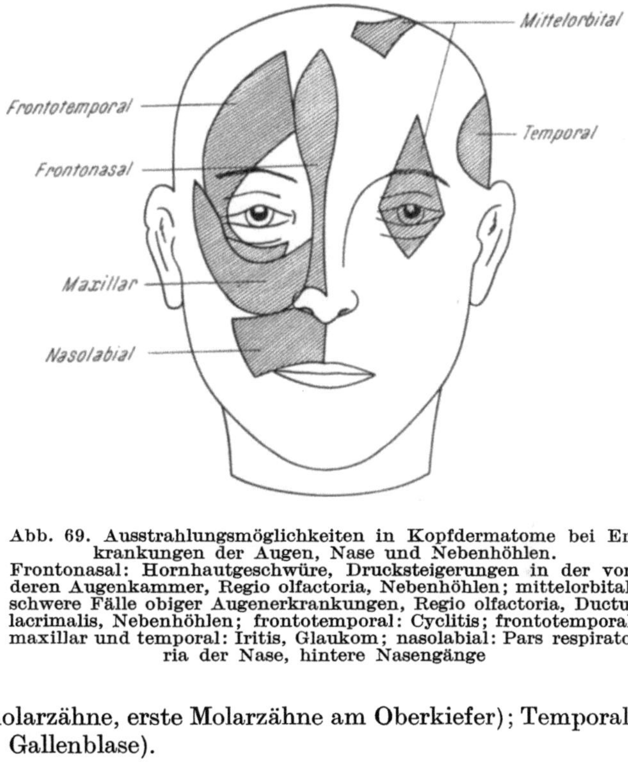

Untersucht man die Zusammenhänge zwischen Auge, zugehörigem Dermatom und eventuell hierfür verantwortlichen entfernteren Dermatomen, können bisher folgende Regeln aufgestellt werden:

1. Tiefe Hornhautgeschwüre: Frontonasalzone (beide oberen Schneidezähne, Herz, Lunge, Magen, Leber); Mittelorbitalzone (Herz, Lunge, Magen, Leber).

2. Cyclitis: Mittelorbitalzone (Herz, Lunge, Magen, Leber); Frontotemporalzone (Lunge).

3. Iritis: Frontotemporalzone (Lunge); Maxillarzone (zweite Prämolarzähne, erste Molarzähne am Oberkiefer); Temporalzone (Herz, Lunge, Leber, Gallenblase).

Abb. 69. Ausstrahlungsmöglichkeiten in Kopfdermatome bei Erkrankungen der Augen, Nase und Nebenhöhlen. Frontonasal: Hornhautgeschwüre, Drucksteigerungen in der vorderen Augenkammer, Regio olfactoria, Nebenhöhlen; mittelorbital: schwere Fälle obiger Augenerkrankungen, Regio olfactoria, Ductus lacrimalis, Nebenhöhlen; frontotemporal: Cyclitis; frontotemporal, maxillar und temporal: Iritis, Glaukom; nasolabial: Pars respiratoria der Nase, hintere Nasengänge

4. Glaukom: Frontotemporal-, Temporal- und Maxillarzone. Alle damit in Zusammenhang stehenden Dermatome können aus Punkt 1 bis 3 ersehen werden.

5. Retina und Nervus opticus: Vertikalzone (Herz, Lunge, Magen, Darm, Leber, Gallenblase); Parietalzone (Herz, Lunge, Magen, Darm, Leber).

Wenn mit diesen Ausführungen auch keineswegs eine absolut sichere Handhabe für das Auffinden von Herden, die für einzelne Augenerkrankungen verantwortlich sein können, gegeben ist, so erspart man sich doch sehr häufig damit die Mühe, eine ganze Reihe unnützer Untersuchungen durchzuführen und findet sehr häufig auf den ersten Anhieb den Fokus. In negativen Fällen darf man nicht nur die Unvollständigkeit dieser bisher aufgedeckten Zusammenhänge verantwortlich machen, sondern soll immer wieder in den angedeuteten Arealen suchen, da sich kleine Eiterherde oft auch bei den stärksten Bemühungen, und wenn das Untersuchungsgebiet noch so klein ist, nicht gleich nachweisen lassen. Man erlebt immer wieder, daß Zähne oder Tonsillen, die von zahlreichen Ärzten untersucht und stets als gesund bezeichnet wurden, plötzlich Beschwerden verursachen, entfernt werden und damit auch monatelang bestehende Fokalerkrankungen ein glückliches Ende finden. Es sind dies fast immer solche Organe, die in den schon vorher theoretisch mit der Erkrankung in Zusammenhang gebrachten Segmenten liegen.

Die Majorität der *Nasenaffektionen* bedingt weder reflektierten Schmerz noch oberflächliche Empfindlichkeit. Erkrankungen der Regio olfactoria können jedoch Empfindlichkeitssteigerungen der Frontonasal- und Mittelorbitalzone hervorrufen. Auch die Entzündung des mit dem Ductus lacrimalis verbundenen Nasenteiles führt gelegentlich zu Mittelorbitalkopfschmerz und Empfindlichkeit.

Wird die Pars respiratoria der Nase und der hinteren Nasengänge befallen, können gelegentlich Schmerzen und Empfindlichkeit in der Nasolabialzone angegeben werden. Der Patient hat das Gefühl, als ob seine Nase und die Oberlippe geschwollen wären. Nicht selten kommt es auch bei Pharyngitis und Erkrankungen der hinteren Nasengänge zu Herpeseruptionen in der Nasolabialzone.

Die *Nebenhöhlen* kennzeichnen sich ebenfalls durch Ausstrahlung in die Frontonasal- oder Mittelorbitalzone der Stirne. So wird besonders die Sinusitis ethmoidalis häufig von heftigen Kopfschmerzen mit Empfindlichkeitssteigerung in diesen Gebieten begleitet, und auch die Sinusitis frontalis führt zu deutlicher Hyperalgesie derselben Dermatome. Lediglich die Sinusitis maxillaris bedingt in der Regel keine Empfindlichkeitssteigerungen oder ausstrahlenden Schmerzen. Vereinzelt ließ sich eine Hyperalgesie der Maxillarzone nachweisen.

Therapie

Die Therapie von Schmerzzuständen, die vom *Auge* ausgehen und durch chirurgische Eingriffe oder rein ophthalmologische Behandlungen nicht vollständig zu beseitigen sind, läßt sich auch hier in intraganglionäre Novocain-Injektionen, Blockade afferenter oder efferenter Nervenbahnen und in bloße Anästhesie hyperalgetischer Zonen gliedern. Bei schon bestehenden organischen Veränderungen in diesen Arealen sind außerdem Massagen und physikalische Therapie heranzuziehen. Novocain-Infiltrationen in das Ganglion ciliare, den Nervus oculomotorius oder den Nervus nasociliaris sollen wegen der Gefahr einer Opticusschädigung nur bei Versagen aller anderen Eingriffe durchgeführt werden. Es bleibt als Mittel der Wahl die Blockade des Ganglion cervicale supremum. Ähnliche, wenn auch nicht so gute Resultate lassen sich durch Infiltration des Ganglion cervicale inferior (Stellatumblockade) erzielen. Auch die Umspritzung der Arteria carotis interna liefert oft ausgezeichnete Resultate, vor allem bei rheumatisch bedingten Iritiden oder Iridocyclitiden.

Erosionen, Herpes corneae, Hornhautnarben und andere schmerzhafte Zustände der Hornhaut lassen sich durch vorsichtige Behandlung mit Prednisolon-Salben häufig sehr rasch bessern. Hierbei darf aber auf keinen Fall auf die mögliche Propagation von infektiösen Herden vergessen werden; es sollte unter ständiger Kontrolle abwechselnd mit Penicillin- oder Achromycin-, Terramycinsalbe usw. behandelt werden. Neben anderen Wirkungen dürfte der lokalanästhetische Effekt der Prednisolon-Derivate eine wichtige Rolle spielen. Schließlich lassen sich auch durch Novocain-Prednisolon-Infiltrationen der zugeordneten Dermatome, ihre Hyperämisierung durch Salbenbehandlung, Bestrahlung oder Luft-Infiltrationen und durch Nervenpunkt- oder Periostmassagen in diesem Gebiet überzeugende Erfolge erzielen. Die erkrankten Organe setzen ja nicht nur Veränderungen an der Körperoberfläche, sondern sind auch von diesen ihnen zugeordneten Arealen selbst beeinflußbar. Bei der Auswahl der anzuwendenden Methodik ist allerdings Vorsicht am Platze (S. 124).

Aus den bisherigen Ausführungen ergibt sich folgendes Behandlungsschema für schmerzhafte Augenerkrankungen:

1. Horn- oder Bindehauterkrankungen: Prednisolon-, Antibioticum-Schaukeltherapie (Salbe), Novocain-Infiltration oder Hyperämisierung eventueller hyperalgetischer Dermatome am Kopf.

2. Iritis, Iridocyclitis: Neben der üblichen ophthalmologischen Behandlung Sanierung oder Isolierung eventueller Herde durch Unterbrechung aller afferenten Bahnen von ihnen. Für die Blockade der afferenten Bahnen Infiltration des Ganglion cervicale supremum oder Stellatumblock. Bei Erfolglosigkeit Umspritzung der Arteria carotis interna und Blockade des Ganglion ciliare, Infiltration der somatischen Nerven (Äste des Nervus ophthalmicus und maxillaris) oder des Ganglion Gasseri. Anästhesie eventueller hyperalgetischer Kopf- und zugeordneter Rumpfdermatome. Bindegewebs-, Periost- und Nervenpunktmassage der entsprechenden Zonen. Physikalische Therapie.

3. Opticusneuritis: wie 2.

4. Netzhautablösung, Retinitis: wie 2.

5. Exophthalmus: wie 2.

6. Glaukom: wie 2, bei Erbrechen Blockade des Nervus vagus.

Die Neuraltherapie schmerzhafter Augenerkrankungen führt deshalb nicht immer zum Erfolg, weil zahlreiche pathologische Nervenimpulse nur schwer blockiert werden können. So können die Arteria ophthalmica oder Arteria lacrimalis nicht leicht umspritzt werden, ebenso sind Novocain-Infiltrationen des Nervus nasociliaris, Nervus zygomaticus, Ramus temporalis und des Nervus lacrimalis verhältnismäßig gefährlich. Auf diese Weise können zahlreiche über den Oculomotorius oder Trigeminus verlaufende Impulse, seien sie motorischer oder sensibler Natur, pathologische Veränderungen setzen, ohne daß gegen sie vorgegangen werden könnte.

Obwohl also die Neuraltherapie auf ophthalmologischem Gebiet vor einer kaum zu überbrückenden Kluft steht, muß betont werden, daß durch die oben angeführten Behandlungsmöglichkeiten in überraschend vielen, mit den üblichen Methoden nicht beeinflußbaren Fällen Erfolge erzielt werden können. Gerade der Rheumatologe, der nicht zu selten immer wiederkehrende Iridocycliten, Uveitiden und anderes erlebt, kann sich hier, zumal im Anfangsstadium dieser Erkrankungen, durch die Unterbrechung der meist von Lungen, Gallenblase, Zähnen oder Mandeln über das Ganglion cervicale supremum ziehenden Impulse oder durch Isolierung der fraglichen Herde selbst (S. 94) helfen. Dies ist um so bedeutungsvoller, als bisher nicht wenige Rheumatiker trotz intensivster ophthalmologischer Behandlung an den Folgen derartig rezidivierender Augenerkrankungen erblindeten.

Die Neuraltherapie von Affektionen der *Nase* und *Nebenhöhlen* gliedert sich in:

1. Sanierung oder Isolierung eventuell verantwortlicher Herde (Zähne, Tonsillen usw.).

2. Infiltration der somatischen Nerven (Äste des Nervus ophthalmicus und maxillaris) oder des Ganglion Gasseri.

3. Infiltration des Ganglion cervicale supremum oder Stellatumblock.

4. Novocain-Umspritzung der Arteria carotis interna oder Arteria carotis communis.

5. Infiltration des Ganglion sphenopalatinum.

6. Behandlung der hyperalgetischen Dermatome, die mit der Erkrankung in Zusammenhang stehen.

Da die ersten zwei Eingriffe verhältnismäßig schwierig sind, wird der weniger Geübte zunächst bei Wirkungslosigkeit einer Infiltration des Ganglion cervicale supremum oder eines Stellatumblocks auf die Novocain-Prednisolon-Infiltration der hyperalgetischen Kopfdermatome übergehen. Auch die Hitzebehandlung dieser Zonen sowie das Einreiben hyperämischer Salben oder die UV-Bestrahlungen können, wie bei allen anderen Erkrankungen der Eingeweideorgane, oft beträchtliche Besserungen chronischer Nasen- oder Nebenhöhlen-Erkrankungen bewirken. Selbst wenn keine Hyperalgesie vorhanden ist, genügt oft die kontinuierliche Hyperämisierung der in den Abb. 68 und 69 angeführten, den jeweiligen Erkrankungen zugeordneten Dermatome für eine Beseitigung der Beschwerden oder chronischen Infektionen. Ähnliche Erfolge lassen sich durch kosmetische Massagen, Nervenpunktmassagen, selbst durch Periostmassagen erzielen. Selbstverständlich gilt auch hier die Regel, daß alle Behandlungsmethoden der Neuraltherapie nur neben den üblichen laryngologischen Behandlungsmethoden angewandt werden sollen. In der Tat sind viele schon lange geübte laryngologische Heilverfahren, wie zum Beispiel Kopflichtbäder, Dunstumschläge usw., rein empirisch auf der Beeinflussung innerer Organe durch Beeinflussung der Körperoberfläche aufgebaut.

Mundhöhle, Zähne, Tonsillen, Ohren

Innervation

Die vegetative Innervation der Mundhöhle wird von mehreren Ganglien übernommen, zu denen vor allem das Ganglion oticum und das Ganglion submaxillare gehören.

Das *Ganglion oticum* (Abb. 70) liegt dicht unter dem Foramen ovale an der Innenseite des 3. Trigeminusastes. Es ist meist flach und kann an der Stelle gefunden werden, wo sich der Nervus mandibularis in den Nervus buccinatorius, Nervus lingualis und den Nervus alveolaris inferior teilt. Während der erstere die Wangenschleimhaut bis zum Mundwinkel und die Gingiva außen bis zum ersten Molaren versorgt, gibt der Nervus lingualis Äste für den Isthmus faucium, die Innenseite des Unterkiefers und die Gebilde des Mundhöhlenbodens ab, wo er mit dem Nervus sublingualis vor allem die Schleimhaut der Zunge versorgt. Der Nervus alveolaris inferior schließlich verteilt sich nicht nur in die Haut des Kinnes und in Haut und Schleimhaut der Unterlippe (Nervus mentalis), sondern gibt im Unterkieferkanal auch Zweige für die Zähne und ihre Umgebung ab. Die Rami alveolares inferior posterior medius und anterior bilden ähnlich wie im Oberkiefer (S. 191) den Plexus dentalis inferior, von dem aus die Zweige für die Pulpen, Periodontium und jene Teile der Gingiva des Unterkiefers ausgehen, die nicht vom Nervus buccinatorius versorgt werden. Ob in diesen Nerven nur sensible Fasern zum Ganglion Gasseri verlaufen oder auch postganglionäre Fasern vom Ganglion oticum enthalten sind, ist noch ungeklärt. Nach den bisherigen Ausführungen werden jedenfalls Schmerzimpulse von den Zähnen von Ästen des zweiten und dritten Abschnittes des 5. Cranialnerven geleitet. Diese Nerven treten durch den Apex des Zahnes ein, begleiten die größeren Gefäße und bilden einen lückenlosen Mantel um die Arterien [60]. Die Gefäße der Zahnpulpa werden von nicht myelinhaltigen Fasern versorgt, die ein kompliziertes Netzwerk zwischen den Odontoplasten bilden und dann in die teilweise verkalkten Lagen des Dentins und manchmal bis in den inneren Rand des verkalkten Dentins selbst vordringen [61]. Nach BRASHEAR [62] bestehen die Pulpanerven menschlicher Zähne zu über 50% aus nichtmyelinhaltigen Fasern und aus feinen myelinhaltigen Fasern mit einem geringeren Durchmesser als 6 Mikron. Der Rest variiert in der Größe zwischen 6 und 10 Mikron. Keine Nervenfaser mit größerem Durchmesser als 10 Mikron konnte gefunden werden. BRASHEAR fand auch, daß sowohl thermische, mechanische als auch chemische Reizung des Dentins eines normalen menschlichen Zahnes stets mit Schmerz und keiner anderen Sensation beantwortet wird. Auch nach PFAFFMANN [63] kommt es bei schmerzhafter Reizung der Zähne nur zu langsam wandernden Potentialen, wie sie von Nervenfasern mit geringem Durchmesser geleitet werden. Das periodontale Gewebe enthält allerdings Nervenfasern aller Größen. Es ist sehr wahrscheinlich, daß in diesen Geweben andere Sensationen, wie z. B. Berührung und Druck, außer dem Schmerz entstehen [62]. Das Ganglion oticum erhält seine motorische Wurzel vom dritten Trigeminusast. Die sympathische Versorgung stammt aus dem Geflecht der Arteria meningea media, die parasympathische aus dem IX. Gehirnnerven. Als Ramus communicans albus kommen die Nervenfasern, welche das Ganglion oticum mit dem Nervus glossopharyngeus verbinden, in Betracht. Dieser gemischte Nerv besitzt zwei motorische Kerne, die nahe am Hypoglossuskern und am Nucleus ambiguus liegen. Von dort aus gehen auch die vegetativen Fasern mit dem Glosso-

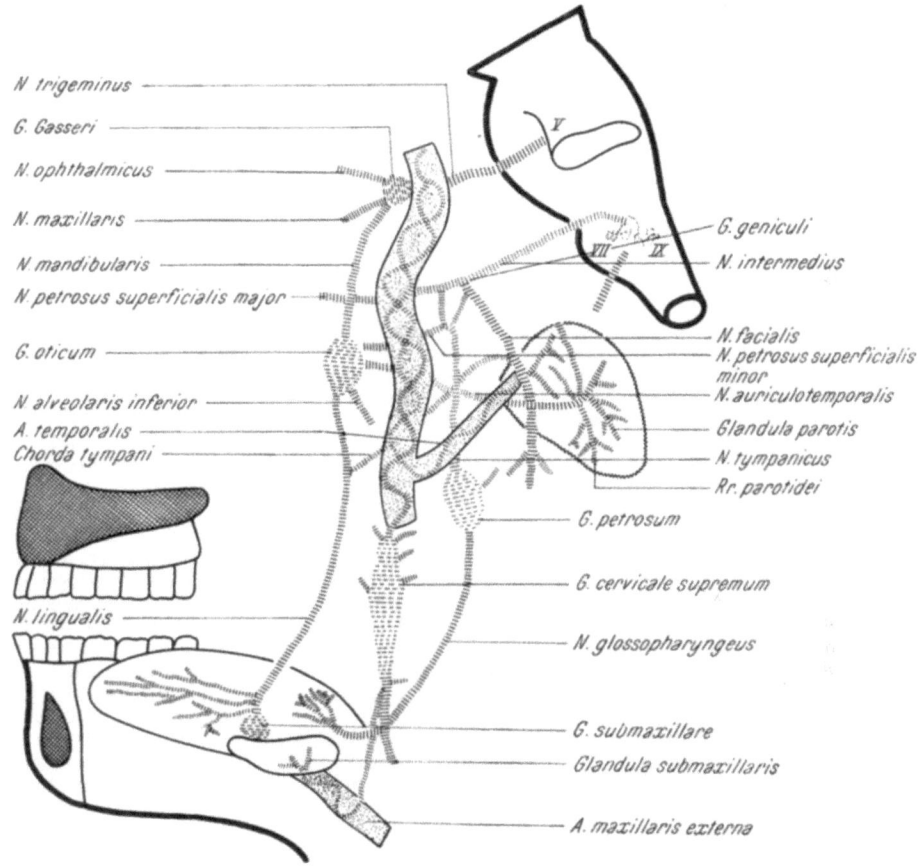

Abb. 70. Innervation von Mundhöhle, Zunge, Zähnen, Tonsillen

pharyngeus nach dem Ganglion petrosum, biegen aber vor diesem mit dem Nervus tympanicus ab, um über den Plexus tympanicus mit dem Nervus petrosus superficialis minor nach dem Ganglion oticum zu gelangen. Die postzellulären Bahnen des Ganglion oticum ziehen mit dem sensiblen Nervus auriculo-temporalis, einem Ast des Nervus mandibularis und dessen Rami parotydei zur Ohrspeicheldrüse. Dort ist die Hauptwirkungsstätte dieses Ganglions. Es liegen also ähnliche Verhältnisse vor wie beim Ganglion ciliare oder Ganglion sphenopalatinum. Auch hier biegt der Ramus communicans albus vom motorischen Teil eines cerebrospinalen Nerven ab und die postganglionären Fasern ziehen mit sensiblen Nerven zum Erfolgsorgan. Wird der IX. Gehirnnerv oder sein Ramus tympanicus durchtrennt, erlischt die Parotissekretion. was für die Richtigkeit der vorher erwähnten nervösen Verbindungen spricht. Ebenso fällt die Parotisfunktion bei Läsion der JACOBSONschen Anastomose innerhalb der Paukenhöhle aus. Die motorischen Äste des Ganglions führen zum Nervus pterygoideus internus, den Musculi tensor veli palatini und tensor tympani. Andere Verbindungen des Ganglion führen zur Chorda tympani, zum Ganglion Gasseri, dem Ganglion sphenopalatinum und zum Nervus spinosus.

Ebenso wie bei den bisher erwähnten Organen erhält die Ohrspeicheldrüse ihre Innervation nicht nur aus dem bulbär-autonomen System, sondern auch vom Ganglion cervicale supremum, von wo Fasern über die Arteria temporalis zu ihr ziehen. Die Qualität des Sekretes der Ohrspeicheldrüse ist bei Reizung der Fasern dieses Plexus anders als bei Reizung des Ganglion oticum oder des Nervus auriculo temporalis. Auch hier konnte bisher nicht geklärt werden, ob der Sympathicus nur über die vasomotorische Innervation oder direkt über die Sekretion der Ohrspeicheldrüse auf die Zusammensetzung des Sekretes einwirkt. Der für die Auslösung der Sekretion notwendige Reflexbogen verläuft über sensible Fasern, die im Nervus lingualis und Nervus mandibularis über den Trigeminusstamm zur Medulla oblongata ziehen. Als Spinalganglion für diese Fasern kommt das Ganglion Gasseri in Frage. Daneben sind aber zweifelsohne auch noch sensorische Fasern, die über Nervus lingualis, Chorda tympani, Ganglion geniculi, Nervus intermedius zum verlängerten Mark gelangen und solche, die über den Nervus glossopharyngeus und das Ganglion petrosum zum Kern des IX. Gehirnnervs ziehen, für die Auslösung der Speichelsekretion wichtig. Der zentrifugale Schenkel dieses Reflexbogens wurde schon vorhin erwähnt. Die sympathische Versorgung von Zähnen, Zahnfleisch und Tonsillen erfolgt über die Arteria carotis externa und damit über das Ganglion cervicale supremum. Während aber die Tonsillen die Blutzufuhr durch den Ramus tonsillaris der Arteria maxillaris externa erhalten, wird das Zahnfleisch in der Hauptsache von der Arteria maxillaris interna gespeist (Arteria alveolaris inferior, Arteria alveolaris superior posterior).

Das *Ganglion submaxillare* erhält seine präganglionären Fasern aus dem Nervus facialis als Chorda tympani, die sich dann dem Nervus lingualis anschließt. Kurz vor der Einmündung in das Ganglion bilden sich kurze Ästchen (Rami communicantes cum nervi linguale), die zu dem spindelförmigen Ganglion ziehen. Das Zentrum der präganglionären Fasern im verlängerten Mark liegt dorsal vom Facialiskern im Nucleus salivatorius superior. Die postganglionären Fasern dringen zum Teil in die Glandula submaxillaris ein, zum Teil schließen sie sich dem peripheren Stück des Nervus sublingualis wieder an, um mit ihm zur Glandula sublingualis zu gelangen.

Auch in diesem Falle wird die Speicheldrüse nicht nur von der Medulla oblongata über die Corda tympani und den Nervus lingualis, sondern auch vom Rückenmark über den Halssympathicus und das Ganglion cervicale supremum innerviert. Während sich bei Reizung der Chorda tympani reichliches dünnflüssiges Sekret entleert, kommt es bei Erregung des Halssympathicus zur Ausscheidung eines spärlichen zähflüssigen, trüben Speichels. Auch hier erhält der Halssympathicus vasokonstriktorische und die Chorda tympani vasodilatatorische Fasern. Die zentripetalen Bahnen des Reflexbogens verlaufen über die Äste des Nervus lingualis, den Nervus mandibularis und das Ganglion Gasseri zum verlängerten Mark. Daneben kommen aber ebenso wie für die anderen Ganglien weitere erregende Momente in Betracht. So ruft die Reizung des Nervus ulnaris, ischiadicus, wie überhaupt jedes zentripetalen sensiblen Nerven sehr häufig Speichelsekretion hervor. Dies gilt nur bei erhaltener Chorda tympani, also nicht durch Vermittlung des Halssympathicus. Ebenso wie die Erweiterung der Pupille auf Schmerzreize und auf psychische Vorgänge nur über den Oculomotorius und nicht über den Halssympathicus geleitet wird. Schließlich vermögen auch Vorstellungen, die durch Gesichts- und Gehöreindrücke verursacht sind, ebenso wie emotionelle Vorgänge im Gehirn die Speichelsekretion anzuregen. Hieraus können Rückschlüsse auf die große Bedeutung psychischer Vorgänge für die Bahnung peripherer Reflexe gezogen werden. Diese dürften vor allem eine Änderung der Reaktionsbereitschaft der gesamten grauen Substanz bewirken und nicht nervöse Impulse beeinflussen, die in vorgeschriebenen Nervenbahnen verlaufen.

Diagnose

Eines der schwierigsten Probleme jeder Fokussanierung stellt zweifelsohne die Bewertung von *Zähnen* dar. Gerade hier merkt man deutlich, wie sehr die Röntgendiagnostik bei der Beurteilung herdverdächtiger Zähne im Stiche läßt. Der übliche Weg, zunächst Vitalitätsbestimmung, dann Röntgenuntersuchung aller toten Zähne, genügt keineswegs für das Auffinden jedes Zahnherdes. So läßt sich zunächst nicht bestimmen, ob teilweise gefüllte Zähne als Eiterherde in Frage kommen oder nicht. Ein radikaler Standpunkt ist bei Brückenträgern oder vorderen Zähnen nicht jedermanns Sache, und der Patient verlangt mit Recht für die Opferung derartiger Zähne präzise Prognosen. Versagt schon bei überkronten Zähnen die Vitalitätsprüfung, so kann sie bei absterbenden Zähnen sogar positiv sein, trotzdem handelt es sich gerade in solchen Fällen sehr häufig um den Eiterherd. Bleibt nämlich der Nerv einer Wurzel an einem sonst toten Zahn erhalten, so laufen von ihr dauernde Impulse in das Rückenmark, die erfahrungsgemäß wesentlich schneller ausgedehnte Reflexmechanismen auszulösen imstande sind als die für die Impulsübermittlung von toten Zähnen verantwortlichen sensiblen Fasern des autonomen Nervensystems. Nicht jeder Patient klagt bei absterbenden Zähnen über Schmerzen in den entsprechenden Zonen. Wesentlich mehr weisen aber deutliche pathologische Reflexmechanismen des Gefäßsystems auf, die ohne weiteres für die Auslösung von Fokalerkrankungen geeignet sein können. Nur der rechtzeitige Nachweis derartiger Zonen, die sich zunächst auf einzelne Dermatome zu beschränken pflegen, kann manchmal Kranke mit vollkommen normal befundenen Zähnen vor chronischem Siechtum bewahren.

Für die Auffindung eines erkrankten Zahnes mit Hilfe der zugehörigen Dermatome muß zunächst bekannt sein, daß Zahnschmerzen so lange lokal bleiben, d. h. vom Patienten in den Zahn verlegt werden, als die Pulpahöhle durch die Karies nicht bloßgelegt ist. Der Schmerz ist meist bohrend oder stechend, beide Empfindungen sind aber auf den schmerzhaften Zahn beschränkt. Weder mit der Nadel- noch mit der Wärmeempfindlichkeitsprüfung lassen sich pathologische Zonen auf der Gesichtshaut nachweisen. Affektionen des Zahnschmelzes oder des Dentins verhalten sich also wie Verletzungen der Conjunctiva oder der äußeren Cornea-Schichte. In dem Augenblick, wo die Pulpahöhle bloßgelegt ist, strahlt aber der Schmerz in das Gesicht, die Stirne, den Hals oder das Ohr aus. Er besitzt schießenden oder bohrenden Charakter. Derartige Attacken dauern meist nur einige Augenblicke und treten in kurzen Zeitabständen auf. Es handelt sich um die sogenannten Neuralgien, die nach einigen Stunden schon zu deutlichen Hyperalgesien in den entsprechenden Dermatomen führen. Diese Schmerzen strahlen häufig auch auf die umgebenden Zähne aus, so daß der Patient nicht mehr angeben kann, welcher Zahn eigentlich der Grund seiner Beschwerden ist.

Prüft man die Zonen, so findet man am Beginn der Erkrankung oder bei ihrem Abklingen — einen Tag nach Entfernung des Zahnes — nur einzelne kleinflächige Areale im entsprechenden Dermatom empfindlich. Nur im ausgeprägten Krankheitsstadium weisen das gesamte Dermatom und eventuell auch das kontralaterale oder damit zusammenhängende Dermatome zur Gänze Empfindlichkeitsstörungen auf. Die Patienten geben auch häufig an, daß sich bei Berührung der empfindlichen Stellen die vorhandenen Zahnschmerzen deutlich verstärken. Sind keine hier, so können sie durch längeres Untersuchen dieser Zonen ausgelöst werden. Man kann dann durch Beklopfen des fraglichen Zahnes, variierenden Druck auf ihn, Heißluft bei lebenden Zähnen usw. die krankhaften Beziehungen zwischen diesem Zahn und der gesteigerten Empfindlichkeit im entsprechenden Dermatom meist eindeutig feststellen. Hierbei gelingt es auch, Entzündungen des Wurzelperiosts (Periodontalmembran) oder Paradentosen und häufig auch Granulome zu erfassen, die alle sonst nur lokalisierten Schmerz verursachen. Bei Bewegungen des Zahnes kommt es aber doch wesentlich leichter als normalerweise zur Auslösung der schon eingefahrenen Reflexvorgänge mit Durchblutungsänderungen und Steigerung der Empfindlichkeit vor allem für Wärme in den affizierten Dermatomen.

Somit kommt es bei Läsionen von Zähnen zunächst zu lokalem Schmerz und lokaler Empfindlichkeit durch frühzeitige Karies bei gesunder Pulpa. Dann tritt reflektierter Schmerz mit stärkerer oder geringerer oberflächlicher Empfindlichkeit der einzelnen Dermatome auf [69, 79], der Ausdruck chronischer Entzündung und Zerstörung des Pulpagewebes ist. Die Schmerzschwelle muß allerdings hierbei mit der Testung nach WOLFF und Mitarbeiter [65 bis 68] nicht erniedrigt sein. Schließlich kommt es nach der Nekrose des Pulpagewebes wieder zu lokalem Schmerz und Empfindlichkeit, bedingt durch die Periodontitis oder den Abszeß an der Zahnwurzel. Diese Verhältnisse lassen sich für die Differentialdiagnose von Reizerscheinungen an affizierten Zähnen nach Zahnbehandlungen gut verwerten. Kommt es zu lokalen Schmerzen ohne Ausbreitungstendenz und ohne Mitbeteiligung von Dermatomen, so handelt es sich um periodontale Reizungen. Gehen die Schmerzen aber mit deutlichen Hyperalgesien in den Dermatomen einher, so ist der Zahn schlecht behandelt und wird die Pulpa weiter zerstört. Dasselbe ist anzunehmen, wenn die Überempfindlichkeit der Dermatome nach angeblicher Zahnsanierung bestehen bleibt. Das Fehlen jeglicher Schmerzen würde in diesen Fällen nur darauf hindeuten, daß der Krankheitsprozeß schleichend ist und die nötige Impulszahl für die Auslösung zentral registrierter Schmerzen nicht zustande bringt. Die gefährlichen pathologischen Reflexmechanismen sind aber, wie aus den Dermatomen ersichtlich, trotzdem vorhanden.

Die bekannte Erniedrigung der Schmerzschwelle am Ort dauernder Stimulierung erklärt die Tatsache, daß normalerweise nicht schmerzhafte Maßnahmen, wie Spülen mit kaltem oder warmem Wasser oder Änderungen des Luftdruckes, vor allem ein Fallen des Barometerstandes, bei vielen schlechten Zähnen Schmerzen verursachen. Dasselbe konnte auch von ORBAN und RICHEY [72] bei Höhenflügen nachgewiesen werden. Auch hier kam es gleichzeitig mit dem Fallen des Luftdruckes zu Schmerzen an sonst symptomlosen schlechten Zähnen. Die Autoren glauben, daß sie um so früher während des Aufstieges auftraten, je stärker die toxischen Reize am Zahn und je niedriger damit die Schmerzschwelle an dieser Stelle war. Aus denselben Gründen können auch geringe Gewebsänderungen, wie Vasodilatation oder leichte Ödemneigung, schwere reflektierte Schmerzen bewirken, die dann als Kopfschmerzen oft weit entfernt vom eigentlichen Stimulationsherd empfunden werden [73]. Bestehen Kopfschmerzen von derartigen Zahnherden durch längere Zeit, kommt es zu sekundären Kontraktionen bestimmter Muskelabschnitte des Kopfes oder des Nackens, die dann selbst die Basis für neuerliche Kopfschmerzen auch nach Ausschaltung des Zahnherdes bieten können [75].

ROBERTSON und Mitarbeiter [76] glauben trotz ihrer eindrucksvollen Ergebnisse nach künstlicher Reizung von Zähnen des Ober- und Unterkiefers und den darauffolgenden stundenlangen Kopfschmerzen doch nicht, daß Impulse von Pulpitiden oder anderen chronischen Reizzuständen aus Zähnen zu Kopfschmerzen von migräneartigem Typ oder zu Trigeminusneuralgien usw. führen können. Ihrer Ansicht nach sind derartige Zusammenhänge äußerst selten, und es sollten deshalb Zähne nur dann gezogen werden, wenn sich wirklich durch vorherige Austestung mit Novocainlösungen die Schmerzen nach Unterbrechung des vermuteten Reflexbogens vollkommen beheben ließen.

Abb. 71 stellt die Zuordnung der Empfindlichkeitszonen zu den einzelnen Zähnen dar. Es ist daraus ersichtlich, daß die beiden oberen Schneidezähne Hyperalgesie in der Frontonasalzone bewirken. Die Kranken können auch über Stirnkopfschmerz, Stirnneuralgie oder über das Gefühl einer geschwollenen Nase an der betreffenden Seite klagen. Über die Zusammenhänge mit dem Auge s. S. 193. Der Caninus und erste Prämolarzahn des Oberkiefers führen zu Empfindlichkeitssteigerungen in der Nasolabialzone. Der zweite Prämolarzahn am Oberkiefer weist entweder reflektorische Beziehungen zu der Maxillar- oder zur Temporalzone auf. Der erste obere Molarzahn verursacht Schmerz und Empfindlichkeit in der Maxillarzone, der zweite Molarzahn in der Mandibularzone. Die Schmerzen werden in diesem Falle direkt nach vorne vom Ohr, etwas oberhalb vom Kiefergelenk verlegt. Auch der obere Weisheitszahn (dritter Molarzahn) verursacht in der Regel Hyperalgesie in der Mandibularzone. Manchmal greift die Empfindlichkeit auch auf die Hyoidzone über. Die unteren Schneidezähne weisen reflektorische Beziehungen zur Mentalzone am Unterkiefer auf. Diese ist auch bei Erkrankungen des Caninus und des ersten Bicuspidaten hyperalgetisch. Der zweite Bicuspidat ist entweder mit der Hyoid- oder mit der Mentalzone verbunden. Der erste und zweite Molarzahn des Unterkiefers verursachen ebenfalls Empfindlichkeitssteigerungen in der Hyoidzone. Gleichzeitig damit ist der Zungenrand auf der Seite des erkrankten Zahnes für Berührung empfindlich, da dieser Abschnitt entwicklungsgeschichtlich der Hyoidzone angehört. Etwaige Schmerzen

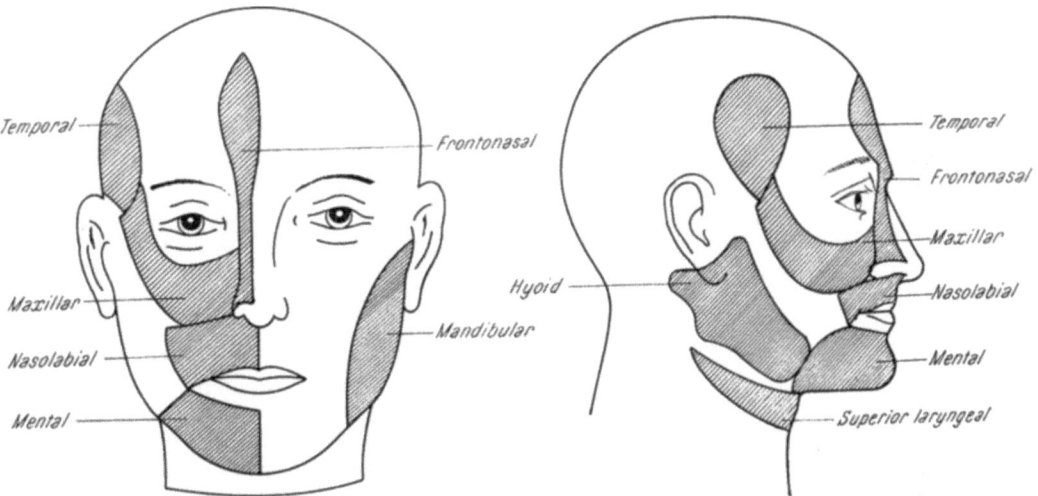

Abb. 71. Ausstrahlungsmöglichkeiten in Kopfdermatome bei Erkrankungen der Zähne. Frontonasal: obere Schneidezähne; maxillar: 2. Prämolarzahn am Oberkiefer, 1. oberer Molarzahn; mandibular: 2. und 3. Molarzahn; mental: untere Schneidezähne; nasolabial: Caninus und 1. Prämolarzahn; temporal: 2. Prämolarzahn am Oberkiefer; hyoid: 3. Molarzahn, 1. und 2. Molarzahn des Unterkiefers; superoir laryngeal: unterer Weisheitszahn

werden in diesen Fällen ans äußere Ohr und direkt hinter den Kieferwinkel reflektiert. Der untere Weisheitszahn wirkt reflektorisch auf die obere Laryngealzone des Halses. Die Schmerzen werden im Schlund oder auf dem äußeren Hals empfunden, wofür häufig der Kragenknopf verantwortlich gemacht wird. Bei Durchbrechen von Weisheitszähnen werden die Schmerzen auch häufig in die Hyoidanstatt in die Laryngealzone verlegt. HEAD führt dies auf die Reizung der zweiten Molarwurzel durch den Druck des hervorbrechenden Weisheitszahnes zurück. Erkrankungen der Weisheitszähne verursachen nicht selten Schmerzen, die sich am Arm bis zum Daumen herab erstrecken und damit die Entstehungsmöglichkeiten von Polyarthritiden durch derartige Affektionen klar andeuten.

Einen wichtigen Hinweis für das Vorliegen von Zahnherden bilden auch Pigmentanomalien in den entsprechenden Dermatomen. Der erfahrene Arzt vermag also schon bei der bloßen Inspektion auf Eiterherde von Rheumatikern zu schließen und kann auf diese Weise oft überraschende Heilerfolge erzielen. Da derartige Pigmentstörungen häufig auch noch einige Zeit nach Entfernung von Eiterherden oder nach ihrer Ausheilung zurückbleiben, ist stets eine Empfindlichkeitsprobe dieser Abschnitte für die Sicherung der Diagnose erforderlich. Fällt sie negativ aus, so ist eine Fukussanierung nicht mehr nötig. Nähere Einzelheiten über die Untersuchungstechnik für die Fokusdiagnose aus Pigmentanomalien können auf S. 119 nachgelesen werden.

Chronische Erkrankungen der *Ohren* kommen ebenfalls als Foci für die Entwicklung von Gelenkserkrankungen, Neuritiden usw. in Betracht und sollen deshalb im Hinblick auf ihre Dermatome behandelt werden. Auch hier läßt sich wieder zwischen Erkrankungen des äußeren Gehörganges unterscheiden, die keinen reflektierten Schmerz oder Empfindlichkeit, sondern nur lokale Beschwerden verursachen, die direkt auf den Sitz der Erkrankung hinweisen, und solchen, die im Ohr selbst liegen.

Ersterkrankungen des Trommelfells und Mittelohres bewirken reflektierte Schmerzen sowie Empfindlichkeit in der Hyoidzone. Die Patienten geben ihre Schmerzen im Ohr und unter dem Kiefer an und weisen mit der Nadelstich- oder Hitzemethode deutlich Empfindlichkeitssteigerungen in der Hyoidzone (Abb. 72) auf. Ihre Maxima liegen entweder direkt im Gehörgang oder hinter dem Unterkieferwinkel. An dieser Zone sind allerdings auch die hinteren Zähne des Unterkiefers, die Tonsillen und die seitlichen Teile der Zunge beteiligt. Es ereignet sich deshalb immer wieder, daß bei Kindern, denen an den entsprechenden Stellen des Unterkiefers Zähne durchbrechen und die über Ohrenschmerzen klagen, zunächst die Ohren behandelt werden. Auch bei Erwachsenen mit kariösem zweitem oder drittem unterem Molarzahn sind nicht selten beträchtliche Ohrenschmerzen vorhanden. Dieselben Überlegungen gelten für das Stechen in der Ohrengegend am dritten bis vierten Tag nach Tonsillektomie. Auch hier liegt der Grund in reflektierter Schmerzhaftigkeit vom Tonsillenbett; die Hyoidzone ist gleichzeitig hyperalgetisch.

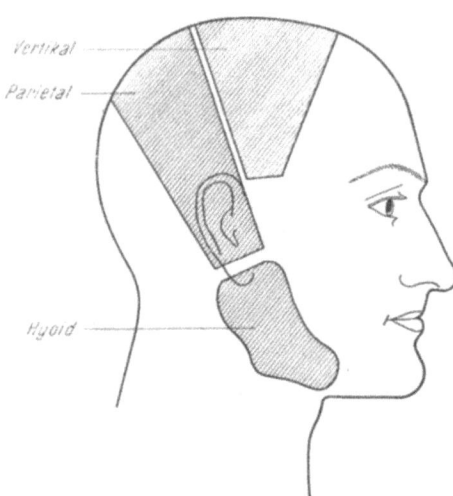

Abb. 72. Ausstrahlungsmöglichkeiten in Kopfdermatome bei Erkrankungen der Ohren.
Hyoid: Gehörgang, hintere Zähne des Unterkiefers; vertikal und parietal: Otitis media

Ein interessantes Beispiel für die Übertragung von Empfindungen ist beim Einführen eines Drains in die Eustachische Röhre zu beobachten. Hier wird die Empfindung zunächst auf den Nasenrücken reflektiert, bei weiterem Vordringen des Katheters kommt es zu Schmerzen zwischen Nasenrücken und Ohr und bei noch weiterem Einführen tritt das Schmerzgefühl plötzlich am Hals hinter dem Kieferwinkel auf. Dieses Überspringen der Empfindung rührt zweifellos von Teilen her, die durch Nervenfasern verschiedenen Ursprungs versorgt werden.

Mittelohreiterungen mit Erhöhung der Spannung im Mittelohr, wie sie z. B. am Beginn der Otitis media vor der Trommelfellperforation vorkommt, verursachen Schmerz und oberflächliche Empfindlichkeit in der Vertikal- und eventuell auch in der Parietalzone der Kopfhaut (Abb. 72), gleichzeitig mit denselben Erscheinungen in der Hyoidzone. Die Patienten klagen über Schmerzen auf dem Scheitel des Kopfes sowie in und hinter dem Ohr. In dem Augenblick, wo der Abfluß eintritt, läßt der Schmerz auf dem Kopf nach, während derjenige in der

Hyoidzone bestehen bleibt. Kommt es zu neuerlicher Verstopfung der Abfluß-
öffnungen mit Ansammlung von Eiter und Spannungsvermehrung im Mittelohr,
tritt gleichzeitig die oberflächliche Empfindlichkeit in der Vertikal- und Parietalzone mit den Schmerzen am Scheitel wieder auf.

Während die drastischen Schmerzempfindungen im Ohr, hinter dem Kiefer
oder am Scheitel jedem Otologen zur Genüge bekannt sind, vernachlässigen fast
alle die Untersuchungen der Dermatomempfindlichkeit, obwohl gerade sie Einblick in chronische, weitgehend schmerzlose Restzustände nach derartigen
Eiterungen gestattet. So ist die Empfindlichkeit des Haarbodens in der Vertikal-
und Parietalzone der Kopfhaut beim Bürsten oder Kämmen ein wichtiger Hinweis dafür, daß angeblich vollkommen verheilte Mittelohrentzündungen doch noch
Restherde enthalten; es gelingt auch, mit einigen Nadelstichen in der Hyoidzone
in solchen Fällen schnell das Vor-
liegen eines aktiven Herdes zu
bekräftigen. Jede Therapie muß
so lange durchgeführt werden,
bis diese Zeichen verschwinden.
Bleiben sie bestehen, so weisen sie
auf die fortwährende Aussendung
von Impulsen hin, die nicht nur
zur Hyperalgesie in diesen Dermatomen, sondern im geeigneten
Augenblick auch zur Generalisierung führen.

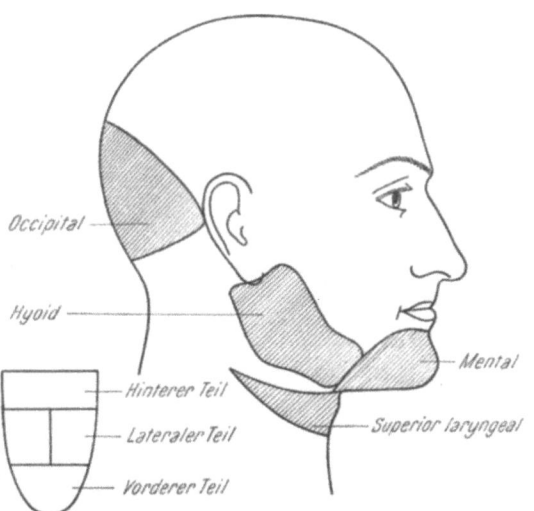

Abb. 73. Ausstrahlungsmöglichkeiten in Kopfdermatome
bei Erkrankungen der Zunge.
Mental: vorderer Zungenteil; superior laryngeal: hinterer Zungenteil; hyoid: lateraler Zungenteil; occipital:
hinterer Zungenteil

Die *Zunge* kommt weniger als
Fokus in Frage, vermag uns aber,
ähnlich wie die Augen, durch Empfindlichkeitssteigerungen in bestimmten Abschnitten, Ausbildung eines Belages oder das Auftreten von entzündlichen Reaktionen wichtige Hinweise auf
eventuell vorhandene Eiterherde
zu geben. Sie kann hinsichtlich
ihrer nervösen Beziehungen in
einen vorderen lateralen und hin-
teren Teil zerlegt werden. Der vordere Teil gehört zur Mental-, der laterale zur Hyoid-
und der hintere Teil zur oberen Laryngealzone. Somit können alle Herde, welche die
eben erwähnten Dermatome affizieren, auch die entsprechenden Abschnitte an der
Zunge in Mitleidenschaft ziehen. Umgekehrt können z. B. Ulcerationen an der
Zungenspitze Empfindlichkeitssteigerungen in der Mentalzone, Geschwüre am
lateralen Teil der Zunge Schmerzen im Ohr und hinter dem Unterkieferast der
affizierten Seite sowie Empfindlichkeitssteigerungen der Hyoidzone und Erkrankungen am Zungenrücken Schmerzen im Schlund in der Nähe des Zungenbein-
hornes und Empfindlichkeitssteigerungen in der oberen Laryngeal-, seltener in der
Occipitalzone bewirken. Abb. 73 stellt die möglichen Zusammenhänge bildlich dar.

Selbstverständlich vermögen die einzelnen erkrankten Zungenpartien auch die
den entsprechenden Segmenten zugehörigen Zähne zu beeinflussen. So können
die vorderen Schneidezähne bei Befall der Zungenspitze oder die beiden hinteren
Molarzähne bei Befall des lateralen Zungenanteils schmerzhaft sein, ohne daß sie
zunächst erkrankt sind. Umgekehrt vermögen die entsprechenden Zähne Änderungen
an den zugehörigen Zungenpartien zu verursachen.

Man ersieht schon aus diesen wenigen Ausführungen, wie bei jahrelang bestehenden chronischen Eiterherden Wechselwirkungen, wie etwa vom hinteren Molarzahn bis zum Mittelohr, möglich sind, ohne daß direkte Verbindungen bestünden. Lediglich die Hyperreflexie in allen zusammengehörigen Zonen mit den krankhaften Schwankungen der Blutversorgung durch die gesteigerten Vasomotorenimpulse kann im Laufe von Monaten oder Jahren zu beträchtlicher Herabsetzung der Widerstandskraft in den zugehörigen Zonen und damit zur Ausbildung chronischer Eiterungen mit schlechter Heilungstendenz führen. So kann es kommen, daß der eine Patient mit Mittelohrentzündungen nicht fertig wird, die normalerweise spielend überwunden werden, oder daß der andere immer wieder Ulcera am lateralen Zungenrand entwickelt, die kaum beeinflußbar sind, und wieder ein anderer mit einem schlechten hinteren Molarzahn über anhaltende Kopfschmerzen in der Occipitalregion klagt, obwohl diese primär mit dem von ihm affizierten Dermatom nichts zu tun hat. Es gibt viele Möglichkeiten weiterer Kombinationen, diese müssen aber dem Assoziationsvermögen des untersuchenden Arztes für den Einzelfall vorbehalten bleiben. Von ihm hängt die Aufdeckung oft kleinster Eiterherde mit großen Wirkungen ab; ihr Auffinden kann sich beim Nachweis eines affizierten Dermatoms nach dem anderen oft spannend gestalten.

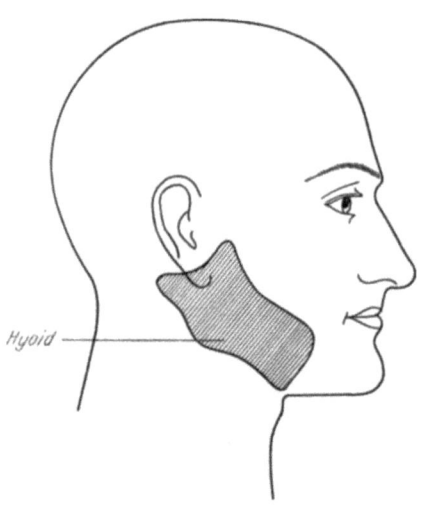

Abb. 74. Ausstrahlungsmöglichkeiten in Kopfdermatome bei Erkrankungen der Tonsillen. Hyoid: Tonsillen, Molarzähne

Die *Tonsillen* verursachen ebenso wie die hinteren Molarzähne oder die Mittelohreiterungen eine Oberflächenempfindlichkeit in der Hyoidzone. Daneben sind auch häufig Schmerzen und Pigmentanomalien hinter dem Kieferwinkel und dem Ohr vorhanden (Abb. 74).

So wichtig diese Erkrankung für die Entwicklung von Myogelosen im Nacken und Schultergürtel, für die Ausbildung von Halswirbelerkrankungen, Pulposushernien und von Arthritiden an Fingern und Handgelenken ist, so harmlos sind ihre ersten Krankheitssymptome. Die Bedeutung von Tonsillenherden liegt weniger im ursprünglichen Befall eines besonderen Dermatoms als in seiner leichten Ausbreitungsmöglichkeit in die unteren Cervical- und oberen Thoracalsegmente. Der Grund dafür dürfte einerseits in der räumlichen Nähe zum Ganglion stellatum, anderseits in der ausgiebigen arteriellen Blutversorgung liegen. Dadurch steht das Tonsillengewebe in innigerem Kontakt mit dem sympathischen Nervensystem als alle anderen Organe, die ebenfalls eine Empfindlichkeitssteigerung der Hyoidzone bewirken. Gerade bei chronischen Tonsilliden kommt es häufig zur Bildung von Granulationsgewebe in den umliegenden Körperpartien, wobei die Narbenzüge häufig entlang von Gefäßbahnen verlaufen. Da diese besonders reichlich mit sympathischen Nervenfasern versorgt sind, sind die reflexauslösenden Impulse von dort wesentlich zahlreicher und häufiger als von anderen kleinen Herden. Sie laufen auch gleich über das Ganglion stellatum in das 1. Thoracal- und eventuell 8. Cervicalsegment und bewirken damit eine vasomotorische Hyperreflexie in den Fingern. Tonsillenherde vermögen aber auch zweifelsohne über das Ganglion cervicale supremum, das Halsmark und die Arteria carotis interna Zwischenhirnveränderungen zu bewirken, die bei längerem Bestehen das bekannte Maskengesicht, die Störungen des Wasserhaushaltes, der Schweißsekretion, des Zuckerhaushaltes und gewisse psychische Veränderungen hervorzurufen vermag.

Abb. 75 stellt die wichtigsten Auswirkungsmöglichkeiten von Tonsillenherden dar. Daneben gibt es zweifelsohne noch rein allergische Wirkungskomponenten dieser Eiterherde, wie etwa die Entstehung von Nephritiden, von Myocarditiden oder Herzklappenveränderungen. Auch hier lassen sich nervöse Zusammenhänge rekonstruieren, wie die Beeinflussung von Reizleitung und Herzmuskelkontraktion durch Fasern des Ganglion cervicale medium und Ganglion cervicale inferior.

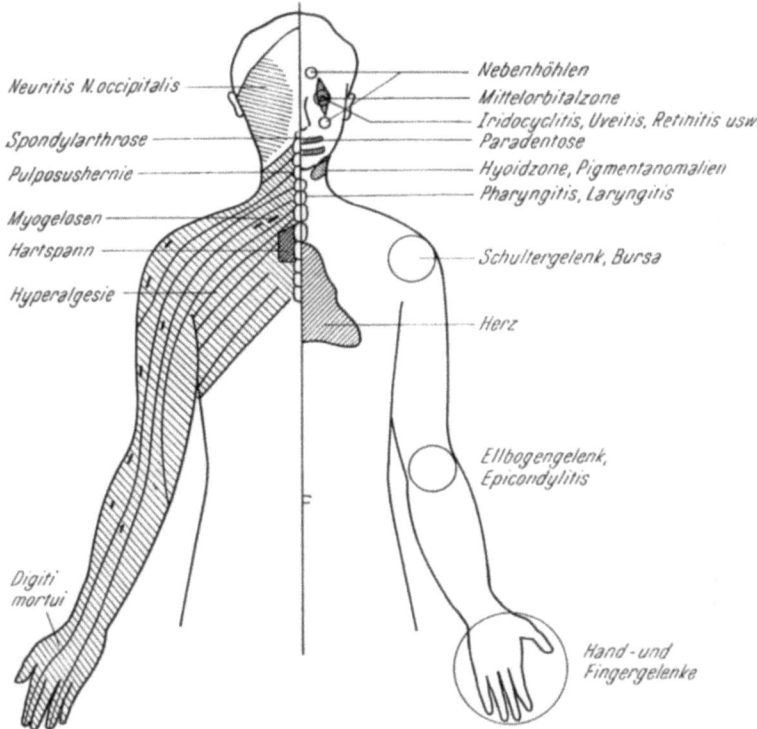

Abb. 75. Mögliche Komplikationen durch Reflexanomalien bei chronischer Tonsillitis

Schließlich ließen sich auch noch Hypothesen über nervöse Zusammenhänge nicht nur vom rechten und linken Segment gleicher Höhe, sondern auch von entsprechenden oberen und unteren Abschnitten des Körpers aufstellen, wie sie uns von Würmern und niedrigen Tieren bekannt sind. Derartige Ansichten sind aber noch zu wenig experimentell belegt, als daß sie im Rahmen dieses Buches mit Nutzen angewendet werden könnten. Es ist jedenfalls noch viel Arbeit zu leisten, bis gerade bei der Aufklärung von Tonsillenherden ein klarer Trennungsstrich zwischen rein neurogenen Fokuswirkungen und solchen auf allergischer und infektiöser Basis gezogen werden kann. Wahrscheinlich spielen alle für die Entstehung der endgültigen Fokalerkrankung zusammen und die neurogene Komponente stellt nur den Boden dar, der die allergischen und infektiösen Auswirkungen vorbereitet. So könnte die Hyperreflexie im Bereiche der Finger bei Tonsillenerkrankungen das Entstehen der Digiti mortui, des Bamstigkeitsgefühls usw. erklären, wobei Durchblutungsuntersuchungen ohne vorherige Belastung negativ ausfallen können und auch je nach Belastung entweder länger als normal anhaltende Hyperämien oder Vasokonstriktionen infolge der Hyperreflexien zu erwarten sind. In der Tat sind alle bisherigen Untersuchungsergebnisse in dieser Richtung ausgefallen. Damit erklärt sich auch der häufige Torticollis bei geringem Luftzug oder nach abrupten Bewegungen, der immer wieder bei chronischen Tonsillitiden beobachtet werden kann und nach ihrer Entfernung verschwindet.

Für die Entstehung der Polyarthritis selbst muß allerdings in dem so durch Monate oder Jahre vorbereiteten Gewebe, dessen Stoffwechsel durch die häufigen Hypoxien gelitten hat, ein allergischer oder infektiöser Prozeß stattfinden, der dann zur Ausbildung der typischen histologischen Veränderungen führt. Welcher Infekt stattfindet oder wogegen die Allergie gerichtet ist, dürfte weitgehend belanglos sein, da ja bekanntlich in dem durch Eiterherde schon lange vorbereiteten Gewebe zahlreiche Infektionskrankheiten Infektarthritiden oder Rheumatoide und auch chronische Polyarthritiden auszulösen vermögen.

Auch Entzündungen im *Larynxbereich* verursachen normalerweise weder reflektierten Schmerz noch Dermatomempfindlichkeit. Sie kommen deshalb als Foci nicht in Frage. Lediglich tiefgreifende Geschwüre, wie destruierende tuberkulöse Prozesse, luetische Gummata oder Carcinome, können reflektierten Schmerz und oberflächliche Empfindlichkeit in der oberen oder unteren Laryngealzone bewirken. Hierbei liegt bei Befall der oberen Laryngealzone der Schmerz etwas nach vorne vom Zungenbeinhorn, bei Befall der unteren Laryngealzone direkt vor dem Rande des Musculus sternocleidomastoideus, etwa in der Höhe der Cartilago cricoidea. Nach HEAD verursachen Erkrankungen in der Epiglottisgegend und in den ariepiglottischen Falten Empfindlichkeitssteigerungen in der oberen und solche der Stimmbänder in der unteren Laryngealzone.

Die Verwertung dieser Angaben wird zum Aufsuchen eines Fokus selten nötig sein, kann aber immerhin in Frage kommen. Man soll deshalb bei Empfindlichkeitsstörungen in den genannten Dermatomen nach etwaigen Eiterherden in diesen Bereichen fahnden, wobei auch branchiogene Cysten in Frage kommen.

Therapie

Die Domäne in der Behandlung von *Zahnerkrankungen* nimmt zweifelsohne auch auf dem Gebiet der Neuraltherapie die rein zahnärztliche Praxis ein. Extraktionen, exakte Wurzelfüllungen oder Wurzelspitzenresektionen stellen noch immer diejenigen Eingriffe dar, mit denen bei eindeutigen Herderkrankungen die besten Erfolge erzielt werden können. Daneben gibt es allerdings immer wieder Fälle, denen Internist und Zahnarzt machtlos gegenüberstehen, sei es, weil sich der Patient aus kosmetischen Gründen die notwendigen Eingriffe nicht durchführen läßt oder weil die diagnostischen Anhaltspunkte zu vage sind, um dem Patienten einen Eingriff mit einigen Erfolgsaussichten raten zu können. Hier müssen kleinere Eingriffe durchgeführt werden, die auch bei Erfolglosigkeit leicht verschmerzt werden können. Das Mittel der Wahl sind in solchen Fällen Infiltrationen mit 2- bis 4%igem Novocain, am besten Impletol, in die Umgebung des erkrankten Zahnes, in hyperalgetische Dermatome und in andere Gewebe, wo die afferenten Fasern des kranken Zahnes weitergeleitet werden. Da die visceralen Bahnen auch mit den Gefäßen laufen und viele von ihnen durch das Ganglion cervicale supremum oder Ganglion stellatum ziehen, ist eine Umspritzung der Arteria carotis communis und eine Ganglionblockade in allen Fällen in Betracht zu ziehen, in denen mit den vorhin erwähnten Methoden nicht der gewünschte Erfolg erzielt wird. Schließlich können sich die im 1. Thoracalsegment eintretenden vegetativen

Fasern noch in das 2., 3. und 4. Thoracalsegment fortpflanzen, außerdem kann sich die Erregung über die von LORENTE DE NÓ beschriebenen Zwischenzellen (S. 19, 190) ebenfalls über mehrere Segmente hin ausbreiten, so daß bei Erfolglosigkeit der bisherigen Eingriffe auch Th_2 bis Th_5 paravertebral blockiert werden sollen.

Bei der Neuraltherapie von Zahnerkrankungen geht man daher am besten folgendermaßen vor:

1. Impletol-Infiltration des Zahnfleisches erkrankter Zähne.
2. Leitungsanästhesie der Äste des Nervus maxillaris (Oberkiefer) oder mandibularis (Unterkiefer).
3. Stellatumblock oder Infiltration des Ganglion cervicale medium und supremum.
4. Umspritzung der Arteria carotis communis oder der Arteria carotis externa.
5. Anästhesie der hinteren Wurzeln von Th_1 bis Th_5 auf der erkrankten Seite.
6. Infiltration des Ganglion sphenopalatinum und Gasseri (somatisch).
7. Paravertebrale Blockade von Th_2 bis Th_5 auf der erkrankten Seite.
8. Lokaltherapie hyperalgetischer Areale, die mit der Erkrankung in Zusammenhang stehen.

Es ist hierbei wichtig, zu wissen, daß sowohl Schmerzzustände im Kopf als auch solche im Schultergürtel und in den Händen, die durch Zahnerkrankungen ausgelöst werden, mit dieser Reihenfolge der Infiltrationen behandelt werden sollen. Die sympathischen Impulse treten ja auch bei Kopfschmerzen in der Höhe von Th_1 in das Rückenmark und werden dann erst zentralwärts geleitet. Die Unterbrechung des Impulsweges in das zentrale Nervensystem kann deshalb in einem Falle im Ganglion sphenopalatinum, im anderen im Ganglion stellatum möglich sein. Es läßt sich nicht im vorhinein entscheiden, welche von allen acht angeführten Möglichkeiten für die Schmerzbeseitigung von Erfolg begleitet ist. Die weiter oben zitierte Reihenfolge der einzelnen Injektionsarten erfolgt ja nicht auf Grund theoretischer Überlegungen, sondern hat sich rein empirisch bewährt. Danach wird die Schmerzfreiheit am häufigsten durch Umspritzung des Zahnfleisches und am seltensten durch paravertebrale Blockade von Th_5 erreicht. Außerdem tritt der Erfolg schneller ein, wenn nach der Zahnfleischumspritzung die Infiltration des somatischen Nerven erfolgt, als wenn nach dem ersten Eingriff die Blockade von Th_5 durchgeführt wird. Komplikationen langdauernder Zahnerkrankungen, wie Spondylarthrosen im Bereiche von C_4 bis Th_5, Pulposushernien, Myogelosen, Hartspann, Arthritiden an den oberen Extremitäten, Plexusneuritiden usw., bedürfen außer der oben angeführten Grundbehandlung noch besonderer Maßnahmen für ihre Beseitigung. Hiezu zählen Vitamin-D- und Hormonkuren, Chiropraxis, Wärmebehandlung (Kurzwellen, Radar), Anästhesie der hinteren Wurzeln des jeweils erkrankten Segmentes, Gelotrypsie, Novocain-Prednisolon-Infiltrationen in die Myogelosen usw. Vom Erfolg dieser Maßnahmen hängt es ab, ob der Patient vollkommen schmerzfrei wird.

Die Neuraltherapie von Herderkrankungen des *Ohres* unterscheidet sich von derjenigen der Zähne nicht wesentlich. Auch hier ist die Infiltration des Ganglion cervicale supremum oder des Ganglion stellatum in erster Linie zu erwägen, da über diese beiden Ganglien die sympathischen Impulse in das 1. Thoracalsegment einzutreten pflegen. Die Ausbreitungsmöglichkeiten dieser Impulse sind dieselben wie bei den Zähnen. In zweiter Linie kommen die entlang der Gefäße verlaufenden Bahnen in Frage, wobei die Arteria basilaris als Versorgungsorgan in Betracht gezogen werden muß. Sie entsteht durch Zusammenlauf der Arteria carotis interna und der Arteria vertebralis. Die Ausschaltung der Sympathicusfasern kann deshalb durch Infiltration beider Arterien vorgenommen werden. Der Arteria vertebralis ist insofern der Vorzug zu geben, als sie in den Wirbelkörpern verhältnismäßig leicht zugänglich ist und schon weiter oben, etwa in Höhe von C_4 und C_5, umspritzt werden kann. Eiterungen im Knochen können auch zu Schädigungen des Nervus facialis und intermedius führen, was sich in Störungen der Funktionen des Ganglion submaxillare und Ganglion sphenopalatinum auswirkt. In diesen Fällen kommen vor allem chirurgische otologische Eingriffe zur Behebung des Schadens in Frage. Die Beseitigung von Restzuständen kann aber auch durch Novocain-Infiltrationen in diese Ganglien versucht werden.

Selbstverständlich existieren auch noch andere Möglichkeiten, wie afferente Bahnen bei Erkrankungen des Ohres ins Gehirn geleitet werden können. So müßten unter anderem auch das Ganglion Gasseri, Ganglion geniculi und Ganglion petrosum in Betracht gezogen werden. Ihre Beteiligung im Rahmen ausgedehnterer chronischer Erkrankungen kann oft nur nach schwierigen Untersuchungen, zu denen auch eine sorgfältige Anamnese gehört, festgelegt werden. Ist man im Zweifel, ob ein Schmerzzustand unter Beteiligung eines der angeführten Ganglien zustande kommt und ist dieses schwer zugänglich, führt man am besten die Leitungsinfiltration der zugehörigen Nerven durch (Nervus lingualis, Nervus glossopharyngeus, Nervus mandibularis, Nervus facialis, Nervus hypoglossus). Schwinden die Beschwerden anschließend für einige Zeit, so verlaufen die pathologischen Impulse über den entsprechenden Nerven.

Bei chronischen Erkrankungen des Ohres, die als Herde in Frage kommen, sind demnach folgende therapeutische Richtlinien zu beachten:

1. Nach Möglichkeit Lokalanästhesie des erkrankten Abschnittes im Ohr.
2. Blockade des Ganglion cervicale supremum oder Ganglion stellatum.
3. Umspritzung der Arteria carotis communis.
4. Umspritzung der Arteria vertebralis in Höhe C_5 oder C_6.
5. Lokaltherapie der zugeordneten hyperalgetischen Dermatome.
6. In Ausnahmefällen Infiltration des Ganglion submaxillare, Ganglion sphenopalatinum, Ganglion Gasseri (somatisch) oder der Nervi lingualis, glossopharyngeus, mandibularis und hypoglossus.

Die Behandlung etwaiger Komplikationen erfolgt wie bei den Zähnen.

Die Therapie von *Zungenerkrankungen* ist insofern einfach, als die Schädigungen fast immer leicht gesehen werden können und auch dem therapeutischen Eingriff direkt zugänglich sind. Schließlich gelingt die Beseitigung von Restbeschwerden oder von reflektierten Schmerzen in vielen Fällen sehr leicht durch die wiederholte Anwendung von Oberflächenanästhetica an den hyperalgetischen Arealen. Ist damit nicht der gewünschte Erfolg zu erzielen, kommt die Infiltration des Nervus lingualis oder Nervus glossopharyngeus in Frage. Auch die Infiltration des Ganglion submaxillare kann versucht werden, wenn sichere Reizerscheinungen von der Zunge ausgehen oder diese treffen.

Für die Neuraltherapie von Zungenerkrankungen sind deshalb folgende Richtlinien zu befolgen:

1. Oberflächen-Anästhesie der hyperalgetischen Zungenabschnitte.
2. Blockade des Ganglion cervicale supremum oder Ganglion stellatum.
3. Umspritzung der Arteria carotis communis sinistra oder der Arteria lingualis.
4. Lokaltherapie der zugehörigen hyperalgetischen Dermatome.
5. In besonderen Fällen Infiltration des Ganglion submaxillare, Ganglion Gasseri (somatisch), des Nervus lingualis oder Nervus glossopharyngeus.

Die Behandlung von chronischen *Tonsillenerkrankungen* soll trotz mancher gegenteiligen Ansicht in erster Linie operativ sein. Die sorgfältige Ausräumung des Tonsillenbettes führt nach eigener Erfahrung fast regelmäßig zum gewünschten

Erfolg. Nur dort, wo zwingende Kontraindikationen gegen einen derartigen Eingriff bestehen oder im Anschluß an die Operation durch verbleibende Narbenstränge und Eiterherde wieder die alten Symptome aufflackern, ist die Neuraltherapie anzuwenden. Sie besteht zunächst in der Infiltration der Umgebung des Tonsillenbettes mit Lokalanästhetica. Weiterhin in der Oberflächenanästhesie der Tonsillen durch geeignete Anästhetica oder Tabletten, die sie enthalten (Tyrosolvetten), und in der Umspritzung des Ganglion cervicale supremum, medium oder des Ganglion stellatum sowie in der Umspritzung der Arteria carotis externa. Bei zweifelhaftem Erfolg ist auch noch vor allem das Ganglion sphenopalatinum zu infiltrieren, da es den Nervus palatinus medius in die Tonsillargegend entsendet (S. 190). Durch diese Eingriffe werden in der Regel nicht nur alle Impulse, die in die Extremitäten oder in den Kopf ausstrahlen, unterbrochen, sondern es wird auch die Beeinflussung des Herzens ausgeschaltet.

Die Infiltration oder Hyperämisierung der zugeordneten Dermatome sowie deren Massage stellt den zweiten Schritt in der Behandlung chronischer Tonsillitiden dar. Gerade auf diese Weise läßt sich oft über die Beziehung Körperoberfläche—Eingeweide eine Abheilung chronischer Erkrankungen erzielen (S. 124).

Somit wird folgendes Schema im Behandlungsplan chronischer Tonsillitiden vorgeschlagen:

1. Oberflächenanästhesie der Tonsillen.
2. Peritonsilläre Impletol-Infiltration, besonders des unteren Tonsillenpols und angrenzenden Zungengrundes sowie der Nervi palatini und des Nervus glossopharyngeus.
3. Blockade des Ganglion cervicale supremum, medium oder des Ganglion stellatum und des Ganglion nodosum Nervi vagi.
4. Umspritzung der Arteria carotis externa oder der Arteria maxillaris externa.
5. Anästhesie der hinteren Wurzeln von Th_2 bis Th_5.
6. Infiltration des Ganglion sphenopalatinum, eventuell Ganglion Gasseri (somatisch).
7. Paravertebrale Blockade von Th_1 bis Th_2.
8. Prednisolon-Novocain-Infiltration, Ultraschall- oder Ionomodulatorbehandlung der zugeordneten hyperalgetischen Dermatome.
9. Nervenpunkt-, Bindegewebs- oder Periostmassage in hyperalgetischen Bereichen, die mit der Erkrankung zusammenhängen.

Zweifelsohne besteht auch hier wieder eine Reihe von Möglichkeiten, die bei diesen Ausführungen über die Ausbreitung nervöser Impulse von kranken Tonsillen nicht berücksichtigt werden konnten. Sie treten aber selten in Erscheinung, sind auch mit unseren bisherigen Untersuchungsmethoden kaum zu erfassen, so daß im Hinblick auf die Verläßlichkeit aller Angaben in diesem Buche darauf verzichtet wurde, sie gesondert anzuführen. Erst wenn es gelingt, die pathologischen Impulse in ihrem ganzen Verlaufe mit Hilfe geeigneter Einrichtungen zu verfolgen, wird es möglich sein, eine erschöpfende Darstellung über die Neuraltherapie chronischer Tonsillitiden zu geben. Bis dahin müssen wir uns mit den empirisch gefundenen wichtigsten Eingriffen für die Beseitigung der pathologischen Impulsbahnen begnügen.

Neben diesen allgemeinen Maßnahmen müssen auch die Komplikationen der chronischen Tonsillitis separat behandelt werden. So lassen sich Spondylarthrosen und Pulposushernien durch Anästhesie der hinteren Wurzeln, ihrer zugeordneten Segmente, vorsichtige Nervenpunkt- und Periostmassagen, Novocain-Prednisolon-Infiltrationen in die umgebenden Muskelabschnitte, Wärmebehandlung (Kurzwellen-, Radarbestrahlungen) und vor allem durch Chiropraxis, Extensionen und Hormon-, Vitaminbehandlungen (Androgene, Vitamin D) günstig beeinflussen. Auch die Myogelosen und der Hartspann sowie die Fibrositis des Bindegewebes gehen auf die Grundtherapie allein nicht zurück. Hier sind Impletol-Infiltrationen in die Muskelknötchen, Ultraschallbehandlungen oder die Gelotrypsie am Platze. Hartspann wird durch regelmäßige Massagen nach vorheriger Hitzeanwendung (Radarbestrahlung) am besten beeinflußt. Die Fibrositis des Subcutangewebes schließlich läßt sich ebenfalls durch zunächst vorsichtig dosierte, dann aber langsam stärker werdende Massagen mit der Zeit beseitigen. Gute Erfolge liefert in akuten schmerzhaften Fällen eine Entwässerung und Abmagerungskur oder eine fachmännisch durchgeführte Röntgenbestrahlung. Über die Behandlung der weiteren Komplikationen an den Extremitäten und Gelenken s. S. 181 ff. Die Komplikationen des Herzens werden auf S. 216 f. behandelt. Augenerkrankungen, die auf chronische Tonsillitiden zurückzuführen sind, nehmen ihren Weg meist über das Ganglion stellatum oder aber auch über das Ganglion sphenopalatinum oder Ganglion Gasseri (S. 194).

Die Ausschaltung von Herderkrankungen im *Pharynx-* und *Larynxbereich* bedarf wegen ihrer Seltenheit keiner besonderen Ausführungen. Auch hier sind wieder Infiltrationen der oberen drei Halsganglien in erster Linie und Umspritzungen der Arteria carotis externa in zweiter Linie in Erwägung zu ziehen. Als somatische Nerven kommen die Nervi nasales posteriores (2. Trigeminusast), Äste des Nervus glossopharyngeus und Nervus hypoglossus in Frage. Auch der Nervus vagus nimmt an der sensiblen und motorischen Versorgung teil. Weiters muß die Infiltration der hinteren Wurzeln von C_2 bis C_7 erwogen werden. Schließlich kommen die entsprechenden Massagen der hyperalgetischen Dermatome in Frage.

Auch hier können die Veränderungen selbstverständlich bis zum 5. Thoracalsegment reichen oder können Erkrankungen der jeweils zugeordneten Halswirbel in Form von Knochenatrophien, Pulposushernien oder bloßer Druckschmerzhaftigkeit auftreten. Novocain-Prednisolon-Infiltrationen der entsprechenden Dermatome, ihre Hyperämisierung, Chiropraxis, Periostmassage, Extensionen und Kurzwellenbestrahlung sind der Hauptteil der zu wählenden Behandlungsarten bei solchen Komplikationen.

Herz und Gefäße

Innervation

Das *Herz* erhält neben den Rami cardiaci des Vagus und den sympathischen Ästen des Halsgrenzstranges Fasern aus den fünf oberen Brustsegmenten, deren Zweige zum Aortabogen verlaufen. Das entstehende Geflecht wird Plexus cardiacus genannt und in einen Plexus cardiacus profundus und einen Plexus cardiacus superficialis eingeteilt (Abb. 76). Hierbei ziehen die vom rechten Vagus und Sympathicus stammenden Nerven vorwiegend in den Plexus profundus, jene der linken Seite in den Plexus superficialis. Ersterer breitet sich über die rechte hintere Fläche des Aortenbogens aus und entsendet neben Verbindungszweigen zum Plexus trachealis und Plexus bronchialis auch zum Plexus der rechten Arteria pulmonalis sowie zur Arteria coronaria dextra und sinistra. Von diesen aus werden auch Muskulatur der Vorhöfe und Ventrikel der jeweiligen Seite versorgt. Der Plexus cardiacus superficialis umhüllt die linke Vorderfläche des Aortenbogens und steht mit dem Geflecht der linken Arteria pulmonalis in Verbindung. Der Einfluß der autonomen Nerven auf die Herztätigkeit ist sehr stark. So äußert sich die Reizung des Vagus in der bekannten Verlangsamung der Sinusschlagzahl. Der Nervus accelerans hingegen fördert die Reizentstehung und damit die Sinusschlagzahl. Im Tierversuch vermag eine sehr starke Vagusreizung sogar die Reizleitung in der Wand des Vorhofes soweit zu hemmen, daß dort eine Reizung nur zu umschriebener Kontraktion der Muskulatur an der Reizstelle führt. Der Vagus hemmt besonders die Kontraktilität der Vorhöfe. Die Systolen werden nach seiner Reizung auch bei unveränderter Schlagzahl kleiner. Dasselbe gilt für die Kammern, doch wird die Verkleinerung der Systole häufig durch die mit der langsameren Schlagfolge verbundene stärkere Füllung verdeckt. Zusammenfassend betrachtet, wird durch Vagusreizung die Kontraktion verlangsamt, die Dauer der Systole verkürzt und der Eintritt der Diastole beschleunigt.

Acceleransreizung steigert die Reizbildung im Sinusknoten, dem Atrioventricularknoten und den tertiären motorischen Zentren. Während bei Vagusreizung Kalium aus dem Herzen in die Nährflüssigkeit tritt, kommt es bei Acceleransreizung zu Calcium-Eintritt. Gleichzeitige Reizungen beider Nerven führt in der Regel zu einem Überwiegen des Vagus, dessen Wirkung rascher eintritt, dafür aber nicht so lange anhält. Es kommt meist zur Herabsetzung der Schlagzahl des Vorhofs und Steigerung

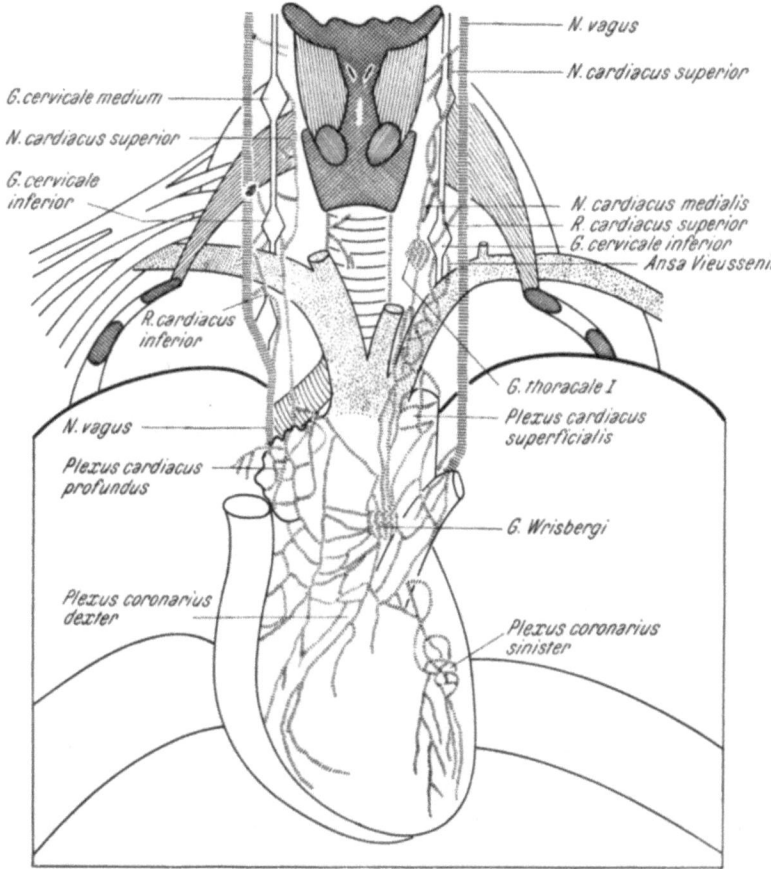

Abb. 76. Die Herznerven des Menschen, von vorn dargestellt

der Schlagzahl der Kammern. Wichtig für das Verständnis der oft komplizierten Wirkungsmechanismen gerade der Herznerven ist die Tatsache, daß eine gesteigerte Beanspruchung der Reizleitung die Bahn für rückläufige Erregungswellen leichter durchgängig macht [79]. Obwohl Vagus und Accelerans zum Herzen führende, also zentrifugale Nerven sind, löst doch jede Systole im Vagus eine Salve von Aktionsströmen aus [80], wobei die Zahl dieser Salven mit der Schlagzahl steigt und fällt. Ähnliche Vorgänge dürften auch für den Accelerans gelten, wie überhaupt für die Erklärung zahlreicher pathologischer Zustände in allen Segmenten des Körpers die Theorie einer in zwei Richtungen möglichen Reizleitung im Nerven mit Vorteil verwendet werden kann (S. 16).

Schließlich spielt auch die Verteilung der Nerven auf die Abschnitte des Herzens eine wichtige Rolle für das Verständnis ihrer Wirkungsmöglichkeiten. So versorgen bekanntlich der rechte Vagus und rechte Accelerans vorwiegend den Sinus, die linken vorwiegend den Atrioventricularknoten. Demnach wird bei atrioventriculärer Automatie die Schlagzahl vor allem durch Reizung des linken Vagus herabgesetzt und führt Reizung des rechten Accelerans zu einer einfachen Beschleunigung der Schlagzahl, Reizung des linken in einem Drittel der Fälle zu atrioventriculärer Automatie. Da der linke Accelerans einen individuell wechselnden Teil zum Sinusknoten sendet, hat seine Reizung nicht immer dieselbe Wirkung. Die Acceleranswirkung kann sich über den Vorhofkammerknoten hinaus auf die Kammern selbst erstrecken, so daß bei gleichzeitiger Vagusreizung infolge Ausschaltung der Ursprungsreize rechtsseitige oder linksseitige Extrasystolen beobachtet werden können.

Neben der experimentellen Reizung oder Lähmung der Herznerven können auch zahlreiche andere, physiologische oder pathologische Vorgänge ihren Tonus beeinflussen. So reizen Sauerstoffmangel, erhöhter Gehirndruck oder Blutdrucksteigerung das Vaguszentrum und führen dadurch zur Pulsverlangsamung. Blutdrucksenkung führt umgekehrt zu Pulsvermehrung. Seelische Erregungen können zum Stocken des Herzschlages, zu Herzjagen, Herzklopfen usw. führen. Einatmung beschleunigt, Ausatmung verlangsamt den Herzschlag. Trigeminusreizung, Reizung des Bauchsympathicus, Druck auf die Augäpfel steigert den Vagustonus [81]. Schließlich können alle sensiblen Nerven den Tonus der Herznerven beeinflussen.

Das Herz selbst übt seine Wirkungen auf den Organismus vor allem durch den Nervus depressor, seinen eigentlichen zentripetalen Nerven, aus. Dieser entspringt von der Aortenwurzel. Man glaubt, daß sein Tonus durch die Spannung der Aortenwand maßgebend beeinflußt wird. Seine Reizung bewirkt Blutdrucksenkung — hauptsächlich durch Erweiterung des Splanchnicusgebietes — und durch Vaguserregung Pulsverlangsamung. Außer ihm gibt es noch andere vom Plexus cardiacus ausgehende zentripetale Fasern, deren Reizung ebenfalls Änderungen von Blutdruck und Schlagzahl bewirkt. Reizung des Sinus caroticus wirkt reflektorisch wie eine Depressorreizung. Den Ausgangspunkt dieses Reflexes stellt ein den Sinus umschließender Ring von Nervenfasern mit Anschwellungen und Platten als sensible Endapparate dar. Die Vielfältigkeit der nervösen Reaktionsformen bei Erkrankungen eines Organs wird wohl am besten am Herzen studiert. Entscheidend dazu beigetragen hat die Einführung des Elektrokardiogramms. Es würde den Rahmen dieses Buches weit überschreiten, sollte noch auf die pathologischen Zustandsbilder, die mit dieser Untersuchungsmethode erfaßt werden können, eingegangen werden. Für die Beantwortung wissenschaftlicher Fragestellungen und für die Erforschung von Gesetzmäßigkeiten in der Nervenversorgung anderer Organe des Körpers kann aber gerade das Studium von Physiologie und Pathologie der Herznerven empfohlen werden. Immer wieder wird man Parallelen zu nervösen Erkrankungsformen anderer Organe finden und aus dem Schulbeispiel Herz Schlüsse für Diagnostik und Therapie ziehen können.

Die *Gefäße* verfügen sowohl über vasokonstriktorische als auch vasodilatatorische Nerven. Die ersteren gehören dem sympathischen System an und verlassen das Rückenmark mit den vorderen Wurzeln. Ihre Ganglienzellen liegen ebenso wie bei den anderen Fasern des Sympathicus im Seitenhorn des Rückenmarks und im Grenzstrang. Die postganglionären Fasern nehmen ihren Weg durch die Rami communicantes grisei und schließen sich für die Innervation der Extremitäten- und Hautgefäße des Rumpfes den Spinalnerven, und zwar den sensiblen Bahnen, an. Die postganglionären vasomotorischen Fasern für die Gefäße der Brust- und Bauchhöhle sowie der Schädelhöhle gehen vom Ganglion direkt zu den Gefäßen. Während man lange Zeit annahm, daß die Blutgefäße der Haut und der Gliedmaßen von den der Aorta aufliegenden vegetativen Geflechten unmittelbar marklose Fasern erhalten, die längs der großen Gefäße zur Peripherie verlaufen, weiß man seit den Untersuchungen von HIRSCH [82], daß die Gefäße von den jeweils benachbarten peripheren Nerven versorgt werden. HIRSCH konnte bei seinen anatomischen Studien nachweisen, daß sich auf die Arteria iliaca communis nur einzelne Fasern aus dem Plexus der Aorta fortsetzen, die auch nur in geringem Ausmaß in direkte Beziehung zum Gefäß treten. Ebenso konnte er die Existenz langer vasomotorischer Bahnen für die Gefäße der Extremitäten nicht bestätigen. Demnach ist zu vermuten, daß auch die vasomotorischen Gefäßinnervationen segmentabhängig sind. Die Denervierung eines Extremitätengefäßes, wie etwa der Arteria femoralis knapp unterhalb des POUPARTschen Bandes für die Erzielung einer universellen Vasodilatation, wie sie bei der LERICHEschen Operation durchgeführt wird, ist deshalb nicht immer von Erfolg begleitet, da das Gefäß schon eine kurze Strecke weiter distal von neuen vasomotorischen Nerven, die einem anderen Segment angehören, versorgt wird. Ähnliche Verhältnisse gelten auch für die afferenten sensiblen Gefäßbahnen [83, 88].

Die Schmerzleitung von den Gefäßen zum Rückenmark und Gehirn soll über besondere vasosensible sympathische Bahnen erfolgen, die durch die vorderen Wurzeln in das Rückenmark eintreten [84]. Nach HIRSCH [85, 89] verlaufen die Gefäßschmerznerven in gemischten Nerven und besitzt der Sympathicus keinerlei afferente Bahnen. Innerhalb des Rückenmarks werden die von den Gefäßen kommenden Schmerzreize im Vorderseitenstrang umgeschaltet [86]. Danach ist also auch die Sensibilität der Blutgefäße segmental geordnet, was bei der Beseitigung von Schmerzimpulsen aus ihnen stets berücksichtigt werden soll. Für die Ausbreitung von fokalbedingten Schmerzen und von Myogelosenschmerzen entlang des Gefäßsystems sprechen vor allem Untersuchungen von TRAVELL, BERRY und BIGELOW [87]. Danach ist Druckschmerz, der im Schultergürtel erzeugt wird, stets mit einer Vasokonstriktion der Temporalarterie verbunden und Aufhebung dieses Druckschmerzes geht mit einer beträchtlichen Vasodilatation dieses Gefäßes einher. Sogar das Gefäß der gegenüberliegenden Seite kontrahiert sich mit, zeigt aber keine Vasodilatation bei Aussetzen des Druckes. Dieselben Ergebnisse wurden bei Schmerzerzeugung am Arm, etwa durch Ischämie oder Nadelstiche oder Druck auf einen Trigger-point beobachtet. Die Autoren schließen aus ihren Untersuchungen, daß der „Referred pain" ganz bestimmte Reaktionsformen in seiner entsprechenden Zone hervorrufe, die nicht nur die Muskulatur, sondern auch die Arterien betreffen.

Schließlich führen physiologische Versuchsergebnisse und klinische Beobachtungen besonders an entzündeten Geweben zu der Vermutung, daß in unmittelbarer Nähe der Gefäße oder in ihrer Wand periphere, zur Bildung eines selbständigen Tonus fähige, vasomotorische Zentren liegen. Sie werden gegenüber den cerebralen und spinalen Zentren als Zentren dritter Ordnung bezeichnet und sollen diejenigen Veränderungen der Gefäßweite bedingen, die sich auf direkte Reize einstellen. In der Tat findet man bei histologischen Untersuchungen häufige Ganglienzellen bis zu den Gefäßen vorgeschoben. Die Vasodilatation dürfte über Nervenfasern, die durch die hinteren Wurzeln und durch die Spinalganglien in die Peripherie gelangen, zustande kommen (S. 16). Auch die aktive Erweiterung der Hirngefäße erfolgt nicht über den Halssympathicus, sondern auf dem Weg über Hirnnerven, da die Reizung sensibler Nerven auch nach Durchschneidung beider Halssympathici zur Vasodilatation führt. Die Anwesenheit vasodilatatorischer Fasern in den hinteren Wurzeln wird vor allem therapeutisch bei der Segmenttherapie verwendet.

Während das Herz zur Entwicklung deutlicher hyperalgetischer Dermatome führt, kann dies vom Gefäßsystem nicht ohne weiteres behauptet werden. Der Grund liegt darin, daß manche Gefäße, die in einem Segment entstanden sind, im Laufe der Entwicklung des Organismus zahlreiche weitere Segmente durchqueren oder nach Verödung von Anastomosen Seitenäste von Arterien bilden, die aus ganz anderen Segmenten kommen. So liegen die Verhältnisse besonders an den Kopfarterien auf den ersten Blick sehr unklar und man kann leicht dazu verleitet werden, jeden Zusammenhang zwischen Erkrankungen in einzelnen Segmenten und den zugehörigen Arterien zu leugnen. Gerade hier ist aber die genaue Kenntnis der Zusammengehörigkeit von Dermatom und Gefäßsystem im Segment sehr wichtig. Hierbei kann sowohl an Empfindlichkeitssteigerungen der Hautoberfläche bei Thrombosen in den zugehörigen Arterien als auch an erhöhte Reflexbereitschaften der entsprechenden Arterien bei Eiterherden in den zugehörigen Segmenten gedacht werden. Die letzteren Zusammenhänge sind für die Entstehung von Gelenkserkrankungen bei Kopfherden von ausschlaggebender Bedeutung und bieten häufig die einzige Erklärung dafür, daß eine Störung in einem Segment Gefäßkrämpfe in einem anderen verursachen kann, das durch mehrere Zwischensegmente von ihm getrennt ist.

Diagnose

Ebenso wie sich die hyperalgetischen Zonen bei Erkrankungen des Gefäßsystems nach den frühesten Entwicklungsstufen richten, verhalten sich auch die hyperalgetischen Dermatome bei Erkrankungen des *Herzens* selbst. So folgt im primären Herzschlauch auf die Aorta die Ventrikelanlage und erst dann die Vorhofanlage. Dementsprechend führen auch später, nachdem sich das Herz so weit gedreht hat, daß die Vorhöfe über die Ventrikel zu liegen kommen, trotzdem die Ventrikel zu Hyperalgesien im 2., 3., 4. und 5., eventuell auch 6. Dorsaldermatom, während die Vorhöfe Hyperalgesien im 5., 6., 7. und 8., eventuell 9. Dorsaldermatom verursachen. Meist liegen die hyperalgetischen Zonen vorne, selten hinten. Ebenso kommt es zu Hyperalgesien in C_3 und C_4, die vor allem in der Tiefe liegen. In Abb. 77 sind die einzelnen Herzerkrankungen zugeordneten Dermatome bildlich dargestellt. Es ist für die Ausbildung der hyperalgetischen

Zonen gleichgültig, ob eine Angina pectoris, eine Myocarditis oder eine myogene Dilatation usw. des jeweiligen Herzabschnittes vorliegt. Aus der Abbildung sind auch die Empfindlichkeitszonen bei Erkrankungen der *Aorta* ersichtlich. So führen Aneurysmen der aufsteigenden Aorta zu Schmerz oder oberflächlicher Empfindlichkeit in einer oder mehreren von den Zonen des 1., 2. und 3. Dorsal- sowie 3. und 4. Cervicalsegmentes. Erkrankungen des Aortenbogens bedingen Schmerz und oberflächliche Empfindlichkeit an der Vorderfläche des Halses, besonders in der unteren Laryngealzone, und Erkrankungen jenes Teiles der Aorta, die jenseits des Eintritts des Ductus arteriosus liegt, bewirken Schmerz und oberflächliche Empfindlichkeit in der 5., 6. und 7. Dorsalzone.

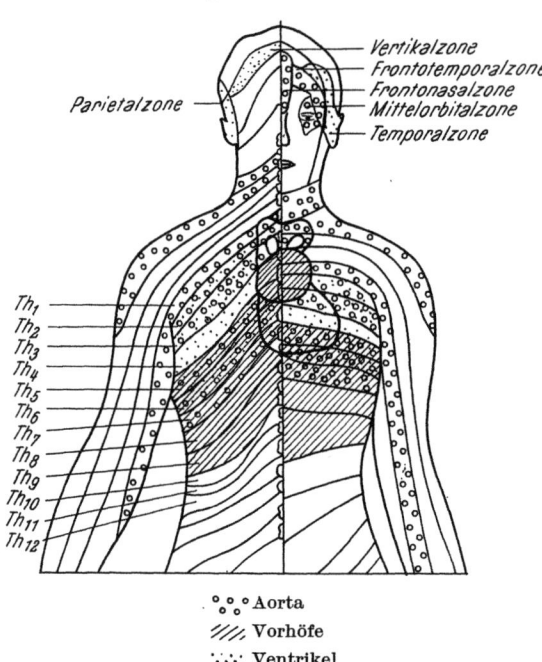

Abb. 77. Hyperalgesie bei Erkrankungen der Ventrikel (Th$_2$ bis Th$_6$) und der Vorhöfe (Th$_5$ bis Th$_9$) des Herzens und bei Erkrankungen der Aorta (C$_3$ und C$_4$, Th$_1$ bis Th$_3$, Th$_5$ bis Th$_7$)

Außer der Empfindlichkeitssteigerung in den eben angeführten Dermatomen weisen Herz- und Aortaerkrankungen auch sehr häufig hyperalgetische Kopfzonen auf und führen zu beträchtlichen, oft einseitigen Kopfschmerzen. So klagen Patienten mit Erkrankungen der Aortenklappen nicht selten über neuralgieartige Kopfschmerzen, welche auf der Stirn, über Nase und Augen liegen. Die Stärke dieser Kopfschmerzen läuft weitgehend parallel mit der Stärke der Schmerzempfindungen an Brust und Armen und ist an der linken Stirnseite ausgesprochener als rechts. Auch die Augen werden häufig als schmerzhaft angegeben und können so Refraktionsanomalien vortäuschen oder latente Störungen aufdecken. Die oberflächliche Empfindlichkeit bei derartigen Kopf- und Augenschmerzen beschränkt sich auf die Frontonasal-, Mittelorbital- und Frontotemporalzone der Kopfhaut. Erkrankungen der Mitralklappen rufen Kopfschmerz und oberflächliche Empfindlichkeit in der Temporal-, Vertikal- und Parietalzone der Kopfhaut hervor. Erkrankungen der rechten Herzhälfte gehen gewöhnlich mit rechtsseitigen Kopfschmerzen über der Vertikal-, Parietal- und Occipitalzone einher. Die letztere Zone ist meist mit dem Auftreten einer Hyperalgesie in der 10. Dorsalzone kombiniert. Diese gehört nicht mehr zum Herzen, sondern stellt eine Leberzone dar, wie sie durch Leberstauung verursacht werden kann. Somit ist gerade bei den Erkrankungen der Tricuspidalklappen wieder ein Beispiel dafür gegeben, wie aus den damit kombinierten empfindlichen Dermatomen auf die Mitbeteiligung anderer Organe verhältnismäßig leicht und schnell geschlossen werden kann.

Die Angina pectoris schließt eine Fülle von Reflexen in sich, zu denen vor allem die viscerosensorischen mit Schmerz und Hyperalgesie in Brust, Arm, Kopf und Hals, die visceromotorischen mit Krämpfen der Intercostalmuskeln und die sekretorischen mit Ausscheidung von Speichel und Urin gehören. Vor allem durch die Anspannung der Intercostalmuskeln (Th$_3$ bis Th$_5$) bekommen die Patienten das Gefühl, als ob ihre Brust in einen Schraubstock gezwängt würde und das Brustbein brechen wolle. Gelegentlich klagen sie allerdings nur über ein wundes Gefühl an Brust und linkem Arm, das bis in die Finger ausstrahlt. Bei manchen Arten von Angina pectoris wird der Schmerz nicht nur in Brust und Armen, sondern auch im Unterkiefer und in der Kehle gefühlt. Er kann sogar von dieser Stelle ausgehen und sich beinahe ganz darauf beschränken. Das Gefühl wird als starke Schmerzhaftigkeit entlang dem Unterkiefer beschrieben und ähnelt gewissen Arten von Zahnschmerz. Auch die den Rachen versorgenden Nerven und die willkürlichen Schlingmuskeln können überempfindlich sein, so daß der Patient beim Schlucken gehörige Schmerzen fühlt. Manchmal kann er noch wochenlang nach dem Anfall über Schluckbeschwerden klagen. Der Grund dafür liegt möglicherweise in einer heftigen Vaguserregung, die sich bis in die Medulla und den oberen Teil des Rückenmarkes erstreckt. Eine Hyperalgesie im Bereiche des Musculus sternocleidomastoideus, Musculus trapezius und der Haut des Halses könnte ebenfalls mit afferenten Fasern des bulbären autonomen Systems zusammenhängen, das den Reizzustand auf die sensorischen Wurzeln des 2. und 3. Cervicalnerven überträgt. Häufig stellt sich während des Anfalles auch profuser Speichelfluß ein und es werden große Mengen hellen Urins abgesondert, was auf Zwischenhirnreizungen zurückzuführen sein dürfte.

Im Intervall können Schmerzen im linken Schultergelenk, im Rücken links oder auch nur an den Dornfortsätzen einzelner Hals- oder Brustwirbel verbleiben, deren Klärung oft auf beträchtliche Schwierigkeiten stößt. Derartige Beschwerden können auch schon Jahre vor dem ersten Angina-pectoris-Anfall auftreten und zu röntgenologisch nachweisbaren Arthrosezeichen in den entsprechenden Abschnitten führen. Ihre kausale Behandlung kann den Patienten vor der späteren Herzerkrankung retten. Sie sollte deshalb stets, ebenso wie immer wiederkehrende Myogelosen in diesen Muskelabschnitten, unser Augenmerk auf das Herz lenken.

Weniger bei Erkrankungen der Aortenklappen, aber fast immer bei Aneurysmen der Aorta oder bei Vergrößerungen des Herzens muß neben den reflektierten Schmerzen in die einzelnen Dermatome und in den Kopf auch an lokalen Schmerz, der durch Druck des Aneurysmas oder des Herzens z. B. auf Wirbelsäule und Rippen entsteht, oder an reflektierte Empfindungen infolge von Druck auf Nervenstämme gedacht werden. Die ersteren lassen sich leicht dadurch erkennen, daß sie durch Druck auf die Haut beträchtlich verstärkt werden, was bei hyperalgetischen Zonen nicht der Fall ist. Auch die oberflächlichen Reflexe sind über solchen Zonen nicht verändert, wohl aber bei hyperalgetischen Dermatomen, wo Nadelstiche plötzlich einen ausgesprochen unangenehmen Charakter bekommen. Außerdem sind die empfindlichen Zonen bei lokalem Schmerz genau auf das Gebiet des Herzens oder Pericards oder des Aneurysmas beschränkt, während die Zonen des reflektierten Schmerzes den Dermatomcharakter aufweisen und ihre Maximalpunkte meist außerhalb der direkten Herzdämpfung besitzen. Die reflektierten Empfindungen durch Druck auf die Nervenstämme sind durch erhöhte Empfindlichkeit im Verteilungsgebiet des entsprechenden peripheren Nerven gekennzeichnet und weisen damit ebenfalls keine bandartige segmentale Anordnung auf.

Der segmentale Schmerz bei Herz- und Aortenerkrankungen ist in der Regel nur auf der linken Körperseite vorhanden. Bei höhergradigen Schmerzzuständen strahlt er jedoch auch auf die rechte Seite aus, wo er allerdings nie so stark wie links empfunden wird. Derartige hyperalgetische Dermatome kommen also stets nach den linken Dermatomen und bilden sich auch vor deren Rückgang wieder zurück. Sie weisen eine geringere Empfindlichkeit und Reflexbereitschaft auf und lassen sich durch alle diese Eigenschaften verhältnismäßig leicht als Kontralateralisierung des Schmerzes erkennen.

Klinisch leisten die besprochenen Herzzonen vor allem bei der Diagnose beginnender Klappenerkrankungen im Rahmen des Fokalgeschehens Wichtiges. Es gelingt damit oft, drohende Herzaffektionen zu erkennen, bevor sie noch aus Elektrokardiogramm, Röntgen- oder Blutbild erfaßt werden können. Man hat auf diese Weise eine wichtige Stütze der Auskultationsbefunde in der Hand, die sich kein erfahrener Kliniker entgehen läßt, zumal damit oft die Frage der Fokussanierung in ein neues entscheidendes Stadium für den Patienten zu treten pflegt. Die meisten persönlichen Gegenargumente werden in solchen Fällen hinsichtlich der drohenden Gefahr von Herzaffektionen fallen gelassen.

Therapie

Die Neuraltherapie der *Herzkrankheiten* beschränkt sich nicht nur auf die Beseitigung von Schmerzzuständen, sondern ist häufig auch darauf eingestellt, Durchblutungsstörungen des Herzmuskels zu beseitigen und Reizleitungsstörungen zu beeinflussen. Der Schmerz und das Elektrokardiogramm bilden die wesentlichen Faktoren für die Beurteilung des Therapieerfolges. Wie aus den Kapiteln über Sympathicus und Parasympathicus (S. 9, 14) und über die Anatomie aller anderen Herznerven hervorgeht (S. 210 f.), sind die notwendigen Infiltrationen verhältnismäßig einfach, da nach unseren Erfahrungen die zum Herzen ziehenden pathologischen Impulse von verhältnismäßig wenigen Stellen aus weitgehend blockiert werden können und auch die vom Herzen wegziehenden Fasern gut zugänglich sind.

Vom Herzen selbst ausgehende Schmerzzustände mit Fibrositiden, Muskelkontrakturen, Spondylarthrosen oder Organreflexen werden am besten durch Anästhesie der hinteren Wurzeln, Umspritzung der Arteria carotis communis und Aorta abdominalis und paravertebrale Blockaden von Th_1 bis Th_8, vor allem auf der linken Seite, und erst in zweiter Linie durch Blockade des Ganglion stellatum oder Ganglion nodosum beeinflußt. Außerdem müssen Myogelosen in der Rückenmuskulatur und in den Intercostalmuskeln, Spondylarthrosen, Erkrankungen des linken Schulter- oder Ellbogengelenkes, Bursitiden, schwerere Durchblutungsstörungen an der linken Hand usw. noch separat behandelt werden. Hier sind vor allem Nervenpunktmassagen, Bindegewebs- und Periostmassagen, physikalische Therapie, Novocain-Prednisolon-Infiltrationen, Impletol-Injektionen in die Myogelosen, Umspritzungen der Arteria axillaris oder radialis, Chiropraxis, Verabreichung von Vasodilatantien usw. empfehlenswert.

Nach den bisherigen Angaben ist also bei Behandlungen von Herzkrankheiten nach folgenden Gesichtspunkten vorzugehen:

1. Anästhesie der hinteren Wurzeln von Th_1 bis Th_5.
2. Umspritzung der Arteria carotis communis und der Aorta abdominalis.
3. Paravertebrale Blockade von Th_1 bis Th_8.
4. Blockade des Ganglion stellatum, Ganglion cervicale medium oder supremum.
5. Blockade des Nervus vagus (Ganglion nodosum).
6. Behandlung der Komplikationen (Myogelosen, Hartspann, Spondylarthrosen, Fibrositis usw.).

Als häufigste Ursache für die Entwicklung von Herzkrankheiten gelten Kopfherde. Sie lassen sich durch Blockade des Ganglion stellatum, Ganglion cervicale medium und Ganglion cervicale supremum sowie des Ganglion nodosum und Ganglion sphenopalatinum in der Regel leicht isolieren. Bei Erfolglosigkeit kommt die paravertebrale Blockade von Th_2 bis Th_6 in zweiter Linie in Frage.

Der Eingriff ist zunächst stets an der Seite durchzuführen, wo der vermutliche Herd liegt. Wird auch damit nicht der gewünschte Effekt auf Schmerzen oder Elektrokardiogramm erzielt, kommt die Umspritzung der Arterien in Frage, wobei die Arteria carotis communis und die Arteria vertebralis in Betracht gezogen werden müssen. Letztere ist vor allem bei Erkrankungen des Ohres für die Ausbreitung von pathologischen Impulsen verantwortlich.

Bei Kopfherden ist auch immer wieder zu überlegen, ob sie nicht indirekt über die Ausbildung von Myogelosen, Spondylarthrosen oder hyperalgetischen Zonen auf das Herz einwirken. So ist es ohne weiteres möglich, daß eine chronische Tonsillitis einen Hartspann in der Rückenmuskulatur von Th_1 bis Th_4 bewirkt, der seinerseits zu einer schlechteren Durchblutung des Herzmuskels mit Herzschmerzen führt. Auch Spondylarthrosen, ja selbst Pulposushernien können auf diese Weise entstehen und das Herz beeinflussen. Ebenso kann eine Fibrositis des Schultergürtels und der vorderen Brustwand, durch Zähne oder Tonsillen ausgelöst, die Herzfunktion beeinflussen, was am besten aus der oft immensen Wirkung der Massagen dieser Zonen ersichtlich ist. In allen diesen Fällen läßt sich schwer unterscheiden, ob Haut, Muskulatur und Knochen primär von den Kopfherden oder vom Herzen erkrankt sind. Neben der Unterbrechung der vom Kopfherd stammenden Impulse stellen Lokalbehandlungen, paravertebrale Blockade oder Infiltrationen der hinteren Wurzeln im zugehörigen Segment das Mittel der Wahl für die Beseitigung dieser Zustände dar.

Außer den Kopfherden sind gelegentlich Gallenblasen-, Magen-, Leber-, Pankreas- und Blinddarmerkrankungen sowie Schilddrüsenerkrankungen für die Entwicklung von Herzkrankheiten verantwortlich. Bei der Schilddrüse sind vor allem das Ganglion cervicale medium, Ganglion stellatum sowie das Ganglion nodosum und die Arteria carotis communis zu berücksichtigen, bei der Gallenblase der Nervus phrenicus, die Segmente Th_6 bis Th_8 rechts und das Ganglion mesentericum superior (S. 248). Der Magen wirkt über das Ganglion coeliacum und die Segmente Th_8 bis Th_{10} links auf das Herz ein. Die Impulse der Leber pflegen auf den gleichen Wegen wie die Gallenblase, solche des Pankreas auf den Wegen des Magens das Herz zu beeinflussen. Der Blinddarm dürfte vor allem über das Ganglion mesentericum inferior, über das sympathische Geflecht der Aorta abdominalis und über den Vagus wirken (S. 239).

Für die Ausschaltung des Einflusses dieser Organe auf das Herz kommt deshalb die Anästhesie folgender Nerven und Ganglien sowie die paravertebrale Blokkade der zugehörigen Segmente in Frage:

A. Kopfherde:
1. Blockade des Ganglion cervicale supremum, medium oder stellatum.
2. Infiltration des Ganglion nodosum.
3. Infiltration des Ganglion sphenopalatinum.
4. Paravertebrale Blockade von Th_2 bis Th_6 links.
5. Umspritzung der Arteria carotis communis und Arteria vertebralis.
6. Anästhesie der hinteren Wurzeln von C_2 bis Th_6 in hyperalgetischen Dermatomen, die mit dem Herzen in Zusammenhang stehen könnten.
7. Anästhesie von Myogelosen oder hyperalgetischen Dermatomen, die von Kopfherden ausgehen und mit dem Herz in Zusammenhang stehen könnten.
8. Nervenpunkt-, Bindegewebs- und Periostmassage hyperalgetischer Areale, deren Zusammenhang mit Kopfherden und Herz wahrscheinlich ist.

B. Schilddrüse:
1. Blockade des Ganglion cervicale medium und Ganglion stellatum.
2. Infiltration des Ganglion nodosum.

3. Umspritzung der Arteria carotis communis.
4. Anästhesie der hinteren Wurzeln von C_2 bis C_5.
5. Lokalbehandlung der hyperalgetischen Areale, die auf die Schilddrüse zurückgeführt werden können und mit dem Herzen in Zusammenhang stehen könnten.

C. Gallenblase und Leber:

1. Anästhesie der hinteren Wurzeln von C_4 (Eintritt des Nervus phrenicus).
2. Infiltration des Nervus phrenicus.
3. Blockade des Ganglion stellatum und Ganglion cervicale medium.
4. Infiltration des Ganglion coeliacum.
5. Infiltration des Nervus vagus.
6. Anästhesie der hinteren Wurzeln hyperalgetischer Dermatome von Th_6 bis Th_8 (Th_5 bis Th_{10}).
7. Paravertebrale Blockade von Th_6 bis Th_8 rechts (Th_5 bis Th_{11}).
8. Lokalbehandlung der hyperalgetischen Areale, die auf Gallenblase oder Leber zurückgeführt werden können und mit dem Herzen in Zusammenhang stehen können.

D. Magen und Pankreas:

1. Infiltration des Ganglion coeliacum.
2. Anästhesie der hinteren Wurzeln hyperalgetischer Dermatome von Th_7 bis Th_{10} (Th_4 bis Th_{10}).
3. Umspritzung der Aorta abdominalis in Höhe von Th_{10}.
4. Infiltration des Nervus vagus.
5. Paravertebrale Blockade von Th_7 bis Th_{10} links (Th_4 bis Th_{10}).
6. Lokalbehandlung der hyperalgetischen Areale, die auf Magen und Pankreas zurückgeführt werden können und mit dem Herzen zusammenhängen dürften.

E. Appendix:

1. Infiltration des Ganglion mesentericum inferior.
2. Anästhesie der hinteren Wurzeln von Th_{10} bis L_1 rechts (Th_7 bis L_1).
3. Umspritzung der Aorta abdominalis in Höhe von L_1.
4. Infiltration des Nervus vagus.
5. Paravertebrale Blockade von Th_{10} bis L_1 rechts.
6. Lokalbehandlung der hyperalgetischen Areale, die auf den Appendix zurückgeführt werden können.

Die Behandlung des *Gefäßsystems* ist insofern einfach, als durch Umspritzung des jeweils erkrankten Gefäßes in unmittelbarer Nähe des Schmerzortes die besten Erfolge zu erzielen sind. Keineswegs kann durch Infiltrationen an Stellen, die sehr weit vom Wirkungsort entfernt liegen, aber vielleicht leichter zugänglich sind, immer der gewünschte Erfolg erreicht werden. Sehr häufig treten nämlich die vasomotorischen Fasern, mit peripheren Nerven kommend, erst knapp vor dem Wirkungsort an das Gefäß heran, so daß eine Blockade weiter proximalwärts erfolglos bleibt. Dasselbe gilt für die afferenten, mit den Gefäßen laufenden Nervenbahnen. Sie trennen sich auch häufig schon sehr frühzeitig von ihnen, um gemeinsam mit somatischen Nerven bei den Hinterwurzeln ins Rückenmark einzutreten. Es muß also in beiden Fällen durch mehrere in kurzen Abständen vorgenommene Gefäßumspritzungen derjenige Ort gesucht werden, wo die größte Wirkung auf den jeweiligen Krankheitszustand erzielt wird. Dort werden dann die Infiltrationen für die Erzielung der vollständigen Heilung in Abständen von zwei bis drei Tagen zehnmal oder öfter gegeben. Nur wenn das Gefäß selbst an der gewünschten Stelle nicht zugänglich ist und die entfernter davon liegenden Infiltrationen wirkungslos bleiben, soll an die Anästhesie der hinteren Wurzeln dieses Segmentes, an die paravertebrale Blockade oder an die Blockade desjenigen Ganglions geschritten werden, zu dem erfahrungsgemäß die vegetativen Fasern dieses Segmentes in der Hauptsache ziehen. Immer wieder erlebt man nämlich, daß gerade die vasosensiblen oder vasomotorischen Fasern mit dem Gefäß über mehrere Segmente hinwegziehen, um dann an ganz anderen Stellen als erwartet in das Rückenmark einzutreten. Eine verläßliche Handhabe für die Eruierung der vermutlichen Segmentzugehörigkeit der Gefäße bildet nur die Entwicklungsgeschichte, da die vegetativen Gefäßnerven erfahrungsgemäß dieselben Bahnen wie die Gefäße selbst beschreiten.

Atmungsorgane

Innervation

Die *Pleura* wird je nach ihrer Lage von verschiedenen Teilen des sympathischen Systems versorgt. So erhalten ihr medial zum Grenzstrang gelegener Teil sowie der hintere Teil ihres mediastinalen Abschnittes Fasern aus den Rami mediastinales und aus dem Plexus aorticus. Der seitlich vom Grenzstrang gelegene Teil der parietalen Pleura wird von Fasern aus dem Grenzstrang, den Rami communicantes und noch weiter seitlich von den Intercostalnerven innerviert, die auch den vorderen Abschnitt der mediastinalen Pleura versorgen. Dieser enthält auch Fasern aus dem Phrenicus und Vagus sowie aus dem Herzgeflecht und den Plexus der benachbarten großen Gefäße.

Ebenso wird die *Lunge* nicht nur vom Vagus, sondern auch vom Brustgrenzstrang innerviert. Sie bilden gemeinsam das vordere und hintere Lungengeflecht, von wo die Nerven in das Lungenparenchym eindringen. Während die Hauptmasse der die Lunge versorgenden Nerven über das hintere Lungengeflecht in der Längsrichtung der Bronchien verläuft, sind im vorderen Lungenplexus Nervenstränge, deren Äste gleichzeitig zum Herzen ziehen und rechts an der hinteren Wandung des rechten Vorhofs zwischen der Einmündungsstelle der Vena cava superior und inferior enden. Ähnliche Verhältnisse finden sich auch links. Nach Ansicht vieler Autoren überwiegen die parasympathischen Fasern in Zahl und Stärke bei weitem die sympathischen in der Lungeninnervation. Dies dürfte aber ein Trugschluß sein, der darauf zurückzuführen ist, daß viele sympathische Fasern, bevor sie in die Rami bronchialis posteriores eintreten, den Vagusstamm über kürzere oder längere Strecken passieren und in dessen Verzweigungen zur Lunge gelangen.

Das *Zwerchfell* wird vom *Nervus phrenicus*, einem motorischen Nerven, der in Höhe von C_4 entspringt, versorgt (S 43). In diesen Nerven sind sympathische Fasern eingelagert, die aus dem Ganglion cervicale medium und inferius sowie aus dem 1. Thoracalganglion stammen. Bevor sie zum Phrenicus gelangen, passieren sie ein größeres, auf den Pleurakuppen liegendes ganglionäres Geflecht. Dieses erhält außerdem noch feine Fäden, die von den vier unteren Cervical- und dem 1. Thoracalnerven abgegeben werden, so daß der Phrenicus auch das untere Halsmark zu beeinflussen vermag.

Ob der Nervus phrenicus in seinem Verlauf durch den Brustraum Ästchen zur Pleura mediastinalis und zum Pericard abgibt, wird nicht einheitlich angegeben. Er teilt sich jedenfalls erst dicht über dem Zwerchfell in seine Hauptäste, wobei die größeren das Zwerchfell durchbohren und sich erst im subperitonealen Bindegewebe verlieren. Hier treten sie beiderseits mit einem sympathischen Geflecht in Verbindung (Plexus phrenici), das als Ausläufer des Plexus coeliacus aufzufassen ist. Rechts erfolgt diese Verbindung durch ein besonderes Ganglion phrenicum, das auf der Unterfläche der rechten Zwerchfellhälfte gelegen ist. Außerdem soll die Pars lumbalis des Zwerchfelles eine ganze Anzahl weiterer kleiner Ganglien derselben Art enthalten. Die sympathischen Fasern dürften vor allem sensible Impulse leiten und für den charakteristischen Schulterschmerz bei der Verletzung der zentralen Zwerchfellpartien oder des Phrenicusstammes verantwortlich sein. Der eigentliche Zwerchfellschmerz hingegen wird von den costalen Teilen des Rippenfells ausgelöst, das seine sensible Versorgung durch die untersten Intercostalnerven erhält. Neben der Sensibilität dürften die sympathischen Fasern auch die Trophik und den Tonus des Zwerchfells regeln.

Schädigungen des Phrenicusstammes, vor allem bei Carcinomen im Gebiet der Lungenwurzel oder bei Aneurysmen der Aorta, Zwerchfellaffektionen, Peritonitis oder Lebererkrankungen führen sehr häufig zum Singultus, der als Reflexmechanismus im gesamten Ausbreitungsgebiet des Phrenicus und der mit ihm in Verbindung stehenden sympathischen Fasern aufzufassen ist. Hierher gehören auch Erkrankungen des Magens, der Nieren und Nebennieren, ja sogar Bruchoperationen, wobei daran gedacht werden muß, daß über den Plexus coeliacus sensible Impulse zur Phrenicusanastomose und weiter zentral geleitet werden, um dann auf zentripetalem Wege die Zwerchfellkontraktion zu bewirken. Dies ist um so plausibler, als auch im Phrenicus zentripetal leitende sympathische Fasern gefunden wurden. Die Therapie der Wahl stellt in solchen Fällen die Phrenicusblockade dar.

Diagnose

Zweifelsohne sind Röntgenuntersuchungen, Bronchoskopien, Sputumanalysen usw. in der Diagnostik von Erkrankungen der Lungen wesentlich aufschlußreicher, als Dermatomuntersuchungen jemals sein können. Sie tragen aber trotzdem in vielen Fällen nicht dazu bei, ursächliche Zusammenhänge zwischen Erkrankungen der Brustorgane mit Gelenkserkrankungen, Ischias, Myogelosen usw. aufzudecken. Kurz, die Frage, ob die jeweilige Erkrankung als Fokus in Frage kommt oder nicht, läßt sich sehr häufig nur durch die Dermatomuntersuchung und die Aufdeckung aller nervös bedingten Zwischenglieder bis zum Erfolgsorgan klären. So kann beispielsweise ein Spitzenprozeß rechts deutliche Empfindlichkeitssteigerungen im 1. Thoracaldermatom und in den Musculi intercostales [77] und nach einiger Zeit Gelenkserkrankungen an der Ulnarseite der betreffenden Hand bewirken. In diesem Falle wird der Zusammenhang mit den oft kleinsten Spitzenherdchen wohl auf der Hand liegen und jedem Arzt eine antituberkulöse Behandlung erfolgversprechend scheinen. Häufig sind aber die Komplikationen, bis es zum Ausbruch der Gelenkserkrankungen kommt, selbst für den erfahrenen Rheumatologen nicht immer sicher durchschaubar. So kann es nach übermäßig langdauernden „trophischen Lungenreflexen" zu Degenerationen der Haut, des Unterhautzellgewebes und der Muskeln kommen [77]. Das Gesicht kann eine seitengleiche mimische Krampfung aufweisen (S. 67), meist besteht hierbei eine sympathische Anisokorie, aber auch der Larynx kann betroffen sein (Husten, Heiserkeit), ebenso wie bei Erkrankung tieferer Lungenabschnitte Magen und Gallenblase irritiert werden können (S. 237). Schließlich sind bei Lungen- und Pleuraerkrankungen manchmal auch die drei Trigeminusäste auf der betroffenen Seite, besonders an ihren Austrittspunkten, aber auch im ganzen Verbreitungsgebiet hyperalgetisch. Dabei pflegt der erste am stärksten betroffen zu sein, abnehmend der zweite, seltener der dritte und die Zungenhälfte. In diesen Fällen ist auch stets die Muskulatur des Halses und Schultergürtels druckempfindlich und gespannt. Meist ist auch der Austrittspunkt des gleichseitigen Nervus occipitalis überempfindlich. Diese Hyperalgesien werden von den Kranken oft direkt als „Kopfschmerzen oder Gesichtsschmerzen" empfunden. Sie können auch bei Herzkrankheiten, Cholelithiasis-Anfällen und überhaupt bei Erkrankungen aller Organe mit zum Bulbus führenden Vagusfasern vorkommen. KNOTZ [78] beobachtete sie bei Malaria (Milzschwellung), Leberschwellung, Appendicitis, Gallenblasen- und Nierenkoliken, Pyelitis usw.

Es ist also sehr schwer, aus den Symptomen allein auf die Erkrankung eines bestimmten Organs zu schließen, solange die übererregten Nervenbahnen nicht sichtbar gemacht werden können. Hier hilft außer wiederholter anamnestischer Befragung des Patienten, die oft in Vergessenheit geratene kleine krankhafte Episoden aufzudecken vermag, welche als Zwischenstufe sehr wesentlich sind, vor allem auch die immer wieder durchgeführte Dermatomdiagnostik.

So kann zum Beispiel eine lang zurückliegende Lungenerkrankung zu Empfindlichkeitssteigerungen im 2. und 3. Thoracaldermatom führen, die nach einiger Zeit Kopfschmerzen und Empfindlichkeitssteigerungen in der Mittelorbitalzone bewirken. Später kommt es einige Male zur Ausbildung von Iridocyclitiden, die schlecht abheilen. Nach einiger Zeit mag sich bei kleinen Erkältungen ein hartnäckiger Hexenschuß mit Hyperalgesie von C_7 bis Th_2 einstellen. Es kommt zur Myogelosenbildung und Schmerzen im linken Schultergelenk, die auf Luftzug beim Autofahren zurückgeführt werden. Schließlich kann sich eine Bursitis subacromialis entwickeln, die monatelange Behandlung nötig macht. In einem derartigen Fall kam es gleichzeitig mit der Ausbildung einer akuten Tonsillitis zur Generalisierung einer schon Jahre bestehenden Erkrankung an der linken Lungenspitze mit Iridocyclitis-, Hexenschuß- und Tennisarm-Anamnese bei einem Linkshänder. Es traten plötzlich Gelenksschmerzen und Schwellungen an beiden Händen auf, und dem Patienten wurde daher dringend die Tonsillektomie angeraten. Bei der Überprüfung der Dermatomempfindlichkeit zeigte sich Hyperalgesie der Mittelorbital-, Hyoid- und 7. Cervical- bis 3. Thoracalzone. Nach der Tonsillektomie schwanden wohl Gelenksbeschwerden und Schwellungen vorübergehend, ebenso ging auch die Empfindlichkeit der Hyoidzone zurück. Nach acht Tagen war aber die Polyarthritis an beiden Händen wieder vorhanden, obwohl die Hyoidzone nach wie vor unempfindlich blieb. Erst eine intensive antituberkulöse Kur führte gleichzeitig mit dem Rückgang der Hyperalgesie an Mittelorbital- und 3. Cervical- bis 3. Thoracalzone zum Schwinden aller Gelenkserscheinungen. Sie sind bis zum heutigen Tage nicht mehr aufgetreten. Dieses Beispiel mag die Schwierigkeiten beleuchten, denen sich der Rheumatologe beim Aufsuchen von Eiterherden gegenüber sieht, die in ursächlichem Zusammenhang mit der Erkrankung stehen. Hier muß er nicht nur das Überspringen der pathologischen Reflexerregbarkeit über oft weite Strecken verfolgen, sondern auch isoliert dastehende hyperalgetische Zonen als harmlos erkennen können, die keine weiteren Folgen nach sich zogen. Er bedarf derselben theoretischen Vorbildung und derselben Erfahrung wie etwa ein Röntgenologe, der moderne Lungendiagnostik betreibt. Auf dem Wege hierzu sollen ihm auch die folgenden Ausführungen dienen, von denen er Hyperalgesien und Ausbreitungstendenz der Dermatome bei Lungenerkrankungen entnehmen kann.

Auch bei Lungenerkrankungen läßt sich zwischen lokalem und reflektiertem Schmerz unterscheiden. Der erstere befindet sich genau über der Seite der Dämpfung oder über dem pleuritischen Reiben und wird durch Druck auf die Thoraxwand beträchtlich verstärkt. Der reflektierte Schmerz wird häufig als Intercostalneuralgie, Myalgie, Intercostalrheumatismus usw. beschrieben und lenkt die Aufmerksamkeit damit bei vielen Ärzten vom eigentlichen Krankheitsherd ab. Die Schmerzen werden von den meisten Patienten als stechend oder als richtiges Gürtelgefühl angegeben und zeigen keine Zunahme durch den Inspirationsakt; wohl aber ruft gesteigerte Arbeit der erkrankten Lunge, wie z. B. Treppensteigen mit entsprechender Dyspnoe, eine deutliche und anhaltende Zunahme des reflektierten Schmerzes hervor, ohne daß jeder Respirationsakt von einer Schmerzzunahme begleitet wäre. Übt man auf diese Stellen festen Druck aus, so kommt es, unterschiedlich zu den Stellen lokalen Schmerzes, zu einer Erleichterung. Da die Ursache jedes reflektierten Schmerzes von Eingeweideorganen in der Ausdehnung von innen oder in der Einwirkung einer zerrenden Gewalt von außen liegt, wobei eine Reihe von Endorganen innerhalb des erkrankten Gebietes intakt sein muß, damit diese die entsprechenden Impulse weiterleiten können, führen Lungenerkrankungen, die plötzlich ganze Lungenlappen befallen und damit sofort alle entsprechenden Reize auf die Endorgane ausschalten, zu keinen reflektierten, sondern nur zu lokalen Schmerzen. Es liegt hier die gleiche Situation vor wie bei einem Zahn, dessen Pulpa abgestorben ist und der damit auch keinen reflektierten Schmerz mehr hervorrufen kann, sondern nur eine lokale Schmerzhaftigkeit um die entzündete Wurzel herum.

Dieselben Überlegungen gelten auch für Thrombophlebitiden, bei denen es so lange zu reflektorischen Gefäßspasmen in der Extremität mit Beinschwellung und livider Verfärbung der Haut kommt, als die Venenwand nicht vollkommen verklebt ist. Wird ein Zinkleimverband angelegt oder die Vene vollkommen unterbunden, so ist diese zur Gänze aus dem Blutkreislauf ausgeschaltet und damit verschwinden auch schlagartig die reflektorischen Begleitsymptome, das Bein schwillt ab, die livide Verfärbung geht zurück.

Die Hyperalgesie bei Lungenerkrankungen umfaßt meist, wie in Abb. 78 dargestellt, das 3. und 4. Cervical- sowie das 1. bis 9. Dorsaldermatom. Nicht selten kommt es auch zu sympathischer Anisokorie (S. 66) auf der Seite des Erkrankungsherdes.

Störungen der oberen Lungenpartien können reflektierten Kopfschmerz an der Stirne und um die Augen herum hervorrufen, solche an den Unterlappen weisen eine Empfindlichkeit nach hinten in der Temporal-, Vertikal- oder auch Parietalgegend auf. Für die Lokalisierung des Kopfschmerzes ist der Befall der jeweiligen Thoracaldermatome ausschlaggebend. Je tiefer dieses Dermatom liegt, um so weiter zurück liegt die Empfindlichkeit der Kopfhaut. Da Unterlappenerkrankungen mit dem 5. bis 9. Dorsaldermatom in Verbindung stehen, liegen die durch sie verursachten Kopfschmerzen von der Temporalzone aus nach rückwärts.

Was die Lokalisierung des Lungenherdes aus dem hyperalgetischen Dermatom betrifft, kann sich diese Methode keineswegs mit der Röntgendiagnostik messen. So zeigen gerade bei Lungentuberkulose alle reflektierten Schmerzen und jede oberflächliche Empfindlichkeit eine sehr starke Verbreitungstendenz, die möglicherweise auf dem reduzierten Allgemeinzustand und den Temperatursteigerungen, mit denen sie stets einhergehen, beruht. Anscheinend geht hierbei die Widerstandsfähigkeit des Nervensystems gegen die Ausbreitung derartiger nervöser Impulse verloren, wodurch alle gleichzeitig mit der Tuberkulose vorhandenen Eiterherde zur Generalisierung neigen. So gehen die Schmerzen von Pulpaentzündungen bei solchen Patienten weit über ihre Grenzen hinaus, hyperalgetische Dermatome bei Tonsillitiden breiten sich auf ihre Nachbarzonen aus usw. Gerade diese Erscheinung bietet eine Erklärung für den Begriff der komplexen Ätiologie des Rheumatismus, wonach zur Fokalinfektion eine zweite Erkrankung, und zwar meist eine Tuberkulose, kommen muß, damit sich die Polyarthritis — über die Generalisierung — zu entwickeln vermag.

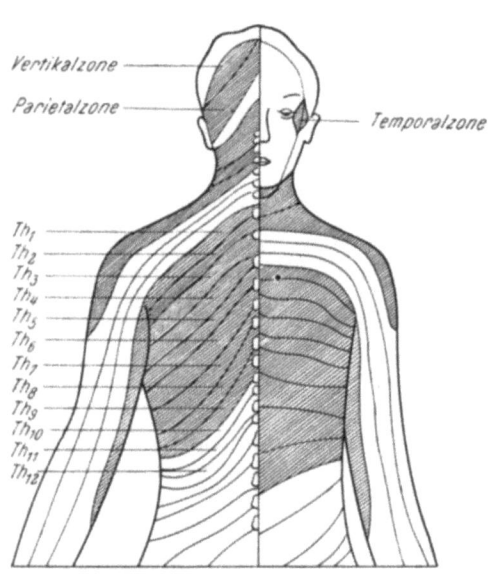

Abb. 78. Hyperalgetische Dermatome bei Lungenerkrankungen, C_3 bis C_5, Th_1 bis Th_9

Meist wird die Hyperalgesie bei Lungenerkrankungen auf beide Seiten gleicher Dermatome verteilt. Auch hier gilt die Regel, daß das Dermatom mit der stärksten Empfindlichkeit und der ausgedehntesten Hyperalgesie zuerst aufgetreten ist und damit auf der Seite der Erkrankung liegt. In Zweifelsfällen kann die Lokalisierung eventueller Kopfschmerzen, die ebenfalls auf der Seite des am stärksten erkrankten Dermatoms vorhanden zu sein pflegen, zu Hilfe gezogen werden. Schließlich lassen sich auch aus der Steigerung der oberflächlichen Reflexe Schlüsse auf die Seite der stärksten Störungen ziehen (S. 76).

MACKENZIE führt die meisten Beschwerden bei Lungenaffektionen auf Pleurabeteiligung zurück. Da die heftigsten Schmerzen bei der Pleuritis während der Atembewegungen auftreten, dürfte es bei dieser Erkrankung zur Ausbildung visceromotorischer Reflexe mit spastischen Kontrakturen der Intercostalmuskeln kommen. Dasselbe ist ja auch von der Peritonitis und den Bauchmuskeln bekannt. In der Tat sind die Muskeln hierbei immer druckempfindlich, ihre Zusammenziehung bei der Atmung kann manchmal sogar in einen die Bewegungen der Brust hemmenden Krampf übergehen. Die Unempfindlichkeit sowohl der parietalen als auch der visceralen Pleura bei chirurgischen Eingriffen spricht ebensowenig gegen das Vorliegen derartiger Reflexmechanismen wie beim Peritoneum (S. 26). Besonders schön läßt sich die Entstehungsweise derartiger Schmerzen bei Erkrankungen der Zwerchfellpleura demonstrieren, wo sie weit entfernt von der entzündeten Pleura wahrgenommen werden, nämlich einerseits oben auf der Schulter, anscheinend durch den Phrenicus weitergeleitet, der sich im Zwerchfell verbreitet und Beziehungen zum 4. und 5. Cervicalnerven aufweist (S. 43, 219), und anderseits im Teil unter den Rippen im Verzweigungsgebiet des 8. und 9. Thoraxnerven, wo oft eine Cholelithiasis, Appendicitis usw. vorgetäuscht werden kann.

Für einen ursächlichen Zusammenhang dieser Beschwerden mit der Pleura und nicht mit der Lunge spricht die Tatsache, daß sich der Phrenicus nur im Zwerchfell und nicht in den Lungen verteilt und daß der 8. und der 9. Thoracalnerv nicht in die Lunge eintreten. Außerdem ist die Lungenentzündung gewöhnlich schmerzlos; es kommt erst bei Pleuramitbeteiligung zum Auftreten der entsprechenden Beschwerden.

Die Frage, ob Lunge oder Pleura Ursache der reflektierten Schmerzen sind, läßt sich auch heute noch nicht eindeutig entscheiden. Sie ist aber deswegen für den Kliniker nicht von großer Bedeutung, da beide meistens gemeinsam erkranken. Hier soll deshalb immer der klinisch wichtigste Erkrankungsherd genannt werden, wobei die Mitbeteiligung des anderen stillschweigend in Betracht gezogen wird.

Lungenaffektionen verursachen sehr häufig auf dem Wege über die hyperalgetischen Dermatome reflektorische Magen- oder Gallenblasenstörungen. Vor allem Unterlappenerkrankungen sind hierfür verantwortlich, da das 6. bis 9. Dorsaldermatom links auch dem Magen und rechts der Gallenblase angehören.

Wie schon erwähnt (S. 193), kommt es sehr häufig dazu, wenn zwei beliebige Organe ihre Eindrücke in dieselben Segmente des zentralen Nervensystems gelangen lassen, daß eine Affektion des einen, die mit reflektiertem Schmerz und oberflächlicher Empfindlichkeit verbunden ist, eine reflektorische Störung in dem anderen Organ hervorruft, das mit denselben Zonen in Beziehung steht. So verursacht ein Glaukom Schmerzen in denjenigen Zähnen, die mit den Zonen in Verbindung stehen, welche infolge der Spannungszunahme im Augapfel empfindlich geworden sind. Bei Nierensteinerkrankungen kann der Hoden derselben Seite äußerst empfindlich werden, und der Wundschmerz nach Tonsillektomie verursacht am dritten bis vierten Tag sehr häufig beträchtliche Ohrenschmerzen. Bei Verwertung dieser Gedankengänge wird man finden, daß Lungenherde, die mit Empfindlichkeitssteigerungen in Dorsaldermatomen sowie solchen in der Temporalgegend einhergehen, Nausea, Appetitverlust und möglicherweise Erbrechen hervorrufen, ohne daß gastrische Zonen am Rumpf befallen werden. Dieselben Erscheinungen sind auch beim Glaukom möglich. Ebenso wie Magendarmstörungen eine beträchtliche Hyperalgesie der Temporalgegend mit starken Kopfschmerzen hervorzurufen vermögen, kann anderseits eine Hyperalgesie der Temporalgegend den Magendarmtrakt in der Weise beeinflussen, daß die soeben beschriebenen Krankheitszeichen auftreten.

Die Magenbeschwerden, die bei Befall der 6. bis 9. Thoracalzone auftreten, ohne daß echte organische Veränderungen der Magenwand vorhanden wären, kennzeichnen sich vor allem durch Schmerzsteigerung bei der Nahrungszufuhr, wo er beim Ulcus bekanntlich verschwindet. Die Zunge zeigt in solchen Fällen keine krankhaften Zustandsformen, sie ist rein und rot oder nur geringgradig belegt und steht damit in deutlichem Kontrast zu der Schwere der geäußerten Beschwerden. Auch Darmfunktion und Stuhl sind völlig unauffällig. Schließlich ergibt die Röntgenuntersuchung ein ganz normales Bild der Magenschleimhaut bei gesteigerter Darmmotilität (Hyperreflexie). Erst nach längerem Bestehen derartiger krankhafter Reflexmechanismen kommt es zur Entwicklung einer echten Dyspepsie, wobei auch röntgenologisch ausgesprochene Zeichen organischer Veränderungen der Magenschleimhaut nachweisbar sind. Reflektierter Schmerz und oberflächliche Empfindlichkeit sind in diesen Stadien meist nicht mehr so deutlich ausgeprägt wie bei erhöhter Reflexbereitschaft allein. Beschwerden von seiten der Gallenblase verhalten sich ähnlich. Hier sind vor allem häufiges Aufstoßen, schlechte Verträglichkeit fetter Speisen und zeitweise erhöhte Serumbilirubinwerte bei normalen Leberfunktionsproben vorhanden. Erst später entwickelt sich eine ausgesprochene Druckschmerzhaftigkeit in der Gallenblasengegend und auch deren Füllung und Kontraktilität lassen bei der Röntgenuntersuchung zu wünschen übrig. Aus den rein reflektorischen Störungen sind organische Veränderungen entstanden.

Inwieweit bei den Beschwerden von seiten des Magens und der Gallenblase im Rahmen von Lungenaffektionen besonders der Tuberkulose zwischen rein tuberkulotoxischen Zuständen und reflektierten Schmerzen mit erhöhter Reflexerregbarkeit unterschieden werden kann, wird für viele Ärzte eine offene Frage bleiben. Diejenigen, denen die Reflexmechanismen zwischen hyperalgetischen Dermatomen und ihren Visceralorganen zu einer selbstverständlichen Tatsache geworden sind, werden mehr auf Seite der neurogenen Theorie stehen, die Biochemiker und der Großteil aller Kliniker werden sich mehr der tuberkulotoxischen Theorie anschließen. Im Grunde genommen bestehen keine ausgesprochenen Divergenzen zwischen beiden Ansichten, da der neurogene Reflexmechanismus nur den Boden für die tuberkulotoxischen Schädigungen vorbereitet, die dann auch in den in ihrer Resistenz verminderten Organen auftreten. Der gesamte übrige Organismus bleibt wesentlich länger verschont. Mit dieser Ansicht ist eine Richtlinie gegeben, wie auch die Entwicklung des rheumatischen Zustandsbildes verstanden werden kann. Auch hier soll keineswegs die bakterielle oder Virusätiologie abgestritten werden, noch lassen sich die Hormonmangelzustände übersehen. Infektion und Hormonmangel betreffen aber den gesamten Organismus und ihre Auswirkungen treten dort zum erstenmal auf, wo die Widerstandskraft des Gewebes durch die Störung der nervösen Reflexabläufe vermindert ist. Das Zusammentreffen von Infektherd und neurogenem Herd stellt dabei keinen Zufall dar, sondern läßt sich entweder durch die Postulation einer besonderen Lage des Infektherdes, damit er zum neurogenen Fokus für die Entwicklung einer Polyarthritis werden kann, erklären oder dadurch, daß nur in längere Zeit bestehenden bakteriellen Herden der richtige Nährboden für die Entwicklung einer Virusinfektion vorhanden ist, die zum Ausbruch der Polyarthritis führen kann. Auch hier entwickelt sich, wie überall, durch den länger anhaltenden Reiz des Nervengewebes der neurogene Fokus.

Therapie

Ohne Zweifel üben Kopfherde ähnlich wie beim Herzen auch auf die Lunge insofern schädliche Einflüsse aus, als sie die Durchblutung, vor allem der oberen Lungenabschnitte (Lungenspitzen und infraclaviculär), herabsetzen und damit der Ansiedlung pathogener Keime Vorschub leisten. Auch krankhafte Impulse vom Herzen können sich ähnlich auswirken. Sie laufen vor allem über die Segmente Th_4 bis Th_6 und beeinflussen damit die unteren Lungenpartien (vor allem den linken Unterlappen). Ähnliche Wirkungen können von den oberen Abdominalorganen ausgehen (S. 244).

Die frühere Anschauung über die Entwicklung von Lungenspitzenaffektionen, Frühinfiltraten oder hypostatischen Pneumonien wird möglicherweise insofern eine Revision erfahren müssen, als nicht mechanische, sondern reflektorische Ursachen von Kopfherden und vom Herz in erster Linie verantwortlich sind. Die schlechte Durchlüftung der oberen Lungenpartien mit der Entwicklung tuberkulöser Herde in den Lungenspitzen oder infraclaviculär in Zusammenhang zu bringen, ist genau so gewagt wie die Ansicht, daß die Ödem-Flüssigkeit bei bettlägerigen Herzkranken die Ausbreitung bronchopneumonischer Herde in den Unterlappen begünstige. Keine von beiden Annahmen ist experimentell bewiesen, und es bedarf für den Neuraltherapeuten keiner großen Überwindung, der Theorie der segmentären Durchblutungsstörungen den Vorzug zu geben. Leider ist die Zugehörigkeit der einzelnen Lungenabschnitte zu den Segmenten noch nicht genau erforscht. Eine gute Handhabe für eine spätere exakte Einteilung bilden möglicherweise die bronchopulmonalen Segmente, da die Hauptmasse der die Lunge versorgenden Nerven in der Längsrichtung der Bronchien verläuft und sich mit ihnen aufteilt.

Spitzenaffektionen der Lunge und Frühinfiltrate sollten neben der üblichen antibiotischen Therapie, den Liegekuren und diätetischen Maßnahmen stets auch mit Fokussanierung oder neuraltherapeutisch behandelt werden, wenn der Krankheitsverlauf nicht wunschgemäß ist. Zu letzteren Maßnahmen zählt vor allem die Blockade des Ganglion cervicale supremum, medium und stellatum, die Anästhesie der hinteren Wurzeln und die paravertebrale Blockade von Th_2 bis Th_4, die Umspritzung der Arteria carotis communis und die Lokaltherapie hyperalgetischer Zonen. Gerade sie vermag in Form von Nervenpunkt- oder Periostmassagen durch Hyperämisierung der erkrankten Dermatome und durch Myogelosen- oder Hartspanninfiltrationen mit Novocain-Prednisolon-Mischspritzen oft Bedeutendes zu leisten. Damit entsprechen die neuraltherapeutischen Maßnahmen bei Affektionen der oberen Lungenpartien vollkommen denjenigen bei Herzerkrankungen, die von Kopfherden ausgehen. Es wird deshalb auch das gleiche Therapieschema mit Erfolg dort angewendet (S. 217).

Affektionen der Unterlappen können, wie schon erwähnt, entweder vom Herz, das einen Teil seiner afferenten Bahnen in die Segmente Th_4 bis Th_6 entsendet, begünstigt werden, oder aber auch von Leber, Gallenblase, Magen und Bauchspeicheldrüse. Diese Organe sind allerdings seltener für derartige Veränderungen verantwortlich, da ihre Hauptimpulse in tieferen Segmenten verlaufen und nur durch Irradiationen in die darüber liegenden Abschnitte krankhafte Reflexmechanismen in den Lungen ausgelöst werden können. Auch hier gelten dieselben Therapieschemata wie für die Beeinflussung des Herzens durch diese Organe und wie für die Ausschaltung pathologischer Impulse des Herzens auf seine Umgebung (S. 218). Dabei muß immer überlegt werden, daß der Einfluß auf die Lunge wohl hauptsächlich über die in Segmenthöhe verlaufenden Bahnen oder knapp darüber erfolgt und kaum Impulse über lange Nervenbahnen, etwa den Vagus oder den Grenzstrang aufwärts, wie beim Herz in Frage kommen. Diese Impulse vermögen vor allem die Reizleitung und die Kontraktion des Herzens zu beeinflussen, was bei der Lunge wegfällt. Es besteht allerdings die Möglichkeit, daß die wichtige Tätigkeit des Flimmerepithels der Bronchien von derartigen Bahnen beeinflußt wird.

Die Therapie der von der Lunge ausgehenden Erkrankungen und Schmerzzustände richtet sich vor allem danach, ob die Impulse von Pleura, Lungenparenchym oder Zwerchfell stammen. In zweiter Linie ist die Segmenthöhe der Erkrankung maßgebend.

So pflegen sich Lungenspitzenaffektionen mit Pleurabeteiligung häufig in Höhe von C_4 auszubreiten, da die Impulse über Ganglien, die auf der Pleurakuppe liegen, zum Nervus phrenicus ziehen, der in Höhe von C_4 in das Halsmark mündet. Wenn auch die Hauptmasse der vegetativen Fasern dieser Stellen bei Th_1 in das Rückenmark eintritt, kommt es erfahrungsgemäß doch sehr häufig bei Pleuraaffektionen zu Hyperalgesien in den Bereichen C_3 bis C_5, was bei der Therapie insofern berücksichtigt werden muß, als der Nervus phrenicus und die hinteren Wurzeln dieser drei Segmente infiltriert werden sollen. Daneben ist zweifelsohne vor allem bei Beteiligung des Auges noch eine Blockade des Ganglion stellatum, cervicale medium und cervicale supremum am Platz, die Arteria carotis communis muß umspritzt und die hinteren Wurzeln von Th_1 bis Th_4 sollen anästhesiert werden. Paravertebrale Blockaden dieser vier Segmentabschnitte, Umspritzungen der Arteria axillaris brachialis oder radialis und Novocaininfiltrationen des Plexus brachialis kommen vor allem bei Ausbreitung pathologischer Impulse auf die obere Extremität mit der Entwicklung krankhafter Zustände (Arthritis, Bursitis, Durchblutungsstörungen) in Frage. Selbstverständlich müssen gleichzeitig auch andere Komplikationen, wie Spondylarthrosen, Myogelosen, Hartspann, Fibrositis, Pulposushernien usw., lokaltherapeutisch angegangen werden. Sie können indirekt zur Ausbildung weiterer Krankheitserscheinungen führen und damit die Generalisierung beschleunigen. Außerdem wirkt sich ihre Beseitigung günstig auf die primäre Erkrankung aus.

Bei Lungenspitzenaffektionen mit Pleurabeteiligung soll demnach folgendes Behandlungsschema eingehalten werden:

1. Blockade des Ganglion stellatum, cervicale medium oder cervicale supremum.
2. Blockade des Nervus phrenicus.
3. Umspritzung der Arteria carotis communis.
4. Anästhesie der hinteren Wurzeln von C_3 bis C_5 und von Th_1 bis Th_4.
5. Infiltration des Ganglion nodosum nervi vagi.
6. Paravertebrale Blockade von Th_2 bis Th_4.
7. Umspritzung der Arteria axillaris, Arteria brachialis und Arteria radialis.
8. Anästhesie hyperalgetischer Dermatome, von Myogelosen und Hartspann mit Novocain-Prednisolon-Mischinjektionen, Impulsschall- oder Ionomodulatorbehandlung.
9. Lokaltherapie von Komplikationen (Nervenpunkt-, Periost- und Bindegewebsmassagen, Hyperämisierung).

Bei Erkrankungen der mittleren Lungenabschnitte ist vor Beginn jeder Therapie vor allem nach hyperalgetischen Dermatomen, Nervendruckpunkten, Druckempfindlichkeit von Wirbelkörpern oder Rippen und nach röntgenologischen Veränderungen zu fahnden. Da die Zuordnung der broncho-pulmonaren Segmente zu den HEADschen Zonen nicht ohne weiteres möglich ist, muß auf diese Weise nach den erkrankten Segmenten gesucht werden. Ihre Behandlung besteht aus Anästhesie der hinteren Wurzeln, paravertebralen Blockaden, Lokaltherapie und bei reflektierten Zonen in Höhe von C_4 in Phrenicusanästhesie. Bei Ausbildung von Kopfdermatomen sind auch das Ganglion stellatum und der Nervus vagus zu infiltrieren. Die Phrenicusanästhesie hilft besonders bei Erkrankungen der Lungenwurzeln (Morbus Hodgkin, zentrales Bronchuscarcinom, Hilusfibrose), die sich in Phrenicusreizung mit Singultus und Schmerzhaftigkeit in den Ausstrahlungsgebieten dieses Nerven äußern. Auch der Sympathicus ist häufig, vor allem wegen der Nähe derartiger Veränderungen zur Aorta, mitbeteiligt. Sie gehen also häufig mit Anisokorie, Veränderungen der Mimik, Durchblutungsstörungen im

Gesicht und Beeinflussung der Sinnesorgane einher. Während derartige Veränderungen am Beginn der Erkrankung eine noch vage Diagnose beträchtlich zu stützen vermögen, können sie in späteren Stadien bei zielgerichteter Neuraltherapie zur Beseitigung oft heftiger Schmerzzustände führen und damit die Verabreichung von Alkaloiden beträchtlich verzögern.

Die Erkrankungen der mittleren Lungenabschnitte erfordern demnach folgendes Therapieschema:

1. Anästhesie der hinteren Wurzeln in den entsprechenden Segmenten.
2. Phrenicusanästhesie und Blockade der hinteren Wurzeln von C_3 bis C_5 bei reflektierten Halszonen dieser Bereiche.
3. Infiltration des Ganglion stellatum, cervicale medium und cervicale supremum bei Kopfzonen oder Störungen der Sinnesorgane.
4. Umspritzung der Arteria carotis communis bei denselben Veränderungen.
5. Infiltration des Ganglion nodosum nervi vagi bei denselben Veränderungen.
6. Paravertebrale Blockade in hyperalgetischen Dermatomen der erkrankten Lungenabschnitte.
7. Novocain-Prednisolon-Infiltrationen von Hartspann, Myogelosen und Fibrositis.
8. Lokaltherapie (Bindegewebs-, Periost- und Nervenpunktmassage, physikalische Therapie).

Erkrankungen der unteren Lungenabschnitte könnten sehr häufig in die Segmente der oberen Abdominalorgane ausstrahlen und damit Magen- oder Gallenblasensymptome herbeiführen. Auch hier richtet sich die Behandlung zunächst nach den hyperalgetischen Dermatomen, Nervendruckpunkten und der Wirbelempfindlichkeit. Fast regelmäßig läßt sich das Überschneiden der erkrankten Lungensegmente mit denjenigen des empfindlichen Abdominalorgans feststellen. Anästhesie der hinteren Wurzeln und paravertebrale Blockaden dieser Segmente sowie lokaltherapeutische Maßnahmen bei etwaigen Komplikationen führen fast immer zu schneller Beseitigung der Beschwerden. Ist dies nicht der Fall, müssen die peripheren sympathischen Ganglien (Ganglion coeliacum) und der Nervus vagus infiltriert werden. Schließlich kommt auch die Umspritzung der Aorta abdominalis in Frage. Zuletzt ist an die Entwicklung von Organreflexen über lange Impulsbahnen außerhalb des Rückenmarks, wie z. B. Nervus phrenicus oder Grenzstrang bis zum Ganglion stellatum, cervicale medium oder cervicale supremum, zu denken.

Der Behandlungsplan von Erkrankungen unterer Lungenabschnitte mit Beschwerden an Abdominalorganen gestaltet sich deshalb folgendermaßen:

1. Anästhesie der hinteren Wurzeln der erkrankten Segmente.
2. Infiltration des Ganglion coeliacum.
3. Umspritzung der Aorta abdominalis.
4. Anästhesie des Nervus phrenicus und der hinteren Wurzeln von C_3 bis C_5.
5. Infiltration des Nervus vagus (Ganglion nodosum).
6. Blockade des Ganglion stellatum, Ganglion cervicale medium und Ganglion cervicale supremum.
7. Paravertebrale Blockade im Bereiche der hyperalgetischen Lungendermatome.
8. Novocain-Prednisolon-Infiltrationen von Fibrositis, Myogelosen und Hartspann, die mit der Erkrankung in Zusammenhang stehen.
9. Lokaltherapie (Bindegewebs- Nervenpunkt- und Periostmassage, physikalische Therapie).

Schließlich können Erkrankungen des Zwerchfells wie subphrenische Abszesse, Zwerchfellhernien usw. zu ausgeprägten, oft schwer beeinflußbaren Schmerzzuständen führen, wenn nicht neuraltherapeutisch vorgegangen wird. Hier ist zu überlegen, daß der Phrenicus der Hauptnerv dieses Organs ist und deshalb vor allem reflektierte Schmerzen in Höhe von C_3 bis C_5 zustande kommen, die zu den charakteristischen Schulterschmerzen bei Verletzungen zentraler Zwerchfellpartien führen (S. 219). Da die sensible Versorgung durch die untersten Intercostalnerven erfolgt, wird auch in den Segmenten dieser Nerven eine Schmerzempfindung zustande kommen. Die Therapie von Zwerchfellerkrankungen besteht demnach in der Infiltration des Nervus phrenicus und der hinteren Wurzeln von C_3 bis C_5. In zweiter Linie kommen die Anästhesie der hinteren Wurzeln und die paravertebrale Blockade von hyperalgetischen Thoracaldermatomen in Höhe von Th_6 bis Th_9 in Frage. In dritter Linie wird wieder die übliche Lokalbehandlung ausgeübt. Auch der Nervus vagus ist vor allem bei Zwerchfellhernien mit Magenbeteiligung zu infiltrieren. Organreflexe werden wieder durch Umspritzung der Aorta abdominalis oder durch Infiltration des Ganglion stellatum, Ganglion cervicale medium und Ganglion cervicale supremum behandelt.

Das Behandlungsschema für Zwerchfellerkrankungen sieht deshalb folgendermaßen aus:

1. Infiltration des Nervus phrenicus und der hinteren Wurzeln von C_3 bis C_5.
2. Anästhesie der hinteren Wurzeln und paravertebrale Blockade hyperalgetischer Dermatome (Th_6 bis Th_9).
3. Umspritzung der Aorta abdominalis.
4. Infiltration des Ganglion nodosum nervi vagi.
5. Blockade des Ganglion stellatum, Ganglion cervicale medium und Ganglion cervicale supremum.
6. Novocain-Prednisolon-Infiltrationen von Myogelosen, Hartspann und Fibrositis, die mit der Erkrankung in Zusammenhang stehen.
7. Lokaltherapie (Bindegewebs-, Nervenpunkt- und Periostmassagen und physikalische Therapie) der erkrankten Abschnitte.

Magen-Darm-Trakt

Innervation

Wie auf S. 15 mitgeteilt, versorgen sowohl der linke als auch der rechte Vagus die Magenwandungen. Der linke Vagus zieht auf der Vorderseite des Oesophagus über die Cardia zum *Magen*, wo eine Dreiteilung seiner Fasern zustande kommt. Während der linke Ast zum obersten Teil des Magens und den zwei oberen Dritteln des Corpus zieht, gelangt der mittlere Ast zum präpylorischen Magenabschnitt (Vestibulum und Canalis pyloricus) und der rechte Ast zur Leber. Der rechte Vagus zieht an der Hinterseite des Oesophagus zur Hinterfläche des Magens und versorgt hier mit seinem linken Ast die Cardia, kleine Curvatur und einen mehr oder weniger großen Teil des Corpus; der mittlere Ast begibt sich an die rückwärtige Fläche des präpylorischen Magenabschnittes und der rechte Ast strahlt in das Ganglion semilunare dextrum aus (Abb. 79).

Die Fasern des sympathischen Systems ziehen in Begleitung der Arterien zum Magen, wo sie mit den Vagusästen anastomosieren. Besonders im Ligamentum hepatogastricum, 1 bis 3 cm vom subcardialen Abschnitt der kleinen Curvatur entfernt, vermischen sich Fasern des Vagus mit Fasern aus dem Plexus coeliacus und senden dann vereint ihre Fasern zu den subcardialen und präpylorischen Magenteilen. Außer mit den Gefäßen und als gemischte Nerven dürften auch völlig isolierte sympathische Äste zum Magen gelangen. So konnten solche vom Ganglion coeliacum zum hintersten subcardialen Magenabschnitt nachgewiesen werden; häufig zieht ein rein sympathischer Nerv (Ramus cardiacus) vom linken Semilunarganglion zum linken Rand der Hinterfläche der Cardia.

Alle diese Fasern bewirken in Verein mit dem AUERBACHschen Plexus und dem submucösen MEISSNERschen Plexus die Magenmotorik, Magensekretion, Durchblutung des Magens und auch die von ihm ausgehenden Reflexphänomene. Für die rhythmischen Bewegungen kommt vor allen Dingen der intramurale AUERBACHsche Plexus in Betracht, der nach manchen Autoren sogar dicht unter der Cardia an der kleinen Curvatur ein motorisches Erregungszentrum, einen Schrittmacher des Magens bilden soll. Vagus und Sympathicus wirken nur fördernd oder hemmend auf diese automatische Magentätigkeit ein, da die Peristaltik auch nach Durchschneidung beider Hauptstämme erhalten bleibt. Bei überwiegendem Vaguseinfluß, z. B. nach Durchschneidung der Nervi splanchnici, wobei alle zum Ganglion coeliacum verlaufenden Äste erfaßt werden, wird die Peristaltik tiefer und die Austreibung des Magens rascher und ergiebiger. Bei gleichzeitiger Exstirpation des Ganglion coeliacum

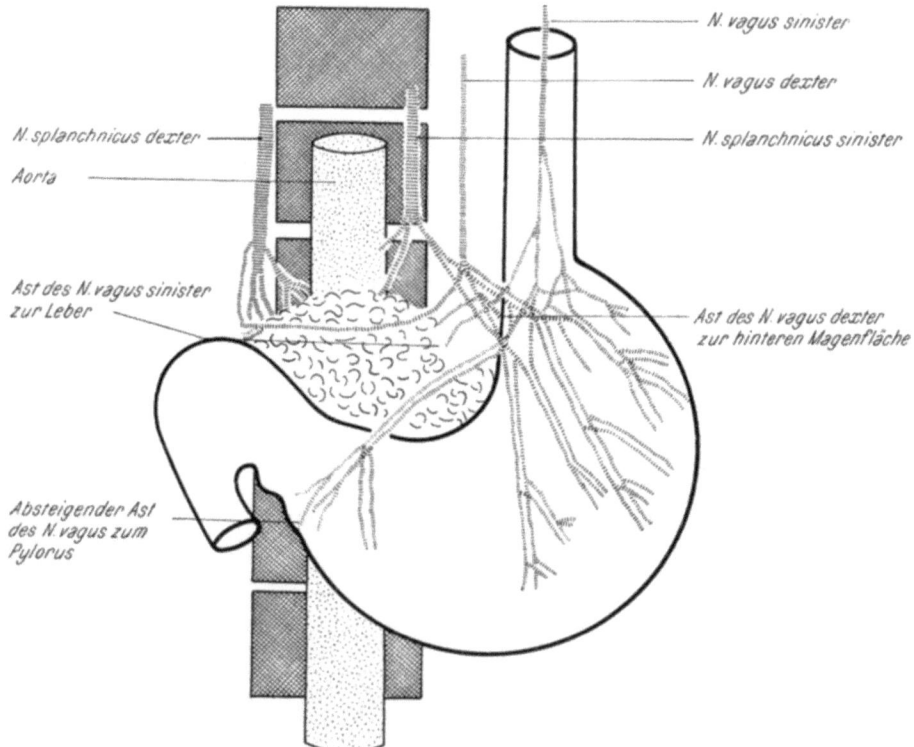

Abb. 79. Vegetative Innervation der Vorderfläche des Magens

tritt die Wirkung noch stärker zum Vorschein. Dasselbe kann beobachtet werden, wenn der periphere Anteil des durchschnittenen Vagus erregt wird, während Reizung des unverletzten Vagus meist hemmt. Aus diesen und zahlreichen ähnlichen Versuchen geht hervor, daß Überwiegen des Vagus eine Förderung der muskulären Vorgänge am Magen hervorruft. Unter bestimmten Bedingungen dürfte der Vagus allerdings den Magen nicht nur erregen, sondern auch hemmen. Im allgemeinen gilt aber die Regel von der Förderung der Motilität des Magens durch den Vagus. Wesentlich unklarer ist die Wirkung des Vagus auf den Sphincter pylori. Nach Ansicht der meisten Autoren öffnet der Vagus den Pylorus und schließt ihn der Sympathicus. Es dürften aber durch beide Nerven sowohl fördernde als auch hemmende Impulse laufen.

Ebenso wie die Magenmotorik wird auch die Sekretion des Magensaftes durch Reizung der Nervi vagi erregt. Reizung des Sympathicus anderseits hat eine Hemmung der sekretorischen Magentätigkeit zur Folge. Die Innervation der Magendrüsen scheint allerdings sehr kompliziert zu sein, da auch nach Reizung des Splanchnicus Ausscheidung von Magensaft beobachtet wurde. Nach den meisten Autoren soll bei der Wasser- und Salzsäuresekretion in erster Linie die parasympathische, in zweiter Linie die sympathische Erregungsleitung fördernd wirken. Bei der Fermentproduktion aber dürfte die sympathische Faser die hauptsächliche, die parasympathische Faser die accessorische Erregung liefern. Die Hauptzellen der Pars pylorica besitzen wahrscheinlich nur sympathische excitosekretorische und depressosekretorische Fasern sowohl für die Ferment- als auch für die Wassersekretion.

Sowohl Magenmotilität als auch Sekretion sind außerdem weitgehend von psychischen Faktoren beeinflußbar. Die fördernden psychischen Impulse laufen über die Vagusbahn, die hemmenden voraussichtlich über die Sympathicusbahn. Ihre Bedeutung ist jedem Kliniker zur Genüge bekannt. Wieweit gerade der Magentonus psychisch beeinflußbar ist, geht aus den zahlreichen Angaben von Patienten hervor, wonach reflektorische Erschlaffungszustände durch Schreck, Ohnmachten, bei der Menstruation, in zahlreichen Migränefällen und so weiter beobachtet wurden. Auch die Lage des Magens ist psychisch weitgehend beeinflußbar. So konnten bei Ekelgefühl Senkung des caudalen Magenpoles, bei Erschöpfungszuständen Magentiefstand und ebenso nach Ohnmachten oder während Migräneanfällen deutliche Gastroptosen beobachtet werden. Schließlich ließ sich auch experimentell durch Sympathicusreizung eine Gastroptose erzeugen.

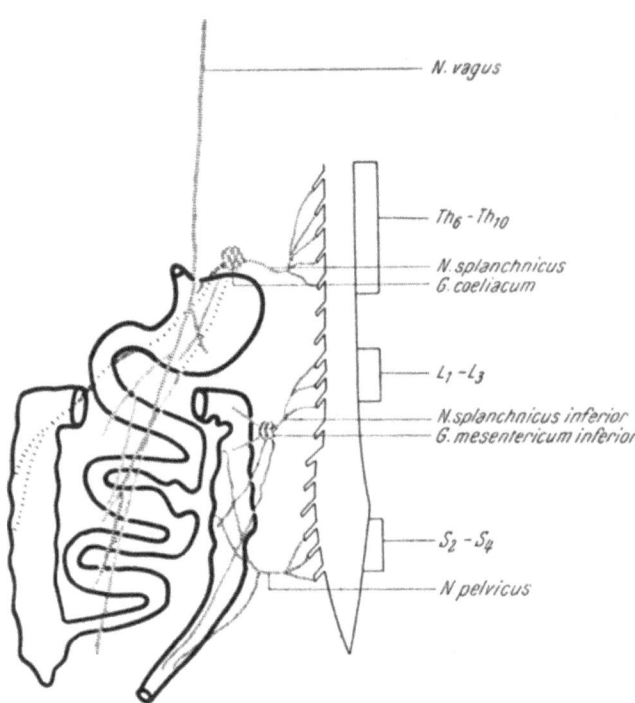

Abb. 80. Vegetative Innervation des Darmes

Auch der *Darmtrakt* wird von sympathischen und parasympathischen Fasern versorgt (Abb. 80). Die sympathischen Fasern für Dünn- und Dickdarm stammen vom 6. Thoracal- bis 5. Lumbalsegment. In der Hauptsache kommen die Fasern über die Rami communicantes albi von den vorderen Wurzeln des Rückenmarks. Nach dem Grenzstrang sammeln sich die oberen sympathischen Fasern zu den Splanchnicusnerven, die in den Plexus mesentericus superior und inferior einmünden. Nach Umschaltung im Ganglion coeliacum versorgen die postganglionären Fasern vor allem den Dünndarm, aber auch teilweise den proximalen Dickdarmabschnitt. Colon transversum, Colon descendens, Flexura sigmoidea und Rectum werden von postganglionären Fasern aus dem Ganglion mesentericum inferius versorgt, zu dem Rami communicantes aus den oberen Lumbalnerven (Nervus splanchnicus inferior) ziehen. Colon descendens, Flexur und Mastdarm werden außerdem noch von feinen Nervenbündeln, die über den parasympathischen Nervus pelvicus ziehen, versorgt. Nach dem Großteil aller bisherigen Untersuchungsergebnisse ist der Splanchnicus ein Hemmungsnerv des Darmes, der Pendelbewegungen, peristaltische Wellen und Tonus der Rings- und Längsmuskulatur vermindert. Dabei übt die Reizung des Splanchnicus auf den Dickdarm eine viel schwächere Wirkung als auf den Dünndarm aus und nimmt außerdem gegen die distalen Dickdarmabschnitte zu noch weiterhin ab, so daß am Ende desselben die Splanchnicusreizung sogar meist wirkungslos ist.

Die parasympathischen Nervenfasern versorgen über den Vagus vor allem den Dünndarm und möglicherweise den proximalen Dickdarmabschnitt. Die unteren Dickdarmabschnitte enthalten, wie schon weiter oben erwähnt, über den Nervus pelvicus parasympathische Fasern aus dem 1. bis 4. Sacralsegment. Die parasympathischen Fasern fördern nach elektrischer Reizung die Darmbewegungen beträchtlich. Dabei dürfte dem Splanchnicustonus eine bedeutende Rolle zukommen, da nach Durchtrennung der Splanchnici die Vagusreize viel sicherer fördernd wirken. Die Reizung der Nervi pelvici verursacht vor allem am Ende des Darmkanals Bewegungen, weshalb diese Nerven auch als Defäkationsnerven bezeichnet werden. Bei allen erwähnten Untersuchungen über die Darmtätigkeit muß immer wieder hervorgehoben werden, daß die gröbere Regulation der Darmbewegungen von den Elementen der Darmwand selbst besorgt wird. Die sympathischen und parasympathischen Fasern wirken nur ähnlich, wie dies schon vom Herzen und vom Magen her bekannt ist, auf die Automation im Darmtrakt hemmend oder fördernd ein. Unterschiedlich zum übrigen Darmtrakt dürfte hierbei der Sphincter iliocoecalis vom Vagus und Splanchnicus fördernd beeinflußt werden, wobei vor allem der letztere Nerv die stärkere Wirkung besitzt.

Neben der Beeinflussung des Darmes selbst obliegt beiden Nervensystemen auch die Innervation der *Darmgefäße*. Vor allem das vom Splanchnicus innervierte Gefäßgebiet spielt für die Regelung der Blutversorgung eine bedeutende Rolle. Vasokonstriktion in der Peripherie geht stets mit Vasodilatation in den Abdominalgefäßen einher und umgekehrt. Der Splanchnicus besitzt dabei deutlich vasokonstriktorische Eigenschaften, was vor allem aus der starken Hyperämie nach seiner Durchschneidung oder nach Exstirpation der prävertebralen Ganglien erkenntlich ist.

Eine herabgesetzte oder erhöhte Erregbarkeit des neuromuskulären Apparates des Darmes kann auch durch Erkrankung verschiedener Eingeweide reflektorisch bedingt sein. So führen Entzündungen der Gallenblase, des Nierenbeckens, des Appendix oder der weiblichen Geschlechtsorgane entweder über vagotrope Mechanismen zu Steigerung der Darmtätigkeit mit spastischen Vorgängen oder über sympathicotrope Bahnen zum Nachlassen von Tonus und Motilität am gesamten Magen-Darm-Kanal. Bei Gallensteinanfällen kann man z. B. häufig im Dünndarm eine Steigerung der Peristaltik und im Dickdarm eine Neigung zu intensiver Haustrenbildung mit Obstipation beobachten. Auch Adnexitiden sind häufig Ursache ungeklärter Magen-Darm-Beschwerden von vielen Patienten. Der paralytische Ileus bei diffuser Peritonitis oder nach Pankreasapoplexien ist häufig die Folge primärer Lähmung der Darmmuskulatur.

Eine wesentliche Rolle für die Innervation des Darmes spielen die psychischen Einflüsse. Schon beim Gesunden vermögen starke Erregungen, wie Angst, Zorn, Aufregungen, beträchtliche Beschleunigung der Peristaltik hervorzurufen. Auf der anderen Seite können schwere depressive und hypochondrische Zustände zu hartnäckiger Obstipation führen. Selbstverständlich können Obstipationen nicht nur über eine vagal bedingte Tonuserhöhung (spastische Obstipation), sondern auch über eine Untererregbarkeit des neuromuskulären peristaltischen Apparates (insbesondere des AUERBACHschen Plexus) zustande kommen oder in einer Störung des Defäkationsreflexes liegen. Letztere ist auch unter dem Krankheitsbegriff der proktogenen Obstipation oder Dyschezie bekannt. Sie ist in den meisten Fällen Folge einer Dehnung der Ampulla recti und dadurch bedingten Abstumpfung des Entleerungsreflexes, was sich durch manometrische Prüfung der Empfindlichkeit in der Ampulle leicht nachweisen läßt. Normalerweise bewirken nämlich Druckwerte von 20 mm Hg jedesmal lebhaften Stuhldrang und starkes Druckgefühl. Bei diesen Versuchen werden schon Druckdifferenzen von 2 bis 3 mm Hg deutlich wahrgenommen. Bei Störung der Sensibilität dieses Darmabschnittes kommt es zu entsprechend veränderten Empfindlichkeiten nach Einführung des Manometers.

Diagnose

Richtet man das Augenmerk bei Erkrankungen des Magen-Darm-Traktes zunächst auf den Schmerz, so läßt sich für Affektionen vom Eingang des Oesophagus bis hinab zum Anus in den meisten Fällen eine Begrenzung des Schmerzgebietes auf einen in der Medianlinie des Körpers ungefähr von der Mitte des Sternums bis zur Symphyse herabziehenden Bezirk nachweisen. Reizung des *Oesophagus*, z. B. durch heiße Getränke, wird immer auf die Gegend über dem unteren Brustbein übertragen. Ein im Magen entstehender Schmerz beschränkt sich meist auf das Epigastrium. Eine schmerzhafte Darmperistaltik beginnt in der Regel in der unteren Hälfte des Epigastriums, geht dann langsam mit zeitweise unterbrochener Heftigkeit bis hinab in die Schamgegend und führt anschließend zu starkem

Entleerungsdrang, um nach Austreibung des Stuhles sofort Erleichterung zu verschaffen. Die Beschränkung des Schmerzes auf die Mittellinie des Körpers ist auch für den Schmerz anderer Hohlorgane, wie z. B. Uterus und Blase, charakteristisch, während er bei Nierenkoliken deutlich einseitig ist.

Verletzungen oder Geschwüre im Oesophagus vermögen auch reflektierten Schmerz hervorzurufen, der an einem Punkt etwa fünf Zentimeter von der Mittellinie entfernt, genau am Scalpularwinkel, rückwärts und etwa einen Zentimeter nach innen von der Mammillarlinie im 5. Intercostalraum empfunden wird. Manch-

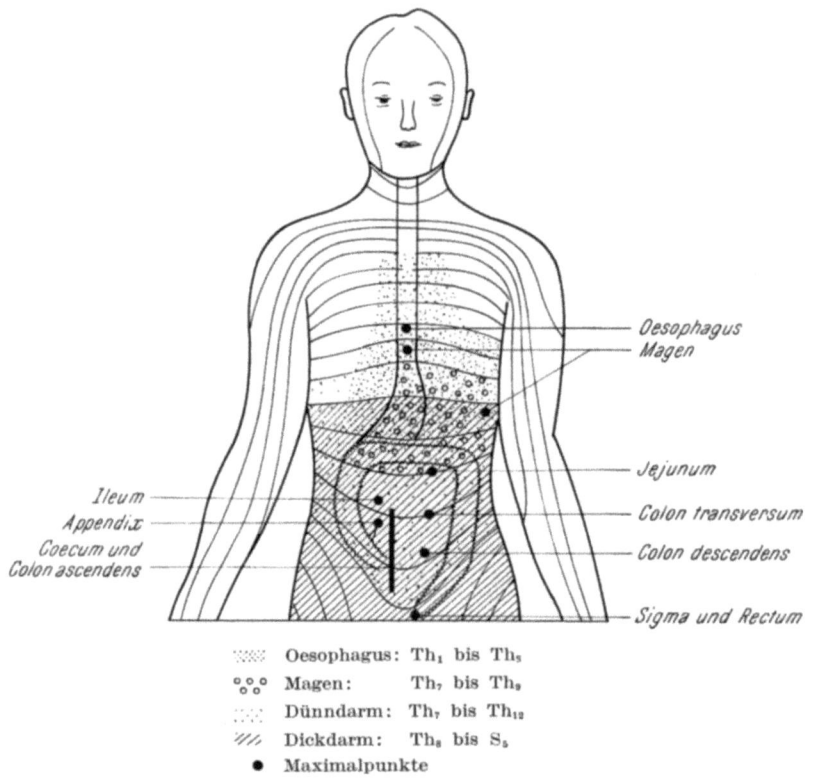

Abb. 81. Hyperalgetische Zonen bei Erkrankungen des Magen-Darm-Traktes

mal geben die Patienten auch Schmerzen am 6. und 7. Wirbeldorn rückwärts an. Hyperalgetische Zonen kommen bei Erkrankungen im oberen Abschnitt im 1. bis 5. und am unteren Ende vor allem im 5., aber auch 6., 7. und 8. Dorsaldermatom vor. Gelegentlich läßt sich auch eine oberflächliche Empfindlichkeit in den unteren Cervicalzonen nachweisen (Abb. 81, 82). Reflektorische Kopfzonen s. S. 47.

Bei *Magenerkrankungen* ist das 7., 8. und 9. Dorsaldermatom hyperalgetisch. Die ersten Erscheinungen treten in der Regel links auf, zeigen aber sehr bald eine Tendenz, sich auch auf die rechte Seite auszubreiten. Maximalpunkte treten im 7. Dorsaldermatom gerade über dem Schwertfortsatz im 8. Dorsaldermatom genau in der mittleren Axillarlinie in Höhe des 8. Intercostalraumes und im 9. Dorsaldermatom in der Höhe des 9. Dorsalwirbeldornes auf der Scapularlinie auf (Abb. 81, 82). Meist sind alle drei Dermatome gleichzeitig hyperalgetisch. Wenn auch 7. und 9. Dorsaldermatom gelegentlich allein überempfindlich erscheinen können, so läßt sich dies nie für das 8. Dermatom nachweisen.

Für die Zuordnung zu einzelnen Magenabschnitten gilt nach HEAD, daß die 7. Dorsalzone mit dem Mageneingang und die 9. Dorsalzone mit dem Magenausgang sowie dem Zwölffingerdarm zusammenhängt. Nach HANSEN und VON STAA lösen Magenaffektionen linksseitige, das Duodenum rechtsseitige Reflexzeichen im Bereich von Th_7 bis Th_9 aus. Die Grenze zwischen links und rechts bildet der Pylorus. Meist wird hier linksseitiger Segmentbefall bevorzugt, weil gerade bei

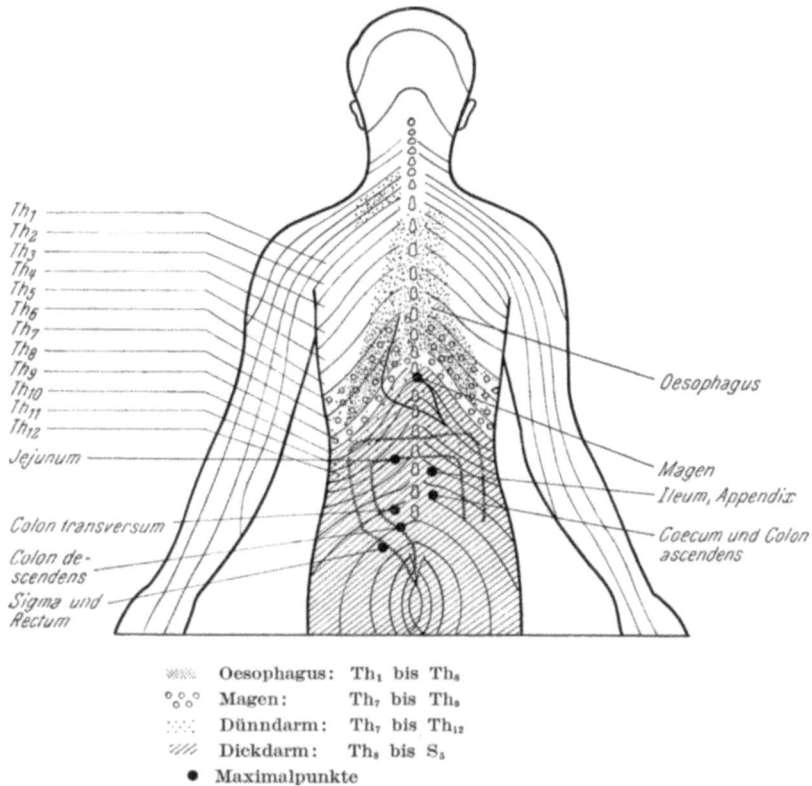

Oesophagus: Th_1 bis Th_4
Magen: Th_7 bis Th_9
Dünndarm: Th_7 bis Th_{12}
Dickdarm: Th_9 bis S_5
● Maximalpunkte

Abb. 82. Hyperalgetische Dermatome bei Erkrankungen des Magen-Darm-Traktes

pylorusnahen Geschwüren sehr oft eine erhebliche Gastritis vorhanden ist. Ebenso kann die rechtsseitige Hyperalgesie bei Ulcera duodeni durch die starke Begleitgastritis überdeckt werden. MACKENZIE fand Schmerz und Hyperalgesie von Haut und vor allem tieferen Geweben im oberen Teil des Epigastriums, wenn das Geschwür nahe der Cardia des Magens lag; befand sich das Geschwür in der Mitte des Magens, so war der Sitz des Schmerzes und der Hyperalgesie im mittleren Epigastrium; war das Geschwür am Pylorus, so fühlte der Kranke den Schmerz im untersten Teil des Epigastriums. Befall von C_3 bis C_4 ist nicht selten (MUSSYscher Druckpunkt, linkes Schultergelenk). Die Hauthyperalgesien sind am Rücken häufiger nachweisbar als vorne [90], während die tiefe Hyperalgesie vorne mindestens ebenso deutlich und oft zu finden ist wie hinten. Reflektierte Kopfzonen s. S. 47.

Darmerkrankungen führen sehr häufig zu diffusen und schlecht abgrenzbaren Schmerzen, was mit der wandernden Lokalisation der schmerzhaften peristaltischen Wellen zusammenhängen dürfte. Diarrhöen, die ohne Läsion der Darmwand einhergehen, bewirken in der Regel nur vorübergehende Beschwerden in Abhängigkeit von der Peristaltik, aber nicht reflektierten Schmerz. Erst bei Läsionen der Schleimhaut treten solche in Höhe des 7. bis 12. Dorsaldermatoms auf, wenn Jejunum oder Ileum erkrankt sind.

Das Ulcus pepticum jejuni weist stets eine deutliche Linksasymmetrie auf. Ebenso die Gastrojejunitis nach Gastroenterostomie. Vermutlich werden also vom Jejunum linksseitige Reflexe ausgelöst. Nach HANSEN und VON STAA erfolgt im untersten Teil des Ileums, sicher aber an der Valvula Bauhini wieder ein Umschwung nach rechts. Ilioceocalregion, Appendix, Colon ascendens, Flexura dextra und Colon transversum bewirken Hyperalgesien von Th_8 bis L_1 rechts, wobei nur die beiden letzteren Darmabschnitte Th_9 bzw. Th_8 beeinflussen. Das Colon descendens geht mit Hyperalgesien in L_1 bis L_3 links, Sigmoid und Ampulla recti gehen mit L_1 bis L_3 und S_1 bis S_4 beiderseits einher. Auf Grund der von PORGES [10] angegebenen Druckpunkte lassen sich für den Darmkanal folgende gering abweichende Segmentverteilungen vermuten:

Vorne:
Jejunum: Druckpunkt auf der linken Seite in Nabelhöhe (Th_9 links)
Ileum: Druckpunkt rechts etwas unterhalb des Nabels (Th_{10} rechts)
Appendix: MACBURNEYscher Druckpunkt (Th_{11} rechts)
Coecum und Colon ascendens: rechts zwischen Nabel und Symphyse (Th_{10} bis L_1 rechts)
Colon transversum: Links handbreit oberhalb des Symphyse (Th_{11} links)
Colon descendens: Links 2 bis 3 Querfinger oberhalb der Symphyse (Th_{12} links)
Sigma und Rectum: Links unmittelbar an der Symphyse (L_2, S_2 bis S_5 links)

Hinten:
Jejunum: Links vom ersten Lendenwirbel
Ileum: Rechts vom zweiten Lendenwirbel
Appendix: Rechts vom zweiten Lendenwirbel
Coecum und Colon ascendens: Rechts unterhalb des zweiten Lendenwirbels
Colon transversum: Links von den letzten Lendenwirbeln
Colon descendens: Links über der oberen Hälfte des Os sacrum
Sigma und Rectum: Links über dem unteren Teil des Sacrum und über dem Steißbein.

Darmerkrankungen vermögen häufig Fernreflexe auszulösen. So läßt sich bei Appendicitis neben den klassischen Symptomen noch ein heftiger Schmerz bei Druck auf die Gegend des äußeren Randes (Margo falciformis) des rechten Foramen ovale unterhalb des POUPARTschen Bandes auslösen. Dasselbe kann bei Adnexerkrankungen, Nieren- und Gallenkoliken, ja sogar bei Erkrankungen im Thoraxraum beobachtet werden. Das Symptom wird von KNOTZ [91] durch Hyperalgesie des Musculus psoas der betreffenden Seite erklärt. Diese ist auch der Grund, warum Streckung des Beines in solchen Fällen Schmerzen verursacht. KNOTZ [91] führt sogar den MACBURNEYschen Druckpunkt auf einen Bauchwand-Psoas-Druckschmerz zurück, da an dieser Stelle der Musculus psoas besonders leicht durch die Bauchdecke erreicht werden könne. Der MACBURNEYsche Druckpunkt ist deshalb nicht nur ein Symptom für die Appendicitis, sondern schließt alle Möglichkeiten in sich, die eine Hyperalgesie des Musculus psoas herbeiführen können. Reflektierte Kopfzonen s. S. 47.

Nach MACKENZIE kommt es bei Verschluß des Dickdarms zu peristaltischen Schmerzen unten in der Regio hypogastrica. Bei Verschluß der Flexura lienalis geht der Schmerz nicht unter die Mitte der Regio hypogastrica hinab, während der

Schmerz infolge der Peristaltik unterhalb der Flexura lienalis in der Mitte des Hypogastriums und tiefer gefühlt wird. Starke Kotanhäufung im Rectum oder Dehnung desselben durch Klistiere gehen mit denselben Schmerzen wie bei der Wehentätigkeit einher. Sind krankhafte Veränderungen in der Gegend des Anus vorhanden, so muß bedacht werden, daß hier, wie an allen Übergangsstellen zwischen Schleimhaut und Haut, das cerebrospinale Nervensystem immer mehr die Aufgabe des autonomen übernimmt. Es werden also von einer bestimmten Übergangszone an einzelne Qualitäten der Hautsensibilität, wie der Schmerz, schärfer hervortreten. So wird bei Geschwüren so lange kein direkter Schmerz gefühlt, als nicht Gewebe ergriffen sind, die von cerebrospinalen Nerven versorgt werden. In dem Augenblick, wo aber die von sensiblen Fasern des cerebrospinalen Systems versorgten Schleimhautanteile erkranken, kann es zu äußerst heftigen Schmerzen kommen, die um den Anus herum gefühlt werden. Der indirekte Schmerz bei Geschwürbildung im Rectum wird nach dem Rücken auf den oberen Abschnitt des Kreuzbeins reflektiert. Er kann ebenfalls äußerst qualvoll sein, besonders nach Entleerung der Därme. Die Kombination beider Schmerztypen bereitet stärkste Qualen, tritt plötzlich auf, nachdem der Patient z. B. vorher lange Zeit nur Kreuzschmerzen hatte, und weist auf die Progression des Prozesses hin. Auch zwischen Analgegend und Blase bestehen enge Beziehungen, die sich in vermehrtem Harndrang oder Krampf des Blasenschließmuskels nach Reiz im Gebiet des Perineums äußern. Dieser Reflex wird sehr häufig nach Dammrissen im Anschluß an Geburten beobachtet und ist wahrscheinlich nur auf die Haut des Perineums beschränkt, da die Harnverhaltungen bei vorsichtiger Naht des Peritoneums ohne Einstülpung der Haut seltener vorkommen. Die Nerven dieser Hautabschnitte stammen auch von den unteren Sacralnerven und die für den Sphincter vesicae von den autonomen Sacralnerven, d. h. vom selben Rückenmarksabschnitt.

Eine genaue Lokalisierung der Schleimhautläsion aus der Hyperalgesie des jeweiligen Dermatoms könnte vor allem durch entsprechende Untersuchungen röntgenologisch nachgewiesener Carcinomfälle ermöglicht werden. Sie ist aber in den meisten Fällen nicht unbedingt notwendig, da die Röntgenuntersuchung eine wesentlich einfachere und exaktere Diagnosestellung ermöglicht. Nur dort, wo deutliche Dermatomzeichen vorhanden sind, ohne daß röntgenologisch ein pathologischer Befund erhoben werden könnte, muß immer wieder auf neue Untersuchungen gedrängt werden, da konstant nachweisbare hyperalgetische Areale genau so verläßliche Zeichen für krankhafte Vorgänge sind wie jedes andere klinische Untersuchungsergebnis. Darmcarcinome pflegen schon Monate vor der röntgenologischen Manifestation Appetitlosigkeit und Hyperalgesie im entsprechendem Dermatom hervorzurufen. Dasselbe gilt für Rezidive nach Krebsoperationen. Auch hier treten in der Regel oft Monate vor dem neuerlichen röntgenologischen Nachweis wieder hyperalgetische Hautzonen auf, obwohl sich der Patient noch subjektiv sehr wohl fühlt. Gerade im ersteren Falle ließe sich unseres Erachtens bei größerer Wertschätzung der Dermatomdiagnostik eine Probatoria häufig verantworten, mit der dem Patienten vielleicht das Leben gerettet werden könnte. In vielen Fällen sind aber die Chirurgen nicht mit Unrecht anderer Meinung, da die Methodik für verläßliche Dermatomdiagnosen selten einwandfrei geübt wird.

Therapie

Wie auf S. 232, Abb. 81 ersichtlich, verursachen Erkrankungen der *Speiseröhre* Hyperalgesien in den Bereichen Th_1 bis Th_8 und gelegentlich in den unteren Cervicalzonen. Ihre Behandlung besteht demnach in der Anästhesie der hinteren Wurzeln von Th_1 bis Th_8, eventuell von C_5 bis C_7, der Umspritzung der Aorta abdominalis in Höhe von Th_8 und in Phrenicusanästhesie zur Unterbrechung der wichtigsten afferenten Bahnen. Sind die Erfolge zu gering, wird die paravertebrale Blockade in den entsprechenden Segmenten und die übliche Lokaltherapie in den hyperalgetischen Zonen durchgeführt. Die Erkrankungen selbst werden häufig sowohl durch Reizung efferenter Nervenbahnen im Bereich der oberen und mittleren Brustwirbelsäule als auch durch Impulse, die vom zentralen Nervensystem kommen, ausgelöst. Die Behandlung erstreckt sich demnach in solchen Fällen auf die Blockade des Nervus vagus, des sympathischen Grenzstranges in Höhe von Th_2 bis Th_7 sowie auf Blockade des Ganglion stellatum und Umspritzung der Aorta descendens sowie der Arteria vertebralis. Weiterhin ist nach hyperalgetischen Zonen zu suchen, die Erkrankungen von Nachbarorganen aufzeigen und von denen durch intrasegmentale Ausbreitung der Impulse pathologische Reflexmechanismen im Bereiche des Oesophagus ausgelöst werden können. Da in solchen Fällen die Anästhesie der hinteren Wurzeln nicht immer genügt, sollen auch in diesen Segmenten die größeren Gefäße umspritzt und paravertebrale Blockaden durchgeführt werden. Das erkrankte Organ selbst wird intern behandelt oder chirurgisch entfernt. Schließlich ist auch noch nach Muskelverhärtungen, Knochenveränderungen und Fibrositiden zu fahnden, die eine Vermittlerrolle zwischen weiter entfernt liegenden Organen und der Speiseröhre bilden können. Hier kommt wieder die Lokaltherapie in Form von Novocain-Prednisolon-Infiltrationen, Nervenpunkt-, Periost- und Bindegewebsmassagen sowie physikalische Therapie in Frage.

Das neuraltherapeutische Schema für Oesophaguserkrankungen sieht demnach folgendermaßen aus:

1. Anästhesie der hinteren Wurzeln von Th_1 bis Th_8, eventuell auch C_5 bis C_7.
2. Umspritzung der Aorta abdominalis in Höhe von Th_8.
3. Phrenicusanästhesie.
4. Paravertebrale Blockade im Bereiche der erkrankten Segmente zwischen Th_1 und Th_8.
5. Stellatumblock.
6. Umspritzung der Aorta descendens und Arteria vertebralis.
7. Anästhesie der hinteren Wurzeln und paravertebrale Blockaden im Bereiche der erkrankten Organe, die mit dem Oesophagus in reflektorischer Beziehung stehen können.
8. Umspritzung größerer Gefäße und somatischer Nerven in hyperalgetischen Zonen, die als auslösende Ursache für die Oesophaguserkrankung in Frage kommen.
9. Lokaltherapie in solchen hyperalgetischen Zonen (Novocain-Prednisolon-Infiltrationen, Nervenpunkt-, Periost- und Bindegewebsmassage, physikalische Therapie).

Schmerzzustände, die von *Magenerkrankungen* ausgehen, werden in der Hauptsache durch Blockaden der hinteren Wurzeln des erkrankten Segmentes, durch Umspritzung der Aorta abdominalis in Höhe von Th_8 und Th_9 mit Infiltration des Ganglion coeliacum und Nervus vagus behandelt. Außerdem sind noch Anästhesierungen der Magenwand selbst paravertebrale Blockaden und die übliche Lokaltherapie am Platze. Auch hier ist für den Neuraltherapeuten wieder weniger die klinische Diagnose, wie z. B. Gastritis acuta oder chronica, Ulcus ventriculi oder Erosion, maßgebend, sondern vor allem der Zustand des neuromuskulären Apparates, die Sekretionsverhältnisse und die Hyperalgesie. So wird bei erhöhter schmerzhafter Magenmotorik vor allem der Nervus vagus blockiert werden. Gastroptosen wiederum sprechen auf Infiltration des Ganglion coeliacum besser an. Ulcusschmerzen können durch Vagus- oder Sympathicusblockade beseitigt werden, anscheinend in Abhängigkeit davon, ob Magenmotorik oder Gefäßkrämpfe die Ursache sind. Auch die Hyperacidität läßt sich durch beiderlei Eingriffe vorübergehend bessern. Da eine genaue Trennung der Funktionen beider Nerven im Magen bisher leider noch nicht möglich ist, muß der zweckmäßigste Eingriff meist ex juvantibus festgestellt werden.

Empirisch hat sich folgendes Schema der Neuraltherapie von Schmerzzuständen des Magens bewährt:

1. Anästhesie der hinteren Wurzeln von Th_7 bis Th_9 links (Th_4 bis Th_6 links, Th_7 bis Th_9 rechts).
2. Umspritzung der Aorta abdominalis in Höhe von Th_8.
3. Infiltration des Ganglion coeliacum.
4. Infiltration des Nervus vagus.
5. Paravertebrale Blockade von Th_7 bis Th_9 links (Th_4 bis Th_6 links = Antrum. Th_7 bis Th_{12} rechts = Fundus).
6. Novocain-Prednisolon-Infiltration hyperalgetischer Areale.
7. Lokaltherapie (Nervenpunkt-, Periost- und Bindegewebsmassagen, physikalische Therapie) hyperalgetischer Zonen, die mit der Erkrankung in Zusammenhang stehen.

Auch Erkrankungen des Magens können entweder von Organen der Umgebung oder vom Zentralnervensystem ausgelöst werden (S. 230). Während im ersteren Falle ähnlich wie beim Darm (S. 230) eine erhöhte oder herabgesetzte Erregbarkeit des neuromuskulären Apparates zustande kommt, wirken sich Impulse aus dem Zentralnervensystem besonders auf die Magensekretion aus.

Für die Behandlung derartiger Störungen ist das Auffinden der reflexauslösenden Ursache von größter Bedeutung. Aufstoßen, Druck- und Völlegefühl im Magen sowie Brechreiz können nicht nur von der Gallenblase, Leber oder Milz, sondern auch von Blinddarm, Bauchspeicheldrüse und seltener von Dünn- und Dickdarm, Eileitern, Nierenbecken und sogar von der Harnblase ausgelöst werden. Meist führt in solchen Fällen die bloße Novocain-Infiltration der dem jeweiligen Organ zugeordneten hyperalgetischen Zonen zu überraschenden Besserungen oft lange Zeit bestehender, bisher unbeeinflußbarer Magenbeschwerden. Noch bessere Resultate lassen sich durch Anästhesie der hinteren Wurzeln und paravertebrale Blockaden im Bereich der erkrankten Segmente erzielen. Kommt es mit diesen Maßnahmen nicht zum gewünschten Erfolg, müssen die Aorta abdominalis umspritzt und das Ganglion coeliacum sowie der Nervus vagus infiltriert werden. Bleiben die Beschwerden noch immer bestehen, hilft die paravertebrale Blockade der erkrankten Magensegmente selbst. In diesem Falle müssen auch die dem Magen zugeordneten hyperalgetischen Zonen infiltriert werden. Man verzichtet allerdings damit auf die Erfassung des Reflexursprunges, da die Impulse knapp vor dem Ziel blockiert werden. Die Gefahr eines Rezidivs nach Aussetzen der Behandlung ist in diesen Fällen wesentlich größer als bei Unterbrechung der pathologischen Nervenreize unmittelbar nach Verlassen des Herdes. So wie überall muß auch beim Magen im Falle des Versagens der Neuraltherapie daran gedacht werden, daß durch Zwischenschaltung von Myogelosen, Hartspann, Fibrositis oder Knochenveränderungen oft von weit entfernt liegenden erkrankten Organen pathologische Reflexmechanismen zur Schädigung des Magens führen können. Die Lokaltherapie derartiger Komplikationen sollte deshalb nicht außer acht gelassen werden.

Die Neuraltherapie von Erkrankungen des Magens, die durch pathologische Reflexmechanismen erkrankter Organe der Umgebung bedingt sind, sieht demnach folgendermaßen aus:

1. Anästhesie der hinteren Wurzeln und paravertebrale Blockade der Segmente des erkrankten Organs.
2. Umspritzung der Aorta abdominalis in Segmenthöhe.
3. Infiltration des Nervus vagus, womöglich in Segmenthöhe.
4. Novocain-Infiltration, Impulsschall- oder Ionomodulatorbehandlung hyperalgetischer Areale in diesen Segmenten.
5. Paravertebrale Blockade der erkrankten Magensegmente.
6. Infiltration des Ganglion coeliacum.
7. Anästhesie hyperalgetischer Zonen in den erkrankten Magensegmenten.
8. Novocain-Infiltration und Lokaltherapie von hyperalgetischen Zonen, die indirekt als Vermittler entfernt liegender erkrankter Organe zum Magen in Frage kommen.

Impulse des Zentralnervensystems, die zu Schädigungen des Magens führen, laufen nach unseren bisherigen Erfahrungen vor allem über den Nervus vagus, können aber auch über den Grenzstrang in Segmenthöhe des Magens austreten und nach Umschaltung in den paravertebralen Ganglien oder im Ganglion coeliacum zu ihm gelangen. Stammen die krankhaften Impulse vom Nervus vagus, so muß die Blockade oder Durchschneidung desselben durchgeführt werden. Die Folgen der Vagotomie, die zu den ältesten physiologischen Experimenten gehört, hängen weitgehend davon ab, wo der Vagus durchtrennt wird. Auch hier ist wieder, wie bei allen therapeutischen Eingriffen am vegetativen Nervensystem, genaueste Kenntnis der Anatomie nötig, um eventuell vorhandene wichtige Seitenbahnen mitzuerfassen, auf denen die nervösen Impulse in kürzester Zeit umgeleitet werden können. Da die Anzahl der nervösen Verbindungen und damit der Nebengeleise von Individuum zu Individuum beträchtliche Variationen aufweist, müßte bei jedem endgültigen Eingriff ein genauer Situationsplan vorliegen, wie er nur durch vorherige systematische Nervenblockaden erhalten werden kann, damit dann nach Durchschneidung aller auf Grund der Untersuchungen festgestellten, pathologisch innervierten Fasern ein wirklicher dauerhafter Erfolg erzielt werden kann. Weitere wirkungsvolle Eingriffe bei Magenerkrankungen stellen zweifelsohne die Blockade des Ganglion coeliacum und der Segmente Th_7 bis Th_9 dar. Wird auf diese Weise keine vollständige Schmerzfreiheit erzielt, sind die hinteren Wurzeln der entsprechenden Segmente und die hyperalgetischen Zonen zu anästhesieren und soll die übliche Lokaltherapie verordnet werden.

Somit sieht der Behandlungsplan für zentral ausgelöste Magenerkrankungen folgendermaßen aus:

1. Blockade des Nervus vagus.
2. Blockade des Ganglion coeliacum.
3. Paravertebrale Blockade der Segmente Th_7 bis Th_9 (Th_4 bis Th_{12}).
4. Anästhesie der hinteren Wurzeln von Th_7 bis Th_9 (Th_4 bis Th_9).
5. Novocain-Prednisolon-Infiltration hyperalgetischer Areale in den Segmenten Th_7 bis Th_9 (Th_4 bis Th_{12}).
6. Lokaltherapie hyperalgetischer Zonen in den Segmenten Th_7 bis Th_9 (Nervenpunkt-, Periost- und Bindegewebsmassagen, physikalische Therapie).

Schmerzzustände von *Darmerkrankungen* werden nach dem gleichen Therapieschema wie beim Magen behandelt. Vagus und Sympathicus üben auf Motorik und Gefäß die gleiche Wirkung aus. Lediglich die Lokalisation des Eingriffs ist verschieden. Da die Zuordnung der einzelnen Darmabschnitte zu den Segmenten bekannt ist (S. 86, 234), können die afferenten Schmerzbahnen in den erkrankten Zonen leicht blockiert werden. Ebenso ist die Infiltration der hyperalgetischen

Areale nach ihrer Festlegung einfach. Schmerzzustände durch Hyperperistaltik werden wieder durch Blockade des Parasympathicus (Vagus oder Nervus pelvicus in Abhängigkeit vom Darmabschnitt), solche durch Ptose oder Hypoperistaltik durch Infiltration des Sympathicus (Ganglion coeliacum, Ganglion mesentericum inferius und Blockaden von Th_7 bis L_3) beseitigt. Ebenso können Gefäßkrämpfe auf diese Weise behoben werden.

Der Therapieplan von Schmerzzuständen bei Darmerkrankungen sieht demnach folgendermaßen aus:
 1. Anästhesie der hinteren Wurzeln von Th_7 bis L_3 und Blockade von S_1 bis S_4.
 2. Umspritzung der Aorta abdominalis.
 3. Infiltration des Ganglion coeliacum oder Ganglion mesentericum inferius.
 4. Infiltration des Nervus vagus oder Nervus pelvicus.
 5. Paravertebrale Blockade von Th_7 bis L_3.
 6. Novocain-Prednisolon-Infiltration hyperalgetischer Zonen in Th_7 bis L_3, S_1 bis S_4.
 7. Lokaltherapie (Nervenpunkt-, Periost- und Bindegewebsmassagen, physikalische Therapie) hyperalgetischer Zonen in Th_7 bis L_3 und S_1 bis S_4.

Auch die Darmerkrankungen können reflektorisch entweder durch Impulse von benachbarten Organen oder vom Zentralnervensystem entstehen. Da die sympathischen Fasern für Dünn- und Dickdarm dem 6. Thoracal- bis 5. Lumbalsegment entstammen, müssen bei Erkrankungen dieser Organe paravertebrale Blockaden in elf Segmenten vorgesehen werden. Man wird selbstverständlich zunächst die hyperalgetischen Abschnitte bevorzugen und dort sowohl das Spinalganglion als auch den Grenzstrang anästhesieren (zuerst Impulsschall oder Ionomodulator, dann erst Novocain). Bei Versagen dieser Therapie soll versucht werden, den Plexus mesentericus superior und inferior zu umspritzen, wobei ersterer vor allem für den Dünndarm und den proximalen Dickdarmabschnitt und letzterer für Colon transversum, Colon descendens, Flexura sigmoidea und Rectum in Frage kommt. Die Wirkung kann noch durch die paravertebrale Blockade der oberen Lumbalsegmente verstärkt werden (S. 97). Vom Colon descendens bis zum Mastdarm ist die zusätzliche Infiltration des parasympathischen Nervus pelvicus fallweise nötig. Dünndarm- und proximaler Dickdarmabschnitt erfordern zur völligen Ausschaltung aller pathologischen Impulse eine Blockade des Nervus vagus (S. 99). Eine separate Umspritzung der Aorta abdominalis ist bei der Behandlung von Darmerkrankungen nicht nötig, da sowohl der Plexus mesentericus superior als auch inferior diesem Gefäß aufliegen.

Die Darmmotorik selbst läßt sich neuraltherapeutisch auf verschiedene Weise beeinflussen. So vermag eine Lumbalanästhesie häufig durch Blockierung der in den Rami communicantes verlaufenden sympathischen Fasern die bei paralytischem Ileus auftretende Darmlähmung prompt zu beseitigen. Die Durchschneidung der Splanchnicusäste beseitigt peritonitische Bewegungsstörungen. Ebenso vermag die Schädigung des Nervensystems selbst, wie etwa eine Erregung der Hemmungsnerven (Splanchnici) oder Lähmung des Parasympathicus (Nervus vagus, Nervus pelvicus) besonders bei Bauchaffektionen, die mit starken Schmerzen verbunden sind, einen Stillstand der Peristaltik zu bewirken. Auch hier kann durch gezielte Therapie eine Normalisierung erreicht werden. Derartige Nervenläsionen vermögen vasomotorische Erkrankungen des Darmes mit Darmblutungen, Bildung hämorrhagischer Erosionen oder kleiner Ulcera besonders im Rectum hervorzurufen. Meist sind Gefäßerweiterungen, bedingt durch erhöhten Parasympathicotonus, die Ursache. Neben Atropin oder Adrenalin könnte die Blockierung der entsprechenden Nervenabschnitte durch Novocain mit Vorteil angewandt werden.

Die Behandlung reflektorisch bedingter Darmerkrankungen besteht demnach in:

1. Anästhesie der hinteren Wurzeln hyperalgetischer Zonen in den Segmenten Th_6 bis L_3, Anästhesie S_1 bis S_4.
2. Paravertebrale Blockade in hyperalgetischen Zonen der Segmente Th_6 bis L_3.
3. Infiltration des Ganglion mesentericum superior und inferius.
4. Blockade des Nervus vagus und Nervus pelvicus.
5. Prednisolon-Novocain-Infiltration hyperalgetischer Zonen in den erkrankten Segmenten.
6. Lokaltherapie hyperalgetischer Zonen in den erkrankten Segmenten (Nervenpunkt-, Periost- und Bindegewebsmassage, physikalische Therapie).

Die Therapie psychischer Einflüsse auf den Darm richtet sich nach dem Vorliegen spastischer oder atonischer Zustände der Darmmuskulatur. Erstere werden in der Hauptsache durch Impulse, die über Vagusbahnen verlaufen, und letztere durch solche über den Sympathicus vermittelt. Man muß sich allerdings stets vor Augen halten, daß die Nervenstämme in der Regel nie rein parasympathisch oder sympathisch sind, sondern, wie z. B. der Nervus splanchnicus, beiderlei Nervenfasern enthalten. Schließlich lassen sich die zu anästhesierenden Nerven auch noch nach der anatomischen Lage des betroffenen Darmabschnittes festlegen. So werden Dünndarm und proximaler Dickdarmabschnitt von Vagus und Ganglion coeliacum versorgt, die Dickdarmabschnitte erhalten ihre parasympathischen Fasern über den Nervus pelvicus aus dem 1. bis 4. Sacralsegment und die sympathischen Fasern vom Ganglion mesentericum inferius, zu dem Fasern aus dem Nervus splanchnicus inferior ziehen.

Je nach Erscheinungsbild und anatomischer Lage des erkrankten Darmabschnittes wird also neuraltherapeutisch folgendermaßen vorgegangen:

1. Anästhesie der Nervus vagus, womöglich in Höhe des erkrankten Segmentes.
2. Infiltration des Ganglion coeliacum.
3. Paravertebrale Blockade im Bereich des erkrankten Segmentes.
4. Anästhesie des Nervus pelvicus.
5. Infiltration des Ganglion mesentericum inferius.
6. Anästhesie der hinteren Wurzeln im Bereich der erkrankten Segmente.
7. Lokaltherapie hyperalgetischer Areale (Nervenpunkt-, Periost- und Bindegewebsmassage, physikalische Therapie).

Die vollständige Neuraltherapie erkrankter Magen-Darm-Abschnitte benötigt also:

1. Die Unterbrechung aller afferenten pathologischen Impulse vom erkrankten Organ in die Rückenmarksabschnitte desselben Segments oder seiner Nachbarn. Hier ist zu berücksichtigen, daß derartige Impulse mit Gefäßen oder somatischen Nerven gelegentlich in weiter entfernt liegende Segmente ziehen können, weshalb bei Erfolglosigkeit der ersten Blockade auch diese Wege unterbunden werden müssen. Die Blockierung der afferenten Bahnen beseitigt nicht nur Schmerzen, sondern auch pathologische Reflexvorgänge, die zu krankhaften Veränderungen in den vasomotorischen, trophischen, pilomotorischen, sudomotorischen, coloratorischen Fasern im erkrankten Segment oder in seiner Nachbarschaft führen.

2. Die Ausschaltung efferenter Impulse vom Zentralnervensystem aus dem erkrankten Segment und seinen Nachbarn und von entfernt liegenden Segmenten über Gefäße oder somatische Nerven, die den vegetativen Fasern als Straße

zum Erfolgsorgan dienen können. Schließlich können auch Fibrositis, Myogelosen, Hartspann, Knochen- oder Gelenksveränderungen, die von weiter entfernt liegenden erkrankten Organen verursacht wurden, nunmehr als Sekundärherde schon näher an das zu behandelnde Organ herangerückt, der Ausgangspunkt von pathologischen Impulsen dorthin sein. Die Beseitigung derartiger Impulse erfordert nicht nur die Unterbrechung des Weges Sekundärherd—Erfolgsorgan, sondern auch diejenige vom Primärherd zum Sekundärherd, da es sonst immer wieder zu Rezidiven kommt.

3. Die Lokaltherapie in den hyperalgetischen Arealen des erkrankten Segmentes und seiner Nachbarn. Dabei sind auch Sekundärherde zu berücksichtigen (S. 94), die, durch Erkrankung anderer Organe entstanden, die Ursache des nunmehr erkrankten Organs sein können. Mit der Lokaltherapie werden nicht nur Schmerzen beseitigt, die vom erkrankten Organ stammen, sondern es wird dieses selbst von der Körperoberfläche her beeinflußt (S. 124). Sie besteht vor allem in Novocain-Prednisolon-Infiltrationen, Impulsschall- und Ionomodulatorbehandlungen von Fibrositiden, Myogelosen, Hartspann oder hyperalgetischer Muskelabschnitte. Daneben kommen oberflächliche und tiefe Hyperämisierung durch Salbenanwendung oder Bestrahlungen und Massagen (Nervenpunkt-, Periost- und Bindegewebsmassagen) in Betracht.

Abdominalorgane

Innervation

Die *Leber* wird vom sympathischen und parasympathischen System beider Körperhälften versorgt. So ziehen ihre präganglionären sympathischen Fasern über die Nervi splanchnici majores und minores der rechten und linken Seite zum großen Ganglion coeliacum, das auf der Bauchaorta liegt. Die postganglionären Fasern kommen in Form von zahlreichen feinen Nervenbündeln des Plexus hepaticus der Leberarterie durch die Porta hepatis in die Leber und zur Gallenblase. Direkte Verbindungen vom Grenzstrang zur Leber bestehen nicht. Auch der Parasympathicus versorgt über beide Nervi vagi die Leber. Vom rechten Nervus vagus ziehen, nachdem er an der Hinterseite der Schlundröhre in die Bauchhöhle getreten ist, die meisten Fasern in das Ganglion coeliacum, um von dort aus gemischt mit den sympathischen Fasern zu den verschiedenen Organen zu gelangen. Allerdings sendet er auch einzelne zarte Faserbündel schon vor dem Ganglion coeliacum zum Plexus hepaticus und von dort direkt zur Leberpforte und zur Gallenblase. Der linke Vagus, der hauptsächlich an der Vorderfläche des Magens sein Ausbreitungsgebiet findet, sendet meist einige kräftige Faserbündel mit dem Ligamentum hepatogastricum direkt zur Leber. Sie verlassen den Vagusstamm etwa an der Gegend der Cardia und münden nicht in die Leberpforte, sondern ziehen auf die Ansatzstelle des Ligamentum teres zu, von wo sie besonders den linken Leberlappen versorgen. Weitere Äste des linken Nervus vagus treten ebenso wie die des rechten in das Ganglion coeliacum ein (Abb. 83).

Für die Diagnostik und Therapie wichtiger scheint der Einfluß des vegetativen Nervensystems auf die Gallensekretion zu sein. Hier dürfte vor allem der Vagus fördernd und beschleunigend wirken. So trat im Tierexperiment bei Reizung dieses Nerven unterhalb des Abgangs der Fasern eine Steigerung der Gallensekretion auf. Sympathicusreizung hingegen soll zu einer Verlangsamung der Gallenabsonderung führen. Ebenso führt Vagusreizung zur Kontraktion der Gallenblase und gleichzeitig zur Öffnung der Papilla Vateri. Ähnliche Verhältnisse liegen im Magen und in der Harnblase vor, wo die parasympathische Innervation ebenfalls zur Zusammenziehung des Hohlorgans und gleichzeitig zur Eröffnung des Sphincters führt. Im Gegensatz zur anregenden Wirkung des Vagus auf die motorischen Elemente der Gallenblase dürften dem Sympathicus deutlich hemmende Einflüsse zukommen, wie aus Versuchsergebnissen nach Durchschneiden des Splanchnicus hervorgeht, wobei eine deutliche Steigerung der rhythmischen Kontraktionen der Gallenblase zu beobachten war. Die Reizung dieses Nerven führte zu einer Erschlaffung der Gallenblase.

Wie groß der Einfluß des vegetativen Nervensystems auf die Leberfunktion sein kann, geht aus Berichten über das Zustandekommen des sogenannten emotionellen Ikterus hervor. In der Tat lassen sich immer wieder Fälle beobachten, wo es bei großem Ärger zu starkem Gallenfluß und Gelbfärbung der Haut kommt. Dies findet auch im Volksmund mit verschiedenen Ausdrücken, wie „sich gelb ärgern, es geht die Galle über usw.", seine Bestätigung. Anscheinend vermögen heftiger Schreck und Ärger abnorm starke Innervation auf Bahnen des cranial-autonomen Systems auszulösen und damit eine Mehrsekretion von Galle bei gleichzeitiger Kontraktion des Sphincters in der Papilla Vateri zu verursachen. Somit dürfte der emotionelle Ikterus vor allem durch einen vom Vagus ausgehenden Reizzustand, also durch eine Vagotonie, bedingt sein.

Umgekehrt vermögen aber auch Erkrankungen der Gallenblase und Gallenwege zu Reizzuständen im vegetativen System zu führen. Obstipation, Erbrechen, Herzklopfen, regionäres Hautjucken, verschieden weite Pupillen, Atemnot, Schweiß-

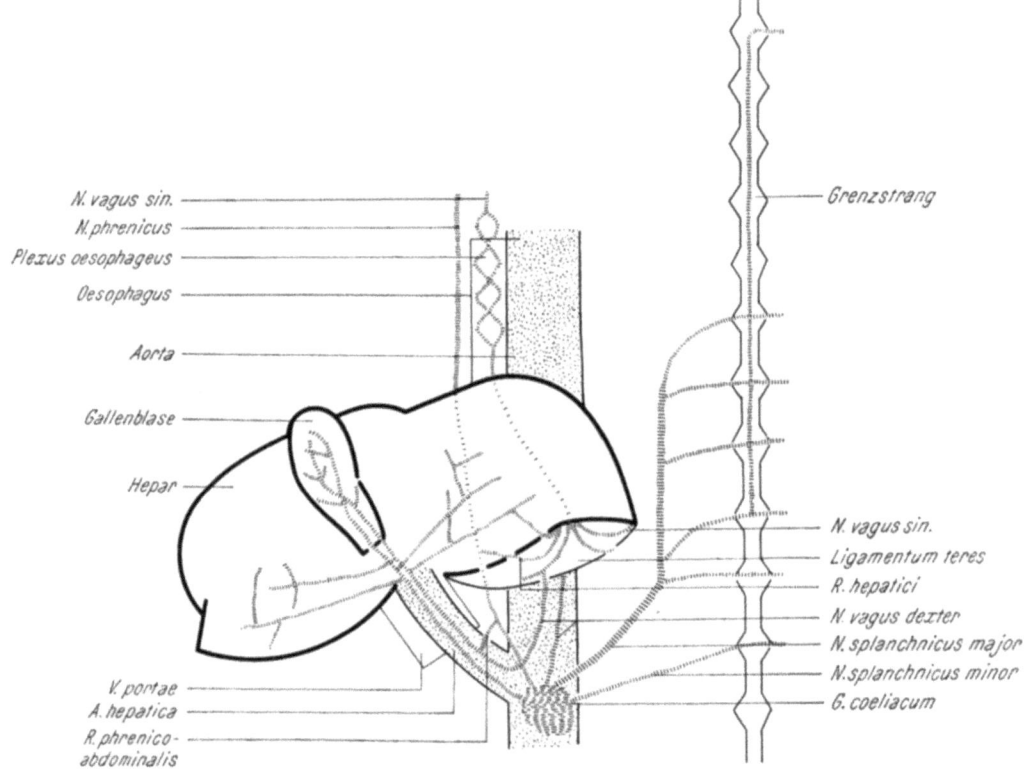

Abb. 83. Vegetative Innervation von Leber und Gallenblase

ausbrüche, Reizung oder Hemmung der Speichelsekretion bei Gallensteinkolik und Cholecystitis sind in der Hauptsache darauf zurückzuführen. Auch der Oberarmschmerz bei Gallenblasenerkrankungen entsteht dadurch, daß ein Ast des Nervus phrenicus, der Ramus phrenico-abdominalis, mit sympathischen Ästen aus dem Plexus coeliacus in Verbindung steht. Von dort kommen also die Impulse über den Plexus phrenicus nach aufwärts bis an die Eintrittsstelle des Phrenicus in das Rückenmark, die gemeinsam mit dem 4. Cervicalnerven erfolgt (S. 219). Schließlich ist auch die sogenannte WILSONsche Erkrankung, bei der es sich um eine progressive bilaterale Degeneration des Linsenkernes mit gleichzeitiger Cirrhose der Leber handelt, höchstwahrscheinlich auf vegetative Einflüsse, die von der Leber zentripetalwärts ziehen und dann über das Ganglion ciliare ihre Wirkung entfalten, zurückzuführen.

Alle Nervenfasern, die in die *Bauchspeicheldrüse* ziehen, passieren das Ganglion coeliacum (Plexus solaris). Da in dieses Ganglion sowohl der Nervus splanchnicus als auch der Nervus vagus einmündet und in den postganglionären Fasern eine Trennung in sympathische und parasympathische Fasern nicht mehr möglich ist, bleibt die genaue Feststellung der Lokalisation von parasympathischen und sympathischen Fasern in der Bauchspeicheldrüse vorläufig ungeklärt. Die postganglionären Fasern umspinnen fast durchwegs die zur Drüse ziehenden Gefäße und beteiligen sich auf diese Weise am Plexus hepaticus, Plexus mesentericus superior und Plexus lienalis. Vereinzelte Äste dringen auch direkt vom Ganglion coeliacum in das Parenchym der Drüse ein, ohne sich an den Verlauf der Gefäße zu halten. Vom Vagus selbst kommen hier keine direkten Fasern mit Umgehung des Ganglion coeliacum in die Bauchspeicheldrüse. Nach den bisherigen tierexperimentellen Ergebnissen üben sowohl der Nervus vagus als auch die sympathischen Fasern eine erregende Wirkung auf die Pankreassekretion aus. Hierbei kommt vor allem dem ersteren der stärkste Anteil zu. Es dürften also ähnliche Verhältnisse vorliegen, wie sie von der Mundspeicheldrüse her bekannt sind (S. 198). Aus dem raschen Eintritt der Hypoglykämie nach Vagusreizung ist der enge Zusammenhang dieses Nervensystems mit der Insulinbildung klar ersichtlich.

Auch die *Milz* wird vom Plexus coeliacus her versorgt, von wo starke Nervenbündel ihre Gefäße plexusartig begleiten und durch die Hilusleiste in das Organ eintreten. Ebenso wie bei der Bauchspeicheldrüse ist eine exakte Trennung von sympathischen und parasympathischen Fasern nicht möglich. Der Vagus soll außer den durch das Ganglion coeliacum ziehenden Ästen auch noch einige direkt zur Milz senden, ohne daß das Ganglion coeliacum von ihnen berührt wird. Die Verteilung der Fasern in der Milz erfolgt zum großen Teil so, daß sie der glatten Muskulatur der Milzkapsel und der Trabekel sowie den Gefäßen folgen. Da dieses Organ eine geringe Sensibilität besitzt, besteht die Möglichkeit, daß ein Teil der in seiner Kapsel subserös verlaufenden Nervenfasern sensibel ist. Anatomisch ließ sich dafür kein Beweis erbringen.

Reizung der sympathischen Nerven löst vor allem eine Kontraktion der Milz mit Ausschüttung der Blutdepots aus, während parasympathische Impulse in mancher Hinsicht entgegengesetzt wirken dürften. Zweifelsohne liegt eine der Hauptaufgaben der Milz in diesen schnell ablaufenden und hochgradigen Volumveränderungen, wodurch sich der Organismus den jeweiligen Anforderungen an seinen Blutkreislauf besonders gut anzupassen vermag.

Diagnose

Lebererkrankungen zeigen hauptsächlich Empfindlichkeitssteigerungen vom 8. bis 10. Dorsaldermatom. Die Hyperalgesie beginnt gewöhnlich rechtsseitig, kann sich aber auch sehr leicht auf die linke Körperseite fortpflanzen. Am stärksten befallen ist fast immer das 8. Dorsaldermatom, dessen Punctum maximum vom 11. Dorsalwirbeldorn bis zur Scapularlinie zu reichen pflegt. Da Leber, Gallenblase und Gallenwege außer von den Dorsalnerven auch noch vom Phrenicus aus dem 4. und 5. Cervicalnerven und vom Vagus versorgt werden, ist eine häufige Mitbeteiligung des 4. und 5. Cervicalsegmentes und des Kopfes (Kopfschmerzen) zu beobachten (Abb. 84 und 85).

Die Reflexphänomene sind bei den akuten, mit heftigen Schmerzen einhergehenden Lebererkrankungen am deutlichsten ausgeprägt. Aber auch Parenchymschäden, wie Icterus catarrhalis, Hepatitis, oder Lebercirrhose zeigen sie. Auch der Echinococcus der Leber und der subphrenische Abszeß können diese Symptome hervorrufen. Vasomotorische Phänomene, wie leichtes Ödem der entsprechenden Hautabschnitte, Vasospasmus usw. lassen sich häufig beobachten. Von den tieferen Schichten sind vor allem der rechte Musculus rectus, aber auch die rechten Intercostalmuskeln, Rückenmuskeln und die Muskeln des rechten Schultergürtels betroffen. Reflektierte Kopfzonen s. S. 47.

Bei *Gallenblasenerkrankungen* ist fast immer ein Schmerz über der Gallenblase vorhanden. Der Hauptschmerz pflegt in der Mittellinie über dem unteren Teil des Epigastriums zu sitzen. Von dieser Stelle strahlt er häufig nach rechts aus und kann dann, wie bei einer Pleuritis, mit größter Heftigkeit unter dem Rippenbogen gefühlt werden. Manchmal erstreckt er sich bis zum Rücken und wird dort über der 9. und 10. Rippe am stärksten gefühlt. Nur in seltenen Fällen wird er im Rücken allein empfunden. Mit dem Nachlassen des Schmerzes werden Haut und Muskeln in den entsprechenden Segmenten der rechten Bauchseite hyperalgetisch und es kommt zur Anspannung der Muskulatur bei Palpation. Dieser Zustand kann mehrere Wochen nach dem Anfall fortdauern und immer wieder zur Auslösung neuer Krampfattacken führen (S. 124), so daß der Patient kaum imstande ist, sich zu bewegen. Bei einem kleineren Teil der Kranken tritt heftiger Schmerz über der rechten Schulter auf und zieht sich an der Außenseite des Armes hinab. Meist werden gerade die Zusammenhänge dieser Beschwerden mit der Gallenblase verkannt und die Armschmerzen als „Neuritis" behandelt, bis der Abgang eines Gallensteines auf einmal Besserung bringt.

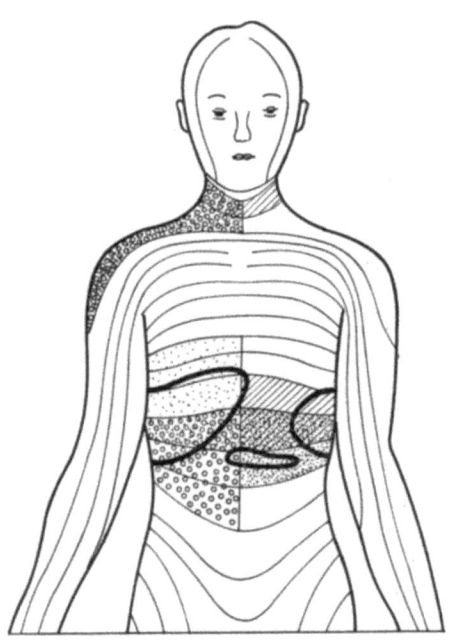

°°° Leber: Th_8 bis Th_{10}, C_4, C_5 rechts (beiderseits)
⋮⋮⋮ Gallenblase: Th_5 bis Th_8, C_4, C_5 rechts
/// Bauchspeicheldrüse: Th_7, Th_8, C_4 links (bds.)
▒ Milz: Th_8 und Th_9 links (beiderseits)

Abb. 84. Hyperalgetische Dermatome bei Erkrankungen der Abdominalorgane

Auch die Fibrositis des Schultergürtels, Bursitis calcarea, Arthrosen des rechten Schultergelenkes, Spondylarthrosen der Halswirbelsäule (besonders C_4 bis C_6) lassen sich manchmal auf Gallensteine zurückführen. Meist sind die Schulterschmerzen nicht besonders heftig und bestehen jahrelang zusammen mit der Gallenblasenerkrankung, ohne daß die Patienten besonders darüber klagen. Erst nach der Gallenblasenoperation wird ihnen plötzlich bewußt, daß nunmehr auch der „rheumatische Schmerz" an der rechten Schulter vollkommen geschwunden ist. Aber gerade diese mäßigen, anhaltenden Kontraktionszustände der Muskulatur und reflektorischen Durchblutungsstörungen führen nach einiger Zeit zu Spondylarthrosen, Fibrositiden usw. Reflektierte Kopfzonen s. S 47.

Da die Gallenblase auch eine Empfindlichkeitssteigerung im 5., 6. und 7. Dorsaldermatom bewirkt, gelingt es meist, allein durch Austestung der hyperalgetischen Zonen zwischen primären reinen Leberaffektionen und Gallenblasenerkrankungen zu unterscheiden. Während erstere als Hauptdermatome, wie schon erwähnt, das 8. und 9. Dorsaldermatom sowie gelegentlich das 10. Dorsaldermatom umfassen, sind bei Gallenblasenerkrankungen die Hauptbeschwerden wohl ebenfalls im 8. Dermatom, pflanzen sich aber von hier über das 7. und 6. in das 5. Dorsaldermatom nach aufwärts weiter. Das Carcinom der Gallenwege, der Papilla Vateri, aber auch des Pankreaskopfes kann dieselben rechtsseitigen Erscheinungen hervorrufen, wenn es dadurch zu Gallenabflußbehinderung und Stauung kommt.

Die *Bauchspeicheldrüse* selbst verursacht linksseitige Phänomene. Außer den bekannten Ausstrahlungsschmerzen in das linke Schulterblatt kommt es zu oberflächlicher und tiefer Hyperalgesie von Th_7 und Th_8 links und meist tiefer Hyperalgesie in C_4 links. Kommt es bei Gallenblasen- oder Magenerkrankungen mit eindeutigen Segmenten zu einem Wechsel der Asymmetrie nach links, so ist stets an eine Pankreasbeteiligung (Nekrose, Penetration des Ulcus in das Pankreas) zu denken. Kopfzonen s. S. 47.

Die *Milz* löst ebenfalls linksseitige Reflexe aus, zu denen nach HANSEN und

VON STAA vor allem die linksseitige sympathische Mydriasis sowie Segmentzonen in der Höhe von Th_8 bis Th_9 gehören. Ursache sind vor allem Dehnungen der Milzkapsel, Perisplenitis und Milzinfarkt. Milzrupturen sind häufig von starken, in die linke Schulter ausstrahlenden Schmerzen begleitet [92]. Kopfzonen s. S. 47.

Auch *peritoneale Verwachsungen* verursachen häufig reflektierte Schmerzen. Hierbei läßt sich meist nicht zwischen visceralen Schmerzen und solchen, die durch Verwachsungen entstanden sind, unterscheiden. Bei vielen Eingeweideerkrankungen dehnt sich der entzündliche Prozeß auf die empfindlichen Gewebe der Bauchwand aus und damit treten neue Krankheitssymptome auf, die zu falschen Schlüssen führen können, wenn die Unterschiede zwischen reflektiertem und direktem Schmerz nicht fest im Auge behalten werden. Nach MACKENZIE ist die Hyperalgesie bei parietalen Verwachsungen meist auf die ergriffene Muskulatur beschränkt, die auch lebhafte Reflexe zeigt. Kleinere Muskelabschnitte bleiben oft für längere Zeiträume fest zusammengezogen und können dann Tumoren vortäuschen. Viscerale Verwachsungen bringen entweder keine Symptome hervor oder erzeugen deutliche Reflexkontraktionen der Muskeln mit mehr oder weniger ausgeprägter Hyperalgesie. Nach MACKENZIE spricht das Fehlen von Muskelspannung und Hyperalgesie der Bauchwand bei Neubildungen im Abdomen eher gegen das Vorliegen von Verwachsungen. Er fand z. B. bei Ovarialcysten nur dann eine Empfindlichkeitssteigerung der Bauchwand, wenn Verwachsungen zwischen dem Tumor und den umliegenden Organen vorhanden waren.

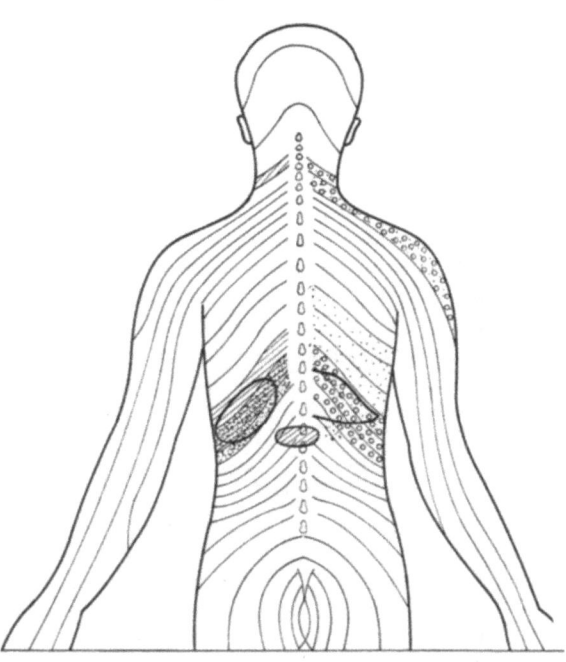

Leber: Th_8 bis Th_{10}, C_4, C_5 rechts (beiderseits)
Gallenblase: Th_5 bis Th_5, C_4, C_5 rechts
Bauchspeicheldrüse: Th_7, Th_8, C_4 links (beiderseits)
Milz: Th_8 und Th_9 links (beiderseits)

Abb. 85. Hyperalgetische Dermatome bei Erkrankungen der Abdominalorgane

Therapie

Schmerzen und manche schädliche Nebenwirkungen von *Lebererkrankungen* werden durch Unterbrechung afferenter Bahnen von der Leber beseitigt. Hier kommen in erster Linie die Anästhesie der hinteren Wurzeln von Th_6 bis Th_9, die Blockade des Ganglion coeliacum und die paravertebrale Blockade von Th_2 bis Th_9 rechts in Frage. Versagen diese Eingriffe, sind bei Veränderungen am Kopfe oder bei Organreflexen die Blockade des Ganglion stellatum und die Infiltration des Ganglion nodosum nervi vagi dextri et sinistri sowie des Nervus phrenicus durchzuführen. Schließlich kommt die Lokaltherapie hyperalgetischer Areale im erkrankten Segmentbereich der Leber in Frage, da derartige Zonen zu Zwischenstufen für die Ausbildung von Erkrankungen in anderen Organen werden können.

Das Therapieschema für Schmerzzustände und Schädigungen durch Lebererkrankungen sieht demnach folgendermaßen aus:

1. Anästhesie der hinteren Wurzeln von Th_8 bis Th_{10} rechts (Th_5 bis Th_{10} rechts, beiderseits).
2. Blockade des Ganglion coeliacum.
3. Paravertebrale Blockade von Th_8 bis Th_{10} rechts (Th_5 bis Th_{11} rechts, beiderseits).
4. Blockade des Ganglion stellatum rechts.
5. Blockade des Ganglion nodosum nervi vagi dextri et sinistri und des Nervus phrenicus.
6. Novocain-Prednisolon-Infiltration hyperalgetischer Zonen in Th_8 bis Th_{10} rechts (Th_5 bis Th_{11} rechts, beiderseits).
7. Bindegewebs-, Periost- und Nervenpunktmassage sowie physikalische Therapie hyperalgetischer Areale in den Lebersegmenten.

Schädliche nervöse Einflüsse auf die Leber stammen vor allem vom Magen, dem Dünndarm, der Gallenblase und Bauchspeicheldrüse. Alle diese Organe senden ihre afferenten Impulse in dasselbe Segment wie die Leber oder in Nachbarsegmente. Klinisch ist das gemeinsame Auftreten dieser Erkrankungen schon lange bekannt; jeder Internist weiß, daß chronische Magen-, Darm-, Gallenblasen- oder Pankreaserkrankungen stets mit leichten Leberschäden verbunden sind. Umgekehrt wirkt auch die Leber auf diese Organe, vor allem aber auf die Milz und Bauchspeicheldrüse ein. So geht fast jede Leberschwellung über kurz oder lang mit einer Vergrößerung der Milz einher, führen Gallenblasenerkrankungen verhältnismäßig häufig zu Diabetes und sind auch Leber und Pankreas beim Krankheitsbild des Bronzediabetes gemeinsam erkrankt. Ebenso dürften zwischen Leber und Herz nervöse Zusammenhänge bestehen. Die Bradycardie bei Leberparenchymschäden, die Besserung der Herzleistung bei Steigerung der Leberfunktion usw. dürften nicht nur durch Stoffwechselvorgänge, sondern auch durch nervöse Reflexe bedingt sein. Anscheinend vermögen vor allem die afferenten Bahnen von Magen, Dünndarm und Gallenblase pathologische Reflexmechanismen in der Leber auszulösen, während die afferenten Bahnen der Leber anderseits Milz, Bauchspeicheldrüse, Dünndarm und Herz zu beeinflussen vermögen.

Bei der Therapie wirkt sich diese Erfahrung insofern aus, als für die Ausschaltung aller efferenten sympathischen Bahnen von diesen Organen zur Leber vor allem das Ganglion coeliacum infiltriert werden muß. Da keine direkten Verbindungen vom Grenzstrang zur Leber bekannt sind, müssen es alle Bahnen von den erwähnten Organen durchqueren. Nur bei Versagen dieses Eingriffes sollte an individuelle Abweichungen von der Norm gedacht werden und eine paravertebrale Blockade in den Segmenten vorgenommen werden, in denen das erkrankte Organ liegt, von dem eine Beeinflussung der Leber erwartet wird. Zentrale Einflüsse auf die Leber verlaufen entweder ebenfalls über den Nervus splanchnicus major et minor und damit über das Ganglion coeliacum, oder sie kommen über den Nervus vagus. Hyperglykämie oder zu starker Eiweißabbau lassen sich also durch Blockade des Ganglion coeliacum, Hypoglykämie und Hemmung des Eiweißabbaues durch Infiltration des Ganglion nodosum nervi vagi beeinflussen. Schließlich kann auch durch Lokaltherapie an der Körperoberfläche, Novocain-Prednisolon-Infiltrationen hyperalgetischer Areale in den erkrankten Segmenten, Myogeloseninfiltrationen, Nervenpunkt-, Periost- und Bindegewebsmassagen, Hyperämisierung usw. eine Beeinflussung der Leberdurchblutung und des Leberstoffwechsels angestrebt werden.

Nach diesen Ausführungen gilt für die Neuraltherapie reflektorisch bedingter Lebererkrankungen folgendes Schema:
1. Blockade des Ganglion coeliacum.
2. Paravertebrale Blockade der Segmente Th_8 bis Th_{10} rechts (Th_5 bis Th_{11} beiderseits).
3. Paravertebrale Blockade der Segmente erkrankter Organe, die vermutlich mit der Lebererkrankung in ursächlichem Zusammenhang stehen.
4. Infiltration des Ganglion nodosum nervi vagi dextri et sinistri.
5. Lokaltherapie hyperalgetischer Areale im erkrankten Leberabschnitt oder in Segmenten, die mit der Leber in ursächlichem Zusammenhang stehen.

Die Schmerzen bei *Gallenblasenerkrankungen* gehen entweder mit Druck- und Völlegefühl im rechten Oberbauch oder mit Gallensteinanfällen einher. Wie bei allen Organen lassen sich die meisten Symptome durch Blockade der afferenten Bahnen im Gallensegment beseitigen. Bei schweren Attacken muß allerdings gelegentlich eine Ausschaltung aller afferenten und efferenten Bahnen vorgenommen werden, bis die Beschwerdefreiheit erreicht wird. Da die afferenten Bahnen der Gallenblase ebenfalls über das Ganglion coeliacum in die Bereiche von Th_6 bis Th_9 führen, besteht die beste Therapie einer Gallenblasenattacke in Blockade des Ganglion coeliacum, der Segmente Th_6 bis Th_9 rechts und in Blockade des Ganglion nodosum nervi vagi dextri. In zweiter Linie kommt die Lokaltherapie hyperalgetischer Areale in den erkrankten Segmenten in Frage. Auf diese Weise werden durch Ausschaltung des Sympathicus die Schmerzbahnen und durch Unterbrechung der Vagusimpulse die Hypermotorik der Gallenblase beseitigt. In der Regel genügt die Infiltration des Ganglion coeliacum oder der hinteren Wurzeln der Gallensegmente zur Erzielung einer völligen Schmerzfreiheit, da die verstärkten vagalen Impulse anscheinend nach Sistierung der pathologischen afferenten Sympathicusimpulse ins Zentralnervensystem sofort aufhören. Verhältnismäßig selten ist die paravertebrale Blockade von Th_6 bis Th_9 rechts für das erstrebte Ziel nötig. Auch durch bloße Lokaltherapie läßt sich in vielen Fällen eine vollständige Beseitigung des Schmerzanfalles erzielen.

Ein häufiges Symptom von Leber- und Gallenblasenerkrankungen stellen Schmerzen in rechter Schulter, Oberarm oder Hand dar (S. 181). Da der Nervus phrenicus über den Ramus phrenico-abdominalis mit sympathischen Ästen aus dem Plexus coeliacus in Verbindung steht, ist er nicht selten der Urheber derartiger Beschwerden. Die Beseitigung dieser Schmerzzustände gelingt im Anfangsstadium der Erkrankung am besten durch Blockade des Nervus phrenicus oder der hinteren Wurzeln von C_3 bis C_5, wo er in das Rückenmark mündet. Später muß häufig eine intensive Lokaltherapie im Ausstrahlungsgebiet der drei Halssegmente und gelegentlich noch von C_6 bis Th_1 durchgeführt werden, um Sekundärherde in diesen Gebieten, die nunmehr ihrerseits die Gelenkserkrankung aufrechterhalten, zu beseitigen. Auch Pulposushernien im Bereiche des 3. bis 7. Halswirbels können auf diese Weise zustande kommen. Spondylarthrosen der Halswirbelsäule gehören bei länger dauernden Gallenblasen- oder Lebererkrankungen fast zur Regel und können dem Patienten, der die Gallenblasenoperation zu lange hinausschob, zeitlebens Beschwerden verursachen.

Nach eigenen Erfahrungen kann die Entstehung von Schulterschmerzen rechts bei Leber- und Gallenblasenerkrankungen auch auf lange Sympathicusbahnen zurückgeführt werden, die erst in Höhe des Ganglion stellatum umgeschaltet werden oder in das Rückenmark eintreten. Für diese Ansicht spricht vor allem die Tatsache, daß sich die reflektierten Hyperalgesien im Bereiche der Haut, der Muskulatur und des Knochens häufiger in Höhe von Th_1 als von C_4 befinden, daß der Schulterschmerz auch nach Blockade der Segmente Th_6 bis Th_9 rechts schwindet und daß Ellbogen- und Handgelenke in vielen derartigen Fällen ebenfalls schmerzhaft sind. Sind die Schmerzen nur im Schultergürtel vorhanden, muß exakt untersucht werden, welche Muskelpartien hyperalgetisch sind. Aus ihrer Segmentzugehörigkeit (S. 41) läßt sich meist vermuten, ob der Nervus phrenicus oder lange Sympathicusbahnen die Schmerzimpulse von der Gallenblase vermitteln. Im zweiten Fall wird durch Blockade des Ganglion stellatum und eventuell noch des 2. Thoracalsegmentes sowie durch Anästhesie der hinteren Wurzeln von Th_1 und Th_2 Beschwerdefreiheit erreicht. Selbstverständlich hilft auch bei reiner Phrenicus-Irritation die Blockade des Ganglion stellatum und eventuell des Ganglion cervicale medium, da über diese Ganglien der Großteil aller efferenten sympathischen Fasern zieht, die ja Träger der vom Phrenicus ausgelösten pathologischen Reflexmechanismen sind, so daß auch ex juvantibus nur sehr schwer auf den tatsächlichen Verlauf der Schmerzbahnen von der Gallenblase geschlossen werden kann.

Die Beseitigung von Schmerzimpulsen oder schädlichen Einflüssen der Gallenblase auf Nachbarorgane erfordert folgende Eingriffe:

1. Anästhesie der hinteren Wurzeln von Th_6 bis Th_9 rechts.
2. Blockade des Ganglion coeliacum.
3. Paravertebrale Blockade von Th_6 bis Th_9 rechts.
4. Blockade des Ganglion stellatum.
5. Blockade des Nervus phrenicus und Anästhesie der hinteren Wurzeln von C_3 bis C_5.
6. Blockade des Ganglion nodosum nervi vagi dextri.
7. Novocain-Prednisolon-Infiltration hyperalgetischer Zonen in Th_6 bis Th_9 rechts.
8. Lokaltherapie hyperalgetischer Areale in den Gallensegmenten (Massagen, physikalische Therapie).

Die Therapie reflektorisch bedingter Gallenblasenerkrankungen unterscheidet sich vom Standpunkt des Neuraltherapeuten kaum von derjenigen bei Leberschäden. Auch hier üben Magen, Dünndarm, Bauchspeicheldrüse sowie die Leber selbst häufig einen wesentlichen Einfluß auf die Entwicklung der Erkrankung aus. Daneben kommt aber auch dem Blinddarm eine nicht zu unterschätzende Rolle zu, die sich klinisch an dem relativ häufigen gemeinsamen Auftreten beider Erkrankungsformen erkennen läßt. Umgekehrt wirkt die Gallenblase wieder vor allem auf Bauchspeicheldrüse (Diabetes), Magen (Aufstoßen) und Blinddarm (chronische Appendicitis) ein. Auch das Herz wird wie bei Lebererkrankungen über den Nervus vagus (Tachycardie) und das Ganglion stellatum (Myocarditis, Extrasystolie) beeinflußt. Vom Zentralnervensystem kommen über den Vagus anregende, über den Sympathicus hemmende Wirkungen auf die Motorik der Gallenblase. Der Einfluß der Psyche auf die Gallenblasenfunktion wurde auf S. 242 beschrieben. Krämpfe in der Gallenblasengegend lassen sich demnach durch Blockade des Nervus vagus, träge Entleerung durch Infiltration des Ganglion coeliacum beeinflussen.

Nach den bisherigen Ausführungen gestaltet sich das Therapieschema für die Behandlung von reflektorisch bedingten Gallenblasenerkrankungen folgendermaßen:

1. Blockade des Ganglion coeliacum.
2. Blockade des Ganglion nodosum nervi vagi dextri.
3. Paravertebrale Blockade von Th_6 bis Th_9 rechts.
4. Blockade des Ganglion stellatum.
5. Lokaltherapie hyperalgetischer Areale, in den Gallenblasensegmenten oder in Segmenten von Organen, die mit der Gallenblasenerkrankung in ursächlichem Zusammenhang stehen können.

Die afferenten Bahnen der *Bauchspeicheldrüse* verlaufen über das Ganglion coeliacum. Bei Versagen seiner Infiltration für die Ausschaltung von Schmerzzuständen oder von vegetativen Allgemeinreaktionen sind die hinteren Wurzeln der Segmente Th_7 bis Th_9 links oder ihre paravertebralen Ganglien zu infiltrieren und der Nervus vagus sowie das Ganglion stellatum links zu blockieren. Zu den Hauptsymptomen von Pankreasaffektionen gehört außerdem der Schmerz auf der linken Schulterseite. Dieser dürfte am ehesten durch lange Sympathicusbahnen, die erst in Höhe des Ganglion stellatum ins Rückenmark eintreten, zustande kommen. In zweiter Linie kommen Irradiationen sympathischer Impulse von der obersten Eintrittsstelle des Nervus splanchnicus major (Th_6) bis auf Th_4 oder Th_3 in Frage. Die Differentialdiagnose läßt sich in der Regel leicht durch Bestimmung der hyperalgetischen Zonen mit Hilfe der Nadelmethode und durch Untersuchung der Druckschmerzhaftigkeit der Wirbelkörper stellen. Je nach Ausfall des Befundes werden entweder die hinteren Wurzeln von Th_1 oder Th_3 und Th_4 infiltriert oder das Ganglion stellatum oder Th_3 und Th_4 links paravertebral blockiert.

Auch hier sind wie bei der rechtsseitigen Schultererkrankung bei Gallenblasen- und Leberschäden eventuell vorhandene Komplikationen lokal zu behandeln (S. 247f.). Hierzu zählen vor allem Myogelosen, Hartspann, Fibrositis, Spondylarthrosen und gelegentlich Pulposushernien. Alle diese Veränderungen vermögen nach Ausschaltung des primären Herdes eventuelle Gelenkserkrankungen aufrechtzuerhalten.

Für die Beseitigung von Schmerzzuständen und schädlichen Nebenwirkungen der Bauchspeicheldrüse auf andere Organe gilt demnach folgendes Schema:

1. Anästhesie der hinteren Wurzeln von Th_7 bis Th_9 links (Th_5 bis Th_{10} links, beiderseits).
2. Blockade des Ganglion coeliacum.
3. Paravertebrale Blockade von Th_7 bis Th_9 links (Th_5 bis Th_{10} links, beiderseits).
4. Blockade des Ganglion nodosum nervi vagi links.
5. Anästhesie der hinteren Wurzeln von Th_1, Th_3 und Th_4.
6. Blockade des Ganglion stellatum links.
7. Paravertebrale Blockade von Th_3 bis Th_4.
8. Lokaltherapie hyperalgetischer Areale in den Pankreas- und Schultersegmenten.

Erkrankungen der Bauchspeicheldrüse sind neuraltherapeutisch insofern verhältnismäßig einfach zu behandeln, als alle zu ihr gelangenden vegetativen Fasern durchwegs durch das Ganglion coeliacum ziehen. Sie kann also durch die Blockade dieses Ganglions in der Regel vollkommen isoliert werden und ist damit keinen nervösen Einflüssen von anderen Organen mehr ausgesetzt. Führen individuelle Variationen zu einem Versagen dieses Eingriffs, müssen entweder die Segmente Th_7 bis Th_9 links paravertebral blockiert oder das Ganglion nodosum nervi vagi sinistri (selten dextri) oder das Ganglion stellatum links infiltriert werden.

Der neuraltherapeutische Behandlungsplan für Pankreasaffektionen sieht demnach folgendermaßen aus:

1. Blockade des Ganglion coeliacum.
2. Paravertebrale Blockade von Th_7 bis Th_9 links (Th_5 bis Th_{10} links, beiderseits).
3. Infiltration des Ganglion nodosum nervi vagi sinistri.
4. Blockade des Ganglion stellatum links.
5. Lokaltherapie hyperalgetischer Areale in den Pankreassegmenten.

Die *Milz* erhält ebenfalls sowohl die sympathischen als auch die parasympathischen Fasern über das Ganglion coeliacum. Sie ziehen mit der Arteria lienalis in das Organ (S. 243). Die Neuraltherapie ihrer Schmerzzustände oder Erkrankung und schädlichen Nebenwirkungen unterscheidet sich in keiner Weise von derjenigen der Bauchspeicheldrüse. Lediglich die Segmente sind insofern geringgradig verschoben, als nicht Th_7 und Th_8, sondern Th_8 und Th_9 links in der Regel hyperalgetisch sind. Bei Versagen der Infiltration des Ganglion coeliacum ist also die Infiltration der hinteren Wurzeln und paravertebrale Blockade vor allem an diesen beiden Segmenten durchzuführen.

Urogenitaltrakt

Innervation

Die *Niere* wird vorwiegend vom Ganglion coeliacum versorgt, das bekanntlich Nervenfasern von den Nervi splanchnici und beiden Nervi vagi erhält. Von dort ziehen die Fasern zu dem in der Umgebung der Niere liegenden Plexus renalis. Dieser erhält auch Fasern vom Grenzstrang direkt sowie vom Ganglion mesentericum superius. Daneben bestehen Verbindungen mit dem Nebennierenplexus und mit dem Plexus aorticus der Bauchaorta. Auch der Splanchnicus minor sendet immer einen direkten Zweig zur Niere (Nervus renalis posterior). Schließlich bestehen noch Anastomosen des Plexus renalis mit dem Ganglion mesentericum inferius, weshalb dieses auch gelegentlich Ganglion vesico-renale genannt wird (Abb. 85).

Ob der Vagus außer mit seinen Nervenfasern, die durch das Ganglion coeliacum ziehen, auch unter Umgehung dieses Ganglions die Niere versorgt, ist noch nicht eindeutig klargestellt. Nach manchen Autoren soll ein Ast vom rechten Vagus direkt zum Nierengeflecht ziehen. Die Ursache für derartig divergente Befunde liegt in der großen individuellen Streuungsbreite der Nervenversorgung dieser Organe. So sind sehr häufig die Ganglia coeliaca und mesenterica zu einem, dem Ganglion semilunare, verschmolzen. Anderseits können sie aber auch in zahlreiche kleine Ganglienhaufen aufgelöst sein, so daß für einzelne wichtig erscheinende Ganglienhaufen neue Namensbezeichnungen eingeführt wurden. Häufig kann man ein im Verlauf des Splanchnicus major auftretendes Ganglion splanchnicum unterscheiden oder an der Ursprungsstelle der Arteria renalis ein Ganglion renale finden. Diese Ganglien stehen dann in direkter Verbindung mit dem Grenzstrang. Ihre Fasern ziehen nicht durch andere beisammenliegende Ganglienzellhaufen durch, die etwa dem Ganglion coeliacum entsprechen würden.

Die Nerven des Plexus renalis ziehen als dichtes Geflecht mit den Gefäßen bis in das Nierenparenchym und teilen sich dort, ebenfalls den Gefäßen folgend, als feine Nervenfasern auf. Sie lassen sich mikroskopisch bis zu den kleinsten Kapillaren und den Vasa afferentia und efferentia verfolgen.

Vagusreizung bewirkt im Tierversuch eine deutliche Vermehrung der Urinmenge mit Vermehrung der festen Bestandteile. Demnach scheint der Vagus ein echter sekretorischer Nerv der Niere zu sein, der diese fördernd beeinflußt. Vagusdurchschneidung bedingt umgekehrt eine Verminderung der Menge und der festen Bestandteile des Harnes. Splanchnicusdurchschneidung anderseits bewirkt eine Polyurie, seine Reizung eine Verkleinerung der Organe derselben Seite. Oligurie und Polyurie gehen parallel mit dem Ab- und Anschwellen der Niere, wobei immer wieder die strenge einseitige Wirkung bei Reizung oder Durchschneidung der jeweiligen Splanchnicusseite hervorgehoben wird. Die qualitative Beeinflussung der Splanchnicusfasern bezieht sich auf die Wasserstoffionenkonzentration, auf eine Förderung der Ammoniakbildung, Gesamtsäure- und Phosphatausschwemmung und auf eine Hemmung der Gesamtstickstoffausscheidung. Die Bauchsympathicusfasern aus dem 2. und 3. Lumbalsegment, die im Grenzstrang zum ersten Male unterbrochen werden und dann über den Plexus aorticus oder über die Renalganglien zur Niere gelangen, sollen umgekehrt Ammoniakbildung, Gesamtsäure- und Phosphatausscheidung hemmen und die Gesamtstickstoffausfuhr fördern. Die Nervi splanchnici minoris, die zum größten Teil aus den hinteren Wurzeln stammen und ohne Unterbrechung zur Niere ziehen, sollen vor allem Wasser- und Elektrolytausscheidung ohne Beeinflussung der übrigen Vorgänge regulieren [74]. Durchschneidung dieser Fasern hebt die Fähigkeit der Niere für Konzentration und Verdünnung von NaCl auf. Die tatsächliche Funktion der einzelnen Sympathicusfasern in bezug auf Ausscheidungs-,

Konzentrations- und Verdünnungsfähigkeit der Niere ist noch weitgehend ungeklärt. Es bedarf noch sorgfältiger Nachprüfungen und Ausweitungen der Versuchsreihen, um verwertbare Ergebnisse für Diagnostik und Therapie von Nierenerkrankungen zu erhalten. Dies würde allerdings die Erschließung völlig neuer und aussichtsreicher Wege bedeuten.

Wichtig für das Verständnis der Niereninnervation sind auch die reflektorischen Zusammenhänge zwischen Haut und Nierensekretion oder Harnblase und Nierensekretion usw. So führt Abkühlung der Haut zu Hemmung, Erwärmung zu Steigerung der Harnabsonderung. Ebenso verursacht Reizung des Ischiadicusstumpfes oder von

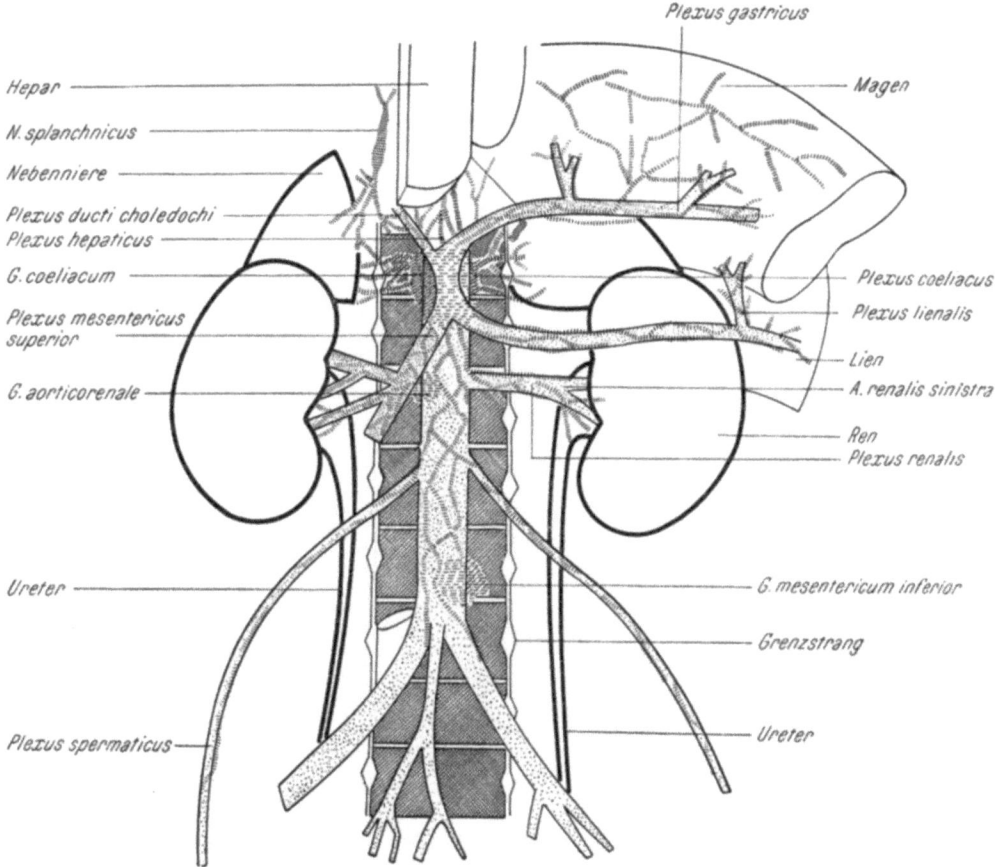

Abb. 86. Vegetative Innervation der Niere und Nebenniere

Intercostalnerven eine Verkleinerung der Niere. Diese Vorgänge sind durch vasomotorische Beeinflussung der Niere über die üblichen sympathischen Reflexbahnen zu erklären. Auch die häufig zu beobachtenden Anurien nach Nierensteinkoliken lassen sich durch Splanchnicusunterbrechung beseitigen. Auf ähnlichen Bahnen dürfte der sogenannte vesico-renale Reflex verlaufen, der zu einem Nachlassen der Nierensekretion bei gefüllter Blase führt. Schließlich bleibt auch die gesteigerte Kochsalz- oder Zuckerausscheidung nach Einstechen in die jeweiligen Gehirnstellen immer an der Seite aus, wo der Nervus splanchnicus durchtrennt wurde. Es scheinen damit also Bahnen getroffen zu werden, die peripherwärts auf dem Wege des Splanchnicus sowohl intrahepatische als auch intrarenale Vorgänge beeinflussen können. Zweifelsohne vermag auch hier, wie überall, die völlig entnervte Niere zu funktionieren, allerdings in veränderter Weise. Dem vegetativen Nervensystem kommt also, wie am Herz, Magen usw., eine wichtige regulierende Funktion auf die Automatie des

Organs zu, deren Störung zu Erkrankungen führt und bisher noch kaum systematisch beeinflußt wurde.

Die Hauptmasse der Nerven für die *Nebennieren* entstammt dem Plexus coeliacus, an dessen Bildung, wie schon erwähnt, die Nervi splanchnici und auch die Nervi vagi Anteil haben. Außerdem sind beide Nervenarten auch direkt im Plexus suprarenalis vertreten. Der Splanchnicus gibt beiderseits vor dem Eintritt in das Ganglion semilunare einen Ast zur Nebenniere ab. Die direkten Vagusverbindungen sind nicht in allen Fällen deutlich nachweisbar. Die Nervenfasern verzweigen sich teils in der Kapsel der Nebenniere, teils in der Rinde, ziehen aber in der Hauptsache in das Mark.

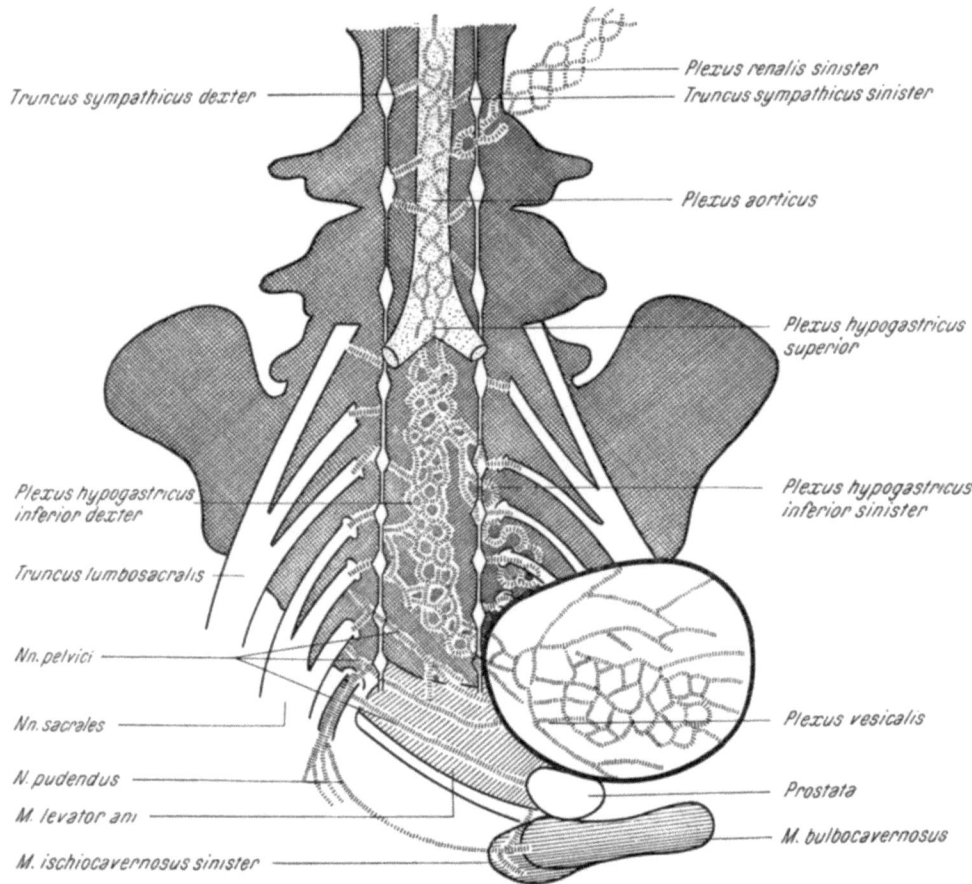

Abb. 87. Vegetative Innervation der Harnblase

Während die Rindenfasern vor allem die Bildung von Mineralo- und Glukocorticoiden sowie von Androgenen beeinflussen dürften, kommt den Markfasern die Adrenalinbildung zu. Der Einfluß des Vagus auf die Nebennierentätigkeit ist bisher noch nicht geklärt.

Die *Blase* bezieht ihre Nervenfasern aus dem Plexus vesicalis, der sich von der Gegend der Einmündungsstelle der Ureteren bis zu den vorderen, oberen Partien des seitlichen Blasengewebes erstreckt. Dieser erhält seine Fasern von den Nervi pelvici, die als Rami communicantes albi aus dem unteren Sacralmark entspringen und auch vasodilatorische Fasern für die Corpora cavernosa enthalten. Außerdem ziehen Fasern aus den Plexus hypogastrici zu ihm, die mit dem Plexus aorticus in enger Beziehung stehen und direkte Fasern vom lumbalen Grenzstrang erhalten (Abb. 87). Die Ursprungszellen der Nervi pelvici im Rückenmark liegen im unteren Sacralmark in großer Zahl in der intermediären Zone zwischen Vorderhorn und

Hinterhorn und an der Außenseite des bauchigen Hinterhornes. Sie lassen sich nicht von den Ganglienzellen trennen, die mit der Innervation der Samenbläschen, der Prostata, der Gefäße des Penis und der glatten Muskulatur des Rectums zu tun haben. Diese enge räumliche Nachbarschaft bietet eine Erklärung für die leichte Ausbreitung der Reizerscheinungen unter den erwähnten Organen.

Die Blase reagiert auf jede schmerzhafte Empfindung mit Kontraktionen, wo immer am oder im Körper sie zustande kommt. Nach manchen Autoren ist sie in

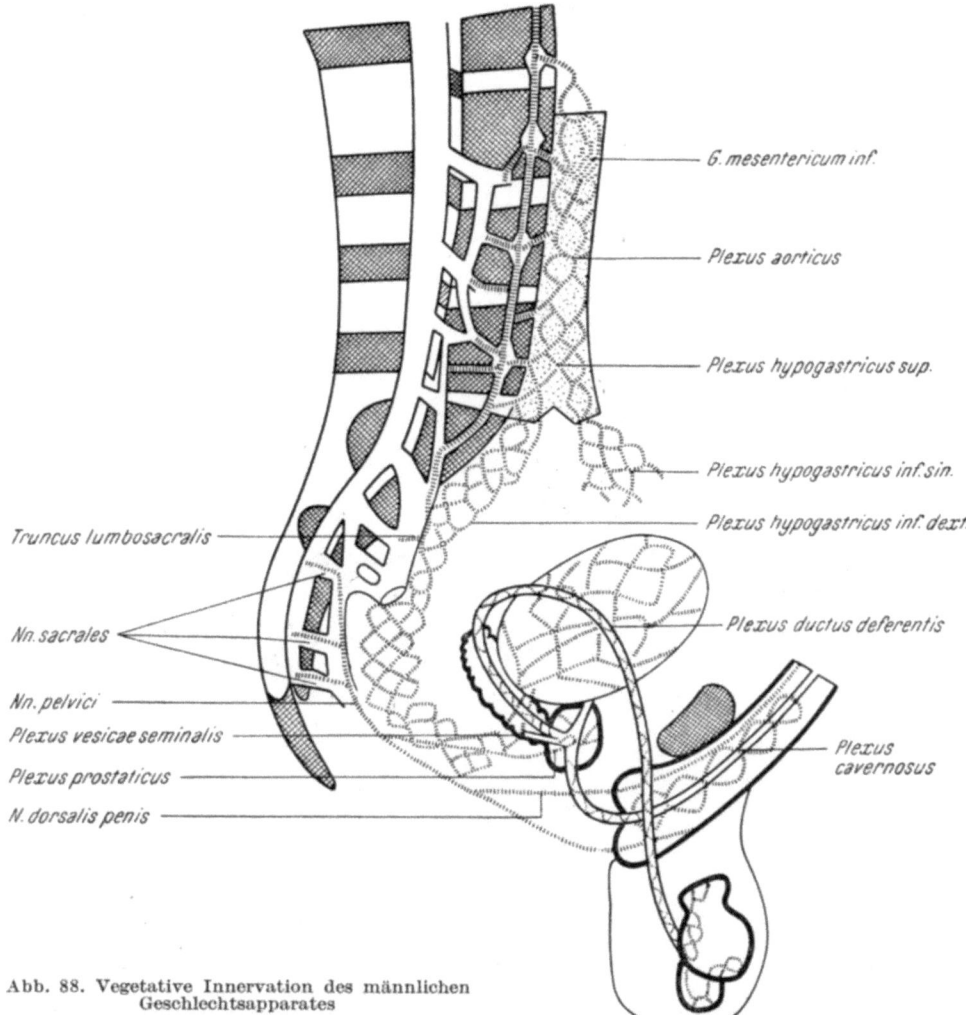

Abb. 88. Vegetative Innervation des männlichen Geschlechtsapparates

dieser Beziehung noch empfindlicher als die Gefäße. Da kaum anzunehmen ist, daß von überallher im Körper leitende Verbindungen mit den Blasenzentren bestehen, dürften diese Kontraktionen durch Erregbarkeitsänderungen im Rückenmark, die vielleicht in der grauen Substanz der Hinterhörner zustande kommen, ausgelöst werden. Während Reizung der Nervi pelvici Erschlaffung des Sphincter vesicae und Zusammenziehung des Detrusor mit Ausstoßung des Urins unter Erhöhung des Innendrucks der Blase verursacht, bewirkt Reizung der Plexus hypogastrici eine Zunahme des Sphinctertonus und Nachlassen des Detrusortonus, somit Harnverhaltung. Diese Tatsache kann am ehesten dadurch erklärt werden, daß diejenigen Nervenbündel, die ein bestimmtes System von Muskeln innervieren, zugleich auch Hemmungsfasern für die Antoganisten enthalten. So dürften z. B. die Nervi pelvici anregende Impulse für den Detrusor und hemmende für den Sphincter leiten, während die Hypogastricusfasern zugleich eine Hemmung des Detrusor- und Verstärkung des Sphinctertonus bewirken. Anscheinend sind für die Auslösung dieser Effekte noch murale Ganglienzellgruppen nötig, da die Erschlaffung des Sphincters und Kontraktion des Detrusors immer erst mehrere Sekunden nach Reizung der Nervi pelvici erfolgt.

Prostata und *Samenblase* werden durch den Plexus prostaticus und Plexus vesicae seminalis, die den Organen von hinten her anliegen und in erster Linie Nervenfasern aus dem Plexus hypogastricus empfangen, versorgt. Letzterer entspringt paarig aus dem unpaarigen Plexus aorticus und bezieht somit seine nervösen Zuleitungen aus den Rami communicantes der Lumbalnerven. Außerdem erhalten Plexus prostaticus

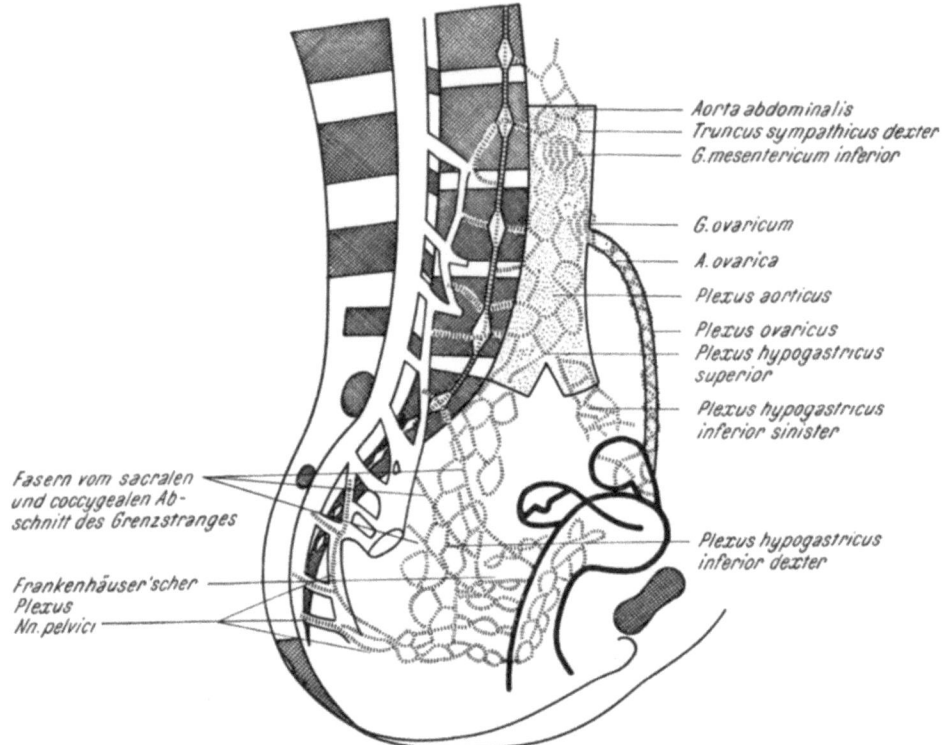

Abb. 89. Vegetative Innervation des weiblichen Geschlechtsapparates

und Plexus vesicae seminalis auch noch Nervenbündel, die aus dem 2., 3. und 4. Sacralnerven entspringen (Nervi pelvici) und vereinzelt ganz feine Fasern aus dem sacralen Teil des sympathischen Grenzstranges bzw. aus den dort gelegenen kleinen Ganglienknoten (Abb. 88). Während der Plexus prostaticus nach dem Penis zu in den Plexus cavernosus und in die Nervi cavernosi übergeht, erstreckt sich der Plexus vesicae seminalis auf den Samenstrang und gelangt als Plexus deferentialis bis zum Nebenhoden und Hoden. Beide Organe erhalten außerdem noch Nervenfasern aus dem weiter oben entspringenden Plexus spermaticus. Die Haut des Penis und die Glans penis werden ausschließlich von Ästen des Nervus dorsalis penis, der aus dem Nervus pudendus communis (3. und 4. Sacralwurzel) als cerebrospinaler Nerv entspringt, versorgt.

Somit stammt das Nervengeflecht, das die inneren Geschlechtsorgane versorgt, aus zwei verschiedenen Stellen des Rückenmarks, dem oberen Lumbalmark (Plexus hypogastricus) und dem untersten Sacralmark (Nervi pelvici seu erigentes), die ebenso wie die Fasern aller anderen Organe des Körpers sowohl eine sympathische als auch eine parasympathische Innervation des entsprechenden Organs gewährleisten.

Die *weiblichen Geschlechtsorgane* werden ebenso wie die männlichen vom Plexus hypogastricus und den Nervi pelvici innerviert. Sie vereinigen sich in einem Gangliengeflecht, das an den Kanten der Gebärmutter liegt, feine Nerven in die Uterusmuskulatur entsendet und nach dem Autor, der es 1864 ausführlich beschrieb, FRANKENHÄUSERscher Plexus genannt wird. Ebenso wie das Corpus uteri wird auch die Cervix mit zahlreichen Nerven versorgt. In der Portio findet man hingegen nur vereinzelt dünne marklose Fasern. Auch der obere und mittlere Teil der Scheide wird vom FRANKENHÄUSERschen Plexus innerviert. Zu den Eileitern ziehen teils Fasern vom Plexus FRANKENHÄUSER, teils solche vom Plexus ovaricus. Die Ganglien, aus denen der Plexus ovaricus (auch Plexus spermaticus oder Plexus arteriae ovaricae genannt) entspringt, sind durch zahlreiche Anastomosen mit dem Ganglion coeliacum, dem Ganglion renale und dem Ganglion mesentericum superius in Verbindung. Die Nervenfasern verlaufen mit der Arteria und Vena ovarica bis an den Hilus des Eierstockes. Kleinere zarte Äste dieses Plexus spalten sich vor dem Eintritt in das Ovarium ab und ziehen zu den Tuben. Die äußere Genitale wird ebenso wie beim Manne von cerebrospinalen Nerven versorgt. Der FRANKENHÄUSERsche Plexus enthält auch zahlreiche Nervenfasern, die vom sacralen und coccygialen Abschnitt des Grenzstranges kommen (Abb. 89).

Diagnose

Infektionen des Urogenitaltraktes kommt für das rheumatische Geschehen eine ähnliche Bedeutung zu wie den Kopfherden. Wenn letztere auch wesentlich häufiger sind, so rufen Prostata- oder Adnexerkrankungen doch über die gleichen Wirkungsmechanismen Gelenkserkrankungen der unteren Extremitäten hervor, wie dies von den Kopfherden für die oberen Extremitäten gilt und können damit im Verlauf von Generalisierungsprozessen Ausgangspunkte für Polyarthritiden werden. Derartige ,,Sacral-Fernreflexe" kommen vor allem bei Hyperalgesien im Bereiche von S_1 bis S_5 vor. Hierzu zählen viscomotorische Reflexe (manchmal auch Krämpfe) und Hyperalgesien im Bereich der Waden und Wadenmuskulatur (Gastrocnemius), manchmal auch der Musculi adductores, sowie Hyperalgesien und Parästhesien (Brennen) in der Fersen- und Zehenrückengegend (1. und 2. Sacralzone) sowie Hyperalgesien im Raum der Perianalgegend (S_3 bis S_5), wo die Segmente nach der Rückbildung des Schwanzes wie ein zusammengeschobenes Fernrohr zu finden sind.

Es können sich also von den Baucheingeweiden her weit ins Bein ausstrahlende Reflexe finden, ähnlich den Arm-Fernreflexen bei Angina pectoris (links) und Cholelithiasis (rechts). Solche Reflexe kommen ein- oder beidseitig — bei Erkrankung der Adnexe und meist beidseitig bei Blasen-, Uterus, Prostata-, Samenblasen- und Hämorrhoidalleiden vor. Stets sollte man bei Angaben von Kreuzschmerzen, Wadenkrämpfen, Brennen in den Waden oder auf den Sohlen diese Möglichkeit in Betracht ziehen.

Ebenso wie das Bulbus- und andere Kopfreflexsymptome zwar am ausgeprägtesten bei Angina pectoris auftreten, in schwächerem Maße aber auch bei anderen Erkrankungen des Brust- oder sogar Bauchraumes beobachtet werden können, finden sich die Sacral-Fernreflexe vor allem bei den erwähnten Leiden, treten aber auch bei anderen Baucherkrankungen (Nieren- und Gallenkoliken), ja sogar gelegentlich bei Brusterkrankungen auf. In diesen Fällen fehlt allerdings der Zusammenhang mit anderen Nachbarsegmenten. Dafür sind zusätzlich im entfernten regionären Reflexgebiet von Gallenblase, Niere usw. die entsprechenden Befunde zu erheben.

Die Aufdeckung derartiger Herde ist für Patienten, die zunächst noch an Beschwerden in wenigen Gelenken der unteren Extremität, an Ischias, an Spondylarthritis ankylopoetica oder an Myogelosen leiden, von großer Bedeutung. Auch hier wird man, wie bei den Kopfherden, immer wieder erleben, daß zunächst alle gebräuchlichen Untersuchungsmethoden negative Ergebnisse liefern und nur die entsprechenden Dermatome kontinuierlich hyperalgetisch sind. Erst nach wiederholten Testungen des fraglichen Organs findet sich dann plötzlich der langgesuchte

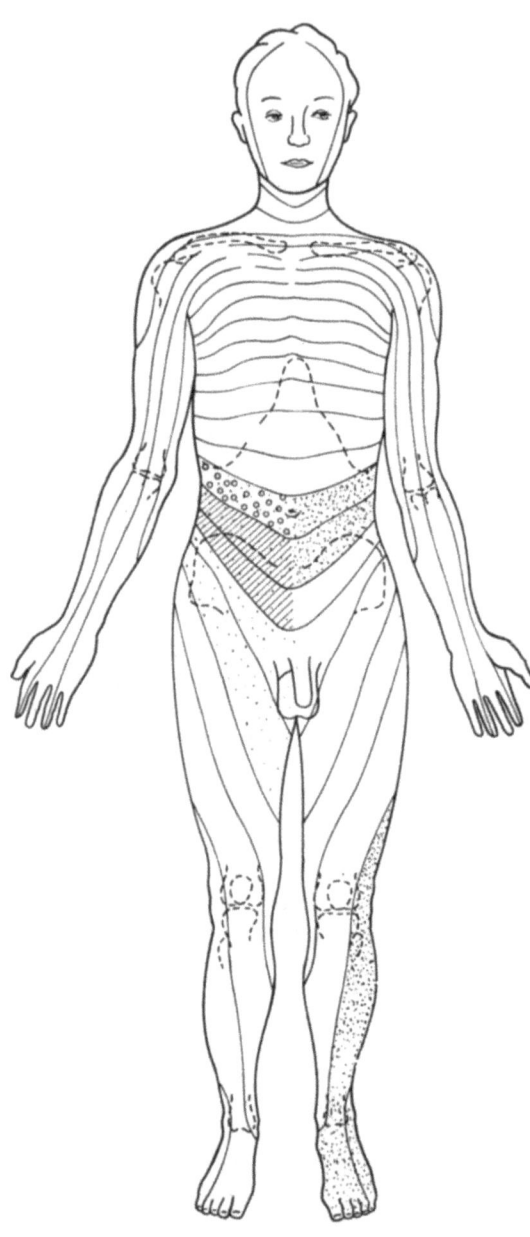

Niere: Th_{10} bis Th_{12}, L_1, L_2
Hoden: Th_{10}
Nebenhoden: Th_{11}, Th_{12}
Prostata: Th_{10}, Th_{11}, L_5, S_1 bis S_3

Abb. 90. Hyperalgetische Dermatome bei Erkrankungen des Urogenitaltraktes

Herd, und mit seiner Beseitigung schwinden auch alle Beschwerden schlagartig aus den zugehörigen und eventuell schon mitergriffenen Segmenten. Dem Untersucher fällt es leichter, in diesen Regionen als am Kopf aus den hyperalgetischen Dermatomen auf die zugehörige Organerkrankung zu schließen, da innerhalb ein und desselben Segmentes weniger Herdmöglichkeiten bestehen. Außerdem vermögen Röntgenuntersuchung, Harnkulturen, Prostatasekretabnahmen usw. wesentlich mehr zu helfen als bei Tonsillen, Zähnen oder Nebenhöhlen.

Da sich sowohl im Gewebe des Nierenbeckens als auch des Ureters glatte Muskelfasern finden, treten hier Reflexsymptome in sehr deutlicher und charakteristischer Weise in Erscheinung. Hierbei kann eine Reihe von Ursachen, wie eitrige oder tuberkulöse Pyelitis, Tumoren und vor allem Nierensteine, Schmerzen und sonstige reflektorische Phänomene hervorrufen.

Nierenerkrankungen führen zu hyperalgetischen Zonen im 10. sowie in geringerer Ausdehnung im 11. und 12. Dorsaldermatom. Auch das 1. Lumbaldermatom pflegt häufig befallen zu sein. Erkrankungen des Nierenbeckens bewirken Empfindlichkeitssteigerungen im 11. und 12. Dorsaldermatom und im 1., häufig auch im 2. Lumbaldermatom (Abb. 90, 91). Kopfzonen s. S. 47.

Die efferenten Nerven für das Nierenbecken und den Ureter entstammen dem Plexus mesentericus inferior, dem Plexus spermaticus und hypogastricus. Die Höhe des Austritts dieser Nerven aus dem Rückenmark kann man aus den reflektorischen Phänomen bei Nierensteinen erschließen. Nierensteinattacken als klassische Beispiele derartiger Erkrankungen bewirken je nach der Lage des Steines nicht nur charakteristische Schmerzen, sondern auch hyperalgetische Zonen am Körper.

Die Schmerzen beginnen in der Regel im Rücken oberhalb der Crista ilei. Ihre Maximalpunkte liegen meist an der Spitze der 12. Rippe hinten in der Lendengegend, an einer Stelle des Abdomens, etwas einwärts vom Darmbeinkamm und in der Leistengegend. Von dort wandern sie nach vorne und schräg hinunter in den Hoden. Sie können aber auch in die Oberschenkel bis hinunter an die Innenseite des Knies ausstrahlen. Die Stelle, wo der Schmerz einsetzt, ist von großer Wichtigkeit, da sie uns die Lage des Steines annähernd bezeichnen kann. Das schrittweise Wandern des Schmerzes von dort um den Rücken herum nach vorne und hinunter zur Schamgegend ist kein Beweis für das Vorwärtsrücken des Steines, sondern die Schmerzerregung durchläuft die entsprechenden Rückenmarkssegmente, deren Reflexbahnen dann die dargelegte Reihenfolge einnehmen. Dabei spielt vor allem auch die Peristaltik der glatten Muskulatur der Harnwege eine ähnliche Rolle wie beim Darm. Die Erregung geht auf den entsprechenden Abschnitt des Rückenmarks über, sobald sich irgendein Teil bewegt, wodurch dann der wandernde Charakter des Schmerzes bei der Hyperperistaltik zustande kommt.

Ein festsitzender Stein, der Kontraktionen auslöst, führt somit zu Schmerzen, die bei ihrer Wiederkehr stets vom selben Platz ausgehen. Gehen die wiederholten Anfälle vom Rücken aus, so dürfen wir auf einen Stein schließen, der im Nierenbecken oder nahe demselben liegt. Von ihm werden

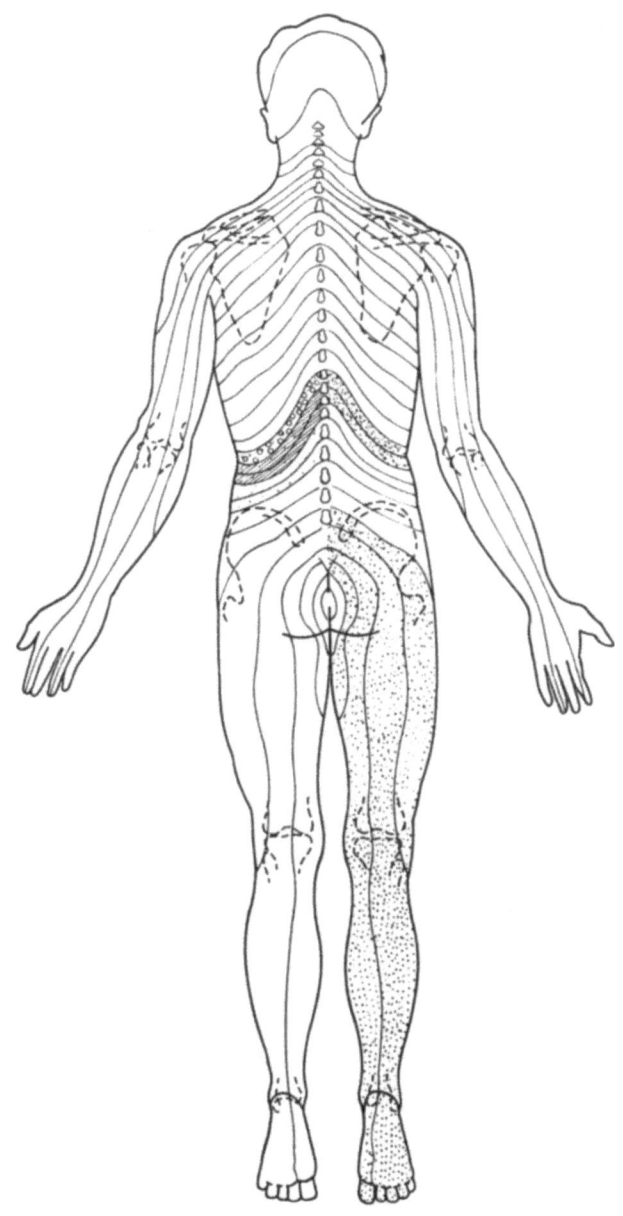

Nieren: Th_{10} bis Th_{12}, L_1, L_2
Hoden: Th_{10}
Nebenhoden: Th_{11}, Th_{12}
Prostata: Th_{10}, Th_{11}, L_5, S_1 bis S_3

Abb. 91. Hyperalgetische Dermatome bei Erkrankungen des Urogenitaltraktes

zunächst Fasern vom 11. oder 12. Thoracalnerven erregt, die zur Muskelkontraktur, den Schmerzen und der Hyperalgesie in ihrem Segment führen. Da bei tieferliegenden Nierensteinen ebenso wie beim Darm nur oberhalb des Verschlusses heftige Peristaltik auftritt, während sich der darunterliegende Teil nicht zusammenzieht, kann die Lokalisationsdiagnostik auch durch die Ausstrahlungstendenz des Schmerzes gefestigt werden. So bedeutet Schmerz bis zum Hoden hinab, daß sich die Peristaltik bis zum unteren Teil des Ureters fortgesetzt haben muß, der Stein also an der Einmündungsstelle des Ureters in die Blase liegt. Es ist unwahrscheinlich, daß sich bei Steckenbleiben des Steines, z. B. in der Mitte des Ureters, die Peristaltik bis zum untersten Teil des Ureters fortsetzt.

Wandert der Stein und bleibt er auf dem Wege durch den Ureter mehrmals stecken, gehen die Schmerzen von immer tieferen Stellen aus. So erzählen Patienten häufig, daß die Anfälle zunächst vom Rücken kamen, nach einiger Zeit aber vorne im Leib saßen und schließlich von einer Periode der Blasenerregung abgelöst wurden, die dann mit dem Ausurinieren des Steines endete. Während eines ungehinderten Steinabganges geht der Schmerz sehr häufig von der 10. Dorsalzone bis zur oberen Sacralgegend und bis zu einer Stelle 5 bis 8 cm seitlich von der Mittellinie oberhalb des POUPARTschen Bandes, die dem Maximum der 11. Dorsalzone entspricht. Von hier wandert er weiter an der Innenseite des Oberschenkels bis zum Knie, um dann in die Kreuzbeingegend auszustrahlen und schließlich bis zur Urethra zu gelangen.

Die Hyperalgesie in den einzelnen Dermatomen ist besonders nach Kolikanfällen stark ausgeprägt und bevorzugt vor allem die 10. Dorsalzone. Sehr häufig ist während eines Kolikanfalles auch der Hoden der gleichen Seite äußerst empfindlich, während das Skrotum vollkommen schmerzfrei ist. Die Erklärung hierfür liegt in der Segmentzugehörigkeit. Die Zusammenziehung des Musculus cremaster — bei Nierenkoliken häufig zu beobachten — entsteht durch einen Reiz, der das Rückenmark in Höhe des 1. und 2. Lumbalnerven erreicht. Einzelne Fasern des Cremaster setzen sich in den Obliquus internus fort, so daß sich auch dieser Muskel bei Nierenkoliken kontrahiert. Der genitale Zweig des Nervus genito-cruralis enthält sowohl den motorischen Ast für den Cremastermuskel als auch den sensiblen Nerv (somatisch) für die Tunica vaginalis, die bei Nierenkoliken hyperästhetisch wird, wenn der Schmerz in den Hoden schießt. Da die Decke des Hodensackes von den Sacralnerven versorgt wird und Niere und Ureter nur lumbalen Segmenten angehören, ist bei Nierenkoliken niemals die Haut des Skrotums beteiligt.

Weitere Begleiterscheinungen der Nierenkoliken, wie paralytischer Ileus, Erythrurie usw., brauchen hier nicht erwähnt zu werden. Außer den Nierensteinen verursachen auch Pyelitiden und Wandernieren sowie die Nephritis selbst reflektorische Schmerzen und Hyperalgesien in den entsprechenden Dermatomen.

Der *Hoden* selbst zeigt eine deutliche Zugehörigkeit zum 10. Dorsaldermatom; hierbei ist gewöhnlich die gegenüberliegende Seite stärker affiziert als die Seite des erkrankten Hodens. Bei Fällen echter traumatischer Orchitis ist die Hyperalgesie des 10. Dorsaldermatoms sehr häufig mit bedeutenden Schmerzen in der Lendengegend verbunden. Kopfzonen s. S. 47.

Bei *Nebenhodenentzündungen* liegt normalerweise der Schmerz am 12. Thoracal- und 1. Lumbalwirbeldorn hinten sowie vorne über dem inneren Leistenring. Diese Zonen stellen die Maximalpunkte des 11. Dorsaldermatoms dar. Gelegentlich ist auch das 12. Dorsaldermatom befallen. Der Schmerz erstreckt sich häufig auch lateralwärts auf die Hinterbacke sowie auf das Abdomen oberhalb der Pubes. In akuten Fällen kann er auch auf die Innenseite des Oberschenkels, wo die Maximalstellen der ersten und zweiten Lumbalzone sind, ausstrahlen. In allen diesen Fällen ist bemerkenswert, daß am Skrotum selbst keine Hautempfindlichkeit besteht, obwohl die Epididymis für Betastung äußerst empfindlich ist. Nur die obere Portion des Skrotums, wo die Haut vom 1. Lumbaldermatom versorgt wird, zeigt gelegentlich eine Hyperalgesie.

Die *Harnblase* entwickelt sich aus zwei Organen, aus der Allantois und aus der Kloake. Von ersterer stammt ihr oberer Teil, von letzterer der Blasengrund (Trigonum). Auch die Nerven der Blase haben zweierlei Ursprung, nämlich im unteren Thoracal- und oberen Lumbalmark und im sacralen autonomen System

(2. und 3. Sacralsegment) (Abb. 92, 93). Dementsprechend klagt der Patient bei Blasenerkrankungen gewöhnlich über Schmerzen im Hypogastrium, dem Gebiet der oberen Lumbalnerven und im Perineum sowie entlang des Penis und an der Tuberositas ischii beiderseits, die von Sacralnerven versorgt werden. Die der Blase zugehörige hyperalgetische Hautzone entspricht dem 3. Sacraldermatom. Bei schwereren Blasenerkrankungen ist gelegentlich auch das 4. Sacraldermatom hyperalgetisch. Kommt es zu Kontraktionen der Blasenmuskulatur, wie sie bei Retentio urinae infolge Strikturen der Urethra oder bei schweren Schädigungen der Blasenmuskulatur beobachtet werden können, so gesellt sich zu den eben beschriebenen hyperalgetischen Zonen noch das 11. und 12. Dorsaldermatom und das 1. und 2. Lumbaldermatom. Diese Schmerzen sind von scharfem, stechendem Charakter, ähnlich in Lage und Art dem Wehenschmerz des Uterus oder dem Schmerz bei Peristaltik des unteren Dickdarmendes und ziehen von der unteren Lumbal- und Sacralgegend aus, um das Darmbein herum zum unteren Teil des Abdomens dicht oberhalb der Pubes sowie abwärts zur Innenseite des Oberschenkels bis zum Knie. Sie sind nicht kontinuierlich, sondern treten in Abhängigkeit von der momentanen Kontraktion der Blasenmuskulatur wehenförmig auf und können durch Katheterisierung vollständig behoben werden, während diejenigen im 3. und 4. Sacraldermatom bestehen bleiben.

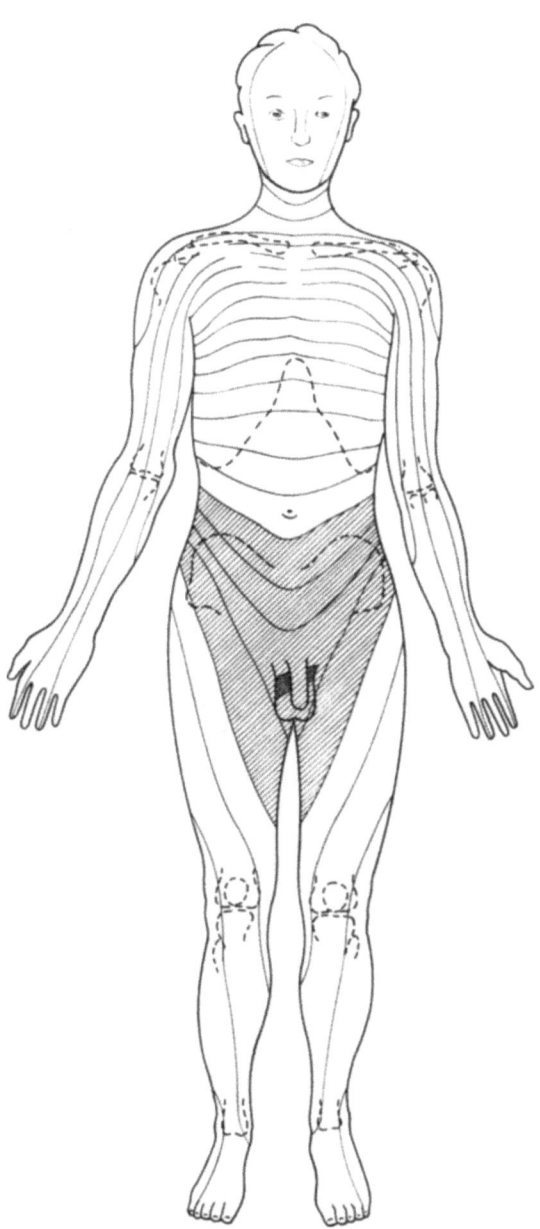

Abb. 92. Hyperalgetische Dermatome bei Blasenerkrankung: Th_{11}, Th_{12}, L_1, L_2, S_2, S_3.

Vermehrte Kontraktion der Blasenwand entsteht aber nicht nur durch direkte Reizung, wie etwa infolge von Blasensteinen, Infektionen, besonderer Beschaffenheit des Urins usw., sondern auch sehr häufig reflektorisch. Hier gehen die Reize von anderen Organen und Geweben aus und führen auf dem Reflexwege zu vermehrter Blasenentleerung, wie z. B. bei Erkrankungen der Nieren, Ureteren, des Anus (Hämorrhoiden) und des Perineums. Auch Appendicitiden, Erkrankungen der Ovarien und des Uterus vermögen die Blase reflektorisch zu reizen. In diesen Fällen findet man stets einen hyperalgetischen Bezirk auf der äußeren Körperwand, der für das betreffende Organ charakteristisch ist. Gerade diese Möglichkeiten werden viel zu wenig im Auge behalten und können in vielen Fällen zur Aufklärung schwer findbarer Eiterherde wesentlich beitragen.

Bei *Prostataerkrankungen* liegt der Schmerz rückwärts an der 12. Rippe und vorne nach innen von der Crista ilei. Häufig ist er auch rückwärts am 5. Lumbalwirbeldorn und vorne über dem inneren Leistenring vorhanden. Schließlich sind auch nicht selten der untere Teil des Sacrums, die Tuberositas ischii beiderseits, der obere Teil der Waden und die Fußsohlen, besonders am Anfang der großen Zehe, empfindlich. Dementsprechend kann die Hyperalgesie auf die 10. und 11. Dorsal-, 5. Lumbal- und 1., 2. und 3. Sacralzone verteilt sein. Abb. 90 und 91 zeigen alle bei Prostatitis möglichen hyperalgetischen Dermatome. Kopfzonen s. S. 47.

Gerade die Prostatitis stellt eine der häufigsten Ursachen für die Entwicklung von Gelenkserkrankungen an den unteren Extremitäten dar und sollte deshalb in allen Auswirkungen auf die zugeordneten Dermatome genau bekannt sein. Leider sind die wenigsten Ärzte über die hier beschriebenen Zusammenhänge informiert, wodurch viele Gelenkserkrankungen nicht rechtzeitig fokussaniert werden und damit in einem unheilbaren Stadium, wenn über-

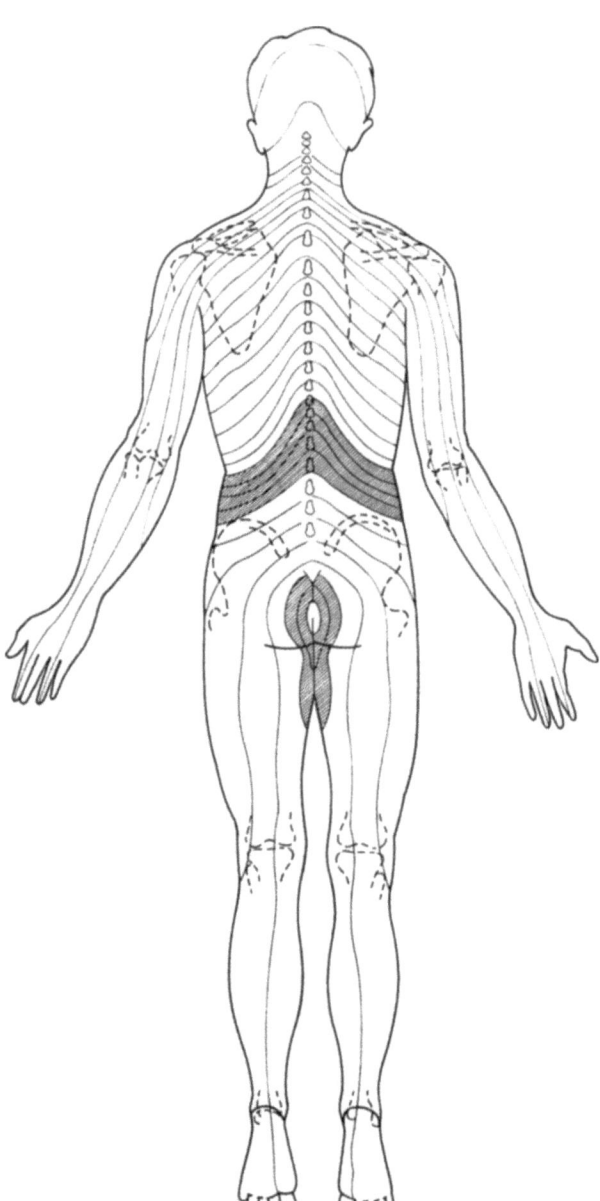

Abb. 93. Hyperalgetische Dermatome bei Blasenerkrankung: Th_{11}, Th_{12}, L_1, L_2, S_2, S_3

haupt, zur Prostatabehandlung kommen. Die Prostatitis, die bekanntlich eine der Hauptursachen der Spondylarthritis ankylopoetica darstellt, ist in ihrem chronischen Stadium durch rectale Untersuchung oder mikroskopische Analyse des Sekretes nicht immer nachweisbar. Der einzige Weg für die Aufdeckung derartiger bakterieller Infektionen besteht in der Anlegung von Bakterienkulturen aus dem Prostatasekret, wozu sich aber die meisten Patienten und Ärzte wegen vager Beschwerden oder Anamnesen nicht entschließen können. Liegen eindeutige hyperalgetische Dermatome in den entsprechenden Abschnitten des Körpers vor, so fällt der Entschluß dazu viel leichter und ist auch fast immer schon das erste Mal von überraschendem Erfolg gekrönt. Auch bei negativem Befund ergibt sehr häufig die zweite oder dritte Sekretabnahme plötzlich pathologische Resultate. Kuren, die nach der Resistenzbestimmung durchgeführt werden, können dann noch helfen, wo alles andere versagt hatte.

Die *Ovarien* entwickeln sich wie der Hoden höher oben im Abdomen, als sie später beim Erwachsenen liegen. Auch hier bleibt aber die Nervenversorgung von dort erhalten, so daß ihre Entzündungen Hyperalgesien im 10. bis 12. Dorsaldermatom bewirken können. Sie verursachen Schmerzen an derselben Stelle unten im Leib und in der Schamgegend, wo bei Männern der Hodenschmerz gefühlt wird. Die untersten Abschnitte der Bauchmuskulatur werden in dieser Gegend rasch hyperalgetisch und spannen sich an. Nach MACKENZIE kann sich die Hyperalgesie von der Schamgegend (D_{12}) mitunter auch noch eine Strecke auf den Schenkel ausdehnen, was auf individuelle Variationen des Segmentbereiches von D_{12} zurückzuführen sein dürfte. Bei der manuellen Exploration zeigt sich nach Druck auf das Ovarium ein Schmerz, der hinten in die Lendengegend beiläufig auf die Spitze der 12. Rippe lokalisiert wird. Häufig geben ihn die Patienten auch direkt unterhalb und seitlich vom Nabel an. Kopfzonen s. S. 47.

Adnexerkrankungen verursachen Schmerzen, die in der Höhe des 12. Dorsal- und 1. Lumbalwirbeldornes sowie in der Schamleiste oberhalb des POUPARTschen Bandes liegen. Demnach stehen die Adnexe mit dem 11. und 12. Dorsaldermatom in Verbindung, die auch bei chronischen Erkrankungen dieser Organe hyperalgetisch werden. Abb. 94 und 95 stellen die den Ovarien und Adnexen zugeordneten Dermatome (10., 11. und 12. Dorsaldermatom) dar. Somit lassen sich Ovarienerkrankungen nicht selten dadurch von Adnexerkrankungen trennen, daß ihre empfindlichen Dermatome um eine Zone höher liegen als diejenigen der Tuben.

Erosionen und maligne Erkrankungen der vaginalen Oberfläche der *Cervix* rufen keinen Schmerz hervor. Erst wenn ein Cervicalkatarrh auftritt oder das Ligamentum latum ergriffen wird, kommt es zu reflektorischen Schmerzen im 3. und 4. Sacraldermatom (unterer Cervicalkanal) oder im 11. und 12. Dorsal- sowie 1. und 2. Lumbaldermatom (oberer Teil des Cervicalkanals in der Gegend des inneren Muttermundes). Diese Angaben lassen sich gelegentlich für die Lokalisierung von Schleimpolypen im Cervicalkanal verwenden, können bei häufigen Kontrollen aber auch auf die Entwicklung und Ausbreitung einer malignen Erkrankung aufmerksam machen.

Der *Uterus* bewirkt ebenso wie die Blase zweierlei Arten von reflektiertem Schmerz und Hautempfindlichkeit. Werden sein unterer Teil und der Cervicalkanal gedehnt, wie dies während des Geburtsaktes der Fall ist, so entstehen Schmerzen und Empfindlichkeiten im 4., 3. und gelegentlich auch im 2. und 1. Sacraldermatom. Schmerzhafte Kontraktionen des Uterus gehen mit reflektierten Schmerzen und Hyperalgesie im 10., 11. und 12. Dorsaldermatom und gelegentlich auch im 1. Lumbaldermatom einher. Nach MACKENZIE kann sich der Schmerz-

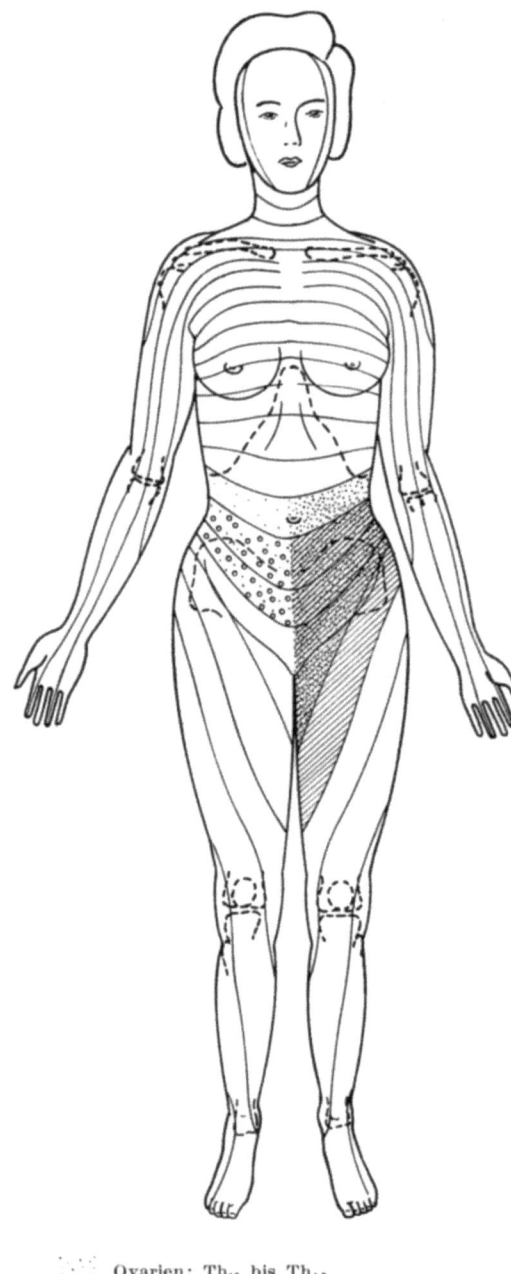

Ovarien: Th_{10} bis Th_{12}
Adnexe: Th_{11}, Th_{12}
Cervix; oberer Teil: Th_{11}, Th_{12}, L_1, L_2; unterer Teil: S_3, S_4
Uterus; oberer Teil: Th_{10} bis Th_{12}, L_1; unterer Teil: S_1 bis S_4

Abb. 94. Hyperalgetische Dermatome bei Erkrankungen des weiblichen Geschlechtsapparates

bereich sogar bis zum 3. Lumbalsegment ausbreiten. Abb. 94 und 95 zeigen die den einzelnen Gebärmutter- und Cerviabschnitten zugeordneten Dermatome. Diese Befunde lassen sich nicht nur für die Verfolgung des Geburtsablaufes verwerten, sondern können auch für die Lokalisierung von Eiterherden oder häufigen Gebärmutterkontraktionen aus anderen Gründen herangezogen werden. Kopfzonen s. S. 47.

Der Charakter des Schmerzes bei Erkrankungen der *Scheide* ist bisher noch nicht eindeutig festgelegt. Ebenso ist die Verbreitung der cerebrospinalen Nerven in der Vagina noch unbekannt. Im großen und ganzen dürften hier ähnliche Verhältnisse wie bei Erkrankungen im Rectum und Anus vorliegen. Der Schmerz ähnelt auch in mancher Beziehung den heftigen und unbestimmbaren Schmerzen bei Analfissuren. Bei gewissen Reizzuständen der Vaginalschleimhaut kann es durch kräftige reflektorische Kontraktionen des als Scheidenschließmuskel dienenden Musculus constrictor zum Vaginismus kommen.

Therapie

Schmerzzustände und schädliche Nebenwirkungen von *Nierenerkrankungen* treten vor allem an Darm, Magen, Rückenmuskulatur und Wirbelsäule in Erscheinung. Da sie über die afferenten Sympathicusbahnen verlaufen, lassen sie sich in der Regel durch Anästhesie der hinteren Wurzeln von Th_{10} bis L_4 leicht ausschalten. Versagt diese Therapie, sind die Infiltration des Ganglion coeliacum und die paravertebrale Blockade in denselben Bereichen zu erwägen. Erstere vor allem deswegen, da auf diese Weise auch die parasympathischen Fasern getroffen werden, denen manche Autoren die Leitung afferenter Impulse zuschreiben. Schließlich darf nicht die übliche Lokaltherapie, wie Novocain-Prednisolon-Infiltration hyperalgetischer Areale in den erkrankten Segmenten, Massagen und physikalische Therapie vergessen werden.

Das Therapieschema für Schmerzzustände bei Nierenerkrankungen besteht demnach in:

1. Anästhesie der hinteren Wurzeln von Th_{10} bis L_2.
2. Infiltration des Ganglion coeliacum.
3. Paravertebrale Blockade in den Segmenten Th_{10} bis L_2.
4. Novocain-Prednisolon-Infiltrationen hyperalgetischer Zonen in den erkrankten Nierensegmenten.
5. Lokaltherapie (Nervenpunkt-, Periost- und Bindegewebsmassage, physikalische Therapie) in den Segmenten Th_{10} bis L_2 und in hyperalgetischen Zonen, die mit der Nierenerkrankung in reflektorischer Beziehung stehen könnten.

Schmerzzustände bei Nieren- oder Uretersteinen erfordern insofern ein besonderes Therapieschema, als die Segmentzugehörigkeit des Nieren- oder Uretersteines ermittelt werden muß. Dies gelingt am besten durch Bestimmung der Hyperalgesie an der Hautoberfläche, wobei in Betracht gezogen werden soll, daß es bei stärkeren

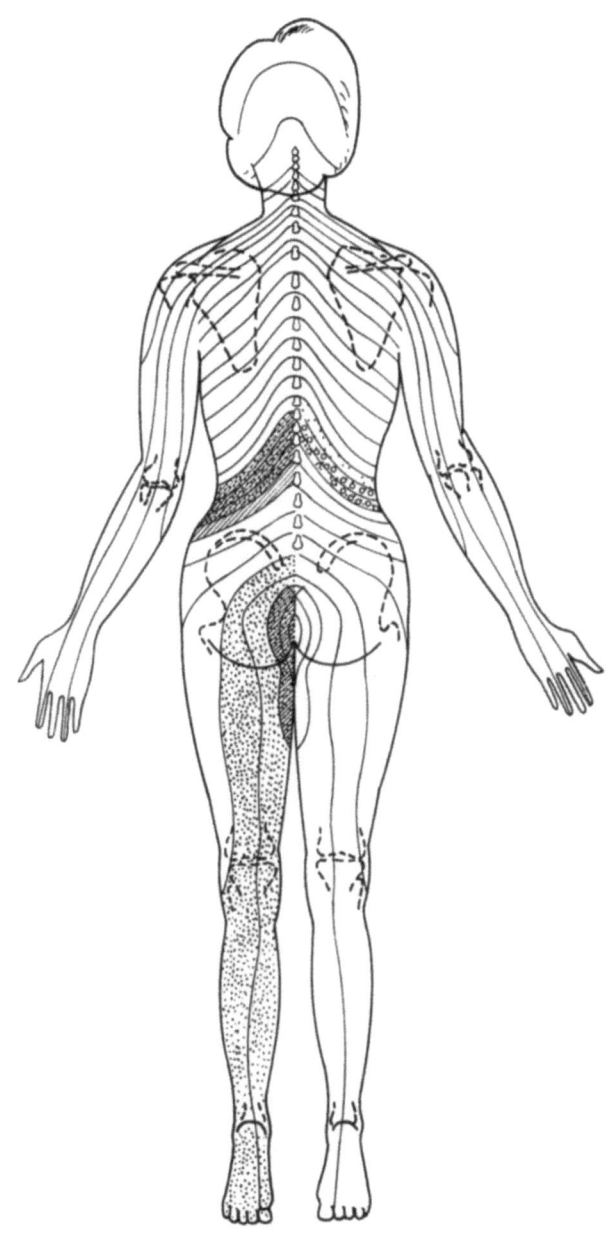

Ovarien: Th_9 bis Th_{12}
Adnexe: Th_{11}, Th_{12}
Cervix; oberer Teil: Th_{11}, Th_{12}, L_1, L_2; unterer Teil: S_3, S_4
Uterus; oberer Teil: Th_{10} bis Th_{12}, L_1; unterer Teil: S_1 bis S_4

Abb. 95. Hyperalgetische Dermatome bei Erkrankungen des weiblichen Geschlechtsapparates

Steinattacken sehr schnell zu einer Ausbreitung der erhöhten Empfindlichkeit in den Nachbarsegmenten und zur Kontralateralisierung kommt. Die röntgenologische Lokalisierung des Steines hilft nicht viel weiter, da sie über die oft beträchtlichen individuellen Schwankungen der Zugehörigkeit von Nierenbecken- und Ureterabschnitten zu den einzelnen Segmenten nichts aussagen kann. Anamnese über Schmerzursprung (S. 257 f.), Bestimmung der Maximalzonen und der Druckempfindlichkeit der Wirbelkörper erlauben bei einiger Erfahrung noch am ehesten die Aufstellung eines wirkungsvollen Therapieplanes. Dieser besteht in der Infiltration der hinteren Wurzeln und in der paravertebralen Blockade des dem Stein zugeordneten Segmentes. Tritt nicht schlagartig Schmerzfreiheit auf, müssen das darüber- und das darunterliegende Segment auf die gleiche Weise behandelt werden. Fast regelmäßig gelingt es auf diese Weise, nicht nur den Anfall zu kupieren, sondern kleinere Uretersteine auch weiterzubefördern. Lokaltherapeutische Maßnahmen in Form von Massagen oder Hyperämisierung sind so lange zu vermeiden, als der Stein noch nicht abgegangen ist, da sie sehr leicht zu neuen Koliken führen können.

Auch die Nieren sind von ihren Nachbarorganen her reflektorisch beeinflußbar. So sind sicherlich das hepato-renale Syndrom, Rest-Stickstoffsteigerungen nach Operationen am Magen-Darm-Trakt, der paralytische Ileus bei Nieren- und Uretersteinen usw. zu einem Gutteil auf reflektorische Auswirkungen dieser Organe oder Körperstellen auf die Nierensegmente zu erklären. Wären Änderungen der Resorptionsverhältnisse im Darm oder mechanische Rückstauungen, Stoffwechseländerungen, Infektionen usw. die alleinige Ursache, würden paravertebrale Blockaden in den Nierensegmenten zu keinen derartigen Erfolgen führen. Umgekehrt beeinflussen Nierenerkrankungen selbst vor allem den Magen-Darm-Trakt, wie aus der Obstipation nach Nierensteinanfällen, den Übelkeitserscheinungen bei chronischer Nephritis und den Darmgeschwüren bei der Urämie einhergeht. Ihre Anzahl und Lokalisation folgen ohne Berücksichtigung der Segmentzugehörigkeit scheinbar unergründlichen Gesetzen und sind keineswegs von der Höhe des Reststickstoffs im Blute abhängig. Während die Niere vor allem den neuromuskulären Apparat und die Gefäße des Magen-Darm-Traktes beeinflußt, bewirkt dieser am häufigsten über Splanchnicusreizung Oligurie mit Verkleinerung des Organs. Stickstoffausscheidung, Ammoniakbildung usw. werden von verschiedenen Sympathicusfasern verschieden beeinflußt (S. 250). Der Vagus hingegen fördert stets Sekretion und Konzentration des Harnes. Aus diesen Überlegungen ergibt sich die wichtige Folgerung, daß bei reflektorischer Beeinflussung der Nierenfunktion durch andere Abdominalorgane bei Oligurie der Sympathicus und bei Polyurie der Vagus blockiert werden müssen. Eine Hemmung der Gesamtstickstoffausscheidung kann durch Infiltration des Ganglion coeliacum, eine solche der Ammoniakbildung, Gesamtsäure- und Phosphatausscheidung durch paravertebrale Blockade in Höhe von L_2 und L_3 beseitigt werden (S. 250). Wird die Oligurie durch Blockade des Nervus splanchnicus major (Ganglion coeliacum) nicht beeinflußt, muß auch der Nervus splanchnicus minor paravertebral infiltriert werden (S. 250).

Nach diesen Ausführungen ergibt sich folgendes Therapieschema für die Behandlung von reflektorisch bedingten Nierenfunktionsstörungen:

A. Bei Oligurie und Hemmung der Gesamtstickstoffausscheidung:

1. Blockade des Nervus splanchnicus major (Ganglion coeliacum nicht infiltrieren, da sowohl Vagus als auch Sympathicus durchziehen und eine Mischwirkung entstünde).

2. Blockade des Nervus splanchnicus minor.

3. Paravertebrale Blockade von Th_{10} bis L_2.
4. Novocain-Prednisolon-Infiltration hyperalgetischer Areale in den erkrankten Nierensegmenten.
5. Lokaltherapie hyperalgetischer Areale von Th_{10} bis L_2 und eventueller Zonen, die mit der Nierenerkrankung in reflektorischer Beziehung stehen (Nervenpunkt-, Periost- und Bindegewebsmassage, physikalische Therapie).

B. Polyurie und Vermehrung der festen Bestandteile des Harns:
1. Infiltration beider Nervi vagi.
2. Kältebehandlung der erkrankten Nierensegmente (S. 251).

So verlockend die therapeutische Beeinflussung der *Nebenniere* durch Blockade des sympathischen Systems zu sein scheint, so enttäuschend sind die tatsächlich zu erzielenden Erfolge. Da die Hauptmasse der zu ihr ziehenden Nerven vom Ganglion coeliacum kommt und auch die Nebenniere selbst verhältnismäßig leicht mit Novocain umspritzt werden kann, ist die nervöse Isolierung dieses Organs in der Regel kein Problem. Außer einer vorübergehenden Euphorie des Patienten ließen sich damit aber bisher keine eindeutigen therapeutischen Resultate erzielen. So konnten weder der Blutdruck noch die Relation von Mineralo- zu Glukocorticoiden signifikant geändert werden. Vielleicht sind bessere Resultate nach Einführung länger wirkender Depotanästhetica erreichbar.

Schmerzzustände bei Erkrankungen der *Harnblase* lassen sich am besten durch Anästhesie der hinteren Wurzeln von Th_{11} bis L_2 und von S_1 bis S_4 beheben. Werden nicht die gewünschten Resultate erzielt, soll man eine Infiltration des Plexus aorticus versuchen, da mit ihm afferente Bahnen noch weiter nach oben wandern können, und die Segmente Th_{11} bis L_2 paravertebral blockieren. Schließlich kann auch eine Blockade der parasympathischen Fasern der Nervi pelvici (S_1 bis S_4) zum Erfolg führen. Da die Blase auf schmerzhafte Empfindungen an der Körperoberfläche sehr leicht mit Kontraktionen reagiert, ist jede Lokaltherapie mit besonderer Vorsicht zu handhaben. Novocain-Prednisolon-Infiltrationen in hyperalgetische Areale der Blasensegmente und Hyperämisierung durch subcutane Luftinfiltrationen sind bei chronischen Blasenerkrankungen noch am besten verwertbar.

Das Therapieschema für schmerzhafte Blasenerkrankungen sieht demnach folgendermaßen aus:

1. Anästhesie der hinteren Wurzeln von Th_{11} bis L_2 (Fundus Th_{10} bis L_2).
2. Infiltration des Plexus aorticus.
3. Paravertebrale Blockade von Th_{11} bis L_2 (Fundus Th_9 bis L_2).
4. Anästhesie der Nervi pelvici (S_1 bis S_4), (Trigonum S_1 bis S_4, L_1 bis L_2).
5. Lokaltherapie hyperalgetischer Areale, die mit der Blase in Zusammenhang stehen könnten.

Die Harnblase besitzt vor allem reflektorische Zusammenhänge mit den Nieren, Prostata, Adnexen und mit dem Dickdarm bis zum Blinddarm. Häufiges Urinieren ist nicht immer auf Herzerkrankungen oder Blasenentzündungen zurückzuführen. Eine chronische Appendicitis, Adnexitis und Prostatitis, Dickdarmerkrankungen usw. können dasselbe bewirken. Umgekehrt kann die Cystitis das Eintreten der Menstruation oder die Darmtätigkeit beeinflussen. Da der Plexus vesicalis, über den die Blase ihre parasympathischen und sympathischen Nervenfasern erhält, der Infiltration nicht zugänglich ist, müssen die parasympathischen Fasern durch Blockade der Nervi pelvici (S_1 bis S_4), die sympathischen durch Blockade der Fasern des Plexus hypogastricus (L_1 bis L_4) und durch Infiltration des Plexus aorticus ausgeschaltet werden. Hierbei gilt die Regel, daß

vermehrte Harnabscheidung durch Ausschaltung der Nervi pelvici und Harnverhaltung durch Blockade der Fasern des Plexus hypogastricus beseitigt werden.
Als Therapieschema für Blasenerkrankungen gilt deshalb:

A. Harndrang mit vermehrter Harnabscheidung:
1. Anästhesie der Nervi pelvici (S_1 bis S_4).

B. Reflektorische Harnverhaltung:
1. Paravertebrale Blockade der Fasern des Plexus hypogastricus (L_1 bis L_4).
2. Infiltration des Plexus aorticus (S. 252).

Psychische Beeinflussungen der Blasenfunktion, wie sie sich vor allem bei Angst- und Schreckzuständen durch plötzliche Entleerung oder durch Bettnässen kennzeichnen, lassen sich bei gehäuftem Auftreten in vielen Fällen ebenfalls durch Blockade der Nervi pelvici günstig beeinflussen. Selbstverständlich nützt nicht eine Blockade allein, sondern es müssen 10 bis 15 derartige Eingriffe in Intervallen von 2 bis 3 Tagen vorgenommen werden (S. 95).

Da auch *Prostata, Samenblase, Eierstöcke* und *Adnexe* vom Plexus hypogastricus einerseits und den Nervi pelvici anderseits versorgt werden, deckt sich die Behandlung ihrer Erkrankungen mit derjenigen beim Blasenleiden.

Für die Ausschaltung des Sympathicus ist wieder außer Blockade der Fasern des Plexus hypogastricus (L_1 bis L_4) die Umspritzung der Aorta abdominalis in Höhe von L_2 bis L_3 nötig, da der Plexus hypogastricus mit dem Plexus aorticus in enger Verbindung steht und dieser wieder seine Fasern entlang der Aorta bis zum Plexus coeliacus und noch weiter sendet (Abb. 86, 87). Nur auf diese Weise lassen sich reflektierte Schmerzen, die sehr leicht bis in die Halswirbelsäule (Ganglion stellatum) reichen, beseitigen.

Der Lokaltherapie in Form von Novocain-Prednisolon-Infiltration hyperalgetischer Areale in den zugehörigen Segmenten oder von Massagen und physikalischer Therapie kommt wesentlich größere Bedeutung als bei Behandlung der Harnblase zu. Hier sind keine Reaktionen zu befürchten und durch die auf diese Weise erreichbare kräftige Durchblutungssteigerung (S. 125) können chronische Entzündungen wesentlich schneller beseitigt werden.

Schmerzzustände und schädliche Nebenwirkungen bei Erkrankungen von Organen des Urogenitalapparates werden am besten durch Anästhesie der jeweils zugeordneten hinteren Wurzeln oder des Nervus pudendus beseitigt. Daneben kommen die paravertebrale Blockade in diesen Segmenten und die Lokaltherapie in Frage. Erst wenn damit keine eindeutigen Erfolge erzielt werden konnten, ist auch durch Blockade des Nervus pelvicus eine eventuelle Bereitschaft zu Hyperperistaltik und zu Erregungszuständen auszuschalten.

Die Anästhesie folgender Segmente kommt bei den einzelnen Organen in Frage:

Nieren: 10. bis 12. Dorsaldermatom (Th_{10} bis L_2).
Nierenbecken: 11., 12. Dorsaldermatom, 1., 2. Lumbaldermatom.
Harnleiter: 1. bis 5. Lumbaldermatom (Th_{10} bis L_5).
Hoden: 10. Dorsaldermatom (Th_{10} bis L_1).
Nebenhoden: 11. und 12. Dorsaldermatom, 5. Lumbaldermatom (Th_{10} bis L_1).
Harnblase: 11. und 12. Dorsaldermatom, 1., 2. Lumbaldermatom, 2. bis 4. Sacraldermatom (Th_9 bis L_2, S_1 bis S_4).
Prostata: 10. und 11. Dorsaldermatom, 5. Lumbaldermatom, 1. bis 3. Sacralsegment (S_1 bis S_4, L_1 und L_2).
Ovarien: 10. bis 12. Dorsaldermatom (Th_{10} bis L_1).

Adnexe: 10. bis 12. Dorsaldermatom, 5. Lumbaldermatom, 1. Sacralsegment (Th$_{12}$ bis L$_1$).

Cervix: unterer Cervicalkanal, 3. und 4. Sacraldermatom, oberer Teil des Cervicalkanals, 11. und 12. Dorsaldermatom, 1. und 2. Lumbaldermatom (L$_1$ und L$_2$).

Uterus: 10., 11. und 12. Dorsaldermatom, 1. Lumbaldermatom, 1. bis 4. Sacraldermatom (Th$_{10}$ bis L$_2$).

Das Therapieschema für Schmerzzustände und schädliche Nebenwirkungen von Organen des Urogenitalapparates sieht demnach folgendermaßen aus:

1. Anästhesie der hinteren Wurzeln der dem jeweiligen Organ zugeordneten Segmente (s. oben).
2. Infiltration des Nervus pudendus.
3. Paravertebrale Blockade der dem jeweiligen Organ zugeordneten Segmente (s. oben).
4. Infiltration der Aorta abdominalis in Segmenthöhe.
5. Infiltration des Ganglion coeliacum.
6. Anästhesie des Ganglion stellatum.
7. Novocain-Prednisolon-Infiltration hyperalgetischer Areale in diesen Segmenten.
8. Lokaltherapie (Nervenpunkt-, Periost- und Bindegewebsmassagen, physikalische Therapie) hyperalgetischer Areale in den Segmenten, die den jeweiligen Organen zugeordnet sind, und in solchen Abschnitten, von denen eine reflektorische Beeinflussung möglich ist.

Die Behandlung von Erkrankungen des Genitalapparates soll nach folgendem Schema durchgeführt werden:

1. Paravertebrale Blockade von Th$_{10}$ bis L$_2$.
2. Umspritzung der Aorta abdominalis in Höhe von L$_2$ und L$_3$.
3. Anästhesie der Nervi pelvici (S$_1$ bis S$_4$).
4. Infiltration des Nervus pudendus.
5. Novocain-Prednisolon-Infiltration hyperalgetischer Areale in den zugeordneten Segmenten.
6. Lokaltherapie (Nervenpunkt-, Periost- und Bindegewebsmassage, physikalische Therapie) in den hyperalgetischen Arealen von Th$_{10}$ bis S$_4$ und in Zonen, die mit den Genitalorganen in reflektorischer Beziehung stehen können.

Psychische Störungen wirken sich vor allem wie bei der Harnblase über den Nervus pelvicus aus. Ihre Beseitigung kann deshalb durch Blockade dieser Nervenfasern versucht werden. Günstige Erfolge lassen sich gelegentlich bei der Ejaculatio praecox erzielen, wenn derartige Eingriffe in Abständen von 2 bis 3 Tagen 10- bis 15mal wiederholt werden.

Die Behandlung rheumatischer Beschwerden, die durch Erkrankung des Urogenitaltrakts ausgelöst werden, ist auf S. 184 f. beschrieben.

Literatur

1. SCHAEFER: Acta neuroveget. 4 (1952), 302. — 2. FLEISCH und Mitarbeiter: Klin. Wschr. 19 (1940), 984. — 3. DOMINI und REIN: Pflügers Arch. 246 (1943), 608. — 4. FOERSTER: Dtsch. Zschr. Nervenhk. 107 (1929), 41. — 5. KURÉ und KAWAGUZI: Zschr. exper. Med. 65, 473. — 6. TEIRICH und LEUBE: Therap.woche 6 (1955/56), 471. — 7. DICKE und LEUBE: Meine Bindegewebsmassage. Stuttgart: Hippokrates-Verlag, 1954. — 8. GLÄSER, zit. nach DALICHO: Therap.woche 6 (1956), 473. — 9. DALICHO: Therap.woche 6 (1956), 473. — 10. POREAS: Darmkrankheiten. Wien: Urban und Schwarzenberg, 1935. — 11. SCHNEIDER, zit. nach KOWARSCHIK: Med.

Klin. *10* (1952), 365. — 12. RUHMANN: Dtsch. med. Wschr. *1937*, 100. — 13. BAUNSCHEIDT, zit. nach KOWARSCHIK: Med. Klin. *10* (1952), 365. — 14. ROBERTSON und KATZ: Amer. Med. Sc. *196* (1938), 199. — 15. STURGE: Brain *5* (1883), 492. — 16. SINCLAIR und Mitarbeiter: Brain *71* (1948), 184. — 17. COHEN: Lancet *2* (1947), 933. — 18. SCHUHMACHER: Ass. Res. Nerv. Ment. Dis. Proc. *23* (1943), 166. — 19. HARDY, GOODELL und WOLFF: Amer. J. Physiol. *133* (1941), 316. — 20. THEOBALD: Referred Pain, a New Hypothesis. Colombo: The Time of Ceylon, 1941. — 21. KOWARSCHIK: Med. Klin. *10* (1952), 365. — 22. BUMKE und FOERSTER: Handbuch der Neurologie, Bd. 3, S. 494. Berlin: Julius Springer, 1937. — 23. MORRISON, SHORT, LUDWIG und SCHWAB: Amer. J. Med. Sc. *214* (1947), 33. — 24. HOEFER und GUTTMANN: Arch. Neurol. Psychiatr. *51* (1944), 415. — 25. SWANK und PRICE: Arch. Neurol. Psychiatr. *49* (1943), 22. — 26. JONES: Arthritis Deformans. Bristol: John Wright, 1909. — 27. GOOD: Paris méd. *41* (1949), 489; Kongreßbericht Dtsch. Ges. inn. Med. Wiesbaden *1949*, 84. — 28. BRAZIER, WATKINS und SCHWAB: N. England J. Med. *185* (1944), 230. — 29. WATKINS, BRAZIER und SCHWAB: J. Amer. Med. Ass. *123* (1944), 188. — 30. SCHWAB, WATKINS und BRAZIER: Arch. Neurol. Psychiatr. *1943*, 538. — 31. WATKINS und BRAZIER: Arch. Psychiatr. Med. *26* (1945), 69. — 32. WEDDELL, FEINSTEIN und PATTLE: Lancet *1* (1943), 236. — 33. FORSTERS und ALPERS: Arch. Neurol. Psychiatr. *51* (1944), 264. — 34. COMROE: Arch. Int. Med. *76* (1954), 139. — 35. KOVANCS und Mitarbeiter: J. Amer. Med. Ass. *100* (1933), 1018. — 36. HERZOG: Zschr. Kreisl.forsch. *34* (1942), 205. — 37. FREYBERG: Univ. Hosp. Bull. *8* (1942), 86. — 38. GRANT und Mitarbeiter: J. Exper. Med. *32* (1920), 87. — 39. SCHMID und Mitarbeiter: Wien. Zschr. inn. Med. *36* (1955), 399. — 40. GOOD: Kongreßbericht Dtsch. Ges. inn. Med. Wiesbaden *1949*, 84. — 41. LIVINGSTON: Pain Mechanisms. New York: Macmillan, 1943. — 42. GORREL: J. Amer. Med. Ass. *142* (1950), 557. — 43. TRAVELL: Mississippi Valley Med. *71* (1949), 23. — 44. GOOD: Zschr. Rheumaforsch. *9* (1950), 33. — 45. KELLGREN: Clin. Sc. *3* (1938), 175. — 46. LERICHE: Surgery of Pain. Baltimore: Williams and Wilkins, 1938. — 47. LEWIS: Pain. New York: Macmillan, 1942. — 48. BERNATECK: Die Therapie *6* (1956), 478. — 49. SIMONS und WOLFF: Psychosomat. Med. *1946*, 227. — 50. ELLIOTT: Lancet *1* (1944), 47. — 51. WEDDELL, zit. nach SIMONS und WOLFF: Lancet *1* (1944), 47. — 52. JONES und BROWN: J. Nerv. Ment. Dis. *99* (1944), 668. — 53. SIMONS, DAY, GOODELL und WOLFF: Ass. Res. Nerv. Ment. Dis. Proc. *23* (1943), 228. — 54. WOLFF: Harvey Lectures *39* (1943/44), 39. — 55. CYRIAX: Brit. Med. J. *2* (1938), 1967. — 56. CAMPBELL und PARSONS: J. Nerv. Ment. Dis. *99* (1944), 544. — 57. MÜLLER, GREVING und GAGEL: Verh. Dtsch. Ges. inn. Med. *1937*, 61. — 58. FOERSTER: Leitungsbahnen des Schmerzgefühls. Berlin-Wien: Urban und Schwarzenberg, 1927. — 59. FOERSTER, GAGEL und MAHONEY: Verh. Dtsch. Ges. inn. Med. *1936*, 386—397. — 60. BERKELBACH VAN DER SPRENKEL: J. Anat. *70* (1936), 233. — 61. LEWINSKY und STEWART: J. Anat. *72* (1938), 234. — 62. BRASHEAR: J. Amer. Dent. Ass. *23* (1936), 662. — 63. PFAFFMANN: J. Physiol. *97* (1939), 207. — 64. ROBERTSON, GOODELL und WOLFF: Arch. Neurol. Psychiatr. *57* (1947), 277. — 65. WOLFF und HARDY: J. Clin. Invest. *20* (1941), 521. — 66. HARDY, GOODELL und WOLFF: Amer. J. Physiol. *133* (1941), 316. — 67. WOLFF: Harvey Lectures *39* (1943/44), 39. — 68. HARDY, WOLFF und GOODELL: J. Clin. Invest. *19* (1940), 649. — 69. LEWIS und HESS: Clin. Sc. *1* (1934), 39. — 70. SCHUHMACHER: Ass. Res. Nerv. Ment. Dis. Proc. *23* (1942/43), 166. — 71. BIGELOW und GOODELL, zit. nach ROBERTSON und Mitarbeiter: Arch. Neurol. Psychiatr. *57* (1947), 284. — 72. ORBAN und RICHEY: J. Amer. Dent. Ass. *32* (1945), 145. — 73. WOLFF: Harvey Lectures *39* (1943/44), 39. — 74. ELLINGER und HIRT: Arch. exper. Pathol. Pharmakol. *106* (1925), 135. — 75. SIMONS, GOODELL und WOLFF: Ass. Res. Nerv. Ment. Dis. Proc. *23* (1942/43), 228. — 76. ROBERTSON und Mitarbeiter: Arch. Neurol. Psychiatr. *57* (1947), 284. — 77. POTTENGER: Beitr. Klin. Tbk. *60* (1923), 357. — 78. KNOTZ: Wien. klin. Wschr. *37* (1926), 1036. — 79. SKRAMLIKS: Pflügers Arch. *184* (1920), H. 1. — 80. VERZAR und PETER: Pflügers Arch. *212* (1926), 1. — 81. ACHNER: Wien. klin. Wschr. *1908*, 1529. — 82. HIRSCH: Arch. klin. Chir. *137*, H. 2. — 83. DENNIG: Klin. Wschr. *1925*, Nr. 2. — 84. LEHMANNS: Klin. Wschr. *1924*, Nr. 42. — 85. HIRSCH: Münch. med. Wschr. *1926*, Nr. 5. — 86. SPIEGEL und BERNIS, zit. nach SCHILF: Das autonome Nervensystem. Leipzig: Georg Thieme, 1926. — 87. TRAVELL, BERRY und BIGELOW: Fed. Proc. *3* (1944), 49. — 88. WIEDHOPF: Klin. Wschr. *1924*, Nr. 17. — 89. SCHILF: Klin. Wschr. *1925*, Nr. 17. — 90. MATTHES: Differentialdiagnose innerer Krankheiten, 6. Aufl. Berlin: Julius Springer, 1929. — 91. KNOTZ: Wien. klin. Wschr. *37* (1926), 1036. — 92. DE QUERVAIN: Spezielle chirurgische Diagnostik. Leipzig, 1915.

Sachverzeichnis

Abszeß, subphrenischer 243
Acidose und Neuraltherapie 110
Adiposalgie 126
Adipositas dolorosa 116
Adnexe und Arthritis 255
— — Ganglion stellatum 266
— — Halbseiten-Fernreflexe 77
— — Halswirbelsäule 266
— — Magenerkrankung 237
Adnexerkrankungen, Dorsaldermatome 261
Adnexitis und Darmtätigkeit 231
— — Polyurie 265
Adrenalinzusatz und Novocain 92
A-Fasern 17
α-Fasern 18
Afferente Fasern und Hypothalamus 22
— Impulse, Frequenz 93
— Schmerzimpulse 84
— —, Beseitigung 86
— — und Organe 85
Agaricin und Neuraltherapie 110
Akromegalie 130
Akupunktur 124
—, elektrische 124
—, galvanische 124
Alkalose und Neuraltherapie 110
— — Schmerzen 110
Allylsenföl 125
Analfissur 262
Anämie und Generalisation 51
Androgene und Knochenatrophie 110
Aneurysmen der Aorta 214
— — — und lokaler Schmerz 215
Angina pectoris 214
— — und Dornfortsätze 215
— — — Intercostalmuskeln 215
— — — linkes Schultergelenk 215
— — — Musculus sternocleidomastoideus 215
— — — trapezius 215
— — — Periostmassage 171
— — — Rachen 215
— — — Schmerz 56
— — — Schulter-Arm-Hand-Syndrom 176
— — — Unterkiefer 56
— — — Zähne 56
Animalisches Nervensystem 3
Anisohydrosis 76
Anisokorie, sympathische 45, 66
— und Bronchuscarcinom 226
Ansa subclavia Vieussenii 9

Antidrome Impulse 57
— Leitung 37
Antihistaminica und Neuraltherapie 110
Anurie und Nierensteinkolik 251
Anus und Harnblase 260
Aorta abdominalis, Injektion 101
— und Augenschmerzen 214
— — Dermatome 214
— — Kopfschmerzen 214
— — Kopfzonen 214
Aortenklappen 214
Appendicitis, Fernreflexe 234
— und Harnblase 234
— — Polyurie 265
Appendix und Darmtätigkeit 231
— — Gallenblasenerkrankung 248
— — Halbseiten-Fernreflexe 77
— — Herz 218
— — Magenerkrankung 237
— — Pigmentstoffwechsel 118
Ariepiglottische Falten 206
Arsonvalisation 126
Arteria anonyma 7
— carotis communis 7
— — —, Injektion 102
— — — und Pleuraaffektionen 226
— — externa 7
— — —, Injektion 102
— — — und Tonsillenerkrankung 209
— — interna 7
— — —, Injektion 102
— — — und Tonsillenerkrankung 205
— hepatica und Vagus 15
— thyreoidea inferior 7
— vertebralis 9
Arthritis der Fingergelenke 183
— — —, Therapieschema 183
— — — und Tonsillen 204
— — —, Ursachen 183
— — Fußgelenke 186
— — —, Therapieschema 186
— — —, Ursachen 186
— — des Ellbogengelenkes 182
— — —, Therapieschema 182
— — —, Ursachen 182
— — Handgelenkes 183
— — —, Therapieschema 183
— — —, Ursachen 183
— — Hüftgelenkes 184
— — —, Diagnose 184
— — —, Ursachen 184
— — Kniegelenkes 185
— — —, Therapieschema 185

Arthritis des Kniegelenkes, Ursachen 185
— — Schultergelenkes 181
— — —, Therapieschema 181
— — — und Fokussuche 181
—, Druckschmerzhaftigkeit 163
— und Adnexe 255
— — Hauttemperatur 81
— — Hyperalgesie 81
— — Leitfähigkeit 81
— — Prostata 255
— — trophische Nervenfasern 81
Arthropathie und Nerven 129
Assoziationszelle 22
Atrioventricularknoten und linker Accelerans 211
— — — Vagus 211
— — Sympathicus 211
Atropin und Neuraltherapie 110
AUERBACHscher Plexus 229
Augapfel, Exzision 193
Augen und Aorta 214
Augenerkrankungen, Therapieschema 195
— und Kopfdermatome 193
— — Rheumatismus 195
— — Tonsillen 210
Augenkammer, Drucksteigerung 192
Ausstrahlung 126
Automatie, atrioventriculäre, Beeinflussung 212
Autonomer Grundplexus 7
Autonomes Nervensystem 3
Axon 27
Axonreflexe 81
— und reflektierter Schmerz 57

Bauchspeicheldrüse s. Pankreas
BELL-MAGENDIEsches Gesetz 16
Bestrahlung 126
Bettnässen 266
— und Nervi pelvici 266
Beugereflex 28
B-Fasern 17
β-Fasern 18
Bienenstiche 124
Bindegewebsmassage 121
—, Anhackstriche 122
—, Aufbaufolgen 122
—, Grundaufbau 122
—, Intercostalstriche 122
—, Tannenbäumchen 122
Blasenerkrankung, Schmerzausstrahlung 259
—, Therapieschema 265, 266
Blasenfunktion und Psyche 266
Blockade des Ganglion stellatum 97
—, paravertebrale 89, 97
Blutdruck und Vaguszentrum 212
Bolometer 75
Branchiogene Cysten 206
Brechweinstein 125
Brennesseltherapie 125
Bronchien und Vagus 15
Bronchopneumonische Herde und Herz 225
Bronchopulmonale Segmente 225

Brusterkrankungen und Sacral-Fernreflexe 255
Burning pain 17
Bursitis calcarea 244
Butazolidin und Neuraltherapie 110

Canalis vidianus 190
Central excitatory state 28
Centrum ciliospinale 44, 188
— — und Iris 190
— — — sympathische Anisokorie 45
Cerebrospinales Nervensystem 113
Cervicalkanal, oberer Teil und Dorsaldermatome 261
—, unterer Teil und Dorsaldermatome 261
Cervicalkatarrh 261
— und Temporalkopfschmerz 46
Cervix 261
C-Fasern 17
— und Luftinfiltrationen 92
— — physiologische Kochsalzlösung 92
Cholelithiasis und Iris 116
Chorda tympani und Parasympathicus 14
Chronaxie, sensible 73
CLARK-STILLING-Säule 19
Coronarthrombose und Schmerz 56
— — Unterkiefer 56
— — Zähne 56
CROONsche Reaktionsstellen 72
Curare und Neuraltherapie 110
Cyclitis 192

DARKSCHEWITSCHscher Kern 128
Darm, Schmerzlokalisation 231
— und flächige Einziehungen 117
— — Hinterhauptschmerz 47
— — Magenerkrankung 237
Darmautomatie 231
Darmblutung 239
Darmerkrankungen, Druckpunkte 234
—, Fernreflexe 234
—, psychische Einflüsse 240
—, Therapieschema 239, 240
— und Zentralnervensystem 239
Darmfunktion und Nervus vagus 231
— — Sympathicus 231
Darmgefäße und Nervus splanchnicus 231
Darmgeschwüre und Urämie 264
Darmmotorik, Beeinflussung 239
Darmtätigkeit und Appendix 231
— — Cystitis 265
— — Gallenblase 231
— — Gallensteinanfälle 231
— — Geschlechtsorgane 231
— — Menstruation 265
— — Niere 231
— — Psyche 231
Darmtrakt und Sympathicus 230
Darmulcera 231
— und Parasympathicus 239
Defäkationsreflex und Psyche 231
Dendrit 27
Depressornerv 20
Dermatom 35, 213

Dermatom am Kopf 40
— und Eingeweide 39
Dermatomschema nach DÉJÉRINE 38
— — FOERSTER 38
— — HANSEN 39
— — HEAD 37
Dermographia alba 120
— elevata 120
Dermographismus 76, 120
Detrusortonus und Plexus hypogastricus 253
δ-Fasern 18
Diabetes und Gallenblasenerkrankung 248
Diaphragma 138
—, Erkrankungen, Therapieschema 228
—, Schmerzausstrahlung 223
—, Tonus 219
—, Trophik 219
— und Nervus phrenicus 219
— — Schulter-Arm-Hand-Syndrom 176
— — Sympathicus 219
Diät und Schmerzen 110
Dickdarmerkrankung und Polyurie 265
Digiti mortui 88
Dornfortsätze, Druckschmerzhaftigkeit 80, 163
— und Angina pectoris 215
Druckreizschwelle 169
Dualismus, vegetatives Nervensystem 4
Ductus lacrimalis 194
— thoracicus 10
Dünndarm und Lebererkrankung 246
Duodenum 233
Dyschezie 231
Dysreflexie, vasomotorische und Knochen 164
—, vegetative 84

Echinococcus der Leber 243
ECONOMOsche Krankheit 130
Efferente Bahnen, Beeinflussung 87
— —, Unterbrechung 91
Effluvien 126
Eingeweideschmerz 26
— und Nervus phrenicus 43
— — periphere Reize 93
Einziehung, bandförmige und Organe 68
—, flächige 117
Eiweißabbau und Ganglion coeliacum 246
— — — nodosum 246
Ejaculatio praecox 267
— — und Infiltration des Nervus pelvicus 267
Elektro-Herd-Testung 71
—, Fehlerquellen 71
—, Störzonen 71
—, Testströme 72
Elektromyographie 161
Elektrotherapie der Muskulatur 173
Ellbogengelenk, Erkrankung 182
Emotioneller Ikterus 241
Endplatte 27
Epiglottis 206
Epikritische Nervenendigung 23
Erosion und Temporalkopfschmerz 46

Erregungszustand, zentraler 28
Exterozeptoren 16
Extrasympathische afferente Bahnen 22

Fasern, postganglionäre 3
—, präganglionäre 3
Fibrositis 81
— und Luftinfiltration 121
— — subcutane Novocaininfiltrationen 121
Fieber und Generalisation 50
Fingergelenke, Erkrankung 183
First pain 17, 25
Flexura lienalis 234
Flimmerepithel und Nervenbahnen 225
Fokus, Anästhesie 87
—, —, Schema 82
—, — und Diagnose 66
—, Diagnose und Anamnese 68
—, — — artifizielle Reizung 65
—, — — bandförmige Einziehung 68
—, — — Bindegewebsmassage 78
—, — — Dermographismus 76
—, — — Haltung des Patienten 66
—, — — Herpes facialis 67
—, — — zoster 67
—, — — Hyperalgesie 65
—, — — Kältegefühl 69
—, — — Krampfung der Gesichtsmuskulatur 67
—, — — Muskeldruckpunkte 77
—, — — Mydriasis 66
—, — — Nervendruckpunkte 77
—, — — Palpation 78
—, — — Pigmentanomalien 67, 68
—, — — pilomotorische Störungen 76
—, — — Reflexe 65
—, — — Schmerzerzeugung 66
—, — — Schonhaltung 66
—, — — Schreck 66
—, — — Schweißneigung 68
—, — — sudomotorische Störungen 76
—, — — sympathische Anisokorie 66
—, — — Vasomotorenreflexe 68, 75
—, — — Widerstandskraft 66
—, visceraler 81
Fokusisolierung 94
Formalinspiritus und Neuraltherapie 110
FRANKENHÄUSERscher Plexus 255
Frontonasalzone 40
Frontotemporalzone 40
Frühinfiltrate, Fokussanierung 225
—, Neuraltherapie 225
Fußgelenkserkrankung 186
—, Therapieschema 186

Gallenblase, Motorik 241
—, Schmerzlokalisation 243
— und Arthritis des Schultergelenkes 181
— — Bursitis calcarea 244
— — Darmtätigkeit 231
— — Dorsaldermatome 244
— — flächige Einziehungen 117
— — Halbseiten-Fernreflexe 77
— — Halswirbelsäule 244

Gallenblase und Herz 218
— — Infiltration des Nervus phrenicus 247
— — Iris 116
— — Lebererkrankung 246
— — Magenerkrankung 237
— — Nervus splanchnicus 241
— — Pigmentstoffwechsel 116
— — Piloarrektion 120
— — Sacralfernreflexe 255
— — Schultergürtel 242, 244, 247
— — Temporalkopfschmerz 46
Gallenblasenbeschwerden, reflektorische, und Röntgenuntersuchung 224
Gallenblasenerkrankung, Therapieschema 248
— und Appendix 248
— — Diabetes 248
— — Magen 248
— — Pankreas 248
Gallenblasenmotorik und Zentralnervensystem 248
Gallenblasenschmerz und Nervus phrenicus 43
Gallenblasenstörung, reflektorische und Lunge 223
Gallensekretion und Nervus vagus 241
— — Sympathicus 241
Gallensteinanfall und Darmtätigkeit 231
— — Ganglion coeliacum 247
— — Speichelsekretion 242
Ganglienzelle, pseudounipolare 22
—, unipolare 18
Ganglion cardiacum medium 9
— cervicale inferius 9
— — — und Herzmuskelkontraktion 205
— — — — Reizleitung 205
— — medium 9
— — —, Infiltration 97
— — — und Herzmuskelkontraktion 205
— — — — Reizleitung 205
— — — — Tonsillenerkrankung 209
— — supremum 7
— — —, Infiltration 98
— — — und Ohrerkrankung 207
— — — — Ohrspeicheldrüse 198
— — — — Tonsillen 204, 209
— — — — Tränendrüse 191
— ciliare 187
— —, Infiltration 100, 194
— — und Halssympathicus 187
— — — Parasympathicus 13
— coccygium 5, 10
— coeliacum, Blockade und Reststickstoffsteigerung 264
— —, Infiltration 100
— — — beim Gallensteinanfall 247
— — — und Hyperglykämie 246
— — — — Lebererkrankung 246
— — — — Pankreaserkrankung 242, 249
— — und Bauchspeicheldrüse 242
— — — Eiweißabbau 246
— — — Nervus vagus 241

Ganglion coeliacum und Niere 250
— — — Pankreas 242
— Gasseri, Infiltration 100
— — und Ohrerkrankung 208
— geniculi 187
— — und Ohrerkrankung 208
—, Infiltration 89
— jugulare 7
— mesentericum inferius 230
— — —, Infiltration 100
— — superius 230
— — — und Niere 250
— nodosum 7, 14
— — und Eiweißabbau 246
— — — Hyperglykämie 246
— oticum 7, 13, 196
— petrosum 7, 197
— — und Ohrerkrankung 208
— phrenicum 11
— renale 250
— semilunare 252
— sphenopalatinum 190
— —, Infiltration 100
— — und Ohrerkrankung 208
— — — Parasympathicus 13
— — — Schleimdrüsen des Nasen-Rachenraumes 191
— — — Tonsillenerkrankung 209
— — — Tränendrüse 190
— — — Zahnerkrankung 207
— stellatum 5
— —, Blockade 97
— —, pilomotorische Fasern 187
— —, psychische Einflüsse 187
— —, sudomotorische Fasern 187
— — und Adnexe 266
— — — Ohrerkrankung 207
— — — Pleuraaffektionen 226
— — — Prostata 266
— — — Tonsillenerkrankung 209
— — — Vagus 15
— — — Zahnerkrankung 207
— —, vasomotorische Fasern 187
— submaxillare 7, 198
— —, Infiltration 100
— — und Ohrerkrankung 208
— — — Parasympathicus 13
— — — Zungenerkrankung 208
— vesicorenale 250
Gastroenterostomie 234
Gastrojejunitis 234
Gefäße 212
—, Schmerzleitung 212
— — und Zentren dritter Ordnung 213
—, vasodilatatorische Nerven 212
—, vasokonstriktorische Nerven 212
Gefäßkrankheiten, Behandlung 218
Gehirngefäße und Kopfschmerz 175
Gehörgang, äußerer 202
Gelenke, Hyperalgesie 80
—, Temperaturmessung 80
Gelenksrheumatismus und Nervenverletzung 129
Generalisation 48
— und Anämie 51

Generalisation und Fieber 50
— — Geschlechtshormone 50
— — Infektionskrankheiten 51
— — psychische Einflüsse 51
— — Schilddrüse 51
Genitalapparat und flächige Einziehungen 117
Geschlechtshormone und Generalisation 50
Geschlechtsorgane, Innervation 255
— und Darmtätigkeit 231
Gesichtsmuskulatur und Fokusdiagnose 67
Geteilte Impulsfortpflanzung 54
γ-Fasern 18
Glandula parotis 13
— —, Innervation 197
Glaukom 192
—, Erbrechen 223
— und Zahnschmerzen 223
Glomus caroticum 7
Glukocorticoide und Neuraltherapie 110
— — Pigmentanomalien 110
GOLGI-MAZZONISCHE Körperchen 16
GOLGI-Zelle 22
GOLL-BURDACHscher Strang 19
Grenzstrangganglien und Seitenhornsegmente 90
Großer Aufbau 121
Grundaufbau 122
Grundplexus, autonomer 7
Gummata des Larynx 206

Haarboden, Hyperalgesie 203
Haarzellen 16
Halbseitenabwehr 78
Halbseiten-Fernreflexe 77
Halbseitenhyperalgesie 69
Halisteresis, nervöse Beeinflussung 129
Halssympathicus und Ganglion ciliare 187
Halswirbelsäule und Adnexe 266
— — Arthritis des Schultergelenkes 181
— — Gallenblase 244
— — Prostata 266
— — Tonsillen 204
— — Zahnerkrankung 207
Hämorrhoiden und Harnblase 260
Handgelenk, Erkrankung 183
Harnblase, Schmerzlokalisation 232
— und Appendicitis 260
— — Darmtätigkeit 265
— — Dorsaldermatome 259
— — flächige Einziehungen 117
— — Hämorrhoiden 117
— — Nervi pelvici 252, 267
— — Nierenerkrankung 260
— — Nierensekretion 251
— — Ovarien 260
— — Perineum 260
— — Psyche 267
— — Ureter 260
— — Uterus 260
Harnverhaltung 253
Haut und Nierensekretion 251
— — Pigmentstoffwechsel 116
— — trophische Nervenfasern 115

Haut und vegetative Nervenfasern 113
Hautareale, Anästhesie der 57
Hautleitwerte 76
Hautreize, chemische 125
—, elektrische 126
—, mechanische 121
—, thermische 125
Hautreizmittel 125
Hautreiztherapie 109, 121
Hauttemperatur, Messung 68
— und Arthritis 81
— — paravertebrale Blockade 91
Hautwiderstandsmessung 72
Heizkissen 126
Hemiatrophia faciei 67
— — und Halssympathicus 117
— — — Pigmentstoffwechsel 116
— — — Syringomyelie 117
— — — Tuberkulose 117
Hemmung, direkte 32
—, indirekte 32
—, zentrale 31
Hepato-renales Syndrom 264
HERINGscher Nerv 20
Herpes corneae, Neuraltherapie 194
— facialis und Fokusdiagnose 67
— zoster 130
— — und Fokusdiagnose 67
Herz, atrioventriculäre Automatie 212
—, rückläufige Erregungswellen 211
— und Appendix 218
— — flächige Einziehungen 117
— — Gallenblase 218
— — hypostatische Pneumonie 225
— — Leber 218, 246
— — Lungenerkrankung 225
— — Magen 218
— — Pankreas 218
— — Sacralfernreflexe 255
— — Schilddrüse 217
— — Schultergelenk 181
— — Stirnkopfschmerz 46
— — Temporalkopfschmerz 46
— — Tonsillen 205
Herzaktion und seelische Erregung 212
Herzkrankheiten, Therapieschema 216
— und Kopfherde 216
Herzmuskel, Durchblutungsstörungen 216
Herzreflexe 34
Herzschlagzahl, Beeinflussung 212
Herzschlauch, primärer 213
Herzschmerz und Cervicalwurzeln 43
Herztätigkeit und Stellatumblockade 97
Heterochromie der Iris und Sympathicus 116
Hintere Wurzeln, Infiltration 96
Hitzeanwendung 126
Hoden und Hinterhauptschmerz 47
Hodenerkrankung, Dorsaldermatome 258
Hodenschmerzen und Nierenstein 223
Hornhauterosion, Neuraltherapie 194
Hornhautgeschwüre 192
Hornhautnarben, Neuraltherapie 194
Hüftgelenk, Erkrankung 184
Hydrotherapie 127

Hyperalgesie 70
— der Gelenke 80
— — Knochen 80, 163
— — Körperhälfte 69
—, Dornfortsätze 163
—, Hautfaltenmethode 71
—, Stadien der 75
—, tiefe 79
— und Arthritis 81
Hyperämische Flecke 119
Hyperästhesie 70
Hyperglykämie und Ganglion coeliacum 246
— — — nodosum 246
Hyperhydrosis 68
— und Tonsillen 205
Hyperkeratosis 130
Hyperpigmentationszonen 118
Hyperreflexie, vasomotorische und Rheumatismus 88
Hypertonus und Vibration 123
Hypothalamus und afferente Fasern 22

Ichthyol 125
Ichthyosis 130
Ikterus, emotioneller 241
Impulsfortpflanzung, geteilte 54
Impulsschallbehandlung 90
Impulsströme 173
Inaktivitätsatrophie 33
Induktion, sukzessive 31
Infektarthritis und Spikes 163
Infektionskrankheiten und Generalisation 51
Infiltration der hinteren Wurzeln 96
—, epidurale 101
—, präsacrale 101
— s. Ganglion
— s. Nervus
—, transsacrale 101
Infiltrationstechnik 95
Infrarotbestrahlung 126
Injektion, intraarterielle 101
Innervation, reziproke 31
Intercostalmuskeln und Angina pectoris 215
Intercostalneuralgie, Diagnose 221
— und Lungenerkrankung 221
Intermediolaterale Zellsäule 5
Intersegmentale Reaktion 31
— Reflexe 28
Ionomodulator 126
Ionomodulatorbehandlung 90
Iontophorese 127
Irgapyrin und Neuraltherapie 110
Iris und Centrum ciliospinale 190
— — Parasympathicus 188
Iritis 192
Irritable focus 52
Ischiasneuralgie 179
—, Diagnose 179
—, Therapieschema 180
—, Ursache 179

JACOBSONsche Anastomose 197

Kältegefühl und Gallenblase 69
— — Nierensteine 69
Kantharidenpflaster 125
Kleiner Aufbau 121
Klima und Gelenksrheumatismus 164
Klimakterium und Polyarthritis 50
Kneippkur 127
Knetung 123
— und Myogelose 123
Kniegelenkserkrankung, Therapieschema 185
—, Ursachen 185
Knochen und cerebrospinale Nerven 129
— — Hyperalgesie 80, 163
— — vasomotorische Dysreflexie 164
— — vegetative Nerven
Knochenatrophie und Androgene 110
Knochenveränderung und Nervendurchschneidung 129
— — Poliomyelitis anterior 130
— — Polyarthritis rheumatica 130
— — RAYNAUDsche Gangrän 130
— — Schußverletzung 129
— — Sklerodermie 130
— — Syringomyelie 130
— — Tabes dorsalis 130
Kochsalzinfiltrationen 92
Kollateralganglien 5
Kontralateralisierung 49
Kopfdermatome und Augenerkrankungen 193
— — Ohrenerkrankung 202
— — Zähne 200
Kopfherde und Herz 217
— — Lungenspitzenaffektionen 225
— — primär chronische Polyarthritis 164
— — Vasokonstriktion 164
Kopfschmerzen, posttraumatische 174
—, reflektierte 175
—, Therapieschema 175
— und Aorta 214
— — flächige Einziehungen 117
— — Gehirngefäße 175
— — Kochsalzinjektion, hypertone 174
— — Malaria 220
— — Narben 175
— — Novocaininfiltration 174
— — Zahnherde
—, Ursachen 174
Kopfzonen und innere Organe 49
— — Lungenerkrankung 222
— — Zunge 203
Kratzreflexe 28
KRAUSEsche Endkolben 16
Kromayer-Lampe 126
Krotonöl 125
Kurzwellenbestrahlung 173

Labyrinth und Muskeltonus 127
Larynx 206
—, Carcinome 206
—, Gummata 206
Larynxerkrankungen, Therapieschema 210

Larynxtuberkulose 206
Leber und Dorsaldermatome 243
— — flächige Einziehungen 117
— — Halbseiten-Fernreflexe 77
— — Herz 218
— — Magenerkrankung 237
— — Nervus vagus 241
— — Scheitelkopfschmerz 46
— — Schultergelenk 181
— — Sympathicus 241
— — Vertikalkopfschmerz 46
Lebercirrhose 243
Lebererkrankung und Dünndarm 246
— — Gallenblase 246
— — Ganglion coeliacum 246
— — Herz 246
— — Magen 246
— — Pankreas 246
— — Therapieschema 246
Leberflecke 120
Leberparenchymschaden 243
Leitfähigkeit und Arthritis 81
Leitungsgeschwindigkeit in Nervenfaser 20
LERICHEsche Operation 88
Ligamentum hepatogastricum 228
— latum 261
Lipodystrophia progressiva 116
Lipomatose 67
Lokalanästhesie, Entwicklung 92
Luftinfiltration 91
— und Fibrositis 121
Lumbago 179
—, Diagnose 179
—, Therapieschema 180
—, Ursache 179
Lunge 219
— und Arthritis des Schultergelenkes 181
— — flächige Einziehungen 117
— — Halbseiten-Fernreflexe 77
— — Nervus vagus 219
— — Pulposushernien 226
— — reflektorische Gallenblasenerkrankung 223
— — Magenerkrankung 223
— — Sacralfernreflexe 255
— — Sympathicus 219
— — Temporalkopfschmerz 46
— — Unterlappenerkrankung 223
— — Wirbelsäule 226
Lungenerkrankung, Dorsaldermatome 222
—, Erbrechen 223
—, Komplikationen 221
—, reflektierter Schmerz 221
—, Therapieschema 227
—, und Anisokorie 220
— — Gallenblase 220
— — Gesicht 220
— — Herz 225
— — Hyperalgesie 222
— — Intercostalneuralgie 221
— — Kopfschmerzen 220
— — Kopfzonen 222
— — Larynx 220
— — lokaler Schmerz 221

Lungenerkrankung und Magen 220
— — Muskulatur 220
— — Trigeminus 220
Lungenspitzenerkrankungen 220
—, Therapieschema 226
— und Kopfherde 225

MACBURNEYscher Druckpunkt 79, 234
MADELUNGsche Fettgeschwülste 166
Magen, Dorsaldermatome 232
— und flächige Einziehungen 117
— — Gallenblasenerkrankung 248
— — Herz 218
— — Lebererkrankung 246
— — motorisches Erregungszentrum 229
— — Nervus vagus 15, 228
— — Schläfenkopfschmerz 46
— — Schmerzlokalisation 231
— — Schultergelenk 181
— — Sympathicus 230
— — Temporalkopfschmerz 46
Magenausgang 233
Magenbeschwerden, reflektorische 224
—, — und Darmmotilität 224
—, — — Röntgenuntersuchung 224
—, — — Stuhl 224
—, — — Zunge 224
Magen-Darm-Trakt- und Nierenerkrankung 264
Magendurchblutung 229
Mageneingang 233
Magenerkrankung, Druckpunkte 234
—, Therapieschema 237, 238
— und Adnexe 237
— — Blinddarm 237
— — Darm 237
— — Gallenblase 237
— — Leber
— — Milz 237
— — Nervus vagus 238
— — Niere 237
— — Pankreas 237
— — Singultus 220
— — Zentralnervensystem 237, 238
Magenfermentproduktion und Sympathicus 230
Magenfunktion und Psyche 230
Magengeschwür und Periostmassage 171
Magenhinterfläche und rechter Vagus 228
Magenlage und Psyche 230
Magenmotorik 229
— und Vagus 229
Magensekretion
— und Sympathicus 2, 229
— — Vagus 30
Magenstörung, reflektorische und Lunge 223
Magenvorderfläche und linker Vagus 228
Managerkrankheit und Neuraltherapie 83
Maskengesicht und Tonsillen 205
Massage, Fernwirkungen 109

18a

Massage, muskuläre Maximalpunkte 123
Maximalpunkte, muskuläre 79
Medulla oblongata und Reflexe 34
MEISSNERsche Körperchen 16
MEISSNERscher Plexus 229
Menstruation und Darmtätigkeit 265
Meralgia paraesthetica 126
MERKELsche Körperchen 16
Migräne 44
Milz und Magenerkrankung 237
— — Plexus coeliacus 243
— — Schulterschmerz 245
— — Sympathicus 243
— — sympathische Mydriasis 245
— — Vagus 243
Milzerkrankung, Therapieschema 250
Milzkapsel, Dehnung 245
Mißempfindung und Narbe 70
Mittelohrerkrankung 202
Mittelorbitalzone 40
Morbus Paget 130
MÜLLERscher Muskel 188
Musculi gemelli 155
— intercostales 147
— interossei 146
— interspinosi 135, 148
— intertransversarii 135, 148
— levatores costarum 148
— lumbricales 147, 157
— multifidi 135, 148
— rotatores 135, 148
— scaleni 139
Musculus abductor digiti minimi 147, 157
— — hallucis 157
— — pollicis brevis 146
— — — longus 144
— adductor brevis 152
— — hallucis 157
— — longus 152
— — magnus 152
— — minimus 152
— — pollicis 146
— anconaeus 144
— biceps brachii 141
— — femoris, caput longum 154
— brachialis 141
— brachioradialis 141
— carpi ulnaris 144
— ciliaris und Parasympathicus 13
— coracobrachialis 143
— deltoideus 139
— extensor carpi radialis brevis 144
— — — — longus 143
— — — ulnaris 144
— — digiti quinti proprius 143
— — digitorum brevis 157
— — — communis 143
— — — longus 155
— — hallucis longus 156
— — indicis proprius 143
— — pollicis brevis 145
— — — longus 145
— flexor brevis digiti minimi 147, 157

Musculus flexor carpi radialis 143
— — — ulnaris 145
— — digitorum 156
— — — brevis 157
— — — profundus 145
— — — superficialis 144
— — hallucis brevis 157
— — — longus 156
— — pollicis brevis 146
— — — longus 146
— glutaeus maximus 154
— — medius 153
— — minimus 153
— gracilis 151
— iliocostalis 134
— iliopsoas 151
— infraspinatus 140
— latissimus dorsi 143
— levator scapulae 137
— longissimus capitis 134
— — thoracis 148
— longus capitis 133
— — colli 136
— obliquus capitis inferior 136
— — — superior 136
— — externus 149
— — internus 149
— obturator externus 152
— — internus 154
— omohyoideus 133
— opponens digiti minimi 147 157
— — pollicis 146
— palmaris longus 145
— pectineus 151
— pectoralis major 140
— — minor 142
— peronaeus brevis 155
— — longus 155
— — tertius 155
— popliteus 155
— pronator quadratus 145
— — teres 143
— psoas major 150
— quadratus femoris 155
— — lumborum 150
— quadriceps 162
— rectus abdominis 149
— — capitis anterior 133
— — — lateralis 133
— — — posterior major 135
— — — — minor 136
— rhomboideus 139
— sacrospinalis 134
— sartorius 151
— semimembranosus 154
— semispinalis capitis 135
— — dorsi 148
— semitendinosus 154
— serratus anterior magnus 141
— — posterior inferior 150
— — — superior 148
— sphincter pupillae und Parasympathicus 13
— spinalis capitis 135
— — dorsi 148

Musculus splenius capitis 134
— sternocleidomastoideus 132
— — und Angina pectoris 215
— sternohyoideus 133
— sternothyreoideus 133
— subclavius 141
— subscapularis 141
— supinator 142
— supraspinatus 139
— tensor fasciae latae 153
— teres major 142
— — minor 140
— tibialis anterior 153
— — posterior 153
— transversus abdominis 150
— — thoracis 148
— trapezius 132
— — und Angina pectoris 215
— triceps brachii 144
— — surae 156
Muskel und zugeordnete Nerven 165
Muskelatrophie, progressive und Spikes 164
Muskeldruckpunkte 77
Muskelfasern, Arten 128
—, Dauerkontraktion 128
—, Haltungsreaktion 128
—, helle 128
—, rote 128
—, Tonus 128
Muskeltonschreibung 160
Muskeltonus, statischer 128
— und chemische Zustandsänderung 128
— — Labyrinth 127
— — Parasympathicus 128
— — sympathisches Nervensystem 128
Muskulatur und Reizdiagnostik 159
— — vegetatives Nervensystem 127
MUSSEYsche Druckpunkte 79, 233
Muttermund und Dorsaldermatome 261
Mydriasis und Fokusdiagnose 66
Myogelosen 55
—, Lokalisation 128
— und Knetung 123
— — rote Muskelfasern 128
Myopathie und Arthritis 165
Myotom 40

Narben und Mißempfindung 70
Nasenaffektionen 194
Nasenerkrankungen, Therapie 195
Nebenhodenerkrankung, Dorsaldermatome 258
Nebenhöhlen 194
Nebenhöhlenerkrankungen, Therapieschema 195
Nebenniere und Nervus vagus 252
— — Plexus coeliacus 262
— — Sympathicus 252
— — Sympathicusblockade 265
Nebennierenerkrankung und Singultus 220
Nerven, cerebrospinale und Knochen 129
— und Halisteresis 129

Nerven und Muskeln, zugeordnete 165
—, vasomotorische und Polyarthritis 164
—, vegetative und Knochen 129
Nervenbahn, efferente, Beeinflussung 87
—, gemeinsame 52
Nervendruckpunkte 165
Nervendurchschneidung und Knochenveränderung 129
Nervenfasern, Leitungsgeschwindigkeit 20
—, sensible und Trophik 129
—, trophische und Haut 115
—, — — hintere Wurzeln 116
Nervenimpulse, Hemmung 52
—, Summation 52
—, unterschwellige 52
Nervenlepra 116
Nervenpunkte 170
Nervenpunktmassage 169
Nervensystem, animalisches 3
—, autonomes 3
—, cerebrospinales 113
—, somatisches 3
—, sympathisches 5
—, — und Muskeltonus 128
—, vegetatives 3
—, — Dualismus 4
—, — und Muskulatur 127
—, viscerales 3
Nervenverletzung und Gelenksrheumatismus 129
Nervi alveolares superiores 181
— carotis interni 7
— ciliares breves 188
— — longi 188
— erigentes 15, 254
— pelvici 15
— — und Bettnässen 266
— — — Defäkation 231
— — — Harnblase 252
— — — Prostata 254
— — — Samenblase 254
— — — Sphincter vesicae 253
— sphenopalatini 190
— splanchnici 10
Nervus accelerans 210
— accessorius 14
— —, Infiltration 99
— alveolaris inferior 196
— auriculotemporalis 13, 198
— axillaris, Infiltration 103
— cardiacus superior 7
— depressor 212
— dorsalis scapulae, Infiltration 105
— ethmoidalis 190
— facialis 187
— — und Gaumendrüsen 191
— — — Parasympathicus 14
— femoralis, Infiltration 108
— genito-cruralis 258
— glossopharyngeus 7, 197
— —, Infiltration 99
— — und Zungenerkrankung 208
— hypoglossus 7

18a*

Nervus hypoglossus, Infiltration 99
— infraorbitalis 191
— — und Oberkieferzähne 911
— ischiadicus 107
— lacrimalis 190
— laryngeus superior 7
— lingualis 196
— —, Infiltration 99
— — und Parasympathicus 13
— — Zungenerkrankung 208
— mandibularis 196
— —, Infiltration 99
— medianus, Infiltration 105
— nasociliaris 187, 188
— —, Infiltration 194
— obturatorius, Infiltration 106
— occipitalis major, Infiltration 103
— — minor, Infiltration 103
— oculomotorius, Infiltration 194
— — und Parasympathicus 13
— opticus 192
— palatinus medius und Tonsillenerkrankung 209
— pelvicus 230
— —, Infiltration und Ejaculatio praecox 267
— — und Harnblase 276
— petrosus profundus 190
— — superficialis major 190
— — — minor 197
— — — und Gallenblase 247
— phrenicus s. auch Phrenicus
— —, Infiltration 100
— — und Blockade des Ganglion stellatum 248
— — — Diaphragma 219
— — — Pericard 219
— — — Pleura mediastinalis 219
— — — Singultus 220
— — — unteres Halsmark 219
— plantaris fibularis, Infiltration 108
— — tibialis, Infiltration 108
— pterygoideus 197
— pudendus 266
— —, Infiltration 107
— radialis, Infiltration 105
— recurrens 9
— — und Vagus 14
— sinuvertebralis LUSCHKA 10
— splanchnicus major 10
— — — und Magen 229
— — minor 10, 230
— — — und Niere 250
— — — und Darmgefäße 231
— — — Gallenblase 241
— — — Harnmenge 250
— — — Sphincter iliocoecalis 231
— sublingualis 196
— suprascapularis, Infiltration 105
— tibialis anterior, Infiltration 108
— — posterior, Infiltration 108
— ulnaris, Infiltration 105
— vagus s. auch Parasympathicus und Vagus
— —, Infiltration 99

Nervus vagus und Darmfunktionen 230, 231
— — — Gallensekretion 241
— — — Ganglion coeliacum 241
— — — Harnmenge 250
— — — Kaliumstoffwechsel 211
— — — Leber 241
— — — Lunge 219
— — — Magen 228, 238
— — — Magensekretion 229
— — — Milz 243
— — — Nebenniere 252
— — — Niere 250
— — — Pankreas 243
— — — Plexus cardiacus 210
— — — Sphincter iliocoecalis 231
— — — — pylori 229
— vertebralis 9
— zygomaticus 190
Netzhautablösung 192
Neuraltherapie, Therapieschema 94
— und Agaricin 110
— — Antihistaminica 110
— — Atropin 110
— — Butazolidin 110
— — Curare 110
— — Erkrankungsort 94
— — Formalinspiritus 110
— — Glukocorticoide 110
— — Irgapyrin 110
— — Krankheitsstadium 94
— — Managerkrankheit 83
— — Medikamente 109
— — Säure-Basenhaushalt 110
— — Siechtum, chronisches 84
— — Vasodilatantien 110
— — Vitamine 110
Neurofibromatosis Recklinghausen und Pigmentstoffwechsel 116
Neurone, motorische und Spikes 162
Niere und Darmtätigkeit 231
— — Ganglion coeliacum 250
— — mesentericum superius 250
— — Halbseiten-Fernreflexe 77
— — Magenerkrankung 237
— — Nervus splanchnicus minor 250
— — — vagus 250
— — Piloarrektion 120
— — Tonsillen 205
Nierenerkrankungen, Dorsaldermatome 256
—, Therapieschema 263, 264
— und Harnblase 260
— — Magen-Darm-Trakt 264
— — Singultus 220
Nierenfunktion und Nervus splanchnicus 250
— — — vagus 250
Nierensekretion und Harnblase 251
— — Haut 251
Nierenstein, Lokalisierung 257
—, Schmerzwanderung 257
—, Therapieschema 264
— und Hodenschmerzen 223
Nierensteinanfall 257

Sachverzeichnis

Nierensteinkolik, Anurie 251
Nocifensor-System 23
Nocizeptive Reflexe 30
Novocain 91
— und Adrenalinzusatz 92
Novocainanästhesie, Wirkung 93
Novocainderivate 91
Novocaininfiltration, subcutane 92
— und Fibrositis 121
— — Kopfschmerzen 174
— — Zahnschmerz 93
Novocain-Prednisolon-Infiltration 165
Nucleus centralis posterior 25
— salivatorius superior und Parasympathicus 13

Obstipation, proktogene 231
—, spastische 231
— und Defäkationsreflex 231
— — Psyche 231
Occipitalschmerz 46
Oculomotoriuskern 187
Oesophagus, reflektierter Schmerz 232
— und Schmerzlokalisation 231
— — Vagus 15
Oesophaguserkrankung, Therapieschema 236
Ohren 202
Ohrenschmerzen und Tonsillektomie 223
— — Zähne 202
Ohrerkrankung, Therapieschema 208
— und Ganglion cervicale supremum 207
— — — Gasseri 208
— — — geniculi 208
— — — petrosum 208
— — — sphenopalatinum 208
— — — stellatum 207
— — — submaxillare 208
— — Kopfzonen 202
Ohrspeicheldrüse und bulbär-autonomes System 198
Ohrspeicheldrüsensekret und Nervenreizung 198
Okklusion 28
Oligurie und Splanchnicusreizung 264
— — Sympathicusblockade 264
Operationsfolgen 81
Operationsnarbe und visceraler Schmerz 92
Opticusneuritis 193
Opticusschädigung, Novocaininfiltration 194
Organganglien 6
Organreflexe 33
Osteopsatyrosis 130
Ovarien, Dorsaldermatome 261
— und Harnblase 260
— — Hinterhauptschmerz 47

Palpation der Segmente 78
Pankreas, Dorsaldermatome 244
— und Gallenblasenerkrankung 248
— — Ganglion coeliacum 242

Pankreas und Herz 218
— — Lebererkrankung 256
— — Magenerkrankung 237
— — Nervus vagus 243
— — Schultergelenk 181
— — Sympathicus 243
Pankreaserkrankungen, Therapieschema 249
— und Ganglion-coeliacum-Infiltration 249
Paradentose 199
Paralysis agitans und Knochenveränderung 130
Paralytischer Ileus 231, 264
Parasympathicus 13
— s. auch Nervus vagus und Vagus
—, afferente Fasern 21
—, bulbäres Zentrum 13
—, hypothalamischer Ursprung 13
—, sacrales Zentrum 13
—, tectaler Ursprung 13
— und Chorda tympani 14
— — Ganglion ciliare 13
— — — sphenopalatinum 13
— — — submaxillare 13
— — Iris 188
— — Musculus ciliaris 13
— — — sphincter pupillae 13
— — Muskeltonus 128
— — Nervus facialis 14
— — — lingualis 13
— — — oculomotorius 13
— — Nucleus salivatorius superior 13
— — Speicheldrüse 14
— — Tränendrüse 13
Paravertebralanästhesie 96
Paravertebrale Blockade 89, 97
— und Hauttemperatur 91
Parietalkopfschmerz 46
Perineum und Harnblase 260
Periodontalmembran, Entzündungen 199
Periodontitis 200
Periost, Druckschmerzhaftigkeit 80
Periostmassage 80, 171
—, Fernwirkungen 171
—, Kontraindikationen 172
—, Technik 171
— und Angina pectoris 171
— — Magengeschwür 171
—, Wirkung 172
Peritoneale Verwachsungen 245
Pharyngitis 194
Pharynx und Angina pectoris 215
Pharynxerkrankungen, Therapieschema 210
Phrenicus s. auch Nervus phrenicus
— und Eingeweideschmerz 43
— — Gallenblasenschmerz 43
— — Schulterschmerz 44
Phrenicusanästhesie und Bronchuscarcinom 226
— — Hilusfibrose 226
— — Lungenwurzeln 226
— — Morbus Hodgkin 226

Phrenicusanästhesie und Oesophaguserkrankung 236
— — Singultus 226
Pigmentanomalien 68
— und chronische Appendicitis 118
— — — Prostatitis 118
— — — Tonsillitis 118
— — Fokusdiagnose 67
— — Glukocorticoide 110
— — Halssympathicus 116
— — Haut 116
— — Hemiatrophia faciei 116
— — Leberflecke 120
— — Nerven 116
— — Neurofibromatosis Recklinghausen 116
— — Sklerodermie 116
— — Tonsillen 204
— — Zähne 201
Piloarrektion, Ermüdung 115
—, Vorzugsstellen 115
—, Wanderreflex 115
—, Zentren 115
Pilomotorische Reaktionen 76
Pleura 219
— parietalis 219
— pulmonalis und Vagus 15
Pleuraaffektionen und Arteria carotis communis 226
— — Ganglion stellatum 226
— — Hyperalgesie 226
— — obere Extremität 226
Pleuritis 223
Plexus aorticus 11
— arteriae ovaricae 255
— brachialis, Infiltration 103
— cardiacus 210
— — profundus 210
— — superficialis 210
— — und Vagus 15
— coeliacus 11, 228
— — und Milz 243
— — — Nebennieren 252
— deferentialis 254
— ganglionis ciliaris 188
— gastricus anterior 15
— — superior 11
— hepaticus 11
— hypogastricus 252
— — inferior 11
— — superior 11
— — und Detrusortonus 253
— lienalis 11
— meningeus 7
— mesentericus inferior 230
— — superior 230
— myentericus 14
— ovaricus 255
— pharyngeus 7
— — und Vagus 14
— phrenicus 11, 219
— prostaticus 254
— pudendus 15
— renalis 11, 250
— spermaticus 11, 254

Plexus subclavius 22
— submucosus 14
— suprarenalis 11, 252
— vesicae seminalis 254
— vesicalis 252
Point de feu 126
Poliomyelitis anterior 130
— und Spikes 163
Polyarthritis rheumatica 130
— und Klimakterium 50
— — Schwangerschaft 50
— — Tonsillen 206
Polyneuritis und Spikes 163
Polyurie und Adnexitis 265
— — Appendicitis 265
— — Dickdarmerkrankung 265
— — Prostatitis 265
— — Vagusblockade 264
Postganglionäre Fasern 6
Präganglionäre Fasern 5
Primär chronische Polyarthritis und Blutvolumen 164
— — — Klima 164
— — — Kopfherde 164
— — — Myopathie 165
— — — Spikes 161
— — — vasomotorische Nerven 164
Propriozeptoren 16
Prostata und Ganglion stellatum 266
— — Gelenkserkrankungen 255
— — Halswirbelsäule 266
— — Nervi pelvici 254
— — Pigmentstoffwechsel 118
Prostataerkrankung, Dorsaldermatome 260
Prostatitis, Diagnose 261
— und Polyurie 265
— — Spondylarthritis ankylopoetica 261
Protopathische Nervenendigung 23
Psyche und Defäkationsreflex 231
— — Generalisation 51
— — Tonsillen 205
Pulpitis 200
Pulposushernien und Lunge 226
— — Zahnerkrankung 207
Pyelitis 256

Quellung der Haut 78

Radarbestrahlung 173
Radioaktives Bad 127
Ramus cardiacus medius 9
— communicans albus 5
— — griseus 6
RAYNAUDsche Gangrän 130
Referred pain 54, 212
— tenderness 54, 93
Reflektierter Schmerz 52
Reflex, visceromotorischer 32
—, viscerosensorischer 32
Reflexaktivierung 32
Reflexbewegungstypen 31
Reflexe, Ermüdungserscheinung 31
—, nozizeptive 30

Reflexe, pathologische, Beseitigung 94
— und Medulla oblongata 34
Reflexfeld 30
Reflexlatentzeit 27
Reflexphänomene, Verstärkung und Fokusdiagnose 65
Refraktärzeit 29
Regio olfactoria 194
Reize, periphere und Eingeweideschmerz 93
Reizleitung, pathologische 82
Reizleitungsstörungen, Behandlung 216
Reizstromdiagnostik 159
Relaiszelle 18
REMAKsche Faser 16
Reststickstoffsteigerung 264
— und Ganglion-coeliacum-Blockade 264
Retentio urinae 259
Retina, Erkrankungen 192
Reziproke Innervation 31, 33
Rheumatismus und Augenerkrankungen 195
Rostralzone 40
RUFFINISCHE Körperchen 16

Sacralautonomes System 15
Sacral-Fernreflexe 255
— und Brusterkrankungen 255
— — Gallenblase 255
— — Herz 255
— — Lunge 255
— — Urogenitaltrakt 255
Salben, hyperämisierende 125
Samenblase und Nervi pelvici 254
Sandbäder 126
Sauna 126, 173
—, Wirkung 173
Scalenus-anticus-Syndrom 177
—, Ursachen 177
—, Therapie 178
Scheide 262
Scheitelkopfschmerz 46
Schilddrüse und Generalisation 51
— — Herz 217
Schläfenkopfschmerz 46
Schleimpolypen 261
Schmerz, besondere spinale Wege 54
—, cutaner 25
—, Kontralateralisierung 216
—, oberflächlicher 25
—, reflektierter 52
— — und Axonreflexe 57
—, — periphere Nerven 54
—, Rückenmarkstheorien 52
—, tiefer 26
— und Diät 110
— — Zentralnervensystem
—, visceraler und Operationsnarbe 92
Schmerzbahnunterbrechung 90
Schmerzimpulse, afferente 84
—, —, Beseitigung 86
Schmerzschwelle 73
—, Bestimmung durch strahlende Wärme 74

Schmerzschwelle, chemische Bestimmung 73
—, elektrische Bestimmung 73
—, mechanische Bestimmung 73
—, thermische Bestimmung 73
— und Zahnschmerz 200
Schmerzwanderung 87
Schonhaltung und Fokusdiagnose 66
Schulter-Arm-Hand-Syndrom 175
—, Diagnose 176
—, Therapieschema 178
—, Ursachen 176
—, Verlauf 175
Schultergelenk, Erkrankung 182
—, linkes und Angina pectoris 215
Schultergürtelschmerzen und Tonsillen 204
Schulterschmerz und Diaphragma 223
— — Gallenblase 242, 244
— — Nervus phrenicus 44
Schußverletzung und Knochenveränderung 129
Schwangerschaft und Polyarthritis 50
Schwefelbad 127
Schweißsekretion, Zentren 113
Schwellung der Haut 78
Schwitzen, psychogenes 77
Second pain 25
Segmente, bronchopulmonale 225
—, Palpation 68
Segmentmassage 123
—, Schema 123
Seitenhornsegmente, spinale 90
— und Grenzstrangganglien 90
Sekretionsreflexe 34
Sekundärherd 94
Senfkataplasma 125
Senfmehl 125
Senfpapier 125
Sensible Chronaxie 73
Sensorische Einheit 24
Simultane Kombination 33
Singultus und Bruchoperationen 220
— — Magen 220
— — Nebennieren 220
— — Nervus phrenicus 220
— — Nieren 220
Sinus maxillaris, Reizung durch faradischen Strom 55
Sinusitis ethmoidalis 194
— frontalis 194
— maxillaris 194
Sinusknoten und rechter Accelerans 211
— — Vagus 211
— — Sympathicus 211
Sklerodaktylie 130
Sklerodermie 67, 130
— und Knochenveränderung 130
— — Pigmentstoffwechsel 116
— — Trophik 116
SMITH-WICKsche Operation 88
Solebad 127
Somatisches Nervensystem 3
Speicheldrüse 198
— und bulbär-autonomes System 198

Speicheldrüse und Parasympathicus 14
— — Sympathicus 198
Speichelsekretion und Gallensteinanfall 242
— — Psyche 198
Sphincter iliocoecalis und Nervus splanchnicus 231
— — — — vagus 231
— pylori und Sympathicus 229
— — — Vagus 229
— vesicae und murale Ganglienzellgruppen 254
— — — Nervi pelvici 253
Spikes 33, 161
— und Infektarthritis 163
— — motorische Neurone 162
— — Novocaininfiltration 162
— — Poliomyelitis 163
— — Polyneuritis 163
— — progressive Muskelatrophie 163
Spinalganglion, somatosensibles 25
— und Vasodilatatornerven 16
—, viscerosensibles 25
Spondylarthritis ankylopoetica 255
— — und Prostatitis 261
Sprunggelenkserkrankung 186
—, Therapie 186
Stellatumblock und Scalenus-anticus-Syndrom 178
Stellatumblockade 97
— s. auch Ganglion stellatum
Stellreflexe 127
Stoßpalpation 79
Subcutanes Fettgewebe 116
Subphrenische Abszesse, Behandlung 228
Substantia Gelatinosa Rolandi 20, 176
SUDECKsche Knochenatrophie 130
Sukzessive Induktion 31
— Kombination 30
Summation, räumliche 28
—, zeitliche 17, 28
Summationseffekte und Augenheilkunde 58
Sympathicus 5
—, afferente Fasern 21
— und Atrioventricularknoten 211
— — Bronchuscarcinom 226
— — Calciumstoffwechsel 211
— — Darmfunktionen 231
— — Darmtätigkeit 231
— — Gallensekretion 241
— — Ganglion geniculi 187
— — Hemiatrophia faciei 117
— — Heterochromie der Iris 116
— — Leber 241
— — Lunge 219
— — Magen 228
— — Magenfermentproduktion 230
— — Magensekretion 230
— — Milz 243
— — MÜLLERscher Muskel 190
— — Nebenniere 252
— — Nervus facialis 187
— — Pankreas 243

Sympathicus und Plexus cardiacus 210
— — Schulterschmerzen, Gallenblase 247
— — Sinusknoten 211
— — Sphincter pylori 229
— — tertiäre motorische Zentren im Herzen 211
— — Tonsillengewebe 204
Sympathicusblockade und Nebenniere 265
— — Oligurie 264
Sympathische Anisokorie 45
— — s. auch Anisokorie
— — und Centrum ciliospinale 45
— — — Spitzenaffektionen 45
Synapse 27
Syringomyelie 130
— und Hemiatrophia faciei 117

Tabes dorsalis 130
Tannenbäumchen 122
Temperaturmessung in Gelenken 80
—, intramuskuläre 80, 163
—, oberflächliche 68
Temporalkopfschmerz 46
Temporalzone 40
Terminalganglien 6
Terminalreticulum 7
Thrombophlebitis 221
—, Zinkleimverband 222
TIMOFEEWsches Netz 16
Tipperkussion 79
Tonometer 163
Tonsillektomie und Ohrenschmerzen 223
Tonsillen 204
— und Arteria carotis interna 205
— — Arthritis 204
— — — des Schultergelenkes 181
— — Augenerkrankung 210
— — Ganglion cervicale supremum 204
— — Halswirbelsäule 204
— — Herz 205
— — Maskengesicht 205
— — Myogelosen 204
— — Nephritis 205
— — Pigmentstoffwechsel 118, 204
— — Polyarthritis 206
— — Psyche 205
— — Pulposushernien 204
— — Schultergürtel 204
— — Schweißsekretion 205
— — Wasserhaushalt 205
— — Zuckerstoffwechsel 205
— — Zwischenhirnerkrankung 205
Tonsillenerkrankung, Therapieschema 209
— und Arteria carotis externa 209
— — Ganglion cervicale medium 209
— — — — supremum 209
— — — sphenopalatinum 209
— — — stellatum 209
— — Halswirbelsäule 209
— — Komplikationen 209
— — Nervus palatinus medius 209
— — Torticollis 206

Tonsillengewebe und sympathisches Nervensystem 204
Tonsillenherde, Auswirkungsmöglichkeiten 205
Trachea und Nervus vagus 15
Tractus cerebellospinalis 217
— spinothalamicus 24
Tränendrüse und Parasympathicus 13
Tränenreflex 190
Tricuspidalklappen 214
Trigeminus und Durchblutungsstörungen 44
Trigeminusschmerz, reflektierter 44
Trigger-points 56, 79, 165
—, Anästhesie 56
Trommelfellerkrankung 202
Trophik und Arthritis 81
— — efferente Nervenfasern 116, 130
— — Glanzhaut 130
— — Herpes zoster 130
— — hintere Wurzeln 116
— — Hyperkeratosis 130
— — Hypotrichosis 130
— — Ichthyosis 130
— — sensible Nervenfasern 129
Trophische Nervenfasern und Haut 115
Truncus collateralis 9
Tuberkulose und Hemiatrophia faciei
Tunica vaginalis 258

Überwärmungsbäder 126
Ulcus duodenum 233
— — und Iris 116
— — — Pigmentstoffwechsel 116
— pepticum jejuni 234
Ultraschall 173
Ultraviolettbestrahlung 126
Unterkieferzähne und Nervus alveolaris inferior 196
Unterwasserstrahlmassage 127, 172
—, Nebenwirkungen 173
—, Technik 173
Urämie und Darmgeschwüre 264
Uretererkrankung und Harnblase 260
Ureterreizung durch faradischen Strom 56
Uretersteine, Therapieschema 264
Urogenitaltrakt, Erkrankung, Therapieschema 267
— und Sacral-Fernreflexe 255
Uterus, Schmerzlokalisation 232
— und Dorsaldermatome 261
— — Harnblase 260

Vagina 262
Vaginismus 262
Vagotomie 238
Vagus 14
— s. auch Nervus vagus und Parasympathicus
—, Rami hepatici 15
—, Ramus auricularis 14
—, — cardiacus 14
—, — meningeus 14
— und Arteria hepatica 15

Vagus und Bronchien 15
— — Ganglion stellatum 15
— — Magen 15
— — Magenmotorik 229
— — Nervus recurrens 14
— — Oesophagus 15
— — Pleura pulmonalis 15
— — Plexus cardiacus 15
— — — gastricus posterior 15
— — — pharyngeus 14
— — Schmerzübertragung 44
— — Systole 210
— — Trachea 15
— — Vorhofkontraktion 210
Vagusblockade und Polyurie 264
Vagustonus und Bauchsympathicus 212
— — Trigeminusreizung 212
Vaguszentrum und Blutdruck 212
— — Sauerstoffmangel 212
Valvula Bauhini 234
Vasale Zonen 75
— — und Wirbelkörper 80
Vasodilatantien und Neuraltherapie 110
Vasodilatatornerven der hinteren Wurzeln 16
Vasokonstriktion und Kopfherde 164
—, Zentren 113
Vasomotorenreflexe 34, 68
Vasomotorische Hyperreflexie und Rheumatismus 88
Vegetatives Nervensystem 3
Vena azygos 10
Vertikalzone 40
Vesico-renaler Reflex 251
Vibration und Hypertonus 123
Viscerale Bahnen, Sonderleitungen 23
— Verwachsungen 245
Viscerales Nervensystem 3
Visceromotorische Reflexe 32
Viscerosensorische Reflexe 32
Viscerozeptoren 16
Vitalitätsprüfung, Zähne 199
Vitamine und Neuraltherapie 110
Vorderhornzelle 27

Wadenkrämpfe 255
Wanderreflex 115
Wärmeempfindung, pathologische 70
Wasserhaushalt und Tonsillen 205
WESTPHAL-EDINGERscher Kern 13
Widerstandskraft und Fokusdiagnose 66
Widerstandsmessung der Haut 72
Wirbelkörper und vasale Zonen 80
Wirbelsäule und Lunge 226

Zähne, Nervenversorgung 196
— und Arthritis des Schultergelenkes 181
— — Kopfdermatome 199, 200
— — Kopfschmerzen 200
— — Ohrschmerzen 202
— — Pigmentanomalien 201
—, Vitalitätsprüfung 199
Zahnerkrankung, Folgen 207

Zahnerkrankung, Novocaininfiltration 206
—, Therapieschema 207
— und Arthritis 207
— — Halswirbelsäule
— — Myogelosen 207
— — Pulposushernien 207
Zahngranulome 199
Zahnschmerz, Behebung 93
—, Einteilung 199
— und Glaukom 223
— — Hauthyperalgesie 93
— — Novocaininfiltration 93
— — Schmerzschwelle 200
Zeitliche Summation 17
Zellsäule, intermediolaterale 5
Zentrale Hemmung 31
Zentraler Erregungszustand 28
Zentralnervensystem und Darmerkrankungen 239
— — Gallenblasenmotorik 248
— — Magenerkrankungen 237, 238

Zentralnervensystem und Schmerz 53
Zentren dritter Ordnung 213
Zuckerstoffwechsel und Tonsillen 205
Zunge 203
—, Ulcerationen 203
— und Kopfzonen 203
— — reflektorische Magenbeschwerden 224
Zungenerkrankung, Therapieschema 208
— und Ganglion submaxillare 208
— — Nervus glossopharyngeus 208
— — — lingualis 208
Zwerchfell 138
— s. auch Diaphragma
— und Nervus phrenicus 219
Zwerchfellerkrankungen, Therapieschema 228
Zwerchfellhernien, Behandlung 228
Zwischenhirn und Tonsillen 205
Zwischenneurone 176
Zwischenneuronensystem 3

If you have any concerns about our products,
you can contact us on
ProductSafety@springernature.com

In case Publisher is established outside the EU,
the EU authorized representative is:
**Springer Nature Customer Service Center GmbH
Europaplatz 3, 69115 Heidelberg, Germany**

Printed by Libri Plureos GmbH
in Hamburg, Germany